U0193811

《民用建筑工程室内环境污染控制标准》GB 50325-2020 辅导教材

民用建筑室内环境污染控制

主　编　王喜元

副主编　潘　红　熊　伟

　　　　白志鹏　朱　立

中国计划出版社

北　京

图书在版编目（CIP）数据

民用建筑室内环境污染控制 / 王喜元主编. -- 北京：中国计划出版社，2020.11
ISBN 978-7-5182-1255-2

Ⅰ．①民… Ⅱ．①王… Ⅲ．①民用建筑－室内环境－空气污染控制 Ⅳ．①X510.6

中国版本图书馆CIP数据核字（2020）第224629号

民用建筑室内环境污染控制
MINYONG JIANZHU SHINEI HUANJING WURAN KONGZHI
王喜元　主编

中国计划出版社出版发行
网址：www.jhpress.com
地址：北京市西城区木樨地北里甲 11 号国宏大厦 C 座 3 层
邮政编码：100038　电话：（010）63906433（发行部）
三河富华印刷包装有限公司印刷

787mm×1092mm　1/16　26.25 印张　636 千字
2020 年 11 月第 1 版　2020 年 11 月第 1 次印刷
印数 1—6000 册

ISBN 978-7-5182-1255-2
定价：78.00 元

编委会人员名单

前　言

随着我国社会经济的快速发展，20世纪90年代末，社会各方面对室内环境污染问题的严重性越来越关注，要求控制污染的呼声越来越高，民用建筑工程的室内环境控制管理工作被提上日程。2000年初，建设部下达了《民用建筑工程室内环境污染控制规范》国家标准编制计划。

标准编制工作启动后，编制组人员广泛收集国内外资料，深入现场调查研究，走访建筑企业、建材生产厂家、工程监督管理部门及工程检测等单位，广泛了解工程实际情况，深入考察工程建设全过程中的环境污染问题，为标准编制积累了大量资料。标准编制过程中，时任国务院副总理的温家宝同志曾两次做出批示："此事关系居民身体健康，应引起重视""此事应抓紧，因社会日益关注，且影响人民的身体健康。"

经过将近一年半的紧张工作，《民用建筑工程室内环境污染控制规范》GB 50325-2001编制完成，并于2001年11月发布，2002年1月1日起执行。此后，该规范进行了四次修订。2005年进行了第一次局部修订（2006年版），2008—2009年进行了第二次修订，即GB 50325-2010，2013年进行了第三次局部修订（2013年版）。该规范结束了我国控制民用建筑工程室内环境污染无标准可依的历史，为建造安全舒适的民用建筑工程创造了条件，为保障人民健康发挥了积极作用。

多年来，为了进一步完善本规范，主编单位不断地进行多方面研究，先后完成了《中国土壤氡概况》《中国室内氡研究》《中国室内环境概况调查与研究》等全国性调查研究课题，弄清了与室内环境污染相关的许多问题。同时，还相继编制了多项行业标准和中国工程建设标准化协会（CECS）团体标准，这些工作都为GB 50325第四次修订提供了技术支撑。第四次标准修订过程中，国务院副总理孙春兰及住房和城乡建设部领导曾对中小学教室装修污染问题给予关注并做出指示，推动了标准修订工作顺利进行。

2020年1月住建部批准《民用建筑工程室内环境污染控制标准》GB 50325-2020，自2020年8月1日起实施。

第四次修订的标准主要技术内容有：

1. 室内空气中控制的污染物新增加了甲苯、二甲苯；

2. 细化了装饰装修材料分类，并对部分材料的污染物含量（释放量）限量及测定方法进行了调整；

3. 保留了人造板甲醛释放量测定的环境测试舱法和干燥器法（删除穿孔法）；

4. 对室内装饰装修设计提出了污染控制预评估要求及材料选用具体要求；

5. 对自然通风的Ⅰ类民用建筑的最低通风换气次数提出了具体要求；

6. 完善了建筑物综合防氡措施；

7. 对幼儿园、学校教室、学生宿舍装饰装修提出了更严格的污染控制要求；

8. 明确了室内空气氡检测方法；

9. 严格了室内空气中污染物控制要求，重新确定了限量值；

10. 增加了苯系物及挥发性有机化合物（TVOC）T–C 的复合吸附管取样检测方法。

为解决群众反映强烈的"装饰装修后检测合格，家具进入后检测超标"的问题，修订后的标准主动将室内甲醛、氨、VOC 等污染物浓度限量值降低约 30%，为建筑物交付使用后的活动家具进入预留了适当净空间。为此，本书提出了全面解决家具污染问题的原则性意见。

《民用建筑工程室内环境污染控制规范》GB 50325–2001 标准发布以来，本书作为标准辅导用书已经出版过三版。鉴于建设系统的许多工程技术人员需要熟悉标准第四次修订后的新内容和相关专业知识，我们又继续编写了本书，主要是：介绍标准编制中开展过的调查研究课题资料，使大家能够了解标准编制的技术背景，能够更好理解标准内容，以便更好贯彻执行标准。

本书在《民用建筑工程室内环境污染控制》前三版的基础上进行了大篇幅的修改补充，对《民用建筑工程室内环境污染控制标准》GB 50325–2020 新内容进行了全面解读。按照工程建设的程序步骤和标准的体例，将工程过程中的污染控制要求和本标准所涉及的各种污染物的测定方法逐一展开，逐章节地对标准进行解释，让大家既了解了修订后标准的有关内容，又能理解标准制定产生的背景和原因。

承担本书编写任务的是本标准的起草团队人员及参与过起草工作的同志。在标准起草编制过程中，面对我国目前室内环境污染问题依然十分突出的情况，参编人员深感承担的任务沉重。我们深切希望建设行业第一线的工程技术人员能带头贯彻执行标准，做好工程建设全过程的室内环境污染防治工作，同时希望社会各界携手配合，从建筑装饰装修材料的生产、流通、监管各环节把关，保证产品的环境品质。让我们大家一起努力，为尽快改善我国民用建筑室内环境质量状况做出贡献，同时希望本书的出版发行能对广大读者有所帮助。

由于编写时间有限，有疏漏和不当之处，敬请批评指正（邮箱：mtrwang@vip.sina.com）。

王喜元

2020 年 6 月

目　录

第一章　GB 50325 标准的编制、修订及内容概要

第一节　GB 50325 标准的编制与修订

一、GB 50325 标准编制背景

国内外大量调查资料表明：室内空气污染程度往往比室外还高。

现代人平均有 60% 以上的时间生活和工作在室内，几乎我们每个人都是室内污染的受害者。儿童、孕妇、老人和慢性病人停留在室内的时间更长，尤其是儿童正在发育成长，呼吸量按体重比比成人高 50%，儿童比成年人更容易受到室内空气污染的危害。

室内空气污染会造成多种疾病，不仅给患者本人和家庭造成巨大痛苦和负担，也给社会、国家造成很大的负担和巨大经济损失，所以室内空气质量不仅是环境专家们研讨的焦点，也已成为社会普遍关注的热点。

2000 年 1 月 7 日，《人民日报》以"谨防误入室内装修盲区"为题发表署名文章，指出"消费者极少想到室内装修材料中对人体的非健康因素""不合格装修材料可引起身体不适甚至致癌"。2000 年 8 月 5 日，《河南日报》在显要位置刊载文章，题目是"专家提醒：莫让装修害自己——省人民医院近日接诊中毒性心肌炎患者增多"。文中称，近期接诊一二十名被确诊为心肌炎的患者（儿童居多），经仔细检查和分析，发现"元凶"是家庭装修材料所散发的有毒气体。2000 年 11 月 1 日，《人民日报》又以"家庭装修不少，各种纠纷真多"为题发表署名文章，指出：据中国消费者协会提供的材料，住宅装修业 1997 年为第二不满意服务行业，1998 年对家庭装修质量的投诉为全国消费者投诉第二大热点。1999 年，它仍是投诉十大热点之一，其中相当一部分投诉内容为装修引起的污染问题。

2001 年 8 月初，中国消费者协会公布一项调查结果，对北京 30 户家庭装修后的室内环境污染进行检测，甲醛浓度超标的达到 73%，对杭州市 53 户家庭装修后的室内环境进行污染检测，发现甲醛浓度超标的达到 79%，最高的超标 10 多倍。此外，TVOC 和苯的超标情况也很严重，分别为 20% 和 43%。多数消费者反映眼睛、鼻子和呼吸道不适。分析原因，主要是使用劣质涂料、油漆、板材等引起的。

氡被世界卫生组织（WHO）列为 19 种致癌物质之一，1998 年 11 月 28 日，新华社报道称，美国每年约有数万人因吸入过量的放射性氡而患肺癌。1998 年，国家技术监督局对全国 11 个省市 108 种石材调查，结果发现放射性超标的约占三分之一；1999 年 12 月 23 日，《质量时报》以"墙内射线'伤人'，住户要求赔偿"为题，报道了某城市某区的一栋住宅楼墙体材料放射性含量超标，引起居民上诉法院的纠纷事件。文章中说，大量数据表明，建筑材料中天然放射性物质含量超标，将会导致室内放射性氡气超标；资料显示，我国某地区地面空气中氡浓度约为全国平均值的 43 倍，肺癌发生率为 0.36%。中外专家认为，氡是主要原因之一。

各类新闻媒体的大量报道表明，室内环境污染问题引起的民事纠纷的日益增多，引起国家有关部门重视，要求抓紧研究相关技术质量标准和检查监督、惩处办法。

1999 年，建设部联合国家其他 7 个部委，向国务院呈送了《关于推进住宅产业现代化，提高住宅质量的若干意见》的报告。1999 年 8 月，国务院办公厅以国办发〔1999〕2 号文件批转了这个报告，并强调指出："要重视住宅节能、节水和室内外环境等标准的制订工作……加强住宅建筑中各个环节的质量监督、完善单项工程竣工验收和住宅项目综合验收制度，未经验收的住宅，不得交付使用。"

随后，建设部下发了《商品住宅性能认定管理办法（试行）》（建住房〔1999〕114 号）文件。文件要求根据住宅的适用性能、安全性能、耐久性能、环境性能和经济性能划分等级，并明确由政府建设行政主管部门负责指导和管理商品住宅性能认定工作。该管理办法将"室内有毒有害物质的危害性"作为一项指标，列入商品住宅的安全性能指标之中，并要求在住宅性能认定之前"进行现场测试或检验"，这标志着室内的环境污染状况已被国家建设部门正式纳入商品住宅工程质量验收考核内容。自此，民用建筑室内环境污染控制工作正式拉开了序幕。

二、GB 50325 标准编制过程简述

2000 年 8 月初，建设部委托河南省建设厅正式组织成立《民用建筑工程室内环境污染控制规范》国家标准编制组，标准编制组由河南省建筑科学研究院牵头，会同其他 6 个参编单位一起开始该标准的编制工作。

在 GB 50325 标准编制过程中，编制组人员广泛收集国内外资料，深入现场调查研究，走访建筑工程企业、建材生产厂家、工程监督管理及检测等部门，广泛了解工程实际情况，深入考察工程建设全过程中的环境污染问题，为标准编制积累了大量资料。

国家领导人及原建设部领导对标准编制给予极大关注，有力推动了编制工作进程。时任国务院副总理的温家宝同志曾两次批示："此事关系居民身体健康，应引起重视"和"此事应抓紧，因社会日益关注，且影响人民的身体健康。"

经过将近一年半的紧张工作，《民用建筑工程室内环境污染控制规范》GB 50325-2001 作为我国第一部关于民用建筑工程室内环境污染控制的国家标准，通过了由建设部组织的评审鉴定，并于 2001 年 11 月发布，2002 年 1 月 1 日起执行。结束了我国民用建筑工程室内环境污染控制无标准可依的历史，为建造安全舒适的民用建筑创造了条件，为保障人民健康发挥了积极作用。

三、GB 50325 标准第一次修订

从无到有，GB 50325 标准虽然对我国室内环境污染控制发挥了巨大作用，但毕竟因为标准涉及的学科多、跨部门多、技术性强，加上当时国内对室内环境污染问题尚未足够重视，基础性研究工作尚处于开始阶段，因此，标准编制中许多需要进一步研究的问题只能放在 GB 50325-2001 标准出台之后继续进行。

GB 50325-2001 标准发布执行后，首先发现在土壤氡对室内环境影响及空气中 TVOC 检测方法等方面存在不少问题，急切需要进一步研究修订。

在这种情况下，2003 年建设部以建标〔2003〕102 号文件下达任务，对 GB 50325-2001 标准进行局部修订，主要工作是开展土壤氡及 TVOC 等检测技术方面的研究。

为了组织好 TVOC 方面的研究工作，标准管理组邀请了 10 个单位参加，进行了几个方面的专题研究。根据工程检测的特殊要求（如工作量大、时间要求急、从事技术工作的人员缺少经验等），研究如何增强"标准"的可操作性，如何提高取样检测的工作质量等。

为进行土壤氡方面的专题研究，原建设部设立了"土壤氡检测技术研究"科技攻关课题。课题分设以下 4 个子课题：①国外土壤氡检测研究；②国内土壤氡浓度历史调查资料汇总、整理、分析研究；③全国 17 个城市土壤氡本底实测调查；④表浅土壤氡异常检测方法研究。课题调查了全国近 500 万平方公里国土面积，统计出全国土壤氡浓度平均值为 7 300Bq/m³，基本掌握了我国土壤氡浓度分布情况，并绘制了我国第一张土壤氡浓度分布图，出版了《中国土壤氡概况》（科学出版社，2006）。

局部修订后的 GB 50325 标准于 2005 年 7 月完成并通过了原建设部评审鉴定，以《民用建筑工程室内环境污染控制规范》GB 50325-2011（2006 年版）发布、执行。

四、GB 50325 标准第二次修订

2008 年 6 月，建设部以建标〔2008〕102 号文件将标准第二次正式修订列入 2008 年标准制修订计划。修订的主要内容包括：①是否增加控制的部分空气污染物种类，是否修改须控制的空气污染物限量值；②进一步明确民用建筑的分类，细化工程勘察设计阶段、施工阶段、验收阶段污染物控制要求；③进一步细化对建筑材料、装修材料的污染物控制限量要求；④进一步细化检测方法等。第二次修订仍然是有针对性的修订。

从 2008 年开始，标准编制组分设了 5 个专题组，分头开展调研，并密切结合 GB 50325 标准的适用范围，注意彼此分工与联系，注意与其他国家标准、行业标准的协调问题；大量收集国内外的相关资料，尽量利用国内已有科研成果，同时开展了若干专题研究。经过反复认真讨论，形成了以下结论性意见：

（一）关于是否增加空气中控制的污染物种类及是否部分修改 GB 50325 标准中控制的空气中污染物限量值问题

考虑到：① GB 50325 标准主要面对的是建筑材料产生的污染问题；②本着"普遍存在且危害严重的污染物首先控制，逐步扩大控制范围"的原则，同时，在参考了国际标准等的基础上，认为：暂不增加甲苯、二甲苯等室内空气污染物控制指标。

（二）关于是否部分修改民用建筑的分类

例如，办公楼的归类问题，食堂饭厅、食品冷库、地下半地下旅馆及商店的进一步分类解释问题。研究结论是：办公楼仍归属 Ⅱ 类民用建筑，食堂饭厅、地下半地下旅馆及商店归属 Ⅱ 类，食品冷库不归属 GB 50325 标准管理范围。

（三）关于细化工程勘察设计阶段、施工阶段、验收阶段的污染物控制要求

经过研究，编制组形成如下意见：

（1）关于在 GB 50325 标准中是否提出分户验收问题。"分户验收"是指住宅工程在按照国家标准要求内容进行工程竣工验收时，对每一户及单位工程公共部位进行的专门验收，并在分户验收合格后出具工程质量竣工验收记录。当时多个城市已经开展的"分户验收"的检测项目主要依靠观感以及简单的现场测量，例如，测试墙面空鼓、目测是否有裂缝、起砂现象，外墙是否有渗漏现象，屋面是否有渗漏积水等，均不包括室内空气污染物浓度等技术要求较高的检测项目。另外，从经济可行性来看，室内环境检测项目费用较高，不适合全数检验（其他检测项目，如结构检测、节能检测也都是抽样检测）。

实际上，室内空气污染主要来自建筑材料和装修材料，在建设过程中，同一座建筑物在使用同样材料的情况下，室内污染物水平一般应差别不大（受施工水平影响造成的波动不大），根据当时抽样检测的情况来看，只要抽样具有代表性，GB 50325 标准中 5% 的抽样比例基本可以反映出建筑物室内空气质量。因此，第二次修订中，未对"分户验收"提出要求。

（2）根据当时许多建筑物由于过度密封、新风补充不足、室内环境污染超标频频出现的现实情况，修订中提出了原则性建筑物内新风补充的要求。

（3）关于毛坯房与精装修房室内环境检测的分别要求问题。人们经常所说的"毛坯房"只是一个通俗的称谓，并没有一个准确的定义，因此，在"毛坯房"情况下的污染源有所差异，例如，墙面的粉刷情况就有水泥砂浆无饰面、罩白、使用水性涂料饰面等多种情况。针对"毛坯房"的这一情况，编制组调研了河南、天津、海南等十几个省市的 200 多项工程，从中可以看出，毛坯房的污染源主要来自墙面粉刷、内门油漆、外加剂、厨房卫生间使用的防水涂料等，产生的污染物仍然包括甲醛、苯、氨、TVOC 和氡。因此，不可因为是"毛坯房"而减少工程验收时的检测指标。当然，在充分掌握污染源的情况下，减少某项检测指标是可以的。

（4）关于"工程验收阶段发现污染物超标后是否提出具体治理措施要求"问题。编制组调研了国内外有关资料，并进行了十多种治理产品相关实验，结论意见：维持 GB 50325-2001（2006 年版）标准第 6.0.19 条内容和原则提法，暂不进一步提出具体的治理要求。

（四）关于进一步细化建筑装修材料的污染物控制要求问题

GB 50325-2010 标准中进一步细化了建筑装修材料的污染物控制要求，并增加了相应附录内容。

（五）关于进一步细化取样检测方法问题

GB 50325-2010 标准中进一步细化了取样检测方法，并增加了相应附录内容。

GB 50325-2010 标准修订"征求意见稿"形成后，于 2009 年 8 月初分发到全国各地征求意见。从反馈意见可以看出，公众对"征求意见稿"总体是肯定的，标准编制组采纳了大部分建议。

修订后的 GB 50325 标准于 2009 年 12 月 9 日通过了由住房和城乡建设部及河南省住

房和城乡建设厅组织的审查委员会的审查，以《民用建筑工程室内环境污染控制规范》GB 50325-2010 发布、执行。

五、GB 50325 标准第三次修订

为支持石材行业放开使用大理石石材，GB 50325 标准第三次局部修订对 GB 50325-2010 标准的第 5.2.1 条强制性条文进行了修订。

2012 年 6 月初，中国石材工业协会找到《民用建筑工程室内环境污染控制规范》国家标准管理组，提出：多方资料表明大理石石材放射性均不超标，GB 50325 国家标准应允许放开使用，不应再对石材进场提出进行放射性检验要求。

为了解除对大理石石材的使用限制，支持石材行业发展，河南省建筑科学研究院于 2012 年 6 月向住建部提交请示报告，申请对《民用建筑工程室内环境污染控制规范》GB 50325-2010 个别条款进行修订。住房和城乡建设部标准定额司复函河南建筑科学研究院，要求由"规范"主编单位河南省建筑科学研究院出面组织进行《民用建筑工程室内环境污染控制规范》局部修订。由于本次局部修订内容单一，事实清楚，标准定额司指示修订过程可以简化，因此，标准编制组只开了一次会议，"征求意见稿"在较小范围内征求了意见即形成标准局部修订"送审稿"，后经函审通过。这次修订重点是放开作为装饰材料使用的大理石石材的使用限制，同时，又不至对整个建筑材料的放射性控制造成负面影响，经反复研究，仅对 GB 50325-2010 的第 5.2.1 条（强制性条款）进行了修改，形成了 GB 50325 标准的 2013 年版，即 GB 50325-2010（2013 年版）。

六、GB 50325 标准第四次修订

（一）第四次修订的必要性

标准虽然已经进行了三次修订，但是，从根本上说，由于标准涉及面广，编制时间紧，许多基础性研究欠缺，因此，标准内容仍然存在诸多不够完善之处。为了进一步完善本标准，标准编制组所在单位从 2005 年起，一直在不断开展多方面研究，先后完成了"中国土壤氡概况""中国室内氡研究""中国室内环境概况调查研究"等大型调查研究课题，弄清了与室内环境污染相关的诸多问题，同时，还相继编制了国家现行标准《民用建筑氡防治技术规程》JGJ/T 349、《建筑室内空气污染简便取样仪器检测方法》JG/T 489-2016、《民用建筑室内空气中氡检测方法标准》T/CECS 569-2019、《室内空气中苯系物及总挥发性有机化合物检测方法标准》T/CECS 539-2018、《民用建筑绿色装饰装修设计材料选用技术规程》T/CECS 621-2019 等，这些研究成果和标准为完善室内环境污染控制提供了有力技术支撑。

1. "中国室内氡研究"课程研究主要结论

"中国室内氡研究"涉及的城市有 10 个：乌鲁木齐、西宁、信阳、徐州、苏州、昆山、诸暨、厦门、广州、深圳。为了弥补现场调查研究的条件局限性，课题组以深圳市建筑科学研究院为依托，设计建造了我国第一台模拟室内氡 - 土壤氡关联性研究的"土圈 - 模拟房专用实验装置"，设计建造了我国第一座模拟室内氡 - 建筑材料及室内氡 - 通风等

工程研究的"专用氡模拟实验房"，并利用这些设施开展了一系列专项研究实验。10个城市的室内氡影响因素研究与专用设施研究相结合，提供了大量研究数据，为了解我国室内（主要是住宅）氡水平现状、影响因素提供了丰富的第一手资料。其主要研究成果有：

（1）初步统计出目前中国的室内氡浓度水平。10个城市住宅室内氡浓度全年平均值36.1Bq/m³，在居民正常生活条件下，室内氡浓度检测结果超过100Bq/m³的仅有23户，仅占被调查总户数的3.3%；超过150Bq/m³的有7户，仅占被调查总户数的1.0%；超过200Bq/m³的仅有1户，占总户数的0.14%（需要说明的是：①本次调查多数城市位于南方，在居民正常生活条件下，全年门窗打开时间较长，因此，氡浓度平均值偏低；②氡浓度测量与GB 50325标准要求的工程验收检测的门窗关闭情况不一样，因此，与验收检测比较，统计的氡超标率偏低）。

（2）明确土壤氡渗入是建筑物低层室内氡主要来源之一（10个城市调查），8个城市住宅一层室内氡浓度 – 周围土壤氡浓度相关系数范围：0.16～0.90。

（3）明确通风可有效降低室内氡浓度（10个城市调查，以下仅列举季节、昼夜变化图表说明）。

（4）明确建筑物建成后，地表下土壤氡浓度会急剧增加，从而大大增加了土壤氡渗入建筑物内的风险。

（5）明确土地面房屋室内氡问题突出。

（6）明确砖土地面室内氡问题依然突出。

（7）明确地面裂缝氡渗入突出。

（8）明确土壤氡对室内的影响基本上限于地下室、一楼，其次是二楼，三楼以上可以不必考虑。

（9）明确建筑主体材料的氡析出率是决定室内氡浓度的主要因素之一。

（10）明确建筑物内墙的水泥砂浆抹面（约2cm厚）对墙体材料的氡析出只起延缓作用。

（11）明确加气混凝土砌块、空心砌块等墙体材料建筑室内氡浓度超标风险大，应予以关注。

（12）明确总体积不变情况下，加气混凝土砌块表面单位时间氡析出总量基本不变。

（13）明确加气混凝土砌块氡析出率随含水率增加而增加。

（14）明确加气混凝土砌块氡析出率随环境温湿度变化无明显变化。

2."中国室内环境概况调查与研究"课题研究主要结论

"中国室内环境概况调查与研究"课题需要弄清的问题包括："我国目前室内环境污染状况究竟如何？""目前存在的主要问题是什么？如何解决？"等。

课题技术路线是：从现场实测调查入手，采用统计分析方法，找出对自然通风房屋室内环境污染有影响的装修材料污染物释放量、装修材料使用量、房间通风换气次数以及门窗关闭时间、装修完工时间、温度、家具污染等主要因素与室内环境污染情况的相关性，求解主要影响因素的相关参数，然后编制成规范性标准，供装修设计、施工使用。

现场实测调查能否满足课题要求，关键在于两点：一是必须有足够的样本量，必须采集到能代表各种情况下的成千上万的海量数据。据测算，现场测试调查房屋应在 1 000 栋以上，房间应在 5 000 间以上；二是现场实测调查项目必须要细，要涵盖对室内环境质量有影响的所有要素。为此，课题要求：每一个被调查房间都要进行现场实测并提交以下约 30 项数据信息：民用建筑分类；现场检测日期、时间；装修人造板使用量（m²）；实木板材使用量（m²）；复合木地板使用量（m²）；地毯使用量（m²）；壁纸、壁布使用量（m²）；活动家具类型、数量及折合人造板量（m²）；门及窗材质及使用量（m²）；装修完工到现场实测的历时（月）；室内污染源初步判断；室内净空间容积（m³）；门材质及密封性直观评价（良、一般、差）；窗材质及密封直观评价（良、一般、差）；现场温度（℃）、湿度（RH%）；房间通风方式（自然通风、中央空调）；测前对外门窗关闭时间（h）；室内甲醛浓度（酚试剂分光光度法）；室内 TVOC 浓度（气相色谱法）；TVOC 中"9 种识别成分"占 TVOC 百分比等；专项进行的工作有室内苯浓度、氨浓度、通风换气率测定等实测调查研究。

参加课题研究单位共有 20 个：泰宏建设发展有限公司、河南省建筑科学研究院／国家建筑工程室内环境检测中心、昆山市建工检测中心、太原市建工检测站、临沂市建工监管处、天津市建材院、山东省建科院、福建省建科院、广东省建科院、宁夏建科院、浙江省建科院、河南省航空物探遥感中心、烟台市建工检测站、温州市质监院、苏州市建科院、珠海市建工监测站、吉林省祥瑞环境检测公司、上海众材工程检测公司、通标（上海）有限公司、新疆建科院，深圳市建筑科学研究院也提供了 2010—2013 年部分资料。

调查的城市有 19 个：郑州、新乡、昆山、太原、济南、烟台、杭州、苏州、珠海、广州、上海、温州、福州、天津、银川、临沂、长春、深圳、乌鲁木齐（2010—2017 年部分资料），共调查Ⅰ、Ⅱ类建筑 2 220 栋（以住宅建筑为主）、6 518 个房间，每房间调查近 30 项目，调查数据总共约 20 万个。

调查研究表明：我国目前室内环境污染严重，突出污染物是甲醛和挥发性有机化合物（VOC）；装修材料使用量大、污染物释放量高、家具污染突出、房间通风换气次数低等是造成室内环境污染的主要原因。

课题主要研究结论如下：

（1）甲醛：Ⅰ类建筑装修后（无活动家具）室内甲醛浓度平均值为 0.087mg/m³，超标率为 33%，最大值为 0.40mg/m³；Ⅰ类建筑装修后有活动家具时超标率为 48%；Ⅱ类建筑装修后超标率为 33%；我国目前总体室内甲醛污染严重。

（2）VOC（装修后）：现状调查表明（装修房，无活动家具）：Ⅰ、Ⅱ类建筑综合：VOC 超标率约为 40%；有活动家具Ⅰ类建筑装修后室内 VOC 浓度为 0.82mg/m³，超标率为 42%，最大值为 14.4mg/m³。Ⅱ类建筑装修后超标率为 44%；我国目前总体室内 VOC 污染严重。

（3）VOC 成分（装修后室内）：80% 房间 VOC 中"9 成分"占比 10% ~ 30%，说明 VOC 成分与十年前相比已有根本变化，苯系物已不是主要成分。

（4）苯（装修后室内）：Ⅰ、Ⅱ类建筑苯总检出率为 2/3，超标率（0.09mg/m³ 以上）为 3%，说明苯污染大大减轻。

（5）氨（装修后室内）：总体污染情况已不突出。

（6）现有门窗密封情况（装修后室内）：门窗密封为"严密"的约占70%，"一般"的约占30%，门窗密封"差"的约占2%。采用示踪气体法对6个城市的130户自然通风住宅进行通风换气率调查，数据统计如表1-1所示。

表 1-1　房间数占比按房间的通风换气率大小分布

通风换气率（次/h）	≥ 1	≥ 0.6	>0.5	>0.4
房间数占比（%）	10	26	30	60

房间数按通风换气率大小分布如图1-1所示。

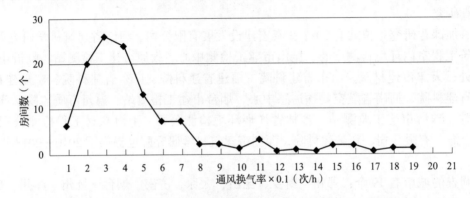

图 1-1　房间数按通风换气率大小分布

可以看出，约70%房间的通风换气率为0.2~0.5次/h（与现场直观评价门窗密封为"严密"的约为70%一致）；间的通风换气率集中分布在0.3次/h附近，代表值可以取0.3~0.4次/h；通风换气率在1.0次/h及以上的房间数占比约为10%；房间的通风换气率在0.6次/h及以上的房间数占比约为26%；房间的通风换气率在0.5次/h及以上的房间数占比约为30%；房间的通风换气率在0.4次/h及以上的房间数占比约为60%。

（7）对外门窗关闭时间与室内甲醛浓度存在相关性（装修后室内）：关闭时间长，室内甲醛浓度升高。

（8）室内环境温度与甲醛浓度存在相关性（装修后室内）：随着温度升高，甲醛浓度总体呈上升趋势，室内温度为29℃时，室内甲醛浓度约是23℃时的1.2倍；室内温度为32℃时，室内甲醛浓度是23℃时的1.2~1.6倍，由此推算，30℃温度下装修材料污染物释放量比温度20℃时增加约为30%，即$g=0.30$。

（9）室内甲醛浓度与VOC浓度变化存在一致性（装修后室内）如图1-2所示。

（10）装修材料使用量负荷比与室内甲醛浓度存在相关性：

人造板使用量负荷比与室内甲醛超标率的相关性如图1-3所示。

房间装修材料总用量负荷比与室内甲醛浓度超标率相关性如图1-4所示。

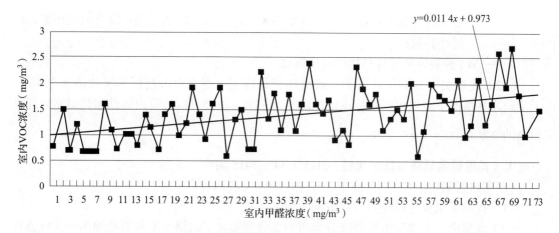

图 1-2　室内甲醛–VOC 浓度相关性

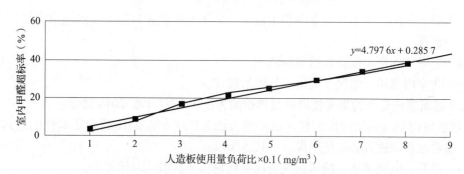

图 1-3　人造板使用量负荷比与室内甲醛超标率相关性

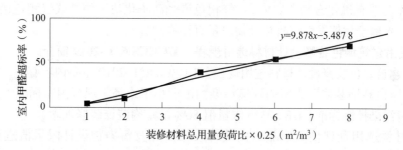

图 1-4　装修材料总用量负荷比（包括家具）与室内甲醛超标率相关性

（11）"中国室内环境概况调查与研究"提供的实测数据统计表明，在常温、装修完工一周后、对外门窗关闭 3h 内条件下，装饰装修材料的甲醛释放量为 0.08mg/m³/（m²/m³），即装饰装修材料使用量负荷比 n 为 1.0m²/m³ 时，室内甲醛浓度统计值为 0.08mg/m³，也就是说，预评估室内甲醛浓度计算值 $c_{\text{估}}$ 可以表示为：

$$c_{\text{估}} = \sum \left(s_{i\text{计}} \cdot n_i \right) \tag{1-1}$$

式中：$c_{\text{估}}$——预评估室内甲醛浓度计算值（mg/m³）；

　　　$s_{i\text{计}}$——第 i 种装饰装修材料甲醛释放量计算值。选用的各类装饰装修材料进行甲醛释放量（含量）实验室测量值 $s_{i\text{实验室}}$ 可分别查现行团体标准《民用建筑绿色装修设计材料选用规程》T/CECS 621 附录 B～附录 G 确定换算出的甲醛释放量计算值；

n_i——第 i 种装饰装修材料使用量负荷比。

（12）现场实测数据统计表明，有活动家具情况下室内甲醛超标率统计值 a 为 48%，无活动家具情况下室内甲醛超标率统计值 b 为 33%，由此可以计算出活动家具对室内环境污染的贡献系数 $j=\dfrac{a-b}{a}\approx 0.30$。

3.《民用建筑氡防治技术规程》JGJ/T 349–2015 简介

《民用建筑氡防治技术规程》JGJ/T 349–2015 主要内容有：

（1）提出了城乡建设规划时的防氡要求。

（2）根据地区土壤氡浓度情况分为四类，分别提出了防治土壤氡影响的不同工程设计措施。

（3）对幼儿园、中小学教室和学生宿舍、老年人居住建筑等的室内氡浓度限量值提出更严格的要求。

（4）进一步细化工程验收的氡检测。

（5）在室内氡超标情况下提出了具体治理建议。

4.《建筑室内空气污染简便取样仪器检测方法》JG/T 498–2016 简介

《建筑室内空气污染简便取样仪器检测方法》JG/T 498–2016 提出了简便的遴选方法、标准，并对这些简便方法的使用提出了具体要求。

（1）甲醛：电化学法、酚试剂现场仪器比色法、扩散式采样器法。

（2）苯：气相色谱光离子化法（微型气相色谱）、扩散式采样器法。

（3）挥发性有机化合物（VOC）：气相色谱光离子化法（便携式气相色谱仪）、扩散式采样器、光离子化挥发性有机化合物总量直接检测法。

5.《民用建筑绿色装修设计材料选用规程》T/CECS 621–2019 简介

《民用建筑绿色装修设计材料选用规程》T/CECS 621–2019 主要内容有：

（1）"绿色装饰装修"为室内环境污染物浓度小于或等于现行国家标准《民用建筑工程室内环境污染控制标准》GB 50325 限量值 80% 的室内装饰装修理念。

（2）材料选用预评估应依据室内装饰装修设计及污染物设计限量值进行计算（第5.0.1 条）。

（3）材料选用预评估应以甲醛作为室内污染物表征物，室内甲醛浓度预评估值不应大于设计限量值（第 5.0.2 条）。

（4）材料选用预评估应按以下步骤进行（第 5.0.3 条）：

1）应依据室内甲醛浓度设计限量值，按本标准附录 A 计算出装饰装修材料总使用量负荷比；

2）应依据装饰装修设计选用的材料和装饰装修材料总使用量负荷比及房间功能要求，分解计算各类装饰装修材料使用量负荷比；

3）应按确定的各类装饰装修材料使用量负荷比选用各类装饰装修材料；

4）各类装饰装修材料应进行甲醛释放量（含量）实验室测定；

5）应依据各类装饰装修材料甲醛释放量（含量）测定值，按现行团体标准《民用建筑绿色装修设计材料选用规程》T/CECS 621 中附录 B ~ 附录 G，计算出装饰装修材料甲醛释放量（含量）计算值；

6）应按下式计算预评估室内甲醛浓度计算值；

$$c_{估} = \sum (s_{i计} \cdot n_i) \tag{1-2}$$

式中：$c_{估}$——预评估室内甲醛浓度计算值（mg/m³）；

　　　$s_{i计}$——第 i 种装饰装修材料甲醛释放量计算值；

　　　n_i——第 i 种装饰装修材料使用量负荷比。

7）应依据预评估室内甲醛浓度计算值，按现行团体标准《民用建筑绿色装修设计材料选用规程》T/CECS 621 中附录 H 得出预评估室内甲醛浓度值；

8）应将预评估室内甲醛浓度值与甲醛浓度设计限量值进行对比，预评估室内甲醛浓度值不大于设计限量值，为合格设计；

9）预评估室内甲醛浓度值大于设计限量值时为不合格设计，应采取以下措施进行修改：应减少装饰装修材料种类或各类材料使用量负荷比；应重新设计选用装饰装修材料，并进行材料选用预评估；当室内通风换气率达不到 0.5 次 /h 时，应增加无动力或有动力通风换气设施。

（5）提出了"绿色装饰装修设计应按有活动家具污染预留净空间和无活动家具污染预留净空间划分，有活动家具污染预留净空间的装饰装修设计为 A1 型，无活动家具污染预留净空间的装饰装修设计为 A2 型"的规定。

（6）提出了"室内通风应符合现行国家标准《民用建筑供暖通风与空气调节设计规范》GB 50736 的有关规定。自然通风的通风换气率不应小于 0.5 次 /h，达不到换气率时应采取有动力或无动力机械通风换气措施"的规定。

（7）提出了"装饰装修选用的材料应进行室内污染物释放量或污染物含量抽查复验"的规定。

（8）提出了"绿色装饰装修设计应根据地域气候特征，按有高温污染预留净空间或无高温污染预留净空间进行设计"的规定。

（9）提出了"民用建筑绿色装饰装修选用的人造板及其制品游离甲醛释放量应符合下列规定：

1）当采用干燥器法测定人造板及其制品的游离甲醛释放量时，其测量值限量不应大于 1.2mg/L；

2）当采用环境测试舱法测定人造板及其制品的游离甲醛释放量时，其测量值限量不应大于 0.10mg/m³"的规定。

（10）提出了"室内通风应符合现行国家标准《民用建筑供暖通风与空气调节设计规范》GB 50736 的有关规定。自然通风的通风换气率不应小于 0.5 次 /h，达不到换气率时应采取有动力或无动力机械通风换气措施"的规定。

6.《建筑室内空气中氡检测方法标准》T/CECS 569–2019 简介

我国民用建筑工程竣工验收室内测氡有如下特点：

（1）《民用建筑工程室内环境污染控制标准》GB 50325–2020 要求民用建筑工程竣工

验收必须进行室内环境污染物（包括氡）检测，超标不能通过验收，不能交付使用。因此，民用建筑工程竣工验收测量室内氡浓度属于国家强制性要求，检测结果关系重大（决定建筑物能否交付使用）。

（2）工程竣工验收检测往往时间紧、工作量大，因此，取样测量过程长的检测活动如长期累积式测氡方法不适用。

（3）工程竣工验收不受季节影响，不分春夏秋冬。我国国土辽阔，检测方法必须适应不同温度、湿度等环境要求；取样检测在工地现场进行，因此，取样测量操作应简便易行，最好现场可以看到检测结果（工程检测习惯）。

（4）民用建筑工程竣工验收进行室内氡浓度取样检测的主要目的是确定其"是否超标"，因此，氡浓度取样检测属于筛选性检测，也就是说，测量值在限量值左右时，检测要过细；明显超过限量值或者明显低于限量值时，测量可以放宽误差要求。

（5）由于我国大范围室内测氡工作起步晚，测氡仪器开发晚，因此，测氡所使用的仪器设备多数属于简单引进或引进改进型（先苏联，后欧美；多为原装机，近年来仿制品逐渐增多）。十多年来，随着越来越多的单位开展测氡工作，那些适合于我国情况的测氡方法使用者越来越多，不适合的测氡方法使用者越来越少。

出于民用建筑工程竣工验收室内氡检测需要，编制了《建筑室内空气中氡检测方法标准》T/CECS 569–2019，以期总结十多年来国内不同行业使用（包括研究改进）测氡方法的经验体会，将那些适用的、用得多的方法肯定下来，逐步推动我国氡测量技术更加规范化，使我国测氡技术整体水平不断提高。

《建筑室内空气中氡检测方法标准》T/CECS 569–2019 主要内容有：

1）明确了民用建筑竣工验收室内氡浓度检测宜采用的四种方法：泵吸静电收集能谱分析法、泵吸闪烁室法、泵吸脉冲电离室法、活性炭盒 – 低本底多道 γ 谱仪法，并应符合表 1-2 的规定。

表 1-2　氡浓度筛选检测方法和探测器类型

检测方法	探测器类型
泵吸静电收集能谱分析法，排除湿度影响	半导体型探测器
泵吸闪烁室法	硫化锌闪烁室 – 光电倍增管
泵吸脉冲电离室法，流气式	流气式脉冲电离室
活性炭盒 – 低本底多道γ谱仪法，排除湿度影响	活性炭盒 – 低本底多道γ谱仪

2）明确泵吸静电收集能谱分析法检测应符合下列规定：

①取样测前，应先开启仪器进行净化，内部相对湿度应小于 10%；仪器取样系统不正常不应投入使用；

②每检测点的取样测量时间不应小于 1h；

③每检测点测量开始时间与前一检测点测量结束的时间间隔不应小于 15min。

3）明确泵吸闪烁室法检测应符合下列规定：

①检测前，仪器取样测量系统不正常不应投入使用；

②每检测点的取样测量时间不小于 1h，"抽气 – 测量 – 排气"取样测量周期为 30min

左右时，测量结果应取第二周期的数据；

③每检测点测量开始时间与前一检测点测量结束的时间间隔不应小于 15min。

4）明确泵吸脉冲电离室法检测应符合下列规定：

①检测前，仪器取样测量系统不正常不允许投入使用；

②每检测点的取样测量时间不应小于 1h。

5）明确活性炭盒 – 低本底多道 γ 谱仪法取样检测应符合下列规定：

①活性炭应为 20~40 目，应烘干并经称重至精度 0.1mg 后密封活性炭盒，取样测量系统应校准或检定，仪器工作状态正常；

②应至少在 30%、50%、80% 三个湿度条件下刻度其体积活度响应系数；

③采样停止 3h 后开始测量；用 γ 谱仪测量氡子体特征 γ 射线峰（峰群）内的计数；测量几何条件应与仪器刻度时应保持一致。

6）明确要求自然通风的民用建筑工程竣工验收，初次检测测量值不符合现行国家标准《民用建筑工程室内环境污染控制标准》GB 50325–2020 限量值规定时的处理：

①采用泵吸静电收集能谱分析法、泵吸闪烁室法、泵吸脉冲电离室法进行室内氡浓度筛选检测，24h 及以上时间的初次检测测量值不符合现行国家标准《民用建筑工程室内环境污染控制标准》GB 50325–2020 限量值规定时，应按《公共场所卫生检验方法　第 1 部分：物理因素》GB/T 18204.1 规定的示踪气体测试法测定房间通风换气次数，并换算出换气率为 0.5 次 /h 时的氡浓度；

②使用活性炭盒 – 低本底多道 γ 谱仪法进行室内氡浓度筛选检测，初次检测测量值不符合现行国家标准《民用建筑工程室内环境污染控制标准》GB 50325–2020 限量值规定时，应按《公共场所卫生检验方法　第 1 部分：物理因素》GB/T 18204.1 规定的示踪气体测试法测定房间通风换气次数，并换算出换气率为 0.5 次 /h 时的氡浓度；

③初次检测测量值换算出的室内氡浓度不超标的，应采取有效措施提高室内通风换气率，使其达到大于 0.5 次 /h 以上，把室内氡浓度降低到现行国家标准《民用建筑工程室内环境污染控制标准》GB 50325–2020 限量值以下，然后，可判定为室内氡浓度值合格。

④换算按下式进行：

$$c_{0.5} = c_0 + \frac{(\bar{c} - c_0)\ \eta_0}{\eta_{0.5}} \qquad (1-3)$$

式中：$c_{0.5}$——换气率为 0.5 次 /h 情况下的室内氡浓度（Bq/m^3）；

$\bar{c}$——24h 或更长时间的室内氡浓度检测结果平均值（Bq/m^3）；

c_0——室外空气中的氡浓度（Bq/m^3），在未测量情况下可取 $10Bq/m^3$；

η_0——被测房间对外门窗关闭状态下的自然通风换气率（次 /h）；

$\eta_{0.5}$——按现行国家标准《民用建筑供暖通风与空气调节设计规范》GB 50736 的要求，自然通风房屋正常使用情况下应满足的通风换气率不小于 0.5 次 /h，取 0.5 次 /h。

7.《室内空气中苯系物及总挥发性有机化合物检测方法标准》T/CECS 539–2018 简介

空气中苯系物及总挥发性有机化合物的检测，国内外相关的吸附管采样 – 热解吸 – 色谱检测的标准方法中，对空气中苯系物的检测，以活性炭吸附管和 Tenax–TA 吸附管采样为主，活性炭吸附管吸附率高、吸附容量大，但存在乙苯、二甲苯解吸率严重偏低、吸附水分影响到后续检测等缺陷，Tenax-TA 吸附管存在对苯吸附率严重偏低的缺陷，降低了检测方法准确度；对空气中总挥发性有机化合物的检测，Tenax-TA 吸附管存在低沸点组分吸附率严重偏低的缺陷，降低了检测方法准确度。国际标准 ISO 16000-6：2011 *Determination of volatile organic compounds in indoor and test chamber air by active sampling on Tenax TA sorbent, thermal desorption and gas chromatography using MS or MS-FID* 采取了多管串联方式采样的措施，将苯的吸附率提高到 95%，缺点为检测工作量数倍增大；《民用建筑工程室内环境污染控制技术规程》DBJ 15-93-2013 采取增加吸附剂用量、降低采样量和限制采样温度三个措施，将苯的吸附率提高到 95%，但降低采样量增大了背景值对准确度的影响，且检测方法不能适用于 30℃以上空气的采样。

据此，编制组参考了 ISO 16000-6：2011 Annex D *Determination of volatile organic compounds in indoor and test chamber air by active sampling on Tenax TA sorbent, thermal desorption and gas chromatography using MS or MS-FID*，以 T-C 复合吸附管采样对苯、甲苯、对二甲苯、间二甲苯、邻二甲苯、乙苯、苯乙烯、正戊烷、正己烷、正壬烷、正十一烷、甲基环己烷、1- 辛烯、三氯乙烯、2- 乙基 -1- 己醇、苯甲醛、丙二醇单甲醚、乙二醇单丁醚、乙酸乙酯、乙酸丁酯等组分采样检测的吸附率、解吸率、精密度、回收率进行了多年研究，取得了吸附率大于 98%、检测精密度小于 10%、回收率在 90%~110% 范围的研究成果。依据此成果，编制组进行了温度影响、湿度影响、浓度影响、解吸时间影响、标准曲线相关系数、平行标准曲线斜率重现性、方法精密度、方法正确度（偏倚）、方法检出下限等的大量验证实验，在 GB 50325-2010（2013 年版）标准附录 F 及附录 G 基础上，GB 50325-2020 标准在苯系物检测中，采用 T-C 复合吸附管和石墨化炭黑 -X 吸附管为采样管，提高了苯系物检测的解吸率；在总挥发性有机化合物检测中增加了 7 种需识别组分，提高了检测方法对民用建筑工程室内空气中苯系物及总挥发性有机化合物检测的适用性；增加了 T-C 复合吸附管为采样管，克服了低沸点目标物吸附率严重偏低的缺陷，提高了检测方法准确度和可靠性，有利于提高工程合格判断的准确性和可靠性。

（二）第四次修订的简要工作过程

2016 年，GB 50325 标准的第四次修订工作启动。首先，进行了国内外广泛调研，完成了住建部"中国室内环境概况调查与研究"课题，基本摸清了我国目前室内环境质量状况，找出了主要影响因素及影响大小，为全方位解决自然通风房屋装修污染问题提供了技术支持。修订过程中，召开了两次编制组会议，进行了两轮"征求意见稿（内部）讨论稿"内部讨论（电子邮件形式）；由标准主编单位牵头，配套编制了 3 个 CECS 标准（《室内空气中苯系物及总挥发性有机化合物检测方法标准》T/CECS 539-2018、《建筑室内空气中氡检测方法标准》T/CECS 569-2019、《民用建筑绿色装修设计材料选用标准》T/CECS 621-2019）；按规定完成了《民用建筑工程室内环境污染控制规范》GB 50325-2010 修订"征求意见稿"的网上和定向征求意见；在征求意见的基础上，对标准"征求意见稿"进行了修改，形成"送审稿"；"送审稿"审查会于 2019 年 1 月 24 日在杭州召开，会议认为标准"送审稿"符合送审要求，并通过审查后根据审查会审查意见对"送审稿"进行修改，最后形成《民用建筑工程室内环境污染控制标准》GB 50325"报批稿"。

（三）第四次修订的主要内容

《民用建筑工程室内环境污染控制标准》GB 50325 修订前条文一共 119 条，其中强制性条款 24 条；修订后条文共 117 条，其中强制性条款 18 条，标准章节划分、基本内容没有变化，主要修订内容有：

（1）室内空气中控制的污染物新增加了甲苯、二甲苯。近年来现场调查表明，装饰装修中，致癌物苯使用量明显减少，一般苯系物甲苯、二甲苯使用量有所增加，为了减少污染危害，增加了材料中及空气中甲苯、二甲苯的控制限量要求。

（2）细化了装饰装修材料分类，并对部分材料的污染物含量（释放量）限量及测定方法进行了调整。随着装饰装修材料种类越来越多，为加强监督管理，有必要细化装饰装修材料分类，并对部分材料的污染物含量（释放量）限量及测定方法进行了调整。

（3）保留了人造板甲醛释放量测定的环境测试舱法和干燥器法（删除穿孔法）。修订前，本标准对人造板甲醛释放量测定采用环境测试舱法、干燥器法、穿孔法三种方法，与《室内装饰装修材料　人造板及其制品甲醛释放限量》GB 18580-2001 一致。新修订的《室内装饰装修材料　人造板及其制品甲醛释放限量》GB 18580-2017 标准考虑到人造板生产过程中质量控制的特殊需要，允许人造板生产过程中质量控制使用干燥器法（《人造板及饰面人造板理化性能试验方法》GB/T 17657），对于一般材料的甲醛检测仅允许使用气候箱法。这一变化将给装饰装修过程中的甲醛检测带来新问题，因为，装饰装修工程中人造板测定时间不能太长（与人造板生产过程的情况类似），否则将影响施工，因此，GB 50325-2020 标准保留使用环境测试舱法和干燥器法。

（4）对室内装饰装修材料选用提出了具体要求。"中国室内环境概况调查与研究"课题提供的研究数据表明，装饰装修材料使用量大、材料污染物释放量高、房屋通风换气率低是我国目前室内环境污染居高不下的主要原因，因此，本次 GB 50325 标准修订明确提出："装饰装修设计过程中，要对室内环境污染水平进行预评估，要控制装饰装修材料使用量负荷比和材料污染物释放量，装饰装修部品、部件宜工厂加工制作、现场安装"（GB 50325-2020 标准第 4.1.2 条）。

（5）对自然通风的Ⅰ类民用建筑的最低通风换气次数提出具体要求。修订前，GB 50325-2020 标准第 4.1.4 条规定："采用自然通风的民用建筑工程……Ⅰ类民用建筑工程需要长时间关闭门窗使用时，房间应采取通风换气措施。"由于条文内容要求不具体，因此，如何确保房屋通风换气难以落实。本次修订，第 4.1.4 条修改为："夏热冬冷地区、寒冷地区、严寒地区等采用自然通风的Ⅰ类民用建筑工程最小通风换气次数不应低于 0.5 次 /h，必要时应采取机械通风换气措施。"

（6）完善了建筑物综合防氡措施。由于在 2006—2010 年完成"中国室内氡研究"课题基础上，编制了现行行业标准《民用建筑氡防治技术规程》JGJ/T 349，细化了高土壤氡情况下的民用建筑氡防治技术要求，因此，本次标准修订明确提出：当民用建筑工程场地土壤氡浓度大于或等于 50 000Bq/m³ 或土壤表面氡析出率平均值大于或等于 0.3Bq/（m²·s）时，应参照现行行业标准《民用建筑氡防治技术规程》JGJ/T 349 的规定采取建筑物综合防氡措施（GB 50325–2020 标准第 4.2.6 条）。

（7）对幼儿园、学校教室装饰装修提出了更严格的污染控制要求。近年来，幼儿园、学校教室的装饰装修污染问题引起社会广泛关注，反响强烈，为了严格控制幼儿园、学校教室的装饰装修污染问题，必须提出更加严格要求。本次标准修订，在工程施工阶段，要求幼儿园、学校教室装饰装修应对不同产品、批次的人造木板及其制品的甲醛释放量、涂料的挥发性有机化合物含量、橡塑类铺地材料的挥发物释放量进行抽查复验（GB 50325–2020 标准第 5.2.9 条）；强制性要求在幼儿园、学校教室装饰装修验收时，室内空气中甲醛、苯、甲苯、二甲苯、总挥发性有机化合物的抽检量不得少于房间总数的 50%，并不得少于 20 间，当房间总数不多于 20 间时，应全数检测（GB 50325–2020 标准第 6.0.14 条）。

（8）明确了室内空气氡检测方法。修订前，关于室内测氡，标准未提出具体方法（修订前标准第 6.0.6 条："民用建筑工程室内空气中氡的检测，所选用方法的测量结果不确定度不应大于 25%，方法的探测下限不应大于 $10Bq/m^3$ ），造成长期以来氡检测具体方法不明确、不规范、检测数据可信度低。"本次标准修订过程中，在总结我国民用建筑竣工验收氡检测特点的基础上，经过对国内外现有测氡方法比对考核和遴选，编制了《建筑室内空气中氡检测方法标准》T/CECS 569–2019，明确适合于工程竣工验收室内氡检测宜采用泵吸静电收集能谱分析法或者泵吸闪烁室法、泵吸脉冲电离室法、活性炭盒－低本底多道 γ 谱仪法四种方法。

（9）严格室内空气中污染物控制要求，重新确定了限量值。

氡：考虑到本标准规定自然通风房间的氡检测条件是采取对外门窗 24h 封闭后检测的情况，标准本次修订将 I 类、II 类民用建筑氡浓度限量值均确定为 $150Bq/m^3$ 。

甲醛：I 类民用建筑工程室内甲醛浓度限量值确定为小于或等于 $0.07mg/m^3$ 。

苯：I 类建筑空气中苯限量值从小于或等于 $0.09mg/m^3$ 降低到小于或等于 $0.07mg/m^3$ 。

氨、甲苯、二甲苯：I 类民用建筑工程室内氨、甲苯、二甲苯限量值指标均比现行国家标准《室内空气质量标准》GB/T 18883 更加严格（提升约 25%）。

TVOC：I 类民用建筑工程室内总挥发性有机化合物（TVOC）限量值小于或等于 $0.45mg/m^3$ 。

（10）增加了苯系物及挥发性有机化合物（TVOC）T–C 复合吸附管取样检测方法。修订前，TVOC 采用 Tenax–TA 吸附管方法，空气中苯的测定采用活性炭管采样分析方法，要单独进行，增加了采样分析工作量。本次标准修订过程中，开展了 TVOC 复合吸附管取样检测方法研究，并编制了《室内空气中苯系物及总挥发性有机化合物检测方法标准》T/CECS 539–2018，增加挥发性有机化合物（TVOC）及苯系物的 T–C 复合吸附管取样检测方法，可以简化实验室检测操作工作量，进一步完善并细化了室内空气污染物取样测量方法（GB 50325–2020 标准中附录 D、附录 E）。

第二节　GB 50325–2020 标准适用范围

现行国家标准《民用建筑工程室内环境污染控制标准》GB 50325–2020 的适用范围在第 1.0.2 条里有明确规定："本标准适用于新建、扩建和改建的民用建筑工程室内环境污染控制。"也就是说，标准适用于民用建筑工程（无论是土建或是装饰装修）的室内环境污染控制，不适用于工业生产建筑工程、仓储性建筑工程、构筑物（如墙体、水塔、蓄水池等）和有特殊净化卫生要求的室内环境污染控制（如医院的手术室、化验室、学校的实验室等），也不适用于民用建筑工程交付使用后非建筑装修产生的室内环境污染控制。

GB 50325-2020 标准所称室内环境污染系指由建筑主体材料和装修材料产生的室内环境污染（包括装饰装修过程中产生的固定家具污染；包括有些情况下土壤也会对室内产生影响，例如土壤氡）。至于工程交付使用后自购家具污染，燃烧、烹调等生活工作过程和人们吸烟等所造成的污染等，不属于本标准控制范围。

关于"建筑装饰装修"，目前有几种习惯说法，如建筑装饰、建筑装饰装修、建筑装潢等，只有"建筑装饰装修"的说法与实际工程内容更为符合。现行国家标准《建筑装饰装修工程质量验收规范》GB 50210-2018 中第 2.0.1 条对建筑装饰装修的定义为："为保护建筑物的主体结构、完善建筑物的使用功能和美化建筑物，采用装饰装修材料或饰物，对建筑物的内外表面及空间进行的各种处理过程。"

在实际工作中，标准编制组时常收到各地问及"《民用建筑工程室内环境污染控制标准》GB 50325-2020 与《室内空气质量标准》GB/T 18883-2002 标准有什么区别？"等类似的咨询。可以这样简要回答：两个标准都是室内环境质量控制方面的国家标准，这是相同点，两个标准内容不同点比较多，但首先的不同就是两个标准的适用范围不同。

《室内空气质量标准》GB/T 18883-2002 标准在其适用范围中明确："本标准规定了室内空气质量参数及检验方法。本标准适用于住宅和办公建筑物，其他室内环境可参照本标准执行。"

实际上，建筑物室内污染物不仅产生于建筑材料、装修材料，室外污染物也会进入。室外大气的严重污染和生态环境的破坏，使人们的生存环境恶化，加剧了室内空气的污染。生火做饭等燃烧也会造成室内空气污染，甚至做饭与吸烟是室内燃烧的主要污染，厨房中的油烟和香烟中的烟雾成分极其复杂，目前已经分析出 300 多种不同物质，它们在空气中以气态、气溶胶态存在。其中气态物质占 90%，许多物质具有致癌性。另外，人体自身的新陈代谢及各种生活废弃物的挥发成分也是造成室内空气污染的一个原因。人在室内活动，除人体本身通过呼吸道、皮肤、汗腺可排出大量污染物外，其他日常生活，如化妆、洗涤、灭虫等也会造成空气污染，因此房间内人数过多时，会使人疲倦、头昏。另外，人在室内活动时会增加室内温度，促使细菌、病毒等微生物大量繁殖。特别是在一些中小学校里，情况会更加严重。

从污染属性上来看，使用中的房屋室内环境污染可以分为三大类：

（1）物理性污染，如噪声、电磁波、电离辐射；

（2）化学性污染，如二氧化碳、一氧化碳、氮氧化物、二氧化硫、氨、甲醛、苯及其他挥发性有机物等；

（3）生物性污染，各种病原菌及寄生虫等。

《室内空气质量标准》GB/T 18883-2002 控制的有 19 项指标，如表 1-3 所示。

表 1-3　室内空气质量标准

序号	参数类别	参数	单位	标准值	备注
1	物理性	温度	℃	22~28	夏季空调
				16~24	冬季采暖
2		相对湿度	%	40~80	夏季空调
				30~60	冬季采暖
3		空气流速	m/s	0.3	夏季空调
				0.2	冬季采暖
4		新风量	$m^3/(h \cdot p)$	30[a]	—
5	化学性	二氧化硫（SO_2）	mg/m^3	0.50	1h 均值
6		二氧化氮（NO_2）	mg/m^3	0.24	1h 均值
7		一氧化碳（CO）	mg/m^3	10	1h 均值
8		二氧化碳（CO_2）	%	0.10	日平均值
9		氨（NH_3）	mg/m^3	0.20	1h 均值
10		臭氧（O_3）	mg/m^3	0.16	1h 均值
11		甲醛（HCHO）	mg/m^3	0.10	1h 均值
12		苯（C_6H_6）	mg/m^3	0.11	1h 均值
13		甲苯（C_7H_8）	mg/m^3	0.20	1h 均值
14		二甲苯（C_8H_{10}）	mg/m^3	0.20	1h 均值
15		苯并［a］芘 B（a）P	mg/m^3	1.00	日平均值
16		可吸入颗粒（PM10）	mg/m^3	0.15	日平均值
17		总挥发性有机物（TVOC）	mg/m^3	0.60	8h 均值
18	生物性	菌落总数	cfu/m^3	2 500	依据仪器定[b]
19	放射性	氡（^{222}Rn）	Bq/m^3	400	年平均值（行动水平[c]）

注：a 新风量要求大于或等于标准值，除温度、相对湿度外的其他参数要求小于或等于标准值；

　　b 见 GB/T 18883-2002 标准附录 D；

　　c 达到此水平建议采取干预行动以降低室内氡浓度。

从表 1-3 中项目可以看出，控制项目既包括建筑装修材料可能释放的污染物甲醛、氨、苯系物、氡、VOC 等，还包括建筑物中的人呼吸带来的二氧化碳、细菌等，以及其他内外原因产生的臭氧、一氧化碳、二氧化硫、二氧化氮、苯并［a］芘 B（a）P、可吸入颗粒物等，还包括控制人们正常工作生活环境需要的适当温度、相对湿度、空气流速、新风量。也就是说，《室内空气质量标准》GB/T 18883-2002 是对使用中的民用建筑室内空气质量实施控制的标准，适用于交付使用后的建筑，而现行国家标准《民用建筑工程室内环境污染控制标准》GB 50325-2020 适用于建设过程中的建筑（包括装饰装修，直至工程竣工验收后交付使用为止），一前一后，这可能是两个标准最大的不同。

可以看出，现行国家标准《室内空气质量标准》GB/T 18883-2002 所涉及的室内环境污染问题包括活动家具的污染。《民用建筑工程室内环境污染控制标准》GB 50325-2020 所涉及的室内环境污染不包括活动家具的影响，因为活动家具是房屋用户根据需要和爱好，在房屋交付使用后由使用者自己引入的，不同使用者会引入不同家具，与房屋建设过程（包括装饰装修）没有关系，房屋建设不应对交付使用后引入家具产生的污染承担责任。

但在实际工作中，曾经多次出现"装饰装修后检测合格，家具进入后检测超标"情况，于是，这样一个问题被提了出来："装饰装修后检测合格，家具进入后检测超标，那么，装饰装修的'合格'是合理的吗？"

根据"中国室内环境概况调查与研究"课题调查数据，有活动家具情况下室内甲醛超标率约为 48%，无活动家具情况下室内甲醛超标率约为 33%，由此可以计算出活动家具对室内环境污染的贡献约为 30%（由此可见我国目前活动家具污染问题相当突出）。

本次修订前的 GB 50325-2010（2013 年版）标准没有考虑家具污染问题。本次标准修订时，编制组从人民群众利益出发，没有等待家具行业解决家具污染问题，主动降低了本标准室内甲醛、氨、苯系物、VOC 浓度限量值约为 30%，为建筑物交付使用后的活动家具进入预留了适当净空间。

第三节　纳入 GB 50325-2020 标准控制的污染物

GB 50325-2020 标准第 1.0.3 条明确规定："本标准控制的室内环境污染物包括氡、甲醛、氨、苯、甲苯、二甲苯和总挥发性有机化合物。"

国内外对室内环境污染物进行的大量研究表明，可检测到的有毒有害物质已达数百种，常见的也有 10 种以上，其中绝大部分为有机物，另还有氨、氡气等。GB 50325-2020 标准之所以仅选择氡、甲醛、氨、苯系物和总挥发性有机化合物进行控制（严格讲，VOC 或 TVOC 不是一种污染物，它是多种可挥发有机物的总和，这里只是出于叙述的方便起见，把 VOC 作为一种污染物一起说了），主要考虑到以下三方面因素：一是这些污染物普遍存在，只是多少不同；二是这些污染物对人体危害大；三是国内外资料调研表明，确定这些污染物与国内外标准大体一致。分述如下：

一、氡

氡是一种放射性惰性气体，无色，无味。氡元素有几种同位素：氡 -222（^{222}Rn）、氡 -220（^{220}Rn）、氡 -219（^{219}Rn）等，分别来自不同的镭同位素镭 -226（^{226}Ra）、镭 -224（^{224}Ra）、镭 -223（^{223}Ra）。镭同位素分别由由寿命非常长的铀 -238（^{238}U，半衰期为 4.49×10^{9} 年）、钍 -232（^{232}Th，半衰期为 1.39×10^{10} 年）、铀 -235（^{235}U 半衰期为 7.13×10^{8} 年）衰变而来。^{222}Rn 的半衰期为 3.82 天，^{220}Rn 的半衰期为 54.5s，^{219}Rn 的半衰期为 3.92s。

（一）建筑物室内的氡主要产生于无机建筑材料和无机装修材料，土壤中的氡可能进入建筑物低层室内

据研究考证，地球年龄已有 46 亿年左右，在这 46 亿年的漫长岁月中，形成地球之初的那些许许多多不稳定的原子核（它们会放出 α 粒子、β 粒子、γ 光子等粒子）中，半衰期短的原子核在今天的自然界早已找不到了，甚至半衰期长达几千万年的原子核，现在也很少很少了。但是，的确有半衰期非常长的几种原子核（物质），例如，^{238}U、^{235}U、^{232}Th、^{40}K 等，至今在我们的地球上还能找到，只是数量很少（见表 1-4）。

表 1-4　几种长寿命放射性同位素的半衰期

同位素	^{40}K	^{87}Rb	^{238}U	^{235}U	^{232}Th	^{187}Re
半衰期（×10^9 年）	1.31	47	4.5	0.71	13.9	43

从理论上讲，许多天然放射性物质的辐射危害都是值得关注的。但是，如果同时考虑到这些物质在自然界中的存留量，考虑到它们的辐射类型以及射线粒子的能量等因素后，真正需引起警惕的也就是铀（^{238}U、^{235}U、^{234}U）、钍（^{232}Th）、镭（^{226}Ra）、氡（^{222}Rn）、钾（^{40}K）五种元素（同位素）。其中，^{222}Rn 带来的是内照射问题。^{40}K 带来的是外照射问题，它放射 γ 射线和 β 射线，但 β 射线射程很短，不至于构成危害，^{40}K 的 γ 射线能量很高，射程很长。铀（^{238}U、^{235}U、^{234}U）带来的既有外照射问题也有内照射问题，这是因为，它既有 α 射线，也有 γ 射线和 β 射线，在建筑工程实际工作中，考虑到 β 射线和 α 射线射程短，从建筑材料中射出的可能性不大，不至于构成外照射危害，且铀同位素的 γ 射线相对能量也较小，穿透建筑材料物质并进入空气中后，照射人体的危害较小，所以，在评价放射性物质的危害时，往往不再把铀的 γ 射线和 β 射线作为防范的主要对象；^{232}Th 的 γ 射线能量较高，射程较长，需考虑外照射危害。^{226}Ra 情况较为复杂，一方面，它的 γ 射线能量较高，射程较长，可以构成外照射危害；另一方面，它的衰变产物就是 ^{222}Rn，^{222}Rn 在空气中的多少与 ^{226}Ra 直接相关，也就是说，^{226}Ra 既要考虑内照射危害，又考虑外照射危害。以上四种天然放射性核素的主要辐射特征见表 1-5。

表 1-5　四种天然放射性核素的主要辐射特征

核素名称	内外照射关系	γ 射线能量（keV）
^{238}U	外照射	186.0
^{232}Th	外照射	238.0
^{226}Ra	内、外照射	352.5
^{40}K	外照射	1 460.0

自然界中天然的岩石、砂子、土壤，无不含有铀、钍、镭、钾等长寿命天然放射性同位素（绝对不含天然放射性核素的物质是没有的）。只是在一般情况下，它们在天然物质材料中的含量极低（在我国，铀含量超过万分之几即为"矿"，值得开采）。

建筑物使用的无机建筑装修材料几乎全以天然土石为原料（砖、瓦、水泥、砂、花岗岩、大理石、石膏等属于此类），矿渣及工业生产的废渣开展综合利用后也成为建筑材料或装修材料，如煤矸石砖、粉煤灰制品（灰渣砖、掺粉煤灰的水泥、粉煤灰加气混凝土、砌块）等。有的地方甚至用赤泥（生产氧化铝后的废矿渣）以及铀矿山的废矿石等作为建筑材料的。

因此，建筑物使用的砖、水泥、砌块、混凝土等建筑材料以及卫生陶瓷、瓷砖等材料无不含有铀、钍、镭、钾放射性同位素，产生的氡有些会从建筑物的墙壁、地板、楼板里跑到室内，这就是室内氡的主要来源。

自然界中的铀，有三种同位素，它们的半衰期差别很大，在自然界中的存留量差别也很大（见表 1-6）。

表 1-6　天然铀的成分

同位素名称	重量百分比（%）	半衰期（年）	α 放射量（%）	α 粒子能量（MeV）
^{238}U	99.28	4.5×10^9	48.9	4.18
^{235}U	0.714	7.1×10^8	2.2	4.4
^{234}U	0.005 48	2.48×10^5	48.9	4.8

铀同位素中半衰期最长的是 ^{238}U，其衰变过程为：

$$^{238}\text{U} \xrightarrow{\alpha} {}^{234}\text{Th} \xrightarrow{\beta} {}^{234}\text{Pa} \xrightarrow{\beta} {}^{234}\text{U} \xrightarrow{\alpha} {}^{230}\text{Th} \xrightarrow{\alpha} {}^{226}\text{Ra} \xrightarrow{\alpha} {}^{222}\text{Rn} \xrightarrow{\alpha} {}^{218}\text{Po} \xrightarrow{\alpha}$$

$$^{214}\text{Pb} \xrightarrow{\beta} {}^{214}\text{Bi} \xrightarrow{\beta} {}^{214}\text{Po} \xrightarrow{\alpha} {}^{210}\text{Pt} \xrightarrow{\beta} {}^{210}\text{Bi} \xrightarrow{\beta} {}^{210}\text{Po} \xrightarrow{\alpha} {}^{214}\text{Pb}$$

从 ^{238}U 的衰变过程看，值得关注的有这样几点：

（1）放射出一个 α 粒子后，铀原子核变成了钍元素的原子核，这个钍元素原子核的原子量是 234，它仍然不稳定，是放射性的，继续衰变，一直进行下去，直至衰变成铅 –214（^{214}Pb），^{214}Pb 是稳定的同位素原子核，不再衰变。在这个衰变链中间，所有的原子核都是放射性的。

（2）^{238}U 的衰变链中的每一种放射性同位素，作为前一级母原子核的衰变子体，在衰变过程中，与前一级母原子核处于平衡状态。由于 ^{238}U 的衰变期很长，因此，至今衰变链中的所有同位素，在自然界中仍有存在，如 ^{226}Ra、^{222}Rn。

（3）在 ^{238}U 之后的 14 级衰变中，只有 ^{222}Rn 是气体的放射性元素，且是惰性气体。也就是说，其他所有的衰变产物，随 ^{238}U 原子而生、而灭、而存在，^{238}U 存在于岩石中，它们也就存在于岩石中。只有 ^{222}Rn 产生后，由于它是惰性气体，半衰期为 3.82 天，在 ^{222}Rn 原子核衰变以前，有足够时间，会有一部分从岩石中跑出来，这就是大气空气中氡的来源。

国内外调查研究表明，除了无机建筑材料和装修材料外，土壤里的氡也会成为建筑低层室内氡气污染的重要来源，氡气可以从土壤里通过土壤的孔隙、地板的裂缝及管道的孔洞等途径进入我们室内环境，在封闭的房屋中氡气能够累积到很高的水平。美国和俄罗斯利用已有的航空放射性探测资料，绘制了全国的氡危害预测图，然后在重点地区开展了地面测量工作。美国地调局和环境署合作对美国的氡危害做了调查，结果表明，35% 人口居住在氡危害较大的地区，全国有 800 万户住宅的室内氡气含量超标，每年因氡而患肺癌死亡人数约为 2 万人。

国内外研究表明：现代城镇住宅辐射污染主要来自建筑材料引起的内照射，高层住宅内氡气 60% ~ 70% 来源于建筑材料。由于我国大量的工业矿渣被用来制造建筑材料，地热水的开发利用以及矿山不合理开发，使得我国辐射水平呈明显增加趋势。

放射理论计算和国内外大量实际测试研究表明，只要控制了 ^{226}Ra、^{232}Th、^{40}K 这三种放射性同位素，就可以大体控制放射性同位素对室内环境带来的内、外照射危害。

人类每年所受到的天然放射性的照射剂量为 2.5 ~ 3mSv，其中氡的内照射危害约占了一半，因此控制氡对人的危害，对于控制天然放射性照射具有重要的意义。

WHO 建议重视室内氡的污染，要善于发现高氡房屋，并采取必要的降氡措施或积极的补救性的改造。鼓励建筑商对新建房屋从工程上采取防氡技术处理，这些技术包括地板隔膜、土壤减压等。建议各国建立国家范围的氡政策，关注生活在高氡暴露区的人群健康，提高公众对氡健康风险的科学认识，采取可行性措施降低国家室内氡的平均水平。

（二）氡的放射性危害是造成肺癌的重要原因

放射性物质的放射危害，主要是通过其放射的射线对人体细胞基本分子结构的电离，破坏了细胞分子结构造成伤害。天然放射性物质放射的射线基本上有三种：α 射线、β 射线、γ（χ）射线。α 射线和 β 射线都是带电粒子，α 粒子在空气或其他物质中造成的电离密集，α 粒子的能量损耗很快，射程（即可以穿透的距离）很短。γ（χ）射线在空气中的电离小，射程长，可以从建筑材料中放射出来，从人体外部对人体构成伤害。

天然放射性物质对人体构成放射危害的另一个途径，就是天然放射性物质进入体内。一般情况下，它们是很难进入体内的，但从岩石、土壤跑到空气中的氡气，却很容易随着人们的呼吸而进入肺部。

自然界中的氡首先应当值得关注的是 ^{222}Rn。氡对人的危害主要来自氡衰变过程中产生的半衰期比较短的、具有 α 放射性的子体产物：钋 –218（^{218}Po）、铅 –214（^{214}Pb）、铋 –214（^{214}Bi）、钋 –214（^{214}Po），这些子体粒子吸附在空气中飘尘上，形成气溶胶，被人体吸入后，沉积于体内，它们放射出的 α 粒子对上呼吸道、肺部产生内照射。由于 α 粒子射程短，在它所经过的路径上，造成原子的电离密集，破坏细胞分子结构，对细胞的伤害十分集中，对细胞的伤害程度很大，修复的可能性也较小。

氡是 WHO 认定的 19 种致癌物之一，是造成肺癌的第二位原因，仅次于吸烟。WHO 认为，氡及其子体的辐射照射是诱发肺癌的重要因素，全球范围内住宅及工作场所内的氡暴露会导致每年超过数十万人死于肺癌，氡暴露是电离辐射中危险度最大的因素之一。最新研究表明，室内氡浓度 $100Bq/m^3$ 就会导致肺癌危险增加 16%。

二、甲醛

甲醛（HCHO）是一种无色水溶液或气体，有刺激性气味；甲醛沸点为 –19.5℃，能与水、乙醇、丙酮等溶剂按任意比例混溶，是强还原剂，其 35% ~ 40% 的水溶液通称为福尔马林。

甲醛的化学反应强烈，价格低廉，在工业生产中广泛应用已有大约一百年历史。甲醛在工业上主要是作为生产树脂的重要原料，例如脲醛树脂、三聚氰胺甲醛树脂、酚醛树脂等，这些树脂主要用作黏合剂。各种人造板（刨花板、纤维板、胶合板等）中由于使用了黏合剂，因而可含有甲醛。新式家具的制作，墙面、地面的装饰铺设，都要使用黏合剂。因此，凡是大量使用黏合剂的环节，总会有甲醛释放。此外，某些化纤地毯、塑料地板砖、油漆涂料等也含有一定量的甲醛。甲醛还可来自化妆品、清洁剂、杀虫剂、消毒剂、防腐剂、印刷油墨、纸张、纺织纤维等多种化工轻工产品。

甲醛还是人体内正常代谢产物之一。既是内生性物质（由蛋白质、氨基酸等正常营养成分代谢产生），也是许多外源性化学物质进入体内后的代谢分解产物，可见甲醛的来源极为广泛。甲醛在体内能很快代谢成甲酸，从呼出气和尿中排出。

武汉理工大学对室内甲醛污染控制技术进行了调查，发现脲醛树脂、酚醛树脂、三聚氰胺甲醛树脂等释放甲醛的过程是一个持续的过程，而且释放量随着季节和气温的变化而变化，所以其长期影响室内环境。例如，检测发现刨花板贴面的书柜，三年后家具内和家具外的甲醛浓度为 $0.46mg/m^3$ 和 $0.098mg/m^3$；而且，在树脂生产、储存以及加工的各个环节，也都存在着严重的甲醛污染问题，例如，脲醛树脂中游离甲醛的浓度一般为 3% 左右，107 胶中的甲醛浓度为 0.5% 左右。此外，有极少量的甲醛是由于木材中的半纤维素分解而释放出来的。

民用建筑室内的甲醛主要来自装饰装修所使用的人造板（实为人造板生产时所使用的树脂胶）以及水性涂料、水性胶粘剂、处理剂等。

我国脲醛胶树脂的年产量很大，人造板（胶合板、刨花板和纤维板）用胶的大部分使用脲醛胶树脂。作为装饰装修使用量最大的人造板是造成室内甲醛污染的主要原因，可见甲醛污染的普遍性。脲醛胶树脂释放甲醛的原因大致如下：

（1）树脂合成时，余留未反应的游离甲醛。

（2）树脂合成时，已参与反应生成不稳定基的甲醛，在热压过程中又回释放出来。

（3）在树脂合成时，吸附在交替粒子周围已质子化的甲醛分子，在电解质的作用下也会释放出来。

人造板材的甲醛释放量与人造板材所用的脲醛树脂胶质量有很大关系。现在市场上有很多生产脲醛树脂胶的厂子规模很小，生产的胶质量很差，主要是脲醛树脂胶中甲醛与尿素的摩尔比偏高，黏结性会好一些，但这种胶的游离甲醛含量高。一些板材生产厂家为了追求利润，在制板过程中多采用这种摩尔比偏高的劣质胶，或以多掺甲醛这种低成本的方法提高板材的黏结强度，从而导致板材甲醛释放量偏高。

2004 年 1 月至 2009 年 12 月，国家建筑工程室内环境检测中心对人造板材甲醛释放量进行了测试，样品 358 个（干燥器法测细木工板、胶合板、饰面板，穿孔法测中高密度板，均以大于相应 E2 类的检测结果为不合格，强化复合木地板以大于相应 E1 类的检测结果为不合格），涉及人造板材的品种有：细木工板、胶合板、饰面板、木地板、中高密度板等。为了解用于装修工程的各种人造板材的甲醛释放量的合格率情况，对检测结果的不合格率进行了统计，统计结果见表 1-7。

表 1-7　358 个人造板材样品的检测结果的不合格率统计

板材类型	检测样本数（个）	不合格样本数（个）	不合格率（%）	变动幅度（mg/L）	平均值（mg/L）	标准偏差（mg/L）
细木工板	142	29	20.4	0.32 ~ 42.8	3.6	5.6
胶合板	133	36	27.1	0.34 ~ 47.3	6.3	10.2
饰面板	41	11	26.8	0.10 ~ 30.7	3.9	5.2
强化复合木地板	27	2	7.4	0.04 ~ 3.86	0.75	0.84
中、高密度板	15	2	13.3	0.12 ~ 45.5	16.1	12.6
总计	358	80	22.3	—	—	—

注：中、高密度板单位为（mg/100g，干材料），实验采用穿孔萃取法。细木工板、胶合板、饰面板采用小干燥器法，木地板采用大干燥器法。

从表 1-7 中数据可以看出，胶合板、饰面板中样品不合格率总体在 27% 左右，细木工板不合格率在 20% 左右，木地板的不合格率为 7.4%。

除了人造板释放甲醛外，有些混凝土外加剂也会释放甲醛。2004 年 11 月至 2005 年 1 月，上海市建设工程质量检测中心浦东新区分中心对市场上的混凝土外加剂进行了污染物甲醛的质量调查，结果见表 1-8。

表 1-8　混凝土外加剂甲醛含量检测结果

种类	主 要 成 分
普通减水剂和高效减水剂	木质素磺酸盐、丹宁多环芳香族磺酸盐、水溶性树脂磺酸盐、脂肪族类
引气剂	松香树脂类、烷基和烷基芳烃磺酸盐、脂肪醇磺酸盐、皂苷类
缓凝剂	糖类、木质素磺酸盐、羟基羧酸及其盐类、无机盐类
早强剂	强电解质无机盐类早强剂：硫酸盐、硝酸盐、氯盐等水溶性有机化合物：三乙醇胺、甲酸盐、乙酸盐、丙酸盐等其他：有机化合物、无机盐复合物
防冻剂	强电解质无机盐类：氯盐类、氯盐阻锈类、无机盐类水溶性有机化合物类；以某些醇类有机化合物为防冻组分的外加剂有机物化合物与无机盐复合类
膨胀剂	硫铝酸钙类、硫铝酸钙 – 氧化钙类、氧化钙类
泵送剂	由减水剂、缓凝剂、引气剂等复合而成的泵送剂
防水剂	无机化合物类：氯化铁、硅灰粉末、锆化合物等；有机化合物类：脂肪酸及其盐类、有机硅表面活性剂、石蜡、地沥青、橡胶及水溶性树脂乳液等
速凝剂	粉状速凝剂：以铝酸盐、碳酸盐等为主要成分的无机盐混合物；液体速凝剂：以铝酸盐、水玻璃等为主要成分，与其他无机盐的复合物

调查发现，树脂类减水剂会释放甲醛。磺化三聚胺甲醛树脂减水剂是目前世界上普遍应用的另一种高效减水剂，也是我国目前使用较多的混凝土外加剂，它的合成是将三聚氰胺与甲醛反应，形成三羟甲基三聚氰胺，然后用亚硫酸氢钠磺化，其单体合成的过程中会

产生甲醛，这也是一些"毛坯房"出现甲醛超标的原因之一。

甲醛危害：甲醛是无色、具有强烈刺激气味的气体，人对甲醛的嗅觉阈通常为 0.06 ～ 0.07mg/m³。

甲醛是原浆毒物，能与蛋白质结合。甲醛的主要危害表现为对皮肤黏膜的刺激作用，甲醛在室内达到一定浓度时，人就有不适感，长时间接触可引起眼红、眼痒、咽喉不适或疼痛、声音嘶哑、喷嚏、胸闷、气喘、皮炎等。皮肤直接接触甲醛，可引起皮炎、色斑、坏死。经常吸入少量甲醛，能引起慢性中毒，出现黏膜充血、皮肤刺激征、过敏性皮炎、指甲角化和脆弱、甲床指端疼痛等。全身症状有头痛、乏力、胃纳差、心悸、失眠、体重减轻以及植物神经功能紊乱等。房间甲醛含量较高是诸多疾病的主要诱因。

国际癌症研究机构（IARC）汇集了 10 个国家的 26 位科学家针对甲醛的致癌性评议后指出，甲醛能导致鼻腔癌和鼻窦癌，确认甲醛为第 1 类致癌物。

三、氨

氨（NH_3）是一种无色气体，有强烈的刺激气味，比重为 0.597 1，熔点为 -77.7℃，沸点为 -33.5℃，易被液化成无色液体，易溶于水、乙醇和乙醚。常温下 1 体积水能溶解 700 体积的氨，溶于水后形成氢氧化氨，俗称氨水。氨是制造尿素及其他氮肥的主要原料。

民用建筑室内空气中的氨主要来自建筑施工中使用的混凝土外加剂。正常情况下，不会出现氨污染室内空气的问题，但一段时间以来，我国北方地区冬季施工大量使用了高碱混凝土膨胀剂和含尿素的混凝土防冻剂，这些含有大量氨类物质的外加剂在墙体中随着温度、湿度等环境因素的变化缓慢释放出被还原的氨气，造成室内空气中氨的浓度不断增高。

另外，室内空气中的氨也可来自室内装饰材料，比如家具涂饰时所用的添加剂和增白剂大部分都用氨水。一般来说，氨污染释放期比较快，不会在空气中长期大量积存。

氨的危害：低浓度的氨对眼睛和潮湿的皮肤会迅速产生刺激作用。氨气可通过皮肤及呼吸道引起中毒，嗅阈为 0.1 ～ 1.0mg/m³（Ⅰ类民用建筑室内限值定为 0.2mg/m³），引起嗅觉反应的最低浓度为 2.7mg/m³，人们吸入浓度 22mg/m³ 的氨气，5min 即引起鼻干。因极易溶于水，对眼、喉、上呼吸道作用快，刺激性强，轻者引起充血和分泌物增多，进而可引起肺水肿。长时间接触低浓度氨，可引起喉炎、声音嘶哑，严重时可致咯血及肺水肿，呼吸困难，患者有咽灼痛、咳嗽、咳痰或咯血、胸闷和胸骨后疼痛等；重者，可发生喉头水肿、喉痉挛而引起窒息，也可出现呼吸困难、肺水肿、昏迷和休克。

四、苯

苯（C_6H_6）是组成结构最简单的芳香烃，在常温下为一种无色、有甜味、油状的透明液体，其密度小于水，具有强烈的特殊气味。苯是一种石油化工基本原料。苯不溶于水，易溶于有机溶剂，本身可作为有机剂。苯具有易挥发、易燃、蒸气有爆炸性的特点。

建筑物室内空气中的苯主要来自建筑装饰中使用的溶剂性涂料、溶剂性胶粘剂。由于涂料品种繁多，所使用的成分也十分复杂，各种溶剂、稀释剂、着色剂、催干剂、树脂、油类、固化剂等不下上百种。在成膜和固化过程中，溶剂性涂料所含有的苯类等可挥发成分会从涂料中释放出来，造成空气污染。

苯的危害：苯对人体有很大危害，与苯接触初期时齿龈和鼻黏膜处有类似坏血病的出血症，并出现神经衰弱样症状，表现为头昏、失眠、乏力、记忆力减退、思维及判断能力降低等症状。以后出现白细胞减少和血小板减少，严重时可使骨髓造血机能发生障碍，导致再生障碍性贫血，长期吸入苯能导致再生障碍性贫血。若造血功能完全被破坏，可发生致命的颗粒性白细胞消失症，并可引起白血病。近些年来很多劳动卫生学资料表明：在长期接触苯系混合物的工人中，再生障碍性贫血罹患率较高。国际癌症研究机构（IARC）确认苯为第1类致癌物。

五、VOC（可挥发有机化合物）及甲苯、二甲苯

国际上对室内挥发性有机物污染的研究已有30多年的历史，术语"挥发性有机物（VOC）"最初是用来指参与室外大气光化学反应的一类含碳化合物，它们的来源十分广泛。

甲苯、二甲苯属于苯的同系物，都是煤焦油分馏或石油的裂解产物。甲苯、二甲苯都是无色、有芳香气味、易挥发、易燃的液体，均微溶于水，易溶于二硫化碳等溶剂。目前室内装饰中多用甲苯、二甲苯代替纯苯做各种涂料、胶粘剂和防水材料的溶剂或稀释剂。

VOC在室内环境中普遍存在，在非职业室内环境中，甚至可以检测到上百种VOC，按其化学结构可大致分为八大类：烷类、芳烃类、烯类、卤烃类、酯类、醛类、酮类和其他化合物，其中一些物质具有致癌、致畸、致突变毒性。WHO根据有机物的沸点，将室内有机化学污染物分成了四类（表1-9），表1-10列出了一些在室内空气中常被检测的有害VOC物质［部分被列入美国国家环境保护局（EPA）的有害环境空气污染物（HAPs）名单］及其潜在室内来源，可以看出，这些VOC主要来源于各种室内建筑装修装饰材料。

表1-9　室内有机化学物的标准分类（WHO）

分类	沸点范围（℃）	一般采样方法	例子
超挥发性有机物（VVOC）	0～（50～100）	间歇式采样；活性炭吸附	甲醛
挥发性有机物（VOC）	（50～100）～（240～260）	Tenax、碳分子筛或活性炭吸附	苯、甲苯、二甲苯、苯乙烯
半挥发性有机物（SVOC）	（240～260）～（380～400）	聚氨酯泡沫体或AXD-2吸附	磷酸三丁烯（TBP）、邻苯二甲酸二辛酯（DOP）
颗粒物载带的有机化合物或颗粒态有机物质（POM）	高于380℃	滤膜采样	磷酸三甲苯酯（TCP）、杀虫剂

表 1-10　一些在室内空气中常被检测的有害 VOC 物种及其潜在室内来源

化合物	潜在室内来源
苯 *	家具、油漆和涂料、木质产品
甲苯	胶粘剂、防水材料和密封剂、地板材料、家具、电器、油漆和涂料、墙壁和天花板材料、木质产品
二甲苯（邻、间、对）	地板材料、家具、电器、油漆和涂料、墙壁和天花板材料
乙苯	地板材料、绝缘产品、电器、油漆和涂料
对二氯苯 *	杀虫剂、地板材料
甲醛 *	地毯、地板材料、家具、HVAC 系统和组件、室内空气反应、绝缘产品、油漆和涂料、装饰品、油漆和涂料、暖气和烹调设备、墙壁和天花板材料、木质产品
乙醛 *	地板材料、HVAC 系统和组件、电器、木质产品
萘	杀虫剂（卫生球）
二氯甲烷 *	家具
三氯乙烯 *	家具
四氯乙烯 *	防水材料和密封剂、装饰品
四氯化物 *	杀虫剂
正己烷	地板材料、家具、油漆和涂料、木质产品
苯乙烯	地毯、地板材料、绝缘产品、家电、装饰品、油漆和涂料、木质产品

注：1　参考 *John D.Spengler，Jonathan M.Samet，John F.Mccarty.Indoor Air Quality Handbook.McGRAW-Hill*，2000。

　　2　"*"表示为 EPA 的有害环境空气污染物 HAPs。

　　大多室内 VOC 以微量或痕量水平存在，随着监测手段和分析技术的不断发展，会有更多种类的挥发性有机物被发现和研究。

　　不少国家的机构对建筑物中 VOC 进行了调查。德国 kraused 测定了 500 户家庭室内 VOC 情况，共监控了 57 种化合物浓度，结果表明，除甲醛外，各种化合物的平均浓度都低于 $25\mu g/m^3$，高于室外浓度 5~8 倍，各化合物的浓度变化范围较大；英国测定了 100 户住宅，在四周时间内，室内 VOC 浓度平均值为 $121.8\mu g/m^3$，为室外浓度的 2.4 倍；加拿大 Oston 随机对 757 户住宅进行监测室内 VOC 浓度，共测定了 57 种化合物，平均值在 $20\mu g/m^3$ 左右；日本花井义道的研究表明，竣工 2 个月后的室内 TVOC 高出室外 5.9~13.5 倍，竣工 8 个月后的建筑物室内各种有机化合物浓度已显著降低，其中脂烃和芳烃类化合物浓度已与室外接近。竣工 10 年后 TVOC 的测定结果与 8 个月的测定结果相差无几。

　　美国 Ozkaynak 报道，美国对在航天计划中使用的 5 000 多种材料测定了 VOC 的释放情况，其中很多材料也广泛用于家庭中。现将几种典型的建筑装修材料中 VOC 的释放量以及范围汇总于表 1-11。从上述结果可以明显看出，一些在家庭中常用的物品和材料中均能释放出多种有机化合物。在 100 多种材料中，苯、三氯乙烯、甲基氯仿和苯乙烯的检出频率最高。不同样品之间释放有机化合物的变动范围很大，其中某些物品，例如黏合剂、泡沫材料和胶带等可释放出多种不同的 VOC。

表 1-11   建筑装修材料中 VOC 的释放（中值，μg/g）

释放的化学物质	黏合剂	涂料	纤维品	油漆
1，2- 二氯乙烷	0.80	—	—	—
苯	0.90	0.60	—	0.90
四氯化碳	1.00	—	—	—
氯仿	0.15	—	0.10	—
乙基苯	—	—	—	527.80b
1，8- 萜二烯	—	—	—	—
甲基氯仿	0.40	0.20	0.07	—
苯乙烯	0.17	5.20	—	33.50
四氯乙烯	0.60	—	0.30	—
三氯乙烯	0.30	0.09	0.03	—
样品数	98	22	30	4

Tichenort 等把受试材料放入 1L 特制容器中，用顶空分析法，使用 GC/MS 对释放出的化合物进行分析（表 1-12）。这些在家庭日常生活中经常使用的产品可释放出数十种有机化合物。其中某些化合物对人体健康有明显危害，有的甚至具有致癌性，例如苯。

表 1-12   用 GC/MS 从装修材料中鉴定出的有机化合物

材料（产品）	释放出的主要有机化合物
腻子胶	丁酮、丙酸丁酯、2- 丁氧基乙醇、丁醇、苯、甲苯
地板胶（水基）	壬烷、癸烷、十一碳烷、二甲基辛烷、2- 甲基壬烷、二甲苯
刨花胶合板	甲醛、丙酮、乙醛、丙醇、丁酮、苯甲醛、苯
乳胶涂料	2- 丙醇、丁酮、乙基苯、丙苯、1，1- 羟基双丁烷、丙酸丁酯、甲苯
亮漆	三甲基戊烷、二甲基己烷、三甲基己烷、三甲基庚烷、乙基苯、1，8- 萜二烯
聚氨酯地板抛光剂	壬烷、癸烷、十一碳烷、丁酮、乙基苯、二甲苯

住宅内墙壁和地板的装饰是室内装修的重要方面。在室内装修中，几乎都用各种材料覆盖墙面和地面，以便在室内构成色彩协调的环境。但是，随着这些新的合成材料使用的增加，消费者感到不适的主诉也明显增加，往往认为这和 VOC 的释放有关。因此有不少的研究集中检测了墙壁和地面覆盖材料中有机物释放的情况。

Bremer 的研究发现，不同厂家生产的聚氯乙烯（PVC）地板在 100L 的小实验室中，能释放出大约 150 种 VOC，其中以脂肪烃和芳香烃为主，还含有大量脂族碳酸酯以及脂肪醇和芳香醇。

总体来看，地板材料，包括尼龙地毯、漆布、橡胶地板、PVC 地板、乙烯地板等释放的 VOC 主要为烷烃 / 烷烃、芳香烃、烯烃、醇、酚、醛、酮、萜烯。而苯乙烯丁二烯橡胶衬底的地毯是 4- 苯基 - 环己烯和苯乙烯的来源。

北京环境保护监测中心（2001 年前），为了解室内空气中挥发性有机污染物的种类、存在浓度及来源，对二十几所房屋（包括居室、宾馆客房、会议室、写字楼、多功能厅）的室内外空气、部分装修材料进行了采样和分析。在对室内空气进行的采样分析中，共检出 300 多种有机化合物，其中，有一部分是对人体健康可产生较大危害的有毒化合物。

工业上甲苯目前主要用作硝基纤维素涂料（硝基漆）的稀释剂。工业混合二甲苯溶剂由于其溶解性强，挥发速度适中，是聚氨酯树脂的主要溶剂，也是目前涂料工业应用面最广、使用量最大的一种溶剂。对于具有明确人体致癌性的苯，当前美国、欧盟等已彻底禁止含苯涂料、溶剂的生产使用，我国现行国家标准《涂装作业安全规程　安全管理通则》GB 7691-2003 也禁止使用含苯的涂料、稀释剂和溶剂，规定苯含量不得超过 1%（体积比）；我国材料质监部门关于室内建筑装饰装修材料有害物质限量的 10 项强制性国家标准也分别对各类材料的苯含量进行严格规定。

总结 2002 年以后我国部分城市 IAQ 监测数据，可以看出，目前室内环境中可释放甲苯、二甲苯的材料来源通常比释放苯的来源要更加广泛，"三苯"仍然是目前我国新建及新装修建筑室内的主要空气污染物。这也在一定程度上反映了建材市场立法管理和环境标志制度建设的滞后，相关部门对材料标准和 GB 50325-2020 标准的执行力度有所不足。

2005 年，CCTV-2 曾组织进行了全国性室内环境污染调查，共调查了 22 个城市，检测项目中的甲醛、苯、总挥发性有机物（TVOC），入户采集了 4 735 个样本，参加调查的家庭 566 户。调查的三种污染物中超标严重的是甲醛（超标比例 68%），其次是 TVOC（超标比例 38%），苯污染较轻（超标比例 11%）。调查结论是：我国因装修造成的室内污染较为严重，应引起有关部门关注。

2006—2007 年，中国环境监测总站对北京市 256 户新建及新装修房屋居室的室内空气质量（IAQ）检测结果统计，室内空气污染中氨超标率为 18.8%，最大值超标倍数为 14.2 倍；甲醛超标率为 15.9%，最大值超标倍数为 5.1 倍；苯超标率为 14.6%，最大值超标倍数为 1 500 倍；甲苯超标率为 33.5%，最大值超标倍数为 47.1 倍；二甲苯超标率为 29.8%，最大值超标倍数为 34.8 倍；TVOC 超标率为 46.1%，最大值超标倍数为 81.8 倍。

根据"中国室内环境概况调查与研究"研究课题出版了《中国室内环境概况调查与研究》（中国计划出版社，2018.9）一书，该书中对全国 19 个城市的 2 200 栋民用建筑（以住宅为主）的 6 600 个房间的实测调查资料表明：目前室内环境污染突出的污染物是甲醛、VOC，Ⅰ类建筑（已装修）室内甲醛浓度超过 0.08mg/m³ 的约为 33%，VOC 浓度超过 0.5mg/m³ 的约为 42%，苯超标率降低到 3%，甲苯、二甲苯污染有所增加，氡污染、氨污染在有些地区比较突出。

VOC 及甲苯、二甲苯的危害：一般认为，"不良建筑物综合征"与暴露于 VOC 的综合作用有关，而不是由于单个化合物的作用。Mlhave 就 VOC 对健康影响的流行病学调查和实验研究进行了较全面的综述，认为 TVOC 浓度小于 $0.2mg/m^3$ 时不会引起刺激反应；大于 $3.0mg/m^3$ 时就会出现某些症状；$3.0 \sim 25.0mg/m^3$ 可导致头痛和其他弱神经毒作用；大于 $25.0mg/m^3$ 时呈现毒性反应（表 1-13）。

表 1-13　不同的 TVOC 浓度产生的不适反应

TVOC 浓度（mg/m^3）	刺激或不适反应	暴露范围
<0.2	无刺激或不适	感觉舒适的范围
0.2 ~ 3.0	感觉刺激或不适，可能同时存在其他影响因素	多因素暴露范围
3.0 ~ 25.0	出现反应，可能头痛，可能同时存在其他影响因素	感觉不舒的范围
>25.0	除头痛外，还出现其他神经毒性作用	毒性反应范围

　　理论上，应该针对每一种挥发性有机化合物制定室内空气污染的导则值。但实际上，短期内对上百种 VOC 中的单物质进行健康影响评价是很困难的，目前只有少数几个 VOC 单种的代谢毒理学和剂量 - 反应关系被确定，大多数 VOC 物质缺少充足的毒理学资料；同时新的物质层出不穷，可能产生不同的健康影响，并取代相关标准中已存在的指标。

　　家庭室内有机化合物的污染已受到广泛重视，这方面有不少的研究报告，有的研究调查规模很大，达数百户住宅。现已从室内空气中鉴定出 500 多种有机物，其中有 20 多种为致癌物或致突变物。

　　甲苯和二甲苯的健康效应主要体现在能产生中枢神经系统的损伤及引起黏膜刺激。当室内环境中甲苯、二甲苯的潜在来源很多时，经过缓慢释放后容易对居住人员产生长期的连续暴露，对敏感人群可能导致黏膜刺激、皮炎、头晕、睡眠不好、记忆力减退等新建建筑物综合征。

　　女性对苯及其同系物危害较男性敏感，甲苯、二甲苯对生殖功能亦有一定影响。育龄妇女长期吸入苯还会导致月经异常，主要表现为月经过多或紊乱，初期时往往因经血过多或月经间期出血而就医，常被误诊为功能性子宫出血而贻误治疗。孕期接触甲苯、二甲苯及苯系混合物时，妊娠高血压综合征、妊娠呕吐及妊娠贫血等妊娠并发症的发病率显著增高，专家统计发现接触甲苯的实验室工作人员和工人的自然流产率明显增高。

　　人在短时间内吸入高浓度的甲苯、二甲苯时，可出现中枢神经系统麻醉作用，轻者有头晕、头痛、恶心、胸闷、乏力、意识模糊，严重者可致昏迷以致呼吸、循环衰竭而死亡。如果长期接触一定浓度的甲苯、二甲苯会引起慢性中毒，可出现头痛、失眠、精神萎靡、记忆力减退等神经衰弱样症候群。

　　国际癌症研究机构（IARC）根据人体流行病学调查、病例报告和动物致癌实验资料进行综合评价，表明现有证据还不足以确定甲苯和二甲苯的致癌性，WHO 在 2006 年的波恩会议上总结，认为为甲苯、二甲苯制定相应室内空气导则值所需的科学证据不够充分，而推荐应首先为甲醛、苯等九种室内空气污染物应制定相应导则值，为其他国家制定室内空气质量（IAQ）相关标准提供参考。

　　TVOC 在室内空气中作为异类污染物，是极其复杂的，而且新的种类不断被合成出来。由于它们单独的浓度低，但种类多，一般不予以逐个分别表示，以 TVOC 表示其总量。TVOC 中除醛类以外，常见的还有苯、甲苯、二甲苯、三氯乙烯、三氯甲烷、萘、二异氰酸酯类等。主要都来源于各种涂料、黏合剂及各种人造材料等。近十年来，已对上百种的这类化学物质进行了鉴别，尽管大多数以极低的浓度存在，但若干种 VOC 共同存在于室内时，其联合作用及对人体健康的影响是不可忽视的。曾参与室内空气污染物对公共卫生影响研究工作的 WHO 工作组和其他的检查机构，如美国国家科学院 / 国家研究理事会（NAS/NRC）的室内污染物委员会一直强调 TVOC 是一类重要的空气污染物。

目前认为，TVOC 可有嗅味，表现出毒性、刺激性，而且有些化合物具有基因毒性。TVOC 能引起机体免疫水平失调，影响中枢神经系统功能，出现头晕、头痛、嗜睡、无力、胸闷等自觉症状；还可能影响消化系统，出现食欲不振、恶心等；严重时甚至可损伤肝脏和造血系统，出现变态反应等。

2006 年，北京市疾病预防控制中心公布了一份历时 7 年的室内环境调查报告，报告显示，由于长时间停留在室内空气污染的环境中，生活在北京新建或新装修的 10 个小区和 30 多家高档宾馆、写字楼、会议中心和实验室里的 1 万多人中，有 30% 出现胸闷、头痛、头晕、睡眠不好和喉部问题，30%～40% 出现皮肤性黏膜刺激症状，此外还有 40% 出现鼻炎症状。我国新建及新装修房屋室内空气污染具有普遍性，其严重程度对长期暴露人群产生的健康危害令人警醒，对其存在的 IAQ 污染超标问题亟待解决。

GB 50325-2020 标准控制的氡、甲醛、苯、氨、VOC 及甲苯、二甲苯污染物与国内外相关标准控制的污染物大体一致。

据调研，目前国际上约有 29 个国家进行了与室内空气质量相关的法规、标准、指南等编制工作，有 13 个已编制了包括室内空气污染、生活习惯、气候、政策等因素在内的室内空气质量指南。虽然各国指标及测试条件不尽相同，但总体看，GB 50325 所提指标与欧美发达国家国家大体相当，如表 1-14、表 1-15 所示。

表 1-14　国内外不同机构对室内污染物甲醛的标准限值

国家及组织	限值	限值种类	组织机构
中国	0.07ppm（0.1mg/m³）	1h 均值	GB 50325（GB/T 18883-2002）
日本	0.08ppm（0.1mg/m³）	0.5h 均值	日本厚生劳动省（MHLW）
韩国	0.1ppm（0.12mg/m³）	1h 均值	韩国环境产业技术研究院（KEITI）
新加坡	0.1ppm（0.12mg/m³）	8h 均值	环境流行病学研究院（IEE）
澳大利亚	2 500μg/m³	15min 均值	卫生与医学研究委员会（NHMRC）
	0.1ppm（0.12mg/m³）	最大限值	
	1 200μg/m³	8h/d，5d，均值	
加拿大	0.1ppm（0.123mg/m³）	1h 均值	加拿大健康署（Health Canada）
	0.04ppm（0.05mg/m³）	1h 均值	

国家及组织	限值	限值种类	组织机构
美国	0.3ppm	最大限值	ACGIH
	0.081ppm（0.1mg/m³）	30min 均值	美国采暖制冷和空调工程师协会（ASHRAE）
	76ppb	1h 均值	
	27ppb	8h 均值	
	0.4ppm	最大限值	国家环境空气质量标准（NAAQS）/美国国家环境保护局（EPA）
	0.1ppm（123μg/m³）	最大限值	美国国家职业安全卫生研究所（NIOSH）
	2ppm（2 450μg/m³）	15min 均值	美国国家职业安全与健康署（OSHA）
丹麦	0.15mg/m³	最大限值	DSIC
芬兰	0.03mg/m³	单人室内环境最大值	FiSIAQ
	0.05mg/m³	良好的室内环境最大值	
	0.1mg/m³	令人满意的室内环境最大值	
德国	1ppm（1 230μg/m³）	5min 均值	MAK
	0.3ppm（369μg/m³）	8h 均值	
波兰	0.04ppm（0.05mg/m³）	24h 均值	—
瑞典	0.08ppm（0.1mg/m³）	最大限值	—
英国	2ppm（2 500μg/m³）	15min 均值	英国卫生与安全委员会（HSC）
WHO	0.081ppm（0.1mg/m³）	30min 均值	世界卫生组织（WHO）

注：ppm 为体积浓度，即一百万体积空气中含污染物的体积数；ppb 为体积浓度，即十亿体积空气中含污染物的体积数。

表 1-15　国内外不同机构对室内污染物总挥发性有机化合物（TVOC）的标准限值

国家	限值	限值种类	组织机构
中国	0.45mg/m³（0.6mg/m³）	8h 均值	GB 50325（GB/T 18883-2002）
新加坡	3ppm	最大限值	新加坡环境流行病学研究院（IEE）
澳大利亚	0.5mg/m³	1h 均值	澳大利亚卫生与医学研究委员会（NHMRC）
加拿大	0.2mg/m³	舒适水平限值	加拿大健康署（Health Canada）
	0.5mg/m³	建筑标准限值	
芬兰	87ppb（0.2mg/m³）	优秀空气质量 8h 均值	FiSIAQ
	261ppb（0.6mg/m³）	好的空气质量 8h 均值	
英国	0.3mg/m³	8h 均值	UK

需要说明的是：虽然有不少人建议，但本次 GB 50325-2020 标准修订仍未将 PM2.5 纳入 GB 50325-2020 标准控制范围。近些年来，我国大气污染问题明显加重，不少地区将雾并入霾一起作为灾害性天气现象进行预警预报，统称为"雾霾天气"。雾霾是特定气候条件与人类活动相互作用的结果，一旦颗粒物（PM2.5）排放超过大气循环能力和承载度，即易出现大范围雾霾。2013 年，"雾霾"成为年度关键词，当年 1 月，4 次雾霾过程笼罩 30 个省（区、市），在北京，仅有 5 天不是雾霾天。有报告显示，中国最大的 500 个城市中，只有不到 1% 的城市达到世界卫生组织推荐的空气质量标准，世界上污染最严重的 10 个城市有 7 个在中国。2014 年 1 月 4 日，国家减灾委员会、民政部首次将危害健康的雾霾天气纳入 2013 年自然灾情进行通报。

大气污染必然影响到室内，许多人强烈反映 GB 50325-2020 标准应当增加控制的污染物，应对雾霾造成的室内环境污染问题采取措施解决。但此问题涉及面很大，任何技术标准都必须明确自己的适用范围。作为工程建设标准，GB 50325-2020 标准控制管理的污染物首先应当是工程建设过程产生的污染物，即建筑物建设过程中使用的建筑材料、装修材料及施工过程本身产生的污染物（只有土壤氡除外），这些污染物可分为化学类污染物（甲醛、氨、苯、VOC 等）和放射性类污染物（氡），它们存在的形态均为气态或蒸汽（挥发性气体），不包括来自室外、以"颗粒物"为主要特征的雾霾污染（包括细微颗粒物 PM2.5）。如果要求 GB 50325-2020 标准将雾霾颗粒物 PM2.5、臭氧等列入必须控制的污染物，并提出限量值要求，那么，GB 50325-2020 标准必须重新定位，并且需与现行的通风、空调的房屋建设标准等配合一致，否则，将难以奏效。

室外大气污染影响室内的问题还是要从产生污染的根源上解决问题才是正确选择。

第四节　关于民用建筑分类

出于室内环境污染管理需要，GB 50325-2020 标准对民用建筑进行了分类。

如前所述，为使建筑物使用功能得以充分发挥，营造舒适美观的室内环境，需要进行室内装饰装修，而建筑装饰装修材料会释放一定的污染物，如此，需要想办法控制建筑装饰装修材料产生的污染，控制装修材料使用量、控制装修材料污染物释放量，需要保证建筑物室内的通风换气。然而，并非所有民用建筑的污染控制标准都一样，针对不同类型的民用建筑应制定不同的标准，这样，既有利于减少污染物对人体健康影响，又有利于建筑材料的合理利用、降低工程成本，促进建筑材料工业的健康发展。因此，对民用建筑进行分类是十分必要的。

本标准对 I 类、II 类民用建筑具体划分如下：

I 类民用建筑工程包括住宅、居住功能公寓、医院病房、老年人照料房屋设施、幼儿园、学校教室、学生宿舍等；

II 类民用建筑工程应包括办公楼、商店、旅馆、文化娱乐场所、书店、图书馆、展览馆、体育馆、公共交通等候室、餐厅等。

住宅、医院病房、学校教室、幼儿园、养老院等室内应当严格要求，理发馆、影剧院、交通站点等候室等室内可以适当放松要求，也就是说，主要以人们在其中停留时间长短不同进行分类为好，停留时间长的为Ⅰ类，污染控制严一点，停留时间短的为Ⅱ类，污染控制可以松一点，当然，在分类中同时也考虑了人群的具体情况，例如，老弱病残及生长发育中的小孩子使用的房屋自然放在Ⅰ类。

其中，办公楼的归属值得研究，因为上班的人们在其间停留时间并不短，但考虑到执行难度及"上班族"多年轻力壮等情况，就暂放在了Ⅱ类。在本次"标准"修订中，针对办公楼等的归类问题再一次进行了调查研究（"中国室内环境概况调查与研究"），结果表明，精装修办公楼室内污染超标比例仍在40%以上，主要以甲醛和TVOC超标为主。考虑到现有办公楼验收时检测超标率如此之高，若提高办公楼的归类等级，势必造成更大比例的验收不合格，对"标准"实施不利，因此，将办公楼仍保留为Ⅱ类，待今后适当时机再将其划入Ⅰ类。

近些年来，经常收到关于中小学教室污染问题及幼儿园污染问题的信访投诉以及来自人大、政协的提案、议案，此方面内容的媒体报道不少，说明了问题严重性。为回应社会，本次"标准"修订中，在工程施工阶段及工程验收时，对幼儿园、学校教室、学生宿舍等装饰装修提出了更加严格的污染控制要求。这样做，似乎在Ⅰ类建筑里又分出一个更加严格要求的"特类"，实际上是对特殊情况的特殊处理。

应当说，目前的民用建筑分类带有过渡性质，希望随着我国经济社会的快速发展，影响室内外环境质量的相关行业能加快产业结构调整，提高产业科技水平，淘汰落后产能，减少污染物排放和产品的污染物释放，加快室内外环境质量逐步改善步伐，尽早实现所有民用建筑室内环境污染均按Ⅰ类控制要求。

第五节　全过程控制原则与 GB 50325-2020 标准的体例

欧美发达国家的城市化过程早已过去，他们目前面对的基本上是既有建筑的室内环境问题，与我国正在快速进行的城市化过程、大规模城市建设情况差别很大。为了与城市化过程同步解决室内环境污染问题，必须从工程建设的全过程出发考虑问题、处理问题。

修订后的 GB 50325-2020 标准的主要内容和突出特点就是实施工程建设的全过程污染控制。

从技术标准角度看，GB 50325-2020 标准所采取的污染控制措施包括工程勘察设计阶段的污染控制、工程施工阶段的污染控制以及工程竣工验收阶段的污染控制，本标准认为，只有对工程建设每一环节实行控制，才能使民用建筑工程室内环境污染的控制落到实处；只有当建设、勘察设计、施工和工程监理等单位各自承担起相应的责任，才能达到对民用建筑室内环境污染最终控制的目的。

一、工程勘察设计阶段的污染控制要求

勘察设计是工程建设的第一步，为控制室内环境污染必须对勘察设计提出要求。GB 50325-2020 标准对工程勘察设计阶段的污染控制有 6 条强制性条文，包括：建筑场地土壤氡调查、装修材料选用要求、建筑主体材料选用要求以及房屋通风要求等。

（一）建筑场地土壤氡调查

根据"中国室内氡研究"研究课题出版《中国室内氡研究》（科学出版社，2013.1）一书，该书的调查和国内外进行的住宅内氡浓度水平调查结果表明：建筑物室内氡主要来源于地下土壤、岩石和建筑材料，有地质构造断层的区域也会出现土壤氡浓度高的情况。因此，民用建筑在设计前应了解当地土壤氡水平。通过工程开始前的调查，可以知道建筑工程所在城市区域是否已进行过土壤氡测定，以及测定的结果如何。目前已初步完成了全国部分城市区域的土壤氡浓度测定，并计算出了土壤氡浓度平均值。但全国多数城市仍未进行过土壤氡测定，并不清楚当地的土壤氡实际情况，因此，工程设计勘察阶段应进行土壤氡现场测定。

《中国室内氡研究》提供了以下 8 个城市的土壤氡调查资料，从中可以看出土壤氡对室内氡的影响：

1. 8 个城市的土壤氡调查资料

（1）乌鲁木齐。乌鲁木齐市室内氡浓度平均值为 55.4Bq/m³，市区土壤氡浓度范围为 $420 \sim 62\ 000$Bq/m³，平均值为 5 300Bq/m³。

室内氡浓度的测量结果（X）及其建筑周围土壤氡浓度结果（Y）的相关性分析，采用以下计算公式进行计算：

$$R = \frac{\sum (X-\bar{X})(Y-\bar{Y})}{\sqrt{\sum (X-\bar{X})^2 (Y-\bar{Y})^2}} = \frac{\sum XY - \frac{\sum X \cdot \sum Y}{n}}{\sqrt{\left[\sum X^2 - \frac{(\sum X)^2}{n}\right]\left[\sum Y^2 - \frac{(\sum Y)^2}{n}\right]}} \qquad (1-4)$$

乌鲁木齐市室内氡浓度测试结果和同期所做的建筑物外土壤氡浓度进行了相关性分析。从分析结果可以看出，土壤氡浓度与建筑物一层室内氡呈显著正相关（$R=0.58$），与平房室内氡呈显著正相关（$R=0.47$），与二层室内氡呈弱相关性，与三层室内氡没有相关性。

统计表明，在市区范围内，室内氡浓度、土壤氡浓度地域分布总体上均呈南高北低的分布趋势，具有一致性，这也说明：室内氡浓度与土壤氡存在着密切联系，即土壤氡是室内氡的主要来源之一。

（2）厦门。厦门市土壤氡浓度平均值为 7 589Bq/m³，最大值为 40 800Bq/m³；厦门市室内氡浓度平均值为 31.1Bq/m³，最大值为 92Bq/m³。建筑物中室内氡浓度随楼层高度的变化规律为：一层 > 二层 > 三层。

厦门市进行了室内氡浓度测试的建筑物周围同时进行了土壤氡浓度测试，取室内氡浓度各测量值的平均值作为该栋建筑的室内氡浓度。经厦门市建筑室内氡浓度 - 周围土壤氡浓度相关性分析，得出相关性系数为 0.53。可以认为，本次调查区域内的室内氡浓度和室外土壤氡浓度显著相关，即较高的土壤氡浓度可引起室内氡浓度的升高。

（3）深圳。测定了深圳市光明新区土壤氡浓度和深圳市土壤氡浓度的平均值分别为 30 000Bq/m³ 和 50 000Bq/m³，根据调查结果，可以认为，深圳地区为土壤氡浓度高背景地区，土壤氡浓度高于全国平均值（7 300Bq/m³）。

深圳市日常生活情况下室内氡浓度平均值为 34.6Bq/m^3，最小值为 4Bq/m^3，最大值为 140Bq/m^3。室内氡浓度主要分布在 20～50Bq/m^3。

在调查的 141 户住宅中抽取 11 户按照 GB 50325-2020 标准要求，用 RAD7 进行室内氡浓度的连续 24h 测量（对外门窗关闭后），并在被调查的住宅建筑周围布点测量其土壤氡浓度。

通过数据计算出来两者之间的相关系数为 0.59，统计学意义为显著性相关。因此，本次调研区域内的室内氡浓度和室外土壤氡浓度具有显著性相关，即较高的土壤氡浓度会导致较高的室内氡浓度。

（4）徐州。徐州市土壤氡浓度平均值为 2 540Bq/m^3，徐州市室内氡浓度最小值为 14Bq/m^3，最大为 170Bq/m^3，平均值是 42Bq/m^3。

徐州市室内氡、土壤氡关联性研究共测得 75 户室内氡浓度和房屋周围土壤氡浓度值。为揭示一楼土壤氡浓度与室内氡浓度的关系，挑选出本次调查的 11 户一楼无地下室的数据进行相关性分析。可明显看出若土壤氡浓度高则室内氡浓度也高，两者存在正相关关系，两者的相关性系数 R=0.22。

（5）西宁。西宁市室内氡浓度平均值为 67.4Bq/m^3，最大值为 203Bq/m^3，最小值为 19Bq/m^3；土壤氡浓度平均值约为 3 630Bq/m^3，最小值为 1 200Bq/m^3，最大值为 6 400Bq/m^3。

本次调查中，西宁市区内土壤氡浓度较高的区域其室内氡浓度也明显较高。

（6）昆山。昆山市室内氡浓度平均值为 25.6Bq/m^3，属于室内氡浓度的低背景区域，土壤氡浓度平均值为 3 800Bq/m^3。

本次调查中随机选取高低有别的一层 3 户住宅楼进行室内氡及其周围土壤氡浓度比较，根据 3 户住宅楼的室内氡及其周围土壤氡浓度数据可以看出，本次调研区域内的室内氡浓度和室外土壤氡浓度具有明显相关性，相关性系数为 0.90。

（7）诸暨。诸暨市土壤氡浓度最小值为 500Bq/m^3，最大值为 120 000Bq/m^3，平均值为 19 000Bq/m^3。城区室内氡浓度平均值为 24.5Bq/m^3（一至三层），最大值为 57Bq/m^3，最小值为 6Bq/m^3。

为了观察室内氡 – 土壤氡关联性，调查中将被调查住户（第一批）按所在楼层进行了统计，可以看出：第一层氡浓度较高，第二和第三层的室内氡浓度较低。

另外，选取 11 座建筑物、36 户进行了周围的土壤氡浓度检测及相对应的室内氡检测，经计算，相关性系数为 0.16，说明两者呈一定的正相关性。

（8）苏州。苏州市区的土壤氡浓度平均值为 7 200Bq/m^3，室内氡浓度平均值为 14Bq/m^3。

使用 RAD7 测氡仪检测了 13 处住宅的室内氡浓度，并同时检测了建筑物周围的土壤氡浓度。得出以下结论：对建筑物室内氡浓度与建筑周围土壤氡浓度进行相关性分析，相关性系数为 0.50；一层建筑物室内氡浓度与建筑周围土壤氡浓度的相关性系数为 0.54。可以认为，建筑物室内氡浓度和建筑物周围土壤氡浓度具有一定的关联性，土壤氡浓度是影响室内氡浓度高低的重要因素。

综上所述，8 个城市涉及 698 户、326 座建筑物的室内氡浓度 – 土壤氡浓度关联性调查结果汇总在表 1-16 中。从汇总数据可以看出，室内氡浓度 – 土壤氡浓度之间均存在相关性。

表 1-16　城市室内氡－土壤氡相关性调查数据汇总

城市	被调查住户室内氡浓度平均值（Bq/m³）	室内氡浓度与建筑物周围土壤氡浓度相关系数	备注
乌鲁木齐	55.4	0.58	—
厦门	31.1	0.53	—
深圳	34.6	0.59	11 座建筑物室内氡－土壤氡相关性
徐州	42.0	0.22	—
西宁	67.4	—	—
昆山	25.6	0.90	—
诸暨	24.5	0.16	—
苏州	14.0	0.50	—

　　当然，由于影响室内氡浓度的因素很多，而土壤氡只是其中的一个，加之各地气候、使用的建筑材料、门窗材质、居民生活习惯等差别很大，调查的样本量及代表性也十分有限，因此，计算出的 8 个城市室内氡浓度－土壤氡浓度的相关性系数尚存在一些变数，但无论如何，调查显示的土壤氡对室内氡的明显影响是肯定的。

　　目前，我国尚未进行全国地表土壤中氡水平普查。根据部分地区的调查报告，不同地方的地表土壤氡水平相差悬殊。就同一个城市而言，在有地下地质构造断层的区域，其地表土壤氡水平往往要比非地质构造断层的区域高出几倍，因此，设计前的工程地质勘察报告，应提供工程地点的地质构造断裂情况资料。

　　全国国土面积内 25km×25km 网格布点的土壤天然放射性本底调查工作（其中包括土壤天然放射性本底数值），已于 20 世纪 80 年代末完成（该项工作由国家环保局出面组织），数据较为齐全，相当一部分城市已做到 2km×2km 网格布点取样，并建有数据库，这些数据可以作为区域性土壤天然放射性背景资料。

　　2003 年至 2004 年原建设部组织了全国土壤氡概况调查，利用国内几十年积累的放射性航空遥测资料，进行了约 500 万 km² 的国土面积的土壤氡浓度推算，得出全国土壤氡浓度的平均值为 7 300Bq/m³，并粗略推算出了全国 144 个重点城市的平均土壤氡浓度（注：由于多方面原因，这些推算结果不可作为工程勘察设计阶段在决定是否进行工地土壤氡浓度测定时判定该城市土壤氡浓度平均值的依据），首次编制了中国土壤氡浓度背景概略图（1∶8 000 000）。与此同时，在统一方案下，运用了多种检测方法，严格质量保证措施，开展了 18 个城市的土壤氡实地调查（连同过去的共 20 个城市），所取得的数据具有较高的可信度，并与航测研究结果进行了比较研究，两方面结果大体一致。全国土壤氡水平调查结果表明，大于 10 000Bq/m³ 的城市约占被调查城市总数的 20%。

　　民用建筑工程在工程勘察设计阶段可根据建筑工程所在城市区域土壤氡调查资料，结合本标准的规定，确定是否采取防氡措施。当地土壤氡浓度实测平均值较低（不大于 10 000Bq/m³）且工程地点无地质断裂构造时，土壤氡对工程的影响不大，工程可不进行土壤氡浓度测定。当已知当地土壤氡浓度实测平均值较高（大于 10 000Bq/m³）或工程地点有地质断裂构造时，工程仍需要进行土壤氡浓度测定。土壤氡浓度不大于 20 000Bq/m³ 时或土壤表面氡析出率不大于 0.05Bq/（m²·s）时，工程设计中可不采取防氡工程措施。

2. 土壤氡浓度分档

一般情况下，民用建筑工程地点的土壤氡调查目的在于发现土壤氡浓度的异常点。本标准中所提出的几个档次土壤氡浓度限量值（10 000Bq/m³、20 000Bq/m³、30 000Bq/m³、50 000Bq/m³）考虑了以下因素：

（1）从郑州市 1996 年所做的土壤氡调查中，发现土壤氡浓度达到 15 000Bq/m³ 左右时，该地点地面建筑物室内氡浓度接近国家标准限量值；土壤氡浓度达到 25 000Bq/m³ 左右时，该地点地面建筑物室内氡浓度明显超过国家标准限量值。我国部分地方的调查资料显示，当土壤氡浓度达到 50 000Bq/m³ 左右时，室内氡超标问题已经突出。从这些材料出发，考虑到不同防氡措施的不同难度，将采取不同防氡措施的土壤氡浓度极限值分别定为 20 000Bq/m³、30 000Bq/m³、50 000Bq/m³。

（2）在一般数理统计中，可以认为偏离平均值（7 300Bq/m³）2 倍（即 14 600Bq/m³，取整数 10 000Bq/m³）为超常，3 倍（即 21 900Bq/m³，取整数 20 000Bq/m³）为更超常，作为确认土壤氡明显高出的临界点，符合数据处理的惯例。

（3）参考了美国对土壤氡潜在危害性的分级：1 级为土壤氡浓度小于 9 250Bq/m³，2 级为土壤氡浓度 9 250～18 500Bq/m³，3 级为土壤氡浓度 18 500～27 750Bq/m³，4 级为土壤氡浓度大于 27 750Bq/m³。

（4）参考了瑞典的经验：土壤氡浓度大于 50 000Bq/m³ 的地区定为"高危险地区"，并要求加厚加固混凝土地基和地基下通风结构。本规范将必须采取严格防氡措施的土壤氡浓度极限值定为 50 000Bq/m³。

（5）参考了俄罗斯的经验：他们将 45 年内积累的 1.8 亿个氡测量原始数据，以 50 000Bq/m³ 为基线，圈出全国氡危害草图。经比例尺逐步放大后发现，几乎所有大范围的室内高氡均落在 50 000Bq/m³ 等值线内，说明 50 000Bq/m³ 应是土壤（岩石）气氡可能造成室内超标氡的限量值。

大量资料表明，土壤氡来自土壤本身和深层的地质断裂构造两方面，因此，当土壤氡浓度高到一定程度时，需分清两者的影响大小，此时进行土壤天然放射性核素测定是必要的。对于 I 类民用建筑工程而言，当土壤的放射性内照射指数（I_{Ra}）大于 1.0 或外照射指数（I_r）大于 1.3 时，原土再作为回填土已不合适，也没有必要继续使用，而采取更换回填土的办法，简便易行，有利于降低工程成本。也就是说，I 类民用建筑工程要求采用放射性内照射指数（I_{Ra}）不大于 1.0、外照射指数（I_r）不大于 1.3 的土壤作为回填土使用。

土壤氡水平高时，为阻止氡气通道，可以采取多种工程措施，但比较起来，采取地下防水工程的处理方式最好，因为这样既可以防氡，又可以防止地下水，事半功倍，降低成本，况且，地下防水工程措施有成熟的经验，可以做得很好。只是土壤氡浓度特别高时，才要求采取综合防氡工程措施，综合防氡工程措施可参照现行行业标准《民用建筑氡防治技术规程》JGJ/T 349 的要求进行。在实施防氡基础工程措施时，要加强土壤氡泄露监督，保证工程质量。

我国南方部分地区地下水位浅（特别是多雨季节），难以进行土壤氡浓度测量。有些地方土壤层很薄，甚至基层全为石头，同样难以进行土壤氡浓度测量。这种情况下，可以使用测量氡析出率的办法了解地下氡的析出情况。实际上，对室内影响的大小决定于土壤氡的析出率。

我国目前缺少土壤表面氡析出率方面的深入研究，本标准中所列氡析出率方面的限量值及与土壤氡浓度值的对应关系均是粗略研究结果。待今后积累更多资料后，将进一步修改完善。

本标准所说"民用建筑工程场地土壤氡调查"系指建筑物单体所在建筑场地的土壤氡浓度调查。

当民用建筑工程场地土壤氡浓度大于或等于 50 000Bq/m³ 或土壤表面氡析出率平均值大于或等于 0.3Bq/（m²·s）时，现行行业标准《民用建筑氡防治技术规程》JGJ/T 349 给出了设计、施工时需要采取的建筑物综合防氡措施。

至于土壤化学污染对室内环境影响问题，本标准尚未涉及。

（二）装饰装修材料选用要求

《中国室内环境概况调查与研究》一书中提到，控制室内装饰装修污染的关键措施是严格控制装饰装修材料使用量负荷比、控制材料污染物释放量，以及保持必要的通风换气量，室内装饰装修需要进行室内环境污染预评估，《民用建筑绿色装修设计材料选用技术规程》T/CECS 621–2019 提供了材料选用具体要求及室内装饰装修污染控制预评估具体估算方法。另外，为减少装饰装修造成的现场大量湿材料污染，可采用装饰装修一体化设计，选择标准化、集成化、模块化的装饰装修材料（制品），推广现场装配式装修，避免污染严重的湿式现场作业。

关于装饰装修材料选用，《中国室内环境概况调查与研究》一书中有如下调查研究资料：

1. 人造板使用与甲醛污染

人造板使用量负荷比按房间样本量统计如图 1-5 所示。

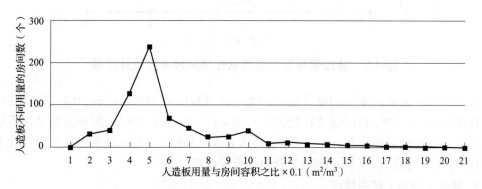

图 1-5　人造板使用量按房间样本量负荷比统计结果

统计显示：①使用人造板的房间约占总房间数的一半（49%）；人造板主要用于室内装修及制作家具。②使用人造板装修的房间中，80% 以上使用量负荷比为 0.3 ~ 0.6，样本量最多处在 0.5 附近；人造板使用量负荷比平均值为 0.42。③有约 12% 房间使用量负荷比超过 1.0，最大值达 4.3。

人造板使用量负荷比与甲醛超标率相关性如图 1-6 所示。

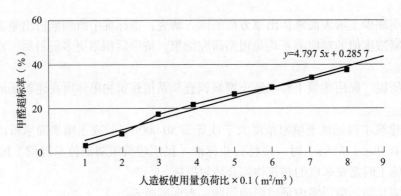

图 1-6　人造板使用量负荷比与甲醛超标率相关性

统计显示：①人造板使用量负荷比从 0.2 增加到 0.4、0.6、0.8，甲醛超标率从 8% 增加到 22%、29%、37%。②随着人造板使用量负荷比增加，甲醛浓度超标率基本呈线性关系增加。

2. 复合地板使用情况

房间装修使用复合地板量按房间样本量统计结果如图 1-7 所示。

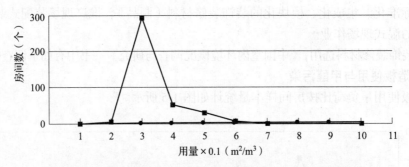

图 1-7　装修使用复合地板量按房间样本量统计结果

统计显示：①装修中使用复合地板的房间占总房间的 28%，即近 30%；②在使用复合地板的房间中，90% 使用量负荷比为 0.3 ~ 0.4（一般 14m² 面积房间如果全部地面铺设复合地板，其使用量约为 0.35），样本量最多处在 0.3 附近。复合地板使用量负荷比平均值为 0.39，最大值为 1.0（同一房间复合地板重复使用）。

3. 壁纸（壁布）使用情况

装修使用壁纸（壁布）量按房间样本量统计结果如图 1-8 所示。

统计显示：①装修使用壁纸的房间占总房间的 35%，即约 1/3；②在使用壁纸的房间中，使用量负荷比集中为 0.3 ~ 1.2，样本量最多处为 0.6 ~ 0.8。壁纸使用量负荷比平均值为 0.70，最大值为 2.2。

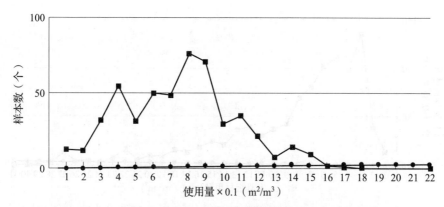

图 1-8　装修使用壁纸（壁布）量按房间样本量统计结果

4. 实木板使用情况

实木板使用量负荷比按房间样本量统计结果如图 1-9 所示。

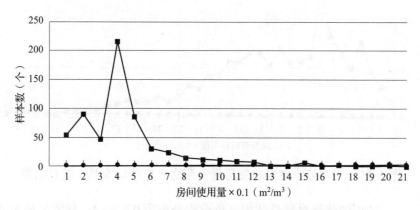

图 1-9　实木板使用量负荷比按房间样本量统计结果

统计显示：①装修使用实木板的房间占总房间的 45%，近 1/2；②在使用实木板房间中，接近 90% 使用量负荷比分布为 0.05 ~ 0.65，样本量最多处在 0.3 附近。实木板使用量负荷比平均值为 0.40，最大值为 3.5。

5. 装修后活动家具使用情况

家具包括吊柜、壁柜、床、柜、桌椅等，面材按人造板双面面积计算（饰面部分除外），金属、玻璃制品等不散发污染的家具不纳入统计。家具使用量负荷比按房间样本量统计结果如图 1-10 所示。

统计显示：①被调查房屋有活动家具的房间占总房间的 74%，即约 3/4；②有活动家具的房间中 80% 以上使用量负荷比分布为 0.2 ~ 0.9，样本量最多处在 0.4 附近；家具使用量负荷比平均值为 0.75；③有近 10% 的房间家具使用量负荷比大于 1.5，最大值为 8.0。

6. 房间装修材料总使用量负荷比与室内甲醛污染

（1）房间装修材料总使用量负荷比（有活动家具）按房间样本量统计结果如图 1-11 所示。

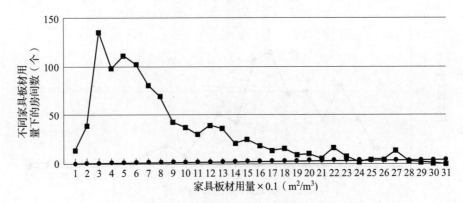

图 1-10　家具使用量负荷比按房间样本量统计结果

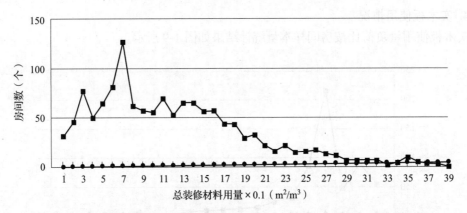

图 1-11　房间装修材料总使用量负荷比（有活动家具）统计结果

统计显示：60% 的装修材料总使用量负荷比分布为 0.3 ~ 1.4，样本量最多处在 0.7 附近。装修材料总使用量负荷比（包括有活动家具）平均值为 1.34，有效最大值为 5.3。超过 0.75 的样本数占 60%。

房间装修材料总用量负荷比（包括家具）– 房间甲醛浓度超标率的相关性如图 1-12 所示。

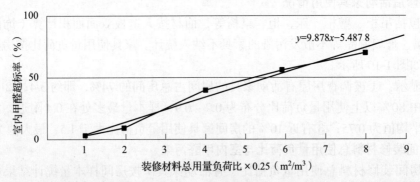

图 1-12　房间装修材料总用量负荷比（包括家具）– 房间甲醛浓度超标率相关性

统计显示：①随着装修材料总用量负荷比增加，室内甲醛浓度超标率明显增加：装修材料总用量负荷比从 $0.25m^2/m^3$ 增加到 $0.5m^2/m^3$、$1m^2/m^3$、$1.5m^2/m^3$、$2m^2/m^3$，甲醛超标率从 4% 增加到 10%、40%、56%、70%；②装修材料总用量负荷比增加造成室内甲醛浓度超标率明显增加，两者基本呈线性关系。

（2）房间装修材料总使用量负荷比（无活动家具）按房间样本量统计结果如图 1-13 所示。

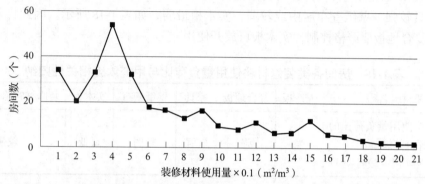

图 1-13　房间装修材料总使用量负荷比（无活动家具）统计结果

统计显示：60% 的装修材料总使用量负荷比（无活动家具）分布为 0.1～1.0，样本量最多处在 0.4 附近。0.4 可以作为装修材料总使用量负荷比（无活动家具）的普适量；装修材料总使用量负荷比（无活动家具）平均值为 0.75，最大值为 5.4。超过 0.75 的样本数占 30%。

各类装修材料（包括家具）使用情况汇总：各类装修材料使用量负荷比按房间数实测占比分布如表 1-17 所示。

表 1-17　人造板、复合地板、壁纸、实木板、地毯、家具等装修材料使用量负荷比占比

材料名称	使用装修材料房间数（个）	材料使用量分布	装修材料使用量负荷比最多处	材料使用量平均值	材料使用量负荷比最大值
活动家具	1 004	0.2～0.9	0.5	0.75	8.0
人造板	686	0.3～0.6	0.5	0.42	4.3
实木板	614	0.05～0.65	0.3	0.40	3.5
壁纸	480	0.3～1.2	0.9	0.70	2.2
复合地板	380	0.3～0.4	0.3	0.39	1.0
地毯	17	—	—	—	—
总装修材料（不包括活动家具）	1 360	0.1～1.0	0.4	0.75	5.4
总装修材料（包括活动家具）	1 360	0.3～1.4	0.7	1.34	5.3

可以看出：①3/4房间使用活动家具，排第一；②约1/2房间使用人造板、实木板，排第二；③约1/3房间使用壁纸（壁布），排第三；④约30%使用复合地板，排第四；⑤使用地毯的约为1%；⑥各类装修材料总使用量负荷比最多处的装修材料总使用量负荷比为2.0，如果包括家具为2.5，说明过度装修现象普遍存在。

人造板、活动家具、壁纸、壁布、复合地板、实木板及装修材料总使用量负荷比与室内甲醛污染相关性数据表明，各类装修材料污染强度的大体排序：人造板及复合地板强，人造板家具较强，壁纸壁布居中或较弱，实木板最弱，如表1-18所示。因此，装饰装修人造板及复合地板要严格控制，实木板可放开使用。

表1-18　房间各类装修材料使用量负荷比与甲醛浓度相关性归纳

装修材料名称	人造板	复合地板	家具	壁纸壁布	实木板	装修材料总量负荷比
材料单位使用量负荷比的污染强度评价等级（强–较强–居中–较弱–弱）	强	强	较强	较弱	最低	较强

7. 经验公式

室内甲醛浓度与"装修材料总使用量负荷比与材料甲醛释放量之积"成正比。

在以下四项常规条件下：①装修完工一周后；②现场取样测量前，对外门窗关闭大体1h（与GB 50325标准基本一致）；③环境18～27℃范围常温；④房间通风换气率为0.3～0.4次/h，《中国室内环境概况调查与研究》中现场实测调查数据的统计分析有以下结论：①室内甲醛（VOC）浓度增加与装修材料使用量负荷比增加大体上成正比；②室内甲醛（VOC）浓度增加与装修材料甲醛释放强度增加大体上成正比；③当装修材料总使用量负荷比为1.0m²/m³、装饰装修材料总甲醛释放量为0.08（mg/m³）/（m²/m³）时，室内甲醛浓度大体为0.08mg/m³。

实际上，影响室内环境污染物浓度的因素很多，特别是门窗关闭时间、室内气温、完工时间长短、通风状况等，现场调查表明，当这些影响因素稳定在一定范围内时，装修材料的使用量及污染物释放量就成为室内环境污染物浓度的主要影响因素，也就是说，装修材料总使用量负荷比及室内装修材料总甲醛释放量两项因素共同决定室内甲醛（VOC）浓度。由此可知，装修材料总使用量负荷比的增加会造成室内环境污染物浓度增加，装修材料总甲醛释放量的增加也会造成室内环境污染物浓度的增加，如果装修材料总甲醛释放量增加、装修材料总使用量负荷比适当减少，室内环境污染物浓度可以保持不变。这对于装修设计的材料选用具有重要意义，因为，在实际工作中，我们可以根据需要（室内甲醛或VOC浓度限量值要求）确定装修材料的使用量负荷比和污染物释放量。

这些因素间的相互关系可以用于装饰装修设计污染控制预评估，控制装饰装修材料使用量负荷比和材料污染物释放量，对此，《民用建筑绿色装修设计材料选用规程》T/CECS 621-2019有具体说明。

当然，如果以上四项前提条件改变，三者之间的数量关系将随之变化，例如，在满足室内甲醛浓度水平指标不变条件下，如果房间通风换气增加，装修材料总使用量负荷比可以增加。

（三）房屋通风要求

足够的新风量及良好的空气品质是人身健康的基本要求，同时也是提供良好空气品质的有效技术手段。《中国室内环境概况调查与研究》中资料表明，装饰装修材料使用量负荷比大、材料污染物释放量高以及房屋通风换气差是目前室内环境污染严重的三大主因。因此，自然通风房屋建筑设计时必须有房屋通风换气指标要求，并采取有效通风换气措施。

GB 50325–2020 标准第 4.1.3 条对集中通风房屋有以下要求："民用建筑室内通风设计应符合现行国家标准《民用建筑设计统一标准》GB 50352 的有关规定；采用集中空调的民用建筑工程，新风量应符合现行国家标准《民用建筑供暖通风与空气调节设计规范》GB 50736 的有关规定。"

GB 50325–2020 标准第 4.1.4 条对于自然通风房屋的通风有以下要求："夏热冬冷地区、严寒及寒冷地区等采用自然通风的 I 类民用建筑最小通风换气次数不应低于 0.5 次 /h，必要时应采取机械通风换气措施。"该条文参考了《民用建筑供暖通风与空气调节设计规范》GB 50736 第 3.0.6 条第 1 款。

可以通过以下实测举例看出通风换气对有效降低室内环境污染程度的作用：

（1）不同通风换气率下人造板释放甲醛量模拟测试（环境测试舱）。环境测试舱（8m³）进行的不同通风换气率下人造板释放甲醛量模拟测试结果如图 1-14 所示。

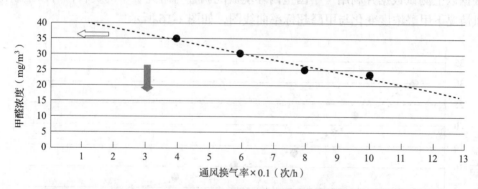

图 1-14　环境测试舱（8m³）进行的甲醛浓度与通风换气率关系试验

可以看出，通风换气率从 0.3 次 /h 提高到 1.0 次 /h 的范围内，随着通风量增加甲醛浓度大体线性降低；计算表明，通风换气率从 0.3 次 /h 提高到 0.5 次 /h，舱内甲醛浓度可以降低约 14%。

（2）模拟实验房（28m³）不同通风换气率下甲醛浓度模拟测试。测试数据如表 1-19、图 1-15 所示。

表 1-19　实验房不同换气率下甲醛浓度稳定值表

通风换气率（次 /h）	0.1	0.2	0.35	0.45
甲醛浓度稳定值（mg/m³）	0.55	0.45	0.39	0.35

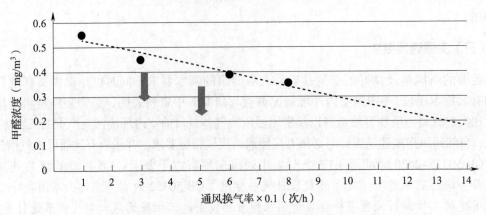

图 1-15   实验房不同换气率下甲醛浓度稳定值图

可以看出，通风换气率从 0.3 次 /h 提高到 1.0 次 /h 的范围内，随着通风量增加甲醛浓度大体线性降低；计算表明，通风换气率从 0.3 次 /h 提高到 0.5 次 /h，实验房内甲醛浓度大体可以降低 24%。

综合考虑环境测试舱甲醛浓度降低 14% 测试结果和实验房甲醛浓度降低 24% 测试结果，取平均值 20%，即通风换气率从 0.3 次 /h 提高到 0.5 次 /h，室内甲醛浓度大体可以降低 20%。

根据以上测试数据并利用《中国室内环境概况调查与研究》中的资料，可以绘制出不同通风情况下甲醛浓度变化与甲醛超标率曲线图，如图 1-16 所示。

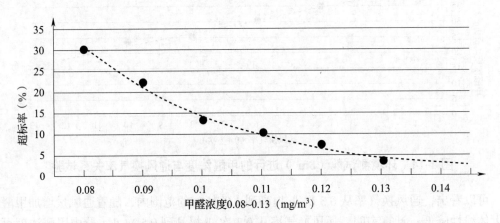

图 1-16   不同通风情况下甲醛浓度变化与甲醛超标率曲线图

计算表明，室内甲醛浓度降低 20% 大体可以使房间甲醛超标率从 33% 降低到 15%。也就是说，通风换气率达到 0.5 次 /h 后，室内环境污染超标情况可以大为缓解。如果超标情况更为严重，应考虑综合治理措施，在加强通风的同时，减少装修材料使用量负荷比、降低装修材料污染物释放量。

自然通风建筑最小通风换气率测定可以参照《公共场所卫生检验方法　第 1 部分：物理因素》GB/T 18204.1–2013 中的示踪气体法进行。

通风措施多种多样，大体可分为主动式和被动式两类，主动式通常为机械送、排风系统，被动式可采用自力式排风扇或无动力通风器等，无动力通风器可选用窗式通风器、外墙通风器等形式。

（四）各类建筑材料选用要求

GB 50325-2020 标准从第 4.3.1 条到第 4.3.9 条对各类建筑材料均提出了防治室内环境污染方面的要求，总体来说，比标准修订前要求更为严格。

二、工程施工阶段的污染控制要求

工程施工阶段的污染控制是工程建设全过程污染控制的关键，在 GB 50325-2020 标准中单独为一章，有强制性条文 6 条。

工程施工阶段的主要污染控制措施是：要求工程使用的建筑材料、装饰装修材料污染物释放量（含量）必须小于或等于有关标准规定的限量值，并对重点材料实施材料进场检验，不符合要求的不允许使用。

多方面资料表明，长期以来，质监部门及工商部门虽然对主要建筑装修材料污染物释放量进行过多次抽查，一些产品不合格企业也被迫关闭，但市场上依然存在大量环境品质低劣产品。目前，市场上购得的装修材料基本没有环境品质方面的出厂检测报告，但厂家自我标记环境品质"优良"现象普遍存在。

在装修施工过程中，开发商往往采用样板间展示装修效果，此做法有利于污染控制，如果发现问题，可以及早修改装修设计。因此，应当给予鼓励。具体鼓励方法体现在 GB 50325-2020 标准第 6.0.13 条："民用建筑工程验收时，凡进行了样板间室内环境污染物浓度检测且检测结果合格的，其同一装饰装修设计样板间类型的房间抽检量可减半，并不得少于 3 间。"

多年来，国家有关部门曾对无机非金属装修材料多次抽样检测，发现部分材料制品放射性超标情况突出，因此，GB 50325-2020 标准第 5.2.1 条要求建筑工程采用的无机非金属建筑主体材料和建筑装饰装修材料必须有放射指标检测报告。出于 GB 50325-2020 标准发布执行以来，各地大理石石材未发现超标的情况，大理石石材可以放开使用，不再提出提供放射性指标检测报告要求。

近年来，幼儿园、学校教室的装饰装修污染问题引起社会广泛关注，反响强烈，为了严格控制幼儿园、学校教室、学生宿舍的装饰装修污染，在选用建筑装修材料时，要求对不同产品、批次的人造木板及其制品的甲醛释放量、涂料、橡塑类合成材料的挥发物释放量进行抽查复验，检验合格后方可使用，老年人照料房屋设施也可照此执行。

三、工程验收阶段的污染控制要求

工程验收阶段的污染控制是工程建设全过程污染控制的最后一环，也是最后把关，GB 50325-2020 标准有强制性条文 3 条。主要要求是：验收前必须进行室内环境污染物现场浓度测量，达不到标准要求禁止交付使用。

GB 50325-2020 标准第 6.0.4 条规定："民用建筑工程竣工验收时，必须进行室内环境污染物浓度检测，其限量应符合表 6.0.4 的规定。"这条是强制性条文，必须严格执行。

第 6.0.4 条是 GB 50325-2020 标准的核心所在，是民用建筑工程室内环境污染控制的最终目标，也是工程竣工验收的基本要求。之所以提出这一强制性要求，主要是因为只有进行实际测试，用数据才能说明问题。

建设过程涉及许多方面，任何一个环节发生问题，都可能影响到最终的室内环境污染控制。况且，这中间往往会发生许多未知情况，仅选用材料的品牌、规格、数量、生产厂家等就可能多次变化，因此，最终情况究竟如何，不进行实际测试无法判定。室内环境污染状况是用户普遍关注的问题。表 6.0.4 中 7 项污染物指标中，有的限值在人的嗅阈值范围内，虽然污染物未超标，但已能嗅到气味，但有的人嗅阈值低，这种情况下，不进行实际测试取得数据，很难有说服力。

GB 50325-2020 标准第 6.0.14 条规定："幼儿园、学校教室、学生宿舍、老年人照料房屋设施室内装饰装修验收时，室内空气中氡、甲醛、氨、苯、甲苯、二甲苯、TVOC 的抽检量不得少于房间总数的 50%，且不得少于 20 间。当房间总数不大于 20 间时，应全数检测。"本条为强制性条文，必须严格执行。近年来，多地幼儿园、学校教室装饰装修后发生甲醛、VOC 超标现象，社会反响强烈，需加强监督管理。为此，幼儿园、学校教室、学生宿舍、老年人照料房屋设施装饰装修后验收时，甲醛、氡、氨、苯、甲苯、二甲苯、TVOC 的抽检量增加到不得少于房间总数的 50%，并不得少于 20 间，当房间总数少于 20 间时，应全数检测。

GB 50325-2020 标准第 6.0.23 条规定："室内环境污染物浓度检测结果不符合本标准表 6.0.4 规定的民用建筑工程，严禁交付投入使用。"

第 6.0.23 条虽然只有一句话，但它体现了 GB 50325-2020 标准在原则问题上的严肃性。GB 50325-2020 标准的宗旨是"保障公众健康，维护公共利益"，为实现这一目标，从工程地质勘察开始到工程设计、施工、验收，采取了一系列措施，做了大量的工作。真正实现标准所规定的控制目标是不容易的，要克服许多困难。但只要认真执行了 GB 50325-2020 标准所规定的内容，民用建筑工程室内污染也是能够控制住的。

无论是土壤中氡气浓度调查，还是防氡工程设计、地下防水（防氡）设计、材料选取的掌握，以及材料进场验收及复验、地下防氡工程施工、各种装修材料施工中的处理等，均为常规性工作，这些对设计者、施工单位来说，算不上是复杂的技术问题，贯彻执行标准没有难以做到的技术难题。只是一开始工程技术人员对污染问题不熟悉，对防治污染的技术措施不甚了解罢了。再者，实现民用建筑工程室内环境污染控制所需要的建筑装修材料并非难以找到。标准对建筑材料和装修材料均有明确规定，按标准要求选用合适的建筑材料和装修材料，可能会增加一点工程费用，但增加的数目并不大。据人造木板生产厂家提供的情况，估计生产成本增加 5%～10%，涂料、胶粘剂增加的比例也不大，应当可以承受。增加不多费用而建造出好的建筑，用户普遍是欢迎的。问题在于市场上假冒伪劣产品比比皆是，给选用材料增加了困难。因此，GB 50325-2020 标准第 5.2.8 条规定："建筑主体材料和装饰装修材料的检测项目不全或对检测结果有疑问时，应对材料进行检验，检验合格后方可使用。"

四、标准的体例

GB 50325-2020 标准按照工程建设的先后顺序依次展开，对工程建设各阶段的污染控制提出了相应要求，通过层层把关、环环相扣的过程控制，确保工程竣工验收后室内环境污染能控制在限量以内。基于这种构思，形成了 GB 50325-2020 标准的如下体例：

第一章 总则
第二章 术语和符号
第三章 材料
第四章 工程勘察设计
第五章 工程施工
第六章 验收

GB 50325-2020 标准列出了 18 条强制性条文。设置这些强制性条文的必要性在于：由于标准涉及的方面很多，执行起来难度是较大的，因此，为了"把好关"，工程建设过程中的每一重要环节，以及那些很容易出现问题的地方，均须提出强制性要求，列为强制性条文，必须严格执行。

强制性条文掌握的原则是："必须"和"可行"，即：①为标准中必须执行的条款，即不执行该条款将无法控制污染，必须列为强制性条文；②以往工程地质勘察、设计、施工、验收标准（标准）中已有明确要求，在本标准中只需依照执行的内容，不再列为强制性条文；③执行了更好，不执行只是差些；或者执行了更好，但执行难度很大的（如相关行业管理跟不上，或增加企业负担过多，检测周期过长、影响工期，需考虑到我国企业目前发展水平等情况的），不列为强制性条文。

GB 50325-2020 标准中的附录 A ~ 附录 E 均为检测方法方面的内容。

第六节 加强室内污染防治，为建设宜居环境做贡献

我国大规模室内环境污染控制工作是从《民用建筑工程室内环境污染控制规范》GB 50325-2001 的批准发布开始的。近 20 年来，GB 50325 标准的贯彻执行情况如何？如何加强室内环境污染控制……许多问题值得深思。

一、GB 50325 标准发布 20 年简要回顾

（一）我国室内环境污染状况未见根本好转

20 年前，在我国室内环境污染问题日益突出情况下，建设系统、卫生部门、环保部门及各高等院校陆续开始关注室内环境污染方面问题调查及控制研究工作。河南省建筑科学研究院从 1992 年开始对"建筑与环境"专题进行研究，并于 1994 发表署名文章《民

用建筑应关注室内氡污染问题》，同时在河南省开展民用建筑氡防治试点工作，而后开展"室内环境质量控制研究"专项调研，从 1998 年开始申报编制室内环境污染控制方面的标准。经过多方努力，以河南省建筑科学研究院为主编单位的《民用建筑工程室内环境污染控制规范》GB 50325-2001 在 2000 年正式开始编制，2001 年批准发布。随后，原国家质检总局、环保部、原卫生部相继组织编制了《室内装饰装修材料人造板及其制品中甲醛释放限量》GB 18580 等 10 个建筑装修材料污染物控制国家标准和国家标准《室内空气质量标准》GB 18883-2002，这些标准相继发布执行。

GB 50325-2001 标准发布执行后，北京市住房和城乡建设委员会首先转发原建设部通知，并提出贯彻执行 GB 50325-2001 标准的具体要求，做出全面部署，紧接着上海等沿海省市也相继行动，结合本地区实际出台相关规定，有的地方制定了分步骤贯彻执行 GB 50325-2001 标准的时间表，并对设计、施工和工程验收的室内环境检测等提出具体要求，后逐渐扩展到内地省市。与此相适应，各地环境实验室建设发展迅速，购置仪器设备、培训人员、建立规章制度，并陆续投入使用。

深圳市的 8 家装饰企业曾公开对社会做出承诺：不使用有污染的材料、保证做到装修环保化；国内百家企业曾联合发起"北京宣言"，带头贯彻执行国家标准；河南焦作矿务局、河南建业集团分别主动在住宅建设开工前进行土壤氡调查和进行商品房室内污染物检测等。

总体看，《民用建筑工程室内环境污染控制规范》GB 50325-2001 发布后，各地建设系统、质检、工商管理、建筑材料等部门积极配合，从建筑材料的生产、市场管理，到工程设计、施工、工程竣工等各个环节开展工作，落实 GB 50325-2001 标准要求，社会各界新闻媒体积极跟进、推动，社会各方面为控制室内环境污染做了大量工作。

虽然如此，从不同渠道提供的大量信息看，我国室内环境污染状况仍不见根本好转：《中国建材报》2009 年 1 月 5 日刊载文章报道：山西质检局抽查油漆涂料，有害物质超标率 13%。《中国建设报》2008 年 11 月刊载文章报道：国家质检总局抽检 5 种室内装修材料有害物质释放量，胶合板合格率 93%，熔剂型涂料 95%，细木工板 97%，水性内墙涂料 99%。深圳市质检局抽检涂料、胶粘剂有害物质释放量，熔剂型涂料合格率 97%，胶粘剂合格率 92%。《中国建材报》2008 年 2 月 4 日刊载文章报道：南京家装空气质量检测汇总报告显示，2007 年 7 月全市受检家庭环保指标全部达标仅一成等。从以上资料可以看出，我国的室内环境污染问题仍比较严重。

2005 年，CCTV-2 组织进行了全国性室内环境污染调查，被调查的 566 户中甲醛合格的有 183 户，占检测总数的 32%，甲醛超标的占 68%，深圳、北海、佛山室内甲醛污染严重，超标比例 90% 以上，最高污染值出现在常州：甲醛浓度达 1.26mg/m³，超出标准限值约 15 倍；苯污染状况：555 户中苯合格的有 492 户，占总数的 89%，苯超标的占 11%，北京和沈阳超标比例相对较高，为 24% 和 25%，最高污染值出现在北京，为 10.02mg/m³，超出标准限值 110 倍；总挥发性有机物（TVOC）污染状况：477 户中 TVOC 合格的有 295 户，占总数的 62%，超标的占 38%，深圳和贵阳超标较严重，超标比例为 60%～70%，最高污染值出现在贵阳，为 25.27mg/m³，超出标准值 50 倍。CCTV-2 的调查结论：我国因装修造成的室内污染较为严重，应引起有关部门关注。

中国环境监测总站对 2007 年 1 月至 2015 年 12 月间北京市新装修在 12 个月以内的

390 套居民住宅和 47 个办公场所，共 2 478 个房间进行室内空气中甲醛、总挥发性有机物（TVOC）、苯及甲苯、二甲苯、氨、氡的检测，检测结果是：空气中甲醛超标率平均为 51%，最高浓度超标 12.9 倍；TVOC 超标率为 76.3%，最高浓度超标 55.8 倍；苯、甲苯和二甲苯超标率分别为 1.8%、22.9% 和 26.9%，最高浓度分别超标 4.5 倍、32.6 倍、57.9倍。该调查认为：北京市因装修导致的室内空气污染较为严重，应采取适当污染防治措施，减少室内环境污染对人体产生的损害。

2010—2016 年进行的"中国室内环境概况调查与研究"数据表明：苯：污染明显减轻：三分之一检出，3% 超标；甲醛：I 类建筑（住宅、幼儿园等，已装修，对外门窗关闭 1h 后检测，无家具）室内甲醛浓度超标 0.08mg/m³ 的约占 33%；I 类建筑（住宅、幼儿园等，已装修，对外门窗关闭 1h 后检测，有家具）室内甲醛浓度超标 0.08mg/m³ 的约占 48%；TVOC：I 类建筑（住宅、幼儿园等，已装修，对外门窗关闭 1h 后检测）室内VOC 浓度超标占 42%（超过 0.5mg/m³）。也就是说，近一半家庭生活在甲醛、VOC 污染超标的房子里。

《民用建筑工程室内环境污染控制规范》GB 50325-2010 国家标准发布前，住建部为了及时方便受理、处理各地反映的室内环境污染技术方面问题，专门成立了一个《民用建筑工程室内环境污染控制规范》标准管理组，此管理组成立至今，经常收到各地的信访电话、电子邮件，还经常受住建部委托回答来自其他政府部门、人大、政协关于室内环境污染方面的信函、提案，特别是近年来，许多普通老百姓反映装修后室内环境污染问题，社会各界对中小学、幼儿园污染问题更是反响强烈，仅 2018 年收到的此方面政协提案、函件就有 6 封。

综合室内环境污染状况的多方面信息可以看出，近 20 年来，我国因装修造成的室内化学污染苯、氨明显减轻；氡污染虽比 20 年前有所增加，但超标房屋比例不算大；甲醛、VOC 等主要污染物同 20 年前不相上下，超标仍十分严重。也就是说，不少学校教室已成为家庭、社会担心孩子们健康受污染损害之所。

（二）有关污染防治标准执行不到位问题突出

分析发现，我国室内环境污染 20 年间之所以没有得到根本改善，其中一个主要原因是多方面标准执行不到位。

1. 装修材料污染控制标准执行不到位

与原规范几乎同时批准发布的另外 10 个关于装修材料污染控制的国家标准（涉及人造板、涂料、胶粘剂、地毯、无机材料放射性、混凝土外加剂、木家具、卷材地板、壁纸等），均对污染物释放量有具体限量规定，按道理讲，装修材料生产厂家应该认真执行这些标准，严格控制生产过程，超标产品不许出厂。但是，多方面情况表明，不少厂家并未严格控制生产过程，超标产品不经检验照样出厂。

研究表明，造成室内甲醛环境污染的主要装修材料是装修使用的各类人造板，是人造板使用的胶粘剂问题（以脲醛树脂为主）。我们可以通过以下人造板生产、市场监管等方面情况全面了解室内装修产生甲醛污染的原因：

人造板是以木材或其他非木材植物为原料，经一定机械加工分离成各种单元材料后、施加或不施加胶粘剂和其他添加剂胶合而成的板材或模压制品。主要包括胶合板、刨花（碎料）板和纤维板三大类产品，其延伸产品和深加工产品达上百种。人造板的诞生，标志着木材加工现代化时期的开始，从单纯改变木材形状发展到改善木材性质。这一发展，不但涉及全部木材加工工艺，还吸收了纺织、造纸等领域技术，从而形成独立的加工工艺。

人造板可提高木材的综合利用率，经计算，1m³ 人造板可代替 3~5m³ 原木使用，装修加工方便，美观大方，因此，从 20 世纪末开始，我国大量引进（仿制）生产线，一时间，全国各省均有了胶合板企业，家庭作坊式工厂更是遍地开花，总数合计上万家，多数为中小型民营企业，90% 的企业年产量在 1 万 m³ 以下，仅少数年产 2 万 m³ 以上。目前，我国人造板产量和消费量位居世界第一，人造板年产量 2 亿多 m³，超过全球总产量的 50%。

中国林产工业协会 2015 年行业活动年度报告提到，我国人造板、木质家具、木地板等传统木材加工产品产能严重过剩，小型企业众多，生产条件差，装备落后，环保设施不健全，而这些企业，连同流通领域部分不法机构，将木质林产品以次充好，以假冒真，于是，在市场营销环节出现了鱼目混珠、张冠李戴等混乱现象，严重影响到我国木质林产品的信誉、行业形象，使优秀的品牌企业遭受重大损失。

胶粘剂的情况与人造板相类似。我国胶粘剂生产大多依附于人造板生产企业，由人造板生产企业自产自用，胶粘剂的生产工艺落后，质量不稳定，对原料和施胶设备的适应性差，小农经济的生产方式很不利于胶粘剂行业的发展。由于胶粘剂自身存在的质量问题，为保证人造板产品的质量，只能通过增加施胶量来解决。我国中密度纤维板的施胶量以质量计算竟然达到 10% 以上。施胶量过大，是人造板产品生产成本降不下来、甲醛超量的主要原因。胶粘剂中游离甲醛含量过高，致使人造板产品中的甲醛释放量普遍超标。

据了解，现在业内有些人士不愿谈及甲醛问题，因为要改变甲醛问题意味着他们要放弃比较便宜的胶粘剂，增加生产成本。加之我国人造板整体来说附加值不高，竞争又十分激烈，所以目前只有少部分企业在使用不含甲醛的胶粘剂生产低醛板或者无醛板。

降低人造板甲醛释放量从技术上可以做到，并且，一些有条件企业已经做到，但是，在国家标准较宽的前提下，那些高甲醛、低成本的人造板更有市场，因为多数消费者并不知道 "E0 级""E1 级" 等概念，也缺少手段了解人造板的具体性能指标。

全世界人造板甲醛含量要求严格的日本，其最高标准为 F 四星级，要求甲醛释放量不得超过 0.3mg/L（干燥器法），达到这个标准的板材可以无限制地使用。现行国家标准《室内装饰装修材料　人造板及其制品中甲醛释放限量》GB 18580–2017 要求过于宽松（1.5mg/L，干燥器法），即使如此，仍然有不少企业反对，进一步严格要求更是困难。

2013 年美国《复合木制品甲醛标准法案》升级版出台，对木制基材人造板提出了更高的环保要求，对我国木制品出口造成极大影响。

不仅装修材料存在胶粘剂超标的问题，还包括家具。2005 年，中国家具协会推出实木家具概念，以木榫框架结构为主，主体采用实木制造的家具称为实木家具。也就是说，

　第一章　GB 50325 标准的编制、修订及内容概要

只要家具的主体结构上使用实木结构，而门板和侧板不使用实木，同样可以称为实木家具，这样的家具由于使用复合板，必定也存在一定的甲醛污染风险。

从以下抽检方面信息可以看出人造板质量情况：

2007 年国家进行的中密度纤维板抽查，总体合格率为 62.5%，其中国企抽样合格率为 85.7%，集体企业抽样合格率为 40%，股份制企业抽样合格率为 50%。产品不合格的主要原因大多与胶粘剂的质量有关。

2012 年 12 月原国家质检总局公布资料：原国家质检总局组织了涉及日用消费品、建筑和装饰装修材料、食品、农业生产资料、工业生产资料等 28 类产品质量国家监督抽查，共抽查了 2 615 家企业生产的 2 686 种产品，抽查共发现 263 种产品不符合标准要求，主要质量问题：有 14 种木（制）家具产品的甲醛释放量超标，检出的最高值超出标准限值 5 倍多。

2014 年国家联动监督抽查不合格产品检出率最高的产品为木制家具，共抽查 16 个省（区、市）857 家企业生产的 878 批次木制家具产品，对理化性能、力学性能、有害物质甲醛释放量、重金属含量（铬、铅）四类 53 个项目进行了检验和判定，共发现 157 批次不合格，不合格率为 17.9%。其中甲醛释放量不合格产品达 75 批次，占不合格总数的 47.8%。

2015 年中国质检网报道：广东省质量技术监督局公布人造板产品定期监督检验质量状况，在 373 批次被抽查样品中，72 批次不合格，有 8 批次产品甲醛释放量超标。

第三次全国人造板生产许可证换发工作中发现，不合格的企业中约有 50% 是由于产品甲醛释放量超标，影响产品质量而造成的，除此之外，胶粘剂中其他有害成分，如苯酚等，对人体健康和环境的影响也不可忽视。

客观地看，有关国家标准发布执行后，各地工商管理部门陆续加强了对建筑装修材料的市场管理，发现超标产品清理出市场，许多经销商主动打出对客户"免费检测""环保材料市场"等口号，对规范市场管理发挥了积极作用。例如，2007 年底，北京市工商行政管理局委托"国家建筑材料测试中心"在北京市对 14 个建材市场销售的防水涂料、胶粘剂、内墙砖、人造板、木地板、腻子、坐便器、水嘴、PVC 扣板九大类室内装饰装修商品进行了监督抽查。根据抽查结果，胶粘剂中 7 个样品不合格，主要问题是有害物质含量超标；人造板中 19 个样品不合格，主要问题是甲醛释放量超标；北京市工商行政管理局根据不合格商品退出机制，将不合格产品退出市场，并对商品经营者依法处理。要求生产企业整改，其产品经复检合格后，方可再进入市场销售。

建设系统得到的信息也表明，市场上购得的装修材料基本没有环境品质方面的出厂检测报告，生产厂自己产品上标记环境品质均为"优良"（E1 级，或者自撰的 AAAA 级等）。劣质材料价格一般较便宜，老百姓（使用者）缺少有关知识和检测手段，最容易选用品质差但价格便宜的建筑装修材料。

2. 房屋建设过程中 GB 50325 标准执行不到位

（1）不少地方监管不到位。住建部在 GB 50325 标准发布公告里强调："强制性条文，必须严格执行。"据了解，目前，全国大部分地方工程竣工验收的室内环境污染检测把关已经做到，工程勘察设计阶段工作、材料进场检验环节执行稍差。总体看，凡是认真贯彻

执行 GB 50325 标准的地方，室内环境污染控制工作逐步正常化，室内环境污染状况有所改观，贯彻执行差的地方，问题就比较突出。

为贯彻"标准"，住建部先后多次组织过全国规模的培训，成立了《国家建筑工程室内环境检测中心》，协助、指导各地建设环境检测实验室，在几年时间里，从省市开始建设了上千家环境检测实验室，培训了环境检测人员上万人，目前，大部分地方室内环境污染控制工作已纳入工程监管工作日程：土壤氡影响问题日益受到工程质量监督管理部门的重视；进入工地的材料必须提交污染物检测报告，超标的不允许使用；工程竣工验收要进行室内环境污染检测，超标将不予备案，无法交付使用；许多房屋开发商主动承诺建造无污染的绿色建筑等，总地看工作是有成效的。

但是，各地发展不平衡。例如，有的地方至今仍未认真宣传贯彻过"标准"，工程中的污染问题无人过问，老百姓的需求无人关心；不少地方进入工地的建筑装修材料仅凭生产厂自己标示的环境品质"优良"，不经检测即被使用；有的地方建设主管部门有意放松工程监管，担心管起来之后，当地企业生产的（有问题的）材料卖不出去，或者害怕工程验收时污染超标不好处理，影响当地的经济发展；有的地方借口"经费问题"，至今仍未建立实验室，又不让外地的检测单位进来，不愿意认真宣传贯彻"标准"；有些地方开发商或建设单位甚至对执行"标准"采取抵制态度，给"标准"贯彻带来困难；更有甚者在检测工作已经市场化了的今天，有的建设单位拿好材料送检，而工程中使用的是不好的材料；有的为了使工程能顺利通过验收，在工程验收时弄虚作假，甚至公然要求检测单位编造假数据，出具假报告等。

工程建设的任何一个环节都可以实施污染有效控制，但现实是，一关又一关为污染开了绿灯。

（2）毛坯房交工后的装修管理问题突出。长期以来，我国一般民用建筑建设（住宅、办公楼、学校教室等）的监督管理只管到毛坯房验收完成为止，至于后面怎么做，工程建设管理部门不再监管。随着改革开放和社会经济发展以及人民群众生活水平提高，室内装修在所必然，并且要求越来越高，但是，由于工程建设管理部门对毛坯房的进一步装修未纳入监督管理，因此，后装修过程的管理成了"真空"，问题很多：重复装修带来资源极大浪费，原先布置的电线、抽水马桶重新更换，都变成了废品；装修过程中敲墙挖洞，对建筑安全带来严重隐患；装修过程冗长，污染了小区环境，影响邻里关系；装修材料以次充好，室内污染问题突出等。

可以预期，这种情况将会随着国家推进的"绿色建筑和建筑工业化发展"计划逐步得到解决。与传统设计及建造方式相比，新建住宅全部实行全装修和成品交付，鼓励在建住宅积极实施全装修，全装修住宅将逐步成为主流产品，而毛坯房将逐渐退出市场。由于是统一批量施工，全装修房的成本会明显降低，污染和浪费将大大减少，室内环境污染问题将会从装修材料生产、使用等根本上控制住，使之更符合健康、安全和环保的要求。

近些年来，室内装修管理不到位还有一种情况：装修不报建，认为装修是自己的事，不办理申报，随意进行，如此，出现室内环境污染后难以投诉。实际上，近年来发生的多起学校教室污染事件、幼儿园污染事件也属于这种情况，学校利用假期自行决定装修（自找装修队、自购材料、自己验收），未纳入建设工程监督管理体系，学生家长发现室内环境污染后社会舆论哗然，但处理起来却十分困难。

（三）其他有关标准的问题及执行中出现的问题

1. 过度装修、装修材料超量使用问题突出

从目前国家已经发布的诸多装修材料标准看，均为材料单一使用的污染物控制标准与实际多种材料超量使用差距较大。

2014 年调查统计的 15 个城市 I 类建筑 1 360 个房间中有 1 300 个房间均使用了装修材料，装修材料包括：人造板、复合地板、壁纸、实木板、地毯及家具（固定及活动等折合的板材量）。调查结果表明：①3/4 的房间使用家具；②约 1/2 的房间使用人造板、实木板；③约 1/3 的房间使用壁纸（壁布）；④约 30% 使用复合地板；⑤使用地毯的约为 1%。也就是说，同一个房间里要使用多种多样的装饰装修材料。

据统计，使用了人造板装修的房间中，80% 以上使用量负荷比为 $0.3 \sim 0.6 m^2/m^3$，样本量最多处在 $0.5 m^2/m^3$ 附近；有约 12% 房间使用量负荷比超过 $1.0 m^2/m^3$，最大值达 $4.3 m^2/m^3$。

可以造成室内污染的五大类材料人造板、复合地板、壁纸、实木板及家具的使用量负荷比情况如表 1-20 所示。

表 1-20　人造板、复合地板、壁纸、实木板、地毯及家具使用量负荷比情况（m^2/m^3）

材料名称	活动家具	人造板	实木板	壁纸	复合地板	总装修材料（包括活动家具）	超过 1.0 占比（%）
装修材料使用量负荷比最多处	0.5	0.5	0.3	0.9	0.3	0.7	60
材料使用量负荷比最大值	8.0	4.5	3.5	2.2	1.0	8.0	

各类装饰装修材料的污染物释放量限量值均按单一使用材料确定，没有考虑各类材料叠加的污染物浓度叠加。室内污染出现超标是必然的。装修材料污染物限量值制定时不考虑多种材料叠加可以理解，但人们往往误认为：只要使用的材料污染物限量值不超标，就可以随意多使用而不会出现污染超标。

2. 材料污染物释放限量值未考虑自然通风房屋情况问题

《室内装饰装修材料　人造板及其制品中甲醛释放限量》GB 18580 国家标准是实施室内环境污染的重要材料标准之一。该标准所规定的甲醛释放限量值为 $0.124 mg/m^3$ 是在以下条件下规定的：

（1）甲醛释放量检测试验方法为 "$1 m^3$ 气候箱法"，运行条件：气候箱内的空气交换率为 1 次 /h。

（2）《室内装饰装修材料　人造板及其制品中甲醛释放限量》GB 18580 标准甲醛释放量检测试验方法的另一个运行条件是：气候箱内的人造板表面积与气候箱容积之比应为 1:1。

对于自然通风的住宅等房屋来说，全国现场调查表明，随着建筑节能的要求越来越高，民用建筑的门窗密封性也越来越好，一般情况下房间的通风换气率在 0.3 次 /h 左右，远远达不到空气交换率为 1 次 /h，即使按照《民用建筑供暖通风与空气调节设计规范》GB 50736 对自然通风住宅等的通风换气率要求也仅是大于 0.5 次 /h，因此可以认为，采用达标的人造板装修，室内甲醛超标仍然不可避免；另外，气候箱内的人造板表面积与气候箱容积之比为 1：1，没有考虑多种装修材料叠加使用情况，因此，即使采样达标的人造板装修，室内甲醛超标仍难以避免；除此之外，《室内装饰装修材料 人造板及其制品中甲醛释放限量》GB 18580 规定的气候箱甲醛释浓度低于 $0.124mg/m^3$ 即为符合达标，此值远高于《室内空气质量标准》GB/T 18883 规定的室内甲醛浓度限量值 $0.10mg/m^3$，更高于 GB 50325-2020 标准规定的 I 类建筑甲醛浓度限量值 $0.07mg/m^3$ 和 II 类建筑甲醛浓度限量值 $0.08mg/m^3$。

除《室内装饰装修材料 人造板及其制品中甲醛释放限量》GB 18580 外，《室内装饰装修材料 地毯、地毯衬垫及地毯胶粘剂有害物质释放限量》GB 18587 将甲醛释放限量定为 $0.050mg/（m^2·h）$，相当于气候箱法中小于或等于 $0.12mg/m^3$ 的情况，与《室内装饰装修材料 人造板及其制品中甲醛释放限量》GB 18580 基本相同。

室内装修中，往往人造板等使用量大，其甲醛释放持续时间长、释放量大，如果不从材料上严加控制，要使室内甲醛浓度达标是困难的。

当然，有关材料标准未考虑自然通风房屋情况可以理解，但由此对标准的普遍误会不可忽视：似乎只要使用的材料污染物限量值不超标，自然通风房屋使用就不会出现污染超标问题。

实际上，GB 50325-2010 标准规定的限量值目前也存在要求过于宽松的情况，例如，在没有活动家具情况下，GB 50325-2010 标准规定 I 类建筑（住宅、学校教室、幼儿园等）的甲醛限量值为 $0.08mg/m^3$，II 类建筑（办公楼、宾馆、商店等）的甲醛限量值为 $0.10mg/m^3$。2014 年全国调查已知活动家具的污染贡献约占总体污染的 1/3，也就是说，按照 GB 50325-2010 标准规定，活动家具进入后（使用中的房屋总是要有活动家具的），I 类建筑的甲醛浓度将可以达到 $0.11mg/m^3$，II 类建筑的甲醛浓度将可以达到 $0.13mg/m^3$。

3. 缺少空气化学污染物（VOC）污染简便检测方法问题

空气污染检测技术是一项随着空气污染的发现、研究而发展起来的微量测量技术，近几十年以来，随着光谱、气相色谱、液相色谱、质谱等高端检测技术的使用，使得空气污染检测技术水平大大提高。但是，这些检测方法使用的仪器设备价格昂贵，检测费用也比较高（按"标准"要求，以目前一般检测单位的粗略统计，1 个检测点的甲醛、氨、苯、氡、TVOC 五项检测所需成本费用为 300～600 元，对外收费为 500～1 000 元，一套住宅最少按测 2 个点计算，需支付 1 000～2 000 元），一般消费者感觉难以接受，造成不少住宅、学校、幼儿园未经检测投入使用。

民用建筑工程验收时，室内环境污染检测集中、工作量大、时间要求急，按照"标准"规定的室内环境污染标准检测方法，化学污染物取样检测程序复杂、周期长，往往给及时提交检测报告造成困难；目前已有的简便取样仪器检测方法虽然方便快捷，但易受环境因素影响，且一般灵敏度较低。

目前，我国的室内环境污染问题依然比较突出，普通消费者要求了解自家污染情况的愿望十分迫切，希望国家推出空气污染简便检测方法，降低检测成本。

实际上，普通消费者一般要求知道的结果就是"是否超标"，只要不超标就可以放心。从技术上讲，回答"是否超标"属于"筛选性检测"，而不是要求采用高端技术测得的十分准确的数据。

为了解决简便方法使用问题，住房和城乡建设部组织了《建筑室内空气污染简便取样仪器检测方法》标准编制，并于 2011 年开始工作，编制组向已知国内外简便检测仪器厂家发出了告知信和邀请函，得到供应商的大力支持和配合，此后进行了大量实验室比对，遴选出了适合空气中甲醛检测的简便方法，但至今缺少真正适用的 VOC 简便检测仪器。

根据我国发展情况估计，今后一段时间内，甲醛和 VOC 将是室内最普遍、突出的污染物，缺少 VOC 简便检测方法（仪器）对室内空气污染防治工作影响很大。

4. 人造板及其制品中甲醛释放限量检测方法问题

原国家标准《室内装饰装修材料　人造板及其制品中甲醛释放限量》GB 18580–2001 曾提出三种检测方法：环境测试舱法、干燥器法、穿孔法，从技术角度讲，这三种方法各有特点，各有适用的情况，相辅相成；从应用角度讲，适合装饰装修工程材料检测的只有"干燥器法"，因为，其方法简单，取样测量过程快（1 天时间），不耽误工程进度，且测量的是装修材料的甲醛释放量。

新修订的《室内装饰装修材料　人造板及其制品中甲醛释放限量》GB 18580–2017 取消了燥器法，仅保留气候箱法。气候箱法检测要求：测定前试件首先需在（23±1）℃、相对湿度（50±5）%、空气换气率不小于 1 次 /h 的条件下放置 15 天进行平衡，然后开始测量，每天测试 1 次。当连续 2 天测试浓度下降不大于 5% 时，可认为达到了平衡状态。以最后 2 次测试值的平均值作为材料游离甲醛释放量测定值；如果测试到第 28 天仍然达不到平衡状态，可结束测试，以第 28 天的测试结果作为游离甲醛释放量测定值。可以看出，气候箱法检测取样测量周期过长，实际上难以执行，其后果将很可能是不执行，或者出现造假。

5. 家具甲醛释放量检测方法标准存在缺陷问题

目前，我国对木制家具环保质量检测执行的是《室内装饰装修材料　木家具中有害物质限量》GB 18584，要求检测的项目也只是甲醛和重金属。测试甲醛的方法是从一套家具中抽出一块 $0.075m^2$ 板材样品，将其锯成 5cm × 15cm 的 10 个小块样品放置于干燥器内，24h 后测试其释放出的游离甲醛。这样操作实际上测的是家具使用的板材，而不是经加工后制成的家具成品。

成品家具及成套家具的材料实际面积与检测样品面积上存在极大差异。例如，制作一个普通写字台大约需要 $3m^2$ 以上的板材；制作一套卧室柜需要 $10m^2$ 以上的板材；即使是一个床头柜所需要的板材面积也在 $1.5m^2$ 左右。两者面积相差了几十甚至上百倍，以此标准检测的结果根本不能客观反映那些家具成品的有害物质释放量。况且，成品家具在其加工过程中不可避免地会使用到胶粘剂、油漆等其他材料，释放出的有害物质不仅仅是甲醛，还可能存在苯、甲苯、二甲苯等多种有害物质。家具污染检测最好采用整体家具检测的大型环境测试舱，目前我国的家具检测标准形同虚设。

实施室内环境污染控制的标准体系不完整，也是造成室内环境污染超标严重的原因之一。

6. 室内污染控制与建筑节能之间不协调问题

技术标准方面存在的问题还表现在标准之间的不协调、顾此失彼，最突出的是室内环境标准与建筑节能标准之间的不协调。近年来，单方面强调建筑节能，自然通风建筑物门窗过度密封，又不采取其他通风换气措施的情况十分突出，后果必然带来室内环境污染加剧。

建筑外门窗是建筑围护结构的重要组成部分，除了起到保温节能的作用，还担任着防尘防水等功能。其中，针对室内空气质量的防尘要求而言，气密性是重要指标。气密性等级越低，空气渗透量越大，防尘效果越差。现行建筑节能设计标准和门窗应用技术规范对建筑外门窗的气密性都能做了具体规定，总结如表 1-21 所示。

表 1-21 我国建筑节能设计标准中对建筑外门窗气密性的规定

序号	标　　准	气密性等级要求
1	《公用建筑节能设计标准》GB 50189–2015 第 3.3.5 条	≥6 级（1~10 层） ≥7 级（≥10 层）
2	《严寒和寒冷地区居住建筑节能设计标准》JGJ 26–2010 第 4.2.6 条	≥6 级（严寒地区） ≥4 级（寒冷地区 1~6 层） ≥6 级（寒冷地区≥7 层）
3	《夏热冬暖地区居住建筑节能设计标准》JGJ 75–2012 第 4.0.15 条	≥4 级（1~9 层） ≥6 级（≥10 层）
4	《夏热冬冷地区居住建筑节能设计标准》JGJ 134–2010 第 4.0.9 条	≥4 级（1~6 层） ≥6 级（≥7 层）
5	《住宅建筑门窗应用技术规范》DBJ 01–79–2004（北京市）第 4.2.1 条	6 级

按照现行国家标准《建筑外门窗气密、水密、抗风压性能分级及检测方法》GB/T 7106–2008 第 4.1 条规定，门窗气密性等级划分见表 1-22，根据标准状态下压力差为 10Pa 时，每小时单位开启缝长度空气渗透量 q_1 和每小时单位面积空气渗透量 q_2 作为标准做出的分级。

表 1-22 建筑外门窗气密性分级表

分级	1	2	3	4	5	6	7	8
单位缝长分级指标值 $q_1/[\mathrm{m^3/(m \cdot h)}]$	$4.0 \geq q_1$ >3.5	$3.5 \geq q_1$ >3.0	$3.0 \geq q_1$ >2.5	$2.5 \geq q_1$ >2.0	$2.0 \geq q_1$ >1.5	$1.5 \geq q_1$ >1.0	$1.0 \geq q_1$ >0.5	$q_1 \leq 0.5$
单位面积分级指标值 $q_2/[\mathrm{m^3/(m^2 \cdot h)}]$	$12 \geq q_2$ >10.5	$10.5 \geq q_2$ >9.0	$9.0 \geq q_2$ >7.5	$7.5 \geq q_2$ >6.0	$6.0 \geq q_2$ >4.5	$4.5 \geq q_2$ >3.0	$3.0 \geq q_2$ >1.5	$q_2 \leq 1.5$

按门窗标准要求，一般住宅门窗气密性要达到 3 级、4 级以上，大体相当于通风换气率为 0.3~0.4 次 /h。现以 48m³ 的房屋空间在不同气密性等级的情况下、2m² 窗使空气全部更换一次所需时间比较说明问题，如表 1-23 所示。

表 1-23　不同等级气密性换气能力比较

气密性等级	空气渗透量 [m³/(m²·h)]	窗面积（m²）	换气量（m³）	所需时间（h）
1	12	2	24	2
2	10.5	2	21	2.3
3	9	2	18	2.7
4	7.7	2	15	3.2
5	6.5	2	12	4.0
6	4.5	2	9	5.3

从以上数据可以看出，按照门窗气密性要求，特别是按照建筑节能标准要求，自然通风房屋的通风换气率很难达到 0.3 次/h 以上，甚至仅有 0.1～0.2 次/h，如此低的门窗通风换气下，如不采取其他通风换气措施，将很难避免室内环境污染物的不断积累，直至超标。

（四）法制建设滞后影响标准贯彻执行

国家标准是对重复性事物和概念所做的统一规定，它以科学、技术和实践经验的综合为基础，经过有关方面协商一致，由主管机构批准，以特定的形式发布，作为共同遵守的准则和依据。工厂生产的产品自然应符合标准要求，达不到要求的产品自觉不出厂。然而，目前的实际情况是：污染物释放量超过标准规定的人造板、胶粘剂比比皆是，充斥市场，而符合标准要求的环境品质好的产品往往卖不出去；同样，竣工的民用建筑工程自然应进行室内污染物浓度检测，达不到标准要求即应自觉采取措施，绝不交付使用。但是，实际情况是：室内环境污染超标的房子照样可以通过验收。

近些年来，各地发生的室内环境污染纠纷不少，污染受害者往往因承担不了法律诉讼的高额成本而不了了之。因此，全社会守法、守规意识淡薄，法制建设不健全，违法、违规惩治不力是我国室内环境污染控制总体进展迟缓、成效不明显原因之一。

二、在发展中积极解决室内环境污染问题

（一）从发达国家走过的"弯路"中探索正道

发达国家都是从工业化初期的"灰蒙蒙"环境中走出来的，无论是室外大环境污染问题，或者是室内环境污染问题，他们都经历过，以伦敦烟雾事件和洛杉矶烟雾事件为例，从中吸取经验教训，探索解决室内环境污染问题的方法。

震惊于世的伦敦烟雾事件至今仍记忆犹新。作为世界历史上第一个工业化国家，英国所走过的路值得借鉴和思考。

早在 16 世纪，由于英国首都伦敦附近薪材和木炭短缺，人口却连续增加，煤炭被迅速应用于室内取暖和室外工业生产。低效率的壁炉和啤酒厂、石灰窑等工厂密集排放的烟尘不但危及人体健康，还损害了城市建筑和绿色空间，引起市民不满和抗议。爱德华一世

国王和伊丽莎白女王都曾发布皇室公告，要求石灰窑和啤酒厂不再使用或减少使用烟煤。

工业革命开始后，英国迅速进入"煤烟时代"。燃煤蒸汽机的大量使用虽然迅速提高了生产效率，但也排放了大量煤烟和烟尘。一些工业城市情况最为严重，那里工厂多，有很多低的烟囱，整个城市被烟尘笼罩，人们满身都是灰尘和烟灰，每天晚上睡觉前必须洗澡。除了煤烟之外，随着公共运输系统的发展和轿车进入家庭，城市的流动污染也越来越严重。大量聚集的污染气体在寒冷的冬季极易形成雾霾，有些城市因为污染严重简直成了暗无天日的"人间地狱"。

1952年12月，伦敦发生严重雾霾，空气中的污染物质含量达到每立方米3.8mg，是平常的10倍，二氧化硫浓度高达1.34×10^{-6}，导致4 000人死亡（根据最新研究成果，死亡人数大概是1.2万人）。到了20世纪70年代，无形污染气体和跨界空气污染成为英国面临的严重问题，随着石油逐渐替代煤成为主要燃料，含硫量更高的石油燃烧会释放出更高的硫氧化物，加上二氧化碳、氟氯烃（CFCs）和甲烷等温室气体的排放，不但使英国成为飘向斯堪的纳维亚半岛国家的酸雨之重要来源地，也成为影响全球气候变暖的一个重要因素。

严重的空气污染直接危害人体健康，患呼吸系统和循环系统疾病的人数大幅度增加，支气管炎、肺病、肺结核成为工业污染城市的常见病。

从这个意义上说，空气污染绝不仅仅是个环境问题，它同时也是技术问题、经济问题和社会问题。

美国洛杉矶光化学烟雾事件是1940年至1960年发生在美国洛杉矶的有毒烟雾污染大气的事件，也是世界有名的公害事件之一。在1952年12月的一次光化学烟雾事件中，洛杉矶市65岁以上的老人死亡400多人。1955年9月，由于大气污染和高温，短短两天之内，65岁以上的老人又死亡400多人，许多人出现眼睛痛、头痛、呼吸困难等症状甚至死亡。

20世纪70年代，由于石油的禁运，建筑设计师们把建筑物设计得更为密闭，以减少室外空气的交换，达到有效地利用能源的目的，由此产生恶果。1976年，在美国费城召开退伍军人会，与会者中有182人突然生病，症状是发热、咳嗽、肺部炎症，其中有29人死亡。美国疾病控制中心组织大量人力对病源进行调查，曾从毒素、细菌、真菌、病原体、病毒、原虫等方面考虑并进行分离，半年后偶然发现，是空调系统滋生的革兰付阴性杆菌引起。这就是著名的军团病，也是迄今为止最著名的BRI病例"建筑物关联征"（Building-related illness），属于空调系统长期封闭运行引起的室内环境污染事件。

1984年，美国加州一新建商业大厦使用一周后便有人感到不舒服，两周后174名员工中有154人出现头痛、恶心、上呼吸道感到刺激和疲倦等20种症状，特点是发病快，患病人数多，病因很难确认，人们离开一段时间后症状会自然消失，类似情况在欧美国家又发生多次，经过认真调查研究，最后弄清了原因，医学界将其定义为"建筑物综合征"。

整个欧美早工业化国家包括学术界，面对愈演愈烈的空气污染问题，经历了一个逐步认知过程。起初，人们对空气污染不仅不太介意，反而认为烟尘有益身体健康，把工厂的高炉和烟囱作为工业化和进步的标志。有学者承认城市环境问题是随工业化和城市化而来的副产品，认为在快速的工业化和城市化进程中，旧的机制尚未完全根除，新的城市规划也未完全做好，因此解决城市环境问题只能通过放慢城市化进程来解决，尤其是要限制人口大量涌入城市，在规划好之后开始有序发展，不承认工业化和城市化本身存在问题。

在英国的工业化快速发展期，人们逐渐认识到限制城市化进程是行不通的，也是违背人口自由流动的基本权利的，于是就把重点放在能源的更新换代上，尤其是鼓励在室内使用无烟煤，替代高硫煤。但是，这一设想需要以丰富的无烟煤供应和相对低廉的价格为前提条件，而这两个条件在当时的英国几乎都难以实现。

严重的空气污染对不同社会阶层的人都形成威胁，在下层发起抗议的同时，在中产阶级推动下，上层也不得不采取对策，有所行动。

在工业污染开始的时候，由于污染源容易辨认，民间团体和相关机构采取的对策主要是要求污染企业搬出城市核心区，或禁止使用某种容易引发污染的燃料。但是，这种简单的做法对每个家庭日常生活的室内取暖和煮饭不起作用。于是，英国科学家和政治家就倡导企业家使用"最可行的方法"防止污染气体的排放，其实就是通过安装在技术和经济上都可行的设备来去除污染物质。但是，在科学的减排方法尚未建立之前，"最可行的方法"往往成为企业家不作为或少作为的托词，因为企业家经常以生产可以创造就业机会、促进经济繁荣，而加装减排设施会影响经济效益等来为自己辩护。后来，随着技术的改进和批量化生产，减排设施的成本大大降低，但又遇到传统文化的影响。英式壁炉不仅浪费能源，而且污染严重，中央供暖系统无疑是可替代的良好选择，但是，因为壁炉和英国人的宗教文化传统等有机结合，"英国人发现他们突然没有了拨火的炉子，便会倍感失落"。因此，即使壁炉问题多多，但英国人宁愿付出更多金钱和健康代价也顽固维持自己的传统。这种状况直至第二次世界大战后才得到改变，因为随着新居住区的建设和能源由煤向石油和天然气的转化，传统的壁炉逐渐被更为清洁和便宜的集中供暖所取代。

第二次世界大战之后，石油和天然气大量投入使用，恰好这时英国在北海发现油田和天然气田，虽然英国严重依赖煤炭，但焦炭生产最终还是在 1975 年停产了。石油和天然气这种相对于煤更清洁的能源的使用，为治理英国的大气污染提供了契机。

英国制定了一系列遏止空气污染和净化空气的法律：1821 年颁布了《烟尘防止法》，鼓励在合理条件下对烟尘造成的公害进行起诉，但其涉及范围很小，不包括燃煤机车和锅炉等；后来颁布的《制碱业管制法》等扩大了需要治理的污染源的范围；1866 年制定《环境卫生法》；1875 年制定《公共卫生法案》；1926 年通过了《公共卫生（烟害防治）法》。这些法律赋予地方政府必要时整治工业烟尘危害的权利，确定了空气污染和身体损害之间的科学关系，并在一定程度上规定了健康损害的赔偿和惩罚原则。治理大气污染法制化的进程与人们对大气污染认识的进步几乎是同步的。从这些法律的名称就可以清楚地看出，空气污染在当时主要被局限地看成是一个危害人体健康的问题。

1952 年的伦敦烟雾事件之后，英国开始从"环境是一个整体"的角度考虑空气污染问题，制定了《清洁空气法》，改变了英国重视水污染治理忽视空气污染治理的情况，体现了恢复良好空气质量的成本比继续污染要低得多的认识。通过实施这个法案，辅之以能源换代和技术升级，英国的工业烟尘排放大大减少。

美国治理环境污染的路虽然没有英国漫长，但经历的认识过程和采取的方法步骤大体相同。

看来，发达国家在快速发展过程中都曾发生过没有处理好发展与资源、发展与环境关系的问题，走了不少弯路。

为了有所借鉴，GB 50325 标准编制组于 2002 年初对德国、法国等国家进行了建筑工程室内环境污染控制方面的考察。

考察对象：联邦德国材料研究院、法国船级社（国际检验局）、维也纳建材市场及各类正在进行的建筑装修。考察方式：同受访国工程设计人员、检测单位负责人和技术人员、高级管理人员座谈，结合现场考察、参观，了解所接触过的宾馆、饭店、商场、办公室、车站、机场候机室等公共场所的实际情况。

考察组在座谈交流中感到，接待人员虽然对污染控制的具体工作不甚了解，但均明确表示，该国对建筑材料的有害物质含量有明确要求，材料出厂有检测报告、工程开发商自觉使用符合要求的材料等已是自然之事，对"不使用符合标准要求的材料"情况他们会感到惊讶；室内污染超标的工程已成为过去。

考察组现场考察所接触过的人造木板闻不到气味，室内用人造木板皆为饰面板；建材市场货架上的人造木板，无论饰面与否，贴近板面及断面，均闻不到明显气味，可见板材的游离甲醛含量不高（人对甲醛的嗅觉阈一般在 $0.1mg/m^3$ 左右），室内家具（桌、柜等）用板材皆为内外双面饰面材料；宾馆、饭店、商场、办公室、车站、机场候机室等公共场所，装修档次均比较高，装修时间有长有短，有的装修工作正在进行中，但均闻不到明显（甲醛等）刺激气味。建材市场里尚未出售的新板材、开了罐的涂料也均闻不到明显气味，使用板材制作的宾馆房间的衣柜、小桌，打开之后，也闻不到明显气味……

德国对环境问题（内外环境两个方面）十分重视程度：20 世纪 90 年代初，柏林的许多住房建筑内原先所使用的通风管道由于使用了石棉制品，存在石棉纤维污染隐患，因而决定全部拆除，并更换成新环保材料的通风管道。在拆除旧石棉管道并更换成新材料的通风管道过程中，为了防止对周围环境造成石棉纤维污染，施工中，他们将整个建筑物封了起来，并保持负气压，使石棉纤维无法飞散。由此可见 30 年前他们的环境意识和施工管理已经非常重视和严格。

在法国，按照国家规定，工程建设项目开始前，均应经过政府有关部门的批准，然后，开发商和用户之间要签订一份协议，协议内容除包括国家对于建筑工程的一般要求外（国家标准及法规所规定的内容），还应包括用户的特殊要求（只要不违背国家法律）。现在德、法、意、加、美、英、西班牙等国家均实行建筑物质量保证期制度，多数国家规定为 10 年，对建筑材料、电气等质量保证期短一些，法国和西班牙规定为 3 年，这些都要写进协议里。设计单位在进行设计时，既要考虑结构安全，还要考虑建筑物建成后，气候对建筑物的长期影响和其他隐患，考虑用户对舒适度提出的要求等。为减小工程建设过程中的风险，以及建成后 10 年质量保证期内的风险，设计单位和开发商及监理、检验机构均会向保险公司投保。设计单位投保金额一般为设计费用的 7%（设计费为工程费用的 7%），开发商的投保金额一般为工程费用的 0.5% ~ 1%。

工程施工开始前，开发商要选一家监督检测单位对工程建设过程进行监督检测（这里讲的监督，根据介绍与我国的监理类似。在比利时，由保险公司委托检测单位）。监督检测费用一般为工程总费用的 0.5% ~ 1%，监督检测单位为减小日后风险，也要投保，投保金额一般为监督检测费用的 4%（设计方、开发方、检测方等的投保金额合计为工程总费用的 0.8% ~ 1%）。

检测单位接受委托后，要制订一个监督检测计划，找出可能发生质量问题的关键所在，然后有计划地进行监督检测，定期去工地查看，该进行现场检测时要进行现场检测。建筑材料进场一般不再进行检测，材料供应商提供材料的性能说明书，材料性能要符合要求。如有疑问，要进行检测。工程过程中检测单位要分阶段提供质量情况报告。工程完成后，检测单位要提供一份工程质量情况的总的评价报告。检测单位要对最后评价负责，发生问题要赔偿损失。

欧美发达国家可以接受社会监督检测委托任务的检测单位，应是经国家有关部门认可的、具有第三方公正性的、具备监督检测实力和资质的、独立的监督检测实体。这样的检测单位具有独立的法人地位，有承担一定法律责任的能力，有相当的技术实力，并取得实验室检验认证资质，得到国家认可。具备资格的单位，三四年要重新认定一次，要求是很严格的。法国有 3 家大的检测公司，小的检测公司有五六家。

法国纳入质量检测管理的工程约占工程总数的 2/3，另外 1/3 未纳入质量检测管理，主要是住户自己建的房，以及农场的农舍等简易房屋等。

考察过程中，我们曾向工程设计人员问及"工程竣工验收，污染超标怎么办？"问题，对方对这样的问题感到惊讶，因为在他们那里不会发生这种情况，也没有听说过有这种情况。对方解释说："如果真的发生了这种情况，那么，开发商将被起诉，没有人再找他做事，受到的惩罚将是很严厉的，他的公司要关门了。"

2004 年，GB 50325 标准编制组人员曾经对美国室内氡防治情况进行考察。得知美国各州关于室内氡浓度防治及检测要求不一，有的州规定出售房屋必须测氡，有的州只是建议测氡，但测量结果必须告诉客户。美国测氡公司及氡办公室很多，都可以承担测氡任务。美国多年来新建筑寥寥无几，房子交易基本上通过房屋中介，因此，目前测氡主要是房屋中介的事，他们需了解室内氡浓度，并向客户介绍。

在美国的一些城市，住宅建设工地时而可见，绝大部分为低层别墅式木结构住宅建筑（混凝土地坪，上部材料主要是原木及人造板），经实地观察，发现所使用的材料环境品质好，闻不到气味。政府时常派人巡查施工工地，一旦发现建筑工程的质量问题，将严厉处罚。

美国氡检测人员分两类：现场工作人员及专业技术人员，前者只能做现场工作（采样、布点等），无资格出报告，后者可以受委托进行检测并出具报告，两者资质不同。

通过对欧美发达国家的考察发现，20 世纪七八十年代曾经给西方发达国家带来许多痛苦和烦恼的建筑室内环境污染问题，同工业化过程出现的大环境污染问题一样，通过他们多年努力，由于社会各方面采取了多方面技术的、经济的、法治的等综合措施，至今已经基本解决；在这些国家，新建房屋室内环境污染超标的情况基本上已经成为历史。欧美发达国家之所以能在较短时间里解决室内环境污染问题，一个原因是资金雄厚，可以较容易地淘汰落后产品，保证使用环境品质好的材料；另一个原因在于，欧美发达国家普遍技术经济管理法制化较健全，法律、法规（包括技术标准）的权威性强，执法监督有力，惩处严厉，人们按法律行事的自觉性高。

2. 从发展中积极解决我国室内环境污染问题

现今欧美发达国家的城市化过程、大规模城市建设早已过去，他们目前面对的基本上是既有建筑的室内环境问题，与我国正在快速进行的城市化过程、大规模城市建设差别很大。

出于城市化进程中同步解决室内环境污染问题的需要，GB 50325 标准应运而生。

通过考察还了解到，虽然他们的管理体制与我国不同，但从技术角度看，GB 50325 标准所采取的污染控制措施都差不多：设计单位要按照国家有关标准规定进行设计，材料生产厂家要提供符合标准要求的材料，并附带材料检验报告书，施工单位要按设计要求施工，监督检测单位要跟踪监督检测，工程竣工要提供总体评价报告并对检测评价负责，达不到设计要求不允许投入使用等。也可以说，欧美发达国家控制建筑工程室内环境污染所采取的技术措施不外乎材料控制、设计及施工、验收等环节把关，并纳入法制轨道。

GB 50325 标准编制组 2002 年初对欧美发达国家考察结束后，曾经在考察报告上十分乐观地写了如下结论：①欧美发达国家用约 20 年时间基本解决了室内环境污染问题，是真实的。②"规范"内容应充分肯定、有效，我们的路子是正确的。③本次出国考察，发现欧美发达国家天蓝、水清，说明他们解决了自然环境的污染问题。我国室内环境污染问题发生较晚，解决也需要一个过程。时间太长，人民不答应；太短，困难很大，估计用 10 年时间解决问题应是可能的。

回过头来看，"10 年解决中国的室内环境污染问题"，这样的想法太乐观了，也太天真了，因为，问题远没有预计的那样简单。

为便于比较，不妨将室内环境污染问题与我国目前正在大力推进的大气雾霾治理工作联系起来进行分析。

首先看室外大环境问题：困扰亿万人的大气雾霾已经深度影响到了我国人民的生活，大气污染治理问题已经受到各方的极度重视。但究竟如何治理？经过长期深入思考后，社会各界已经达成共识：必须综合整治，从"源头"做起。也就是说，只有从源头控制污染物的排放（工业生产、汽车尾气、燃煤、扬尘等），全社会支持配合，再加上末端的综合治理，才能奏效。

具体来讲，首先，需从产生污染的产业入手，拿产业结构"开刀"，结构性污染问题等一些深层次矛盾需取得根本性突破。例如，污染严重的京津冀地区长期以来粗放的发展方式，以重化工为主的产业结构，以煤炭为主的能源结构，钢铁、水泥、玻璃等高耗能、高污染产业数量多、规模大，低端过剩产能多，高端产品相对较少。有的地区多年形成了污染企业"围城"的状况，城区及周边地区单位面积燃煤消耗量和污染物排放量巨大，严重影响城区空气环境质量。部分地区皮革、铸造等传统产业总体发展处于原始自发状态，规模化、集约化、园区化不够，"小、散、乱、污"情况比较普遍。必须将治污染与调结构有机结合，作为大气污染的"重灾区"，开展化解钢铁、水泥等过剩产能集中行动。可以看出，产业结构调整治污是关键，但也是一种"阵痛"，因为，调整产业结构，淘汰落后产能，压缩过剩产能，优化产业布局，对位于城市建成区、对城市环境质量影响大的生产企业或设施进行环保搬迁等，势必要伤及许多企业和员工的切身利益，推行起来难度极大，因此，需要付出极大的成本和代价，而且需要一个过程。

其次，在调整产业结构的同时，需进行能源结构调整。国内燃煤污染问题突出，应将燃煤污染防治作为重点，用燃气替代燃煤，进行燃煤设施清洁能源改造，大力开展煤炭清洁化利用试点；必须进行燃煤电厂超低排放升级改造；必须解决城中村、城乡接合部和广大农村地区居民燃烧散煤问题等。为此，要开工一批水电、核电项目，增加天然气供应，加快页岩气技术研究和资源开发，因地制宜发展风电、太阳能、生物质能、地热能等，推动新能源发展。

另外，还需要压减机动车污染。要加快开展老旧车淘汰，实行严格的新车排放标准和油品标准，制定一些好的经济政策，按照多使用多付出的原则，通过经济杠杆的调节，使得机动车的使用量下降，除此之外，提升车用油品品质，严格控制汽车和加油站的挥发性有机物无组织排放；油品的标准，要由质检、环保、产油部门共同制定；要多手段、多方面抓好机动车污染防治，加快淘汰老旧机动车，从严控制重型柴油车污染，抓好公交、环卫等重点行业车辆的更新换代，大力推广新能源车。

除此之外，还应注意多污染物协同控制。大气污染成因复杂，除了工业排放和机动车尾气等来源外，建筑工地、道路扬尘、农业生产排放等也是不可忽视的源头，严控扬尘污染，实施扬尘排污收费，建设单位在工程造价中列支扬尘治理专项资金，并将扬尘控制情况纳入企业信用、市场准入管理；采用卫星遥感、无人机航拍严控秸秆焚烧；加强施工扬尘监管，推进绿色施工。渣土运输车辆应采取密闭措施，并逐步安装卫星定位系统。推行道路机械化清扫等低尘作业方式。大型煤堆、料堆要实现封闭储存或建设防风抑尘设施。推进城市及周边绿化和防风防沙林建设，扩大城市建成区绿地规模。

还要注意农业领域。农业领域是所有治污领域最薄弱的环节，秸秆焚烧、家庭燃煤产生的污染，十分突出。解决这些问题的出路，要靠技术的突破，比如秸秆的综合利用，新能源的使用推广等。

从以上治理室外雾霾污染之路可以看出，环境污染治理不是简单一句话，它牵涉到社会的许多方面，需要一个时间过程。

同样地，解决室内环境污染问题也需要综合整治，从产生污染的建筑装修材料"源头"抓起。也就是说，只有从源头控制污染物的排放整治入手（人造板、胶粘剂等），全社会支持配合，再加上工程建设的综合治理，才能奏效。当然，与室外大环境雾霾等治理相比，室内环境污染整治虽然可能规模小一些，但同样涉及产业结构调整、生产监管、市场监管、工程建设、法治建设等全社会整治问题。

为了说明问题，不妨从造成甲醛污染最突出的人造板行业做一剖析：

据统计，一段时间以来，中国人造板产量和需求量均稳居世界首位。

我国社会经济的快速发展对人造板有巨大需求。国内城镇化建设、新农村建设、交通基础设施建设等均需要大量的人造板供应。由于人造板品类不断增加，新品不断涌现，加之原材料越来越广泛，一些过去不可想象的材料都用来制作人造板，如各种废弃木质材料、回收塑料、农业秸秆等，其应用范围也越来越广阔，家居产品种类和花色越来越丰富。现在人造板产品在室内装修中几乎无所不包。

我国人造板主要用在装修和制作家具、地板、门等。大量使用人造板制品（如地板、家具、门窗、隔板等），甲醛释放量就会成倍增加。

　　行业信息表明，人造板行业既是一个有光明前景的行业，同时又面临重重困难。如何治理我国的室内环境污染不仅是简单的技术问题，也不是简单地让工厂关门就能解决的局部问题。同室外大气污染问题一样，整个室内环境污染问题的解决同样涉及社会方方面面，只有从行业和全社会角度观察处理问题，统筹部署，才能真正有效解决问题。

　　为了加快污染防治步伐，许多问题需要抓紧解决。

　　（1）保障自然通风房屋通风换气问题。为解决幼儿园、学校教室、住宅等自然通风房屋的通风换气低问题，本次修订时，GB 50325-2020 标准在第 4.1.4 条中提出了原则性要求："夏热冬冷地区、严寒及寒冷地区等采用自然通风的 I 类民用建筑最小通风换气次数不应低于 0.5 次 /h，必要时应采取机械通风换气措施。"这些要求需要在工程设计、施工中落实，需要在实践中根据不同情况进一步细化工程措施，协调好建筑节能与室内环境质量两方面关系。

　　（2）室内装饰装修设计需进行污染控制预评估。长期以来，所谓装饰装修设计就是"画效果图"，然后，按效果图购置装修材料，按效果图施工，如此装修后污染超标比比皆是。目前的装修设计人员普遍缺少室内环境污染控制知识和技术，基本上不懂装修材料污染物释放及污染物测量、控制方面的标准和要求。本次修订时，GB 50325-2020 标准将室内装饰装修设计的污染控制预评估作为控制室内环境污染的关键一环，在第 4.1.2 条中提出了污染控制预评估要求："民用建筑室内装饰装修设计应有污染控制措施，应进行装饰装修设计污染控制预评估，控制装饰装修材料使用量负荷比和材料污染物释放量……"今后需要对装修设计人员进行相关知识、相关标准的培训，完善室内装饰装修设计污染控制预评估操作规程，编制方便使用的作业手册和计算机软件，争取在不太长时间内，使室内装饰装修设计人员掌握相关知识，将室内装饰装修设计提升到一个全新水平。

　　（3）土壤氡检测方法需进一步完善。GB 50325-2020 标准在第 4.1.1 条中强制性规定："新建、扩建的民用建筑工程，设计前应对建筑工程所在城市区域土壤中氡浓度或土壤表面氡析出率进行调查，并提交相应的调查报告。未进行过区域土壤中氡浓度或土壤表面氡析出率测定的，应对建筑场地土壤中氡浓度或土壤氡析出率进行测定，并提供相应的检测报告。"

　　近二十年来，由于缺少检测技术基础性研究，GB 50325 标准的土壤氡检测部分一直未能提出具体适用的检测方法，造成目前检测单位各行其是，检测数据质量难以保证。据了解，目前土壤氡检测方法采用最多的是从土壤中抽取气体，利用静电收集原理，将氡 -222 衰变生成的钋 -218 收集起来，然后对钋 -218 衰变产生的 α 粒子进行探测，通过电子线路进行记录、计算、输出显示。由于此方法原理与空气氡检测方法大体相同，于是，许多检测单位使用一般空气氡检测仪器测量土壤氡浓度，忽视土壤中空气量很少这一特殊情况，由于土壤气直接与大气接触、相通，因而造成检测数据严重失真，加之各地测氡单位很多（上千家），市场竞争激烈，所以长期以来土壤氡检测数据失真方面的问题十分突出。

　　作为 GB 50325 标准的强制性要求，土壤氡检测应根据土壤中空气量很少的特点，编制土壤氡检测方法标准，明确适用的氡取样检测方法，明确取样检测的操作步骤和注意事项，提出特殊情况下的处理方法和质量保证措施，提出不同情况下测量土壤氡浓度或者土壤表面氡析出率的选择原则，补充完善 GB 50325 有关土壤氡检测方面内容，结束长期以来土壤氡检测要求不细、数据失真、不规范的历史。

（4）自然通风房屋室内取样检测条件需进一步合理、规范。工程竣工验收室内空气检测的目的在于：了解建筑物交付使用后室内空气中污染物浓度状况，因此，现场取样检测应尽可能与房屋交付使用后的室内情况一致。

对于采用集中通风的建筑来说，只要集中通风系统运行起来就可以进行取样检测，因为此时采样检测环境条件与房屋交付使用后的通风换气情况一致。

对于自然通风房屋来说，由于缺少动力集中通风系统，在门窗关闭及没有采取其他通风措施情况下，室内通风换气只能靠门窗缝隙，因此，室内通风换气情况受门窗缝隙大小、室外风力、风向等环境条件影响很大。目前，自然通风建筑涉及通风换气量规定的标准不多见。2010 年发布执行的行业标准《夏热冬冷地区居住建筑节能设计规范》JGJ 134-2010 规定，居住建筑冬季采暖和夏季空调室内换气率为 1.0 次 /h（未见提出 1.0 次 /h 要求的详细技术资料；如果按此标准，相当于门窗关闭 1h 后可以进行取样检测），该标准的落实情况似不乐观；国家标准《民用建筑采暖通风与空气调节设计规范》GB 50736-2012 对设置有新风系统的居住建筑规定最小通风换气率应大体大于 0.5 次 /h，但该标准未对无新风系统的居住建筑提出要求（如果按 0.5 次 /h 通风换气要求，相当于门窗关闭 2h 后取样检测比较合适）。

不言而喻，室内通风换气情况对室内污染物积累影响很大。《中国室内环境概况调查与研究》中的现场实测数据是：目前我国自然通风住宅建筑的情况是，约 70% 的住宅房间通风换气率为 0.2 ~ 0.5 次 /h，多数在 0.33 次 /h 左右，也就是说，一般天气条件（无大风等）和对外门窗关闭情况下，相当于多数住宅约 3h 通风换气 1 次。按理说，照此情况，门窗关闭 3h 后取样检测比较合适。如果按门窗关闭 3h 处理，也可以提这样的问题：门窗关闭 3h 后进行取样检测能代表真实使用时的房屋通风情况吗？因为实际使用中的住宅由于人员进出等原因，门窗时开时关，不会一直关闭，也不会一直打开，而门窗开关又直接影响到室内环境污染物积累。例如，对于许多上班族来说，一般情况下，早上起床后即开窗通风，上班关闭，下午下班后再开窗通风，晚上关闭等。也就是说，简单地门窗关闭 3h 后进行取样检测也只能近似地代表真实使用时的房屋通风情况。

多种情况分析比较后，对自然通风房屋室内取样检测条件问题，可考虑若干种容易操作的实施方案：

1）门窗关闭 12h 后取样检测方案：以 12h 门窗关闭表示晚上室内通风换气情况（晚上休息期间），此取样检测条件下的测量值可以作为使用中房屋室内污染可能出现的最高值；

2）门窗关闭 3h 后取样检测方案：以 3h 门窗关闭表示通风换气率为 0.3 次 /h 情况，此取样检测条件下的测量值可以作为多数房屋交付使用后室内污染测量值；

3）门窗关闭 2h 后取样检测方案：此测量结果可以作为满足 GB 50325-2020 标准第 4.1.4 条通风换气率为 0.5 次 /h 要求时的室内环境污染测量值；

4）门窗关闭 1h 后取样检测方案：此测量结果可以作为房屋达到通风换气率为 1.0 次 /h 要求时的室内环境污染测量值（当然，此测量值可能略低于使用中房屋室内污染物浓度）。

自然通风房屋验收的现场取样检测情况比较复杂，需要进一步认真研究，在目前难以简单确定的情况下，本次修订时，GB 50325-2020 标准只好维持了修订前的原要求，"采用自然通风的民用建筑工程，检测应在对外门窗关闭 1h 后进行"（GB 50325-2020 第 6.0.18 条）。

（5）初步实施 ^{220}Rn 污染危害控制修订前，GB 50325 标准所控制的氡均指 ^{222}Rn，实际上，空气中同时存在另一种氡的同位素——^{220}Rn，这两种氡同位素均来自地球土壤岩石，并源于地球岩土里存在两种长寿命放射性物质 ^{238}U 及 ^{232}Th 的衰变，其衰变链如下：

^{238}U 的衰变链：$^{238}U \rightarrow \cdots \rightarrow {}^{226}Ra \rightarrow {}^{222}Rn$（3.82 天，$\alpha$）$\rightarrow {}^{218}Po$（3.05min，$\alpha$）$\rightarrow \cdots \cdots$

^{232}Th 的衰变链：

^{232}Th（α）$\rightarrow {}^{228}Ra$（β）$\rightarrow {}^{228}Ac$（β）$\rightarrow {}^{228}Th$（α）$\rightarrow {}^{224}Ra$（α）$\rightarrow {}^{220}Rn$（54.5s，α）$\rightarrow {}^{216}Po$（α）（0.158s，α）$\rightarrow \cdots \cdots$

空气中存在的两种放射性同位素氡 ^{220}Rn 与 ^{222}Rn 均能造成辐射危害：^{220}Rn 对人体直接造成危害的是其子体 ^{216}Po（α 粒子能量 6.78MeV，半衰期为 0.15s）、^{212}Po（α 粒子能量 8.78MeV，半衰期为 0.3μs）；^{222}Rn 对人体直接造成危害的是其子体 ^{218}Po（α 粒子能量 6.0MeV，半衰期为 3min）、^{214}Po（α 粒子能量 7.69MeV，半衰期为 0.164ms）。研究表明，^{220}Rn 子体的潜能浓度与 ^{222}Rn 子体的潜能浓度（即实际的"危害程度"）相当，在某些场合 ^{220}Rn 甚至更高。因此，两者同为国家标准《电离辐射防护与辐射源安全基本标准》GB 18871-2002 控制的放射性同位素。

理论上，"钍射气"（^{220}Rn）的辐射效应高于 ^{222}Rn，但由于其半衰期短，所以，一般建筑物内 ^{220}Rn 浓度比 ^{222}Rn 低约一个数量级，空间浓度差异大，测量较为困难，因此，以往 GB 50325 标准仅对 ^{222}Rn 提出控制要求。

生态环境部《第一次全国污染源普查稀土行业天然放射性核素调查分析研究》表明，目前，国内大多数稀土企业从事低水平的稀土矿石采选、冶炼、加工生产，稀土矿石或主要原料（如精矿）以及主要固体废物的放射性水平较高，甚至超过国家标准《电离辐射防护与辐射源安全基本标准》GB 18871-2002 中豁免要求，对周围环境造成了不同程度的放射性污染。该调查报告建议加强监管，即按《放射性污染防治法》的要求，对开发利用伴生放射性矿项目进行放射性环境影响评价。

为了防止稀土等放射性矿渣等作为建筑材料使用造成放射性危害，GB 50325-2020 标准的第 6.0.20 条探索性地对 ^{220}Rn 提出了有条件的控制要求："土壤氡浓度大于 30 000Bq/m³ 的高氡地区及高钍地区的 I 类民用建筑室内氡浓度超标时，应对建筑一层房间开展 ^{220}Rn 污染调查评估，并根据情况采取措施。"也就是说，土壤氡浓度大于 30 000Bq/m³ 的高氡地区及内蒙古、江苏、广东、山东、湖南、江西等省的高钍地区及墙体材料采用矿渣空心建筑材料的 I 类民用建筑，发现室内氡（^{222}Rn）浓度超标后，要求对建筑一层房间开展 ^{220}Rn 污染调查评估。由此迈出了对 ^{220}Rn 初步控制的第一步。

调查评估方法可以查阅工程使用的建筑材料的放射性测量数据（镭、钍、钾比活度），也可以进行室内 ^{220}Rn 浓度测量，然后根据情况进行处理。

随着 GB 50325-2020 标准的发布执行，今后需要积累 ^{220}Rn 检测及辐射防护方面经验，并逐渐完善 GB 50325 标准。

（6）需要进一步弄清空气中 VOC 新成分。GB 50325-2020 标准出台以来的 20 年来，各类建筑装修材料标准以及 GB 50325-2020 标准均将注意力集中在控制化学污染物甲醛、氨、VOC 总量、苯以及甲苯、二甲苯上，除甲醛、氨外，仅突出关注 TVOC 中的"9 成分"：苯、甲苯、对（间）二甲苯、邻二甲苯、苯乙烯、乙苯、乙酸丁酯、十一烷。《中国室内环境概况调查与研究》中的资料表明，目前室内环境污染物的"9 成分"在 VOC 中的比例已经降到 10%~30%，也就是说，约 80% 的 VOC 污染物已不再是"9 成分"，而是"9 成分"以外物质了。

为弄清目前室内 VOC 成分，近年来对一些知名品牌油漆涂料、胶粘剂、地坪材料等进行了挥发的 VOC 模拟测试，初步测试数据表明，挥发到空气中的 VOC 成分很多，除苯系物外，还包括烷烃类、酯类、醚类、醛类、醇类等，即除正己烷、苯、三氯乙烯、甲苯、辛烯、乙酸丁酯、乙苯、对二甲苯、间二甲苯、邻二甲苯、苯乙烯、壬烷、异辛醇、十一烷、十四烷、十六烷共 16 种外（以上 16 种为 GB 50325 标准本次修订要求的 TVOC 中需识别成分），还有 1，2，3- 三甲苯、丙苯、2，6- 二叔丁基苯醌、异丙苯、2- 乙基甲苯、十六烷、1- 十三烯、松油烯、硫氰酸乙酯、1- 十四醇、乙酸异戊酯、十四酸、6- 甲基 -2，4- 二乙基 -1，3，5- 三恶烷、PPG-2 甲醚、1-（2- 甲氧基 -1- 甲基乙氧基）异丙醇、邻苯二甲酸二异丁酯、二乙二醇单丁醚、正十三烷、正十二烷、硬脂酸甲酯、异丁酸、正葵烷、邻苯二甲酸二丁酯、茚、2，6- 二叔丁基对甲基苯酚、3- 甲基庚烷、3- 甲基己烷 27 种成分，甚至更多。至于其中哪些成分出现频次多、毒性大，目前缺少详细调查研究。在此情况下，GB 50325-2020 标准对于空气中污染物限量值仅增加了甲苯和二甲苯，TVOC 可识别成分由 9 种增加到 16 种，今后，有必要将那些挥发多、毒性高的成分一一找出来，控制其材料使用，必要时单独设置空气中限量值，以进一步完善 GB 50325 标准。

（7）VOC 简便检测方法问题。在保证检测质量前提下，应当允许合理使用简便室内环境污染物检测的方法。GB 50325 标准主编单位于 2016 年已经编制了行业标准《建筑室内空气污染简便取样仪器检测方法》JG/T 498-2016。但遗憾的是，国内外现有 VOC 简便检测仪器的灵敏度和环境稳定性均达不到《建筑室内空气污染简便取样仪器检测方法》JG/T 498-2016 标准要求。今后需继续改进简便检测仪器性能，完善 GB 50325 标准的检测方法体系。

（8）改进验收检测的抽检方法。GB 50325-2020 标准第 6.0.12 条规定："民用建筑工程验收时，应抽检每个建筑单体有代表性的房间室内环境污染物浓度，氡、甲醛、氨、苯、甲苯、二甲苯、TVOC 的抽检量不得少于房间总数的 5%……"

2019 年 2 月，住建部公布的全文强制性标准《住宅项目规范》（征求意见稿）第 2.3.1 条规定："城镇住宅工程竣工验收前，应对下列项目进行分户验收：1　住宅室内空间尺寸；2　地面、墙面和顶棚面层质量；3　门窗、护栏安装质量；4　室内防水工程质量；5　给排水系统安装质量；6　室内电气工程安装质量等。"该条条文说明中规定："建设（开发）单位必须在住宅工程竣工验收前，组织施工、监理单位进行分户验收。分户验收的前提应以住宅工程的检验批、分项、分部工程已经组织验收合格为条件，同时应注重相关公共部位的检查验收，以确保住宅工程施工质量，强化质量责任，切实保证住宅工程质量。"

《住宅项目规范》（征求意见稿）提出，质量分户验收的主要程序和要求是："1　建设单位应组织参建各方在工程质量竣工验收前对每户住宅进行验收。分户验收不合格的，不能进行住宅工程竣工验收。2　分户验收应以检查工程观感质量和使用功能为主，主要检查内容可参考表 1-24 进行。"

表 1-24 分户验收主要检查内容

序号	检验项目	检验内容
1	户内空间尺寸	户内净高、净距尺寸符合设计要求
2	防水工程	1. 防水墙、地面无渗漏、无积水； 2. 面层坡向符合设计要求
3	门窗工程	1. 外观洁净； 2. 安装牢固，开关灵活，留缝正确，关闭严密； 3. 合页位置、方向正确，透气孔留置正确，密封条完好
...	......	......
13	室内环境污染	氡、甲醛、苯、氨、TVOC 等室内环境污染物浓度符合要求

表 1-24 中的第 13 项为"室内环境污染"，可以理解为：验收前的室内环境污染检测可按分户检测验收进行。这与 GB 50325 标准目前要求的"抽检量不得少于房间总数的 5%"要求相去甚远。

实际上，近年来，社会对 GB 50325 标准住宅抽检量"不得少于房间总数的 5%"要求的异议不少，大部分异议认为抽检量太低，不足以说明房屋的室内环境污染情况。GB 50325 标准管理组也曾讨论过是否分户验收问题，但终因顾虑分户检测验收后，可能出现检测单位工作量增大、检测时间拖得过长，以及增加检测费用等情况而作罢。

从发展看，随着人民群众对自己的生活环境要求越来越高，分户验收检测将是大势所趋，作为完善标准的一方面工作，GB 50325–2020 标准应大幅度提高 I 类建筑抽检比例。

（9）关于活动家具污染问题。近年来不断有人反映："学校教室无桌椅不超标，搬入桌椅后超标，这样的装修能叫合格吗？"类似问题不少。

GB 50325 标准作为工程标准，控制的室内环境污染不应包括建筑物交付使用后进入的活动家具，但应考虑到工程交付使用后，使用者会根据需要引入家具的情况。GB 50325 标准本次修订在目前室内环境污染十分突出的情况下，承受着巨大压力，主动考虑了家具污染情况，并给家具污染留下了适当"净空间"，例如，将 I 类建筑甲醛浓度限量 0.08mg/m³ 降低到 0.07mg/m³，II 类建筑甲醛浓度限量 0.10mg/m³ 降低到 0.08mg/m³ 等。也就是说，修订后的 GB 50325–2020 标准已经考虑了家具污染问题。

实际上，大幅度降低家具化学污染是可能的，可从以下几方面入手：

1）在满足使用需要前提下，减少家具使用量。"中国室内环境概况调查与研究"课题统计数据表明，室内家具使用量过多现象普遍存在（金属、玻璃制品、石材等不散发化学污染的家具未纳入统计）。统计显示：有近 10% 的房间家具使用量负荷比大于 1.5，最大值为 8.0。房屋室内家具过多，家具材料使用量负荷比甚至超过装修材料使用量，家具污染突出是必然的。

2）在满足使用需要前提下，尽可能多使用无机材料家具制成品（石材、石膏制品等）、玻璃制品及金属材料制成品。无机材料制成品、玻璃及金属材料制成品基本没有化学污染问题，既美观大方，又实用实惠，厨卫设施使用定制的人造石制品者正在越来越多。

3）在满足使用需要前提下，多使用实木家具。"中国室内环境概况调查与研究"课题统计数据表明，人造板、壁纸、壁布、复合地板、实木板等材料的甲醛释放量依次为：复合地板污染强度强，壁纸壁布污染强度居中或较弱，实木板最弱。人造板要少用，实木板可放开使用。

4）尽可能使用家具制成品，避免现场制作和湿作业。无论是室内装修或者家具制作，现场进行粘胶、涂料（油漆）喷、涂刷等湿作业总会产生污染问题。如果使用家具制成品，特别是在生产车间或库房已经存放一段时间后的家具制成品，可挥发的化学污染物已经大大减少，从气味即可以有一个大概判断，可以大大减少家具购入后的污染风险。

5）推动相关行业下大力解决家具污染问题。家具污染严重，难免还会出现装饰装修后不超标、家具进入后超标问题。为了对社会负责、对人民群众负责，需要积极推动家具生产相关行业加速解决活动家具污染问题。

我国是一个发展中国家，中华人民共和国成立以来，特别是改革开放以来，我国社会经济发展的速度是惊人的，与社会经济建设同步解决室内污染问题将是可行之路。回顾 GB 50325 标准出台的近 20 年历史，可以自信地说：按照国家发展计划，我国将在全面建成小康社会的同时，实现室内外生态环境根本好转，实现温馨、洁净的家居环境目标是完全可能的。

第二章　建筑材料与装饰装修材料的污染控制

第一节　无机非金属材料的污染控制

一、GB 50325–2020 标准对无机非金属材料污染控制的有关规定

（1）GB 50325-2020 标准第 3.1.1 条规定："民用建筑工程所使用的砂、石、砖、实心砌块、水泥、混凝土、混凝土预制构件等无机非金属建筑主体材料，其放射性限量应符合现行国家标准《建筑材料放射性核素限量》GB 6566 的规定。"

本条为强制性条文，必须严格执行。建筑材料中所含的长寿命天然放射性核素，会对室内放射 γ 射线，直接对人体构成外照射危害。γ 射线外照射危害的大小与建筑材料中所含的放射性同位素的比活度相关，还与建筑物空间大小、几何形状、放射性同位素在建筑材料中的分布均匀性等相关。

目前，国内外普遍认同的意见是：将建筑材料的内、外照射问题一并考虑，经过理论推导、简化计算，提出了一个控制内、外照射的统一数学模式，即：

$$I_{Ra} = \frac{C_{Ra}}{200} \leqslant 1 \tag{2-1}$$

$$I_{\gamma} = \frac{C_{Ra}}{370} + \frac{C_{Th}}{260} + \frac{C_{K}}{4\,200} \leqslant 1 \tag{2-2}$$

式中：C_{Ra}——建筑主体材料或装饰装修材料中天然放射性核素 ^{226}Ra 的放射性比活度；

C_{Th}——建筑主体材料或装饰装修材料中天然放射性核素 ^{232}Th 的放射性比活度；

C_{K}——建筑主体材料或装饰装修材料中天然放射性核素 ^{40}K 的放射性比活度。

本条的条文文说明参考了如下文献：

［1］OECD，NEA，Exposure to Radiation from the Natural Radioactivity in Building Materials. Report by an NEA，Group of Experts. 1979：1–34.

［2］KarpovV1，et al，Estimation of Indoor Gamma Dose Rate. Healthphys. 1980：38（5）.

［3］Krisiuk ZM，et al. Study and Standardization of the Radioactivity of Building Materials. In ERDA–tr 250，1976：1–62.

民用建筑工程中使用的无机非金属建筑主体材料商品混凝土、预制构件等制品，如所使用的原材料（水泥、沙石等）的放射性指标合格，制品可不再进行放射性指标检验。

凡能同时满足公式（2-1）、公式（2-2）要求的建筑材料，即为控制 ^{222}Rn 的内照射危害及 γ 外照射危害达到了"可以合理达到的尽可能低水平"，也就是说，在长期连续的照射中，个人所受到的电离辐射照射的年有效剂量当量不超过 1mSv。我国早在 1986 年已经接受了这一概念，并依此形成了我国的现行国家标准《建筑材料放射性核素限量》GB 6566 等。民用建筑工程中使用的无机非金属建筑主体材料的放射性限量值如表 2-1 所示。

表 2-1 无机非金属建筑主体材料的放射性限量

测定项目	限量
内照射指数（I_{Ra}）	≤ 1.0
外照射指数（I_γ）	≤ 1.0

（2）本标准第 3.1.2 条规定："民用建筑工程所使用的石材、建筑卫生陶瓷、石膏制品、无机粉状黏结材料等无机非金属装饰装修材料，其放射性限量应分类符合现行国家标准《建筑材料放射性核素限量》GB 6566 的规定。"

本条的条文说明：本条为强制性条文，必须严格执行。无机非金属建筑装饰装修材料制品（包括石材），连同无机粉状黏结材料一起，主要用于贴面材料。无机非金属建筑装饰装修材料按照放射性限量可分为 A 类装修材料、B 类装修材料，限量值与现行国家标准《建筑材料放射性核素限量》GB 6566 一致。不满足 A 类装修材料要求，但同时满足内照射指数（I_{Ra}）不大于 1.3 和外照射指数（I_γ）不大于 1.9 要求的为 B 类装饰装修材料。

无机非金属装饰装修材料放射性限量如表 2-2 所示。

表 2-2 无机非金属装饰装修材料放射性限量（GB 50325–2020 标准表 3.1.2）

测定项目	限量	
	A 类	B 类
内照射指数（I_{Ra}）	≤ 1.0	≤ 1.3
外照射指数（I_γ）	≤ 1.3	≤ 1.9

（3）本标准第 3.1.3 条规定："当民用建筑工程使用加气混凝土制品和空心率（孔洞率）大于 25% 的空心砖、空心砌块等建筑主体材料时，其放射性限量应符合表 3.1.3 的规定。"在本书中为表 2-3。

表 2-3 加气混凝土制品和空心率（孔洞率）大于 25% 的
建筑主体材料放射性限量（GB 50325–2020 表 3.1.3）

测定项目	限量
表面氡析出率 [Bq/（$m^2 \cdot s$）]	≤ 0.015
内照射指数（I_{Ra}）	≤ 1.0
外照射指数（I_γ）	≤ 1.3

本条的条文说明：加气混凝土制品和空心率（孔洞率）大于 25% 的空心砖、空心砌块等建筑主体材料，氡的析出率比外形相同的实心材料大很多倍，有必要增加氡的析出率限量要求 [不大于 0.015Bq/（$m^2 \cdot s$）]。另外，同体积的这些材料中，由于（空心）放射性物质减少 25% 以上，因此，内照射指数（I_{Ra}）不大于 1.0 和外照射指数（I_γ）不大于 1.3 时，使用范围不受限制。

（4）本标准第 3.1.4 条规定："主体材料和装饰装修材料放射性核素的测定方法应符合

现行国家标准《建筑材料放射性核素限量》GB 6566 的有关规定，表面氡析出率的测定方法应符合本标准附录 A 的规定。"

本条的条文说明：材料表面氡析出率测定方法有多种，目前，我国无建筑材料表面氡析出率测定方法的国家标准，因此，在专项研究的基础上，编制了本标准附录 A。

无机非金属建筑材料放射性比活度按照《建筑材料放射性核素限量》GB 6566 规定的方法进行测定，采用低本底多道 γ 能谱仪测定衰变链基本平衡后的检验样品的 ^{226}Ra、^{232}Th 和 ^{40}K 比活度。

本标准的附录 A 规定了仪器直接测定建筑材料表面氡析出率的方法，包括取样与测量两部分，工作原理分为被动收集型和主动抽气采集型两种。此外，还可按《建筑物表面氡析出率的活性炭测量方法》GB/T 16143–1995 要求进行建筑材料表面氡析出率的测量。需要说明的是："标准"所说的材料表面氡析出率指被测材料表面积（m^2）：采气容器净容积（m^3）=2：1 规范状态下的测量值。如果测定条件不符合要求，需对测量结果进行换算。之所以提出"被测材料表面积（m^2）：采气容器净容积（m^3）=2：1 规范状态"的要求，主要考虑两个原因：①不规范测量条件下的测量结果无法进行比较；②一般 15m^2 的住房，其室内墙地面面积在 80m^2 左右，室内容积在 40m^3 左右，其墙地面面积：室内容积≈2：1，也就是说，将被测材料表面积（m^2）:采气容器净容积（m^3）=2：1，以 2：1 规范状态比较接近工程实际，对评价实际室内氡浓度有利。

（5）本标准附录 A "材料表面氡析出率测定"摘要如下：

A.1   仪器直接测定建筑材料表面氡析出率

A.1.1   建筑材料表面氡析出率的测定仪器应包括取样与测量两部分，工作原理应分为被动收集型和主动抽气采集型两种。测量装置应符合下列规定：

    1   连续 10h 测量探测下限不应大于 0.001Bq/（m^2·s）；

    2   不确定度不应大于 20%（k=2）；

    3   仪器标定应合格并在有效期内。

A.1.2   被动收集型测定仪器表面氡析出率测定步骤应按下列步骤进行：

    1   应清理被测材料表面，将采气容器平扣在平整表面上，使收集器端面与被测材料表面间密封，被测表面积（m^2）与测定仪器的采气容器净空间容积（m^3）之比大体约应为 2：1；

    2   测量时间应大于 1h，并应根据氡析出率大小决定测量时间；

    3   仪器表面氡析出率测量值应乘以仪器刻度系数得出材料表面氡析出率测量值；

    4   测量温度应在 25℃ ±5℃范围内，相对湿度应在 45% ±15% 范围内。

A.1.3   主动抽气采集型测定建筑材料表面氡析出率步骤应按下列步骤进行：

    1   被测试块准备：应使被测样品表面积（m^2）与抽气采集容器（抽气采集容器或盛装被测试块容器）内净空间容积（m^3）之比约为 2：1，清理被测试块表面，准备测量；

    2   测量装置准备：抽气采集容器（或盛装被测试块容器）应与测量仪器气路连接到位。试块测试前，应测量气路系统内干净空气氡浓度本底值并记录；

    3   应将被测试块及测量装置摆放到位，使抽气采集容器（抽气采集容器或盛装被测试块容器）密封，直至测量结束；

    4   准备就绪后开始测量并计时，试块测量时间应在 2h 以上、10h 以内；

5　测量温度应在 25℃±5℃ 范围内，相对湿度应在 45%±15% 范围内；

6　试块表面氡析出率 ε 应按下式计算：

$$\varepsilon = \frac{c \cdot V}{S \cdot t} \qquad （A.1.3）$$

式中：ε——试块表面氡析出率 $[Bq/(m^2 \cdot s)]$；

$\quad\quad c$——测量装置系统内的空气氡浓度（Bq/m^3）；

$\quad\quad V$——测量系统内净空间容积，即抽气采集容器内净容积，其值等于盛装被测试块容器内容积减去被测试块的外形体积后的值（m^3）；

$\quad\quad S$——被测试块的外表面积（m^2）；

$\quad\quad t$——从开始测量到测量结束经历的时间（s）。

A.2　活性炭盒法测定建筑材料表面氡析出率

A.2.1　活性炭盒法测定建筑材料表面氡析出率准备过程应符合本标准第 A.1.2 条的规定。

A.2.2　活性炭法测定建筑材料表面氡析出率测量方法应符合现行国家标准《建筑物表面氡析出率的活性炭测量方法》GB/T 16143 的有关规定。

二、有关背景资料

（一）《建筑材料放射性核素限量》GB 6566 编制背景

建筑材料是人类生活的必需品，与人们的关系十分密切；但建筑材料中所含的放射性核素发射的 γ 射线对人体产生外照射，它所释放的氡及其子体又使人们受到内照射。建筑材料中放射性核素对人体造成的内外照射，是公众环境电离辐射的主要组成部分，其影响是不容忽视的。

20 世纪 80 年代后期，我国制定了三个国家标准，对建材中放射性物质的含量进行控制：①中华人民共和国国家标准《建筑材料放射卫生防护标准》GB 6566-86（中国标准出版社，1987.6）；②中华人民共和国国家标准《建筑材料用工业废渣放射性物质限制标准》GB 6763-86（中国标准出版社，1987.5）；③中华人民共和国国家标准《掺工业废渣建筑材料产品放射性物质控制标准》GB 9196-88（中国标准出版社，1989.4）。

《建筑材料放射性核素限量》GB 6566-2001 要求：建筑主体材料的内照射指数和外照射指数均不大于 1.0，对于空心率大于 25% 的建筑主体材料应满足内照射指数不大于 1.0 且外照射指数不大于 1.3，对装修材料的放射性水平进行三级管理，见表 2-4。

表 2-4　对装修材料的放射性水平限量（GB 6566-2001）

分类	限量		用途
	内照射指数	外照射指数	
A 类	≤1.0	≤1.3	不受限
B 类	≤1.3	≤1.9	不可用于 I 类民用建筑的内饰面
C 类	—	≤2.8	可用于建筑外饰面和室外其他用途
花岗石	—	>2.8	可用于碑石、海堤、桥墩等地方

《建筑材料放射性核素限量》GB 6566-2001 将建筑材料分为建筑主体材料和装修材料两类。对于建筑主体材料放射性核素 ^{226}Ra、^{232}Th 和 ^{40}K 的内外照射控制式为：

$$M_{\gamma}=\frac{C_{\mathrm{Ra}}}{370}+\frac{C_{\mathrm{Th}}}{260}+\frac{C_{\mathrm{K}}}{4\,200}\leqslant 1.0 \qquad (2\text{-}3)$$

$$M_{\mathrm{Ra}}=\frac{C_{\mathrm{Ra}}}{200}\leqslant 1.0 \qquad (2\text{-}4)$$

式中，C_{Ra}、C_{Th}、C_{K} 分别为 ^{226}Ra、^{232}Th 和 ^{40}K 的含量（Bq/kg）；M_{Ra}、M_{γ} 分别为内外照射指数。这两个控制式与以往的各个标准是基本相同的，但在其他的许多方面值得商榷。

对于装修材料，根据放射性水平大小，GB 6566-2001 标准划分为三类，它的具体内容及其与已被替代的行业标准 JC 518-93 的比较列于表 2-5。

表 2-5 装修材料与天然石材控制标准的比较*

标准	A 类	B 类**	C 类	其他
GB 6566-2001	$M_{\mathrm{Ra}}\leqslant 1$ $M_{\gamma}\leqslant 1.3$ 使用不受限制	$M_{\mathrm{Ra}}\leqslant 1.3$　$M_{\gamma}\leqslant 1.9$ 不可用于 I 类民用建筑内饰面，但可用于其他一切建筑的内、外饰面	$M_{\gamma}\leqslant 2.8$ 用于建筑物外饰面及室外其他用途	$M_{\gamma}>2.8$ 用于碑石、海堤、桥墩等
JC 518-93	$C_{\mathrm{Ra}}\leqslant 200$ $C^{\mathrm{e}}_{\mathrm{Ra}}\leqslant 350$ 使用不受限制	$C_{\mathrm{Ra}}\leqslant 250$　$C^{\mathrm{e}}_{\mathrm{Ra}}\leqslant 700$ 不可用于居室内饰面，但可用于其他一切建筑内、外饰面	$C^{\mathrm{e}}_{\mathrm{Ra}}\leqslant 1\,000$ 用于建筑物外饰面	$C^{\mathrm{e}}_{\mathrm{Ra}}>1\,000$ 用于碑石、海堤、桥墩等

注：* $C^{\mathrm{e}}_{\mathrm{Ra}}$ 为表征建材中所有放射性核素 γ 外照射的镭当量浓度（$C^{\mathrm{e}}_{\mathrm{Ra}}=C_{\mathrm{Ra}}+1.35C_{\mathrm{Th}}+0.088C_{\mathrm{K}}$）（Bq/kg）。
** I 类民用建筑为住宅、老年公寓、托儿所、医院和学校等。

在所有现已废止的建材标准中，JC 518-93 标准对放射性的限制是最宽的；与 A 类相比，B 类和 C 类产品的外照射限制都有成倍的放宽，对"其他类"材料根本不作限制；但它当时只用于天然石材，对别的建材不适用。表 2-5 表明，GB 6566-2001 标准只与 JC 518-93 标准的 A 类产品内照射指数相同；由于前者的放射性核素限制值比后者稍大，外照射指数为后者的 1.34 倍；B 类和 C 类的限制都比后者有所放宽。因此，《建筑材料放射性核素限量》GB 6566-2001 不仅完全采纳了《天然石材产品放射防护分类控制标准》JC 518-93 的分类原则，而且比《天然石材产品放射防护分类控制标准》JC 518-93 的要求放得更宽，还把这些分类标准从天然石材推广到了所有无机非金属装修材料；但令人难以理解的是，对装修材料的控制为什么可以明显高于建筑主体材料的控制值。特别是用于内饰面的装修材料，其对人体的相对影响明显大于建筑主体材料，按理说应该从严控制才是。对于 B 类产品，对许多公众而言，近距离接触的时间比较多，如商场营业人员、宾馆服务人员、办公室工作人员、仓库管理人员、工厂生产人员和其他公共设施的工作人员，长期在室内工作，他们所受到的建筑材料照射的附加剂量也应该得到有效控制。对于 C 类产品，仍然有一定的公众在其周围近距离经常性地长时间逗留。即使对于 C 类以外的花岗石，虽然与人的直接关系已经不大，但在一定条件下，放射性物质有可能污染水源进入生态环境，尤其应避免用于建造引水工程。总之，对于建材的分类标准和使用范围的规定必须十分慎重，不仅要考虑大多数公众的健康，也应该考虑特定公众的安全；不仅要考虑建材对人体的照射，也应该考虑对生态环境的影响。

公式（2-3）和公式（2-4）是在辐射防护的最优化原则指导下，考虑了我国各方面的现状和要求，十分慎重地建立起来的，是以往所有建材放射性控制国家标准的共同基础；由此产生的建材内外照射年附加有效剂量限值也已经达到了 4.6mSv/a 和 0.6mSv/a 的水平。十几年的使用实践表明，我国原有的各个建材放射性限制国家标准的基本内容是合理的，关键是要加以统一和完善。

到 2000 年，三个国家标准修订合并为两个标准：即《建筑材料放射卫生防护标准》GB 6566-2000 和《建筑材料产品及建材用工业废渣放射性物质控制要求》GB 6763-2000。

到 2001 年，又将这两个国家标准和建材行业标准《天然石材产品放射防护分类控制标准》JC 518-93 合并修订为一个统一的国家标准《建筑材料放射性核素限量》GB 6566-2001，合并后的标准明确了对建材产品实行强制检定和有证销售的规定，取消了 γ 辐射剂量率检测的判定方法，结束了管理标准不统一的局面，但也带来了对测量要求和限制值明显放宽的等方面问题。

《建筑材料放射性核素限量》GB 6566-2001 的修订遵循了以下原则：

（1）以《建筑材料产品及建材用工业废渣放射性物质控制要求》GB 6763-2000、《建筑材料放射卫生防护标准》GB 6566-2000 和《天然石材产品放射防护分类控制标准》JC 518-93（96）为基础进行修订。

（2）以国际放射防护委员会（ICRP）第 82 号出版物"线性无阈"的理论为依据，控制建材产品放射性水平的目的在于限制随机效应的发生率，使它控制在社会可接受的水平。把建材及其他各种实践活动对公众所致的天然辐射照射的附加剂量限制在 1mSv/a 以内。

（3）以我国建筑材料产品的放射性水平为基本出发点。按辐射防护三大原则，把建材产品的生产、使用的各种实践活动，所带来的总的社会利益应大于所付出的代价。用辐射防护最优化的原则指导掺渣建材产品的生产和装修材料的应用。把建材产品的天然放射性对人体的照射剂量降低到可合理达到的最低水平。

（4）建筑物室内氡浓度来源，不仅与建材中的 ^{226}Ra 含量、氡在建材中的析出率有关，而且与地基的地质条件、建筑结构有关，更与人们的生活习惯、室内通风条件有关。本标准与原被修订的三项标准一样，仅从建材中的 ^{226}Ra 含量提出控制要求。

《建筑材料放射性核素限量》GB 6566-2001 结束了我国建材标准长期不统一的局面，规定了对建材中放射性实现强制检定的要求，但在装修材料分类、空心材料、废渣利用、测量方法等方面存在着一些不合理的规定，与以往的国家标准相比，对建材中的放射性控制明显放宽，甚至比原来的建材行业标准对石材的控制还要宽，影响了公众的辐射防护安全。

（二）建筑材料表面氡析出率研究

GB 50325-2020 标准提出了建筑材料（空心材料、加气混凝土等）氡析出率的限量要求，实际上，国内不少研究者早已注意到此问题并进行了大量研究工作。

张文涛在文章《建筑材料表面氡析出水平调查》中提供了如表 2-6 所示的数据。

表 2-6　建筑材料表面氡析出水平 [×10⁻³Bq/（m²·s）]

建筑类别	地面	墙壁	建筑类别	地面	墙壁
窑洞（粉刷）	19.74	13.59	楼房 22	1.84	5.57*, 7.0
窑洞（砖墙壁）	18.88	<u>29.58</u>	楼房 23	2.51*	<u>2.80</u>
老式窑洞	18.03	37.23	楼房 24	2.22	1.59*, 1.93
平房 1	3.52	4.49*, 10.83	楼房 25	4.81	1.95
平房 2	7.10	1.33	地下室 1	29.74	6.50
平房 3	5.19	1.40, 1.69	地下室 2	23.35	6.50
楼房 11	5.22	2.63	地下室 3	（彩砖地面）11.9	<u>5.11</u>
楼房 12	2.48	2.52	地下室 4	（油漆地面）6.50	4.70
楼房 13	2.04	1.50	楼房 31	4.61	4.66
楼房 14	2.14	0.58*, 2.79	楼房 32	4.84	7.30
楼房 15	15.90	1.89*, 2.69	楼房 33	3.04	<u>8.23</u>
楼房 21	3.23	3.78*, 3.94	楼房 34	18.86	7.95
煤渣砖房 1	7.12	128.45	煤渣砖房 2	9.89	219.23
高炉渣砖房	14.35	214.89	大理石砖房	5.24	68.34

注：未标明者为水泥地面，墙壁为涂料表面；

　　* 为油漆表面；

　　带下划线的数据为测量的对比点。

王南萍的文章《我国天然石材的放射性水平及特征》等文献中也提供了部分天然石材表面氡析出率，见表 2-7 ~ 表 2-10。

表 2-7　我国天然石材的放射性水平（Bq/kg）

石材名称	岩性	品种数	样品数	²²⁶Ra 范围	均值	²³²Th 范围	均值	⁴⁰K 范围	均值
大理石	—	3	3	0.34 ~ 97	25.2	0.59 ~ 193	11.9	9 ~ 1 003	105
花岗石	超基性、基岩	10	16	4.0 ~ 25.4	9.6	0.5 ~ 53.5	13.6	17 ~ 787	353
	中性岩	9	12	20.9 ~ 155	52.1	3.2 ~ 201	69.6	281 ~ 1 618	941
	酸性岩	71	138	6.3 ~ 374	79.6	9.8 ~ 276	99.9	446 ~ 1 810	1 128
	碱性岩	2	7	53.7 ~ 200	126.9	65.8 ~ 252	158.9	2 419 ~ 3 357	2 920
	变质岩	6	9	16.7 ~ 172	48.2	18.4 ~ 81.2	48.6	754 ~ 1 369	1 064
板石	板岩	1	1		10.6		4.2	—	241

表 2-8　部分天然石材表面氡析出率（一）

样品名称	岩性	粒度	^{226}Ra 含量（Bq/kg）	氡析出率 $[\times 10^{-3}\text{Bq}/(\text{m}^2\cdot\text{s})]$
济南青	辉长岩	细	14.8	4.0 ± 0.4
米易绿	辉石正长岩	中粗	21.8	1.4（22%）*
将军红	片麻状花岗岩	中粗	95.0	4.0 ± 0.4
柳埠红	钾长花岗岩	中粗	39.0	2.3（14%）
天山蓝宝	斜长花岗岩	细	18.0	1.4（21%）
石棉红	正长岩	中细	—	1.6（20%）
荥经红	正长岩	中粗	34.6	3.0（10%）
中国红	正长岩	细	28.8	3.6（9%）
白虎涧	黑云母花岗岩	中粗	23.0	2.3 ± 0.3
贵妃红	黑云母花岗岩	中粗	77.0	2.3（13%）
岑溪红 A	黑云母钾长花岗岩	粗	363.0	7.0 ± 0.4
岑溪红 B	黑云母钾长花岗岩	粗	81.3	8.4 ± 0.4

注：* 括号内百分数表示在 95% 置信水平时，测量计数的相对误差。

表 2-9　部分天然石材表面氡析出率（二）

石材名称	表面氡析出率 $[\times 10^{-3}\text{Bq}/(\text{m}^2\cdot\text{s})]$	备注
天山蓝	1.4	
中国红	3.6	
石棉红	1.6	
贵妃红	2.3	
荥经红	3.0	
广济红	6.4	用活性炭累积盒收集，V 谱仪测定
米易绿	1.4	
柳埠红	2.3	
岑溪红 A	7.2	
白虎涧	4.05	
岑溪红 B	8.37	
济南青	4.60	

表 2-10　不同建筑材料表面氡析出率

类　别	表面氡析出率 $[\times 10^{-3}Bq/(m^2 \cdot s)]$
青砖（裸体）	18.0 ± 0.3
红砖（裸体）	11.0 ± 0.6
砖 + 白灰	4.6 ± 2.3
油漆墙	2.5 ± 1.4
花岗石	2.8 ± 1.5
UN1982 代表值	2.0

由表 2-9、表 2-10 可以看出，花岗石表面氡析出率平均值为（3.85 ± 2.36）$\times 10^{-3}Bq/(m^2 \cdot s)$，其波动范围为（$1.60 \sim 8.37$）$\times 10^{-3}Bq/(m^2 \cdot s)$，介于砖 + 白灰和油漆之间。

谈成龙在文章《建筑材料放射性检测的国际惯例》等文献说明：从 2003 年里汇集的资料看，世界上大部分建材的氡析出率均低于联合国原子辐射效应科学委员会确认的全球大地氡析出率的平均值（$16 \sim 26$）$\times 10^{-3}Bq/(m^2 \cdot s)$，但也有不少建材的氡析出率超过该值。世界若干国家建材的氡析出率检测结果见表 2-11 ~ 表 2-13。

表 2-11　一些国家建筑材料的氡析出率（一）

国家及地区	建材产品	析出率 $[\times 10^{-3}Bq/(m^2 \cdot s)]$	
		Rn	Th
北欧国家	砖	$0.56 \sim 1.4$	
	混凝土	$0.56 \sim 8.4$	
	轻质混凝土	$0.28 \sim 0.84$	—
	铝质页岩混凝土	$14.0 \sim 56.0$	
	石膏	$1.4 \sim 11.2$	
印度	普通砖	0.04	193.82
	耐火砖	0.01	28.7
	普通石板	0.01	15.9
	大理石	0.007	9.41
中国云南	浅灰色白云岩	1.71	
	深灰色白云岩	34.37	
	大理岩	16.872	—
	黑云母花岗岩	184.26	
	风化花岗岩	47.36	

表 2-12 一些国家建筑材料的氡析出率（二）

国别	建筑类别	密度 （10^3kg/m³）	^{226}Ra（Bq/kg）	射气系数（%）	氡析出率 [Bq/（m²·h）]
韩国	普通砖	24.9 ± 1.2	27.0 ± 11.0	5.90 ± 1.7	0.010 9 ± 0.002 3
	红砖	18.4 ± 2.6	35.4 ± 8.2	2.40 ± 0.8	0.006 1 ± 0.001 3
	磷石膏	68.3 ± 0.8	271.0 ± 61.0	11.50 ± 1.8	0.240 4 ± 0.075 4
	由壁纸包裹的磷石膏	—	271.0 ± 61.0	6.70 ± 1.4	0.138 7 ± 0.040 3
	瓷砖	31.6 ± 0.6	60.2 ± 17.0	3.10 ± 0.9	0.013 9 ± 0.006 3
	花岗岩石材	1.27 ± 0.4	53.1 ± 32	4.29 ± 1.75	0.018 6 ± 0.017 5

国别	建筑类别	密度 （10^3kg/m³）	^{226}Ra（Bq/kg）	射气系数（%）	氡析出率 [Bq/（m²·h）]
意大利	黏土	2.0 ~ 2.7	21.0 ~ 42.0	0.04	2.7 ~ 7.4
	石灰	1.1 ~ 2.0	0.4 ~ 30.0	0.23	0.16 ~ 22.0
	石膏	2.0 ~ 2.4	0.6 ~ 13.0	0.08	0.15 ~ 4.1
	混凝土	1.4 ~ 1.6	12.0 ~ 40.0	0.15	4.1 ~ 16.0
	基性岩浆岩	2.7	5.0 ~ 64.0	0.01	0.22 ~ 2.8
	酸性岩浆岩	2.4 ~ 2.7	55.0 ~ 225.0	0.08	17.0 ~ 79.0
	片岩	2.6 ~ 3.0	34.0 ~ 42.0	0.02	2.9 ~ 4.1

国别	建材类别	氡析出率[Bq/（m²·h）]	
		氡射气	钍射气
印度	大理石	0.026 ± 0.002	33.6 ± 4.8
	石板	0.038 ± 0.009	56.8 ± 19.8
	水泥砖	0.024 ± 0.005	29.4 ± 11.1
	耐火砖	0.042 ± 0.003	102.5 ± 26.5
	非耐火砖	0.160 ± 0.010	692.2 ± 76.8

表 2-13 传统墙砖与新型墙砖的氡析出率比较

组别	氡析出率[Bq/（m²·h）]	95%CI	P 值
黏土砖	2.63 ± 0.56	—	—
砌块	9.70 ± 2.54	17.03 ~ 26.59	<0.01
粉煤灰砖	5.83 ± 1.85	10.80 ~ 15.42	<0.05
煤矸石砖	4.70 ± 2.45	7.83 ~ 13.32	>0.05

注：传统墙砖：黏土砖；新型墙砖：砌块、粉煤灰砖、煤矸石砖。

　　葛黎明和陈英民在文章《掺工业废渣新型墙体材料氡析出率的测量》中分析：从表 2-13 中可以看出，砌块和粉煤灰砖的氡析出率平均水平明显高于黏土砖，煤矸石砖的氡析出率平均水平略高于黏土砖，三种新型建材由高到低分别是黏土砖的 4 倍、2 倍和 1.5 倍。四种墙砖氡析出率水平测量结果分析采用单因素方差分析方法，以黏土砖组作为参照组，其他三组与之比较，可以看出砌块组与黏土砖组差异具有显著性（$P<0.01$），粉煤灰砖组与黏土砖组差异亦具有统计学意义（$P<0.05$），但是煤矸石砖组与黏土砖组差异无统计学意义（$P>0.05$）。本次研究中砌块和粉煤灰砖的氡析出率明显高于传统墙砖黏土砖。在大量使用砌块和粉煤灰的建筑物中，氡浓度就可能高于同样适用黏土砖的建筑物，造成额外的剂量负担。本研究从测量氡析出的角度出发，同样建议生产厂家应在生产过程中进行放射性检测，控制粉煤灰的掺入比例。

刘福东在文章《建筑材料氡析出率变化》结果分析中指出的测量结果表明：（表 2-14）若原材料相近，加工工艺基本相同，则氡析出率的差别不明显（如标号 1001～1004，2001～2006）；但原材料和加工工艺若有明显差别，则氡析出率的差别很大，甚至相差 1～2 个量级。

表 2-14　包头建筑材料氡析出与放射性活度测量结果

建筑材料	样品标号	放射性核素活度浓度（Bq/kg）			（295+351）(keV)峰面积	测量时间（s）	氡析出率 $[\times 10^{-3}\text{Bq}/(\text{m}^2\cdot\text{s})]$
		^{226}Ra	^{232}Th	^{40}K			
陶粒空心砌块	1001	211.0±2.6	55.9±3.6	395.0±3.3	81	4 000	3.63±0.59
	1002	66.5±3.0	64.9±2.9	272.0±3.0	54	4 000	2.44±0.43
	1003	112.0±3.1	44.4±4.2	294.0±3.5	104	4 000	4.75±0.61
	1004	22.2±4.1	24.7±3.7	117.0±3.3	76	4 000	3.50±0.48
	1005	45.0±3.4	180.0±17.2	210.0±24.1	2 117	5 000	75.7±3.50
矿渣空心砌块	2001	32.7±3.1	30.8±3.0	122.0±3.1	82	5 000	2.96±0.48
	2002	20.9±3.7	22.0±3.3	75.7±3.5	72	5 000	2.63±0.51
	2003	29.0±3.8	22.8±3.9	230.0±2.9	84	5 000	3.11±0.46
	2004	35.4±3.2	41.4±2.8	120.0±3.4	533	50 000	2.11±0.17
	2005	14.0±3.9	13.4±3.8	66.6±3.0	170	10 000	3.07±0.35
	2006	23.1±3.6	26.5±3.2	148.0±3.1	172	10 000	3.18±0.43
	2007	51.0	212.0	123.0	1 954	5 000	70.6±3.30
实心砖	3001	21.1±3.2	27.1±2.8	555.0±2.1	197	20 000	1.88±0.24
	3002	56.0±8.0	190.0±4.5	201.0±25.0	2 236	5 000	79.2±3.60
	3003	42.0±6.5	168.0±3.0	86.0±7.1	2 402	5 000	88.5±4.00
隔板	01	73.1±7.0	74.7±7.5	243.1±25.0	106	5 000	1.76±0.26
	21	92.9±8.5	71.1±7.0	176.8±17.0	47	1 200	3.28±0.19
	17	92.5±9.0	71.9±7.0	164.0±16.0	119	1 200	8.60±0.53
	74	24.2±2.4	16.8±2.0	219.5±22.0	115	1 200	8.20±0.50

注：样品 2007 的活度浓度由包头环保局提供，隔板的活度浓度由中国建筑材料科学研究总院测量，其他数据由国防科工委放射性计量一级站测量。

　　如包头某厂家生产的建筑材料，在原材料组成上，主要采用工业废渣（水淬渣）和钢渣，其水淬渣活度浓度较高 400 ~ 1 000Bq/kg，而其他建筑材料的原材料主要为粉煤灰、水泥和普通矿渣。在加工工艺上，该厂生产建筑材料的最后一道工艺采用自然保养法，一般自然保养 1 ~ 3 个月后销售给用户，成本明显比北京地区的低。而其他厂家生产建筑材料的最后一道工艺一般采用高温焙烧或蒸汽保养等，成品可立即销售。从测量结果可看出，尽管成品建筑材料的放射性核素镭的活度浓度差别不大（至少无数量级上的差别或相近），但该厂生产的建筑料的氡析出率比一般建筑材料高至少 1 个量级。这些测量结果表明：有些建筑材料的放射性核素镭的测量活度浓度与氡析出率相关性不大，即使工艺不同，氡析出率的差异也很大。

　　居室内氡浓度与建筑材料的氡析出率的关系更为直接，而建筑材料氡析出不仅与放射性核素镭的活度浓度有关，还与孔隙度、粒径、微观亚微观结构等因素有关。因此，仅通过控制建筑材料的放射性活度浓度尚不能较好地控制人体所受的内照射。我国建筑材料种类繁多，产品原材料以及加工工艺差异较大，通过来自不同厂家四类建筑材料 19 个样品的测量可以初步得出以下结论：①同种建筑材料组成成分相同，加工工艺相近的掺渣建筑材料的氡析出率差别不明显，但是如果原材料以及加工工艺明显不同，即使放射性核素类含量相近的同一类建筑材料，氡的析出率可以相差 1 ~ 2 个量级；②有些建筑材料的氡析出率与放射性核素 ^{226}Ra 是相关的，但是，有些掺渣建筑材料的氡的析出率与建筑材料的天然放射性核素镭的活度浓度相关性很小，这说明如果只控制建筑材料中镭活度浓度来控制内照射是不合理的。

　　为减少居民所受的内照射，建筑材料生产厂家可通过试验选择合理原材料或者改变配比，并通过改变生产工艺等环节尽可能降低建筑材料氡析出率，使之达到合理又尽可能低的水平。因此，建议建材生产厂家对建筑材料生产工艺对氡析出率影响进行研究，以选择更合理生产工艺和原材料。

　　从以上国内外现有数据来看，GB 50325-2020 标准第 3.1.3 条："当民用建筑工程使用加气混凝土制品和空心率（孔洞率）大于 25% 的空心砖、空心砌块等建筑主体材料时"增加了建筑主体材料表面氡析出率［Bq/（m² · s）］≤ 0.015 的指标是有现实意义的。

第二节　人造木板及其制品

一、GB 50325-2020 标准有关规定

　　GB 50325-2020 标准对人造木板的定义为：以木材或非木材植物纤维为主要原料，加工成各种材料单元，施加（或不施加）胶粘剂和其他添加剂，组坯胶合而成的板材或成型制品，主要包括胶合板、纤维板、刨花板及其表面装饰板等产品。

　　（1）GB 50325-2020 标准第 3.2.1 条规定："民用建筑工程室内用人造木板及其制品应测定游离甲醛释放量。"

　　第 3.2.1 条的条文说明：民用建筑工程使用的人造木板及其制品是造成室内环境中甲醛污染的主要来源之一。目前，国内生产的板材有的采用廉价的脲醛树脂胶粘剂，这类胶

粘剂粘接强度较低，往往加入过量的脲醛树脂以提高粘接强度。有关部门对市场销售的人造木板抽查发现木板中甲醛释放量超过欧洲 EMB 工业标准 A 级品很多。考虑到人造木板中甲醛释放持续时间长、释放量大，对室内环境中甲醛超标起着决定作用，如果不从材料上严加控制，要使室内甲醛浓度达标是不可能的。因此，应测定游离甲醛释放量，便于控制和选用。

（2）GB 50325-2020 标准第 3.2.2 条规定："人造木板及其制品可采用环境测试舱法或干燥器法测定甲醛释放量，当发生争议时应以环境测试舱法的测定结果为准。"

（3）GB 50325-2020 标准第 3.2.3 条规定："环境测试舱法测定的人造木板及其制品的游离甲醛释放量不应大于 $0.124mg/m^3$，测定方法应按本标准附录 B 进行"，游离甲醛释放量限值与《室内装饰装修材料　人造板及其制品中甲醛释放限量》GB 18580-2017 保持一致。

（4）GB 50325-2020 标准第 3.2.4 条规定："干燥器法测定的人造木板及其制品的游离甲醛释放量不应大于 1.5mg/L，测定方法应符合现行国家标准《人造板及饰面人造板理化性能试验方法》GB/T 17657 的规定。"

第 3.2.2 条～第 3.2.4 条的条文说明：环境测试舱法可以直接测得各类板材释放到空气中的甲醛量，干燥器法可以利用干燥器测试板材释放出来的甲醛的量。在实际应用中，两者各有优缺点。从工程需要而言，环境测试舱法提供的数据可能更接近实际一些，因而，欧美国家普遍采用环境测试舱法，但环境测试舱法的测试周期长，运行费用高，在装饰装修过程中采用环境测试舱法进行甲醛释放量判定难以做到。相比之下，干燥器法的测试周期短，测定费用低，适合于装饰装修工程情况，故本标准允许使用干燥器法。干燥器法测试甲醛释放量按现行国家标准《人造板及饰面人造板理化性能试验方法》GB/T 17657-2013 的规定进行，试样四边用不含甲醛的铝胶带密封，测定的游离甲醛释放量参照原国家标准《室内装饰装修材料人造板及其制品中甲醛释放限量》GB 18580-2001 不应大于 1.5mg/L。当发生争议时，以环境测试舱法为准。

本次修订，对与原国家标准《室内装饰装修材料人造板及其制品中甲醛释放限量》GB 18580-2001 一一对应的原标准第 3.2.2 条～第 3.2.5 条重新进行了调整，主要原因是新修订的国家标准《室内装饰装修材料人造板及其制品中甲醛释放限量》GB 18580-2017 仅使用气候箱法，不再使用干燥器法和穿孔法，而气候箱法测定甲醛释放量过程过长，不适合装饰装修工程的人造板测试要求；另外，《室内装饰装修材料人造板及其制品中甲醛释放限量》GB 18580-2017 中允许人造板生产过程中使用干燥器法（与《人造板及饰面人造板理化性能试验方法》GB/T 17657 一致，系考虑到人造板生产质量控制的特殊需要）。

饰面人造木板是预先在工厂对人造木板表面进行涂饰或复合面层，不但可避免现场涂饰产生大量有害气体，而且可有效地封闭人造木板中的甲醛向外释放，是欧美国家鼓励采用的材料，也是我国推广工厂化生产、装配式装饰装修的典型产品。但是如果用"穿孔法"测定饰面人造木板中的游离甲醛含量，则封闭甲醛向外释放的作用体现不出来，不利于有效降低室内环境污染的饰面人造木板的发展。而环境测试舱法可以接近实际的测得人造木板的甲醛释放量，故规定人造木板用环境测试舱法测定游离甲醛释放量。环境测试舱法测定人造板材的限值为不大于 0.124mg/m^3（取自德国标准的 E$_1$ 级和《室内装饰装修材料　人造板及其制品中甲醛释放限量》GB 18580–2017）。

干燥器法操作简单易行，测试时间短，所得数据为游离甲醛释放量。限值系参考国家人造板检测中心提供的数据制定。干燥器法按《人造板及饰面人造板理化性能试验方法》GB/T 17657–2013 的规定进行，试样四边不密封。

（5）附录 B "环境测试舱法测定装饰装修材料游离甲醛、VOC 释放量" 的有关规定如下：

B.0.1　环境测试舱的容积应为 0.05 ~ 40m^3。

B.0.2　环境测试舱的内壁应采用不锈钢、玻璃等惰性材料建造。

B.0.3　环境测试舱的运行条件应符合下列规定：

1　温度应为（23 ± 0.5）℃；

2　相对湿度应为（50 ± 3）%；

3　空气交换率应为（1 ± 0.05）次 /h；

4　被测样品表面附近空气流速应为 0.1 ~ 0.3m/s；

5　人造木板及其制品、黏合木结构材料、壁布、帷幕、软包样品的表面积与环境测试舱容积之比应为 1:1，地毯、地毯衬垫样品的面积与环境测试舱容积之比应为 0.4:1；

6　材料样品甲醛、VOC 释放量测定前，环境测试舱内洁净空气中甲醛浓度不应大于 0.006mg/m^3、VOC 浓度不应大于 0.01mg/m^3。

B.0.4　测试应符合下列规定：

1　测试前样品应在（23 ± 1）℃、相对湿度（50 ± 5）% 条件下放置不少于 1 天，样品件之间距离不应低于 25mm，且应使空气在所有样品件表面上自由循环，恒温恒湿室内空气换气次数不应低于 1 次 /h，室内空气中甲醛浓度不应大于 0.05mg/m^3、VOC 浓度不应大于 0.3mg/m^3。

2　人造木板及其制品、黏合木结构材料、壁布、帷幕样品应垂直放在环境测试舱内的中心位置，样品件之间距离不应小于 200mm，其表面应与气流方向平行。

3　地毯、地毯衬垫样品应正面向上平铺在环境测试舱底，使空气气流均匀地从样品件表面通过；

4　环境测试舱法测试人造木板及其制品、黏合木结构材料的游离甲醛释放量时，在测试的第 2 天开始每天取样 2 次，每次间隔应超过 3h，如果达到稳定状态，可停止取样；当最后 4 次测定的甲醛浓度的平均值与最大值或最小值之间的偏差低于 5% 或低于 0.005mg/m^3 时，认为达到稳定状态；若一直未达到稳定状态，以第 28 天的测试结果作为测定值；

5　环境测试舱法测试地毯、地毯衬垫、壁布、帷幕的游离甲醛或 VOC 释放量，样品在试验条件下，在环境测试舱内持续放置时间应为 24h。

B.0.5　环境测试舱内的气体取样分析时，应将气体抽样系统与环境测试舱的气体出口相连后再进行采样。

B.0.6　材料中游离甲醛释放量测定的采样体积应为 5 ~ 20L，采样流速不应大于进入舱内的气体流速，测试方法应符合现行国家标准《公共场所卫生检验方法　第 2 部分：化学污染物》GB/T 18204.2 中 AHMT 分光光度法的规定，同时应扣除环境测试舱的本底值。

B.0.7　材料中 VOC 释放量测定的采样体积应为 5～10L，采样流速不应大于进入舱内的气体流速，测试方法应符合本标准附录 E 的规定，同时应扣除环境测试舱的本底值。

B.0.8　地毯、地毯衬垫样品的游离甲醛或 VOC 释放量应按下式进行计算：

$$EF = C_S \cdot (N/L) \tag{B.0.8}$$

式中：EF——舱释放量 $[mg/(m^2 \cdot h)]$；

C_S——舱浓度（mg/m^3）；

N——舱空气交换率（h^{-1}）；

L——（材料/舱）负荷比（m^2/m^3）。

附录 B 条文说明：环境测试舱法测试板材游离甲醛释放量，舱容积可大可小。从理论上讲，容积小于 1m³ 的测试舱也可以使用，但考虑到测试舱进行测试的具体条件，小舱使用的板材样品量太少，代表性差。

正常情况下，人造木板释放游离甲醛的数量随时间呈指数衰减趋势，开始时释放量较大，后逐渐减少。因此，理论上讲，在有限的测试时间内，人造木板中的游离甲醛不可能达到平衡释放。实际上，从工程实践角度看，相邻几天内甲醛释放量相差不大时，即可认为已进入平衡释放状态。这样做，对室内环境污染评价影响不大。这就是文中所规定的，在任意连续 4 天测试时间内，浓度下降不大于 5% 时，可认为达到了平衡状态。

如果测试进行 28 天仍然达不到平衡，继续测试下去所用的时间太长，因此，不必继续进行测试，此时，严格来讲，可通过公式计算确定甲醛平衡释放量。在欧盟标准中，列出了所使用的计算公式 $C=A/(1+Bt^D)$，式中，A、B、D 均为正的常数。C 是实测值，不同板材的 A 值不同。经验表明，B 值取 0.1，D 值取 0.5，较为合适，这样取值后，给 A 值带来的误差在 20% 以内。虽然做此简化，计算甲醛平衡释放浓度值仍然比较麻烦，因为要使用最小二乘法进行反复计算。因此，为进一步简化起见，在 GB 50325-2020 标准附录 A 中，未再提出进行公式计算的要求，仅以第 28 天的测试结果作为最后的平衡测试值。

《室内装饰装修材料　人造板及其制品中甲醛释放限量》GB 18580-2017 选定的《人造板及饰面人造板理化性能试验方法》GB/T 17657-2013 甲醛释放量测定中的 1m³ 气候箱法要求试件放置在标准环境下平衡处理 15 天后才可以放到气候箱中进行检测，每个试样检测时间最短需要 20 天。本附录 B 测定人造木板游离甲醛释放量只要求试件放置在标准环境下平衡处理 1 天后就可以放到环境测试舱中进行检测，如果人造木板游离甲醛释放量很低，试样检测时间最短可以 4 天完成，而且如果第 3 天第一次检测的游离甲醛释放量值不高于标准值或设计值时，就可放心使用，这对选用游离甲醛释放量低的优质人造木板有鼓励作用，可以提高检测和控制污染效率。

二、有关背景资料

（一）人造木板产业有关情况

目前，我国人造木板总产量和消费量居世界第一位，国家出于封山育林减少林木开发需要，为缓解木材供需矛盾，大力发展人造木板工业。根据原国家林业局《2013 年全国林业统计年报分析报告》，2013 年我国人造木板总产量 25 560 万 m³，其中，胶合板产量 13 725 万 m³，占人造木板总产量的 53.70%；纤维板产量 6 402 万 m³，占人造木板总产量的 25.05%；刨花板产量 1 885 万 m³，占人造木板总产量的 7.37%；其他人造木板产量 3 548 万 m³，占人造木板总产量的 13.88%。山东、江苏、广西、安徽、河南、河北是位列 2013 年我国人造木板产量前 6 名的省区，其人造木板产量总计为 18 774 万 m³，占全国人造木板总产量的 73.45%。

2015 年，我国人造板总产量为 28 680 万 m³，其中约有 30% 的人造木板以素板形式直接使用，约有 70% 的人造木板是经过表面装饰后的饰面人造木板使用。饰面人造木板中，浸渍胶膜纸饰面人造木板约占 60%，以纤维板和刨花板为主（主要分布于北京、广东、浙江、四川、江苏），近年来，胶合板和细木工板发展迅速，比例逐年提高，发展前景较好（主要分布于山东、广西、浙江、河北）；涂料饰面人造木板约占 30%；聚氯乙烯薄膜饰面人造木板、热固性树脂浸渍纸高压装饰层基板（HPL）、金属箔饰面人造木板、直接印刷人造木板、软木饰面人造木板、织物类饰面人造木板、壁纸类饰面人造木板、皮革等软质覆面材料饰面人造木板等其他饰面人造木板约占 10%。浸渍胶膜纸饰面人造木板和热固性树脂浸渍纸高压装饰层基板（HPL）总产量的 70% 由约 500 家大型专业化企业生产。木家具制作约占饰面人造木板总量的 80%，装饰墙板、地板、木门等其他用途约占饰面人造木板总量的 20%。

人造木板散发有毒、有害气体源于板材生产过程中所使用的胶粘剂。我国用得最普遍的胶粘剂是酚醛树脂和脲醛树脂。脲醛树脂是尿素和甲醛在催化剂作用下缩合而成的，酚醛树脂是苯酚和甲醛在酸或碱催化剂作用下缩聚而成的，两者皆以甲醛为主要原料。一般情况下，脲醛树脂中的游离甲醛浓度约 3%，酚醛树脂中也有一定的游离甲醛。由于脲醛树脂价格较低，所以，许多厂家使用的胶粘剂以脲醛树脂胶为主，且大多数采用粗制的脲醛树脂胶粘剂。由于这类胶粘剂粘接强度较低，加之 2001 年以前胶合板、细木工板等人造木板国家标准没有甲醛释放量限制，所以，许多人造木板生产厂就采用多加甲醛这种低成本方法使粘接强度达到要求，人造木板中甲醛释放持续时间往往很长，所造成的污染很难在短时间内解决，必须测定并控制人造木板的游离甲醛释放量。

为了控制民用建筑工程使用的人造木板及其制品的甲醛释放量，采用与工程实际一致环境测试舱法测定人造木板的游离甲醛释放量最可靠，但环境测试舱法设备成本高、测试一个样品周期近一个月、测试费用高，难以对量大面广的人造木板生产、销售、使用等环节及时有效地控制甲醛危害。考虑到现行国家标准《室内装饰装修材料　人造板及其制品中甲醛释放限量》GB 18580–2017 允许人造木板生产企业通过建立干燥器法与环境测试舱法的相关性，采用干燥器法进行生产过程中控制游离甲醛释放量，因此，GB 50325–2020 标准亦采用干燥器法进行施工过程中控制人造木板游离甲醛释放量。

人造木板以及衍生出来的饰面人造木板和木家具等木制品是民用建筑工程中最常用使用的一大类建筑装修材料。表 2-15 比较了几个国家和地区的关于木制品污染物限量的相关标准。

表 2-15　木制品甲醛含量 / 释放量检测相关标准比较

标准	参考标准	适用样品	甲醛释放量限量		检测方法
GB 18584–2001	GB/T 17657–1999	木家具	≤ 1.5mg/L		9 ~ 11L 干燥器法
GB 18580–2017	GB/T 17657–2013	人造板及其制品	≤ 0.124mg/m³		气候箱法
HJ 571–2010	GB 18580–2001	人造板及其制品	≤ 0.124mg/m³		气候箱法
BS EN 13986：2004+A1–2015（澳大利亚欧盟）	EN 717–1：2004	无饰面的胶合板、定向刨花板、刨花板、中高密度板、实木板、层积材；饰面或贴面的刨花板、胶合板、纤维板、实木板、水泥刨花板、层积材等	≤ 0.124mg/m³　　　E1		选择 1：12m³ 气候箱；选择 2：1m³ 气候箱；选择 3：0.225m³ 气候箱
			>0.124mg/m³　　　E2		
	EN 717–2：2004	无饰面的胶合板、实木板、层积材；饰面或贴面的刨花板、胶合板、纤维板、实木板、水泥刨花板、层积材等	≤ 3.5mg/（m²·h）或≤ 5mg/（m²·h）（生产后 3 天内）　　E1		甲醛气体分析测试装置（专用）
			3.5mg/（m²·h）<HCHO ≤ 5mg/（m²·h）或 5mg/（m²·h）<HCHO ≤ 12mg/（m²·h）（生产后 3 天内）　　E2		
	EN 120	无饰面的刨花板、定向刨花板、中高密度板	≤ 8mg/100g 干燥人造板　　E1		穿孔萃取法
			8mg/100g<HCHO ≤ 30mg/100g 干燥人造板　　E2		
ASTM D 5582–2014		木制品	≤ 0.2 × 10⁻⁶ 或 0.3 × 10⁻⁶		10.5L 干燥器法
		家具	≤ 0.3 × 10⁻⁶		
JIS 1460–2015（日本）		木制品	≤ 0.3/0.4mg/L　F ☆☆☆☆		9 ~ 11L 干燥器法
			≤ 0.5/0.7mg/L　F ☆☆☆		
			≤ 1.5/2.1mg/L　F ☆☆		
			≤ 5.0/7.0mg/L　F ☆		
		家具	F ☆☆☆以上		
CNS 11818 –2014（中国台湾）		木制品	≤ 0.3/0.4mg/L　　F1		干燥器法
			≤ 0.5/0.7mg/L　　F2		
			≤ 1.5/2.1mg/L　　F3		

注：资料来源 http://bbs.instrument.com.cn。

（二）人造板中游离甲醛的释放随环境条件变化

人造木板中游离甲醛在不同温度下释放量不同，山东建筑科学研究院曾进行了模拟研究，他们采用细木工板模拟室内使用，其研究和测定简介如下：

1. 实验原理

参照《人造板及饰面人造板理化性能试验方法》GB/T 17657-2013（干燥器法测甲醛释放量）。

2. 实验仪器

主要设备：温控装置，0、5℃、10℃、15℃、20℃、25℃、30℃、35℃、40℃；干燥器，9～11L；7230型分光光度计。

3. 模拟实验

将4个低温箱与5个干燥箱设置成9个温度，分别为0、5℃、10℃、15℃、20℃、25℃、30℃、35℃、40℃，用温度传感器显示实际的温度。先将干燥器放在这九个温度下调节24h，再将同批次的细木工板按照标准裁成15cm×5cm的试件同时放在不同温度（9个）的干燥器内24h，然后将吸收甲醛的水，显色测定吸光度。

4. 实验结论

表2-16是板材在不同温度下游离甲醛释放量模拟试验结果。

表 2-16　板材在不同温度下游离甲醛释放量

1		2		3		4		5	
温度（℃）	吸光度	温度（℃）	吸光度	温度（℃）	吸光度	温度（℃）	吸光度	温度（℃）	吸光度
0.73	0.103	0.43	0.079	0.51	0.099	0.6	0.08	0.65	0.076
5.80	0.065	5.98	0.079	6.08	0.102	5.88	0.082	5.90	0.072
9.81	0.102	10.18	0.106	8.87	0.108	9.08	0.103	8.98	0.108
14.09	0.166	14.05	0.203	14.05	0.269	14.04	0.216	14.08	0.189
18.07	0.204	20	0.447	20	0.481	19.98	0.458	20.0	0.476
20.00	0.538	25.14	0.75	25.14	1.10	25.09	0.98	25.20	0.89
29.87	1.86	29.69	2.16	30.45	2.92	29.98	2.26	29.87	2.67
36.92	2.73	35.02	2.35	35.14	3.17	35.06	2.68	35.10	2.98
41.58	3.22	41.7	3.90	41.43	4.45	41	4.12	40.98	4.23

将表中数据绘制成曲线如下（图2-1）：

结果表明，人造木板中游离甲醛释放量与温度呈正相关，随温度增加而增加。当温度高于25℃时，增加幅度明显增大。

（三）人造木板的有关生产知识

为了加深对人造木板释放甲醛机理的理解，现对建筑用人造木板（胶合板、细木工板、刨花板、纤维板等）的有关生产知识简要介绍如下：

1. 胶合板

胶合板是用多层薄板纵横交错排列胶合而成的板状材料。

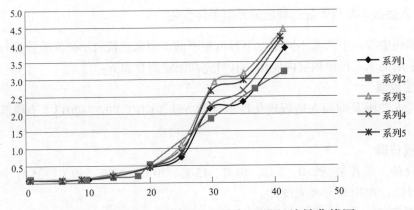

图 2-1   板材在不同温度下游离甲醛释放量曲线图

统计资料表明：每生产 1m³ 胶合板，约需 2.5m³ 原木，可代替 4.3m³ 原木制成的板材使用。所以，生产胶合板是合理利用和节约木材的重要途径之一。

（1）胶合板生产中所用胶的种类有：

1）豆胶。豆胶是用脱脂大豆粉调制的胶，因其无味，可用以制造茶叶箱板，适用于冷压或热压法制板，但强度低、不耐潮，所以，现在生产中很少使用。

2）血胶。血胶是用动物血调制的胶，用于湿热法生产胶合板，其产品强度比豆胶稍高，生产中尚有少量使用。

3）脲醛树脂胶。脲醛树脂胶是由尿素、甲醛经缩聚而成的树脂胶，适用于干热法生产胶合板。产品强度高、耐水性强，原料来源丰富，价格便宜，所以被广泛应用于胶合板生产中。

4）酚醛树脂胶。酚醛树脂胶是由酚类（苯酚、甲酚或间苯二酚等）和醛类（甲醛与糠醛等）缩聚合成的树脂胶，用于干热法制造胶合板生产中。产品强度、耐水性等都高于以上胶种，但价格稍贵，因而多用于有特殊要求的胶合板生产，如航空胶合板或长期室外用胶合板等。

（2）胶合板生产方法分为湿热法、干冷法和干热法。干和湿是指胶合时用的是干单板还是湿单板，热和冷是指用热压胶合还是用冷胶压胶合。

1）湿热法。旋制的单板不经干燥，直接涂胶后热压成板。因合板的含水率高，所以，需对合板进行干燥。过去血胶常用此法，此法出板率高，现在生产中很少应用。

2）干冷法。旋制的单板经过干燥后涂胶，在冷压机中胶压，合板需要进行干燥。豆胶或冷固性树脂胶用于此法，适于小型工厂。

3）干热法。旋制单板经干燥后涂胶，在热压机中胶合。几乎各种胶合剂都适用于此法。此法胶合时间短，生产率高，合板质量高，所以现在生产中被广泛采用。

胶合板生产已有 100 多年的历史，最早始于美国。1875 年开始胶合板的工业化生产，之后，逐渐在世界各国发展起来。据 1979 年的统计，全世界胶合板生产量为 3 447 万 m³。世界胶合板产量于 1988 年达到了顶峰，接近 5 200 万 m³，1994 年我国产量为 260 万 m³。

新中国成立前我国只能生产蛋白胶的胶合板，现在主要生产合成树脂胶合板，并已取得了很大成绩。1951 年产量为 1.7 万 m³，1984 年为 49.8 万 m³。2016 年，中国生产胶合板 1.775 6 亿 m³，比上年增长近 7.3%，占全部人造板产量的 59.1%，产值约 3 675 亿元，其中木胶合板 1.638 2 亿 m^3、竹胶合板 640 万 m^3、其他胶合板 734 万 m^3。过去十年中国胶合板产量年均增速达到 20.6%，是人造板中增幅最快的板种。2017 年，中国生产胶合板类产品 1.890 4 亿 m^3，比上年降低 2.7%，为近十年来产量首次下降，占全部人造板产量的 64.1%，同比下降 0.6%，产值约 4 380 亿元，其中木胶合板 1.569 3 亿 m^3、竹胶合板 572 万 m^3、其他胶合板 930 万 m^3。虽然胶合板未来产量将稳中有降，但仍将保持中国人造板第一大板种的地位。但和世界先进水平相比，差距仍很大。这主要是因为我国原有的基础差，森林资源少，胶合板原料紧张；基础工业薄弱，提供不了先进的成套设备和廉价的胶料；科研力量弱，管理方面也存在问题等。这些都影响着胶合板生产的发展。

2. 细木工板

细木工板是以木板条拼接或空心板作芯板，两面覆盖两层或多层胶合板，经胶压制成的一种特殊胶合板。细木工板主要作为结构材料，被广泛应用于家具制造、缝纫机台板、车厢、船舶等的生产和建筑业等。

3. 刨花板

刨花板是用木材加工剩余物或小径木等做原料，经专门机床加工成刨花，加入一定数量的胶粘剂，再经成型、热压而制成的一种板状材料。刨花板生产是利用废材解决工业用材短缺问题，进行木材综合利用的重要途径之一，据统计，1.3m^3 的废材可生产 1m^3 的刨花板，可替代 3m^3 原木制成的板材使用。

刨花板分类方法很多，目前尚无统一分类方法，常见的有：

（1）按刨花板密度分类：低密度刨花板、中密度刨花板、高密度刨花板。

（2）按制造方法分类：平压法刨花板、辊压法刨花板、挤压法刨花板。

（3）按结构分类：单层刨花板、三层刨花板、渐变结构刨花板。

刨花板被广泛应用于家具、建筑、交通运输、包装等方面。尤其是在家具制造方面，国外比较普遍地使用刨花板，有的国家 90% 的刨花板用于家具生产。在国内，刨花板家具也日益增多。

刨花板生产工艺流程因使用原料、产品品种、设备等的不同而不同，但作为工艺流程的主要工序则是相同的，如原料准备、刨花板制造、刨花干燥、拌胶、板坯铺装、热压、最后加工等。这些工序在工艺流程中是连续的，只根据具体条件而有所增减。

生产刨花板的原料很多，有木材、竹材和农产品废料等。但从世界各主要刨花板生产国家的情况来看，90% 以上都是以木材为原料的。

在施胶工艺中，为使刨花板具有一定的强度及防水、防火、防腐等性能，向刨花施加胶粘剂、防水剂、防火剂、防腐剂、硬化剂等胶和化学药剂。因刨花是散状物体，为使胶均匀分布在刨花表面上，在实际生产中，大都采用雾状喷洒胶液的方法，同时利用机械搅拌，将刨花抛撒开来，使刨花每个表面都暴露在胶雾中，以达到均匀着胶的目的。因此刨花的施胶又叫刨花拌胶。

刨花板使用的胶粘剂，主要为热固性脲醛树脂胶。长期在室外使用的刨花板，则用酚醛树脂胶。生产上都希望施胶量小，而制成的刨花板强度高、质量好。影响施胶量的因素较多，需要认真研究。

生产密度为 0.6 ~ 0.7g/cm^3 的刨花板，树脂用量（固体树脂质量与干刨花板质量的百分比）为：单层刨花板为 6%～10%；三层结构刨花板为表面 10%～20%；芯层为 5%～7%；渐变结构刨花板（平均施胶量）为 8%～10%。

当树脂胶拌入刨花后，要求在一定时间内能迅速固化，故需加入固化剂。常用的固化剂为氯化铵，其用量为树脂质量的 0.1%～0.2%，以达到适宜的活性时间和固化时间。加入固化剂的胶液，要求活性时间在 6～8h，以使胶液在调胶、拌胶、铺装直到等待热压等操作过程中，不发生固化现象，且在 100℃热压条件下，又具有 0.5～1min 的固化时间或更短些时间。

防水剂是向刨花中施加疏水性物质，并使其凝在刨花表面上，堵塞毛细孔以达到防水的目的。常用的防水剂有石蜡乳液、融溶石蜡等，在刨花拌胶的同时加入刨花中。防水剂的施加量越多，刨花板的吸水率越低，但强度也随之降低，因而防水剂用量要适当，一般为干刨花量的 0.4%～1.5%。

防火剂主要是含磷和氮元素的混合物，如磷酸铵、硫酸铵、碳酸铵等。施加在刨花上，使刨花板具有一定的防火性能，这对建筑用板很重要。

防腐剂是为了使刨花板具有防腐、防虫性能，而施加的硫酸铜、氟化钠、五氯酚等药物。目前我国生产的刨花板一般都未加防腐剂、防火剂，只加胶粘剂和石蜡乳液。

在热压与加工工艺中，板坯受热时，胶粘剂也因受热而增加了流展性，在压力作用下产生流动，很容易从刨花这一表面转移到另一表面，并在所有刨花表面上融化和扩散，之后树脂迅速缩聚而固化，形成一定强度。

国内外刨花板的生产，在"三板"发展历史上是发展最晚的，但发展速度却最快。我国刨花板生产时间很短，第一个刨花板车间于 1958 年在北京木材厂建成投产，20 世纪 60 年代初从瑞士、德国引进 3 套挤压法刨花板成套设备，先后在北京、上海和成都建成车间。之后又由原捷克引进 9 套平压法建筑用刨花板设备（2 整套，7 个半套），使刨花板生产能力达 4 万～5 万 m^3/年。到 20 世纪 70 年代末，在木材供求矛盾日趋紧张的情况下，我国出现了一个刨花板投资热潮。1979 年林业部决定由德国引进整套年产 3 万 m^3 单层压机平压法设备，安装在北京木材厂；到 1981 年全国已拥有刨花板厂（车间）125 家，其中属于轻工系统 98 家，林业系统 12 家，物质系统 9 家，其他部门 6 家，设计能力达 64.6 万 m^3；1982 年底，实际产量只有 10.24 万 m^3；到 1985 年，生产能力已达 155.5 万 m^3，而实际销售的刨花板仅为 12 万 m^3 多一些。累计投资 10 亿余元。

2017 年刨花板产量 2778 万 m^3，增长 4.8%，成为人造板中产量增加的板种，占全部人造板产量比例为 9.4%，同比增加 0.6%，连续两年回升，其产量将进一步增加。

4. 纤维板

纤维板是以植物纤维为原料，经过纤维分离、成型、热压（或干燥）而制成的板状产品。

纤维板的分类方法很多，可按原料、生产方法、密度、结构、用途和外观等进行分类。

纤维板生产方法很多，按成型介质分为湿法和干法两大类。湿法是目前主要的制造工艺，其特点是以水作为纤维运输和板坯成型的介质，成型后的湿板坯含水率为 60%～70%。湿法的优点是不用胶粘剂，有时少量使用胶粘剂是为了进一步提高产品质量。干法的特点是以空气作为纤维运输和板坯成型的介质，成型后板坯含水率仅为 5%～10%。因板坯缺乏水分，单凭热压过程中的压力和温度的作用，在纤维与纤维之间不能形成足够的结合力，故需加胶粘剂，以提高产品强度和耐水性。

世界纤维板生产始于 20 世纪初叶，半个世纪中，纤维板发展得很快，成为完整、独立的工业体系。我国的纤维板生产是从 1958 年开始的，从无到有、从小到大、从"土"到"洋"，发展到现在的具有完整工业生产体系的水平。根据 1979 年林产工业设计院统计，分布在全国 28 个省市的纤维板厂、车间共 340 多个，这些工厂中国产设备占 67%。1975 年年产量为 18 万 m^3，1981 年为 56.8m^3，1985 年达到 80 万 ~ 90 万 m^3。

纤维板按密度可分为三类：密度在 0.8g/cm^3 以上的称为硬质纤维板；密度在 0.4 ~ 0.8g/cm^3 的称为半硬质纤维板（0.50 ~ 0.88g/cm^3 称为中密度纤维板）；密度在 0.4g/cm^3 以下称为软质纤维板。

硬质纤维板强度大，多用于车辆、轮船、飞机的装修以及建筑业、家具制造业等方面。软质纤维板具有绝缘、隔热、吸音等性能，主要用于建筑部门，如用作播音室、影剧院的壁板及天棚等。半硬质纤维板是家具制造、建筑内部装修的优良材料。

中密度纤维板很适于制造家具、建筑内装、车辆和船舶的内装、电器器材和乐器箱体制造等。中密度纤维板对原材料的要求比其他类型人造板低，这一点对发展木材综合利用开辟了新的途径。

干法生产中密度纤维板与干法硬质纤维板的生产工艺流程基本相同。在施胶工艺中，中密度纤维板密度低，孔隙度大，又采用干法生产，因而仅靠纤维自身结合力，远远达不到强度和耐水性的要求，这就需要添加防水剂和胶粘剂，其施加量比干法硬质纤维板要高得多。防水剂主要用液体石蜡，在木片蒸煮处理后施加，施加量为 0.3% ~ 1%；胶粘剂依据产品用途而定。室内用的产品常采用脲醛树脂，在纤维分离后施加，施胶量为 8% ~ 12%。

20 世纪 60 年代，中密度纤维板首先由美国研制投产，在不到 30 年的时间里发展得很快。据统计，1982 年已有 18 个国家 34 个工厂采用干法生产中密度纤维板，产量占世界纤维板产量的 20% ~ 30%。我国福州于 1981 年从美国引进一套干法中密度纤维板设备。1980 年株洲干法纤维板厂改造为中密度纤维板厂，并于 1982 年末鉴定投产。1986 年由瑞典引进的干法中密度纤维板设备在南岔水解厂投产。

2017 年底我国纤维板产量为 6 297 万 m^3，供需趋于平衡，占全国人造板产量比例为 21.3%，继续保持中国人造板第二大板种的地位，探底回升趋势明显。

中国人造板产品产量占全球人造板总产量的 50% ~ 60%，多年来以规模扩张的增长方式难以为继，亟须转变发展方式，向满足人民群众生态消费需求的高质量发展方式转变。2017 年中国人造板总产量为 29 486 万 m^3，同比减少 1.9%，为近 20 年来首次下降，其中胶合板 17 195 万 m^3，纤维板 6 297 万 m^3，刨花板产量 2 778 万 m^3，其他人造板 3 216 万 m^3（细木工板占 53%）。2017 年全国人造板产品消费量约 2.914 3 亿 m^3，比上年增长 3.9%，消费量增长率有所回升，过去 10 年全国人造板消费量年均增速接近 14.3%，平均增速有所放缓，但是消费量增速仍然大于生产量增速 1.5%。随着国际贸易壁垒及争议不断加大，涉及对所有人造板产品以及家具、地板、木门等下游木制品加征关税，出口压力不断加大。2017 年，中国共出口人造板产品 1 421.47 万 m^3，比上年微降 1.4%；出口额约 63.39 亿美元，比上年下降 4.4%，连续三年下降。2017 年，中国经济向高质量发展转变，内需持续增长，国内市场对国外人造板产品的需求也不断增加。行业发展处于低速调整、转型升级的关键时期，转变发展方式、优化产业结构、实现供需平衡将成为中国人造板行业的发展主线。随着行业供给侧结构改革的全面展开，产能落后的企业被淘汰，人造板行业迎来新的视点。

三、相关标准摘要

《人造板及饰面人造板理化性能试验方法》GB/T 17657–2013 中第 4.59 节为甲醛释放量测定——干燥器法法，具体内容如下：

甲醛释放量测定——干燥器法

1　原理

在一定温度下，把已知表面积的试件放入干燥器，试件释放的甲醛被一定体积的水吸收，测定 24h 内水中的甲醛含量。

2　仪器

2.1　玻璃干燥器，直径 240mm，容积为（11±2）L。

2.2　支撑网，直径（240±15）mm，由不锈钢丝制成，其平行钢丝间距不小于 15mm（见图 1）。

2.3　试样支架，由不锈钢丝制成，在干燥器中支撑试样垂直向上（见图 2）。

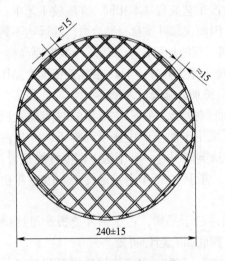

图 1　金属丝支撑网

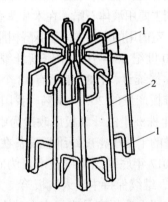

图 2　放置试件的金属丝试件夹

1—金属支架；2—试件

2.4　温度测定装置，例如热电偶，温度测量误差 ±0.1℃，放入干燥器中，并把该干燥器紧邻其他放有试样的干燥器。

2.5　水槽，可保持温度（65±2）℃。

2.6　分光光度计，可以在波长 412nm 处测量吸光度。推荐使用光程为 50mm 的比色皿。

2.7　天平：感量 0.01g；感量 0.000 1g。

2.8　玻璃器皿，包括：

　　——碘价瓶，500mL；

　　——单标线移液管，0.1mL、2.0mL、25mL、50mL、100mL；

　　——棕色酸式滴定管，50mL；

——棕色碱式滴定管，50mL；

——量筒，10mL、50mL、100mL、250mL、500mL；

——表面皿，直径 12～15cm；

——白色容量瓶，100mL、1 000mL、2 000mL；

——棕色容量瓶，1 000mL；

——带塞三角烧瓶，50mL、100mL；

——烧杯，100mL、250mL、500mL、1 000mL；

——棕色细口瓶，1 000mL；

——滴瓶，60mL；

——玻璃研钵，直径 10～12cm。

——结晶皿，外径 120mm，内径（115±1）mm，高度 60～65mm。

2.9 小口塑料瓶，500mL、1 000mL。

3 试剂

——碘化钾（KI），分析纯；

——重铬酸钾（$K_2Cr_2O_7$），优级纯；

——碘化汞（HgI_2），分析纯；

——硫代硫酸钠（$Na_2S_2O_3 \cdot 5H_2O$），分析纯；

——无水碳酸钠（Na_2CO_3），分析纯；

——硫酸（H_2SO_4），ρ=1.84g/mL，分析纯；

——盐酸（HCl），ρ=1.19g/mL，分析纯；

——氢氧化钠（NaOH），分析纯；

——碘（I_2），分析纯；

——可溶性淀粉，分析纯；

——乙酰丙酮（$CH_3COCH_2COCH_3$），分析纯；

——乙酸铵（CH_3COONH_4），分析纯；

——冰乙酸（CH_3COOH），分析纯；

——甲醛溶液（CH_2O），质量分数 35%～40%，分析纯。

4 溶液配制

4.1 硫酸（1mol/L）：量取约 54mL 硫酸（ρ=1.84g/mL）在搅拌下缓缓倒入适量蒸馏水中，搅匀，冷却后放置在 1L 容量瓶中，加蒸馏水稀释至刻度，摇匀。

4.2 氢氧化钠（1mol/L）：称取 40g 氢氧化钠溶于 600mL 新煮沸而后冷却的蒸馏水中，待全部溶解后加蒸馏水至 1 000mL，储于小口塑料瓶中。

4.3 淀粉指示剂（1%）：称取 1g 可溶性淀粉，加入 10mL 蒸馏水中，搅拌下注入 90mL 沸水中，再微沸 2min，放置待用（此试剂使用前配制）。

4.4 硫代硫酸钠标准溶液 $[c(Na_2S_2O_3)$ =0.1mol/L]：

配制：在感量 0.01g 的天平上称取 26g 硫代硫酸钠放于 500mL 烧杯中，加入新煮沸并已冷却的蒸馏水至完全溶解后，加入 0.05g 碳酸钠（防止分解）及 0.01g 碘化汞（防止发霉），然后再用新煮沸并已冷却的蒸馏水稀释成 1L，盛于棕色细口瓶中，摇匀，静置

8 ~ 10 天再进行标定。

标定：称取在 120℃下烘至恒重的重铬酸钾（$K_2Cr_2O_7$）0.10 ~ 0.15g，精确至 0.000 1g，然后于 500mL 碘价瓶中，加 25mL 蒸馏水，摇动使之溶解，再加 2g 碘化钾及 5mL 盐酸（ρ=1.19g/mL），立即塞上瓶塞，液封瓶口，摇匀于暗处放置 10min，再加蒸馏水 150mL 用待标定的硫代硫酸钠滴定到呈草绿色，加入淀粉指示剂 3mL，继续滴定至突变为亮绿色为止，记下硫代硫酸钠用量 V。

硫代硫酸钠标准溶液的浓度 $c(Na_2S_2O_3) = \dfrac{G}{V \times 49.03} \times 1\,000$，其中 $c(Na_2S_2O_3)$ 的单位为 mol/L，V 是硫代硫酸钠滴定耗用量（mL），G 是重铬酸钾的质量（g）。

也可根据《化学试剂　标准滴定溶液的制备》GB/T 601–2002 配制该标准溶液。

4.5　碘标准溶液 $[c(I_2) = 0.05\text{mol/L}]$：在感量 0.01g 的天平上称取碘 13g 及碘化钾 30g，同置于洗净的玻璃研钵内，加少量蒸馏水研磨至碘完全溶解。也可以将碘化钾溶于少量蒸馏水中，然后在不断搅拌下加入碘，使其完全溶解后转至 1L 的棕色容量瓶中，用蒸馏水稀释到刻度，摇匀，储存于暗处。

4.6　乙酰丙酮 – 乙酸铵溶液：称取 150g 乙酸铵于 800mL 蒸馏水或去离子水中，再加入 3mL 冰乙酸和 2mL 乙酰丙酮，并充分搅拌，定容至 1L，避光保存。该溶液保存期 3 天，3 天后应重新配制。

5　试件

5.1　试件尺寸

长 l =（150 ± 1.0）mm；宽 b =（50 ± 1.0）mm。

试件的总表面积包括侧面、两端和表面，应接近 1 800cm²，据此确定试件数量。

5.2　试验次数

试件数量为 2 组。

注：内部检验只需一组试件。

两次甲醛释放量的差异应在算术平均值的 20% 之内，否则选择第 3 组试件重新测定。

5.3　试件平衡处理

试件在相对湿度（65 ± 5）%、温度（20 ± 2）℃条件下放置 7 天或平衡至质量恒定。试件质量恒定是指前后间隔 24h 两次称量所得质量差不超过试件质量的 0.1%。

平衡处理时试件间隔至少 25mm，以便空气可以在试件表面自由循环。

当甲醛背景浓度较高时，甲醛含量较低的试件将从周围环境吸收甲醛。在试件贮存和平衡处理时应小心避免发生这种情况，可采用甲醛排除装置或在房间放置少量的试件来达到目的。在结晶皿中放 300mL 蒸馏水，置于平衡处理环境 24h，然后测定甲醛浓度，以得到背景浓度。最大的背景浓度应低于试件释放的甲醛浓度（例如：试件可能释放的甲醛浓度为 0.3mg/L，那么背景浓度应低于 0.3mg/L。）

6　方法

6.1　甲醛的收集

6.1.1　试验前，用水清洗干燥器和结晶皿并烘干。

6.1.2　在直径为 240mm 的干燥器底部放置结晶皿，在结晶皿内加入（300 ± 1）mL 蒸馏水，水温为（20±1）℃。然后把结晶皿放入干燥器底部中央，把金属丝支撑网放置在结晶皿上方。

6.1.3　把试件插入试样支架，如图2所示，试件不得有松散的碎片。然后把装有试件的支架放入干燥器内支撑网的中央，使其位于结晶皿的正上方。

6.1.4　干燥器应放置在没有振动的平面上。在（20±0.5）℃下放置24h±10min，蒸馏水吸收从试件释放出的甲醛。

6.1.5　充分混合结晶皿内的甲醛溶液。用甲醛溶液清洗一个100mL的单标容量瓶，然后定容至100mL。用玻璃塞封上容量瓶。如果样品不能立即检测，应密封贮存在容量瓶中，在0~5℃下保存，但不超过30h。

6.2　空白试验

在干燥器内不放试件，其他同6.1，做空白试验，空白值不得超过0.05mg/L。

在干燥器内放置温度测量装置。连续监测干燥器内部温度，或不超过15min间隔测定，并记录试验期间的平均温度。

6.3　甲醛质量浓度测定

准确吸取25mL甲醛溶液到100mL带塞三角烧瓶中，并量取25mL乙酰丙酮－乙酸铵溶液，塞上瓶塞，摇匀。再放到（65±2）℃的水槽中加热10min，然后把溶液放在避光处20℃下存放（60±5）min。使用分光光度计，在412nm波长处测定溶液的吸光度。采用同样的方法测定甲醛背景质量浓度。

6.4　标准曲线

标准曲线是根据甲醛溶液质量浓度与吸光度的关系绘制的，其质量浓度用碘量法测定。标准曲线至少每月检查一次。

a）甲醛溶液标定

把大约1mL甲醛溶液（浓度35%~40%）移至1 000mL容量瓶中，并用蒸馏水稀释至刻度。甲醛溶液浓度按下述方法标定：

量取20mL甲醛溶液与25mL碘标准溶液（0.05mol/L）、10mL氢氧化钠标准溶液（1mol/L）于100mL带塞三角烧瓶中混合。静置暗处15min后，把1mol/L硫酸溶液15mL加入混合液中。多余的碘用0.1mol/L硫代硫酸钠溶液滴定，滴定接近终点时，加入几滴1%淀粉指示剂，继续滴定到溶液变为无色为止。同时用20mL蒸馏水做空白平行试验。甲醛溶液质量浓度 $c_1=(V_0-V)\times15\times c_2\times1\,000/20$，其中 V_0 是滴定蒸馏水所用的硫代硫酸钠标准溶液的体积（mL）；V 是滴定甲醛溶液所用的硫代硫酸钠标准溶液的体积（mL）；c_2 是硫代硫酸钠溶液的浓度（mol/L）。

b）甲醛校定溶液

按a）中确定的甲醛溶液质量浓度，计算含有甲醛3mg的甲醛溶液体积。用移液管移取该体积数到1 000mL容量瓶中，并用蒸馏水稀释到刻度，则1mL校定溶液中含有3μg甲醛。

c）标准曲线的绘制

把0mL、5mL、10mL、20mL、50mL和100mL的甲醛校定溶液分别移加到100mL容量瓶中，并用蒸馏水稀释到刻度。然后分别取出25mL溶液，按6.3所述方法进行吸光度测量分析。根据甲醛质量浓度0~3mg/L吸光情况绘制标准曲线。斜率由标准曲线计算确定，保留4位有效数字。

7　结果表示

7.1　甲醛溶液的浓度按下式计算，精确至 0.01mg/L：

$$c=f \cdot (A_s-A_b) \times 1\,800/A$$

式中：c——甲醛质量浓度（mg/L）；

　　　　f——标准曲线的斜率（mg/mL）；

　　　A_s——甲醛溶液的吸光度；

　　　A_b——空白液的吸光度；

　　　A——试件表面积（cm²）。

7.2　一张板的甲醛释放量是同一张板内 2 份试件甲醛释放量的算术平均值，精确至 0.01mg/L。

第三节　涂　　料

建筑涂料一般指用于建筑物内墙、外墙、顶棚、地面、门窗、家具等表面起装饰、防腐、防火、防水等目的的涂料，主要由胶结基料、颜料、填料、溶剂（或水）及各种配套助剂组成，配制工艺简单，可根据装饰性、耐磨性、耐腐蚀性、耐燃烧性、耐老化性不同使用功能要求，通过改变配方，有针对性地生产。例如，挥发有害气体较少的水性内墙乳胶漆、无溶剂环氧地面涂料，光亮耐磨的各种溶剂型金属和木器油漆，具有防火、防腐、防水等特殊性能的建筑涂料等。这些建筑涂料对改善生活环境，提高建筑装修水平起到不可替代的促进作用。

随着人们对室内空气污染的重视，主要通过挥发溶剂成膜的建筑涂料成为各方关注的焦点。有人提出只要不用涂料等化学建材装修，就可免除室内空气污染。照此观点大量采用天然原木材的话，且不说对生态资源的严重破坏，就是直接使用了不经防护处理的天然原木材，也很容易出现腐烂、生虫、长霉、藏污现象，若扩散到室内空气中会长期污染空气并传染疾病。另外，不采用涂料的内墙表面上的粉尘会散发到空气中使空气混浊，而且没有涂料这道能有效阻隔墙体或地下放射性氡气的话，其长期释放出的过量放射性氡气对人身危害更大。当然，目前国内在建筑涂料生产和施工过程中确实存在着忽视室内空气污染的问题，尤其是在溶剂型涂料施工时大量使用毒性较大的苯溶剂，对施工人员和邻居危害严重，必须尽快加以制止。

建筑涂料中或多或少都含有可挥发性有害物质。用量较大的内墙涂料，由于对耐磨和耐水性能要求不高，可以采用乳胶漆这类以水为稀释剂、挥发性有害物质含量较少且毒性小的水性涂料。以聚乙烯醇缩甲醛为胶结材料的水性涂料中，由于含有大量游离甲醛，已被北京市和建设部列为淘汰产品。为了防止不法厂家在水性涂料中加入能提高涂料的防霉性的甲醛，必须对水性涂料中的游离甲醛含量加以控制。

一、GB 50325-2020 标准有关规定

（1）GB 50325-2020 标准第 3.3.1 条规定："民用建筑工程室内用水性装饰板涂料、水性墙面涂料、水性墙面腻子的游离甲醛限量，应符合现行国家标准《建筑用墙面涂料中有害物质限量》GB 18582 的规定。"

（2）GB 50325-2020 标准第 3.3.2 条规定："民用建筑工程室内用其他水性涂料和水性

腻子，应测定游离甲醛的含量，其限量应符合表 3.3.2 的规定，其测定方法应符合现行国家标准《水性涂料中甲醛含量的测定　乙酰丙酮分光光度法》GB/T 23993 的规定。"

其他水性涂料和水性腻子中游离甲醛质量如表 2-17 所示。

表 2-17　室内用其他水性涂料和水性腻子中游离甲醛限量（GB 50325-2020 标准表 3.3.2）

测定项目	限量	
	其他水性涂料	其他水性腻子
游离甲醛（mg/kg）	≤ 100	

第 3.3.1 条、第 3.3.2 条条文说明：水性涂料、水性腻子挥发性有害物质较少，尤其是住房和城乡建设部等部门淘汰以聚乙烯醇缩甲醛为胶结材料的水性涂料后，污染室内环境的游离甲醛有可能大幅度降低。

重金属属于接触污染，与 GB 50325-2020 标准控制的 7 种有害气体污染没有直接的关系，故在产品标准中规定控制指标比较合适。水性涂料和水性腻子中 VOC 含量不要求在工程过程中复验抽查。

水性装饰板涂料、水性墙面涂料、水性墙面腻子的游离甲醛限量，引用了现行国家标准《建筑用墙面涂料中有害物质限量》GB 18582，而其他水性涂料和水性腻子，本标准规定游离甲醛限量不大于 100mg/kg，检测定方法引用了现行国家标准《水性涂料中甲醛含量的测定　乙酰丙酮分光光度法》GB/T 23993 的有关规定。

（3）GB 50325-2020 标准第 3.3.3 条规定："民用建筑工程室内用溶剂型装饰板涂料的 VOC 和苯、甲苯+二甲苯+乙苯限量，应符合现行国家标准《建筑用墙面涂料中有害物质限量》GB 18582 的规定；溶剂型木器涂料和腻子的 VOC 和苯、甲苯+二甲苯+乙苯限量，应符合现行国家标准《木器涂料中有害物质限量》GB 18581 的规定；溶剂型地坪涂料的 VOC 和苯、甲苯+二甲苯+乙苯限量，应符合现行国家标准《室内地坪涂料中有害物质限量》GB 38468 的规定。"

（4）GB 50325-2020 标准第 3.3.4 条规定："民用建筑工程室内用酚醛防锈涂料、防水涂料、防火涂料及其他溶剂型涂料，应按其规定的最大稀释比例混合后，测定 VOC 和苯、甲苯+二甲苯+乙苯的含量，其限量均应符合表 3.3.4 的规定；VOC 含量测定方法应符合现行国家标准《色漆和清漆　挥发性有机化合物（VOC）含量的测定　差值法》GB/T 23985 的规定；苯、甲苯+二甲苯+乙苯含量测定方法应符合现行国家标准《涂料中苯、甲苯乙苯和二甲苯含量的测定　气相色谱法》GB/T 23990 的规定。"

室内用酚醛防锈涂料、防水涂料、防火涂料及其他溶剂型涂料中 VOC、苯、甲苯+二甲苯+乙苯限量，如表 2-18 所示。

表 2-18　室内用酚醛防锈涂料、防水涂料、防火涂料及

其他溶剂型涂料中 VOC、苯、甲苯+二甲苯+乙苯限量（GB 50325-2020 标准表 3.3.4）

涂料名称	VOC（g/L）	苯（%）	甲苯+二甲苯+乙苯（%）
酚醛防锈涂料	≤ 270	≤ 0.3	—
防水涂料	≤ 750	≤ 0.2	≤ 40
防火涂料	≤ 500	≤ 0.1	≤ 10
其他溶剂型涂料	≤ 600	≤ 0.3	≤ 30

第 3.3.3 条、第 3.3.4 条条文说明：室内用溶剂型涂料和木器用溶剂型腻子含有大量挥发性有机化合物，现场施工时对室内环境污染很大，但数小时后即可挥发 90% 以上，一周后就很少挥发了。因此，在避开居民休息时间进行涂饰施工、增加与室外通风换气、加强施工防护措施的前提下，目前仍可使用符合现行标准的室内用溶剂型涂料。随着新材料、新技术的发展，将逐步采用低毒性、低挥发量的涂料。现行溶剂型涂料标准大多有固含量指标，GB 50325-2020 标准在考虑稀释和密度的因素后，换算成 VOC 指标，与有关标准一致。

其中，GB 50325-2020 标准第 3.3.3 条参考现行国家标准《建筑用墙面涂料中有害物质限量》GB 18582 对溶剂型装饰板涂料的 VOC 和苯、甲苯＋二甲苯＋乙苯限量的有关要求，现行国家标准《木器涂料中有害物质限量》GB 18581，对溶剂型木器涂料和腻子 VOC 和苯、甲苯＋二甲苯＋乙苯限量的有关规定和现行国家标准《室内地坪涂料中有害物质限量》GB 38468，对溶剂型地坪涂料的 VOC 和苯、甲苯＋二甲苯＋乙苯限量的有关要求规定执行；对没有做出 VOC 和苯、甲苯＋二甲苯＋乙苯限量要求的室内用酚醛防锈涂料、防水涂料、防火涂料及其他溶剂型涂料，GB 50325-2020 标准第 3.3.4 条补充了限量指标和检测方法。

（5）GB 50325-2020 标准第 3.3.5 条规定："民用建筑工程室内用聚氨酯类涂料和木器用聚氨酯类腻子中的 VOC、苯、甲苯＋二甲苯＋乙苯、游离二异氰酸酯（TDI+HDI）限量，应符合现行国家标准《木器涂料中有害物质限量》GB 18581 的规定。"

现行国家标准《木器涂料中有害物质限量》GB 18581 对聚氨酯类涂料和木器用聚氨酯类腻子的 VOC 和苯、甲苯＋二甲苯＋乙苯、游离二异氰酸酯（TDI+HDI）限量有要求，GB 50325-2020 标准直接引用。

聚氨酯涂料中含有毒性较大的二异氰酸脂（TDI、HDI），GB 50325-2020 标准参考现行国家标准《木器涂料中有害物质限量》GB 18581 要求聚氨酯涂料（含腻子）游离二异氰酸酯总和含量潮（湿）气固化型不大于 0.4%，其他类型不大于 0.2%。

近年来，原有溶剂型涂料（含聚氨酯类）和木器用溶剂型腻子（含聚氨酯类）等方面标准多有修订，并有新标准发布。GB 50325-2020 标准本次修订时，对条文内容适当进行了调整，与相关标准一致，修改后更清晰、明确。

二、有关背景资料

在参考国内外标准的基础上，GB 50325-2020 标准规定室内用水性涂料或水性腻子中游离甲醛含量不大于 100mg/kg，与其他有关标准基本一致。

欧共体生态标准（1999/10/EC）规定：光泽值不大于 45（a=60°）的涂料，挥发性有机化合物（VOC）含量不应大于 30g/L；光泽值不小于 45（a=60°）的涂料，挥发性有机化合物（VOC）含量不应大于 200g/L［涂布量大于 15m²/L 的，挥发性有机化合物（VOC）含量不大于 250g/L］。

室内用溶剂型涂料主要有醇酸清漆、醇酸调和漆、醇酸磁漆、硝基清漆、聚氨酯漆、酚醛清漆、酚醛磁漆、酚醛防锈漆等。这些涂料用于各种木器、金属和水泥表面涂饰，能满足不同性能要求，是满足国内很多油漆厂的传统产品。这些溶剂型涂料含有大量挥发性有机溶剂，现场施工时对室内环境污染很大，但数小时后即可挥发 90% 以上，一周后余量已很少。因此，可避开居民休息时间进行涂饰施工，同时增加与室外通风换气，加强施工防护措施，以及在施工中不使用苯溶剂等条件下，GB 50325-2020 标准仍允许使用符合现行标准的溶剂型涂料。以二甲苯为主溶剂的 O/W 多彩内墙涂料，由于施工时挥发出大量苯类毒性有害溶剂，在内墙大面积使用会对室内环境造成严重污染，没有必要保留，我国已将其列为淘汰产品，可以用低污染的水性内墙涂料替代。

随着新材料、新技术的发展，在保证建筑使用性能要求的前提下，部分溶剂型涂料将逐步被低毒性、低挥发有机化合物的水性涂料替代。但即使在欧美等发达国家，目前木器和金属涂料大部分还在使用溶剂型涂料。可见，不可过分夸大溶剂型涂料的毒害。不分场合一概采用水性涂料将会顾此失彼影响建筑工程质量，给生产企业和用户造成混乱和损失。

民用建筑室内装修工程中采用的稀释剂和溶剂应符合现行国家标准《涂装作业安全规程　安全管理通则》GB 7691 中第 1.2.1 条"禁用涂料及有关化学品：a）含苯涂料（包括重质苯、石油苯、溶剂苯和纯苯）；b）含苯稀释剂（包括重质苯、石油苯、溶剂苯、纯苯）；c）含苯溶剂（包括脱漆剂、金属清洗液等）（包括重质苯、石油苯、溶剂苯和纯苯）"的规定。混苯中含有大量苯，故严禁使用。

涂料、胶粘剂、处理剂、稀释剂和溶剂用后应及时封闭存放，这样，不但可减轻有害气体对室内环境的污染，而且可保证材料的品质。剩余的废料应及时清出室内，不在室内用溶剂清洗施工用具是施工人员必须具备的保护室内环境起码的素质。

现行国家标准《建筑用墙面涂料中有害物质限量》GB 18582-2020 规定了墙面涂料中的 VOC、苯系物总和（苯＋甲苯＋乙苯＋二甲苯）、游离甲醛以及 4 种重金属（Pb、Cd、Cr、Hg）的限量。GB 50325-2020 标准与其保持一致。

现行国家标准《木器涂料中有害物质限量》GB 18581-2020 规定了室内装饰装修用聚氨酯类（包括面漆和底漆）、硝基类和醇酸类溶剂型木器涂料以及木器用溶剂型腻子中的 VOC、苯、其他苯系物总和（甲苯＋二甲苯＋乙苯）、游离二异氰酸酯（TDI、HDI）含量总和、甲醇、卤代烃以及 4 种重金属的限量。GB 50325-2020 标准与其保持一致。

现行行业标准《环境标志产品技术要求　防水涂料》HJ 457-2009 对产品中的甲醛和VOC 的限量如表 2-19 和表 2-20 所示。

表 2-19　挥发固化型防水涂料中有害物限值

项目	双组分聚合物水泥防水涂料		单组分丙烯酸酯聚合物乳液防水涂料
	液料	粉料	
VOC（g/kg）	≤ 10	—	≤ 10
甲醛（mg/kg）	≤ 100	—	≤ 100

表 2-20　反应固化型防水涂料中有害物限值

项目	环氧防水涂料	聚脲防水涂料	聚氨酯防水涂料	
			单组分	双组分
VOC（g/L）	≤ 150	≤ 50	≤ 100	
苯（g/kg）	≤ 0.5			
苯类溶剂（g/kg）	≤ 80	≤ 50	≤ 80	
固化剂中游离 TDI（%）	—	≤ 0.5	—	≤ 0.5

三、相关标准摘要

(一)《建筑用墙面涂料中有害物质限量》GB 18582-2020 摘要

1 要求

1.1 水性墙面涂料中有害物质限量应符合表 1 的要求。

表 1 水性墙面涂料中有害物质限量的要求

项目	限量值			
	内墙涂料 [a]	外墙涂料 [a]		腻子 [b]
		含效应颜料类	其他类	
挥发性有机化合物(VOC)含量	≤ 80(g/L)	≤ 120(g/L)	≤ 100(g/L)	≤ 10(g/kg)
甲醛含量(mg/kg)	≤ 50			
苯系物总和含量(mg/kg) [限苯、甲苯、二甲苯(含乙苯)]	≤ 100			
总铅(Pb)含量(mg/kg) (限色漆和腻子)	≤ 90			
可溶性重金属含量 (mg/kg) (限色漆和腻子) 镉(Cd)含量	≤ 75			
铬(Cr)含量	≤ 60			
汞(Hg)含量	≤ 60			
烷基酚聚氧乙烯醚总和含量(mg/kg) {限辛基酚聚氧乙烯醚 [C_8H_{17}–C_6H_4– (OC_2H_4)$_n$OH,简称 OP$_n$EO] 和壬基酚 聚氧乙烯醚 [C_9H_{19}–C_6H_4–(OC_2H_4)$_n$OH, 简称 NP$_n$EO],n=2~16}	≤ 1 000			—

注:a 涂料产品所有项目均不考虑水的稀释配比。

　　b 膏状腻子及仅以水稀释的粉状腻子所有项目均不考虑水的稀释配比;粉状腻子(除仅以水稀释的粉状腻子外)除总铅、可溶性重金属项目直接测试粉体外,其余项目按产品明示的施工状态下的施工配比将粉体与水、胶粘剂等其他液体混合后测试。如施工状态下的施工配比为某一范围时,应按照水用量最小、胶粘剂等其他液体用量最大的配比混合后测试。

1.2 装饰板涂料中有害物质限量应符合表 2 的要求。

表 2 装饰板涂料中有害物质限量的限量值要求

项目	限量值			
	水性装饰板涂料 [a]		溶剂型装饰板涂料 [b]	
	合成树脂乳液类	其他类	含效应颜料类	其他类
挥发性有机化合物(VOC)含量(g/L)	≤ 120	≤ 250	≤ 760	≤ 580
甲醛含量(mg/kg)	≤ 50		—	
总铅(Pb)含量(mg/kg)(限色漆)	≤ 90			

续表 2

项目		限量值			
		水性装饰板涂料[a]		溶剂型装饰板涂料[b]	
		合成树脂乳液类	其他类	含效应颜料类	其他类
可溶性重金属含量（mg/kg）（限色漆）	镉（Cd）含量	≤75			
	铬（Cr）含量	≤60			
	汞（Hg）含量	≤60			
乙二醇醚及醚酯总和含量（mg/kg）（限乙二醇甲醚、乙二醇甲醚醋酸酯、乙二醇乙醚、乙二醇乙醚醋酸酯、乙二醇二甲醚、乙二醇二乙醚、二乙二醇二甲醚、三乙二醇二甲醚）		≤300			
卤代烃总和含量（%）（限二氯甲烷、三氯甲烷、四氯化碳、1，1-二氯乙烷、1，2-二氯乙烷、1，1，1-三氯乙烷、1，1，2-三氯乙烷、1，2-二氯丙烷、1，2，3-三氯丙烷、三氯乙烯、四氯乙烯）		—		≤0.1	
苯含量（%）		—		≤0.3	
甲苯与二甲苯（含乙苯）总和含量（%）		—		≤20	

注：a 水性装饰板涂料产品所有项目均不考虑水的稀释配比。

    b 溶剂型装饰板涂料所有项目按产品明示的施工状态下的施工配比混合后测定。如多组分的某组分使用量为某一范围时，应按照产品施工状态下的施工配比规定的最大比例混合后进行测定。

2 测试方法

2.1 取样

按《色漆、清漆和色漆与清漆用原材料 取样》GB/T 3186 的规定取样，也可按商定方法取样。取样量根据检验需要确定。

2.2 试验方法

2.2.1 挥发性有机化合物（VOC）含量

2.2.1.1 密度

按《色漆和清漆 密度的测定 比重瓶法》GB/T 6750–2007 的规定进行，试验温度为（23±0.5）℃。

2.2.1.2 水性墙面涂料和水性装饰板涂料中挥发性有机化合物（VOC）含量

按《色漆和清漆 挥发性有机化合物（VOC）含量的测定 气相色谱法》GB/T 23986–2009 的规定进行。色谱柱采用中等极性色谱柱（6% 氰丙苯基/94% 聚二甲基硅氧烷毛细管柱），标记物为己二酸二乙酯。称取试样约 1g；校准化合物包括但不限于甲醇、乙醇、正丙醇、异丙醇、正丁醇、异丁醇、三乙胺、二甲基乙醇胺、2-氨基-2-甲基-1-丙醇、乙二醇、1，2-丙二醇、二乙二醇、2，2，4-三甲基-1，3-戊二醇等。水分含量的测定，按附录 A 的规定进行。腻子样品不做水分含量和密度的测试。

涂料中 VOC 含量的计算，按《色漆和清漆　挥发性有机化合物（VOC）含量的测定　气相色谱法》GB/T 23986–2009 中 10.4 进行，检出限为 2g/L；腻子中 VOC 含量的计算，按《色漆和清漆　挥发性有机化合物（VOC）含量的测定　气相色谱法》GB/T 23986–2009 中 10.2 进行，并换算成 g/kg 表示，检出限为 1g/kg。

2.2.1.3　溶剂型装饰板涂料中挥发性有机化合物（VOC）含量

按《色漆和清漆　挥发性有机化合物（VOC）含量的测定　差值法》GB/T 23985–2009 的规定进行。不挥发物含量按《色漆、清漆和塑料　不挥发物含量的测定》GB/T 1725–2007 的规定进行，称取试样约 1g，烘烤条件为（105±2）℃ /1h。不测水分，水分含量设为零。

涂料中 VOC 含量的计算，按《色漆和清漆　挥发性有机化合物（VOC）含量的测定　差值法》GB/T 23985–2009 中 8.3 进行。

2.2.2　甲醛含量

按《水性涂料中甲醛含量的测定　乙酰丙酮分光光度法》GB/T 23993–2009 的规定进行。

2.2.3　苯系物总和含量、苯含量、甲苯与二甲苯（含乙苯）总和含量

水性墙面涂料中苯系物含量的测定，按《涂料中苯、甲苯、乙苯和二甲苯含量的测定　气相色谱法》GB/T 23990–2009 中 B 法的规定进行；水性墙面涂料中苯系物含量的计算，按《涂料中苯、甲苯、乙苯和二甲苯含量的测定　气相色谱法》GB/T 23990–2009 中 9.4.3 进行。

溶剂型装饰板涂料中苯含量、甲苯与二甲苯（含乙苯）含量的测定，按《涂料中苯、甲苯、乙苯和二甲苯含量的测定　气相色谱法》GB/T 23990–2009 中 A 法的规定进行；溶剂型装饰板涂料中苯含量、甲苯与二甲苯（含乙苯）含量的计算，按《涂料中苯、甲苯、乙苯和二甲苯含量的测定　气相色谱法》GB/T 23990–2009 中 8.4.3 进行。

2.2.4　总铅（Pb）含量

按《涂料中有害元素总含量的测定》GB/T 30647–2014 的规定进行。

2.2.5　可溶性重金属含量

按《涂料中可溶性有害元素含量的测定》GB/T 23991–2009 的规定进行。

2.2.6　烷基酚聚氧乙烯醚总和含量

按《水性涂料　表面活性剂的测定　基酚聚氧乙烯醚》GB/T 31414–2015 的规定进行。

2.2.7　乙二醇醚及醚酯总和含量

按《色漆和清漆　挥发性有机化合物（VOC）含量的测定　气相色谱法》GB/T 23986–2009 的规定进行。乙二醇醚及醚酯含量的计算，按《色漆和清漆　挥发性有机化合物（VOC）含量的测定　气相色谱法》GB/T 23986–2009 中 10.2 进行，并换算成毫克每千克（mg/kg）表示。

2.2.8　卤代烃总和含量

按《涂料中氯代烃含量的测定　气相色谱法》GB/T 23992–2009 的规定进行。卤代烃含量的计算，按《涂料中氯代烃含量的测定　气相色谱法》GB/T 23992–2009 中 8.5.2 进行。

附录 A
（规范性附录）
水分含量的测定——气相色谱法

A.1　试剂和材料

A.1.1　蒸馏水：符合《分析实验室用水规格和试验方法》GB/T 6682–2008 中三级水的要求。

A.1.2　稀释溶剂：用于稀释试样的并经分子筛干燥的有机溶剂，不含有任何干扰测试的物质。纯度至少为 99%（质量百分数），或已知纯度。例如，二甲基甲酰胺等。

A.1.3　内标物：试样中不存在的并经分子筛干燥的化合物，且该化合物能够与色谱图上其他成分完全分离。纯度至少为 99%（质量百分数），或已知纯度。例如，异丙醇等。

A.1.4　分子筛：孔径为 0.2 ~ 0.3nm，粒径为 1.7 ~ 5.0mm。分子筛应再生后使用。

A.1.5　载气：氢气或氦气，纯度 ≥ 99.995%。

A.2　仪器设备

A.2.1　气相色谱仪：配有热导检测器及程序升温控制器。

A.2.2　色谱柱：苯乙烯 – 二乙烯基苯多孔聚合物的毛细管柱。

注：其他满足检验要求的色谱柱也可使用。

A.2.3　进样器：微量注射器，10μL。

A.2.4　配样瓶：约 10mL 的玻璃瓶，具有可密封的瓶盖。

A.2.5　天平：实际分度值 d=0.1mg。

A.3　气相色谱测试条件

A.3.1　色谱柱：苯乙烯 – 二乙烯基苯多孔聚合物的毛细管柱，25m × 0.53mm × 10μm。

A.3.2　进样口温度：250℃。

A.3.3　检测器温度：300℃。

A.3.4　分流比：5∶1。

A.3.5　柱温：程序升温，100℃保持 2min，然后以 20℃/min 升至 130℃并保持 3min；再以 30℃/min 升至 200℃并保持 5min。

A.3.6　载气：氢气，流速 6.5mL/min。

注：也可根据所用气相色谱仪的性能、色谱柱类型及待测试样的实际情况选择最佳的气相色谱测试条件。

A.4　测试步骤

A.4.1　测试水的相对响应因子 R

在同一配样瓶（A.2.4）中称取约 0.2g 的蒸馏水（A.1.1）和约 0.2g 的内标物（A.1.3），精确至 0.1mg，记录水的质量 m_w 和内标物的质量 m_i，再加入 5mL 稀释溶剂（A.1.2），密封配样瓶（A.2.4）并摇匀。用微量注射器（A.2.3）吸取配样瓶（A.2.4）中的 1μL 混合液注入色谱仪中，记录色谱图。按下式计算水的相对响应因子 R：

$$R = \frac{m_i \cdot A_w}{m_w \cdot A_i} \tag{A.1}$$

式中：R——水的相对响应因子；

m_i——内标物的质量（g）；

A_w——水的峰面积；

m_w——水的质量（g）；

A_i——内标物的峰面积。

若内标物和稀释溶剂不是无水试剂，则以同样量的内标物和稀释溶剂（混合液），但不加水作为空白样，记录空白样中水的峰面积 A_0。按下式计算水的相对响应因子 R：

$$R = \frac{m_i \cdot (A_w - A_0)}{m_w \cdot A_i}$$ （A.2）

式中：R——水的相对响应因子；

m_i——内标物的质量（g）；

A_w——水的峰面积；

A_0——空白样中水的峰面积；

m_w——水的质量（g）；

A_i——内标物的峰面积。

平行测试两次，取两次测试结果的平均值，其相对偏差应小于 5%。

A.4.2 样品分析

称取搅拌均匀后的试样约 0.6g 以及与水含量近似相等的内标物（A.1.3）于配样瓶（A.2.4）中，精确至 0.1mg，记录试样的质量 m_s 和内标物的质量 m_i，再加入 5mL 稀释溶剂（A.1.2）（稀释溶剂体积可根据样品状态调整），密封配样瓶（A.2.4）并摇匀。同时准备一个不加试样的内标物和稀释溶剂混合液作为空白样。用力摇动或超声装有试样的配样瓶（A.2.4）15min，放置 5min，使其沉淀［为使试样尽快沉淀，可在装有试样的配样瓶（A.2.4）内加入几粒小玻璃珠，然后用力摇动；也可使用低速离心机使其沉淀］。用微量注射器（A.2.3）吸取配样瓶（A.2.4）中的 1μL 上层清液，注入色谱仪中，记录色谱图。

A.4.3 计算

按下式计算试样中的水分含量 w_w：

$$w_w = \frac{m_i \cdot (A_w - A_0)}{m_s \cdot A_i \cdot R} \times 100\%$$ （A.3）

式中：w_w——试样中的水分含量，以质量分数计；

m_i——内标物的质量（g）；

A_w——试样中水的峰面积；

A_0——空白样中水的峰面积；

m_s——试样的质量（g）；

A_i——内标物的峰面积；

R——水的相对响应因子。

平行测试两次，取两次测试结果的平均值，保留至小数点后两位。

A.5 精密度

A.5.1 重复性：水分含量大于或等于 15%，同一操作者两次测试结果的相对偏差小于 1.6%。

A.5.2 再现性：水分含量大于或等于 15%，不同实验室间测试结果的相对偏差小于 5%。

（二）《木器涂料中有害物质限量》GB 18581-2020 摘要

1　要求

木器涂料中有害物质限量应符合表 1 的要求。

表 1　有害物质限量的要求

项　　目		限量值								
		溶剂型涂料（含腻子）[a]				水性涂料（含腻子）[b]		辐射固化涂料（含腻子）		粉末涂料
		聚氨酯类	硝基类（限工厂化涂装使用）	醇酸类	不饱和聚酯类	色漆	清漆	水性[b]	非水性[a]	
挥发性有机化合物（VOC）含量	涂料（g/L）	面漆［光泽（60°）≥80 单位值］：550 面漆［光泽（60°）<80 单位值］：650 底漆：600	≤700	≤450	≤420	≤250	≤300	≤250	≤420	—
	溶剂型腻子（g/L）	≤400			≤300	—		—		
	水性和辐射固化腻子（g/kg）	—				≤60		≤60		
甲醛含量（mg/kg）		—				≤100		≤100		—
总铅（Pb）含量（mg/kg）（限色漆[c]、腻子和醇酸清漆）		≤90								
可溶性重金属含量（mg/kg）（限色漆[c]、腻子和醇酸清漆）	镉（Cd）含量	≤75								
	铬（Cr）含量	≤60								
	汞（Hg）含量	≤60								
乙二醇醚及醚酯总和含量（mg/kg）（限乙二醇甲醚、乙二醇甲醚醋酸酯、乙二醇乙醚、乙二醇乙醚醋酸酯、乙二醇二甲醚、乙二醇二乙醚、二乙二醇二甲醚、三乙二醇二甲醚）		≤300								—

续表1

| 项目 | 限量值 | | | | | | | | |
| | 溶剂型涂料（含腻子）a | | | | 水性涂料（含腻子）b | | 辐射固化涂料（含腻子） | | 粉末涂料 |
	聚氨酯类	硝基类（限工厂化涂装使用）	醇酸类	不饱和聚酯类	色漆	清漆	水性 b	非水性 a	
苯含量（%）	≤0.1				—		—	≤0.1	—
甲苯与二甲苯（含乙苯）总和含量（%）	≤20	≤20	≤5	≤10				≤5	
苯系物总和含量（mg/kg）[限苯、甲苯、二甲苯（含乙苯）]	—				≤250		≤250	—	—
多环芳烃总和含量（mg/kg）（限萘、蒽）	≤200				—		—	≤200	—
游离二异氰酸酯总和含量 d（%）[限甲苯二异氰酸酯（TDI）、六亚甲基二异氰酸酯（HDI）]	潮（湿）气固化型：0.4　其他：0.2	—			—		—		—
甲醇含量（%）	—	≤0.3	—	—	—	—	—	≤0.3	—
卤代烃总和含量（%）（限二氯甲烷、三氯甲烷、四氯化碳、1,1-二氯乙烷、1,2-二氯乙烷、1,1,1-三氯乙烷、1,1,2-三氯乙烷、1,2-二氯丙烷、1,2,3-三氯丙烷、三氯乙烯、四氯乙烯）	≤0.1							≤0.1	
邻苯二甲酸酯总和含量（%）[限邻苯二甲酸二丁酯（DBP）、邻苯二甲酸丁苄酯（BBP）、邻苯二甲酸二异辛酯（DEHP）、邻苯二甲酸二辛酯（DNOP）、邻苯二甲酸二异壬酯（DINP）、邻苯二甲酸二异癸酯（DIDP）]	—	≤0.2							

续表 1

项　目	限量值							
	溶剂型涂料（含腻子）[a]				水性涂料（含腻子）[b]		辐射固化涂料（含腻子）	粉末涂料
	聚氨酯类	硝基类（限工厂化涂装使用）	醇酸类	不饱和聚酯类	色漆	清漆	水性[b]	非水性[a]	
烷基酚聚氧乙烯醚总和含量（mg/kg）｛限辛基酚聚氧乙烯醚〔C_8H_{17}–C_6H_4–（OC_2H_4）$_n$OH，简称OP$_n$EO〕和壬基酚聚氧乙烯醚〔C_9H_{19}–C_6H_4–（OC_2H_4）$_n$OH，简称NP$_n$EO〕，n=2～16｝	—				≤1 000	≤1 000	—		—

注：a 按产品明示的施工状态下的施工配比混合后测定，如多组分的某组分的使用量为某一范围时，应按照产品施工状态下的施工配比规定的最大比例混合后进行测定。

　　b 涂料产品所有项目均不考虑水的稀释比例。膏状腻子和仅以水稀释的膏状腻子所有项目均不考虑水的稀释配比；粉状腻子（除仅以水稀释的粉状腻子外）除总铅、可溶性重金属项目直接测试粉体外，其余项目按产品明示的施工状态下的施工配比将粉体与水、胶粘剂等其他液体混合后测试。如施工状态下的施工配比为某一范围时，应按照水用量最小、胶粘剂等其他液体用量最大的配比混合后测试。

　　c 指含有颜料、体质颜料、染料的一类涂料。

　　d 如聚氨酯类涂料和腻子规定了稀释比例或由双组分或多组分组成时，应先测定固化剂（含游离二异氰酸酯预聚物）中的含量，再按产品明示的施工状态下的施工配比计算混合后涂料中的含量。如稀释剂的使用量为某一范围时，应按照产品施工状态下的施工配比规定的最小稀释比例进行计算；如固化剂的使用量为某一范围时，应按照产品施工状态下的施工配比规定的最大比例进行计算。

2　测试方法

2.1　取样

　　按《色漆、清漆和色漆与清漆用原材料　取样》GB/T 3186 的规定取样，也可按商定方法取样。取样量根据检验需要确定。

2.2　试验方法

2.2.1　挥发性有机化合物（VOC）含量

2.2.1.1　密度

　　按《色漆和清漆　密度的测定　比重瓶法》GB/T 6750–2007 的规定进行，试验温度为（23±0.5）℃。

2.2.1.2　光泽

　　按《色漆和清漆　不含金属颜料的色漆漆膜的20°、60°和85°镜面光泽的测定》GB/T 9754–2007 的规定进行。用槽深（100±2）μm 的湿膜制备器在平板玻璃板上制备样板，清漆应使用黑玻璃或背面预涂无光黑漆的平板玻璃作底材。在温度为（23±2）℃和相对湿度为（50±5）%的条件下干燥样板48h后，用60°镜面光泽计测试。

2.2.1.3　水分含量

按附录A的规定进行。

2.2.1.4　溶剂型涂料（聚氨酯类、硝基类、醇酸类及各自对应腻子）中挥发性有机化合物（VOC）含量

不含水的溶剂型涂料按《色漆和清漆　挥发性有机化合物（VOC）含量的测定　差值法》GB/T 23985-2009的规定进行。不挥发物含量按《色漆、清漆和塑料　不挥发物含量的测定》GB/T 1725-2007的规定进行，称取试样约1g，烘烤条件为（105±2）℃/1h。不测水分，水分含量设为零。VOC含量的计算，《色漆和清漆　挥发性有机化合物（VOC）含量的测定　差值法》按GB/T 23985-2009中第8.3条进行。

有意添加水的溶剂型涂料按《色漆和清漆　挥发性有机化合物（VOC）含量的测定　差值法》GB/T 23985-2009的规定进行。不挥发物含量按《色漆、清漆和塑料　不挥发物含量的测定》GB/T 1725-2007的规定进行，称取试样约1g，烘烤条件为（105±2）℃/1h。VOC含量的计算，按《色漆和清漆　挥发性有机化合物（VOC）含量的测定　差值法》GB/T 23985-2009中第8.4条进行。

2.2.1.5　溶剂型涂料（不饱和聚酯类及其腻子）中挥发性有机化合物（VOC）含量

按《含有活性稀释剂的涂料中挥发性有机物（VOC）含量的测定》GB/T 34682-2017的规定进行。不测水分，水分含量设为零。VOC含量的计算，按《含有活性稀释剂的涂料中挥发性有机物（VOC）含量的测定》GB/T 34682-2017中第8.3条进行。

2.2.1.6　水性涂料（含腻子）中挥发性有机化合物（VOC）含量

按《色漆和清漆　挥发性有机化合物（VOC）含量的测定　气相色谱法》GB/T 23986-2009的规定进行，色谱柱采用中等极性色谱柱（6%氰丙苯基/94%聚二甲基硅氧烷毛细管柱），标记物为己二酸二乙酯。称取试样约1g，校准化合物包括但不限于丙酮、乙醇、异丙醇、三乙胺、异丁醇、正丁醇、丙二醇单甲醚、二丙二醇单甲醚、乙酸正丁酯、二甲基乙醇胺、甲基异戊基酮、丙二醇正丁醚、乙二醇单丁醚、1，2-丙二醇、乙二醇、N-甲基吡咯烷酮、二丙二醇正丁醚、二乙二醇单丁醚、丙二醇苯醚、二乙二醇、乙二醇苯醚等。腻子样品不做水分含量和密度的测试。

涂料产品中VOC含量的计算，按《色漆和清漆　挥发性有机化合物（VOC）含量的测定　气相色谱法》GB/T 23986-2009中第10.4条进行，检出限为2g/L。腻子产品中VOC含量的计算，按《色漆和清漆　挥发性有机化合物（VOC）含量的测定　气相色谱法》GB/T 23986-2009中第10.2条进行，并换算成g/kg表示，检出限为1g/kg。

2.2.1.7　辐射固化涂料（含腻子）中挥发性有机化合物（VOC）含量

按《辐射固化涂料中挥发性有机化合物（VOC）含量的测定》GB/T 34675-2017的规定进行。腻子样品不做水分含量（水分含量设为零）和密度的测试。

水性辐射固化涂料产品中VOC含量的计算，按《辐射固化涂料中挥发性有机化合物（VOC）含量的测定》GB/T 34675-2017中第8.4条进行。非水性辐射固化涂料产品中VOC含量的计算，按《辐射固化涂料中挥发性有机化合物（VOC）含量的测定》GB/T 34675-

2017 中第 8.3 条进行；不测水分，水分含量设为零。腻子产品中 VOC 含量的计算，按《辐射固化涂料中挥发性有机化合物（VOC）含量的测定》GB/T 34675-2017 中第 8.2 条进行，并换算成 g/kg 表示。

2.2.2 甲醛含量

按《水性涂料中甲醛含量的测定 乙酰丙酮分光光度法》GB/T 23993-2009 的规定进行。

2.2.3 总铅（Pb）含量

按《涂料中有害元素总含量的测定》GB/T 30647-2014 的规定进行。

2.2.4 可溶性重金属含量

按《涂料中可溶性有害元素含量的测定》GB/T 23991-2009 的规定进行。

2.2.5 乙二醇醚及醚酯总和含量

按《色漆和清漆 挥发性有机化合物（VOC）含量的测定 气相色谱法》GB/T 23986-2009 的规定进行。乙二醇醚及醚酯含量的计算，按《色漆和清漆 挥发性有机化合物（VOC）含量的测定 气相色谱法》GB/T 23986-2009 中第 10.2 条进行，并换算成 mg/kg 表示。

2.2.6 苯含量、甲苯与二甲苯（含乙苯）总和含量

按《涂料中苯、甲苯、乙苯和二甲苯含量的测定 气相色谱法》GB/T 23990-2009 中 A 法的规定进行。苯含量、甲苯与二甲苯（含乙苯）含量的计算，按《涂料中苯、甲苯、乙苯和二甲苯含量的测定 气相色谱法》GB/T 23990-2009 中第 8.4.3 条进行。

2.2.7 苯系物总和含量

按《涂料中苯、甲苯、乙苯和二甲苯含量的测定 气相色谱法》GB/T 23990-2009 中 B 法的规定进行。苯系物含量的计算，按《涂料中苯、甲苯、乙苯和二甲苯含量的测定 气相色谱法》GB/T 23990-2009 中第 9.4.3 条进行。

2.2.8 多环芳烃总和含量

按《涂料中多环芳烃的测定》GB/T 36488-2018 的规定进行。

2.2.9 游离二异氰酸酯总和含量

按《色漆和清漆用漆基 异氰酸酯树脂中二异氰酸酯单体的测定》GB/T 18446-2009 的规定进行。

2.2.10 甲醇含量

按《色漆和清漆 挥发性有机化合物（VOC）含量的测定 气相色谱法》GB/T 23986-2009 的规定进行。甲醇含量的计算，按《色漆和清漆 挥发性有机化合物（VOC）含量的测定 气相色谱法》GB/T 23986-2009 中第 10.2 条进行。

2.2.11 卤代烃总和含量

按《涂料中氯代烃含量的测定 气相色谱法》GB/T 23992-2009 的规定进行。卤代烃含量的计算，按《涂料中氯代烃含量的测定 气相色谱法》GB/T 23992-2009 中第 8.5.2 条进行。

2.2.12 邻苯二甲酸酯总和含量

按《涂料中邻苯二甲酸酯含量的测定 气相色谱/质谱联用法》GB/T 30646-2014 的规定进行。

2.2.13 烷基酚聚氧乙烯醚总和含量

按《水性涂料 表面活性剂的测定基酚聚氧乙烯醚》GB/T 31414-2015 的规定进行。

附录 A

（规范性附录）

水分含量的测定——气相色谱法

A.1　试剂和材料

A.1.1　蒸馏水：符合《分析实验室用水规格和试验方法》GB/T 6682–2008 中三级水的要求。

A.1.2　稀释溶剂：用于稀释试样的并经分子筛干燥的有机溶剂，不含有任何干扰测试的物质。纯度至少为 99%（质量分数），或已知纯度。例如，二甲基甲酰胺等。

A.1.3　内标物：试样中不存在的并经分子筛干燥的化合物，且该化合物能够与色谱图上其他成分完全分离。纯度至少为 99%（质量分数），或已知纯度。例如，异丙醇等。

A.1.4　分子筛：孔径为 0.2 ~ 0.3nm，粒径为 1.7 ~ 5.0mm。分子筛应再生后使用。

A.1.5　载气：氢气或氦气，纯度 ≥ 99.995%。

A.2　仪器设备

A.2.1　气相色谱仪：配有热导检测器及程序升温控制器。

A.2.2　色谱柱：苯乙烯 – 二乙烯基苯多孔聚合物的毛细管柱。

　　注：其他满足检验要求的色谱柱也可使用。

A.2.3　进样器：微量注射器，10μL。

A.2.4　配样瓶：约 10mL 的玻璃瓶，具有可密封的瓶盖。

A.2.5　天平：实际分度值 d=0.1mg。

A.3　气相色谱测试条件

A.3.1　色谱柱：苯乙烯 – 二乙烯基苯多孔聚合物的毛细管柱，25m × 0.53mm × 10μm。

A.3.2　进样口温度：250℃。

A.3.3　检测器温度：300℃。

A.3.4　分流比：5：1。

A.3.5　柱温：程序升温，100℃并保持 2min，然后以 20℃/min 升至 130℃并保持 3min；再以 30℃/min 升至 200℃并保持 5min。

A.3.6　载气：氢气，流速 6.5mL/min。

　　注：也可根据所用气相色谱仪的性能、色谱柱类型及待测试样的实际情况选择最佳的气相色谱测试条件。

A.4　测试步骤

A.4.1　测试水的相对响应因子 R

　　在同一配样瓶（A.2.4）中称取约 0.2g 的蒸馏水（A.1.1）和约 0.2g 的内标物（A.1.3），精确至 0.1mg，记录水的质量 m_w 和内标物的质量 m_i，再加入 5mL 稀释溶剂（A.1.2），密封配样瓶（A.2.4）并摇匀。用微量注射器（A.2.3）吸取配样瓶（A.2.4）中的 1μL 混合液注入色谱仪中，记录色谱图。按下式计算水的相对响应因子 R：

$$R = \frac{m_i \cdot A_w}{m_w \cdot A_i} \quad\quad\quad (A.1)$$

式中：R——水的相对响应因子；

　　　m_i——内标物的质量（g）；

A_w——水的峰面积；

m_w——水的质量（g）；

A_i——内标物的峰面积。

若内标物和稀释溶剂不是无水试剂，则以同样量的内标物和稀释溶剂（混合液），但不加水作为空白样，记录空白样中水的峰面积 A_0。按下式计算水的相对响应因子 R：

$$R = \frac{m_i \cdot (A_w - A_0)}{m_w \cdot A_i} \qquad （A.2）$$

式中：R——水的相对响应因子；

m_i——内标物的质量（g）；

A_w——水的峰面积；

A_0——空白样中水的峰面积；

m_w——水的质量（g）；

A_i——内标物的峰面积。

平行测试两次，取两次测试结果的平均值，其相对偏差应小于5%。

A.4.2　样品分析

称取搅拌均匀后的试样约0.6g以及与水含量近似相等的内标物（A.1.3）于配样瓶（A.2.4）中，精确至0.1mg，记录试样的质量 m_s 和内标物的质量 m_i，再加入5mL稀释溶剂（A.1.2）（稀释溶剂体积可根据样品状态调整），密封配样瓶（A.2.4）并摇匀。同时准备一个不加试样的内标物和稀释溶剂混合液作为空白样。用力摇动或超声装有试样的配样瓶（A.2.4）15min，放置5min，使其沉淀［为使试样尽快沉淀，可在装有试样的配样瓶（A.2.4）内加入几粒小玻璃珠，然后用力摇动；也可使用低速离心机使其沉淀］。用微量注射器（A.2.3）吸取配样瓶（A.2.4）中的1μL上层清液，注入色谱仪中，记录色谱图。

A.4.3　计算

按下式计算试样中的水分含量 w_w：

$$w_w = \frac{m_i \cdot (A_w - A_0)}{m_s \cdot A_i \cdot R} \times 100\% \qquad （A.3）$$

式中：w_w——试样中的水分含量，以质量分数计；

m_i——内标物的质量（g）；

A_w——试样中水的峰面积；

A_0——空白样中水的峰面积；

m_s——试样的质量（g）；

A_i——内标物的峰面积；

R——水的相对响应因子。

平行测试两次，取两次测试结果的平均值，保留至小数点后2位。

A.5　精密度

A.5.1　重复性：水分含量大于或等于15%，同一操作者两次测试结果的相对偏差小于1.6%。

A.5.2　再现性：水分含量大于或等于15%，不同实验室间测试结果的相对偏差小于5%。

（三）《室内地坪涂料中有害物质限量》GB 38468-2019 摘要

1 要求

室内地坪涂料产品中有害物质限量应符合表 1 的要求。

表 1 室内地坪涂料产品中有害物质限量要求

项　目		限量值		
		水性地坪涂料[a, e]	溶剂型地坪涂料[e]	无溶剂型地坪涂料
挥发性有机化合物（VOC）含量[a, b]（g/L）		≤ 120	色漆：≤ 500；清漆：≤ 550	≤ 60
苯、甲苯、乙苯和二甲苯总和[a]（mg/kg）		≤ 300	—	
苯[b]（%）		—	≤ 0.1	≤ 0.1
甲苯、乙苯和二甲苯总和[b]（%）		—	≤ 20	≤ 1.0
乙二醇醚及醚酯总和[a, b]（mg/kg）（限乙二醇甲醚、乙二醇甲醚醋酸酯、乙二醇乙醚、乙二醇乙醚醋酸酯和二乙二醇丁醚醋酸酯）		≤ 300		
甲醛[a]（mg/kg）		≤ 100		
游离二异氰酸酯（TDI 和 HDI）总和[c]（%）（限以异氰酸酯作为固化剂的地坪涂料）		≤ 0.2		
邻苯二甲酸酯类总和[b, d]（%）（以干膜计）	邻苯二甲酸二异辛酯（DEHP）、邻苯二甲酸二丁酯（DBP）和邻苯二甲酸丁苄酯（BBP）总和	—		≤ 0.1
	邻苯二甲酸二异壬酯（DINP）、邻苯二甲酸二异癸酯（DIDP）和邻苯二甲酸二辛酯（DNOP）总和	—		≤ 0.1
可溶性重金属（mg/kg）（限色漆）	铅（Pb）	≤ 90		
	镉（Cd）	≤ 75		
	铬（Cr）	≤ 60		
	汞（Hg）	≤ 60		

注：a 水性地坪涂料所有项目均不考虑水的稀释比例，除游离二异氰酸酯总和项目外，将除水之外的组分按比例混合后测试。

    b 溶剂型和无溶剂型地坪涂料按产品明示的施工配比混合后测定。如稀释剂的使用量为某一范围时，应按照产品施工配比规定的最大稀释比例混合后进行测定。

    c 如果产品规定了稀释比例或由双组分或多组分组成时，应先测定固化剂（含二异氰酸酯预聚物）中的二异氰酸酯含量，再按产品明示的施工配比计算混合后涂料中的含量。如稀释剂的使用量为某一范围时，应按照产品施工配比规定的最小稀释比例进行计算，水性地坪涂料不考虑水的稀释比例。

    d 按产品明示的施工配比制备混合试样，再按《玩具用涂料有害物质限量》GB 24613-2009 中附录 C 的规定进行测试，折算至干膜中的含量。

    e 施工时加砂子的地坪涂料，所有项目测试时均不考虑砂子组分。

2　测试方法

2.1　取样

产品按《色漆、清漆和色漆与清漆用原料　取样》GB/T 3186 规定取样，也可按商定方法取样。取样量根据检验需要确定。

2.2　试验方法

2.2.1　水性地坪涂料中挥发性有机化合物含量的测试按本标准中附录 A 和附录 B 的规定进行，测试结果的计算按附录 A 中 A.7.1 进行。其中附录 B 中水分含量的测试可采用气相色谱法或卡尔·费休法，其中气相色谱法为仲裁方法。

2.2.2　水性地坪涂料中苯、甲苯、乙苯和二甲苯总和含量以及乙二醇醚及醚酯总和含量的测试按本标准中附录 A 的规定进行。测试结果的计算按附录 A 中 A.7.2 进行。

2.2.3　溶剂和无溶剂型地坪涂料中挥发性有机化合物（VOC）含量的测试按本标准中附录 C 的规定进行。

2.2.4　溶剂和无溶剂型地坪涂料中苯含量、甲苯、乙苯和二甲苯总和含量以及乙二醇醚及醚酯总和含量的测试按本标准中附录 D 的规定进行。

2.2.5　水性地坪涂料中甲醛的测试按《水性涂料中甲醛含量的测定　乙酰丙酮分光光度法》GB/T 23993-2009 的规定进行。

2.2.6　游离二异氰酸酯（TDI 和 HDI）总和含量的测试按《色漆和清漆用漆基　异氰酸酯树脂中二异氰酸酯单体的测定》GB/T 18446-2009 的规定进行。

2.2.7　邻苯二甲酸酯类总和项目，按产品明示的施工配比制备混合试样，再按《玩具用涂料有害物质限量》GB 24613-2009 中附录 C 的规定进行测试，折算至干涂膜中的含量。

2.2.8　可溶性重金属（铅、镉、铬、汞）含量的测试按《涂料中可溶有害元素含量的测定》GB/T 23991-2009 中的规定进行，采用电感耦合等离子体原子发射光谱仪（ICP-OES）或其他合适的分析仪器进行测试。

附录 A

（规范性附录）

水性地坪涂料中挥发性有机化合物含量、苯、甲苯、乙苯和二甲苯总和含量以及乙二醇醚及醚酯总和含量的测试——气相色谱法

A.1　范围

本方法规定了水性地坪涂料中挥发性有机化合物（VOC）含量、苯、甲苯、乙苯和二甲苯总和含量以及乙二醇醚及醚酯总和含量的测试方法。

本方法适用于 VOC 含量（质量分数）大于或等于 0.1%，且小于或等于 15% 的涂料及其原料的测试。

A.2　原理

试样经稀释后，通过气相色谱分析技术使样品中各种挥发性有机化合物分离，定性鉴定被测化合物后，用内标法测试其含量。

A.3　材料和试剂

A.3.1　载气：氮气或氦气，纯度≥99.995%。

A.3.2　燃气：氢气，纯度≥99.995%。

A.3.3　助燃气：空气。

A.3.4　辅助气体（隔垫吹扫和尾吹气）：与载气具有相同性质的氮气。

A.3.5　内标物：试样中不存在的化合物，且该化合物能够与色谱图上其他成分完全分离。纯度至少为99%（质量分数），或已知纯度。例如：异丁醇、乙二醇单丁醚、乙二醇二甲醚、二乙二醇二甲醚等。

A.3.6　校准化合物：包括甲醇、乙醇、正丙醇、异丙醇、正丁醇、异丁醇、苯、甲苯、乙苯、二甲苯、三乙胺、二甲基乙醇胺、2-氨基-2-甲基-1-丙醇、乙二醇、1，2-丙二醇、1，3-丙二醇、二乙二醇、乙二醇甲醚、乙二醇甲醚醋酸酯、乙二醇乙醚、乙二醇乙醚醋酸酯、乙二醇单丁醚、乙二醇丁醚醋酸酯、二乙二醇单丁醚、二乙二醇乙醚醋酸酯、二乙二醇丁醚醋酸酯、2，2，4-三甲基-1，3-戊二醇。纯度至少为99%（质量分数），或已知纯度。

A.3.7　稀释溶剂：用于稀释试样的有机溶剂，不含有任何干扰测试的物质。纯度至少为99%（质量分数），或已知纯度。例如：乙腈、甲醇或四氢呋喃等溶剂。

A.3.8　标记物：用于按VOC定义区分VOC组分与非VOC组分的化合物。本标准中为己二酸二乙酯（沸点251℃）。

A.4　仪器设备

A.4.1　气相色谱仪，具有以下配置：

　　——分流装置的进样口，并且汽化室内衬可更换；

　　——程序升温控制器；

　　——色谱柱：6%腈丙苯基/94%聚二甲基硅氧烷毛细管柱、聚乙二醇毛细管柱；

　　——检测器，可以使用下列三种检测器中的任意一种：

　　1）火焰离子化检测器（FID）；

　　2）已校准并调谐的质谱仪或其他质量选择检测器；

　　3）已校准的傅里叶变换红外光谱仪（FT-IR光谱仪）。

　　注：如果选用后面两种检测器对分离出的组分进行定性鉴定，仪器应与气相色谱仪相连并根据仪器制造商的相关说明进行操作。

A.4.2　进样器：微量注射器，容量至少是进样量的两倍。

A.4.3　配样瓶：约20mL的玻璃瓶，具有可密封的瓶盖。

A.4.4　天平：精度0.1mg。

A.5　气相色谱测试条件

A.5.1　气相色谱条件1：

　　——色谱柱（基本柱）：6%腈丙苯基/94%聚二甲基硅氧烷毛细管柱，60m×0.32mm×1.0μm；

　　——进样口温度：250℃；

　　——检测器：FID，温度：260℃；

——柱温：程序升温，80℃并保持 1min，然后以 10℃ /min 升至 230℃并保持 15min；

——分流比：分流进样，分流比可调；

——进样量：1.0μL。

A.5.2　气相色谱条件 2：

——色谱柱（确认柱）：聚乙二醇毛细管柱，30m×0.25mm×0.25μm；

——进样口温度：240℃；

——检测器：FID，温度：250℃；

——柱温：程序升温，60℃并保持 1min，然后以 20℃ /min 升至 240℃并保持 20min；

——分流比：分流进样，分流比可调；

——进样量：1.0μL。

A.6　测试步骤

A.6.1　通则

所有试验进行二次平行测定。

A.6.2　密度

密度的测试按《色漆和清漆　密度的测定　比重瓶法》GB/T 6750-2007 的规定进行，试验温度（23±2）℃。

A.6.3　水分含量

水分含量的测试按附录 B 进行。

A.6.4　挥发性有机化合物含量、苯、甲苯、乙苯和二甲苯总和含量以及乙二醇醚及醚酯总和含量

A.6.4.1　色谱仪参数优化

按 A.5 中的色谱条件，每次都应该使用已知的校准化合物对其进行最优化处理，使仪器的灵敏度、稳定性和分离效果处于最佳状态。

A.6.4.2　定性分析

将标记物（见 A.3.8）注入气相色谱仪中，记录其在 6% 腈丙苯基 /94% 聚二甲基硅氧烷毛细管柱上的保留时间，以便按 3.1 给出的 VOC 定义确定色谱图中的积分终点。

定性鉴定试样中有无 A.3.6 中的校准化合物。优先选用的方法是气相色谱仪与质量选择检测器或 FT-IR 光谱仪联用，并使用 A.5 中给出的气相色谱测试条件。也可利用气相色谱仪，采用火焰离子化检测器（FID）和 A.4.1 中的色谱柱，并使用 A.5 中给出的气相色谱测试条件，分别记录 A.3.6 中校准化合物在两根色谱柱（所选择的两根柱子的极性差别应尽可能大，例如 6% 腈丙苯基 /94% 聚二甲基硅氧烷毛细管柱和聚乙二醇毛细管柱）上的色谱图；在相同的色谱测试条件下，对被测试样做出色谱图后对比定性。

A.6.4.3　校准

A.6.4.3.1　校准样品的配制：分别称取一定量（精确至 0.1mg）（见 A.6.4.2）鉴定出的各种校准化合物于配样瓶（见 A.4.3）中，称取的质量与待测试样中各自的含量应在同一数量级；再称取与待测化合物相同数量级的内标物（见 A.3.5）于同一配样瓶（见 A.4.3）中，用稀释溶剂（见 A.3.7）稀释混合物，密封配样瓶（见 A.4.3）并摇匀。

A.6.4.3.2 相对校正因子的测试：在与测试试样相同的色谱测试条件下按 A.6.4.1 的规定优化仪器参数。将适当数量的校准化合物注入气相色谱仪中，记录色谱图。按下式分别计算每种化合物的相对校正因子：

$$R_i = \frac{m_{ci} \cdot A_{is}}{m_{is} \cdot A_{ci}} \qquad (A.1)$$

式中：R_i——化合物 i 的相对校正因子；

$\quad m_{ci}$——校准混合物中化合物 i 的质量（g）；

$\quad A_{is}$——内标物的峰面积；

$\quad m_{is}$——校准混合物中内标物的质量（g）；

$\quad A_{ci}$——化合物 i 的峰面积。

$\quad R_i$ 值取两次测试结果的平均值，其相对偏差应小于 5%，结果保留 3 位有效数字。

A.6.4.3.3 若出现 A.3.6 中校准化合物之外的未知化合物色谱峰，则假设其相对于异丁醇的校正因子为 1.0。

A.6.4.4 试样的测试

A.6.4.4.1 试样的配制：称取搅拌均匀后的试样约 1g（精确至 0.1mg）以及与被测物质量近似相等的内标物（见 A.3.5）于配样瓶（见 A.4.3）中，加入 10mL 稀释溶剂（见 A.3.7）稀释试样，密封配样瓶（见 A.4.3）并摇匀。

A.6.4.4.2 按校准时的最优化条件设定仪器参数。

A.6.4.4.3 将标记物（见 A.3.8）注入气相色谱仪中，记录其在 6% 腈丙苯基 /94% 聚二甲基硅氧烷毛细管柱上的保留时间，以便按 3.1 给出的 VOC 定义确定色谱图中的积分终点。

A.6.4.4.4 将 1μL 按 A.6.4.4.1 配制的试样注入气相色谱仪中，记录色谱图和各种保留时间低于标记物的化合物峰面积（稀释溶剂除外），然后按下式分别计算试样中所含的各种化合物的含量。

$$w_i = \frac{m_{is} \cdot A_i \cdot R_i}{m_s \cdot A_{is}} \qquad (A.2)$$

式中：w_i——测试试样中被测化合物 i 的含量（g/g）；

$\quad m_{is}$——内标物的质量（g）；

$\quad A_i$——被测化合物 i 的峰面积；

$\quad R_i$——被测化合物 i 的相对校正因子；

$\quad m_s$——测试试样的质量（g）；

$\quad A_{is}$——内标物的峰面积。

A.7 计算

A.7.1 涂料产品中 VOC 含量的计算

按下式计算涂料产品中的 VOC 含量：

$$\rho(VOC) = \frac{1\,000 \sum_{i=1}^{n} w_i}{1 - \rho_s \cdot w_w / \rho_w} \cdot \rho_s \qquad (A.3)$$

式中：ρ（VOC）——涂料产品中的 VOC 含量（g/L）；

w_i——试样中被测化合物 i 的含量（g/g）；

ρ_s——试样的密度（g/mL）；

w_w——试样中水的含量（g/g）；

ρ_w——温度为（23 ± 2）℃时水的密度（g/mL）；

1 000——转换因子。

测试方法检出限：2g/L。

A.7.2 涂料产品中苯、甲苯、乙苯和二甲苯总和含量以及乙二醇醚及醚酯总和含量的计算。

A.7.2.1 先按式（A.2）分别计算苯、甲苯、乙苯和二甲苯各自的含量 w_i，然后按式（A.4）计算产品中苯、甲苯、乙苯和二甲苯总和含量。

A.7.2.2 先按式（A.2）分别计算乙二醇甲醚、乙二醇甲醚醋酸酯、乙二醇乙醚、乙二醇乙醚醋酸酯和二乙二醇丁醚醋酸酯各自的含量 w_i，然后按下式计算产品中五种乙二醇醚及醚酯总和含量。

$$w_e = \sum_{i=1}^{n} w_i \times 10^6 \qquad (A.4)$$

式中：w_e——产品中苯、甲苯、乙苯和二甲苯总和含量或乙二醇醚及醚酯总和含量（mg/kg）；

w_i——试样中被测组分 i（苯、甲苯、乙苯、二甲苯、乙二醇甲醚、乙二醇甲醚醋酸酯、乙二醇乙醚、乙二醇乙醚醋酸酯或二乙二醇丁醚醋酸酯）的含量（g/g）；

10^6——转换因子。

A.7.2.3 测试方法检出限：苯、甲苯、乙苯、二甲苯、乙二醇甲醚、乙二醇甲醚醋酸酯、乙二醇乙醚、乙二醇乙醚醋酸酯和二乙二醇丁醚醋酸酯的检出限均为 10mg/kg。

A.8 精密度

A.8.1 重复性

同一操作者两次测试结果的相对偏差应小于 10%。

A.8.2 再现性

不同实验室间测试结果的相对偏差应小于 20%。

附录 B

（规范性附录）

水分含量的测试

B.1 气相色谱法

B.1.1 试剂和材料

B.1.1.1 蒸馏水：符合《分析实验室用水规格和试验方法》GB/T 6682 中三级水的要求。

B.1.1.2 稀释溶剂：无水二甲基甲酰胺（DMF），分析纯。

B.1.1.3 内标物：无水异丙醇，分析纯。

B.1.1.4 载气：氢气或氦气，纯度≥99.995%。

B.1.2 仪器设备

B.1.2.1 气相色谱仪，具有以下配制：

——热导检测器；

——程序升温控制器；

——色谱柱：填装高分子多孔微球的不锈钢柱、CP7354 苯乙烯 – 二乙烯基苯多孔高聚物柱或等效色谱柱。

B.1.2.2 进样器：微量注射器，容量至少是进样量的两倍。

B.1.2.3 配样瓶：约 10mL 的玻璃瓶，具有可密封的瓶盖。

B.1.2.4 天平：精度 0.1mg。

B.1.3　气相色谱测试条件

B.1.3.1 气相色谱条件 1：

——色谱柱：柱长 1m，外径 3.2mm，填装 177 ~ 250μm 高分子多孔微球的不锈钢柱；

——汽化室温度：200℃；

——检测器：温度 240℃，电流 150mA；

——进样量：1.0μL；

——柱温：对于程序升温，80℃并保持 5min，然后以 30℃/min 升至 170℃并保持 5min；对于恒温，柱温为 90℃，在异丙醇完全流出后，将柱温升至 170℃，待 DMF 出完。若继续测试，再把柱温降到 90℃。

B.1.3.2 气相色谱条件 2：

——色谱柱：CP7354 苯乙烯 – 二乙烯基苯多孔高聚物柱，25m × 0.53mm × 10μm；

——进样口温度：250℃；

——检测器：热导检测器，温度：300℃；

——进样量：1.0μL；

——载气：H_2，初流速 6.5mL/min；

——分流比：分流进样，分流比 5 : 1；

——柱温：程序升温，100℃并保持 2min；然后以 20℃/min 升至 130℃并保持 3min；再以 30℃/min 升至 200℃并保持 5min。

注：也可根据所用气相色谱仪的性能及待测试样的实际情况选择最佳的气相色谱测试条件。

B.1.4　测试步骤

B.1.4.1　总则

所有试验进行二次平行测定。

B.1.4.2　测试水的相对响应因子 R

在同一配样瓶（见 B.1.2.3）中称取 0.2g 左右的蒸馏水（见 B.1.1.1）和 0.2g 左右的异丙醇（见 B.1.1.3），精确至 0.1mg，再加入 2mL 二甲基甲酰胺（见 B.1.1.2），密封配样瓶（见 B.1.2.3）并摇匀。用微量注射器（见 B.1.2.2）吸取 1μL 配样瓶（见 B.1.2.3）中的混合液注入色谱仪中，记录色谱图。按下式计算水的相对响应因子 R：

$$R = \frac{m_i \cdot A_w}{m_w \cdot A_i} \tag{B.1}$$

式中：R——水的相对响应因子；

　　　m_i——异丙醇质量（g）；

A_w——水的峰面积；

m_w——水的质量（g）；

A_i——异丙醇的峰面积。

若异丙醇和二甲基甲酰胺不是无水试剂，则以同样量的异丙醇和二甲基甲酰胺（混合液），但不加水作为空白样，记录空白样中水的峰面积 A_0。按下式计算水的相对响应因子 R：

$$R = \frac{m_i \cdot (A_w - A_0)}{m_w \cdot A_i} \qquad (B.2)$$

式中：R——水的相对响应因子；

m_i——异丙醇质量（g）；

A_w——水的峰面积；

A_0——空白样中水的峰面积；

m_w——水的质量（g）；

A_i——异丙醇的峰面积。

R 值取两次测试结果的平均值，其相对偏差应小于 5%，结果保留三位有效数字。

B.1.4.3　样品分析

称取搅拌均匀后的试样约 0.6g 以及与水含量近似相等的异丙醇（见 B.1.1.3）于配样瓶（见 B.1.2.3）中，精确至 0.1mg，再加入 2mL 二甲基甲酰胺（见 B.1.1.2），密封配样瓶（见 B.1.2.3）并摇匀。同时准备一个不加试样的异丙醇和二甲基甲酰胺混合液作为空白样。用力摇动装有试样的配样瓶（见 B.1.2.3）15min，放置 5min，使其沉淀［为使试样尽快沉淀，可在装有试样的配样瓶（见 B.1.2.3）内加入几粒小玻璃珠，然后用力摇动；也可使用低速离心机使其沉淀］。用微量注射器（见 B.1.2.2）吸取 1μL 配样瓶（见 B.1.2.3）中的上层清液，注入色谱仪中，记录色谱图。按下式计算试样中的水分含量：

$$w_w = \frac{m_i \cdot (A_w - A_0)}{m_s \cdot A_i \cdot R} \times 100\% \qquad (B.3)$$

式中：w_w——试样中水分含量的质量分数（%）；

m_i——异丙醇质量（g）；

A_w——试样中水的峰面积；

A_0——空白样中水的峰面积；

m_s——试样的质量（g）；

A_i——异丙醇的峰面积；

R——水的相对响应因子。

测定结果保留三位有效数字。

B.1.5　精密度

B.1.5.1　重复性

同一操作者两次测试结果的相对偏差应小于 1.6%。

B.1.5.2　再现性

不同实验室间测试结果的相对偏差应小于 5%。

B.2 卡尔·费休法

B.2.1 仪器设备

B.2.1.1 卡尔·费休水分滴定仪。

B.2.1.2 天平：精度 0.1mg、1mg。

B.2.1.3 微量注射器：10μL。

B.2.1.4 滴瓶：30mL。

B.2.1.5 磁力搅拌器。

B.2.1.6 烧杯：100mL。

B.2.1.7 培养皿。

B.2.2 试剂

B.2.2.1 蒸馏水：符合《分析实验室用水规格和试验方法》GB/T 6682 中三级水的要求。

B.2.2.2 卡尔·费休试剂：选用合适的试剂（对于不含醛酮化合物的试样，试剂主要成分为碘、二氧化硫、甲醇、有机碱。对于含有醛酮化合物的试样，应使用醛酮专用试剂，试剂主要成分为碘、咪唑、二氧化硫、2-甲氧基乙醇、2-氯乙醇和三氯甲烷）。

B.2.3 实验步骤

B.2.3.1 卡尔·费休滴定剂浓度的标定

在滴定仪（见 B.2.1.1）的滴定杯中加入新鲜卡尔·费休溶剂（见 B.2.2.2）至液面覆盖电极端头，以卡尔费休滴定剂（见 B.2.2.2）滴定至终点（漂移值 <10μg/min）。用微量注射器（见 B.2.1.3）将 10μL 蒸馏水（见 B.2.2.1）注入滴定杯中，采用减量法称得水的质量（精确至 0.1mg），并将该质量输入到滴定仪（见 B.2.1.1）中，用卡尔·费休滴定剂（见 B.2.2.2）滴定至终点，记录仪器显示的标定结果。

进行重复标定，直至相邻两次的标定值相差小于 0.01mg/mL，求出两次标定的平均值，将标定结果输入到滴定仪（见 B.2.1.1）中。

当检测环境的相对湿度小于 70% 时，应每周标定一次；相对湿度大于 70% 时，应每周标定两次；必要时，随时标定。

B.2.3.2 样品处理

若待测样品黏度较大，在卡尔·费休溶剂中不能很好分散，则需要将样品进行适量稀释。在烧杯（见 B.2.1.6）中称取经搅拌均匀后的样品 20g（精确至 1mg），然后向烧杯（见 B.2.1.6）内加入约 20% 的蒸馏水（见 B.2.2.1），准确记录称样量及加水量。将烧杯盖上培养皿（见 B.2.1.7），在磁力搅拌器（见 B.2.1.5）上搅拌 10~15min。然后将稀释样品倒入滴瓶（见 B.2.1.4）中备用。

注：对于在卡尔·费休溶剂中能很好分散的样品，可直接测试样品中的水分含量。对于加水 20% 后，在卡尔·费休溶剂中仍不能很好分散的样品，可逐步增加稀释水量。

B.2.3.3 水分含量的测试

在滴定仪（见 B.2.1.1）的滴定杯中加入新鲜卡尔·费休溶剂（见 B.2.2.2）至液面覆盖电极端头，以卡尔费休滴定剂（见 B.2.2.2）滴定至终点。向滴定杯中加入 1 滴按 B.2.3.2 处理后的样品，采用减量法称得加入的样品质量（精确至 0.1mg），并将该样品质量输入到滴定仪（见 B.2.1.1）中。用卡尔·费休滴定剂（见 B.2.2.2）滴定至终点，记录仪器显示的测试结果。

平行测试两次，测试结果取平均值。两次测试结果的相对偏差小于 1.5%。

测试 3~6 次后应及时更换滴定杯中的卡尔·费休溶剂。

B.2.3.4 数据处理

样品经稀释处理后测得的水分含量按下式计算：

$$w_w = \frac{w'_w(m_s+m_w) - m_w \times 100}{m_s} \qquad (B.4)$$

式中：w_w——样品中实际水分含量的质量分数（%）；

$\quad\quad w'_w$——测得的稀释样品的水分含量的质量分数的平均值（%）；

$\quad\quad m_s$——稀释时所称样品的质量（g）；

$\quad\quad m_w$——稀释时所加水的质量（g）。

计算结果保留三位有效数字。

附录 C

（规范性附录）

溶剂型和无溶剂型地坪涂料中挥发性有机化合物（VOC）含量的测试

C.1 原理

溶剂型和无溶剂型地坪涂料测试的挥发物含量（如含水，扣除水分含量）即为其 VOC 含量。

C.2 测试步骤

C.2.1 总则

所有试验进行二次平行测定。

C.2.2 密度

按产品明示的施工配比制备混合试样，搅拌均匀后，按《色漆和清漆 密度的测定 比重瓶法》GB/T 6750-2007 的规定测定试样的密度。试验温度：（23±2）℃。

C.2.3 挥发物含量

按产品明示的施工配比制备混合试样，搅拌均匀后，按《色漆、清漆和塑料 不挥发物含量的测定》GB/T 1725-2007 规定测定试样的不挥发物含量，以质量分数（%）表示。以 100 减去不挥发物含量得出试样的挥发物含量，以质量分数（%）表示。溶剂型地坪涂料试验条件：称样量为（1±0.1）g，烘烤条件为（105±2）℃/h；无溶剂型地坪涂料试验条件：称样量为（1±0.1）g，烘烤条件为先在（23±2）℃、相对湿度（50±5）% 条件下放置 24h，再在（105±2）℃条件下烘 1h。

C.2.4 水分含量

若试样中含有水分，按附录 B 的方法测试水分含量 w_w。

C.2.5 挥发性有机化合物（VOC）含量

若试样中不含水分，按下式计算试样的 VOC 含量：

$$\rho(VOC) = 10w \cdot \rho_s \qquad (C.1)$$

式中：ρ（VOC）——试样的 VOC 含量（g/L）；

　　　　w——试样中挥发物含量的质量分数（%）；

　　　　ρ_s——试样的密度（g/mL）；

　　　　10——转换因子。

若样品中含有水分，按下式计算试样的 VOC 含量：

$$\rho（VOC）=10（w-w_w）\cdot \rho_s \tag{C.2}$$

式中：ρ（VOC）——试样的 VOC 含量（g/L）；

　　　　w——试样中挥发物含量的质量分数（%）；

　　　　w_w——试样中水分含量的质量分数（%）；

　　　　ρ_s——试样的密度（g/mL）；

　　　　10——转换因子。

附录 D

（规范性附录）

溶剂型和无溶剂型地坪涂料中苯含量、甲苯、乙苯和二甲苯含量
以及乙二醇醚及醚酯含量的测试——气相色谱分析法

D.1　原理

试样经稀释后直接注入气相色谱仪中，经色谱柱分离后，用氢火焰离子化检测器检测，以内标法定量。

D.2　材料和试剂

D.2.1　载气：氮气，纯度≥99.995%。

D.2.2　燃气：氢气，纯度≥99.995%。

D.2.3　助燃气：空气。

D.2.4　辅助气体（隔垫吹扫和尾吹气）：与载气具有相同性质的氮气。

D.2.5　内标物：试样中不存在的化合物，且该化合物能够与色谱图上其他成分完全分离。纯度至少为 99%（质量分数），或已知纯度。例如：正庚烷、正戊烷等。

D.2.6　校准化合物：苯、甲苯、乙苯、二甲苯、乙二醇甲醚、乙二醇甲醚醋酸酯、乙二醇乙醚、乙二醇乙醚醋酸酯和二乙二醇丁醚醋酸酯，纯度至少为 99%（质量分数），或已知纯度。

D.2.7　稀释溶剂：用于稀释试样的有机溶剂，不含有任何干扰测试的物质。纯度至少为99%（质量分数），或已知纯度。例如：乙酸乙酯、乙酸丁酯、正己烷等。

D.3　仪器设备

D.3.1　气相色谱仪，具有以下配置：

——分流装置的进样口，并且汽化室内衬可更换；

——程序升温控制器；

——检测器：火焰离子化检测器（FID）；

——色谱柱：应能使被测物足够分离，如聚二甲基硅氧烷毛细管柱、6% 腈丙苯基 /94%

聚二甲基硅氧烷毛细管柱、聚乙二醇毛细管柱，或相当型号。

D.3.2　进样器：微量注射器，容量至少是进样量的两倍。

D.3.3　配样瓶：约 10mL 的玻璃瓶，具有可密封的瓶盖。

D.3.4　天平：精度 0.1mg。

D.4　气相色谱测试条件

气相色谱条件如下：

——色谱柱：聚二甲基硅氧烷毛细管柱，30m × 0.25mm × 0.25μm；

——进样口温度：240℃；

——检测器温度：280℃；

——载气流速：1.0mL/min；

——分流比：分流进样，分流比可调；

——进样量：1.0μL；

——柱温：初始温度 50℃并保持 5min，然后以 10℃ /min 升至 280℃并保持 5min。

注：也可根据所用仪器的性能及待测试样的实际情况选择最佳的气相色谱测试条件。

D.5　测试步骤

D.5.1　总则

所有试验进行二次平行测定。

D.5.2　色谱仪参数优化

按 D.4 中的色谱测试条件，每次都应该使用已知的校准化合物对仪器进行最优化处理，使仪器的灵敏度、稳定性和分离效果处于最佳状态。

进样量和分流比应相匹配，以免超出色谱柱的容量，并在仪器检测器的线性范围内。

D.5.3　定性分析

D.5.3.1　仪器参数优化

按 D.5.2 的规定使仪器参数最优化。

D.5.3.2　被测化合物保留时间的测定

将 1.0μL 含 D.2.6 所示被测化合物的标准混合溶液注入色谱仪，记录各被测化合物的保留时间。

D.5.3.3　定性分析

按产品明示的施工配比制备混合试样，搅拌均匀后称取约 1g 样品并用适量稀释溶剂（见 D.2.7）稀释试样，用进样器（见 D.3.2）取 1.0μL 混合均匀的试样注入色谱仪，记录色谱图，并与经 D.5.3.2 测定的被测化合物的标准保留时间对比确定是否存在被测化合物。

注：对以异氰酸酯作为固化剂的溶剂型和无溶剂型涂料以及反应较快的涂料，制备好混合试样后应尽快分析。对于反应较快的涂料，每次混合的样品不宜低于 200g，搅拌时间约为 3min。

D.5.4　校准

D.5.4.1　校准样品的配制

分别称取一定量（精确至 0.1mg）D.2.6 中的各种校准化合物于配样瓶（见 D.3.3）中，称取的质量与待测试样中所含的各种化合物的含量应在同一数量级；再称取与待测化合物相同数量级的内标物（见 D.2.5）于同一配样瓶中，用适量稀释溶剂（见 D.2.7）稀释混合物，密封配样瓶并摇匀。

D.5.4.2　相对校正因子的测试

在与测试试样相同的色谱测试条件下按 D.5.2 的规定优化仪器参数。将适量的校准化合物注入气相色谱仪中，记录色谱图。按下式分别计算每种化合物的相对校正因子：

$$R_i = \frac{m_{ci} \cdot A_{is}}{m_{is} \cdot A_{ci}} \qquad (D.1)$$

式中：R_i——化合物 i 的相对校正因子；

m_{ci}——校准混合物中化合物 i 的质量（g）；

A_{is}——内标物的峰面积；

m_{is}——校准混合物中内标物的质量（g）；

A_{ci}——被测化合物 i 的峰面积。

测定结果保留三位有效数字。

D.5.5　试样的测试

D.5.5.1　试样的配制：按产品明示的施工配比制备混合试样，搅拌均匀后称取试样约 1g（精确至 0.1mg）以及与被测化合物相同数量级的内标物（见 D.2.5）于配样瓶（见 D.3.3）中，加入适量稀释溶剂（见 D.2.7）于同一配样瓶中稀释试样，密封配样瓶并摇匀。

注：对以异氰酸酯作为固化剂的溶剂型地坪涂料，制备好混合试样后应尽快分析。

D.5.5.2　按校准时的最优化条件设定仪器参数。

D.5.5.3　将 1.0μL 按 D.5.5.1 配制的试样注入气相色谱仪中，记录色谱图，然后按下式分别计算试样中所含被测化合物（苯、甲苯、乙苯、二甲苯、乙二醇甲醚、乙二醇甲醚醋酸酯、乙二醇乙醚、乙二醇乙醚醋酸酯和二乙二醇丁醚醋酸酯）的含量。

$$w_i = \frac{m_{is} \cdot A_i \cdot R_i}{m_s \cdot A_{is}} \times 100\% \qquad (D.2)$$

式中：w_i——试样中被测化合物 i 的质量分数（%）；

m_{is}——内标物的质量（g）；

A_i——被测化合物 i 的峰面积；

R_i——被测化合物 i 的相对校正因子；

m_s——试样的质量（g）；

A_{is}——内标物的峰面积。

注：如遇到采用 D.4 中的色谱测试条件不能有效分离被测物而难以准确定量时，可换用其他类型的色谱柱（见 D.3.1）或色谱测试条件，使被测物有效分离后再定量测定。

D.6　计算

D.6.1　溶剂型和无溶剂型地坪涂料中甲苯、乙苯和二甲苯总和含量的计算。

先按式（D.2）分别计算甲苯、乙苯和二甲苯各自的质量分数 w_i，然后按下式计算产品中甲苯、乙苯和二甲苯总和含量：

$$w_b = \sum_{i=1}^{n} w_i \qquad\qquad （D.3）$$

式中：w_b——产品中甲苯、乙苯和二甲苯总和的质量分数（%）；

　　　w_i——试样中被测组分 i（甲苯、乙苯和二甲苯）的质量分数（%）。

D.6.2　溶剂型和无溶剂型地坪涂料中乙二醇醚及醚酯总和的计算

先按式（D.2）分别计算乙二醇甲醚、乙二醇甲醚醋酸酯、乙二醇乙醚、乙二醇乙醚醋酸酯和二乙二醇丁醚醋酸酯各自的质量分数 w_i，然后按下式计算产品中乙二醇醚及醚酯总和含量：

$$w_e = \sum_{i=1}^{n} w_i \times 10^4 \qquad\qquad （D.4）$$

式中：w_e——产品中乙二醇醚及醚酯总和含量（mg/kg）；

　　　w_i——试样中被测组分 i（乙二醇甲醚、乙二醇甲醚醋酸酯、乙二醇乙醚、乙二醇乙醚醋酸酯和二乙二醇丁醚醋酸酯）的质量分数（%）；

　　　10^4——转换因子。

D.6.3　测试方法的检出限

乙二醇甲醚、乙二醇甲醚醋酸酯、乙二醇乙醚、乙二醇乙醚醋酸酯、二乙二醇丁醚醋酸酯的检出限均为 10mg/kg；苯、甲苯、乙苯和二甲苯的检出限均为 0.001%。

D.7　精密度

D.7.1　重复性

当测试结果大于或等于 1% 时，同一操作者两次测试结果的相对偏差应小于 5%；当测试结果小于 1% 时，同一操作者两次测试结果的相对偏差应小于 10%。

D.7.2　再现性

当测试结果大于或等于 1% 时，不同实验室间测试结果的相对偏差应小于 10%；当测试结果小于 1% 时，不同实验室间测试结果的相对偏差应小于 20%。

第四节　胶　粘　剂

一、GB 50325-2020 标准有关规定

随着建筑装修技术水平的提高，各种新型材料不断涌现，大量应用于各类建筑施工中，这些材料之间的结合方式主要采用胶粘剂。对建筑用胶粘剂的要求是价格要低，施工要简便，性能满足使用要求。

和建筑涂料一样，建筑胶粘剂也主要由胶结基料、填料、溶剂（或水）及各种配套助剂组成，配制工艺简单。根据不同使用要求，通过改变配方，可有针对性地生产出很多种建筑胶粘剂产品。过去这些建筑胶粘剂生产和应用过程中，只考虑粘接性能和降低成本问题，忽视了挥发性有机化合物的控制，实际上建筑胶粘剂对室内空气的污染危害比建筑涂料还要大。由于建筑胶粘剂粘接后被材料覆盖，有害气体迟迟散发不尽，尤其是封闭在塑料地板与楼板之间、壁纸与墙壁之间的胶粘剂，由于使用面积较大，不能像溶剂型建筑涂

料那样，仅采取简单的通风措施就可短期排除有害溶剂，而必须严格控制胶粘剂中的有害物质含量。因此，在保证正常使用功能的前提下，应尽量选用低毒性、低有害气体挥发量的溶剂型胶粘剂或水性胶粘剂。

住宅等Ⅰ类民用建筑工程室内地面承受负荷不大，粘贴塑料地板时可选用有害气体挥发量较少的水性胶粘剂。办公楼等Ⅱ类民用建筑工程中地下室及不与室外直接自然通风的房间，难以排放溶剂型胶粘剂中的有害物质，可在能保证塑料地板粘接强度的条件下，尽可能采用水性胶粘剂。

并非所有的水性胶粘剂挥发有害气体都少，水溶性聚乙烯醇缩甲醛胶粘剂（107 胶）中就含有大量未参加反应的游离甲醛，即使达到现行行业标准《水溶性聚乙烯醇缩甲醛胶粘剂》JC/T 438 规定的游离甲醛含量不大于 1g/kg 的要求，当它用于粘贴墙壁纸或粘贴墙地瓷砖这些大面积用途时，累计释放出的游离甲醛仍会长期严重污染室内环境。市场上已经有低污染的粉状壁纸胶和低甲醛水性胶粘剂可以替代。因此，民用建筑工程室内装修时，不得采用聚乙烯醇缩甲醛胶粘剂（107 胶）。

（1）GB 50325-2020 标准第 3.4.1 条规定："民用建筑工程室内用水性胶粘剂的游离甲醛限量，应符合现行国家标准《建筑胶粘剂有害物质限量》GB 30982 的规定。"

（2）GB 50325-2020 标准第 3.4.2 条规定："民用建筑工程室内用水性胶粘剂、溶剂型胶粘剂、本体型胶粘剂的 VOC 限量，应符合现行国家标准《胶粘剂挥发性有机化合物限量》GB/T 33372 的规定。"

（3）GB 50325-2020 标准第 3.4.3 条规定："民用建筑工程室内用溶剂型胶粘剂、本体型胶粘剂的苯、甲苯＋二甲苯、游离甲苯二异氰酸酯（TDI）限量，应符合现行国家标准《建筑胶粘剂有害物质限量》GB 30982 的规定。"

第 3.4.1 条~第 3.4.3 条条文说明：目前建筑结构间隙的接缝和建筑构件、组件和装置之间缝隙密封使用的胶粘剂（密封胶），应按相关产品标准中的胶粘剂类型及成分进行控制。第 3.4.1 条现行国家标准《建筑胶粘剂有害物质限量》GB 30982 中对水性胶粘剂的游离甲醛限量的有关规定执行。

第 3.4.2 条参考现行国家标准《胶粘剂挥发性有机化合物限量》GB 33372 中对水性胶粘剂、溶剂型胶粘剂、本体型胶粘剂的 VOC 限量的有关规定执行；第 3.4.3 条参考现行国家标准《建筑胶粘剂有害物质限量》GB 30982 中对溶剂型胶粘剂、本体型胶粘剂的苯、甲苯＋二甲苯、游离甲苯二异氰酸酯（TDI）限量的有关规定执行。

民用建筑室内用反应型树脂陶瓷砖胶粘剂（包括反应型树脂陶瓷砖填缝剂）和饰面石材用反应型树脂胶粘剂，分为水性反应型树脂胶粘剂和溶剂型反应型树脂胶粘剂，应分别符合 GB 50325-2020 标准中水性胶粘剂和溶剂型胶粘剂的规定；民用建筑室内用膏状乳液基陶瓷砖胶粘剂主要是水性胶粘剂，应符合 GB 50325-2020 标准中水性胶粘剂污染物限量的规定。GB 50325-2020 标准对水泥基类的陶瓷砖胶粘剂（陶瓷砖填缝剂）和饰面石材用胶粘剂不做规定。目前对具有提升陶瓷砖与水泥砂浆层的粘接能力的用于陶瓷砖背面的粘接材料（称为陶瓷砖背胶）尚无明确规定，GB 50325-2020 标准将陶瓷砖背胶分为水性乳液基背胶、水性反应型树脂背胶、溶剂型反应型树脂背胶，应分别符合 GB 50325-2020 标准中水性胶粘剂和溶剂型胶粘剂的规定。

二、相关标准摘要

（一）《室内装饰装修材料　胶粘剂中有害物质限量》GB 18583-2008 摘要

1　范围

本标准规定了室内建筑装饰装修用胶粘剂中有害物质限量及其试验方法。

本标准适用于室内建筑装饰装修用胶粘剂。

2　规范性引用文件

下列文件中的条款通过本标准的引用而成为本标准的条款。凡是注日期的引用文件，其随后所有的修改单（不包括勘误的内容）或修订版均不适用于本标准，然而，鼓励根据本标准达成协议的各方研究是否可使用这些文件的最新版本。凡是不注日期的引用文件，其最新版本适用于本标准。

《化学试剂　标准滴定溶液的制备》GB/T 601

《化学试剂　水分测定通用方法　卡尔·费休法》GB/T 606-2003（ISO 6353-1：1982，NEQ）

《胶粘剂不挥发物含量测定》GB/T 2793-1995

《液态胶粘剂密度的测定方法　重量杯法》GB/T 13354-1992

3　要求

3.1　室内建筑装饰装修用胶粘剂分类

室内建筑装饰装修用胶粘剂分为溶剂型、水基型、本体型三大类。

3.2　溶剂型胶粘剂中有害物质限量

溶剂型胶粘剂中有害物质限量值应符合表1的规定。

表1　溶剂型胶粘剂中有害物质限量值

项　目	指　标			
	氯丁橡胶胶粘剂	SBS胶粘剂	聚氨酯类胶粘剂	其他胶粘剂
游离甲醛（g/kg）	≤0.50		—	—
苯（g/kg）	≤5.0			
甲苯＋二甲苯（g/kg）	≤200	≤150	≤150	≤150
甲苯二异氰酸酯（g/kg）	—		≤10	—
二氯甲烷（g/kg）		≤50		
1,2-二氯乙烷（g/kg）	总量≤5.0		—	≤50
1,1,2-三氯乙烷（g/kg）		总量≤5.0		
三氯乙烯（g/kg）				
总挥发性有机物（g/L）	≤700	≤650	≤700	≤700

注：如产品规定了稀释比例或产品由双组分或多组分组成时，应分别测定稀释剂和各组分中的含量，再按产品规定的配比计算混合后的总量。如稀释剂的使用量为某一范围时，应按照推荐的最大稀释量进行计算。

3.3 水基型胶粘剂中有害物质限量值

水基型胶粘剂中有害物质限量值应符合表 2 的规定。

表 2　水基型胶粘剂中有害物质限量值

项　目	指　标				
	缩甲醛类 胶粘剂	聚乙酸乙烯酯 胶粘剂	橡胶类 胶粘剂	聚氨酯类 胶粘剂	其他 胶粘剂
游离甲醛（g/kg）	≤ 1.0	≤ 1.0	≤ 1.0	—	≤ 1.0
苯（g/kg）	≤ 0.20				
甲苯 + 二甲苯（g/kg）	≤ 10				
总挥发性有机物（g/L）	≤ 350	≤ 110	≤ 250	≤ 100	≤ 350

3.4 本体型胶粘剂中有害物质限量值

本体型胶粘剂中有害物质限量值应符合表 3 的规定。

表 3　本体型胶粘剂中有害物质限量值

项　目	指　标
总挥发性有机物（g/L）	≤ 100

4 试验方法

4.1 游离甲醛含量的测定按附录 A 进行。

4.2 苯含量的测定按附录 B 进行。

4.3 甲苯及二甲苯含量的测定按附录 C 进行。

4.4 游离甲苯二异氰酸酯含量的测定按附录 D 进行。

4.5 二氯甲烷、1，2-二氯乙烷、1，1，2-三氯乙烷和三氯乙烯含量的测定按本标准附录 E 进行。

4.6 总挥发性有机物含量的测定按附录 F 进行。

5 检验规则

5.1 型式检验

本标准所列的全部技术要求均为型式检验项目。在正常生产情况下，每年至少进行一次型式检验。生产配方、工艺及原材料有较大改变时或停产三个月后又恢复生产时应进行型式检验。

5.2 取样方法

在同一批产品中随机抽取三份样品，每份不小于 0.5kg。

5.3 检验结果的判定

在抽取的三份样品中，取一份样品按本标准的规定进行测定。如果所有项目的检验结果符合本标准规定的要求，则判定为合格。如果有一项检验结果未达到本标准要求时，应对保存样品进行复验，如复验结果仍未达到本标准要求时，则判定为不合格。

6　包装标志

用于室内装饰装修的胶粘剂产品，必须在包装上标明本标准规定的有害物质的名称及其最高含量。

附录 A

（规范性附录）

胶粘剂中游离甲醛含量的测定　乙酰丙酮分光光度法

A.1　范围

本方法适用于室内建筑装饰装修用胶粘剂中游离甲醛含量的测定。

本方法适用于游离甲醛含量大于 0.05g/kg 的室内建筑装饰装修用胶粘剂。

A.2　原理

水基型胶粘剂用水溶解，而溶剂型胶粘剂先用乙酸乙酯溶解后，再加水溶解。将溶解于水中的游离甲醛随水蒸出。在 pH=6 的乙酸－乙酸铵缓冲溶液中，馏出液中甲醛与乙酰丙酮作用，在沸水浴条件下迅速生成稳定的黄色化合物，冷却后在 415nm 处测其吸光度。根据标准曲线，计算试样中游离甲醛含量。

A.3　试剂

除非另有说明，在分析中仅使用确认为分析纯的试剂和蒸馏水或去离子水或相当纯度的水。

A.3.1　乙酸铵。

A.3.2　冰乙酸：ρ=1.055g/mL。

A.3.3　乙酰丙酮：ρ=0.975g/mL。

A.3.3.1　乙酰丙酮溶液：0.25%（体积分数），称取 25g 乙酸铵（A.3.1），加少量水溶解，加 3mL 冰乙酸（A.3.2）及 0.25mL 乙酰丙酮（A.3.3），混匀后再加水至 100mL，调整 pH=6.0，此溶液于 2～5℃贮存，可稳定一个月。

A.3.4　盐酸溶液：1+5（$V+V$）。

A.3.5　氢氧化钠溶液：30g/100mL。

A.3.6　碘。

A.3.6.1　碘标准溶液：c（$1/2I_2$）=0.1mol/L，按《化学试剂　标准滴定溶液的制备》GB/T 601 进行配制。

A.3.7　硫代硫酸钠溶液：c（$Na_2S_2O_3$）=0.1mol/L，按《化学试剂　标准滴定溶液的制备》GB/T 601 进行配制。

A.3.8　淀粉溶液：1g/100mL，称 1g 淀粉，用少量水调成糊状，倒入 100mL 沸水中，呈透明溶液，临用时配制。

A.3.9　甲醛：质量分数为 36%～38%。

A.3.9.1　甲醛标准贮备液：取 10mL 甲醛溶液（A.3.9）置于 500mL 容量瓶中，用水稀释至刻度。

A.3.9.2　甲醛标准贮备液的标定：吸取 5.0mL 甲醛标准贮备液（A.3.9.1）置于 250mL 碘

量瓶中，加碘标准溶液（A.3.6.1）30.0mL，立即逐滴地加入氢氧化钠溶液（A.3.5）至颜色退到淡黄色为止（大约0.7mL）。静置10min，加入盐酸溶液（A.3.4）15mL，在暗处静置10min，加入100mL新煮沸但已冷却的水，用标定好的硫代硫酸钠溶液（A.3.7）滴定至淡黄色，加入新配制的淀粉指示剂（A.3.8）1mL，继续滴定至蓝色刚刚消失为终点。同时进行空白试验。按下式计算甲醛标准贮备液质量浓度 $\rho_{甲醛}$。

$$\rho_{甲醛} = \frac{(V_1 - V_2)c \times 15.0}{5.0} \qquad (A.1)$$

式中：$\rho_{甲醛}$——甲醛标准贮备液质量浓度（mg/mL）；

  V_1——空白消耗硫代硫酸钠溶液的体积（mL）；

  V_2——标定甲醛消耗硫代硫酸钠溶液的体积（mL）；

  c——硫代硫酸钠溶液的浓度（mol/L）；

  15.0——甲醛（1/2HCHO）摩尔质量；

  5.0——甲醛标准贮备液取样体积（mL）。

A.3.9.3 甲醛标准溶液：用水将甲醛标准贮备液（A.3.9.1）稀释成10.0μg/mL甲醛标准溶液。在2~5℃贮存，可稳定一周。

  注：可直接选用甲醛溶液标准样品（GSB 07–1179–2000）。

A.3.10 乙酸乙酯。

A.4 仪器

A.4.1 单口蒸馏烧瓶：500mL。

A.4.2 直形冷凝管。

A.4.3 容量瓶：250mL、200mL、25mL。

A.4.4 水浴锅。

A.4.5 分光光度计。

A.5 分析步骤

A.5.1 标准曲线的绘制

  按表A.1所列甲醛标准贮备液的体积，分别加入六只25mL容量瓶（A.4.3），加乙酰丙酮溶液（A.3.3.1）5mL，用水稀释至刻度，混匀，置于沸水浴中加热3min，取出冷却至室温，用1cm的吸收池，以空白溶液为参比，于波长415nm处测定吸光度，以吸光度 A 为纵坐标，以甲醛质量浓度 ρ（μg/mL）为横坐标，绘制标准曲线，或用最小二乘法计算其回归方程。

表 A.1 标准溶液的体积与对应的甲醛质量浓度

甲醛标准溶液（A.3.9.3）（mL）	对应的甲醛质量浓度（μg/mL）
10.00	4.0
7.50	3.0
5.00	2.0
2.50	1.0
1.25	0.5
0[1]	0[1]

  注：1）空白溶液。

A.5.2　样品测定

A.5.2.1　水基型胶粘剂

称取 2.0~3.0g 试样（精确到 0.1mg），置于 500mL 的蒸馏烧瓶中，加 250mL 水将其溶解，摇匀。装好蒸馏装置，加热蒸馏，蒸至馏出液为 200mL，停止蒸馏。如蒸馏过程中发生沸溢现象，应减少称样量，重新试验。将馏出液转移至 250mL 的容量瓶中，用水稀释至刻度。取 10mL 馏出液于 25mL 容量瓶中，加 5mL 乙酰丙酮溶液（A.3.3.1），用水稀释至刻度，摇匀。将其置于沸水浴中加热 3min，取出冷却至室温。然后测其吸光度。

A.5.2.2　溶剂型胶粘剂

称取 5.0g 试样（精确到 0.1mg），置于 500mL 的蒸馏烧瓶中，加入 20mL 乙酸乙酯（A.3.10）溶解样品，然后再加 250mL 水将其溶解，摇匀。

装好蒸馏装置，加热蒸馏，蒸至馏出液为 200mL，停止蒸馏。将馏出液转移至 250mL 的容量瓶中，用水稀释至刻度。取 10mL 馏出液于 25mL 容量瓶中，加 5mL 的乙酰丙酮溶液（A.3.3.1），用水稀释至刻度，摇匀。将其置于沸水浴中加热 3min，取出冷却至室温，然后测其吸光度。

A.6　结果表述

直接从标准曲线上读出试样溶液甲醛的质量浓度。

试样中游离甲醛含量 w，计算公式如下：

$$w = \frac{(\rho_t - \rho_b) \cdot V \cdot f}{1\,000m} \tag{A.2}$$

式中：w——试样中游离甲醛含量（g/kg）；

ρ_t——从标准曲线上读取的试样溶液中甲醛质量浓度（μg/mL）；

ρ_b——从标准曲线上读取的空白溶液中甲醛质量浓度（μg/mL）；

V——馏出液定容后的体积（mL）；

m——试样的质量（g）；

f——试样溶液的稀释因子。

附录 B

（规范性附录）

胶粘剂中总挥发性有机物含量的测定方法

B.1　范围

本方法适用于室内建筑装饰装修用胶粘剂中总挥发性有机物含量的测定。

B.2　原理

将适量的胶粘剂置于恒定温度的鼓风干燥箱中，在规定的时间内，测定胶粘剂总挥发物含量。用卡尔·费休法或气相色谱法测定其中水分的含量。胶粘剂总挥发物含量扣除其中水分的量，计算得胶粘剂中总挥发性有机物的含量。

B.3　试剂

除非另有说明，在分析中仅使用确认为分析纯的试剂和蒸馏水或去离子水或相当纯度的水。

B.3.1 卡尔·费休试剂。

B.4 仪器

B.4.1 鼓风干燥箱：温度能控制在（105±1）℃。

B.4.2 卡尔·费休滴定仪。

B.4.3 气相色谱仪：配有热导检测器。

B.5 分析步骤

B.5.1 总挥发分含量的测定

按《胶粘剂不挥发物含量的测定》GB/T 2793-1995 规定的方法进行测定。

B.5.2 胶粘剂中水分含量的测定

B.5.2.1 卡尔·费休法

按《化学试剂 水分测定通用方法 卡尔·费休法》GB/T 606-2003 规定的方法进行测定。

B.5.2.2 气相色谱法

B.5.2.2.1 试剂

B.5.2.2.1.1 蒸馏水。

B.5.2.2.1.2 无水 N, N- 二甲基甲酰胺（DMF），分析纯。

B.5.2.2.1.3 无水异丙醇，分析纯。

B.5.2.2.2 仪器

B.5.2.2.2.1 气相色谱仪：配有热导检测器。

B.5.2.2.2.2 色谱柱：柱长 1m，外径 3.2mm，填装 177～250μm 的高分子多孔微球的不锈钢柱。（对于程序升温，柱温的初始温度 80℃，保持时间 5min，升温速率 30℃/min，终止温度 170℃，保持时间 5min；对于恒温，柱温为 140℃，在异丙醇完全出完后，把柱温调到 170℃，待 DMF 峰出完。若继续测试，再把柱温降到 140℃）。

B.5.2.2.2.3 记录仪。

B.5.2.2.2.4 微量注射器。

B.5.2.2.2.5 具塞玻璃瓶：10mL。

B.5.2.2.3 试验步骤

B.5.2.2.3.1 测定水的响应因子 R

在同一具塞玻璃瓶中称 0.2g 左右的蒸馏水和 0.2g 左右的异丙醇（精确至 0.1mg），加入 2mL 的 N, N- 二甲基甲酰胺，混匀。用微量注射器进 1μL 的标准混样，记录其色谱图。

按下式计算水的响应因子 R：

$$R = \frac{m_i \cdot A_{H_2O}}{m_{H_2O} \cdot A_i} \tag{B.1}$$

式中：R——水的响应因子；

      m_i——异丙醇质量（g）；

      m_{H_2O}——水的质量（g）；

A_{H_2O}——水峰面积；

A_i——异丙醇峰面积。

若异丙醇和二甲基甲酰胺不是无水试剂，则以同样量的异丙醇和二甲基甲酰胺（混合液），但不加水作为空白，记录空白的水峰面积。

按下式计算水的响应因子：

$$R = \frac{m_i \cdot (A_{H_2O} - B)}{m_{H_2O} \cdot A_i}$$　（B.2）

式中：R——水的响应因子；

m_i——异丙醇质量（g）；

m_{H_2O}——水的质量（g）；

A_{H_2O}——水峰面积；

A_i——异丙醇峰面积；

B——空白中水的峰面积。

B.5.2.2.3.2　样品分析

称取搅拌均匀后的试样0.6g和0.2g的异丙醇（精确至0.1mg），加入具塞玻璃瓶中，再加入2mL N，N-二甲基甲酰胺，盖上瓶塞，同时准备一个不加试样的异丙醇和N，N-二甲基甲酰胺作为空白样。用力摇动装有试样的小瓶15min，放置5min使其沉淀，也可使用低速离心机使其沉淀。吸取1μL试样瓶中的上清液，注入色谱仪中，并记录其色谱图。

按下式计算试样中水的质量分数 $w_水$：

$$w_水 = \frac{100(A_{H_2O} - B) \cdot m_i}{A_i \cdot m_p \cdot R}$$　（B.3）

式中：A_{H_2O}——水峰面积；

B——空白中水峰面积；

A_i——异丙醇峰面积；

m_i——异丙醇质量（g）；

m_p——试样质量（g）；

R——响应因子。

B.5.3　胶粘剂密度的测定

按《液态胶粘剂密度的测定方法　重量杯法》GB/T 13354—1992规定的方法进行测定。

B.6　结果的表述

试样中总有机挥发物含量 w，计算公式如下：

$$w = [(w_总 - w_水)/(1 - w_水)] \cdot \rho \times 1\,000$$　（B.4）

式中：w——试样中总有机挥发物含量（g/L）；

$w_总$——总挥发物含量质量分数；

$w_水$——水分含量质量分数；

ρ——试样的密度（g/mL）。

（二）《室内装饰装修材料—地毯、地毯衬垫及地毯胶粘剂有害物质释放限量》GB 18587-2001 摘要

1　范围

本标准规定了地毯、地毯衬垫及地毯胶粘剂中有害物质释放限量、测试方法及检验规则。

本标准适用于生产或销售的地毯、地毯衬垫及地毯胶粘剂。

2　规范性引用文件

下列文件中的条款通过本标准的引用而成为本标准的条款。凡是注日期的引用文件，其随后所有的修改单（不包括勘误的内容）或修订版均不适用于本标准，然而，鼓励根据本标准达成协议的各方研究是否可使用这些文件的最新版本。凡是不注日期的引用文件，其最新版本适用于本标准。

《甲醛的测定　乙酰丙酮分光光度法》GB/T 15516-1995

《车间空气中苯乙烯的直接进样气相色谱测定方法》GB/T 16052-1995

《公共场所空气中甲醛测定方法》GB/T 18204.26-2000

ISO/DIS 16000-6：1999《室内空气　第6部分：室内易挥发性有机化合物的测定》

ISO 16017-1：2000《室内空气、环境空气和工作场所空气　利用吸附管/热解吸/毛细管气相色谱仪进行取样和分析》

3　术语和定义

下列术语和定义适用于本标准。

3.1

总挥发性有机物　total volatile organic compounds

用气相色谱非极性柱分析保留时间在正己烷和正十六烷之间并包括它们在内的已知和未知的挥发性有机化合物。

3.2

空气交换率　air exchange rate

每小时进入舱内清新空气的体积和舱内有效容积之比，单位为 h^{-1}。

3.3

材料/舱负荷比　product loading factor

试样的暴露表面积和舱内有效的容积之比，单位为 m^2/m^3。

3.4

空气流速　air velocity

通过试样表面的空气速度，单位为 m/s。

4　要求

4.1　限量及分级规定

地毯、地毯衬垫及地毯胶粘剂有害物质释放限量应分别符合表1、表2、表3的规定。

A级为环保型产品，B级为有害物质释放限量合格产品。

表 1　地毯有害物质释放限量

序号	有害物质测试项目	限量 $[mg/(m^2 \cdot h)]$	
		A 级	B 级
1	总挥发性有机化合物（TVOC）	≤ 0.500	≤ 0.600
2	甲醛（Formaldehyde）	≤ 0.050	≤ 0.050
3	苯乙烯（Styrene）	≤ 0.400	≤ 0.500
4	4-苯基环己烯（4-Phenylcyclohexene）	≤ 0.050	≤ 0.050

表 2　地毯衬垫有害物质释放限量

序号	有害物质测试项目	限量 $[mg/(m^2 \cdot h)]$	
		A 级	B 级
1	总挥发性有机化合物（TVOC）	≤ 1.000	≤ 1.200
2	甲醛（Formaldehyde）	≤ 0.050	≤ 0.050
3	丁基羟基甲苯（BHT-butylated hydroxytoluene）	≤ 0.030	≤ 0.030
4	4-苯基环己烯（4-Phenylcyclohexene）	≤ 0.050	≤ 0.050

表 3　地毯胶粘剂有害物质释放限量

序号	有害物质测试项目	限量 $[mg/(m^2 \cdot h)]$	
		A 级	B 级
1	总挥发性有机化合物（TVOC）	≤ 10.000	≤ 12.000
2	甲醛（Formaldehyde）	≤ 0.050	≤ 0.050
3	2-乙基己醇（2-ethyl-1-hexanol）	≤ 3.000	≤ 3.500

4.2　标签标识

在产品标签上，应标识产品有害物质释放限量的级别。

5　测试方法

5.1　有害物质释放限量测试方法按附录 A 的规定进行。

5.2　有害物质分析方法按表 4 执行。

表 4　有害物质分析方法

有害物质	分析方法
总挥发性有机化合物 TVOC	ISO/DIS 16000-6：1999 ISO 16017-1：2000　气相色谱法
4-苯基环己烯 4-PCH	
丁基羟基甲苯 BHT	
2-乙基己醇	
甲醛 HCHO	GB/T 15516-1995　乙酰丙酮分光光度法 GB/T 18204.26-2000　酚试剂分光光度法
苯乙烯	GB/T 16052-1995　气相色谱法

5.3 测试结果的计算

根据样品分析结果，有害物质释放量按下式计算：

$$EF = C_s (N/L) \tag{1}$$

式中：EF——舱释放量 $[mg/(m^2 \cdot h)]$；

  C_s——舱浓度（mg/m^3）；

  N——舱空气交换率（h^{-1}）；

  L——材料 / 舱负荷比（m^2/m^3）。

附录 A
（规范性附录）
小型环境试验舱法

A.1 小型环境试验舱

小型环境试验舱由密封舱、空气过滤器、空气温湿度调节控制及监控系统、空气气流、流量调节控制装置、空气采样系统等部分组成，如图 A.1 所示。

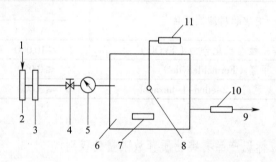

图 A.1 小型环境试验舱示意图

1—空气进气口；2—空气过滤器；3—空气温湿度调节系统；4—空气气流调节器；

5—空气流量调节器；6—密封舱；7—气流速度和空气循环的控制装置；

8—温度和湿度传感器；9—排气口；10—空气取样的集气管；

11—温度和湿度的监测系统

它是模拟室内环境，在一定的试验条件下（温度、湿度、空气流速和空气交换率等），将试样暴露在舱内，持续一定时间后，采集舱内有害气体。

A.2 小型环境试验舱内试验条件

——空气温度（23.0±1.0）℃；

——空气相对湿度（50.0±5.0）%；

——空气交换率 1.0h^{-1}；

——空气流速 0.1~0.3m/s。

（三）《建筑胶粘剂有害物质限量》GB 30982-2014 摘要

1　要求

1.1　建筑胶粘剂分类

建筑胶粘剂分为溶剂型、水基型、本体型三大类。

1.2　溶剂型建筑胶粘剂中有害物质限量

溶剂型建筑胶粘剂中有害物质限量值应符合表1的规定。

表1　溶剂型建筑胶粘剂中有害物质限量值

项目	指标				
	氯丁橡胶胶粘剂	SBS胶粘剂	聚氨酯类胶粘剂	丙烯酸酯类胶粘剂	其他胶粘剂
苯（g/kg）	≤5.0				
甲苯+二甲苯（g/kg）	≤200	≤80	≤150		
甲苯二异氰酸酯（g/kg）	—		≤10	—	
二氯甲烷（g/kg）	总量≤5.0	≤200	—	总量≤50	
1，2-二氯乙烷（g/kg）		总量≤5.0			
1，1，1-三氯乙烷（g/kg）					
1，1，2-三氯乙烷（g/kg）					
总挥发性有机物（g/L）	≤680	≤630	≤680	≤600	≤680

1.3　水基型建筑胶粘剂中有害物质限量

水基型建筑胶粘剂中有害物质限量值应符合表2的规定。

表2　水基型建筑胶粘剂中有害物质限量值

项目	指标						
	聚乙酸乙烯酯类	缩甲醛类	橡胶类	聚氨酯类	VAE乳液类	丙烯酸酯类	其他类
游离甲醛（g/kg）	≤0.5	≤1.0	≤1.0	—	≤0.5	≤0.5	≤1.0
总挥发性有机物（g/L）	≤100	≤150	≤150	≤100	≤100	≤100	≤150

1.4　本体型建筑胶粘剂中有害物质限量

本体型建筑胶粘剂中有害物质限量值应符合表3的规定。

表3　本体型建筑胶粘剂中有害物质限量值

项目	指　标				
	有机硅类（含MS）	聚氨酯类	聚硫类	环氧类	
				A组分	B组分
总挥发性有机物（g/kg）	≤100	≤50	≤50	≤50	—
甲苯二异氰酸酯（g/kg）	—	≤10	—	—	—
苯（g/kg）	—	≤1	—	≤2	≤1
甲苯（g/kg）	—	≤1	—	—	—
甲苯＋二甲苯（g/kg）	—	—	—	≤50	≤20

4.5　其他有害物质的标识

邻苯二甲酸酯类作为胶粘剂原料添加并超出了总质量的2%，应在外包装上予以注明其添加物质的种类名称及用量。

5　试验方法

5.1　游离甲醛

游离甲醛含量的测定按照《室内装饰装修材料　胶粘剂中有害物质限量》GB 18583–2008附录A规定进行。水基型建筑胶粘剂中游离甲醛含量按照附录A进行，高效液相色谱法为仲裁方法。

5.2　苯、甲苯、二甲苯

苯、甲苯、二甲苯含量的测定按照附录B的规定进行。

5.3　卤代烃

卤代烃含量的测定按照附录C的规定进行。

5.4　甲苯二异氰酸酯

甲苯二异氰酸酯含量的测定按照附录D的规定进行。

5.5　邻苯二甲酸酯类化合物

邻苯二甲酸酯类化合物含量的测定按照附录E的规定进行。

邻苯二甲酸酯类化合物种类和含量也可按实际生产配方确认和计算含量。

5.6　总挥发性有机物

总挥发性有机物含量测定按照《室内装饰装修材料　胶粘剂中有害物质限量》GB 18583–2008附录F的规定进行。

附录A

（规范性附录）

水基型建筑胶粘剂中游离甲醛含量的测定

A.1　乙酰丙酮分光光度法

A.1.1　概述

本方法规定了水基型建筑胶粘剂中游离甲醛含量的测定。

本方法适用于游离甲醛含量大于0.05g/kg的水基型建筑胶粘剂。

A.1.2　原理

水基型胶粘剂用水溶解，将溶解于水中的游离甲醛随水蒸出。在pH=6的乙酸－乙酸铵缓冲溶液中，馏出液中甲醛与乙酰丙酮作用，在沸水浴条件下迅速生成稳定的黄色化合物，冷却后在415nm处测其吸光度。根据标准曲线，计算试样中游离甲醛含量。

A.1.3　试剂

除非另有说明，在分析中仅使用确认为分析纯的试剂和蒸馏水或去离子水或相当纯度的水。

A.1.3.1　乙酸铵。

A.1.3.2　冰乙酸：ρ=1.055g/mL。

A.1.3.3　乙酰丙酮：ρ=0.975g/mL。

A.1.3.3.1　乙酰丙酮溶液：0.25%（体积分数），称取25g乙酸铵（A.1.3.1），加少量水溶解，加3mL冰乙酸（A.1.3.2）及0.25mL乙酰丙酮（A.1.3.3），混匀后再加水至100mL，调整pH=6.0，此溶液于2～5℃贮存，可稳定一个月。

A.1.3.4　盐酸溶液：1+5（V+V）。

A.1.3.5　氢氧化钠溶液：30g/100mL。

A.1.3.6　碘标准溶液：c（1/2I$_2$）=0.1mol/L，按《化学试剂　标准滴定溶液的制备》GB/T 601–2002进行配制。

A.1.3.7　硫代硫酸钠溶液：c（Na$_2$S$_2$O$_3$）=0.1mol/L，按《化学试剂　标准滴定溶液的制备》GB/T 601–2002进行配制。

A.1.3.8　淀粉溶液：1g/100mL，称1g淀粉，用少量水调成糊状，倒入100mL沸水中，呈透明溶液，临用时配制。

A.1.3.9　甲醛：质量分数为36%～38%。试验步骤如下：

A.1.3.9.1　甲醛标准贮备液：

取10mL甲醛溶液（A.1.3.9）置于500mL容量瓶中，用水稀释至刻度。

A.1.3.9.2　甲醛标准贮备液的标定：

吸取5.0mL甲醛标准贮备液（A.1.3.9.1）置于250mL碘量瓶中，加碘标准溶液（A.1.3.6.1）30.0mL，立即逐滴加入氢氧化钠溶液（A.1.3.5）至颜色退到淡黄色为止（大约0.7mL）。静置10min，加入盐酸溶液（A.1.3.4）15mL，在暗处静置10min，加入100mL新煮沸但已冷却的水，用标定好的硫代硫酸钠溶液（A.1.3.7）滴定至淡黄色，加入新配制的淀粉指示剂（A.1.3.8）1mL，继续滴定至蓝色刚刚消失为终点。同时做空白试验。按下式计算甲醛标准贮备液质量浓度$\rho_{甲醛}$。

$$\rho_{甲醛}=\frac{V_1-V_2}{5.0}\cdot c\times15.0 \tag{A.1}$$

式中：$\rho_{甲醛}$——甲醛标准贮备液质量浓度（mg/mL）；

　　　V_1——空白消耗硫代硫酸钠溶液的体积（mL）；

　　　V_2——标定甲醛消耗硫代硫酸钠溶液的体积（mL）；

　　　c——硫代硫酸钠溶液的浓度（mol/L）；

　　15.0——甲醛（1/2HCHO）摩尔质量；

5.0——甲醛标准贮备液取样体积（mL）。

A.1.3.9.3 甲醛标准溶液：

用水将甲醛标准贮备被（A.1.3.9.1）稀释成 10.0μg/mL 甲醛标准溶液。在 2~5℃贮存，可稳定一周。

A.1.4　仪器

A.1.4.1 单口蒸馏烧瓶：500mL。

A.1.4.2 直形冷凝管。

A.1.4.3 容量瓶：500mL、250mL、200mL、25mL。

A.1.4.4 水浴锅。

A.1.4.5 分光光度计。

A.1.5　分析步骤

A.1.5.1　标准曲线的绘制

按表 A.1 所列甲醛标准贮备液的体积，分别加入 6 个 25mL 容量瓶（A.1.4.3），加乙酰丙酮溶液（A.1.3.3.1）5mL，用水稀释至刻度，混匀，置于沸水浴中加热 3min 取出冷却至室温，用 1cm 的吸收池，以空白溶液为参比，于波长 415nm 处测定吸光度，以吸光度 A 为纵坐标，以甲醛质量浓度 $\rho_{甲醛}$（μg/mL）为横坐标，绘制标准曲线，或用最小二乘法计算其回归方程。

表 A.1　标准溶液的体积与对应的甲醛质量浓度

甲醛标准溶液（A.1.3.9.3）（mL）	对应的甲醛质量浓度（μg/mL）
10.0	4.0
7.50	3.0
5.00	2.0
2.50	1.0
1.25	0.5
0[a]	0[a]

注：a 空白溶液。

A.1.5.2　样品测定

称取 4.0~6.0g 试样（精确至 0.1mg），置于 500mL 的蒸馏烧瓶中，加 250mL 水将其溶解，摇匀。装好蒸馏装置，加热蒸馏，蒸至馏出液为 200mL，蒸馏停止。如蒸馏过程中发生沸溢现象，应减少称样量，重新试验。将馏出液转移至 250mL 的容量瓶中，用水稀释至刻度。取 10mL 馏出液于 25mL 容量瓶中，加 5mL 的乙酰丙酮溶液（A.1.3.3.1），用水稀释至刻度，摇匀。将其置于沸水浴中加热 3min，取出冷却至室温。然后测其吸光度。

A.1.6　结果表述

直接从标准曲线上读出试样溶液甲醛的质量浓度。

试样中游离甲醛含量 w，计算公式如下：

$$w = \frac{(\rho_t - \rho_0) \cdot V}{1\,000m} \cdot f \tag{A.2}$$

式中：w——试样中游离甲醛含量（g/kg）；

　　　ρ_t——从标准曲线上读取的试样溶液中甲醛质量浓度（μg/mL）；

　　　ρ_0——从标准曲线上读取的空白溶液中甲醛质量浓度（μg/mL）；

　　　V——馏出液定容后的体积（mL）；

　　　m——试样的质量（g）；

　　　f——试样溶液的稀释因子。

A.2　高效液相色谱法

A.2.1　概述

本方法规定了水基型建筑胶粘剂中游离甲醛含量的测定。

本方法适用于游离甲醛含量大于0.01g/kg的水基型建筑胶粘剂。

A.2.2　原理

用水稀释萃取样品中的游离甲醛，通过2，4-二硝基苯肼衍生形成甲醛腙后，用高效液相色谱仪测定，外标法定量。

A.2.3　试剂和标准溶液

除特别要求外，所用试剂均为分析纯，水应符合《分析实验室用水规格和试验方法》GB/T 6682-2008中一级水的要求。

A.2.3.1　试剂

A.2.3.1.1　乙腈（色谱纯）。

A.2.3.1.2　磷酸（色谱纯，质量分数85%）。

A.2.3.1.3　2，4-二硝基苯肼（纯度大于97%）。

A.2.3.1.4　衍生化试剂：称取0.1g的2，4-二硝基苯肼（A.2.3.1.3）于1 000mL棕色容量瓶中，加入6mL磷酸（A.2.3.1.2），乙腈（A.2.3.1.1）定容。

A.2.3.1.5　甲醛-2，4-二硝基苯腙（标准品，浓度1.0mg/mL，分子式：$C_7H_6N_4O_4$，相对分子量：210.15）。

A.2.3.2　标准溶液

用移液枪准确移取0.5mL 1.0mg/mL甲醛-2，4-二硝基苯腙（A.2.3.1.5）至50mL容量瓶中，乙腈（A.2.3.1.1）定容，定为第1级标准溶液。

取第1级标准溶液20.00mL加入50mL容量瓶中，乙腈（A.2.3.1.1）定容，定为第2级标准溶液。

取第2级标准溶液20.00mL加入50mL容量瓶中，乙腈（A.2.3.1.1）定容，定为第3级标准溶液。

取第3级标准溶液20.00mL加入50mL容量瓶中，乙腈（A.2.3.1.1）定容，定为第4级标准溶液。

取第4级标准溶液20.00mL加入50mL容量瓶中，乙腈（A.2.3.1.1）定容，定为第5级标准溶液。

取第5级标准溶液20.00mL加入50mL容量瓶中，乙腈（A.2.3.1.1）定容，定为第6级标准溶液。

各级标准溶液浓度示例如表A.2所示，各级标准溶液浓度需根据标准品标定浓度具体计算。

　　标准溶液贮存于 0~4℃ 条件下，有效期三个月。取用时放置于常温下，达到常温后方可使用。

表 A.2　工作标准溶液系列

系列标准溶液	1	2	3	4	5	6
甲醛腙浓度（mg/L）	10.000	4.000	1.600	0.640	0.256	0.102
相当于甲醛浓度（mg/L）	1.429	0.571	0.229	0.091 4	0.036 6	0.014 6

A.2.4　材料与仪器

A.2.4.1　高速离心机：转速 12 000r/min，可控制温度，配 10mL 离心管。

A.2.4.2　振荡仪。

A.2.4.3　微膜过滤器：配 0.45μm 有机微膜。

A.2.4.4　液相色谱分析柱型号：C_{18} 反向色谱柱；规格：5μm，4.6mm×150mm。

A.2.4.5　高效液相色谱仪：配二极管阵列检测器。

A.2.4.6　活塞式移液枪：1 000μL。

A.2.4.7　容量瓶：1 000mL、50mL。

A.2.4.8　移液管：20mL、25mL。

A.2.4.9　具塞三角瓶：50mL。

A.2.5　分析步骤

A.2.5.1　样品前处理

　　称取 0.5g 试样（精确至 0.1mg）于 50mL 具塞三角瓶中，加入 25.0mL 水后置于振荡器上，振荡萃取 15min，准确移取 5.0mL 萃取液至离心管中，于 20℃ 下离心 20min，转速为 12 000r/min。静置后准确移取 1.0mL 上层清液于 10mL 容量瓶中，加入 4mL 衍生化试剂（A.2.3.1.4）后用乙腈（A.2.3.1.1）定容。放置 15min 进行衍生化。然后用 0.45μm 有机滤膜过滤，滤液待高效液相色谱分析。

　　若待测试样溶液的浓度超过标准工作曲线浓度范围，则对样品前处理适当调整后重新测定。

A.2.5.2　空白试验

　　不加样品，重复 A.2.5.1 步骤，进行 HPLC 分析。

A.2.6　仪器条件

A.2.6.1　柱温：30℃。

A.2.6.2　流速：0.5mL/min。

A.2.6.3　进样量：10μL。

A.2.6.4　检测波长：352.0nm。

A.2.6.5　流动相：A 为水，B 为乙腈（A.2.3.1.1）。

A.2.6.6　梯度洗脱程序见表 A.3。

表 A.3　梯度洗脱程序

时间（min）	流动相 A 的含量（%）	流动相 B 的含量（%）
0.00	70	30
5.00	10	90
15.00	10	90
16.00	70	30
20.00	70	30

A.2.7　标准工作曲线的绘制

分别取标准溶液（A.2.3.2）进行 HPLC 分析，根据标准溶液的浓度及甲醛响应峰面积，作甲醛的标准工作曲线，工作曲线线性相关系数 R^2>0.99。

每次试验均应制作标准曲线，每 20 次样品测定后应加入一个中等浓度的标准溶液，如果测得值与原值相差超过 3%，则应重新进行标准曲线的制作。

A.2.8　样品的测定

按照仪器测试条件测定样品（A.2.5.1），由保留时间定性，外标法定量；每个样品重复测定两次。同时每批样品做一组空白。

A.2.9　结果计算与表述

样品中甲醛的含量按下式进行计算：

$$w = \frac{(\rho_t - \rho_0) \cdot V}{m} \cdot f \qquad (A.3)$$

式中，w——试样中甲醛的含量（mg/kg）；

ρ_t——由标准曲线得出的甲醛浓度（mg/L）；

ρ_0——由标准曲线得出的空白值（mg/L）；

V——萃取液体积（mL）；

m——试样质量（g）；

f——试样溶液的稀释因子。

以两次平行测定的平均值为最终测定结果，精确至 0.1mg/kg；

两次平行测定结果的相对平均偏差应小于 10%。

附录 B

（规范性附录）

苯、甲苯、二甲苯含量的测定

B.1　原理

胶粘剂试样经稀释后直接注入气相色谱仪中，经色谱柱分离后，用氢火焰离子化检测器检测，用内标法定量。

B.2　试剂和材料

B.2.1　载气：氮气，纯度≥99.995%。

B.2.2 燃气：氢气，纯度≥99.995%。

B.2.3 助燃气：空气。

B.2.4 辅助气体（隔垫吹扫和尾吹气）：与载气具有相同性质的氮气。

B.2.5 内标物：试样中不存在的化合物，且该化合物能够与色谱图上其他成分完全分离，纯度至少为99%（质量分数）或已知纯度。例如正十一烷、正十四烷等。

B.2.6 校准化合物：苯、甲苯、二甲苯，纯度至少为99%（质量分数）或已知纯度。

B.2.7 稀释溶剂：用于稀释试样的有机溶剂。不含有任何干扰测试的物质，纯度至少为99%（质量分数）或已知纯度。例如乙酸乙酯等。

B.3 仪器和设备

B.3.1 气相色谱仪，配置如下：

a）分流装置的进样口，并且汽化室内衬可更换；

b）程序升温控制器；

c）检测器：火焰离子化检测器（FID）；

d）色谱柱：应能使被测物足够分离，如聚二甲基硅氧烷毛细管柱、6%腈丙苯基/94%聚二甲基硅氧烷毛细管柱、聚乙二醇毛细管柱或相当型号。

B.3.2 进样器：容量至少应为进样量的两倍。

B.3.3 配样瓶：约10mL的玻璃瓶，具有可密封的瓶盖。

B.3.4 天平：精度0.1mg。

B.4 气相色谱测试条件

色谱柱：聚二甲基硅氧烷毛细管柱，30m×0.25mm×0.25μm；

进样口温度：240℃；

检测器温度：280℃；

柱温：起始温度50℃并保持5min，然后以10℃/min升至280℃并保持5min；

载气流速：1.0mL/min；

分流比：分流进样，分流比可调；

进样量：1.0μL。

B.5 测试步骤

B.5.1 色谱仪参数优化

按B.4中的测试条件，每次都应该使用已知的校准化合物对仪器进行最优化处理，使仪器的灵敏度、稳定性和分离效果处于最佳状态。

进样量和分流比应当匹配，以免超出色谱柱的容量，并在仪器检测器的线性范围内。

B.5.2 定性分析

B.5.2.1 仪器参数最优化

按B.5.1的规定使仪器参数最优化。

B.5.2.2 被测物化合物保留时间的测定

将1.0μL含B.2.6所示的被测化合物的标准混合溶液注入色谱仪，记录各被测化合物的保留时间。

B.5.2.3　定性分析

称取产品试样 0.2g 的样品，用适量的稀释剂（B.2.7）稀释试样，用进样器（B.3.2）取 1.0μL 混合试样注入色谱仪，记录色谱图，并与经 B.5.2.2 测定的标准被测化合物的保留时间对比确定是否存在被测化合物。

B.5.3　校准

B.5.3.1　校准样品的配制：分别称取一定量（精确至 0.1mg）B.2.6 中的各种校准化合物于配样瓶（B.3.3）中，称取的质量与待测试样中所含的各种化合物的含量应在同一数量级；再称取与待测化合物相同数量级的内标物（B.2.5）于同一配样瓶中，用适量稀释溶剂（B.2.7）稀释混合物，密封配样瓶并摇匀。

B.5.3.2　相对校正因子的测试：在与测试试样相同的色谱测试条件下，按 B.5.1 的规定优化仪器参数。将适量的校准混合物注入气相色谱仪中，记录色谱图，按下式分别计算每种化合物的相对校正因子：

$$R_i = \frac{m_i \cdot A_{is}}{m_{is} \cdot A_i} \tag{B.1}$$

式中：R_i——化合物 i 的相对校正因子；

$\quad m_i$——校准混合物中化合物 i 的质量（g）；

$\quad m_{is}$——校准混合物中内标物的质量（g）；

$\quad A_{is}$——内标物的峰面积；

$\quad A_i$——化合物 i 的峰面积。

测定结果保留三位有效数字。

B.5.4　试样的测试

B.5.4.1　称取试样约 0.2g（精确至 0.1mg）以及与被测化合物相同数量级的内标物（B.2.5）于配样瓶（B.3.3）中，加入适量的稀释溶剂（B.2.7）于同一配样瓶中稀释试样，密封配样瓶并摇匀。

B.5.4.2　按校准时的最优化条件设定仪器参数。

B.5.4.3　将 1.0μL 试样溶液注入气相色谱仪中，记录色谱图，然后按下式分别计算试样中所含被测化合物（苯、甲苯、二甲苯）的含量。

$$w_i = \frac{m_{is} \cdot A_i \cdot R_i}{m_s \cdot A_{is}} \times 1\,000 \tag{B.2}$$

式中：w_i——试样中被测化合物 i 的含量（g/kg）；

$\quad R_i$——被测化合物 i 的相对校正因子；

$\quad m_{is}$——内标物的质量（g）；

$\quad m_s$——试样的质量（g）；

$\quad A_i$——被测化合物 i 的峰面积；

$\quad A_{is}$——内标物的峰面积。

B.6　精密度

B.6.1　重复性

同一操作者两次平行测试结果的相对偏差应小于 5%。

B.6.2 再现性

不同实验室间测试结果的相对偏差应小于 10%。

附录 C
（规范性附录）
甲苯二异氰酸酯含量的测定

C.1 原理

试样经稀释后直接注入气相色谱仪中，经色谱柱分离后，用氢火焰离子化检测器检测，用内标法计算试样中甲苯二异氰酸酯的含量。

C.2 材料试剂

C.2.1 乙酸乙酯：无水（用 0.5nm 的分子筛干燥），无乙醇（乙醇含量 $<200 \times 10^{-6}$）。

C.2.2 正十四烷（色谱纯）。

C.2.3 甲苯二异氰酸酯（同分异构体的混合物）。

C.2.4 载气：氮气，纯度≥99.995%。

C.2.5 燃气：氢气，纯度≥99.995%。

C.2.6 助燃气：空气。

C.2.7 辅助气体（隔垫吹扫和尾吹气）：与载气具有相同性质的氮气。

C.3 仪器设备

C.3.1 气相色谱仪，具有以下配置：

a）分流装置的进样口，并且气化室内衬可更换；

b）程序升温控制器；

c）检测器：火焰离子化检测器（FID）；

d）色谱柱：应能使被测物足够分离，如聚二甲基硅氧烷毛细管柱。

C.3.2 进样器：容量至少应为进样量的两倍。

C.3.3 配样瓶：约 10mL 的玻璃瓶，具有可密封的瓶盖。

C.3.4 天平：精度 0.1mg。

C.4 气相色谱测试条件

C.4.1 色谱柱：二甲基硅氧烷毛细管柱，30m×0.25mm×0.25μm。

C.4.2 进样口温度：125℃。

C.4.3 检测器温度：250℃。

C.4.4 柱温：130℃恒温。

C.4.5 载气流速：1.0mL/min。

C.4.6 分流比：分流进样，分流比可调。

C.4.7 进样量：1.0μL。

C.5 测试步骤

C.5.1 内标溶液配制：称取 0.2g 正十四烷，准确至 0.1mg，置于 100mL 容量瓶中，用乙酸乙酯稀释至刻度。

C.5.2 甲苯二异氰酸酯标准溶液配制：称取 0.2g 甲苯二异氰酸酯，准确至 0.1mg，置于 100mL 容量瓶中，用乙酸乙酯稀释至刻度。应避免甲苯二异氰酸酯单体标准溶液与空气中的湿气接触。

> 注：如果储存适当，标准溶液可保持稳定约两周时间。

C.5.3 校准溶液配制：用移液管吸取 10mL 内标溶液和 10mL 标准溶液混合均匀，取 1mL 混合溶液作为校准溶液。

C.5.4 相对质量校正因子测定：取校准溶液（C.5.3）1μL，直接注入气相色谱中，测定甲苯二异氰酸酯和正十四烷的色谱峰峰面积。根据下式计算相对质量校正因子。

$$R = \frac{m_i \cdot A_{is}}{m_{is} \cdot A_i} \qquad (C.1)$$

式中：R——甲苯二异氰酸酯的相对质量校正因子；

m_i——校准混合物中甲苯二异氰酸酯的质量（g）；

m_{is}——校准混合物中内标物的质量（g）；

A_{is}——内标物的峰面积；

A_i——甲苯二异氰酸酯的峰面积。

测定结果保留三位有效数字。

C.5.5 试样溶液的制备及测定：称取约 1.0g（精确到 0.1mg）试样于 50mL 容量瓶中，加入 10mL 内标溶液，用适量的乙酸乙酯稀释，取 1μL 进样，测定试样溶液中甲苯二异氰酸酯和正十四烷的峰面积。

C.6 结果表述

试样中甲苯二异氰酸酯含量 w，根据下式计算。

$$w = \frac{m_{is} \cdot A_i \cdot R}{m_s \cdot A_{is}} \times 1\,000 \qquad (C.2)$$

式中：w——试样中甲苯二异氰酸酯的含量（g/kg）；

R——甲苯二异氰酸酯的相对校正因子；

m_{is}——内标物的质量（g）；

m_s——试样的质量（g）；

A_i——甲苯二异氰酸酯的峰面积；

A_{is}——内标物的峰面积。

（四）《胶粘剂挥发性有机化合物限量》GB 33372-2020 摘要

1 VOC 含量限量

1.1 基本要求

1.1.1 胶粘剂产品中苯系（苯、甲苯和二甲苯）、卤代烃（二氯甲烷、1，2-二氯乙烷、1，1，1-三氯乙烷、1，1，2-三氯乙烷）、甲苯二异氰酸酯、游离甲醛等单个挥发性有机化合物含量，应满足《建筑胶粘剂有害物质限量》GB 30982 或《鞋和箱包用胶粘剂》GB 19340 中的规定。

1.1.2 胶粘剂产品明示用于多种用途，取各要求中的最低限量。

1.2　溶剂型胶粘剂 VOC 含量限量

溶剂型胶粘剂 VOC 含量限量应符合表 1 的规定。

表 1　溶剂型胶粘剂 VOC 含量限量

应用领域	指标（g/L）				
	氯丁橡胶类	苯乙烯－丁二烯－苯乙烯嵌段共聚物橡胶类	聚氨酯类	丙烯酸酯类	其他
建筑	≤ 650	≤ 550	≤ 500	≤ 510	≤ 500
室内装饰装修	≤ 600	≤ 500	≤ 400	≤ 510	≤ 450
鞋和箱包	≤ 600	≤ 500	≤ 400	—	≤ 400
木工与家具	≤ 600	≤ 500	≤ 400	≤ 510	≤ 400
装配业	≤ 600	≤ 550	≤ 250	≤ 510	≤ 250
包装	≤ 600	≤ 500	≤ 400	≤ 510	≤ 500
特殊	≤ 850[a]	—	≤ 550[b]	—	≤ 700[c]
其他	≤ 600	≤ 500	≤ 250	≤ 510	≤ 250

注：a 现场抢修用。

　　b 重防腐专用。

　　c 汽车、桥梁减振用热硫化胶粘剂。

1.3　水基型胶粘剂 VOC 含量限量

水基型胶粘剂 VOC 含量限量应符合表 2 的规定。

表 2　水基型胶粘剂 VOC 含量限量

应用领域	指标（g/L）						
	聚乙酸乙烯酯类	聚乙烯醇类	橡胶类	聚氨酯类	醋酸乙烯－乙烯共聚乳液类	丙烯酸酯类	其他
建筑	≤ 100	≤ 100	≤ 150	≤ 100	≤ 50	≤ 100	≤ 50
室内装饰装修	≤ 50	≤ 50	≤ 100	≤ 50	≤ 50	≤ 50	≤ 50
鞋和箱包	≤ 50	—	≤ 150	≤ 50	≤ 50	≤ 100	≤ 50
木工与家具	≤ 100	—	≤ 100	≤ 50	≤ 50	≤ 50	≤ 50
交通运输	≤ 50	—	≤ 50	≤ 50	≤ 50	≤ 50	≤ 50
装配	≤ 100	—	≤ 100	≤ 50	≤ 50	≤ 50	≤ 50
包装	≤ 50	—	≤ 50	≤ 50	≤ 50	≤ 50	≤ 50
其他	≤ 50	≤ 50	≤ 50	≤ 50	≤ 50	≤ 50	≤ 50

1.4　本体型胶粘剂 VOC 含量限量

本体型胶粘剂 VOC 含量限量见表 3。

表 3　本体型胶粘剂 VOC 含量限量

应用领域	指标（g/kg）								
	有机硅类	MS 类	聚氨酯类	聚硫类	丙烯酸酯类	环氧树脂类	α-氰基丙烯酸类	热塑类	其他
建筑	≤100	≤100	≤50	≤50	—	≤100	≤20	≤50	≤50
室内装饰装修	≤100	≤50	≤50	≤50	—	≤50	≤20	≤50	≤50
鞋和箱包	—	≤50	≤50	—	—	—	≤20	≤50	≤50
卫材、服装与纤维加工	—	≤50	≤50	—	—	—	—	≤50	≤50
纸加工及书本装订	—	≤50	≤50	—	—	—	—	≤50	≤50
交通运输	≤100	≤100	≤50	≤50	≤200	≤100	≤20	≤50	≤50
装配业	≤100	≤100	≤50	≤50	≤200	≤50	≤20	≤50	≤50
包装	≤100	≤50	≤50	≤50	—	—	—	≤50	≤50
其他	≤100	≤50	≤50	≤50	≤200	≤50	≤20	≤50	≤50

注：1　MS 指以硅烷改性聚合物为主体材料的胶粘剂。
　　2　热塑类指热塑性聚烯烃或热塑性橡胶。

2　试验方法

2.1　取样

胶粘剂产品取样按《胶粘剂取样》GB/T 20740 的规定进行。

2.2　VOC 含量的测定

2.2.1　溶剂型胶粘剂 VOC 含量的测定按附录 A 进行。

2.2.2　水基型胶粘剂 VOC 含量按附录 D 的规定进行测定。

2.2.3　本体型胶粘剂 VOC 含量按附录 E 的规定进行测定。

2.2.4　α-氰基丙烯酸乙酯瞬间胶粘剂 VOC 含量按《α-氰基丙烯酸乙酯瞬间胶粘剂》HG/T 2492-2018 中附录 B 规定方法进行测定。

2.2.5　VOC 含量也可以根据胶粘剂的成分进行计算，当无法计算或者计算和测量结果不符合时，以测量结果为准。

3　检验规则

3.1　检验项目

3.1.1　本标准所列的全部要求均为型式检验项目。

3.1.2　在正常生产情况下，每年至少进行一次型式检验。

3.1.3　有下列情况之一时，应随时进行型式检验：

　　——新产品最初定型时；

———产品异地生产时；

———生产配方、工艺、关键原材料来源有较大改变时；

———停产三个月后又恢复生产时。

3.2 产品抽样

在同一批产品中随机抽取三份样品，每份不少于0.5kg。

3.3 结果判定

在抽取的三份样品中，取一份样品按本标准的规定进行测定。如果所有项目的检验结果符合本标准规定的要求，则判定为合格。

如果有一项检验结果未达到本标准要求时，应对余下两个样品进行复验。如复验结果合格，则判定为合格，如仍有一个样品未达到本标准要求时，则判定为不合格。

3.4 包装标志

按本标准检验合格的胶粘剂产品，应在包装或产品文件上明示产品符合本标准。

附录 A
（规范性附录）
溶剂型胶粘剂 VOC 含量的测定

A.1 概述

将适量的胶粘剂置于恒定温度的鼓风干燥箱中，在规定的时间内，测定胶粘剂挥发物量。用气相色谱法测定其中低光化学反应化合物的含量，用卡尔·费休法或气相色谱法测定胶粘剂中的含水量，将胶粘剂挥发物量扣除其中的含水量和丙酮、乙酸甲酯和碳酸二甲酯的量，得出胶粘剂中 VOC 含量。

A.2 测试步骤

A.2.1 通则

所有试验进行两次平行测定。

A.2.2 密度

按胶粘剂产品明示的配比要求，制备混合试样，搅拌均匀后，按《液态胶粘剂密度的测定方法》GB/T 13354 规定的方法测定试样密度，试验温度：（23±2）℃。

A.2.3 试样的挥发物量

A.2.3.1 单组分试样

按《胶粘剂不挥发物含量的测定》GB/T 2793 规定的方法测定试样的不挥发物量。

A.2.3.2 多组分试样

按胶粘剂产品明示的配比要求，取混合试样约 2g，迅速搅拌均匀后，5min 之内按《胶粘剂不挥发物含量的测定》GB/T 2793 规定的方法测定试样的不挥发物量。

A.2.3.3 试样的挥发物量

试样的挥发物量按下式计算：

$$w_{挥}=1-w_{不} \tag{A.1}$$

式中：$w_{挥}$——试样的挥发物质量分数（g/g）；

w_{π}——试样的不挥发物量质量分数（g/g）。

A.2.4　含水量

按附录 B 规定进行测定。

A.2.5　丙酮、醋酸甲酯和碳酸二甲酯量

按附录 C 规定进行测定。

A.2.6　VOC 含量

溶剂型胶粘剂 VOC 含量计算按下式进行。

$$w_{(VOC)} = (w_{\pi} - w_{H_2O} - w_c) \rho_s \times 1\,000 \tag{A.2}$$

式中：$w_{(VOC)}$——胶粘剂试样中 VOC 含量（g/L）；

　　　　w_{π}——试样的挥发物量的质量分数（g/g）；

　　　　w_{H_2O}——试样含水量的质量分数（g/g）；

　　　　w_c——试样中丙酮、乙酸甲酯和碳酸二甲酯的质量分数（g/g）；

　　　　ρ_s——试样在 23℃时的密度（g/mL）；

　　　1 000——转换因子。

附录 B

（规范性附录）

胶粘剂中含水量的测定

B.1　概述

本标准中的胶粘剂中含水量采用气相色谱法或卡尔·费休法进行测定，气相色谱法为仲裁方法。

B.2　气相色谱法

B.2.1　试剂和材料

B.2.1.1　蒸馏水：符合《分析实验室用水规格和试验方法》GB/T 6682 中三级水的要求。

B.2.1.2　稀释溶剂：无水 N，N- 二甲基甲酰胺（DMF），分析纯。

B.2.1.3　内标物：无水异丙醇，分析纯。

B.2.1.4　载气：氢气、氦气或氮气，纯度不小于 99.995%。

B.2.2　仪器

B.2.2.1　气相色谱仪：配有热导检测器及程序升温控制器。

B.2.2.2　色谱柱：柱长 1m，外径 3.2mm，填装 177～250μm 的高分子多孔微球的不锈钢柱。（对于程序升温，柱的初始温度 80℃，保持 5min，升温速率 30℃ /min，终止温度 170℃，保持 5min；对于恒温，柱温为 140℃，在异丙醇出峰完全后，把柱温调到 170℃，待 DMF 峰出完。若继续测试，再把柱温降到 140℃）。

B.2.2.3　记录仪。

B.2.2.4　进样器：微量注射器，10μL。

B.2.2.5　具塞玻璃瓶：10mL。

B.2.2.6　天平：精度 0.1mg。

B.2.3 试验步骤

B.2.3.1 测定水的响应因子 R

在同一具塞玻璃瓶中称 0.2g 左右的蒸馏水和 0.2g 左右的异丙醇（精确至 0.1mg），加入 2mL 的 N，N- 二甲基甲酰胺，混匀。用微量注射器取 1μL 的标准混样，注入色谱仪，记录其色谱图。

按下式计算水的响应因子 R：

$$R = \frac{m_i \cdot A_{H_2O}}{m_{H_2O} \cdot A_i}$$（B.1）

式中：R——水的响应因子；

m_i——异丙醇质量（g）；

A_{H_2O}——水峰面积；

m_{H_2O}——水的质量（g）；

A_i——异丙醇峰面积。

若异丙醇和二甲基甲酰胺不是无水试剂，则以同样量的异丙醇和二甲基甲酰胺混合液，但不加水作为空白，记录空白的水峰面积。

按下式计算水的响应因子 R：

$$R = \frac{m_i(A_{H_2O} - B)}{m_{H_2O} \cdot A_i}$$（B.2）

式中：R——水的响应因子；

m_i——异丙醇质量（g）；

A_{H_2O}——水峰面积；

B——空白中水的峰面积；

m_{H_2O}——水的质量（g）；

A_i——异丙醇峰面积。

B.2.3.2 含水量测定

称取搅拌均匀后的试样 0.6g 和 0.2g 的异丙醇（精确至 0.1mg），加入具塞玻璃瓶中，再加入 2mL N，N- 二甲基甲酰胺，盖上瓶塞，同时准备一个不加试样的异丙醇和 N，N- 二甲基甲酰胺作为空白样。用力摇动装有试样的小瓶 15min，放置 5min。使其沉淀，也可使用低速离心机使其沉淀。吸取 1μL 试样瓶中的上清液，注入色谱仪中，并记录其色谱图。

按下式计算试样中水的质量分数 w_{H_2O}：

$$w_{H_2O} = \frac{100 \times (A_{H_2O} - B) \cdot m_i}{A_i m_s R}$$（B.3）

式中：w_{H_2O}——胶粘剂试样中含水量的质量分数（g/g）；

A_{H_2O}——水峰面积；

B——空白中水峰面积；

m_i——异丙醇质量（g）；

B.3.3　实验步骤

B.3.3.1　卡尔·费休滴定剂的浓度标定

在滴定仪的滴定杯中加入新鲜卡尔·费休溶剂至液面覆盖电极端头，以卡尔·费休滴定剂滴定至终点（漂移值 <10μg/min）。用微量注射器将 10μL 蒸馏水注入滴定杯中，采用减量法称得水的质量（精确至 0.1mg），并将该质量输入到滴定仪中，用卡尔·费休滴定剂滴定至终点，记录仪器显示的标定结果。

进行重复标定，直至相邻两次的标定值相差小于 0.01mg/mL，求出两次标定的平均值，将标定结果输入滴定仪中。

当检测环境的相对湿度小于 70% 时，应每周标定一次；相对湿度大于 70% 时，应每周标定两次；必要时，随时标定。

B.3.3.2　样品处理

若待测样品黏度较大，在卡尔·费休溶剂中不能很好分散，则需要将样品进行适量稀释。在烧杯中称取经搅拌均匀后的样品 20g（精确至 1mg），然后向烧杯内加入约 20% 的蒸馏水，准确记录称样量及加水量。将烧杯盖上培养皿，在磁力搅拌器上搅拌 10 ~ 15min。然后将稀释样品倒入滴瓶中备用。

注：对于在卡尔·费休溶剂中能很好分散的样品，可直接测试样品中的水分含量。对于加水 20% 后，在卡尔·费休溶剂中仍不能很好分散的样品，可逐步增加稀释水量。

B.3.3.3　含水量的测试

在滴定仪的滴定杯中加入新鲜卡尔·费休溶剂至液面覆盖电极端头，以卡尔·费休滴定剂滴定至终点。向滴定杯中加入 1 滴按 B.3.3.2 处理后的样品，采用减量法称得加入的样品质量（精确至 0.1mg），并将该样品质量输入到滴定仪中。用卡尔·费休滴定剂滴定至终点，记录仪器显示的测试结果。

平行测试两次，测试结果取平均值。两次测试结果的相对偏差小于 1.5%。

测试 3 ~ 6 次后应及时更换滴定杯中的卡尔·费休溶剂。

B.3.3.4　数据处理

试样经稀释处理后测得的实际含水量按下式计算：

$$w_{H_2O} = \frac{w'_{H_2O}(m_s + m_{H_2O}) - m_{H_2O}}{m_s} \qquad (B.4)$$

式中：w_{H_2O}——胶粘剂试样中实际含水量的质量分数（g/g）；

$\quad$ w'_{H_2O}——测得的稀释样品的含水量的质量分数的平均值；

$\quad$ m_s——稀释时所称样品的质量（g）；

$\quad$ m_{H_2O}——稀释时所加水的质量（g）。

计算结果保留三位有效数字。

附录 C

（规范性附录）

丙酮、乙酸甲酯和碳酸二甲酯量的测定

（略）

附录 D

（规范性附录）

水基型胶粘剂 VOC 含量的测定

D.1　概述

本方法规定了水基型胶粘剂 VOC 含量的测定方法。

D.2　原理

胶粘剂样品经稀释后，通过气相色谱分析技术使样品中各种挥发性有机化合物分离，定性鉴定被测挥发性有机化合物成分后，用内标法测定其含量。

D.3　材料和试剂

D.3.1　载气：氮气，纯度≥99.995%。

D.3.2　燃气：氢气，纯度≥99.995%。

D.3.3　助燃气：空气。

D.3.4　辅助气体（隔垫吹扫和尾吹气）：与载气具有相同性质的氮气。

D.3.5　内标物：试样中不存在的化合物，且该化合物能够与色谱图上其他成分完全分离，纯度至少为 99%（质量分数）或已知纯度。例如：异丁醇、乙二醇单甲醚、乙二醇二甲醚、二乙二醇二甲醚、正十一烷、正十四烷等。

D.3.6　校准化合物：正己烷、庚烷、环己烷、环己酮、环己醇、乙酸戊酯、乙酸丁酯、苯、甲苯、乙苯、二甲苯，三乙胺、二甲基乙醇胺、2-氨基-2-甲基-1-丙醇等，纯度至少为 99%（质量分数）或已知纯度。

D.3.7　稀释溶剂：用于稀释试样的有机溶剂。不含有任何干扰测试的物质，纯度至少为 99%（质量分数）或已知纯度。例如：乙腈、甲醇或四氢呋喃、乙酸乙酯等溶剂等。

D.4　仪器和设备

D.4.1　气相色谱仪，配置如下：

a）分流装置的进样口，其汽化室的内衬可更换；

b）程序升温控制器；

c）检测器可以使用下列三种检测器中的任意一种：

1）火焰离子化检测器（FID）；

2）已校准并调谐的质谱仪或其他质量选择检测器；

3）已校准的傅里叶变换红外光谱仪（FT-IR）；

d）色谱柱：应能使被测物足够分离，如聚二甲基硅氧烷毛细管柱、6% 腈丙苯基和 94% 聚二甲基硅氧烷毛细管柱、聚乙二醇毛细管柱或相当型号；

e）进样器：微量注射器，10μL，容量至少为进样量的两倍；

f）试样瓶：约 20mL 的玻璃瓶，具有可密封的瓶盖；

g）天平：精度 0.1mg。

D.5　气相色谱测试条件

D.5.1　色谱条件 1：

a）色谱柱（基本柱）：6% 腈丙苯基和 94% 聚二甲基硅氧烷毛细管柱，60m×0.32mm×

1.0μm；

    b）进样口温度：250℃；

    c）检测器：FID，温度260℃；

    d）柱温：程序升温，初始温度80℃保持1min，然后以10℃/min升至230℃保持15min；

    e）分流比：分流进样，分流比可调；

    f）进样量：1.0μL。

D.5.2 色谱条件2：

    a）色谱柱（确认柱）：聚乙二醇毛细管柱，30m×0.25mm×0.25μm；

    b）进样口温度：240℃；

    c）检测器：FID，温度250℃；

    d）柱温：程序升温，初始温度60℃保持1min，然后以20℃/min升至240℃保持20min；

    e）分流比：分流进样，分流比可调；

    f）进样量：1.0μL。

D.6 试验步骤

D.6.1 通则

所有试验进行两次平行测定。多组分试样同A.2.3.2。

D.6.2 密度测定

按《液态胶粘剂密度的测定方法 重量杯法》GB/T 13354规定的方法进行。

D.6.3 色谱仪参数优化

按气相色谱条件，每次使用已知的校准化合物对其进行最优化处理，使仪器的灵敏度、稳定性和分离效果处于最佳状态。

D.6.4 定性分析

定性鉴定试样中有无D.3.6中的校准化合物。

优先选用GC-MS或GC-（FT-IR），按给出的气相色谱测试条件测定。也可利用GC-FID和D.4d）规定的色谱柱，按给出的气相色谱测试条件，分别记录校准化合物在两根色谱柱（所选择的两根柱子的极性差别应尽可能大，例如：6%腈丙苯基和94%聚二甲基硅氧烷毛细管柱、聚乙二醇毛细管柱）上的色谱图，在相同的色谱测试条件下，对被测试样做出色谱图后对比定性。

D.6.5 校准

D.6.5.1 校准样品的配制

分别称取一定量（精确到0.1mg）鉴定出的各种校准化合物于配样瓶中，称取质量与待测试样中各自的含量在同一数量级；

再称取与待测化合物相同数量级的内标物于同一配样瓶中，用稀释溶剂稀释混合物，密封配样瓶并摇匀。

D.6.5.2 相对校正因子的测定

在与测试试样相同的色谱测试条件下，优化仪器参数。将适当数量的校准化合物注入气相色谱仪中，记录色谱图按下式分别计算每种化合物的相对校正因子：

$$R_i = \frac{m_i \cdot A_{is}}{m_{is} \cdot A_i} \tag{D.1}$$

式中：R_i——化合物 i 的相对校正因子；

    m_i——校准混合物中化合物 i 的质量（g）；

    A_{is}——内标物的峰面积；

    m_{is}——校准混合物中内标物的质量（g）；

    A_i——化合物 i 的峰面积。

R_i 值取两次测试结果的平均值，测定结果保留三位有效数字。

若出现校准化合物之外的未知化合物色谱峰，则假设其相对于异丁醇的校正因子为1.0。

D.6.6 试样的测试

D.6.6.1 称取搅拌均匀后的试样1g（精确至0.1mg）以及与被测物相同数量级的内标物于试样瓶中，加入10mL稀释溶剂稀释试样，密封配样瓶并摇匀。

D.6.6.2 按校准时的最优化条件设定仪器参数。

D.6.6.3 将1.0μL试样溶液注入气相色谱仪中，记录色谱图，然后按下式分别计算试样中所含各种化合物的质量分数：

$$w_i = \frac{m_{is} \cdot A_i \cdot R_i}{m_s \cdot A_{is}} \tag{D.2}$$

式中：w_i——试样中被测化合物 i 的质量分数（g/g）；

    m_{is}——内标物的质量（g）；

    A_i——被测化合物 i 的峰面积；

    R_i——被测化合物 i 的相对校正因子；

    m_s——试样的质量（g）；

    A_{is}——内标物的峰面积。

平行测试两次，w_i 值取两次测试结果的平均值。

D.7 水基型胶粘剂 VOC 含量

水基型胶粘剂 VOC 含量的计算按下式计算：

$$w_{(VOC)} = \sum_{i=1}^{n} w_i \cdot \rho_s \times 1\,000 \tag{D.3}$$

式中：$w_{(VOC)}$——水基型胶粘剂试样的 VOC 含量（g/L）；

    w_i——测试试样中被测化合物 i 的质量分数（g/g）；

    ρ_s——试样样品在23℃时的密度（g/mL）；

    1 000——转换因子。

附录 E

（规范性附录）

本体型胶粘剂 VOC 含量的测定

E.1 概述

本方法规定了用烘箱法测定本体型胶粘剂 VOC 的含量。

E.2　原理

E.2.1　将适量的胶粘剂置于恒定温度的鼓风干燥箱中，在规定的时间内，测定胶粘剂挥发物含量。

E.2.2　对具有反应活性的本体型胶粘剂（如丙烯酸酯类等），则必须给予规定（产品供应商提供）的反应时间，再同 E.2.1 测胶粘剂 VOC 含量，以免将反应活性单体计入 VOC 含量。

E.2.3　对热塑（或热固）性本体型胶粘剂，取样称量，按产品供应商提供的实际施胶（或硫化）条件操作后，再同 E.2.1 测胶粘剂 VOC 含量。

E.3　试验步骤

E.3.1　通则

所有试验进行两次平行测定。

E.3.2　试样的挥发物含量

E.3.2.1　一般本体型胶粘剂挥发物含量

同 A.2.3。

E.3.2.2　反应活性类本体型胶粘剂挥发物含量

E.3.2.2.1　反应活性类本体型胶粘剂产品，取约 2g 试样，按产品的固化条件固化后，按《胶粘剂不挥发物含量的测定》GB/T 2793 规定的方法，测定试样的不挥发物含量，同 A.2.3.3 计算挥发物含量。

E.3.2.2.2　常温固化的多组分反应活性类本体型胶粘剂按产品明示的配比要求，取约 2g 混合试样，搅拌均匀，停放规定时间（24h）后，按《胶粘剂不挥发物含量的测定》GB/T 2793 规定的方法，测定试样的不挥发物量，同 A.2.3.3 计算挥发物含量。

E.3.2.3　热塑（或热固）性本体型胶粘剂

热塑性本体型胶粘剂（如热熔胶等）或热固性本体型胶粘剂，取约 2g 试样，按产品供应商提供的实际施胶条件（或硫化）操作后，再按《胶粘剂不挥发物含量的测定》GB/T 2793 规定的方法，测定试样的不挥发物含量，同 A.2.3.3 计算挥发物含量。

E.3.3　本体型胶粘剂 VOC 含量

本体型胶粘剂 VOC 含量按下式计算：

$$w_{(VOC)} = w_{挥} \times 1\,000 \tag{E.1}$$

式中：$w_{(VOC)}$——本体型胶粘剂试样的 VOC 含量（g/kg）；

$w_{挥}$——试样挥发物含量的质量分数（g/g）；

1 000——转换因子。

第五节　水性处理剂

（1）GB 50325-2020 标准第 3.5.1 条规定："民用建筑工程室内用水性阻燃剂（包括防火涂料）、防水剂、防腐剂、增强剂等水性处理剂，应测定游离甲醛的含量，其限量不应大于 100mg/kg。"

（2）GB 50325-2020 标准第 3.5.2 条规定："水性处理剂中游离甲醛含量的测定方法，

应按现行国家标准《水性涂料中甲醛含量的测定 乙酰丙酮分光光度法》GB/T 23993 规定的方法进行。"

第 3.5.1 条、第 3.5.2 条的条文说明：水性阻燃剂主要有溴系有机化合物阻燃整理剂（固含量不小于 55%）、聚磷酸铵阻燃整理剂（固含量不小于 55%）、聚磷酸铵阻燃剂和氨基树脂木材防火浸渍剂等，其中氨基树脂木材防火浸渍剂含有大量甲醛和氨水，不适合室内用。防水剂、防腐剂、防虫剂等处理中也有可能出现甲醛过量的情况，要对室内用水性处理剂加以控制。

水性处理剂中 VOC 含量不要求在工程过程中复验。

由于水性处理剂与水性涂料接近，故游离甲醛含量定为不大于 100mg/kg。测定方法按现行国家标准《水性涂料中甲醛含量的测定 乙酰丙酮分光光度法》GB/T 23993 的方法进行，与 GB 50325-2020 标准第 3.3.2 条保持一致。

第六节 其他材料

本节对未能进行归类，但在民用建筑工程中可能引起室内污染的若干种材料进行了氨和甲醛等释放量的规定，体现了 GB 50325-2020 标准修订过程的全面性和科学性。

（1）GB 50325-2020 标准第 3.6.1 条规定："民用建筑工程中所使用的混凝土外加剂，氨的释放量不应大于 0.10%，氨释放量测定方法应符合现行国家标准《混凝土外加剂中释放氨的限量》GB 18588 的有关规定。"

第 3.6.1 条条文说明：本条为强制性条文，必须严格执行。本条是对能释放氨的混凝土外加剂做出的规定，例如，混凝土外加剂中的防冻剂采用能挥发氨气的氨水、尿素、硝铵等后，建筑物内氨气严重污染的情况将会发生，有关部门已规定不允许使用这类防冻剂。混凝土外加剂中氨测定方法应符合现行国家标准《混凝土外加剂中释放氨的限量》GB 18588 的有关规定。

（2）GB 50325-2020 标准第 3.6.2 条规定："民用建筑工程中所使用的能释放氨的阻燃剂、防火涂料、水性建筑防水涂料氨的释放量不应大于 0.50%，测定方法宜符合现行行业标准《建筑防火涂料有害物质限量及检测方法》JG/T 415 的有关规定。"

第 3.6.2 条条文说明：随着室内建筑装修防火水平的提高，室内用织物和木材会进行阻燃剂处理，有可能释放氨气，应引起足够重视，有必要预防可能出现的室内阻燃剂挥发氨气造成的污染。

水性建筑防水涂料防水性能优良，易于施工，在工程中被广泛应用，然而，其中氨的释放也有可能会造成室内环境的污染。

（3）GB 50325-2020 标准第 3.6.3 条规定："民用建筑工程中所使用的能释放甲醛的混凝土外加剂中，残留甲醛的量不应大于 500mg/kg，测定方法应符合现行国家标准《混凝土外加剂中残留甲醛的限量》GB 31040 的有关规定。"

第 3.6.3 条条文说明：市场调查中发现，许多混凝土外加剂（减水剂）的主要成分是芳香族磺酸盐与甲醛的缩合物，若合成工艺控制不当，产品很容易大量释放甲醛，造成室内空气中甲醛的污染。因此，能释放甲醛的混凝土外加剂（减水剂）应对其游离甲醛含量进行控制。

（4）GB 50325–2020 标准第 3.6.4 条规定："民用建筑室内使用的黏合木结构材料，游离甲醛释放量不应大于 0.124mg/m³，其测定方法应符合本标准附录 B 的有关规定。"

第 3.6.4 条条文说明：黏合木结构所采用的胶粘剂可能会释放出甲醛，游离甲醛释放量不应大于 0.124mg/m³，其测定方法应按本标准附录 B 执行。

黏合木结构材料可以根据不同的功能特性要求，通过多层木板胶合定制，其强度高、尺寸稳定、阻燃、防腐，克服了天然木结构材料的缺陷，在巴黎戴高乐机场等著名工程中被大量采用。我国目前使用黏合木结构还比较少，尽管黏合木结构材料所用的胶粘剂会释放游离甲醛，但这种新型结构有其许多优点，预计今后会被大量应用，因此，先规定其游离甲醛释放量指标是适宜的。大尺寸的黏合木结构材料采用环境模拟测试舱法较为合适。

（5）GB 50325–2020 标准第 3.6.5 条规定："民用建筑室内用帷幕、软包等游离甲醛释放量不应大于 0.124mg/m³，其测定方法应符合本标准附录 B 的有关规定。"

（6）GB 50325–2020 标准第 3.6.6 条规定："民用建筑室内用墙纸（布）中游离甲醛含量限量应符合表 3.6.6 的有关规定，其测定方法应符合现行国家标准《室内装饰装修材料 壁纸中有害物质限量》GB 18585 的规定。"

室内墙纸（布）中游离甲醛限量如表 2-21 所示。

表 2-21 室内用墙纸（布）中游离甲醛限量（GB 50325–2020 标准表 3.6.6）

测定项目	限　　量		
	无纺墙纸	纺织面墙纸（布）	其他墙纸（布）
游离甲醛（mg/kg）	≤ 120	≤ 60	≤ 120

墙纸（布）又称壁纸（布），主要是以纸或布为基材，其他材料为面层，用于墙面或顶棚上的装饰装修材料，不包括墙毯及其他类似的墙挂。因其具有色彩多样、图案丰富、施工方便、价格适宜等特点，应用十分广泛。但墙纸（布）在生产过程中可能会有甲醛残留，因此有必要对墙纸（布）的游离甲醛进行控制。

（7）GB 50325–2020 标准第 3.6.7 条规定："民用建筑室内用聚氯乙烯卷材地板、木塑制品地板、橡塑类铺地材料中挥发物含量测定方法应符合现行国家标准《室内装饰装修材料 聚氯乙烯卷材地板中有害物质限量》GB 18586 的规定，其限量应符合表 3.6.7 的有关规定。"

聚氯乙烯卷材地板、木塑制品地板、橡塑类铺地材料中挥发物限量如表 2-22 所示。聚氯乙烯卷材地板弹性好、接缝少、耐污染、装饰效果好、价格便宜，非常适合学校、医院、候车室等室内地面装饰装修。聚氯乙烯卷材地板是用聚氯乙烯树脂加入各种添加剂后，涂压在玻璃纤维布、化学纤维无纺布或麻布等基材上加工而成，聚氯乙烯卷材地板中的树脂、添加剂和基材会释放出氯乙烯、增塑剂、基材处理剂等挥发物质，当挥发物含量过大时刺激性气味会有害人身健康，影响使用，有必要对聚氯乙烯卷材地板中挥发物含量进行控制。

表 2-22　聚氯乙烯卷材地板、木塑制品地板、橡塑类铺地
材料中挥发物限量（GB 50325–2020 标准表 3.6.7）

名　　　称		限量（g/m³）
聚氯乙烯卷材地板（发泡类）	玻璃纤维基材	≤75
	其他基材	≤35
聚氯乙烯卷材地板（非发泡类）	玻璃纤维基材	≤40
	其他基材	≤10
木塑制品地板（基材发泡）		≤75
木塑制品地板（基材不发泡）		≤40
橡塑类铺地材料		≤50

　　木塑制品地板是由木材等纤维材料同热塑性塑料分别制成加工单元，按一定比例混合后，经成型加工制成的地板。木塑地板兼具了木材与塑料的特性，防水、防潮、防火、颜色选择多样、可塑性强、安装简单、施工便捷，用途十分广泛。然而木塑制品地板从原材料到干燥加工，从二次加工到成品成形投入使用，各个阶段都有不同程度的有机挥发物的释放，因此有必要对木塑制品地板中挥发物含量进行控制。

　　橡塑类铺地材料由天然橡胶、合成橡胶或其他成分的高分子材料为主体材料组成，原材料以及加工过程中添加的各种助剂会释放出挥发性物质，当挥发物含量过大时刺激性气味会有害人身健康，影响使用，有必要对橡塑类铺地材料中挥发物含量进行控制。

　　（8）GB 50325–2020 标准第 3.6.8 条规定："民用建筑室内用地毯、地毯衬垫中 VOC 和游离甲醛的释放量测定方法应符合本标准附录 B 的有关规定，其限量应符合表 3.6.8 的规定。"

　　地毯、地毯衬垫中 VOC 和游离甲醛释放限量如表 2-23 所示。地毯步感舒适、装饰效果好，非常适合高级办公室、会议室、宾馆等室内地面装饰装修。地毯是用化学纤维或羊毛等麻布等基材上编织而成，通过加入阻燃剂、防虫剂、防静电剂等赋予地毯优良性能的同时，也引入了会释放挥发性有机化合物和游离甲醛等物质。会提高地毯弹性的地毯衬垫大多用橡胶制成，也会释放挥发性有机化合物。当挥发性有机化合物和游离甲醛含量过大时刺激性气味会有害人身健康，影响使用，有必要对地毯、地毯衬垫中挥发性有机化合物和游离甲醛含量进行控制。

表 2-23　地毯、地毯衬垫中 VOC 和游离甲醛释放限量（GB 50325–2020 标准表 3.6.8）

名称	测定项目	限量［mg/（m²·h）］
地毯	VOC	≤0.500
	游离甲醛	≤0.050
地毯衬垫	VOC	≤1.000
	游离甲醛	≤0.050

　　（9）GB 50325–2020 标准第 3.6.9 条规定："民用建筑室内用壁纸胶、基膜的墙纸（布）胶粘剂中游离甲醛、苯＋甲苯＋乙苯＋二甲苯、VOC 的限量应符合表 3.6.9 的有关规定，游离甲

醛含量测定方法应符合现行国家标准《建筑胶粘剂有害物质限量》GB 30982 的规定；苯 + 甲苯 + 乙苯 + 二甲苯测定方法应符合现行国家标准《建筑胶粘剂有害物质限量》GB 30982 的规定；VOC 含量的测定方法应符合现行国家标准《胶粘剂挥发性有机化合物限量》GB/T 33372 的规定。"

　　室内用墙纸（布）胶粘剂中游离甲醛、苯 + 甲苯 + 乙苯 + 二甲苯、VOC 限量如表 2-24 所示。民用建筑室内用壁纸胶、基膜的墙纸（布）胶粘剂中游离甲醛、苯 + 甲苯 + 乙苯 + 二甲苯、VOC 的测定方法与 GB 50325–2020 标准第 3.4 节保持一致。

表 2-24　室内用墙纸（布）胶粘剂中游离甲醛、苯 + 甲苯 +
乙苯 + 二甲苯、VOC 限量（GB 50325–2020 标准表 3.6.9）

测定项目	限　　量	
	壁纸胶	基膜
游离甲醛（mg/kg）	≤ 100	≤ 100
苯 + 甲苯 + 乙苯 + 二甲苯（g/kg）	≤ 10	≤ 0.3
VOC（g/L）	≤ 350	≤ 120

　　在墙纸（布）的施工过程中，会大量用到壁纸胶，有的还会用到基膜。基膜是一种涂布于底材的水性材料，用以防止由于底材多孔而导致壁纸被吸收得过多以及底层浸出物造成对壁纸胶或壁纸的不良影响。壁纸胶和基膜中的游离甲醛、苯 + 甲苯 + 乙苯 + 二甲苯、VOC 均会对人体健康造成影响，因此有必要对其进行控制。

第三章　工程勘察设计阶段的污染控制

工程勘察设计是工程项目进入实质阶段的第一步，对于控制民用建筑工程室内环境污染有着至关重要的作用。勘察资料是否详尽，对场地土壤氡情况是否掌握，采取措施是否得当，以及设计时选材是否合适，用量是否恰当，都会对室内环境污染控制产生很大影响，如能较好地贯彻执行 GB 50325–2020 标准提出的要求，后面的工作就好做一些。如果在设计阶段，没有把好关，后面的很多工作就难以做好。因此，工程设计阶段的工作做得如何，是贯彻实施 GB 50325–2020 标准的关键，关系到贯彻实施 GB 50325–2020 标准的成败。

我国建筑业发展史中，长期未把控制民用建筑工程室内环境污染作为工程设计的一项要求。与过去的设计概念相比，GB 50325–2020 标准给设计内容中增加了许多新内容，例如：设计人员要关注工程地点土壤中氡的浓度情况，如果土壤中氡的浓度高，要采取降氡工程措施；要根据民用建筑的分类，选用符合环境要求的建筑材料和装修材料，超过环境指标要求的材料不允许使用；工程竣工验收要进行室内环境污染现场检测，指标超过标准不允许投入使用等。所以，对于设计人员来说，提出民用建筑控制环境污染要求是个新问题。多数工程设计人员对新的设计要求和有关知识尚不熟悉，缺少专门研究。解决此问题没有别的办法，只能是抓紧学习新知识，尽快熟悉本标准。作为设计人员，如果对新情况、新要求不了解、不熟悉，将很难适应工作，不可避免地会发生各种问题。

GB 50325–2020 标准贯彻了工程建设全过程控制的原则，对于工程勘察设计中如何控制室内环境做出了一般规定，并对防氡问题及设计中的材料选择提出了若干强制性要求，以下将对这些问题进行说明。

第一节　工程勘察设计中的土壤氡污染控制

为了做好民用建筑土壤氡污染控制中的设计工作，设计人员要密切注意工程设计前的工程地质勘探工作，关注工程地点地下有无地质断层，掌握工程地点土壤中的氡浓度情况，应按照该工程地点土壤中的氡浓度高低，参照该工程的民用建筑类别分级，根据 GB 50325–2020 标准的有关规定，进行控制土壤氡污染的工程设计。

一、工程设计前应掌握工程地点土壤氡情况

GB 50325–2020 标准第 4.1.1 条为强制性条文，条文规定："新建、扩建的民用建筑工程，设计前应对建筑工程所在城市区域土壤中氡浓度或土壤表面氡析出率进行调查，并提交相应的调查报告。未进行过区域土壤中氡浓度或土壤表面氡析出率测定的，应对建筑场地土壤中氡浓度或土壤氡析出率进行测定，并提供相应的检测报告。"

GB 50325–2020 标准第 4.2.1 条规定："新建、扩建的民用建筑工程的工程地质勘察资

料，应包括工程所在城市区域土壤氡浓度或土壤表面氡析出率测定历史资料及土壤氡浓度或土壤表面氡析出率平均值数据。"

在勘察设计阶段，设计人员要密切注意工程设计前的工程地质勘探工作，关注工程地点地下有无地质断层，注意搜集当地区域放射性背景资料。当存在地质断层时，要掌握工程地点土壤中氡浓度情况。

GB 50325–2020 标准对于底层室内氡污染控制的一个主要着眼点就是土壤中的氡。地表土壤中的氡主要来自两个方面：地层深处和地表土壤中的长寿命放射性核素。地层深处的氡气或沿着缝隙向上扩散，或溶在地下水中随着地下水的流动而迁移，沿着缝隙向上涌动扩散，源源不断地补充地表土壤中的氡（地表土壤中的氡陆陆续续向地表空气中扩散同时发生着）。地表土壤中的长寿命放射性核素 ^{226}Ra（^{238}U 的衰变产物）等在衰变过程中，会不断地释放出氡气。放射性核素 ^{226}Ra 衰变释放的氡气多少，与土壤中放射性核素 ^{226}Ra 的含量有关。

我国环境保护部门曾于 20 世纪 80 年代末组织全国各省市对国土范围的天然环境放射性状况进行调查，各省市按 25km×25km 网格布点的土壤中天然放射性核素含量已有据可查，在城市市区范围做了 2km×2km 网格布点的土壤中天然放射性核素的含量调查，可以说，全国国土范围内的土壤中天然放射性核素含量已基本清楚。在这次全国性调查中，还做了陆地 γ 辐射水平调查，其中包括建筑物内 γ 辐射剂量率调查，此项调查与土壤中天然放射性核素含量调查，两者相互印证，数据可靠。我国部分省市地表土壤中的长寿命放射性核素含量数值见表 3-1。

表 3-1 我国部分省市地表土壤中的长寿命放射性核素含量（Bq/kg）

区域	^{238}U	^{232}Th	^{226}Ra	^{40}K	陆地 γ 剂量率（$10^{-8}Gy/h$）
河南省	33.8	50.6	28.2	576.2	6.14
山东省	33.5	45.2	30.3	671.0	5.67
武汉市	—	66.4	43.8	513.8	5.78
安徽省	42.1	52.89	41.3	553	5.66
贵州省	45.8	41.4	70.7	305.1	6.43
浙江省	46.3	63	43.0	711	7.23
辽宁省	27	37.4	36.7	676	6.12
联合国推荐	10～50（25）	7～50（25）		100～700（370）	—

从表 3-1 中可以看出，各省市地表土壤中的长寿命放射性核素含量没有大的差别，如果将这种一般性土壤作为建筑材料使用，并按建筑材料的放射性指标限值要求（^{226}Ra 比活度≤200Bq/kg），那么，一般性土壤的长寿命放射性核素含量远低于建筑材料的放射性指标限值。资料表明，一般性土壤中自身产生的氡，浓度一般在 3 000Bq/m³ 以上（土壤中），浓度高低随风化成土壤的岩石成分而异。

氡是一种无化学活性的惰性气体，穿透性很强。国内外大量实测资料表明，工程地点土壤中的氡，对建筑物的室内氡浓度影响很大。而土壤中的氡，除了由所在地土壤本身所含的放射性物质释放外，往往与地质断层密切相关：地下地质断层总是富集氡气的地方，那里富集的氡气会经地下缝隙或地下水的向上涌动而源源不断地向地表移动，造成地表土壤中氡气的明显增加，并能达到一般非地质断层区域的几倍、几十倍，甚至更多。氡在土壤中扩散情况，受多方面因素影响：地下裂缝深浅、走向、土质密实程度、潮湿程度、地下水深浅及流动情况等，均是氡气在地下扩散范围和程度的影响因素。因此，地下有地质断层的地方，土壤中氡浓度高的可能性就大，实际情况可以通过实测得知。这也就是本标准规定必须进行现场实测的原因。

从防氡降氡角度出发，工程设计关心的地面范围，仅限于可能影响到建筑物室内环境的地面区域，包括建筑物基础所占有的地面部分，以及工程设计中与建筑物相沟通的各种地下通道、地下管线预留沟槽、孔洞等所占有的地面部分等。只要这些通道、沟槽、孔洞与建筑物相连，那么，其中的氡气就可能相互串通，最终渗入建筑物室内，并造成氡污染。因此，建筑物施工所涉及的这些地面区域，设计人员均应对其土壤中氡浓度情况给予关注。

土壤中氡与地上空气中的氡有密切关系，这方面资料不多，以下是河南郑州、云南个旧、山东青岛的土壤氡调查资料的简介：

（一）郑州市土壤中氡调查

郑州市此项研究的环境及室内氡测量，是在土壤工作基础上进行的。全区共布测点391个，布点原则是在土壤氡高异常区适当加密，同时在正常区域选择一、二个点进行测量，以便于成果解释。

该项研究在城市中进行土壤氡气的面积测量时，测点布置受密集的建筑影响，难以按正规的网格状布置，只能因地而异，根据城市道路分布状况沿路按一定距离布点测量。郑州市环境氡情况测量结果见表 3-2。

表 3-2　郑州市区环境氡日变化特点

地点	时间	氡气浓度（Bq/m³）	字体 α 潜能（J/m³）
河南省地科所门前	1996 年 11 月 5 日 9 时	41.3	7.5×10^{-8}
	1996 年 11 月 5 日 16 时	21.24	5.4×10^{-8}
	1996 年 11 月 19 日 9 时	31.74	2.36×10^{-8}
	1996 年 11 月 19 日 11 时 20 分	45.43	3.19×10^{-8}
	1996 年 11 月 19 日 12 时 40 分	20.65	2.5×10^{-8}
	1996 年 11 月 19 日 13 时 30 分	17.35	2.3×10^{-8}
	1996 年 11 月 19 日 14 时 40 分	21.12	2.5×10^{-8}
郑州某大学工会门前	1996 年 11 月 21 日 9 时	11.45	2.24×10^{-8}
	1996 年 11 月 21 日 10 时 20 分	14.75	2.7×10^{-8}
	1996 年 11 月 21 日 11 时 30 分	20.65	2.6×10^{-8}
河南省环保局辐射站门前	1996 年 12 月 17 日 8 时至 9 时	27.14	2.02×10^{-8}
	1996 年 12 月 17 日 11 时至 12 时	29.38	2.07×10^{-8}
	1996 年 12 月 17 日 14 时 30 分	16.52	1.74×10^{-8}
	1996 年 12 月 17 日 16 时 20 分	17.94	2.1×10^{-8}

从表 3-2 可以看出，上述三个地点空气中氡浓度一般上午高于下午，11 点左右可达到最高值，而后开始逐步降低。

土壤地表下（60cm 处）氡与环境氡关系。所选环境氡测定点，均测量过土壤中氡浓度，这几个点有的土壤中氡浓度高，有的低，一般环境氡浓度与土壤中氡浓度呈相关性，见表 3-3，如河南省地科所、郑州某大学土壤氡浓度高，环境中的氡浓度相应也高；而土壤中氡浓度较低的河南省地矿厅、郑州化学制药厂，环境氡浓度相应也低。

表 3-3　郑州市区土壤及环境氡浓度

地点	土壤氡浓度（Bq/m³）	环境氡浓度（Bq/m³）	备注
河南省地科所	7 000 ~ 22 500	5 ~ 31	上午
郑州某大学	13 750 ~ 27 000	14 ~ 20	上午
河南省环保局辐射站	11 000 ~ 22 000	27 ~ 29	上午
河南省地矿厅	1 100 ~ 3 800	9.2	上午
郑州化学制药厂	300 ~ 2 200	10	上午

（二）青岛市环境氡浓度分布规律研究

青岛市位于海阳 – 青岛断裂带东侧、崂山岩体的西南角。区内有多条 NE 向断裂穿过，构成该区的构造框架，为氡的运移提供了良好的通道；出露岩石的岩性主要为崂山花岗岩。区内表层土壤主要为花岗岩风化土壤。土壤层虽不太厚，一般为 400 ~ 500mm，但仍适合开展土壤氡气测量。土壤中放射性元素铀、镭含量见表 3-4。由表 3-4 中数据可见，该区土壤中铀与镭基本处于平衡状态，铀含量明显高于世界土壤铀含量的平均值（1.8×10^{-6}），但低于花岗岩平均铀含量，表明该区花岗岩风化成土壤过程中有部分铀流失。

表 3-4　青岛市土壤铀、镭含量

样号	²³⁸U	²²⁶Ra	U、Ra 平衡系数
1	2.7×10^{-6}	1.10×10^{-6}	1.207
2	2.3×10^{-6}	9.38×10^{-7}	1.180
3	2.7×10^{-6}	9.60×10^{-7}	1.046
4	2.5×10^{-6}	9.44×10^{-7}	1.106
5	3.1×10^{-6}	1.06×10^{-6}	0.993

大多数测点的氡浓度都在 1 000 ~ 4 000Bq/m³ 范围内，测量结果的变化趋势基本一致。青岛市土壤氡浓度整体偏低，虽然青岛市处在崂山花岗岩之上，土壤中放射性元素铀、镭含量偏高，但是土壤层不厚且疏松，氡气的储气条件不好，加上氡浓度很低的海风对近地表土壤中氡气的稀释作用，使青岛市土壤氡浓度整体水平不高，而只在构造线附近偏高。室内空气中氡主要来自房屋地基土壤中的氡，构造线附近的氡浓度普遍较高，这是因为断裂是氡元素运移的主要通道。

（三）云南省个旧地区氡测量研究

个旧是我国肺癌发病率最高的地区之一。个旧地区85%以上面积为山区、半山区。该项研究在进行土壤中氡气浓度测量的同时，野外采集的土样经加工后，进行室内γ能谱U、Th、Ra、K分析。结果表明，本区土壤中具有较高的氡浓度，土壤平均氡浓度比全球土壤平均值（7 000Bq/m³）高出了2.3倍，最高值为60倍，但该地区最低值仅为416Bq/m³。个旧地区从区域上看，氡浓度的分布范围与铀元素的分布范围相吻合，有些区域铀元素含量不高，但土壤氡浓度仍然很高，原因在于该区域地下岩层裂隙节理十分发育。

为进行土壤氡方面的进一步专题研究，建设部于2003年设立了《土壤氡检测技术研究》科技攻关课题，由河南省建筑科学研究院组织管理，牵头单位是核工业北京地质研究院。课题设置以下研究内容：①对国外"土壤氡—室内空气氡浓度的关联性"研究资料进行调研，即调研发达国家（美、苏联、欧盟等）进行国土土壤氡调查的技术资料，以及为防止室内氡危害而制定的有关标准、规定等；②调查国内土壤氡浓度历史资料（核工业系统、地矿系统、原国土资源部系统），争取绘制全国土壤氡浓度分布图，粗略统计全国（或部分地区）土壤氡浓度平均值，提出需进行工程处理的土壤氡异常值限量值（或倍数）；③组织了全国18个城市（地区）（东、西、南、北、中）参加，对当地进行网格化土壤氡浓度测量（每地方50~100个测点，统一检测布点方案、统一检测仪器和检测方法），实际考察全国土壤氡浓度情况；④地下水位表浅地区土壤氡检测方法及检测仪器研制（以发现土壤氡浓度异常值为目标）。课题分设以下5个子课题：①"国外土壤氡检测"子课题组，该子课题牵头单位是核工业北京地质研究院。②"国内土壤氡浓度检测资料汇总、整理、研究"子课题组，该子课题牵头单位是核工业航测遥感中心。③全国18个城市土壤氡本底调查子课题组，被调查的地区有：上海（浦东）、昆山、温州、广州、深圳、兰州、大连、邢台、郑州、烟台、徐州、石家庄、通化、太原、杭州、舟山、西宁、镇江。为保证检测调查质量，事先制订了工作方案，统一检测仪器和检测方法，收集当地土壤镭、钍、钾含量资料（环保部门）和地质构造资料。课题牵头单位是昆山市建设工程质量检测中心，技术负责单位是清华大学工程物理系。④"表浅土壤氡异常检测方法研究"子课题组，该项目由苏州大学负责，核工业航测遥感中心配合。⑤改进型的FD-3017土壤氡检测仪研制，负责单位是上海申核电子仪器有限公司。

在上述工作基础上，本标准对勘察设计阶段的土壤氡污染控制做出以下规定：

GB 50325-2020标准第4.2.2条规定："已进行过土壤中氡浓度或土壤表面氡析出率区域性测定的民用建筑工程，当土壤氡浓度测定结果平均值不大于10 000Bq/m³或土壤表面氡析出率测定结果平均值不大于0.02Bq/（m²·s），且工程场地所在地点不存在地质断裂构造时，可不再进行土壤氡浓度测定；其他情况均应进行工程场地土壤氡浓度或土壤表面氡析出率测定。"

GB 50325-2020标准第4.2.3条规定："当民用建筑工程场地土壤氡浓度不大于20 000Bq/m³或土壤表面氡析出率不大于0.05Bq/（m²·s）时，可不采取防氡工程措施。"

GB 50325-2020标准第4.2.4条规定："当民用建筑工程场地土壤氡浓度测定结果大于20 000Bq/m³，且小于30 000Bq/m³，或土壤表面氡析出率大于0.05Bq/（m²·s）且小于0.1Bq/（m²·s）时，应采取建筑物底层地面抗开裂措施。"

GB 50325–2020 标准第 4.2.5 条规定："当民用建筑工程场地土壤氡浓度测定结果不小于 30 000Bq/m³ 且小于 50 000Bq/m³，或土壤表面氡析出率不小于 0.1Bq/（m²·s）且小于 0.3Bq/（m²·s）时，除采取建筑物底层地面抗开裂措施外，还必须按现行国家标准《地下工程防水技术标准》GB 50108 中的一级防水要求，对基础进行处理。"

GB 50325–2020 标准第 4.2.6 条规定："当民用建筑工程场地土壤氡浓度不小于 50 000Bq/m³ 或土壤表面氡析出率平均值不小于 0.3Bq/（m²·s）时，应采取建筑物综合防氡措施。"

GB 50325–2020 标准第 4.2.7 条规定："当 I 类民用建筑工程场地土壤中氡浓度平均值不小于 50 000Bq/m³ 或土壤表面氡析出率不小于 0.3Bq/（m²·s）时，应进行工程场地土壤中的镭 –266、钍 –232、钾 –40 比活度测定。当土壤内照射指数（I_{Ra}）大于 1.0 或外照射指数（I_γ）大于 1.3 时，工程场地土壤不得作为工程回填土使用。"

以上第 4.2.4 条 ~ 第 4.2.6 条皆为强制性条文，必须严格执行。

一般情况下，民用建筑工程地点的土壤氡测定目的在于发现土壤氡浓度的异常点。本标准中所提出的几个档次土壤氡浓度限量值（10 000Bq/m³、20 000Bq/m³、30 000Bq/m³、50 000Bq/m³）考虑了以下因素：

（1）从郑州市 1996 年所做的土壤氡调查中，发现土壤氡浓度达到 15 000Bq/m³ 左右时，该地点地面建筑物室内氡浓度接近国家标准限量值；土壤氡浓度达到 25 000Bq/m³ 左右时，该地点地面建筑物室内氡浓度明显超过国家标准限量值。我国部分地方的调查资料显示，当土壤氡浓度达到 50 000Bq/m³ 左右时，室内氡超标问题已经突出。从这些资料出发，考虑到不同防氡措施的不同难度，将采取不同防氡措施的土壤氡浓度极限值分别定为 20 000Bq/m³、30 000Bq/m³、50 000Bq/m³。

（2）在一般数理统计中，可以认为偏离达到平均值（7 300Bq/m³）2 倍（即 14 600Bq/m³，取整数 10 000Bq/m³）为超常，3 倍（即 21 900Bq/m³，取整数 20 000Bq/m³）为更超常，作为确认土壤氡明显高出的临界点，符合数据处理的惯例。

（3）参考了美国对土壤氡潜在性危害性的分级：1 级为小于 9 250Bq/m³，2 级为 9 250 ~ 18 500Bq/m³，3 级为 18 500 ~ 27 750Bq/m³，4 级为大于 27 750Bq/m³。

（4）参考了瑞典的经验：高于 50 000Bq/m³ 的地区定为"高危险地区"，并要求加厚加固混凝土地基基础和地基下通风结构。GB 50325–2020 标准将必须采取严格防氡措施的土壤氡浓度极限值定为 50 000Bq/m³。

（5）参考了俄罗斯的经验：将 45 年来积累的 1.8 亿个氡原始数据，以 50 000Bq/m³ 为基线，圈出全国氡危害草图。经比例尺逐步放大的氡测量后发现，几乎所有大范围的室内高氡均落在 50 000Bq/m³ 等值线内，说明 50 000Bq/m³ 应是土壤（岩石）气氡可能造成室内超标氡的限量值。

大量资料表明，土壤氡来自土壤本身和深层的地质断裂构造两方面，因此，当土壤氡浓度高到一定程度时，需分清两者的作用大小，此时进行土壤天然放射性核素测定是必要的。对于 I 类民用建筑工程而言，当土壤的放射性内照射指数（I_{Ra}）大于 1.0 或外照射指数（I_γ）大于 1.3 时，原土再作为回填土已不合适，也没有必要继续使用，而采取更换回填土的办法，简便易行，有利于降低工程成本。也就是说，I 类民用建筑工程要求采用放射性内照射指数（I_{Ra}）不大于 1.0、外照射指数（I_γ）不大于 1.3 的土壤作为回填土使用。

土壤氡水平高时，为阻止氡气通道，可以采取多种工程措施，但相较而言，采取地下防水工程的处理方式最好。因为这样既可以防氡又可以防止地下水，事半功倍，降低成本。另外，地下防水工程措施有成熟的经验，可以做得很好。只有当土壤氡浓度特别高时，才要求采取综合的防氡工程措施。在实施防氡基础工程措施时，要加强土壤氡泄漏监测，保证工程质量。

GB 50325-2020 标准第 4.2.2 条所说"区域性测定"，系指某城市、某开发区等城市区域性土壤氡水平实测调查，由于这项工作涉及建设、规划、国土等部门，是一项基础性科研工作，因此，宜专门立项，组织相关技术人员参加，最后调查成果应经过科技鉴定并发表，以保证其权威性。GB 50325-2020 标准所说"民用建筑工程场地土壤氡测定"系指建筑物单体所在建筑场地的土壤氡浓度测定。

二、工程设计应包含土壤氡污染控制内容

民用建筑工程设计中，涉及室内氡污染控制的设计要求，是按照三方面情况考虑决定的：一是按照该工程地点土壤中氡浓度高低程度。二是参照该工程的民用建筑类别分级，Ⅰ类民用建筑要求的严格一些，Ⅱ类要求的松一点，不同类别的建筑，验收标准不一样。三是依据 GB 50325-2020 标准中的有关规定，防氡地下工程设计类同于防水工程设计，主要是因为地下土壤中的氡进入室内的主要途径是缝隙，因此，只要做好了防地面开裂，做好进入室内管线空洞的密封和工程基础部分的防水设计，也就基本做好了地下防氡设计。由于《新建低层住宅建筑设计与施工中氡控制导则》GB/T 17785-1999 已经废止，所以，当土壤氡浓度特别高时，要求采取综合防氡工程措施，所谓"综合防氡工程措施"可参照现行行业标准《民用建筑氡防治技术规程》JGJ/T 349 的要求进行，主要考虑了通过"疏导"和"封堵"两方面的措施来达到防氡的目的。

《民用建筑氡防治技术规程》JGJ/T 349 摘要如下：

4.0.1 新建、扩建的民用建筑工程应依据建筑场地土壤氡浓度或土壤表面氡析出率的检测结果按表 4.0.1 的要求进行氡防治工程设计。

表 4.0.1　土壤分类及氡防治工程设计要求

土壤类别	土壤氡浓度（Bq/m³）	土壤表面氡析出率〔Bq/（m²·s）〕	设计要求
一	≤ 20 000	≤ 0.05	可不采取防土壤氡工程措施
二	>20 000 且 <30 000	>0.05 且 <0.1	应采取建筑物底层地面抗裂及封堵不同材料连接处、管井及管道连接处等措施
三	≥ 30 000 且 <50 000	≥ 0.1 且 <0.3	除采取类别二要求的措施外，地下室应按现行国家标准《地下工程防水技术规范》GB 50108 的有关规定进行一级防水处理
四	≥ 50 000	≥ 0.3	采取综合建筑构造防土壤氡措施

注：表中土壤类别系按土壤氡浓度范围或者相应的土壤表面氡析出率范围划分。

4.0.2　改建的民用建筑工程应对原建筑进行室内氡浓度检测，依据检测结果采取氡防治措施。

4.0.3　3 层建筑物以下氡的防治措施应包括土壤氡防治和建筑材料释放的氡防治；3 层及以上可只对建筑材料释放的氡进行防治。

4.0.4　当按现行国家标准《民用建筑工程室内环境污染控制规范》GB 50325 划分为 Ⅰ 类民用建筑工程场地的土壤氡浓度大于或等于 50 000Bq/m³，或土壤表面氡析出率大于或等于 0.3Bq/（m²·s）时，应进行工程场地土壤中的镭 –226、钍 –232、钾 –40 比活度检测。当内照射指数（I_{Ra}）大于 1.0 或外照射指数（I_γ）大于 1.3 时，工程场地土壤不得作为工程回填土使用。

4.0.5　工程场地为二类、三类土壤的民用建筑，与土壤直接接触的室内地面应采用混凝土地面，严禁采用土地面、砖地面。混凝土厚度不应小于 80mm，并应采取抗裂构造措施。

4.0.6　工程场地为四类土壤的民用建筑，氡防治工程设计采用的构造措施应符合表 4.0.6 的有关规定。

表 4.0.6　综合建筑构造防土壤氡措施

建筑形式	综合建筑构造防土壤氡措施
一层架空	地上建筑可不采取其他措施
无地下室、无架空、无空气隔离间层	1　一层及二层应封堵氡进入室内的通道，包括裂缝、不同材料连接处、管井及管道连接处等； 2　一层采用防氡涂料墙面、防氡复合地面； 3　在地基与一层地板之间设膜隔离层或土壤减压法； 4　一层及二层安装新风换气机（图 4.0.6-1）
无地下室、无架空、有空气隔离间层	1　一层及二层封堵氡进入室内的通道，包括裂缝、不同材料连接处、管井及管道连接处等； 2　一层采用防氡涂料墙面及防氡复合地面； 3　一层及二层安装新风换气机（图 4.0.6-2）
有地下室	1　地下室及一层封堵氡进入室内的通道，包括裂缝、不同材料连接处、管井及管道连接处等； 2　地下室及一层采用防氡复合地面及墙面防氡涂料； 3　地下室采用机械通风； 4　地下室采取一级防水处理（图 4.0.6-3）

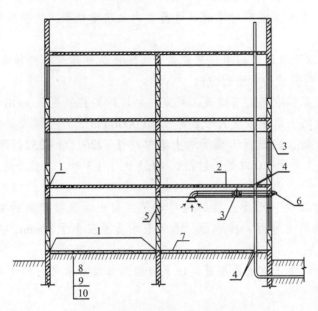

图 4.0.6-1   无地下室、无架空、无空气隔离间层综合建筑构造防土壤氡措施示意

1—不同材料交接处封堵；2—封堵楼板裂缝；3—新风换气机；4—设备管及安装密封；

5—防氡涂料；6—防雨风帽；7—防氡复合地面；8—细石混凝土地面；

9—膜隔离层；10—素土夯实

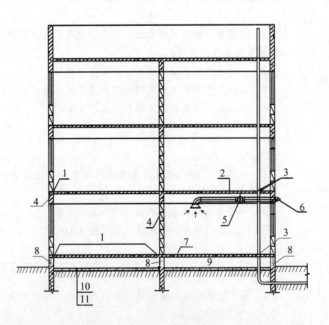

图 4.0.6-2   无地下室、无架空、有空气隔离间层综合建筑构造防土壤氡措施示意

1—不同材料交接处封堵；2—封绪楼板裂缝；3—设套管及安装密封；4—防氡涂料；5—换气机；

6—防雨风帽；7—防氡复合地面；8—通风口；9—空气隔离间层；

10—细石混凝土；11—素土夯实

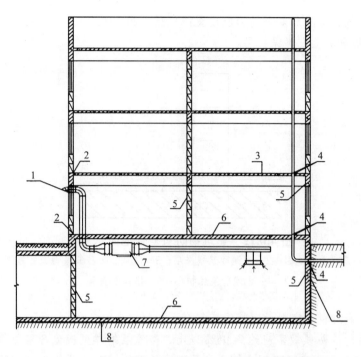

图 4.0.6-3　有地下室综合建筑构造防土壤氡措施示意

1—防风雨帽；2—不同材料交接处封堵；3—封堵楼板裂缝；4—设套管及安装密封；

5—防氡涂料；6—防氡复合地面；7—排风机；8——级防水

4.0.7　新建、扩建和改建的民用建筑氡防治工程设计应符合下列规定：

1　非采暖地区宜将建筑一层设计为架空层；

2　无地下室、无架空层建筑宜在地基与一层之间设空气隔离间层，空气隔离间层高度不宜大于 900mm，空气隔离间层四周应设通气口并保证气流畅通，通气口应加设防雨水措施；

3　与土壤直接接触的室内地面应封堵土壤氡进入室内的各种通道，包括暴露的土壤、与土壤接触的排水沟、地漏、管道、管道周边的孔隙以及地板、墙面的裂缝等部位；用于封堵土壤氡进入室内的密封材料的抗老化、延展率及与混凝土粘接强度等性能应符合本规程第 4.0.13 条。

4.0.8　地下商场及其他有人员长时间停留的地下空间除采取一级防水处理和抗裂构造措施以外，必须采用机械通风系统，其氡浓度限量值应小于 200Bq/m³。

4.0.9　工程设计采用机械通风方式降氡时，通风换气次数应符合现行国家标准《民用建筑供暖通风与空气调节设计规范》GB 50736 的有关规定。

4.0.10　夏热冬冷地区、寒冷地区、严寒地区的Ⅰ类民用建筑工程需要长时间关闭门窗使用时，房间宜配置机械通风换气设施。

4.0.11　加气混凝土砌块和空心率（孔洞率）大于 25% 的建筑材料表面氡析出率不应大于 0.01Bq/（m²·s）。建筑材料表面氡析出率测量方法应符合本规程附录 A 的规定。抽检批次应符合现行国家标准《蒸压加气混凝土砌块》GB 11968 的有关规定。

4.0.12　民用建筑工程防氡复合地面应设置防氡层（图 4.0.12），防氡层施工前应对基层进行找平，并在防氡层上设置保护层。

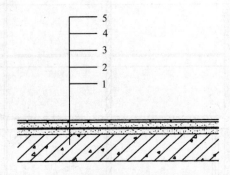

图 4.0.12　建筑物防氡复合地面示意图

1—混凝土楼地面；2—水泥砂浆找平层；3—防氡层（防氡涂料或防氡膜）；
4—水泥砂浆保护层；5—楼地面面层

4.0.13　建筑防氡材料及密封材料性能应符合下列规定：

　　1　防氡材料的防氡效率应达到 95% 以上，防氡层的厚度应为 3 倍防氡材料有效扩散长度且不超过 10mm，建筑防氡涂料、防氡膜的氡有效扩散长度的检测方法应符合本规程附录 B 的规定；

　　2　防氡涂料及密封材料用于内墙、顶棚及楼地面工程时，物理力学性能应符合现行行业标准《弹性建筑涂料》JG/T 172 的有关规定；

　　3　防氡层兼作地下工程内防水时，可选用涂膜或卷材类防水材料，并应符合现行国家标准《地下工程防水技术规范》GB 50108 的有关规定。

4.0.14　采用防氡涂料防氡时，内墙面打底腻子应采用弹性腻子，其动态抗裂性应符合现行行业标准《建筑外墙用腻子》JG/T 157 的有关规定，其他性能应符合现行行业标准《建筑室内用腻子》JG/T 298 的有关规定。

三、GB 50325–2020 标准对土壤氡浓度、土壤氡析出率测定要求

　　土壤氡对室内影响不可忽视，因此，许多西方发达国家开展了国土上土壤氡的普遍调查，特别是在城市发展规划地区（这方面资料公开发表的不多），测试土壤氡所使用的方法大体相同。通过测量土壤中的氡气探知地下矿床，是一种经典的探矿方法。原核工业部（现核工业总公司）出于勘查铀矿的需要，一直把测量土壤中氡浓度作为一种探矿手段使用，并制订了《氡及其子体测量标准》EJ/T 605–91。核地质探矿中，在进行土壤中氡浓度调查时，执行这一标准。

　　在绝对不改变土壤原来状态的情况下，测量土壤中的氡气浓度是十分困难的，有些情况下几乎无法实现，这是因为土壤往往黏结牢固，缝隙很小（耕作层、沙土例外），其中存留的空气十分有限，取样测量难以进行。现在发展起来的测量方法，均系在土壤中创造一个空间以聚集氡气，然后要么放入测量样品（如乳胶片，这样氡衰变的 α 粒子会在胶片

上留下痕迹，然后从痕迹数目的多少可以推算出土壤中的氡浓度），要么使用专用工具从形成的空洞中抽取气体样品，再测量样品的放射性强度，依此推断土壤中氡浓度。前者方法简单，无须高档测量仪器，费用低，但测量周期过长（一般15天以上），在工程实践中使用困难。后者测量过程便捷，所需费用也不算太多，但却要破坏土壤的原来状态，因此，严格来讲，后者只能算是一种相对近似测量。既然是相对性近似测量，那么，测量过程中就必须严格控制成孔条件，标准操作，每一次测量程序要高度一致，方能保证数据的可靠性和可比性。

使用专用工具从土壤孔洞中抽吸气体样品，再测量样品的放射性强度，依此推断土壤中氡浓度这种方法，国内外均有现成的可用仪器。

在 GB 50325-2020 标准附录 C 中，规定的土壤中氡浓度及土壤表面氡析出率测试方法主要内容如下：

C.1　土壤中氡浓度测定

C.1.1　土壤中氡气的浓度宜采用少量抽气—静电收集—射线探测器法或采用埋置测量装置法进行测量。

C.1.2　测试仪器性能指标应符合下列规定：

　　1　不确定度不应大于 20%（$k=2$）；

　　2　探测下限不应大于 400Bq/m^3。

C.1.3　应查阅建筑工程的规划设计资料及工程地质勘察资料，测量区域范围应与该建筑工程的地质勘察范围相同。

C.1.4　在工程地质勘察范围内布点时，应以间距 10m 作网格，各网格点应为测试点，当遇较大石块时，可偏离 ±2m，但布点数不应少于 16 个。测量布点应覆盖单体建筑基础工程范围。

C.1.5　少量抽气—静电收集—射线探测器法测量时，在每个测试点，应采用专用工具打孔，孔的深度宜为 500～800mm。

C.1.6　少量抽气—静电收集—射线探测器法测量时，成孔后，应使用头部有气孔的特制的取样器，插入打好的孔中，取样器在靠近地表处应进行密闭，大气不应渗入孔中，然后进行抽气测量，抽气测量宜接续进行 3～5 次，第一次抽气测量数据应舍弃，测量值应取后几次测量平均值。

C.1.7　采用埋置测量装置法进行测量时，应根据仪器性能和测量实际需要成孔。

C.1.8　取样测试时间宜在 8：00～18：00，现场取样测试工作不应在雨天进行，当遇雨天时，应在雨后 24h 后进行。工作温度应为 -10～40℃；相对湿度不应大于 90%。

C.1.9　现场测试应有记录，记录内容应包括测试点布设图、成孔点土壤类别、现场地表状况描述、测试前 24h 以内工程地点的气象状况等。

C.1.10　土壤氡浓度测试报告的内容应包括取样测试过程描述、测试方法、土壤氡浓度测试结果等。

C.2　土壤表面氡析出率测定

C.2.1　土壤表面氡析出率测定仪器设备应包括取样设备、测量设备。取样设备的形状应为盆状，工作原理应分为被动收集型和主动抽气采集型两种。现场测量设备应符合下列规定：

1 不确定度不应大于20%；

2 探测下限不应大于0.01Bq/（m² · s）。

C.2.2 测量步骤应符合下列规定：

1 在测量建筑场地按20m为间距在建筑场地网格布点，布点数不应少于16个，应于网格点交叉处进行土壤氡析出率测量。工作温度应为 −10~40℃；相对湿度不应大于90%。

2 测量时，应清扫采样点地面，去除腐殖质、杂草及石块，把取样器扣在平整后的地面上，并应用泥土对取样器周围进行密封，准备就绪后，开始测量并开始计时（T）。

3 土壤表面氡析出率测量过程中，应符合下列规定：

1）使用聚集罩时，罩口与介质表面的接缝处应进行封堵；

2）被测介质表面应平整，各个测量点测量过程中罩内空间的容积不应出现明显变化；

3）测量时间等参数应与仪器测量灵敏度相适应，一般为1~2h；

4）测量应在无风或微风条件下进行。

C.2.3 被测地面的氡析出率应按下式进行计算：

$$R = \frac{N_t \cdot V}{S \cdot T} \tag{C.2.3}$$

式中：R——土壤表面氡析出率 $[Bq/（m^2 \cdot s）]$；

N_t——经历 T 时刻测得的罩内氡浓度（Bq/m^3）；

S——聚集罩所罩住的介质表面的面积（m^2）；

V——罩聚集罩所罩住的罩内容积（m^3）；

T——罩测量经历的时间（s）。

C.3 城市区域性土壤氡水平调查方法

C.3.1 测点布置应符合下列规定：

1 在城市区域应按 2km×2km 网格布置测点，部分中小城市可按 1km×1km 网格布置测点。因地形、建筑等原因测点位置可偏移，不宜超过200m；

2 每个城市测点数量不应少于100个；

3 宜使用 1:50 000~1:100 000 或更大比例尺地形（地质）图和全球卫星定位仪（北斗或GPS），确定测点位置并应在图上标注。

C.3.2 调查方法应符合下列规定：

1 调查前应制订方案，准备好测量仪器和其他工具。仪器在使用前应进行标定，当使用两台或两台以上仪器进行调查时，所用仪器宜同时进行标定。工作温度应为 −10~40℃；相对湿度不应大于90%。

2 测点定位：调查测点位置应用北斗或GPS定位，同时应对地理位置进行简要描述。

3 测量深度：调查打孔深度应统一定为 500~800mm，孔径应为 20~40mm。

4 测量次数：每一测点应重复测量三次，且以算术平均值作为该点氡浓度，或每一

测点在 $3m^2$ 范围内打三个孔，每孔测一次求平均值。

5 其他测量要求和测量过程中需要记录的事项应按本标准附录 C.1 执行。

C.3.3 调查的质量保证应符合下列规定：

1 仪器使用前应按仪器说明书检查仪器稳定性。

2 使用两台以上仪器工作时应检查仪器的一致性，两台仪器测量结果的相对标准偏差应小于 25%。

3 应挑选 10% 左右测点进行复查测量，复查测量结果应反映在测量原始数据表中。

C.3.4 城市区域土壤氡调查报告的主要内容应包括下列内容：

1 城市地质概况、土壤概况、放射性本底概况；

2 测点分布图及测点布置说明；

3 测量仪器、方法介绍；

4 测量过程描述；

5 测量结果，包括原始数据、平均值、标准偏差等，如有可能绘制城市土壤浓度等值线图；

6 测量结果的质量评价，包括仪器的日常稳定性检查、仪器的标定和比对工作、仪器的质量监控图制作等。

（一）土壤中氡浓度测试注意事项

由于土壤中氡浓度测定目前尚无国家标准，所以，GB 50325-2020 标准附录 C 只是根据核工业行业标准《氡及其子体测量标准》EJ/T 605-91 及全国 18 城市土壤氡浓度水平调查的体会，结合工程实际需要提出的一个概要。土壤氡测量仪器需在野外作业，因此，对温度、湿度环境条件要求较高。

1. 为了提高检测数据的可靠性和准确性，可采取以下措施

（1）检测工作开始前，应对检测仪器进行比对和核查，观察仪器数据是否有异常变化，以确定仪器是否处于正常工作状态，必要时可使用 α 标准源。

（2）每一测点进行多次测量，降低测量数据的不确定度。

（3）使用 FD3017 等需人工抽取气体样本的仪器时，应注意匀速提升抽气装置，速度不应太快。

（4）周围环境里电磁辐射等因素的干扰可能造成的数据异常波动，测试人员应能根据经验进行判别，必要时进行复测。

（5）定期进行测量仪器的校准和检定以及期间核查。

取样器深入地表土壤的深度太深，将加大测试工作的难度；太浅，土壤中氡含量易受大气环境影响，不足以反映深部情况。参照《氡及其子体测量标准》EJ/T 605-91 及地质探矿经验，一般情况下取 500 ~ 800mm 较为适宜。考虑到采样管道空腔体内采样气体体积的需要，采样孔径的直径也不宜太大，以 20 ~ 40mm 较为适宜。

2. 工程现场取样布点密一点自然好，可以测仔细一些，但考虑到以下情况，确定以 10m 网格测量取样

（1）一般情况下，同一建筑场地内土壤的天然成分不会有大的起伏，按 10m 网格取样应具代表性。

（2）如果地下有地质构造，其向上扩散氡气应有相当范围，一般不会只集中在地面和小一点地方，因此，按 10m 网格取样应可以发现问题。

（3）在能满足工作要求的情况下，布点不必过密，尽量减少工作量，以减轻企业负担。据了解，一个熟练人员进行现场取样测量，大体 10min 可以完成一个测点，一般工程项目，1 天内可以完成室外作业。

附录 C 要求布点数目不能少于 16 个，主要是考虑到多点取样测量更接近实际，更具代表性。"布点位置应覆盖基础工程范围"这一要求是为了重点了解基础工程范围内土壤中氡浓度情况，因为基础工程范围内土壤中氡对建筑物未来室内氡污染影响最大。

3. 测试操作注意事项

（1）附录 C 要求，应采用专用工具打孔。专用工具打孔可以保证成孔过程快捷、大小合适，利于专用取样器抽取样品，利于保持取样条件的一致性。

（2）成孔后的取样操作要连贯进行，熟练快捷，一气呵成，主要是为了避免大气混入。在现场实际中，总要先通过一系列不同抽气次数的实验，观察测量数据的变化，选择并确定最佳抽气次数后，再正式进行取样测试。现场工作人员经多次现场工作后会积累经验，进一步丰富和标准现场操作。

（3）现场取样测试工作不应在雨天进行，如遇雨天，应在雨后 24h 后进行。土壤中氡浓度随地下水情况、地温、数据的可对比性，最好一个工程项目范围内的取样测试在一天内完成。由于下雨将改变土壤的多方面情况，应暂停工作，待土壤里外情况稳定下来（应按一天一夜后处理）再可开始工作。

（二）土壤表面氡析出率测试注意事项

氡在土壤中的浓度决定于诸多与土壤特性相关的物理参数，如土壤镭含量，土壤粒径大小、成土矿石的类型以及孔隙度、渗透性和射气系数等。此外，土壤氡浓度还随土壤深度呈指数增长。气压、气温等天气和气候因素也可能影响土壤氡浓度。而地表氡析出率除了与土壤氡浓度密切相关以外，还必须考虑氡在析出过程中的扩散、对流、吸收和吸附等复杂作用的影响，而且，地表氡析出率相比土壤氡浓度而言更容易受地表状况和外界气象因素的影响，如气温气压梯度、降雨和地表风速等。

土壤中的氡分为自由氡（也称游离氡）和束缚氡两部分。自由氡是指存在于土壤孔隙、裂隙之中并在自然条件下也能参与扩散、对流，与外界交换的那部分氡；束缚氡是指被牢牢地束缚在土壤颗粒内部，不能参与扩散、对流，不与外界交换的那部分氡。土壤中自由氡和束缚氡的总和，称为土壤氡的总量。单位体积土壤中的自由氡的数量（以 Bq 为单位）除以单位体积土壤中孔隙的总体积，即为土壤氡的孔隙浓度，通常意义的土壤氡浓度均为土壤氡的孔隙浓度。在铀 - 镭均匀分布的土壤层中，从表层到土壤深部，氡的浓度随深度增加而增加了，也就是趋于饱和了，这时的氡浓度称为土壤氡的饱和浓度。

土壤氡的保存度是表征土壤氡保存能力的物理参数。土壤中的自由氡并不能百分之百地保存在土壤中，有相当一部分被释放到地面以上的大气中，越接近地表，被释放到大气中的比例就越高。为了定量地描述这一现象，就引入了保存度的概念。在这里，土壤氡的保存度定义为：地下 500mm 深处的土壤中自由氡的孔隙浓度与土壤中氡的饱和浓度之比。比如，保存度为 30%，就是在地下 500mm 深的土壤中，自由氡的 30% 被保存下来，70% 被释放到地面以上的大气中。

土壤氡的保存度取决于土壤氡的扩散系数 K。K 值大，表明土壤的透气性好，土壤自由氡易于排放到大气中去，从而使得氡的保存度减小；相反，K 值小，表明土壤的透气性差，土壤自由氡的保存度即相应增大。不同类型的土壤。虽然铀镭含量相差不大，但是由于土壤氡保存条件的差别，可以导致土壤氡的浓度相差很大。土壤氡的饱和浓度乘以土壤氡的保存度即为土壤氡浓度。通常意义上的土壤氡浓度是指土壤中自由氡的浓度。

引起自由氡运移的作用主要有扩散和对流作用两种，扩散作用是由于热运动，气体分子由浓度高的地方向浓度低的地方迁移，氡的扩散作用是氡迁移的一种重要机理，尤其在土壤的浅部层位来说，由于其紧邻空—地界面，氡的扩散作用更是氡向上迁移的主导作用，如图 3-1 所示。

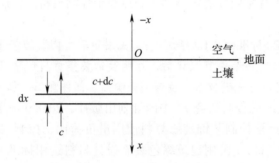

图 3-1　氡的稳定运移

在测量土壤氡气的过程中，由于氡气的半衰期是 3.8 天，相对测量时间较长，主要考虑氡气的扩散作用。地下垂直地面方向，氡的稳定运移方程：

$$C=\frac{A}{\lambda\eta}+\left(C_0-\frac{A}{\lambda\eta}\right)\exp\left(-\frac{\sqrt{V^2+4\lambda D\eta}-V}{2D}\cdot X\right) \tag{3-1}$$

式中：V——氡源层中氡的对流速度（cm/s）；

　　　D——氡的扩散系数（cm²/s）；

　　　η——氡源介质孔隙度；

　　　X——深度（cm）；

　　　C_0——氡源层与介质的界面处氡浓度；

　　　λ——氡的衰变常数（s⁻¹）；

　　　A——氡源层产生的活动氡。

根据计算，氡在聚集罩开始罩着被测地面时，氡气浓度曲线在开始时呈现逐步上升过程，经过一段时间聚集，应该趋向于一条直线。

我国南方部分地区地下水位浅（特别是多雨季节），难以进行土壤氡浓度测量。有些地方土壤层很薄，基层全为石头，同样难以进行土壤氡浓度测量。这种情况下，可以使用测量氡析出率的办法了解地下氡的析出情况。

由于聚集罩内氡浓度到一定时间后就达到平衡，不再呈线性增加，所以一定要确定好合适的测量时间，避免由于测量时间过长造成检测结果数据偏低。

第二节　工程勘察设计中的污染控制预评估与材料选择

控制建筑材料和装修材料的污染物释放量是实现民用建筑工程室内环境污染控制的主要手段。

事实上，几乎所有的建筑装修材料都会产生室内环境污染问题，要彻底解决室内环境污染问题，应从控制建材放射性污染和化学污染两方面入手，对民用建筑工程及装修工程做全过程控制，即严格控制从勘察、设计、材料选择开始，到施工及竣工验收各个环节的环境污染指标。

选用适合工程需要的材料是工程设计的任务之一，也是工程设计人员必须注意的核心问题。控制民用建筑工程室内环境污染的核心点在于控制材料，实质内容是选用合适的材料，并控制材料使用量。

（1）GB 50325–2020标准第4.1.2条规定："民用建筑室内装饰装修设计应有污染控制措施，应进行装饰装修设计污染控制预评估，控制装饰装修材料使用量负荷比和材料污染物释放量，采用装配式装修等先进技术，装饰装修制品、部件宜工厂加工制作、现场安装。"

《中国室内环境概况调查与研究》（中国计划出版社，2018.9）表明，控制室内装饰装修污染的关键措施是严格控制装饰装修材料使用量负荷比、控制材料污染物释放量，以及保持必要的通风换气量，《民用建筑绿色装修设计材料选用标准》T/CECS 621–2019对装修材料选用有具体要求，并提供了室内装饰装修污染控制预评估具体估算方法。另外，为减少装饰装修造成的现场大量湿材料污染，可采用装饰装修一体化设计，选择标准化、集成化、模块化的装饰装修材料/制品，推广装配式装修，避免污染严重的湿式现场作业。

选用既适合于工程需要又符合有关要求的建筑材料和装修材料，是工程设计的任务之一。选材是室内装修设计中控制室内环境污染的中心环节。《民用建筑绿色装修设计材料选用标准》T/CECS 621–2019对装修材料选用及污染控制预评估有具体要求，摘要如下：

3.0.3　室内通风应符合现行国家标准《民用建筑供暖通风与空气调节设计规范》GB 50736的有关规定。自然通风的通风换气次数不应小于0.5次/h，达不到换气次数时应采取机械通风换气措施。

3.0.4　室内装饰装修设计应控制装饰装修材料使用量负荷比和材料污染物释放量，宜采用工厂加工制作的装饰装修制品和部件，现场进行装配式安装和施工。

3.0.5　装饰装修选用的材料应进行室内污染物释放量或污染物含量抽查复验。

3.0.7　装饰装修设计应根据房间功能要求选用装饰装修材料和制品，宜选用带装饰面的、预制的材料和制品，不宜采用人造木板及复合地板。

5.0.2　材料选用预评估应以甲醛作为室内污染物表征物，室内甲醛浓度预评估值不应大于设计限量值。

5.0.3　材料选用预评估应按以下步骤进行：

1 应依据室内甲醛浓度设计限量值，按本标准附录 A 计算出装饰装修材料总使用量负荷比；

2 应依据装饰装修设计选用的材料和装饰装修材料总使用量负荷比及房间功能要求，分解计算各类装饰装修材料使用量负荷比；

3 应按确定的各类装饰装修材料使用量负荷比选用各类装饰装修材料；

4 各类装饰装修材料应进行甲醛释放量（含量）实验室测定；

5 应依据各类装饰装修材料甲醛释放量（含量）测定值，按本标准附录 B、附录 C、附录 D、附录 E、附录 F、附录 G，计算出装饰装修材料甲醛释放量（含量）计算值；

6 应按下式（5.0.3）计算预评估室内甲醛浓度计算值；

$$c_{估} = \sum (s_{i计} \cdot n_i) \qquad (5.0.3)$$

式中：$c_{估}$——预评估室内甲醛浓度计算值（mg/m³）；

　　$s_{i计}$——第 i 种装饰装修材料甲醛释放量计算值；

　　n_i——第 i 种装饰装修材料使用量负荷比。

7 应依据预评估室内甲醛浓度计算值，按本标准附录 H 得出预评估室内甲醛浓度值；

8 应将预评估室内甲醛浓度值与甲醛浓度设计限量值进行对比，预评估室内甲醛浓度值不大于设计限量值，为合格设计；

9 预评估室内甲醛浓度值大于设计限量值时为不合格设计，应采取以下措施进行修改：

1）应减少装饰装修材料种类或各类材料使用量负荷比；

2）应重新设计选用装饰装修材料，并进行材料选用预评估；

3）当室内通风换气达不到 0.5 次 /h 时，应增加无动力或有动力通风换气设施。

关于预评估方法，GB 50325-2020 标准在第 5.0.2 条、5.0.3 条的条文说明中做了进一步说明。

第 5.0.2 条的条文说明：根据《中国室内环境概况调查与研究》资料，一段时间以来，装饰装修后甲醛超标问题突出，社会反响强烈。可挥发有机化合物（VOC）装饰装修后超标问题也很突出，社会反响同样强烈。在确定材料选用预评估以什么污染物作为表征污染物时，考虑到 VOC 成分复杂，检测比较困难，况且，从全国调查资料看，VOC 与甲醛两者之间存在微弱的正相关性，因此，为了简化计算，选甲醛作为室内环境污染物表征物，即以甲醛浓度水平作为污染控制目标进行设计计算。

第 5.0.3 条的条文说明：室内环境污染是各类装修材料共同作用的结果。按照现行国家相关标准规定，各类装饰装修材料污染物释放量（含量）测定方法不同、使用的计量单位不同、限量值也不同，但在装饰装修使用时部分要求是相同的，即这些材料的污染物释放量（含量）均必须达到有关材料标准限量值要求。《中国室内环境概况调查与研究》提供的结论中，当装饰装修材料的甲醛释放量 $s_{测}$ 以（0.08mg/m³）/（m²/m³）为单位，n 以（1.0m²/m³）为单位时，室内甲醛浓度 c 为（0.08mg/m³）。据此，在进行装饰装修设计预评估时，为便于装饰装修设计者预评估计算，将各类装饰装修材料的污染物释放量（含量）实验室测量值、对照换算为预评估计算值计算出室内甲醛浓度计算值，室内甲醛浓度计算值再换算为以（mg/m³）为单位的甲醛浓度。

按照《民用建筑绿色装修设计材料选用标准》T/CECS 621–2019 材料选用预评估计算步骤举例如下：

1. Ⅰ类民用建筑 A1 型装饰装修设计（无预留高温污染净空间）预评估

（1）查表 4.1.1 Ⅰ类民用建筑 A1 型绿色装饰装修（无预留高温污染净空间）室内甲醛浓度设计限量值为 0.04mg/m³。

（2）查附录 A 甲醛浓度设计限量值 0.04mg/m³ 对应的装饰装修材料总使用量负荷比为 0.50。

（3）以装饰装修材料总使用量负荷比 0.50 为基本控制参数，根据房间功能及装饰装修设计要求，确定使用的各类装饰装修材料及使用量负荷比。

（4）对选用的各类装饰装修材料进行甲醛释放量（含量）实验室测定，根据测量值分别查附录 B、附录 C、附录 D、附录 E、附录 F、附录 G 确定甲醛释放量计算值，并将各类装饰装修材料使用量负荷比按式（5.0.3）计算出预评估室内甲醛浓度计算值，查附录 H 得出预评估室内甲醛浓度值，与室内甲醛浓度设计限量值 0.04mg/m³ 对比，预评估室内甲醛浓度小于或等于 0.04mg/m³，为合格设计。

（5）预评估室内甲醛浓度值大于 0.04mg/m³，应采取以下措施进行修改：

1）减少装饰装修材料种类或使用量负荷比；

2）重新设计选用装饰装修材料，并应进行材料选用预评估；

3）当室内通风换气达不到 0.5 次 /h 时，应增加无动力或有动力通风换气设施。

2. Ⅱ类民用建筑 A2 型装饰装修设计（有预留高温污染净空间）预评估

（1）查表 4.1.2 Ⅱ类民用建筑 A2 型装饰装修（有预留高温污染净空间）室内甲醛浓度设计限量值为 0.06mg/m³。

（2）查附录 A 甲醛浓度设计限量值 0.06mg/m³ 对应的装饰装修材料总使用量负荷比为 0.75。

（3）以装饰装修材料总使用量负荷比 0.75 为基本控制参数，根据房间功能及装饰装修设计要求，确定使用的各类装饰装修材料使用量负荷比。

（4）对选用的各类装饰装修材料进行甲醛释放量（含量）实验室测定，根据测量值分别查附录 B、附录 C、附录 D、附录 E、附录 F、附录 G 确定甲醛释放量计算值，并将各类装饰装修材料使用量负荷比按式（5.0.3）计算出预评估室内甲醛浓度计算值，查附录 H 得出预评估室内甲醛浓度，与室内甲醛浓度设计限量值 0.06mg/m³ 对比，预评估室内甲醛浓度小于或等于 0.06mg/m³，为合格设计。

（5）预评估室内甲醛浓度大于 0.06mg/m³，应采取以下措施进行修改：

1）减少装饰装修材料种类或使用量负荷比；

2）重新设计选用装饰装修材料，并应进行材料选用预评估；

3）当室内通风换气达不到 0.5 次 /h 时，应增加无动力或有动力通风换气设施。

通风是消除室内环境污染的有效方法，因此，装修设计中，一定要按照建筑设计通风的标准要求进行。特别是在大开间改为小开间的装修设计中，对小开间的通风状况要进行重新计算，凡达不到建筑设计通风要求的，应采取必要措施，保证小开间的通风需要。

室内装修设计较多的是家庭室内装修设计。虽然家庭室内装修大多数不纳入社会管理，但作为室内装修设计人员，切不可掉以轻心，应本着对业主负责的精神，按照标准的有关规定，将防止室内环境污染的有关情况向业主说清楚，并提出设计要求。

在进行室内装修设计时，遇到以下两种情况，需考虑进行样板间测试的必要性：同一设计方案用于多数套房时（具体数量需酌情考虑）；室内装修中使用板材数量大，使用涂料、胶粘剂数量大且材料档次不高等情况出现时。设计单位应根据具体情况提出意见，如有必要，可向施工单位做出说明，并提出建议，或与施工单位协商，最后由施工单位决定。

（2）GB 50325-2020 标准第 4.3.1 条为强制性条文，条文规定："Ⅰ类民用建筑室内装饰装修采用的无机非金属装饰装修材料放射性限量必须满足现行国家标准《建筑材料放射性核素限量》GB 6566 规定的 A 类要求。"无机非金属建筑装饰装修材料按照放射性限量可分为 A 类装修材料、B 类装饰装修材料，限量值与现行国家标准《建筑材料放射性核素限量》GB 6566 一致。对Ⅰ类民用建筑工程必须严格要求，因此，Ⅰ类民用建筑只允许使用 A 类无机非金属装饰装修材料。

（3）GB 50325-2020 标准第 4.3.2 条规定："Ⅱ类民用建筑宜采用放射性符合 A 类要求的无机非金属装饰装修材料；当 A 类和 B 类无机非金属装饰装修材料混合使用时，每种材料的使用量应按下列公式计算：

$$\sum f_i \cdot I_{Rai} \leqslant 1.0 \qquad (4.3.2\text{-}1)$$
$$\sum f_i \cdot I_{\gamma i} \leqslant 1.3 \qquad (4.3.2\text{-}2)$$

式中：f_i——第 i 种材料在材料总用量中所占的质量百分比（%）；

I_{Rai}——第 i 种材料的内照射指数；

$I_{\gamma i}$——第 i 种材料的外照射指数。"

提倡Ⅱ类民用建筑也使用 A 类材料。当 A 类材料和 B 类材料混合使用时（实际中很可能发生），应按公式计算的 B 类材料用量掌握使用，不要超过，以便保证总体效果等同于全部使用 A 类材料。

第 4.3.2 条实际上就是要求Ⅰ类建筑只能使用 A 类建筑装修材料，人们对这一点是可以接受的。对于Ⅱ类建筑物，要求就灵活一些；最好采用 A 类建筑装修材料，但也允许使用 B 类建筑装修材料，只是对于使用 B 类材料的数量有一定的限制。实际上，总的效果是按照全部使用 A 类材料来比活度值，掌握使用 B 类材料的量。在工程实践中，除非使用部分 B 类材料十分必要的场合，且数量有限的话（如宾馆大堂讲究的花岗岩地板图案拼接时，使用有限的花色华丽的 B 类建筑装修材料等），无须仔细计算，是会符合要求的。因为，一般情况下，实际使用的 A 类建筑装修材料的放射性比活度总是距离限量有不小的差值，这也就为小量使用 B 类建筑装修材料留了一定的空间。

（4）GB 50325-2020 标准第 4.3.3 条规定："民用建筑室内装饰装修采用的人造木板及其制品、涂料、胶粘剂、水性处理剂、混凝土外加剂、墙纸（布）、聚氯乙烯卷材地板、地毯等材料的有害物质释放量或含量，应符合本标准第 3 章的规定。"

（5）GB 50325-2020 标准第 4.3.4 条规定："民用建筑室内装饰装修时，不应采用聚乙烯醇水玻璃内墙涂料、聚乙烯醇缩甲醛内墙涂料和树脂以硝化纤维素为主、溶剂以二甲苯为主的水包油型（O/W）多彩内墙涂料。"

聚乙烯醇水玻璃内墙涂料、聚乙烯醇缩甲醛内墙涂料或以硝化纤维素为主的树脂，以二甲苯为主溶剂的 O/W 多彩内墙涂料，施工时挥发大量甲醛和苯等有害物，对室内环境造成严重污染。我国部分地区已将其列为淘汰产品，可以用低污染的水性内墙涂料替代。

（6）GB 50325-2020 标准第 4.3.5 条规定："民用建筑室内装饰装修时，不应采用聚乙烯醇缩甲醛类胶粘剂。"聚乙烯醇缩甲醛胶粘剂甲醛含量较高，若用于粘贴壁纸等材料，释放出大量的甲醛迟迟不能散尽，市场上已经有低污染的胶可以替代。

（7）GB 50325-2020 标准第 4.3.6 条规定："民用建筑室内装饰装修中所使用的木地板及其他木质材料，严禁采用沥青、煤焦油类防腐、防潮处理剂。"这一条为强制性条文，必须严格执行。沥青类防腐、防潮处理剂会持续释放出污染严重的有害气体，故严禁用于室内木地板及其他木质材料的处理。

（8）GB 50325-2020 标准第 4.3.7 条规定："Ⅰ类民用建筑室内装饰装修粘贴塑料地板时，不应采用溶剂型胶粘剂。"GB 50325-2020 标准第 4.3.8 条规定："Ⅱ类民用建筑中地下室及不与室外直接自然通风的房间粘贴塑料地板时，不宜采用溶剂型胶粘剂。"溶剂型胶粘剂粘贴塑料地板时，胶粘剂中的有机溶剂会被封在塑料地板与楼（地）面之间，有害气体迟迟散发不尽。Ⅰ类民用建筑室内地面承受负荷不大，粘贴塑料地板时可选用水性胶粘剂。Ⅱ类民用建筑工程中地下室及不与室外直接自然通风的房间，难以排放溶剂型胶粘剂中的有害溶剂，故在能保证塑料地板黏结强度的条件下，尽可能采用水性胶粘剂。

（9）GB 50325-2020 标准第 4.3.9 条规定："民用建筑工程中，外墙采用内保温系统时，应选用环保性能好的保温材料，表面应封闭严密，且不应在室内装饰装修工程中采用脲醛树脂泡沫材料作为保温、隔热和吸声材料。"内保温墙面应选用环保型保温材料并封闭严密，脲醛树脂泡沫塑料价格低廉，但作为室内保温、隔热、吸声材料时会持续释放出甲醛气体，故应尽量避免使用脲醛树脂泡沫塑料。

第三节　工程设计中的通风要求

一、GB 50325-2020 标准有关规定

通风对于改善室内环境，降低室内污染物浓度有着显著作用。近年来，由于通风不好造成室内污染物浓度超标的案例屡见不鲜，所以 GB 50325-2020 标准勘察设计章节中细化了对通风设计的要求：

（1）GB 50325-2020 标准第 4.1.3 条规定："民用建筑室内通风设计应符合现行国家标准《民用建筑设计统一标准》GB 50352 的有关规定；采用集中空调的民用建筑工程，新风量应符合现行国家标准《民用建筑供暖通风与空气调节设计规范》GB 50736 的有关规定。"本条明确了采用集中空调的民用建筑工程的新风量要求。

（2）GB 50325-2020 标准第 4.1.4 条规定："夏热冬冷地区、严寒及寒冷地区等采用自然通风的 Ⅰ类民用建筑最小通风换气次数不应低于 0.5 次/h，必要时应采取机械通风换气措施。"足够的新风量及良好的空气品质是人身健康的基本要求，同时也是提供良好空气品质的有效技术手段。夏热冬冷地区、寒冷地区、严寒地区等采用自然通风的 Ⅰ类民用建筑

最小通风换气次数应大于 0.5 次 /h，本条文参考了国家标准《民用建筑供暖通风与空气调节设计规范》GB 50736-2012 第 3.0.6 条第 1 款。通风措施大体可分为主动式和被动式两类，主动式通常为机械送、排风系统，被动式可采用自力式排风扇或无动力通风器等，无动力通风器可选用窗式通风器、外墙通风器等形式。

自然通风建筑最小通风换气次数测定可以参照采用现行国家标准《公共场所卫生检验方法　第 1 部分：物理因素》GB/T 18204.1-2013 中的示踪气体法。

二、有关背景资料

目前住宅使用空调的普遍情况是，为了节约能耗，大多数人使用空调时门窗紧闭，注重于室内空气的温度等热舒适性，全然不知在如此封闭的状态下，各种污染物正在悄悄地蓄积，当超过人体的耐受力时可直接危害健康。

（一）《中国室内环境概况调查与研究》中相关资料

1. 15 个城市调查资料

2014 年调查统计的 15 个城市的Ⅰ类建筑自然通风的 1 360 个房间，门窗直观密封情况分为：良、一般、差。

按照"自然通风—完工 3 个月内—关闭门窗 1 ~ 3h—20 ~ 30℃"四种条件下进行"房间密封性（现场直观观察分级：良、一般、差 3 级）—甲醛浓度相关性"统计，符合条件的房间样本量共 337 个。统计显示：

"良"：280 个，室内甲醛浓度平均值 0.17mg/m³；

"一般"：35 个，室内甲醛浓度平均值 0.15mg/m³；

"差"：22 个，室内甲醛浓度平均值 0.13mg/m³。

统计结果说明：密封严密的室内甲醛浓度高，密封程度差的室内甲醛浓度低（由于影响室内污染物积累的因素很多，显然本统计十分粗糙，只能定性说明问题）。

2. 现场"示踪气体法"实测住宅通风换气率

从 2015 年至 2016 年 12 月，天津市建筑材料科学研究院、浙江省建筑科学设计研究院有限公司、福建省建筑科学研究院、昆山市建设工程质量检测中心、广东省建筑科学研究院、珠海工程建设质量检测站 6 家单位，使用 CO_2 示踪剂测量方法，分别对天津、杭州、福州、昆山、广州、珠海等地住宅（个别办公室）的 130 个自然通风房间（多数为卧室）进行了通风换气率现场实测。

（1）调查样本选择条件：

——自然通风住宅建筑；根据情况，选取部分办公楼样本（注意：有中央空调房间不作为本次调查样本）。每单位完成 20 个房间（或套）以上的测试调查。

——以近 3 ~ 5 年新建成的建筑为主。

——尽量选择不同小区、不同材质的对外门窗住户。

——样本以房间（指自然间：卧室、书房等）的自然换气次数测试调查为主，有条件可测试整套房的自然换气次数（作为对照研究用）。

（2）测试方法及步骤：

调查测试过程中保持门窗关闭状态；按照《公共场所卫生检验方法　第1部分：物理因素》GB/T 18204.1–2013［示踪气体为 CO_2 或 SF_6，推荐采用 CO_2（实施比较简便）］的有关规定。操作步骤如下：

1）测试前准备：

①记录要素：在测试地点窗户外测定室外示踪气体本底值、室内示踪气体本底值、室外风速、风向（按大体与住户外窗垂直、斜向、平行、不明确四种状况记录）、大气压、温度、湿度、记录门窗材质（断桥、塑钢、铁、铝等）、开关方式（推拉、平开等）、直观密封程度（良好、一般、差等）等。

②室内空气量测定：

——用直尺测量自然间长度、宽度、高度，算出自然间内容积。

——用直尺测量自然间内物品（桌、沙发、柜、床、箱等）的总体积。

——按下式计算自然间内空气量：

$$M = M_t - M_i \tag{3-2}$$

式中：M——自然间内空气量（m^3）；

　　M_t——自然间内容积（m^3）；

　　M_i——自然间内物体总体积（m^3）。

2）释放示踪气体测定：

①关闭门窗，在自然间内均匀地释放示踪气体，同时用电风扇混合 3～5min 将示踪气体（CO_2）混合均匀至 2.0～4.0g/m^3（SF_6 为 0.5～1.0g/m^3）后，即开始测试。

②取样检测点设置在自然间中央，距测试自然间地面高度为 1.5m 左右（或在自然间四周以梅花状布点，至少设置 5 个取样检测点）。

③测试过程（持续采测时间）不得少于 30min，最长为 60min。

④示踪气体 CO_2 的测试采用二氧化碳测定仪，仪器性能应稳定（可不做计量检定及计量校准）；示踪气体 SF_6 的测试可按《公共场所室内换气率测定方法》GB/T 18204.19–2000 中的附录进行。

（3）平均值法自然通风换气次数计算：

1）CO_2 示踪气体：

$$A = [\ln(c_0 - c_a) - \ln(c_t - c_a)]/t \tag{3-3}$$

式中：A——平均自然换气次数（h^{-1}）；

　　c_a——自然间示踪气体 CO_2 本底浓度（mg/m^3）；

　　c_0——测量开始时示踪气体 CO_2 浓度（mg/m^3）；

　　c_t——时间为 t 时示踪气体 CO_2 浓度（mg/m^3）；

　　t——测定时间（h）。

2）SF_6 示踪气体：

$$A = (\ln c_0 - \ln c_t)/t \tag{3-4}$$

式中：A——平均自然换气次数（h^{-1}）；

　　c_0——测量开始时示踪气体 SF_6 浓度（mg/m^3）；

c_t——时间为 t 时示踪气体 SF_6 浓度（mg/m^3）；

t——测定时间（h）。

（4）质量保证：

1）在风力小于 4 级天气条件下进行（和风、微风、无风）。

2）测试过程中，房间中应尽量减少留守检测人员，少走动，人员与仪器传感器至少保持 1m 的距离，以免影响测试结果。

3）电扇吹动 3～5min 即可将示踪气体混合均匀；开始测试时一定得关掉电扇。

4）当使用示踪气体 CO_2 时，发现 CO_2 浓度稳定后，即抓紧开始，记录起始浓度。建议随后检测人员迅速撤离，等 30min 后快速进入记录最后浓度（即 t 时的示踪气体浓度）。

5）尽量不要选择自然间内有物品的样本进行调查测试。若选择了自然间内有物品的样本进行调查测试时，尽可能地开启物品部件，让示踪气体进入内部，以免影响检测结果。

6）测试房屋中的自然间样本时，其余房屋的对外门窗不宜对外打开，以免自然通风下影响测试结果。

被调查房间情况汇总：铝窗稍多（有 62 个房间），塑钢窗次之（有 50 个房间）；窗多为平开方式（平开 97 个，推拉 15 个）；大部分为木门（木门 90 个），少量塑钢、金属门（金属、玻璃等 22 个）；直观门密封情况良好（少量密封一般，无密封差情况）。

房屋建成年限分布见表 3-5。可以看出，本次调查代表的是近年建成建筑的情况。

表 3-5 房屋建成年限分布

房屋建成年限（年）	1	2	3	4	5	6	7	8～9	10～11	12～13	14～15	16～17
房间数量（个）	76	11	3	4	9	4	4	0	0	0	0	2

测试过程中室外风力情况见表 3-6。可以看出，本次调查基本在轻风情况下进行，因此，所得数据可以代表非大风情况下的情况。

表 3-6 测试过程中室外风力情况

室外风级	0——无风	1——软风	2——轻风	3——微风	4——和风	5——劲风	6——强风
风速（m/s）	0～0.2	0.3～1.5	1.6～3.3	3.4～5.4	5.5～7.9	8～10.7	10.8～13.8
房间数量（个）	10	29	27	12	12	10	4

（5）现场实测调查表明：

1）测试过程中室外风向与门窗平行、垂直、斜向及方向不明确的情况均大体相同，与通风换气率相关性不明显。

2）门窗材质（铝、塑钢等）与通风换气率相关性不明显。

3）门窗开关方式（平开、推拉等）与通风换气率相关性不明显。

4）房间数按通风换气率大小分布汇总见表 3-7。

表 3-7　房间数按通风换气率大小分布

通风换气率（次 /h）	0	0.10	0.20	0.30	0.40	0.50	0.60	0.70
房间数量（个）	0	6	20	26	24	13	7	7
通风换气率（次 /h）	0.80	0.90	1.0	1.1	1.2	1.3	1.4	1.5
房间数量（个）	2	2	1	3	0	1	0	2
通风换气率（次 /h）	1.6	1.7	1.8	1.9	—	—	—	—
房间数量（个）	2	0	1	1	—	—	—	—

可以看出，约 70% 房间的通风换气率在 0.2～0.5 次 /h（与现场直观评价门窗密封"良"的约 70% 一致）；通风换气率在 1.0 次 /h 及以上的房间数占比约为 10%；房间的通风换气率在 0.6 次 /h 及以上的房间数占比为 26%；房间的通风换气率在 0.5 次 /h 及以上的房间数占比约为 30%；房间的通风换气率在 0.4 次 /h 及以上的房间数占比约为 60%，如表 3-8 所示。

表 3-8　房间数占比按房间的通风换气率大小分布

通风换气率（次 /h）	≥1	≥0.6	>0.5	>0.4
房间数量占比（%）	10	26	30	60

房间的通风换气率集中分布在 0.3 次 /h 附近，代表值可以取 0.3～0.4 次 /h。

（二）在用住宅实测数据（见图 3-2）

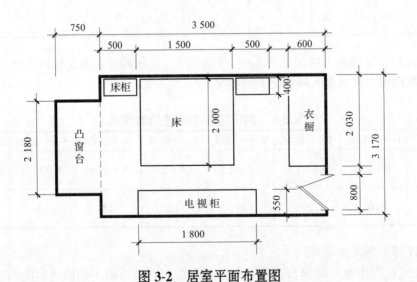

图 3-2　居室平面布置图

实验现场位于上海浦东某住宅小区的五楼（该住宅共十一层），建筑主体为混凝土框架结构，墙体材料为轻型加气砌块，室内已装修，放置木家具。该居室的建筑材料和装饰材料均经放射性检测，结果合格，室内除人呼吸以外，无其他 CO_2 的来源。

居室为单开门、双扇推拉窗，房间面积为 12.74m²，居室内净容积（扣除家具后）为 27.18m³，装有挂壁式空调 1.5 匹，实验时开启空调，室内温度约为 24℃

（1）测试设备。Airboxx 型室内空气质素监测仪，配置能够实时连续监测室内空气中二氧化碳、一氧化碳、温度及湿度，美国 KD Engineering 公司生产；RAD7 型 α 能谱氡气检测仪，美国 Durridge 公司生产。

（2）测试内容。

测试一：居室主人在关闭门窗状态下休息时，观察室内二氧化碳、氡浓度的变化。采用示踪气体法测量居室在关闭门窗状态下的室内小时换气率为 25%。测量时间是从晚上 22：00 至次日早晨 7：00，居室主人（健康成年人）关闭门窗休息，共 9h。测量居室内二氧化碳浓度变化，检测周期 15min/ 次，同时测量居室内氡浓度变化，检测周期 40min/ 次。

测试二：将居室窗缝用胶带密封后，观察室内氡浓度的变化。采用示踪气体法测量此时居室室内小时换气率为 10%。测量时间是从晚上 22：00 至次日早晨 7：00，无人居住，共 9h。测量居室内氡浓度变化，检测周期 40min/ 次。

（3）测试结果。

测试一：室内二氧化碳浓度变化（在此期间室外二氧化碳浓度约为 0.04%）见图 3-3，室内氡浓度变化见图 3-4。

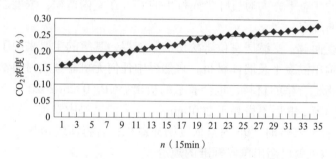

图 3-3 9h 睡眠时 CO_2 浓度变化

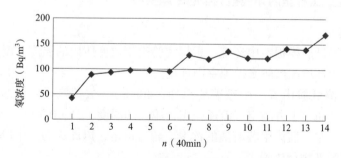

图 3-4 9h 睡眠时氡浓度变化

从图 3-3、图 3-4 中分别看出，人在休息的 9h 期间，居室内二氧化碳浓度从 0.14% 升高至 0.28%，浓度提高了一倍，氡浓度从 42Bq/m³ 上升到 168Bq/m³，浓度提高了 126Bq/m³，二氧化碳和氡均蓄积明显，空气品质明显下降。

测试二：室内氡浓度变化见图 3-5。

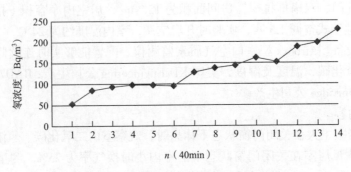

图 3-5　窗缝密封后 9h 氡浓度变化

从图 3-5 中看出，同一个居室在提高其门窗的密封性后，在相同时间段内，居室内氡浓度从 53Bq/m³ 上升到 230Bq/m³，浓度提高了 177Bq/m³，氡蓄积加剧，空气品质进一步明显下降。

（4）讨论。在我国大部分地区，均有使用空调的季节，人们居家常常为了节电而将门窗紧闭，往往忽略了空气品质下降对人体的危害。

就居室内 CO_2 而言：我国于 2002 年发布《室内空气质量标准》，其中 CO_2 浓度不得高于 0.10%，我国的研究者也认为室内的 CO_2 浓度的清洁标准为 0.07%。测试结果表明，居室在关闭门窗的状态下，人通过呼吸而排出的 CO_2 在室内蓄积，浓度逐渐升高，已大大超出了国家标准的规定。

就居室氡浓度而言：受试居室位于楼房的第五层，其氡的主要来源于室内无机非金属建筑材料，即结构用混凝土及墙体材料。自然界中任何无机非金属材料都会有一定的放射性，即使放射性指标合格的材料，也会有氡的析出。GB 50325-2020 标准要求室内空气中氡浓度值在关闭门窗 24h 后不得高于 200Bq/m³。从实验结果中看到，居室关闭门窗后，当室内每小时换气率为 25% 时，9h 内氡浓度明显蓄积；若将窗缝密封，小时换气率下降到 10% 时，9h 内氡浓度就已超出国家标准的规定。

（三）国家建筑工程室内环境检测中心专题实验

1. 实验方案

（1）用环境测试舱模拟室内环境，根据实验需要改变舱内的温度、湿度、换气率等实验条件，所以采用环境测试舱来模拟室内环境。

（2）在环境测试舱内置一个玻璃比重瓶（40mL），去掉塞子，内装一定量（20mL）的甲醛溶液，保持瓶口上方的空气流速一定，舱内的温度（21±0.5）℃、湿度（45±5）%。因比重瓶的口径一定，瓶内甲醛溶液的挥发应相对恒定，以此成为一个单位时间内甲醛释放量基本稳定的污染物释放源。

（3）通过改变环境测试舱内换气率，来研究换气率对舱内甲醛平衡浓度的影响。

（4）舱内甲醛浓度的检测采用酚试剂分光光度法。

2. 实验设备、材料

（1）环境测试舱（4m³）：能调节舱内温度、湿度、换气率，河南建筑科学研究院研制生产。

（2）BS-H2 型双气路恒流大气采样器：该采样器的采样流量为标态下的采样流量，上海百斯建筑科技有限公司生产。

（3）玻璃比重瓶（40mL）：瓶口尺寸直径 9mm，瓶口高 10mm。

（4）甲醛溶液：采用市售的分析纯甲醛溶液（浓度为 36%～37%）。

（5）大型气泡采样管：10mL 规格。

（6）酚试剂：10g/瓶，产地：美国。

（7）可见光分光光度计：型号 7230G，上海精密科学仪器厂生产。

3. 实验步骤

（1）用 20mL 大肚移液管吸取 20.00mL 甲醛溶液，放入玻璃比重瓶中，置于环境舱正中部，距舱底部 600mm。关紧舱门，调节舱内温度（21±0.5）℃，湿度（45±5）%，舱内空气流量 0.2m/s。

（2）通过调节舱内进气口和出气口的流量达到调节换气率的目的。具体操作为调节进气口和出气口的流量一致，其中进气口的气体为经过活性炭净化的干净气体，出气口的气体为舱内的气体。

（3）分别调节进气口和出气口的流量为 0.5m³/h、1m³/h、2m³/h、3m³/h、4m³/h、5m³/h、6m³/h，舱内体积为 4m³，对应换气率即为 0.125 次/h、0.25 次/h、0.5 次/h、0.75 次/h、1 次/h、1.25 次/h、1.5 次/h，进行 7 次实验，每次实验舱内污染物浓度平衡时间为 14h。用酚试剂溶液做吸收液，用恒流大气采样器采样，调节采样流量 500mL/min，采样时间 20min，即采集 10L 舱内气体。用酚试剂分光光度法测舱内平衡浓度。

4. 实验结果

以下为 7 次实验的实验结果（表 3-9）：

表 3-9　舱内甲醛浓度和换气率关系

进、出口流量（m³/h）	折合为换气率（次/h）	舱内温度（℃）	舱内湿度（%）	舱内甲醛平衡浓度（mg/m³）
1	0.125	21.5	49	0.532
2	0.25	21.5	48.5	0.412
3	0.5	21.2	50.0	0.203
4	0.75	21.4	50.0	0.178
5	1.0	20.8	48.2	0.154
6	1.25	21.5	48.2	0.141
7	1.5	20.6	48.6	0.130

不同换气率下舱内甲醛平衡浓度关系如图 3-6 所示。

由图 3-6 可知：在污染源恒定、环境温度和湿度不变的情况下，当房间的换气次数为 0.25 次/h，室内空气中甲醛浓度保持在比较高的水平；当房间的换气次数增加时，室内空气中甲醛浓度会明显降低，并继续降低到比较稳定的低水平。

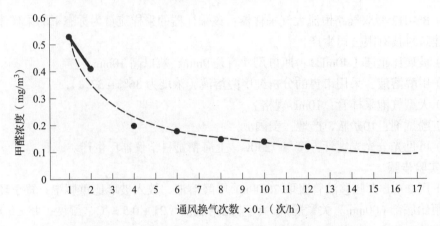

图 3-6　不同换气率下舱内甲醛平衡浓度关系图

（四）Stoger 等人的试验资料

1965 年，Stoger 等人结合对刨花板甲醛释放的研究最早提出了室内空间甲醛浓度与换气数之间的关系，根据 Stoger 的计算方法，空间中甲醛浓度表示为：

$$C=f(1+n)/Vn \tag{3-5}$$

式中：C——空间甲醛浓度（mg/m^3）；

　　　V——空间容积（m^3）；

　　　n——换气数（次 /h）；

　　　f——刨花板中产生的甲醛（mg/h）。

为了和上面的实验更好地进行比较，我们取 $f=0.236mg/h$，$V=4m^3$，再分别取 $n=0.125$ 次 /h、0.25 次 /h、0.5 次 /h、0.75 次 /h、1.0 次 /h、1.25 次 /h、1.5 次 /h，则可得出 $C=0.531mg/m^3$、$0.295mg/m^3$、$0.177mg/m^3$、$0.138mg/m^3$、$0.118mg/m^3$、$0.106mg/m^3$、$0.098mg/m^3$。

利用 n 和 C 两组数据作图并与本实验结果图进行比较如下：

从图 3-7 可以看出，其结果和我们的实验结果基本一致。

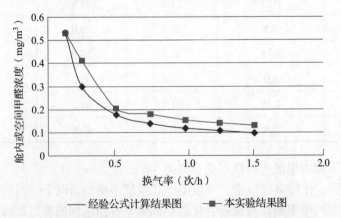

图 3-7　经验公式计算结果与本实验结果比较图

（五）从外窗气密性要求看通风换气率

现行建筑节能设计标准和门窗应用技术规范对建筑外门窗的气密性都做了具体规定，总结如表 3-10 所示。

表 3-10　我国建筑节能设计标准中对建筑外门窗气密性的规定

序号	标准	气密性等级要求
1	《公用建筑节能设计标准》GB 50189–2015 第 3.3.5 条	≥6 级（1～10 层） ≥7 级（≥10 层）
2	《严寒和寒冷地区居住建筑节能设计标准》JGJ 26–2010 第 4.2.6 条	≥6 级（严寒地区） ≥4 级（寒冷地区 1～6 层） ≥6 级（寒冷地区≥7 层）
3	《夏热冬暖地区居住建筑节能设计标准》JGJ 75–2012 第 4.0.15 条	≥4 级（1～9 层） ≥6 级（≥10 层）
4	《夏热冬冷地区居住建筑节能设计标准》JGJ 134–2010 第 4.0.9 条	≥4 级（1～6 层） ≥6 级（≥7 层）
5	《住宅建筑门窗应用技术规范》DBJ 01–79–2004（北京市）第 4.2.1 条	6 级

按照《建筑外门窗气密、水密、抗风压性能检测方法》GB/T 7106–2019 的第 4.1 条规定，我国门窗气密等级的划分如表 3-11 所示，这是根据标准状态下压力差为 10Pa 时，每小时单位开启缝长度空气渗透量 q_1 和每小时单位面积空气渗透量 q_2 作为标准做出的分级。

表 3-11　建筑外门窗气密性分级表

分级	1	2	3	4	5	6	7	8
单位缝长 分级指标值 $q_1[m^3/(m \cdot h)]$	$4.0 \geq q_1$ >3.5	$3.5 \geq q_1$ >3.0	$3.0 \geq q_1$ >2.5	$2.5 \geq q_1$ >2.0	$2.0 \geq q_1$ >1.5	$1.5 \geq q_1$ >1.0	$1.0 \geq q_1$ >0.5	$q_1 \leq 0.5$
单位面积 分级指标值 $q_2[m^3/(m^2 \cdot h)]$	$12 \geq q_2$ >10.5	$10.5 \geq q_2$ >9.0	$9.0 \geq q_2$ >7.5	$7.5 \geq q_2$ >6.0	$6.0 \geq q_2$ >4.5	$4.5 \geq q_2$ >3.0	$3.0 \geq q_2$ >1.5	$q_2 \leq 1.5$

为方便应用，需要建立一个房间模型，在此模型基础上将外窗气密性换算为换气次数，假定一个自然通风的房间：面积为 15m²，层高 3.0m；双扇平推塑钢窗：高 1.5m、宽 2.0m；窗户面积和房间地面面积的比为：1/5（一般民用建筑窗地比为 1/5～1/8，窗地比越小，窗户面积不变的情况下，换气次数越少，这里选择换气次数较多为例），按标准风压考虑，那么，房间的气密性和换气次数的关系见表 3-12。

表 3-12　气密性和换气次数关系

分级	1	2	3	4	5	6	7	8
单位缝长气密性 $[m^3/(m \cdot h)]$	$4.0 \geqslant q$ >3.5	$3.5 \geqslant q$ >3.0	$3.0 \geqslant q$ >2.5	$2.5 \geqslant q$ >2.0	$2.0 \geqslant q$ >1.5	$1.5 \geqslant q$ >1.0	$1.0 \geqslant q$ >0.5	$0.5 \geqslant q$ >0
换气次数（h^{-1}）	$0.76 \geqslant n$ >0.66	$0.66 \geqslant n$ >0.57	$0.57 \geqslant n$ >0.47	$0.47 \geqslant n$ >0.38	$0.38 \geqslant n$ >0.29	$0.29 \geqslant n$ >0.19	$0.19 \geqslant n$ >0.09	$0.09 \geqslant n$ >0

对一般住宅来说，门窗气密性检测要求达到 3 级、4 级以上，大体相当于通风换气率 0.3 ~ 0.4 次 /h。

这里需要说明的是，新老外窗气密性检测标准分级不同，而且节能设计的一些标准也按老检测标准进行分级，本文所述均按新标准分级。

显然，气密性 5 级以上的外窗换气次数远远小于 0.5 次 /h，经调查目前外窗气密性的等级，一般在 4 ~ 5 级的居多，若勉强要求外窗气密性做室内环境方面的考虑，势必对建筑节能造成影响。例如：公共建筑的建筑外窗气密性要求不低于 5 级（对于设定的典型房间来说，换气次数不能大于 0.38 次 /h），多层建筑的建筑外窗气密性要求不低于 3 级（对于设定的典型房间来说，换气次数不能大于 0.57 次 /h），高层建筑（七层以上）的建筑外窗气密性要求不低于 5 级（对于设定的典型房间来说，换气次数不能大于 0.38 次 /h），因此，要求降低窗户气密性以解决通风问题显然不现实。

现以 48m³ 的房屋空间在不同气密性等级的情况下、2m² 窗使空气全部更换一次所需时间比较来说明问题，见表 3-13。

表 3-13　不同等级气密性全部换气一次所需时间比较

气密性等级	空气渗透量 $q_2 [m^3/(m^2 \cdot h)]$	窗面积 （m^2）	换气量 （m^3）	所需时间 （h）
1	12	2	24	2
2	10.5	2	21	2.3
3	9	2	18	2.7
4	4.5	2	9	5.3

以上数据表明，按照门窗气密性要求，特别是按照建筑节能标准要求，过度关闭门窗，自然通风房屋的通风换气率很难达到 0.5 次 /h 以上，甚至仅有 0.1 ~ 0.2 次 /h，如此低的通风换气率将很难避免室内环境污染物的不断积累，直至超标。

三、相关标准摘要

关于通风和新风量的问题，在一些现行的国家标准、行业标准及地方标准中，或多或少都有规定，主要涉及的标准有：

（一）《民用建筑设计通则》GB 50352-2005

《民用建筑设计通则》GB 50352-2005 是各类民用建筑设计必须共同遵守的通用规则，

在其第2、3、7章，尤其是第7章"室内环境"的第7.2节中专门对通风进行了要求，部分内容如下：

2.0.35 为保证人们生活、工作或生产活动具有适宜的空气环境，采用自然或机械方法，对建筑物内部使用空间进行换气，使空气质量满足卫生、安全、舒适等要求的技术。

7.2 通风

7.2.1 建筑物室内应有与室外空气直接流通的窗口或洞口，否则应设自然通风风道或机械通风设施。

7.2.2 采用直接自然通风的空间，其通风开口面积应符合下列规定：

1 生活、工作的房间的通风开口有效面积不应小于该房间地板面积的1/20；

2 厨房的通风开口有效面积不应小于该房间地板面积的1/10，并不得小于$0.60m^2$，厨房的炉灶上方应安装排除油烟设施，并设排烟道。

7.2.3 严寒地区居住用房，厨房、卫生间应设自然通风道或通风换气设施。

7.2.4 无外窗的浴室和厕所应设机械通风换气设施，并设通风道。

7.2.5 厨房、卫生间的门的下方应设进风固定百叶，或留有进风缝隙。

7.2.6 自然通风道的位置应设于窗户或进风口相对的一面。

8.2.1 民用建筑中暖通空调系统及其冷热源系统的设计应满足安全、卫生和建筑物功能的要求。

8.2.2 室内空气设计参数及其卫生要求应符合现行国家标准《采暖通风与空气调节设计标准》GB 50019及其他相关标准的规定。

GB 50325-2020标准和《民用建筑设计通则》GB 50352-2005相比较，在通风设计方面，GB 50325-2020标准还强调了夏热冬冷地区、寒冷地区、严寒地区等Ⅰ类民用建筑工程需要长时间关闭门窗使用时，房间应采取通风换气措施，这主要考虑到在实际应用中，除严寒地区外，夏热冬冷地区、寒冷地区也会长时间关闭门窗，从而造成室内污染情况加剧，同时考虑到GB 50325-2020标准的经济可行性，所以只对这些地区的Ⅰ类民用建筑工程进行了采取换气措施的要求。

（二）《民用建筑供暖通风与空气调节设计规范》GB 50736-2012

《民用建筑供暖通风与空气调节设计规范》GB 50736-2012的条文说明中说：由于居住建筑和医院建筑的建筑污染部分比重一般要高于人员污染部分，按照现有人员新风量指标所确定的新风量没有考虑建筑污染部分，从而不能保证始终完全满足室内卫生要求，因此，对于这两类建筑应将建筑的污染构成按建筑污染与人员污染同时考虑，并以换气次数的形式给出所需最小新风量。

该标准3.0.6条对居住建筑的换气次数做出了规定（表3-14）。

表3-14 住宅建筑最小新风量

建筑类型	人均居住面积（m^2）	换气次数（h^{-1}）
住宅	人均居住面积≤$10m^2$	0.70
	$10m^2$<人均居住面积≤$20m^2$	0.60
	$20m^2$<人均居住面积≤$50m^2$	0.50
	人均居住面积>$50m^2$	0.45

从国家公布的调查资料看，我国城镇人口人均居住面积已经超过 20m²，按此表要求，通风换气次数应当在 0.5 次 /h 左右。为了保证这一要求得到落实，GB 50325-2020 标准中第 4.1.4 条明确规定："夏热冬冷地区、严寒及寒冷地区等采用自然通风的 I 类民用建筑最小通风换气次数不应低于 0.5 次 /h，必要时应采取机械通风换气措施。"

第四节　改扩建工程设计中的新问题

改扩建工程设计是在已有建筑物基础上进行的工程设计。为满足工程设计的一般要求，改扩建工程设计前，首先需对原工程状况进行了解。为此，需认真调研原工程设计方案，了解原工程施工情况和工程竣工验收记录。

从民用建筑工程室内环境污染控制角度讲，改扩建工程设计前，需了解工程地点的地下地质构造情况、工程地点土壤氡浓度情况、基础工程防氡工程措施设计及施工情况、无机建筑材料的环境指标数据、板材及涂料等有机材料的环境指标数据和使用情况、工程竣工验收时的室内环境污染检测数据等。对于原工程验收时室内环境污染检测数据符合标准要求的，在进行新的改扩建工程设计时，要努力保持，不能超过标准。

改扩建工程设计中值得注意的一个问题是原有工程类别与改扩建工程后的工程类别是否一致。如果改扩建工程前的原有工程类别与改扩建工程后的新的工程类别一致，即前后要求一样，情况较为简单，因为，同样类别的工程所要求的建筑材料、设计原则、基础方面相同。或者，改扩建工程前的原有工程类别为 I 类民用建筑，改扩建工程后的新的工程类别为 II 类民用建筑，情况也较为简单，因为，改扩建工程要求比原先更松一些，更容易做到。如果改扩建工程前的原有工程类别为 II 类民用建筑，而改扩建工程后的新的工程类别为 I 类民用建筑，情况就要复杂一些，因为，即使原工程竣工验收时，室内环境污染检测数据符合当时的 II 类民用建筑标准要求，也不一定符合 I 类民用建筑的室内环境污染指标要求，这样，只能在改扩建工程设计时（通过改扩建工程），努力使改扩建工程后的新的工程符合 I 类民用建筑的室内环境污染指标要求，这就增加了改扩建工程的难度（如工程基础方面的问题、墙体方面的问题等）。

为了做好改扩建工程设计，除必要调阅原工程档案资料外，更需对改扩建前的室内环境污染现状进行检测和评价。只有把改扩建前的室内环境污染现状检测和评价工作做好了，才能更好地进行改扩建工程设计。现状是工作的出发点。

对于改扩建前的室内环境污染现状检测结果，无论是否超标准，都应当认真对待，总结经验。如果某些项目超过指标，应认真查找原因，以便在改扩建工程设计中想办法解决。

"改扩建工程"的概念范围很宽。如果从基础工程开始，进行新的且与原有建筑物在空间上互不连通的建筑物建设时，改扩建工程设计应视同全新的、独立的工程设计，应按 GB 50325-2020 标准的有关规定认真做好。

第四章 工程施工阶段的污染控制

第一节 一 般 规 定

贯彻实施 GB 50325-2020 标准的中心环节在施工阶段。工程设计中的室内环境污染控制措施需要通过工程施工加以实施，对于民用建筑工程室内环境污染控制而言，施工担负着更多责任。本标准对于工程施工一共列了 25 条要求，其中一般规定 6 条，材料进场检验 9 条，施工要求 10 条。

关于工程施工的一般规定，GB 50325-2020 标准有以下 6 条规定：

（1）GB 50325-2020 标准第 5.1.1 条规定："材料进场应按设计要求及本标准的有关规定，对建筑主体材料和装饰装修材料的污染物释放量或含量进行抽查复验。"这一条规定是保证施工质量的基本做法。为保证工程质量，我国《建设工程质量管理条例》规定，建筑材料进场需进行验收，按照工程设计要求对建筑材料的性能指标要求进行对照。《民用建筑工程室内环境污染控制规范》GB 50325-2010 发布执行前，建筑材料和装修材料性能指标中没有环境性能指标要求，因此，在进行材料性能指标验收时，也就没有进行环境性能指标验收的要求。在《民用建筑工程室内环境污染控制规范》GB 50325-2010 发布执行后，环境性能指标已经成为建筑材料和装修材料性能指标的一部分，因此，当对建筑材料和装修材料进行进场验收时，要注意验收其环境性能指标，看是否符合设计和本标准的要求。新修订的国家标准《民用建筑设计统一标准》GB 50352-2019 第 6.17.2 条中第 3 款明确规定："室内装修材料应符合现行国家标准《民用建筑工程室内环境污染控制规范》GB 50325 的相关要求。"

（2）GB 50325-2020 标准第 5.1.2 条规定："装饰装修材料污染物释放量或含量抽查复验组批要求应符合表 5.1.2 的规定。"装饰装修材料抽查复验组批要求如表 4-1 所示。

表 4-1 装饰装修材料抽查复验组批要求（GB 50325-2020 标准表 5.1.2）

材料名称	组批要求
天然花岗岩石材和瓷质砖	当同一产地、同一品种产品使用面积大于 200m² 时需进行复验，组批按同一产地、同一品种每 5 000m² 为一批，不足 5 000m² 按一批计
人造木板及其制品	当同一厂家、同一品种、同一规格产品使用面积大于 500m² 时需进行复验，组批按同一厂家、同一品种、同一规格每 5 000m² 为一批，不足 5 000m² 按一批计
水性涂料和水性腻子	组批按同一厂家、同一品种、同一规格产品每 5t 为一批，不足 5t 按一批计

材料名称	组批要求
溶剂型涂料和木器用溶剂型腻子	木器聚氨酯涂料，组批按同一厂家产品以甲组分每 5t 为一批，不足 5t 按一批计
	其他涂料、腻子，组批按同一厂家、同一品种、同一规格产品每 5t 为一批，不足 5t 按一批计
室内防水涂料	反应型聚氨酯涂料，组批按同一厂家、同一品种、同一规格产品每 5t 为一批，不足 5t 按一批计
	聚合物水泥防水涂料，组批按同一厂家产品每 10t 为一批，不足 10t 按一批计
	其他涂料，组批按同一厂家、同一品种、同一规格产品每 5t 为一批，不足 5t 按一批计
水性胶粘剂	聚氨酯类胶粘剂组批按同一厂家以甲组分每 5t 为一批，不足 5t 按一批计
	聚乙酸乙烯酯胶粘剂、橡胶类胶粘剂、VAE 乳液类胶粘剂、丙烯酸酯类胶粘剂等，组批按同一厂家、同一品种、同一规格产品每 5t 为一批，不足 5t 按一批计
溶剂型胶粘剂	聚氨酯类胶粘剂组批按同一厂家以甲组分每 5t 为一批，不足 5t 按一批计
	氯丁橡胶胶粘剂、SBS 胶粘剂、丙烯酸酯类胶粘剂等，组批按同一厂家、同一品种、同一规格产品每 5t 为一批，不足 5t 按一批计
本体型胶粘剂	环氧类（A 组分）胶粘剂，组批按同一厂家以 A 组分每 5t 为一批，不足 5t 按一批计
	有机硅类胶粘剂（含 MS）等，组批按同一厂家、同一品种、同一规格产品每 5t 为一批，不足 5t 按一批计
水性阻燃剂、防水剂和防腐剂等水性处理剂	组批按同一厂家、同一品种、同一规格产品每 5t 为一批，不足 5t 按一批计
防火涂料	组批按同一厂家、同一品种、同一规格产品每 5t 为一批，不足 5t 按一批计

（3）GB 50325-2020 标准第 5.1.3 条规定："当建筑主体材料和装饰装修材料进场检验，发现不符合设计要求及本标准的有关规定时，不得使用。"为了控制室内环境污染必须在工程建设的全过程严格把关，其中，施工过程中把好"材料关"十分关键。因此，当建筑材料和装修材料进场检验，发现不符合设计要求及本标准的有关规定时，不能使用。当然，如果进场建筑材料和装修材料的环境性能指标比设计要求的还要好，建设单位、设计单位均认为合适，自然可以使用。

（4）GB 50325-2020 标准第 5.1.4 条规定："施工单位应按设计要求及本标准的有关规定

进行施工，不得擅自更改设计文件要求。当需要更改时，应经原设计单位确认后按施工变更程序有关规定进行。"民用建筑工程室内环境污染控制的首要环节是工程设计，工程设计文件是该工程设计要求的集中体现，也是工程室内环境污染控制措施的全面体现，他综合了对建筑物的多方面要求。因此，不按设计要求及本标准的有关规定进行施工或擅自更改设计，都可能造成难以挽回的不良后果。按照设计要求及本标准有关规定进行施工，是施工单位应当做到的。当然，如果施工中发现问题，施工单位应及时与设计单位取得联系，根据具体情况，并经原设计单位同意，更改设计。切不可擅自更改设计文件要求，随意施工。

（5）GB 50325-2020标准第5.1.5条规定："民用建筑工程室内装饰装修，当多次重复使用同一装饰装修设计时，宜先做样板间，并对其室内环境污染物浓度进行检测。"

这一条首先是对施工的规定，同时也是对设计的规定。做样板间只是推荐性的要求。本条提出先做样板间的问题，主要基于以下考虑：①当进行工程室内装饰装修时，即使装饰装修设计文件已经对建筑材料和装修材料提出了要求，在设计时也尽可能按照GB 50325-2020标准的要求进行了计算，但在实际工程中，材料的环境指标究竟如何，很难把握（其中有原因属于检测方法的局限性所带来的问题，以及目前市场上经常出现的假冒伪劣问题等），施工中材料用量有多有少（如涂料施工），施工操作的精细程度差别很大等，所有这些问题均会带来许多难以预料的情况。而事先做样板间，并对其室内环境污染物浓度进行检测，就可以做到心中有数。②做样板间已经是现在装饰装修工程比较常用的做法。利用做好的样板间，并对其室内环境污染物浓度进行检测，可以做到心中有数，以免许多套房子装饰装修完成后才发现问题，造成大的经济损失。无论如何，做样板间并对其室内环境污染物浓度进行检测，都是十分必要的，比较起来，投资也不大。

（6）GB 50325-2020标准第5.1.6条规定："样板间室内环境污染物浓度检测方法，应符合本标准第6章有关规定。当检测结果不符合本标准的规定时，应查找原因并采取改进措施。"样板间室内环境污染物浓度的检测方法与工程验收时室内环境污染物浓度检测方法一样。自然，如果检测结果不符合GB 50325-2020标准的规定，应查找原因并采取相应措施进行处理，这正是做样板间的主要目的。工程实践中，不乏做样板间是一回事，正式装饰装修又是一回事的情况。这就失去了做样板间的意义，样板间的测试结果也不能代表工程正式装饰装修后的情况。由于样板间室内装饰装修和检测时周边工程尚未完工，可能有污染严重的施工作业，因此，样板间室内环境检测期间应停止周边有空气污染的施工作业，保证检测结果真实可靠。

第二节　材料进场检验

关于材料进场检验，GB 50325-2020标准中有以下9条规定：

（1）GB 50325-2020标准第5.2.1条规定："民用建筑工程采用的无机非金属建筑主体材料和建筑装饰装修材料进场时，应查验其放射性指标检测报告。"本条为强制性条文，必须严格执行。目前，许多地方对建筑主体材料和装饰装修材料的市场监管不到位，为保证民用建筑工程的室内环境质量，要求工程中所采用的无机非金属建筑主体材料和装饰装修材料必须有放射性指标检测报告，并应符合设计要求和GB 50325-2020标准的规定。

本条要求民用建筑工程中所采用的无机非金属建筑主体材料和装饰装修材料，必须有放射性指标检测报告，而不仅仅是产品合格证书。这是因为，GB 50325-2020 标准对建筑主体材料和装饰装修材料的性能提出了许多新的要求，产品出厂仅仅有一个产品合格证书而没有检测报告，很难看出产品的性能指标是否符合设计要求。只有材料生产厂家提供了材料的放射性指标检测报告，才可以直接看到该材料的性能指标，然后对照设计要求，决定是否用于工程。

不同产品的出厂检测报告的时间有效性，GB 50325-2020 标准中没有提出具体规定，但有些方面是显而易见的。例如，为工地提供河沙的场地常年不变，就不必要按生产的批次经常进行检测，每年监测一次也就够了；而人造木板、涂料、人造地板砖、天然石材产品等，则要按生产配方变化、按批次进行产品出厂检测。也就是说，如果检测报告所显示的时间明显不合适，可以提出疑问。另外，不同的监测项目所要求的方法不同，只有从检测报告上可以看出检测方法是否符合标准要求。对于不符合标准要求的检测报告，不予承认。

（2）GB 50325-2020 标准第 5.2.2 条规定："民用建筑工程室内装饰装修中采用的天然花岗石石材或瓷质砖使用面积大于 200m² 时，应对不同产品、不同批次材料分别进行放射性指标的抽查复验。"目前，从全国调查的情况看，天然花岗岩石材和瓷质砖的放射性含量较高，并且不同产地、不同花色的产品放射性含量各不相同，因此，民用建筑工程室内饰面采用的天然花岗岩石材和瓷质砖，应对放射性指标加强监督，当同种材料使用总面积大于 200m² 应进行复检抽查。

本条提出，当工程中使用的天然花岗岩石材数量较大时，应进行放射性指标的复验，"数量较大"的界线是 200m²。提出 200m² 的界线，有避开一般小规模装修之意。一般情况下，装修使用的天然花岗岩石材数量达不到 200m²，对小规模装修管理和材料复验费用有许多困难，暂不放在管理范围内是适宜的。至于不同产地、不同厂家的石材产品，性能指标可能相差很大，因此，应分别进行放射性指标的复验。这里所说的复验抽查，不是一般的验收，而是要进行工程现场取样检验，以确保准确无误。

（3）GB 50325-2020 标准第 5.2.3 条规定："民用建筑工程室内装饰装修中所采用的人造木板及其制品进场时，施工单位应查验其游离甲醛释放量检测报告。"本条为强制性条文，必须严格执行。每种人造木板及其制品均应有能代表该批产品甲醛释放量的检验报告。本条要求与第 5.2.1 条相仿，即人造木板及其制品出厂时只有合格证书还不够，而应有游离甲醛释放量检测报告。只有检测报告才能说明板材的真实情况，况且，不同板材在出厂前进行级别分类的方法不同，检测分析方法也不同。生产厂家经常根据用户要求变换生产配方和生产工艺，不同生产配方和生产工艺下生产的板材，散发游离甲醛的情况会有差别，因此，随生产配方和生产工艺的变化，应当提供相应的板材检测报告。

（4）GB 50325-2020 标准第 5.2.4 条规定："民用建筑工程室内装饰装修中采用的人造木板面积大于 500m² 时，应对不同产品、不同批次材料的游离甲醛释放量分别进行抽查复验。"这条与第 5.2.2 条相仿，只不过数量的界线是 500m²。当单体建筑同种板材使用总面积大于 500m² 时，应进行复检抽查。具体复检用样品数量，由检测方法的需要决定。不同的方法需不同的用量，具体数量可从各种检测方法得知。

（5）GB 50325-2020 标准第 5.2.5 条规定："民用建筑工程室内装饰装修中所采用的水性涂料、水性处理剂进场时，施工单位应查验其同批次产品的游离甲醛含量检测报告；溶剂型涂料进场时，施工单位应查验其同批次产品的 VOC、苯、甲苯 + 二甲苯、乙苯含量检测报告，其中聚氨酯类的应有游离二异氰酸酯（TDI、HDI）含量检测报告。"

（6）GB 50325-2020 标准第 5.2.6 条规定："民用建筑工程室内装饰装修中所采用的水性胶粘剂进场时，施工单位应查验其同批次产品的游离甲醛含量和 VOC 检测报告；溶剂型、本体型胶粘剂进场时，施工单位应查验其同批次产品的苯、甲苯 + 二甲苯、VOC 含量检测报告，其中聚氨酯类的应有游离甲苯二异氰酸酯（TDI）含量检测报告。"

第 5.2.5 条、第 5.2.6 条为强制性条文，必须严格执行。对民用建筑工程室内装修中所采用的水性涂料、水性胶粘剂、水性处理剂提出必须具有游离甲醛含量检测报告，以及对溶剂型涂料、溶剂型胶粘剂提出必须具有挥发性有机化合物（VOC）、苯、甲苯 + 二甲苯、游离甲苯二异氰酸酯（聚氨酯类）含量检测报告，也是可以理解的。况且，相当一段时间以来，各种假冒伪劣产品充斥市场，一般消费者不辨真假，许多污染严重的涂料类产品进入装修市场，给百姓的工作生活环境造成极大危害。

（7）GB 50325-2020 标准第 5.2.7 条规定："民用建筑工程室内装饰装修中所采用的壁纸（布）应有同批次产品的游离甲醛含量检测报告，并应符合设计要求和本标准的规定。"

（8）GB 50325-2020 标准第 5.2.8 条规定："建筑主体材料和装饰装修材料的检测项目不全或对检测结果有疑问时，应对材料进行检验，检验合格后方可使用。"建筑材料或装修材料的环境检验报告中项目不全或有疑问时，应送有资质的检测机构进行抽查检验，检验合格后方可使用。对于材料进场复验，因带有仲裁性质，应由有一定资质、有能力承担的检测单位承担此项任务。

本条规定是对工程实践中可能发生的一种情况（产生疑问、争议）的处理方法。工程实践中，建设单位、施工单位、材料生产厂家之间就材料的某些事情产生疑问或争议是常有的事，这种情况发生后，往往单凭材料出厂时的检测报告已无法解决问题，只能求助于有资格的检测机构进行检验，并按照检验结果确定。这是带有仲裁性质的检验，当然，带有仲裁性质的检验也要根据国家规定的标准方法进行。进行仲裁性质的检验，应是有资格的检测机构才能承担的。一般来讲，只有通过质量技术监督机构认可，并经建设行政主管部门考核合格的检测单位才能具备检测资格。

（9）GB 50325-2020 标准第 5.2.9 条规定："幼儿园、学校教室、学生宿舍等民用建筑工程室内装饰装修，应对不同产品、不同批次的人造木板及其制品的甲醛释放量和涂料、橡塑类合成材料的挥发性有机化合物释放量进行抽查复验，并应符合本标准的规定。"近年来，幼儿园、学校教室的装饰装修污染问题引起社会广泛关注，反响强烈，为了严格控制幼儿园、学校教室、学生宿舍的装饰装修污染问题，必须提出更加严格要求，在选用建筑装修材料时，要求对不同产品、批次的人造木板及其制品的甲醛释放量、涂料、橡塑类合成材料的挥发物释放量进行抽查复验，检验合格后方可使用，老年人照料房屋设施也可照此执行。

第三节　施工要求

关于防污染施工要求，GB 50325-2020 标准中有 10 条规定：

（1）GB 50325-2020 标准第 5.3.1 条规定："采取防氡设计措施的民用建筑工程，其地下工程的变形缝、施工缝、穿墙管（盒）、埋设件、预留孔洞等特殊部位的施工工艺，应符合现行国家标准《地下工程防水技术规范》GB 50108 的有关规定。"地下工程的变形缝、施工缝、穿墙管（盒）、埋设件、预留孔洞等特殊部位是氡气进入室内的通道，因此严格要求。

GB 50325-2020 标准对"采取防氡设计措施的民用建筑工程"提出了若干具体要求。这里，主要是指第 4.2.5 条中所说的民用建筑工程，即"民用建筑工程场地土壤氡浓度测定结果大于或等于 30 000Bq/m³，且小于 50 000Bq/m³，或土壤表面氡析出率大于或等于 0.10Bq/（m²·s）且小于 0.30Bq/（m²·s）时，除采取建筑物底层地面抗开裂措施外，还必须按现行国家标准《地下工程防水技术规范》GB 50108 中的一级防水要求，对基础进行处理。"简单地讲，当工程地点土壤中的氡浓度较高时，地下工程的变形缝、施工缝、穿墙管（盒）、埋设件、预留孔洞等特殊部位均可能成为地下及周围土壤中氡进入工程室内的通道，因此，这些部位必须进行严密处理，保证密封。由于地下防氡密封处理的施工工艺与防水密封处理的施工工艺相仿，所以，按照现行国家标准《地下工程防水技术规范》GB 50108 中的一级防水要求对基础进行处理，即可满足防氡要求。

《地下工程防水技术规范》GB 50108 摘要如下：

1. 一般规定

地下工程的防水设计，应考虑地表水、地下水、毛细管水等的作用，以及由于人为因素引起的附近水文地质改变的影响确定。单建式的地下工程，宜采用全封闭、部分封闭的防排水设计；附建式的全地下或半地下工程的防水设防高度，应高出室外地坪高程 500mm 以上。

地下工程迎水面主体结构应采用防水混凝土，并应根据防水等级的要求采取其他防水措施。

地下工程变形缝（诱导缝）、施工缝、后浇带、穿墙管（盒）、预埋件、预留通道接口、桩头等细部结构，应采取加强措施。

2. 防水等级

地下工程防水等级：一级不允许渗水，结构表面无湿渍；二级不允许漏水，结构表面可有少量湿渍；三级有少量漏水点，不得有线流和漏泥沙，任意 100m² 防水面积上的漏水或湿渍点数不超过 7 处，单个漏水点的最大漏水量不大于 2.5L/d，单个湿渍的最大面积不大于 0.3m²；四级有漏水点，不得有线流和漏泥沙，整个工程平均漏水量不大于 2L/（m²·d）；任意 100m² 防水面积上的平均漏水量不大于 4L/（m²·d）。

地下工程的防水等级，可按工程或组成单元划分。

3. 防水设防要求

地下工程的防水设防要求，应根据使用功能、使用年限、水文地质、施工方法、环境条件、结构形式，及材料性能等因素确定。

对于没有自流排水条件而处于饱和土层或岩层中的工程，可采用下列防水方案：

（1）防水混凝土自防水结构或钢、铸铁管筒或管片。

（2）设置附加防水层，采用注浆或其他防水措施。

对于没有自流排水条件而处于非饱和土层或岩层中的工程，可采用下列防水方案：

（1）防水混凝土自防水结构、普通混凝土结构或砌体结构。

（2）设置附加防水层或采用注浆或其他防水措施。

对于有自流排水条件的工程，可采用下列防水方案：

（1）防水混凝土自防水结构、普通混凝土结构、砌体结构或锚喷支护。

（2）设置附加防水层、衬套、采用注浆或其他防水措施。

对于处于侵蚀性介质中的工程，应采用耐侵蚀的防水砂浆、混凝土、卷材或涂料等防水方案。

对于受震动作用的工程，应采用柔性防水卷材或涂料等防水方案。

对于处于冻土层中的工程，当采用混凝土结构时，其混凝土抗冻融循环不得小于100次。

具有自流排水条件的工程，应设自流排水系统。无自流排水条件，有渗漏水或需应急排水的工程，应设机械排水系统。

防水混凝土的抗渗能力，不应小于0.6MPa。防水混凝土的抗渗等级应比设计要求提高0.2MPa。

防水混凝土的环境温度，不得高于80℃；处于侵蚀性介质中防水混凝土的耐侵蚀要求应根据介质的性质按有关标准执行。

防水混凝土结构的混凝土垫层，其抗压强度等级不应小于C15，厚度不应小于100mm，在软弱土层中不得小于150mm。

防水混凝土结构，应符合下列规定：

（1）衬砌厚度不应小于250mm。

（2）裂缝宽度不得大于0.2mm。

（3）钢筋保护层厚度应根据结构的耐久性和工程环境选用，迎水面钢筋保护层厚度不应小于50mm。

防水混凝土使用的水泥，应符合下列规定：

（1）水泥品种宜采用硅酸盐水泥、普通硅酸盐水泥，采用其他品种水泥时应经试验确定。

（2）在受侵蚀性介质作用时，应按介质的性质选用相应的水泥品种。

（3）不得使用过期的或受潮结块的水泥，并不得将不同品种或强度顶级的水泥混合使用。

用于防水混凝土的砂、石，应符合下列规定：

（1）宜选用坚固耐久、粒型良好的洁净石子；最大粒径不宜大于40mm，泵送时其最大粒径不应大于输送管径的1/4，吸水率不应大于1.5%；不得使用碱活性骨料；石子的质量要求应符合国家现行标准《普通混凝土用碎石或卵石质量标准及检测方法》JGJ 53的有关规定。

（2）砂宜选用坚硬、抗风化性强、洁净的中粗砂，不宜使用海砂；砂的质量要求应符合现行行业标准《普通混凝土用砂、石质量标准及检测方法》JGJ 52的有关规定。

防水混凝土可根据工程需要掺入引气剂、减水剂、密实剂、膨胀剂、防水剂、复合型外加剂及水泥基渗透结晶性材料，其品种和用量应经试验确定。所用外加剂的技术性能应符合国家现行有关标准的质量要求。

防水混凝土可掺入一定数量的磨细粉煤灰或磨细砂、石粉等，粉煤灰掺量不应大于20%，磨细砂、石粉的掺量不宜大于5%。粉细料应全部通过0.15mm筛孔。防水混凝土的配合比应通过试验确定。

防水混凝土拌合物应机械搅拌；搅拌的时间不应小于2min。掺外加剂时，应根据外加剂的技术要求确定搅拌时间。

防水混凝土拌合物在运输后如出现离析，必须进行二次搅拌。当坍落度有损失后不能满足施工要求时，应加入原水灰比的水泥浆或掺加同品种的减水剂进行搅拌，严禁直接加水。

防水混凝土应采用机械振捣密实，应避免漏振、欠振和超振。

防水混凝土应连续浇筑，宜少留施工缝。当留设施工缝时，应遵守下列规定：

（1）墙体水平施工缝不应留在剪力最大处或底板与侧墙的交接处，应留在高出底板表面不小于300mm的墙体上。拱（板）墙结合的水平施工缝，宜留在拱（板）墙接缝线以下150～300mm处，墙体有预留空洞时，施工缝据空洞边缘不应小于300mm。

（2）垂直施工缝应避开地下水和裂隙水较多的地段，并宜与变形缝相结合。

在施工缝上浇灌混凝土前，应清除表面浮浆和杂物，然后铺设净浆或涂刷混凝土界面处理剂、水泥基渗透结晶型防水涂料等材料，再铺30～50mm厚的1∶1水泥砂浆，并应及时浇筑混凝土。

大体积防水混凝土的施工，应符合下列规定：

（1）掺入减水剂、缓凝剂等外加剂和粉煤灰、磨细矿渣粉等掺和料。

（2）宜采用水化热低和凝结时间长的水泥。

（3）混凝土内部预埋管道，进行水冷散热。

（4）在设计许可的情况下，掺粉煤灰混凝土设计强度等级的龄期宜为60天或90天。

（5）炎热季节施工时，应采取降低原材料温度、减少混凝土运输时吸收外界热量等降温措施，入模温度不应大于30℃。

（6）应采取保温保湿养护。混凝土中心温度与表面温度的差值不应大于25℃，表面温度与大气温度的差值不应大于20℃，温降梯度不得大于3℃/d，养护时间不应少于14天。

防水混凝土结构内部设置的各种钢筋或绑扎铁丝，不得接触模板，用于固定模板用的螺栓必须穿过混凝土结构时，可采工具式螺栓或螺栓加堵头，螺栓上应加焊方形止水环。拆模后将留下的凹槽用密封材料封堵密实，并应用聚合物水泥砂浆抹平。

防水混凝土的冬季施工，应符合下列规定：

（1）混凝土入模温度不应低于5℃。

（2）混凝土养护宜采用综合蓄热法、蓄热法、暖棚法、掺化学外加剂方法，不得采用电热发或蒸汽直接加热法。

（3）应采取保温保湿措施。

4. 附加防水层

附加防水层有水泥砂浆防水层、卷材防水层、涂料防水层、金属防水层等，它适用于需增强其防水能力、受侵蚀性介质作用或受震动作用的地下工程。

附加防水层宜设在迎水面或复合衬砌之间。

附加防水层应在基础垫层、围护结构或初期支护验收合格后方可施工。

在附加防水层施工过程中，应对每一个工序进行质量检查，合格后方可进行下一工序的施工。

关于水泥砂浆防水层，GB 50108要求水泥砂浆防水层所用的材料，应符合下列规定：

（1）采用的水泥标号不应低于325号的普通硅酸盐水泥、膨胀水泥或矿渣硅酸盐水泥,严禁采用过期或受潮结块水泥。

（2）外加剂宜采用减水剂、早强剂、密实剂等。

（3）砂宜采用中砂。

（4）水应采用不含有害物质的洁净水。

（5）掺合料宜采用微膨胀和后期强度稳定的掺合料。

水泥砂浆防水层的厚度,宜为 15～20mm,施工时须分层铺抹或喷射,水泥浆每层厚度宜为 2mm,水泥砂浆每层厚度宜为 5～10mm。铺抹时应压实,表面应提浆压光。

水泥砂浆防水层各层应紧密贴合,每层宜连续施工,如必须留施工缝时,留槎应符合下列规定:平面留槎采用阶梯坡形槎,接槎要依层次顺序操作,层层搭接紧密。接槎位置一般宜在地面上,亦可在墙面上,但须离开阴阳角处 200mm;

施工水泥砂浆防水层对,气温不应低于 5℃,且基层表面温度应保持 0℃以上。掺氯化物金属盐类防水剂及膨胀剂的防水砂浆,不应在 35℃以上或烈日照射下施工。

水泥砂浆防水层凝结后,应及时进行养护,养护温度不宜低于 5℃,养护时间不得少于 14 天,养护期间应保持湿润。使用特种水泥时,应按有关规定执行。

关于卷材防水层,应符合下列规定:

（1）卷材防水层应采用抗菌性的橡胶、塑料、沥青类等卷料。

（2）粘贴橡胶、塑料、沥青类的卷材,必须采用与卷材相应的胶粘剂。

（3）卷材防水层应铺设在混凝土结构的迎水面。

卷材防水层的基面应符合下列规定:

（1）必须平整牢固。用 2m 长直尺检查,基面与直尺间的最大空隙不应超过 5mm,且每米长度内不得多于一处,空隙处只允许有平缓变化。

（2）表面应清洁干燥。

（3）阴阳角处应做成圆弧或 45° 坡角,其尺寸应根据卷材品种确定。在阴阳角等特殊部位,应增做卷材加强层,加强层宽度宜为 300～500mm。

铺贴卷材防水层,应符合下列规定:

（1）橡胶、塑料类卷材的层数,宜为一层,两幅卷材的粘贴搭接长度,应为 100mm。沥青类卷材层数应根据工程情况确定,两幅卷材的搭接长度,长边不应小于 100mm,短边不应小于 150mm,上下两层和相邻两幅卷材接缝应错开 1/3～1/2 幅宽,上下层卷材不得相互垂直铺贴。

（2）橡胶、塑料类卷材应根据胶粘剂使用要求涂刷均匀,沥青类卷材的层间胶结热沥青的涂刷厚度宜为 1.5～2.5mm。

（3）在立面与平面的转角处,卷材的接缝应留在平面上,距立面不应小于 600mm。

（4）卷材在转角处和特殊部位,应增贴 1～2 层相同的卷材或抗拉强度较高的卷材。

（5）粘贴卷材应展平压实,卷材与基面和各层卷材间必须黏结紧密。搭接缝必须粘贴封严。沥青类卷材应在最外层的表面上均匀涂刷一层热沥青胶结材料,厚度为 1～1.5mm。

采用外防外贴法铺贴卷材防水层时,应符合下列规定:

（1）应先铺平面,后铺立面,交接处应交叉搭接。

（2）临时性保护墙宜采用石灰砂浆砌筑,内表面宜做找平层。

（3）从底面折向立面的卷材与永久性保护墙的接触部位，应采用空铺法施工；卷材与临时性保护墙或围护结构模板接触的部位，应将卷材临时贴附在该墙上或模板上，并应将顶端临时固定。

（4）当不设保护墙时，从底面折向立面的卷材接搓部位应采取可靠的防护措施。

（5）混凝土结构完成，铺贴立面卷材时，应先将接搓部位的各层卷材揭开，并应将其表面清理干净，如卷材有局部损伤，应及时进行修补，卷材接搓的搭接长度，高聚物改性沥青类卷材应为150mm，合成高分子类卷材应为100mm；当使用两层卷材时，卷材应错搓接缝，上层卷材应盖过下层卷材。

当施工条件受到限制时，可采用外防内贴法铺贴卷材防水层，应符合下列规定：

（1）施工前，应将永久性的保护墙砌筑在与围护结构同一垫层上。保护墙内表面应抹1:3砂浆找平层，再将立面卷材防水层粘贴在保护墙上。

（2）卷材宜先铺立面，后铺平面。铺贴立面时，应先铺转角，后铺大面。

卷材作夹层防水层时，应符合下列规定：

（1）基层宜平整、清洁。

（2）塑料卷材可用膨胀螺栓或射钉固定在基面上。

（3）卷材可用黏结或焊接法连接。

卷材防水层经检查合格后，应作保护层。

防水涂料品种的选择应符合下列规定：

（1）潮湿基层宜选用潮湿基面黏结力大的无机防水涂料或有机防水涂料，也可采用先涂无机防水涂料而后再涂有机防水涂料构成复合防水涂层。

（2）冬期施工宜选用反应型涂料。

（3）埋置深度较深的重要工程、有震动或有较大变形的工程，宜选用高弹性防水涂料。

（4）有腐蚀性的地下环境宜选用耐腐蚀性较好的有机防水涂料，并应做刚性保护层。

（5）聚合物水泥防水涂料应选用Ⅱ型产品。

涂料防水层的基面，必须清洁、无浮浆、无水珠、不渗水，使用油溶性或非湿固性等涂料时，基面应保持干燥。

涂料的配合比和制备及施工，必须严格按各种涂料的要求进行。

涂料的涂刷或喷涂，不得少于两遍，后一层的涂料必须待前一层涂料结膜后方可进行，涂刷或喷涂必须均匀。第二层的涂刷方向，应与第一层相垂直。

为增强防水效果，涂料可与玻璃丝布、玻璃毡片、土工布等纤维材料复合使用。

关于金属防水层，应符合下列规定：

金属防水层所用的金属板和焊条的规格及材料性能，应符合设计要求。

金属板的拼接应采用焊接，金属板的拼接焊缝应严密。竖向金属板的垂直接缝，应相互错开。

围护结构施工前设置金属防水层时，拼接好的金属防水层应与围护结构内的钢筋焊牢，或在金属防水层上焊接一定数量的锚固件，以便与混凝土或砌体连接牢固。金属防水层，应用临时支撑加固。

在围护结构上铺设金属防水层时，金属板应焊在混凝土或砌体的预埋件上。金属防水层与围护结构间的空隙，应用水泥砂浆或化学浆液灌填密实。

如金属防水层先焊成箱体，再整体吊装就位时，应在其内部加设临时支撑。

金属防水层应采取防锈措施。

金属防水层与卷材防水层相连时，应将卷材防水层夹紧在金属防水层与夹板中间。夹板宽度不应小于100mm，夹板下涂胶结材料，并设置衬垫，然后用螺栓固定，螺栓应焊在金属防水层上或预埋在混凝土中。

5. 注浆防水

注浆包括预注浆、衬砌前围岩注浆、回填注浆、衬砌内注浆、衬砌后围岩注浆等，应根据工程水文地质条件按下列要求选择注浆方案：

（1）在工程开挖前，预计涌水量大的地段、软弱地层，宜采用预注浆。

（2）开挖后有大股涌水或大面积渗漏水时，应采用衬砌前围岩注浆。

（3）衬砌后渗漏水严重的地段或充填壁后的空隙地段，应进行回填注浆。

（4）衬砌后或回填注浆后仍有渗漏水时，宜采用衬砌内注浆或衬砌后围岩注浆。

注浆施工前，应进行调查，搜集下列有关资料：

（1）工程地质纵横剖面图及工程地质、水文地质资料，如围岩孔隙率、渗透系数、节理裂隙发育情况、涌水量、水压和软土地层颗粒级配、土壤标准贯入试验值及其物理力学指标等。

（2）工程开挖中工作面的岩性、岩层产状、节理裂隙发育程度及超、欠挖值等。

（3）工程衬砌类型、防水等级等。

（4）工程渗漏水的地点、位置、渗漏形式、水量大小、水质、水压等。

注浆实施前应符合下列规定：

（1）预注浆前先施作的止浆墙（垫），注浆时应达到设计强度。

（2）回填注浆应在衬砌混凝土达到设计强度后进行。

（3）衬砌后围岩注浆应在回填注浆固结体强度达到70%后进行。

在注浆施工期间及工程结束后，应对水源取样检查，如有污染，应及时采取相应措施。

注浆材料的选择可根据工程水文地质情况、注浆目的、注浆工艺、设备和成本等因素，按下列规定选用：

（1）预注浆和衬砌前围岩注浆，宜用水泥浆液或水泥水玻璃浆液，必要时可用化学浆液。

（2）衬砌后围岩注浆，宜采用水泥浆液、超细水泥浆液或自流平水泥浆液等。

（3）回填注浆宜选用水泥浆液、水泥砂浆或掺有膨润土的水泥浆液。

（4）衬砌内注浆宜选用超细水泥浆液或自流平水泥浆液或化学浆液。

水泥类浆液宜选用普通硅酸盐水泥，其他浆液材料应符合有关规定。浆液的配合比，应经现场试验后确定。

6. 地下连续墙

连续墙应根据工程要求和施工条件划分单元槽段，应尽量减少槽段数量。墙体幅间接缝应避开拐角部位。

开挖作业应在连续墙的墙体达到设计强度后进行，并应配合基坑开挖合理设置支撑。

连续墙的墙体与工程顶板、底板、水平框架等连接部位的施工，应符合下列规定：

（1）连接部位应预留齿槽和连接筋。

（2）浇筑混凝土前应将连接部位凿毛、清洗干净。

（3）连接部位宜用微膨胀混凝土浇筑。

（4）连接部位的内侧面层，可设置嵌缝材料，预板可外贴卷材防水层。

连续墙宜设置附加防水层或内层衬砌。连续墙墙体接缝可设置止水带或外侧注浆。内层衬砌的接缝应与连续墙接缝错开。

连续墙的墙体如出现裂缝、孔洞等缺陷时，应及时采取相应的修补措施。

7. 锚喷支护

喷射混凝土施工前，应根据围岩裂隙及渗漏水的情况，预先采用引排或注浆堵水。采用引排措施时，应采用耐侵蚀、耐久性好的塑料丝盲沟或弹塑性软式导水管等导水材料。

喷射混凝土的抗渗等级，不应小于0.8MPa。喷射混凝土宜掺入早强剂、减水剂、膨胀剂或复合外加剂等材料。

喷射混凝土的厚度应大于80mm，对地下工程变截面及轴线转折点的阳角部位，应增加50mm以上厚度的喷射混凝土。

喷射混凝土设置预埋件时，应做好防水处理。对渗漏水的锚杆孔，应预先进行堵水，再埋设锚杆，并宜选用有膨胀性的砂浆。喷射混凝土终凝2h后，应喷水养护，养护的时间不得少于14天。

8. 细部构造

变形缝应满足密封防水、适应变形、施工方便、检查容易等要求。变形缝的构造形式和材料，应根据工程特点、地基或结构变形情况以及水压、水质和防水等级确定。

变形缝的宽度宜为20~30mm。对水压小于0.03MPa，变形量小于10mm的变形缝可用弹性密封材料嵌填密实或粘贴橡胶片；对水压小于0.03MPa，变形量为20~30mm的变形缝，宜用附贴式止水带；水压大于0.03MPa，变形量20~30mm的变形缝，应采用埋入式橡胶或塑料止水带；对环境温度高于50℃处的变形缝，可采用1~2mm厚中间呈圆弧形的金属止水带。

需要增强变形缝的防水能力时，可采用两道埋入式止水带，或嵌缝式、粘贴式、附贴式、埋入式等复合使用。

止水带的接缝位置，不得设在结构转角处。

9. 穿墙管（盒）

穿墙管（盒）应在浇筑混凝土前预埋。

结构变形或管道伸缩量较小时，穿墙管可采用主管直接埋入混凝土内的固定式防水法，主管应加焊止水环或环绕遇水膨胀止水圈，并应在迎水面预留凹槽，槽内应采用密封材料嵌填密实。

结构变形或管道伸缩量较大或有更换要求时，应采用套管式防水法，套管应加焊止水环。

穿墙管线较多时，宜相对集中，并采用穿墙盒方法。穿墙盒的封口钢板应与墙上的预埋角钢焊严，并应从钢板上的浇注孔注入柔性密封材料或细石混凝土。

结构上的埋设件应采用预埋或预留孔（槽）等。埋设件端部或预留孔（槽）底部的混凝土厚度不得小于250mm，当厚度小于250mm时，必须局部加厚或采取其他防水措施。

预留孔（槽）内的防水层，宜与孔（槽）外的结构防水层保持连续。

窗井或窗井的一部分在最高地下水位以下时，窗井应与主体结构连成整体。其防水层也应连成整体，并应在窗井内设置集水井。

窗井内的底板，应低于窗下缘300mm。窗井墙高出地面不得小于500mm。窗井外地面应做散水。散水与墙面间应采用密封材料嵌填。

地下工程建成后其地面应进行整修，地质勘察和施工时留下的探坑等应回填密实，不得积水。不应在工程顶上设置蓄水池或修建水渠。

（2）GB 50325-2020标准第5.3.2条规定："I类民用建筑工程当采用异地土作为回填土时，该回填土应进行镭-226、钍-232、钾-40的比活度测定，且回填土内照射指数（I_{Ra}）不应大于1.0，外照射指数（I_r）不应大于1.3。"当异地土壤的内照射指数（I_{Ra}）不大于1.0，外照射指数（I_r）不大于1.3时，可以使用。此种回填土虽比A类建筑材料有所放松，但毕竟是天然的土壤，因此，回填土指标未按A类材料标准要求。

（3）GB 50325-2020标准第5.3.3条规定："民用建筑工程室内装饰装修时，严禁使用苯、工业苯、石油苯、重质苯及混苯等含苯稀释剂和溶剂。"本条为强制性条文，必须严格执行。民用建筑室内装修工程中采用稀释剂和溶剂按现行国家标准《涂装作业安全规程安全管理通则》GB 7691-2003的规定，禁止使用以下涂料及有关化学品：①含苯涂料（包括重质苯、石油苯、溶剂苯和纯苯，以下同）；②含苯稀释剂（包括重质苯、石油苯、溶剂苯和纯苯，以下同）；③含苯溶剂（包括脱漆剂、金属清洗液等，包括重质苯、石油苯、溶剂苯和纯苯，以下同）。混苯中含有大量苯，故也不应使用。

（4）GB 50325-2020标准第5.3.4条规定："民用建筑室内装饰装修施工时，施工现场应减少溶剂型涂料作业，减少施工现场湿作业、扬尘作业、高噪声作业等污染性施工，不应使用苯、甲苯、二甲苯和汽油进行除油和清除旧涂层作业。"

根据现行国家标准《涂装作业安全规程：涂漆前处理工艺安全及其通风净化》GB 7692-2012第5.1.16条"涂漆前处理作业中不应使用苯。大面积除油和清除旧漆作业中不应使用甲苯、二甲苯和汽油等有毒和低闪点物质"的规定，本条是对于施工过程现场人员及工程环境安全提出要求的三项条款之一。施工过程中室内施工现场的污染问题属于生产场所的污染控制管理问题，施工人员往往吃住在施工现场，二次装修时旁边有人居住或办公上班，再考虑到防火安全等原因，民用建筑工程室内装修施工时，要求不应使用易挥发、毒性大、易引起火灾的苯、甲苯、二甲苯和汽油等进行除油和清除旧油漆作业，保证环境和人身安全。

（5）GB 50325-2020标准第5.3.5条规定："涂料、胶粘剂、水性处理剂、稀释剂和溶剂等使用后，应及时封闭存放，废料应及时清出。"涂料、胶粘剂、处理剂、稀释剂和溶剂使用后及时封闭存放，不但可以减轻有害气体对室内环境的污染，而且可以保证材料的品质。剩余的废料及时清出室内，否则，敞开口释放的有害物质会源源不断地污染室内环境。

（6）GB 50325-2020标准第5.3.6条规定："民用建筑室内装饰装修严禁使用有机溶剂清洗施工用具。"本条为强制性条文，必须严格执行。装饰装修过程中使用有机溶剂清洗施工用具会造成施工现场严重VOC污染，直接危害施工人员身体健康，并且可能污染周围环境，因此，严禁使用。不在室内用溶剂清洗施工用具，是施工人员必须具备的保护室内环境起码的素质。

（7）GB 50325-2020 标准第 5.3.7 条规定："供暖地区的民用建筑工程，室内装饰装修施工不宜在供暖期内进行。"供暖地区的民用建筑工程在采暖期施工时，难以保证通风换气，不利于室内有害气体的向外排放，对邻居或同楼的用户污染危害大，也危害施工人员的健康，因此，以避开采暖期施工为好。

从民用建筑工程室内环境污染控制的角度看，建筑装修所使用的建筑材料和装修材料，除无机材料外，人造木板、涂料、胶粘剂等挥发污染物均随时间变化。一般开始时挥发较多，以后逐渐减少，这一过程可能要持续一段时间，从几天到几个月，甚至几年。选用环境性能较好的材料，挥发过程会快一些；材质不好，挥发过程就可能拖得很长。即使是好材料，装修施工后也应当留出一段时间，打开门窗、打开柜门通风换气，放散挥发的有毒有害物质，然后再入住或做其他使用，这样做对建筑物和人体健康都有好处。但是，如果室内装修施工在采暖期内进行，装修施工后，经常打开门窗通风换气会使室内温度过低冻坏设备，也会影响涂装表面质量，而不开门窗通风换气又不能排除装修污染，入住后室内空气污染危害人体健康。为了避免发生这种两难的情况，因此建议，室内装修施工不宜在采暖期内进行。

（8）GB 50325-2020 标准第 5.3.8 条规定："轻质隔墙、涂饰工程、裱糊与软包、门窗、饰面板、吊顶等装饰装修施工时，应注意防潮，避免覆盖局部潮湿区域。"壁纸（布）、地毯、装饰板、吊顶等施工时，注意防潮，要保证基层干燥后再施工面层，潮湿房间要通风到位，避免覆盖局部潮湿区域。

（9）GB 50325-2020 标准第 5.3.9 条规定："装饰装修施工时，空调冷凝水排放应符合现行国家标准《民用建筑供暖通风与空气调节设计规范》GB 50736 的规定。"空调冷凝水导排应符合现行国家标准《民用建筑供暖通风与空气调节设计规范》GB 50736 的有关规定等，是为了防止在施工过程中滋生微生物等，以避免产生表面及空气中微生物污染。

（10）GB 50325-2020 标准第 5.3.10 条规定："使用中的民用建筑进行装饰装修施工时，在没有采取有效防止污染措施情况下，不得采用溶剂型涂料进行施工。"已经使用的民用建筑进行装饰装修施工时，如果使用溶剂型涂料施工会挥发大量有毒有害有机气体，对相邻的居民和工作人员的健康危害严重，因此，在没有采取疏散人员等有效防止污染措施的情况下，不得采用。

第四节　装饰装修过程产生污染的调查与模拟测试

在 GB 50325-2020 标准编制过程中，为实际了解人造木板表面密封对甲醛散发的影响，编制组专门组织进行了装修过程产生污染的调查与模拟测试。通过对新装修房屋以及模拟试验室的室内空气进行采样分析，了解居室或其他建筑物内的空气污染状况，及其对人体健康的影响情况。调查针对实际装修过程中可能产生的室内空气污染物种类，主要选择甲醛、氨和苯系物（主要测定苯、甲苯、二甲苯）作为检测项目。调查在不同的温度、湿度等外界环境条件下，产生的浓度变化情况和释放特性。

调查及模拟测试使用的原材料与仪器：市售 A 级优质细工木板；市售家具底漆、哑光漆（广东顺德产）；实验试剂均采用分析纯试剂。HP68 型气相色谱仪配氢火焰离子化检测仪（FID）（美国惠普公司）；HP 3395 型积分仪（美国惠普公司）；722 型分光光度计（上海仪器三厂）；KB-6CY 大气采样器（青岛崂山电子仪器实验所）；温湿度计（上海志诚五金交电公司）。

检测方法。温度、湿度：仪器直读法；甲醛：乙酰丙酮分光光度法；氨：次氯酸钠 - 水杨酸分光光度法；苯、甲苯、二甲苯：气相色谱法。

模拟实验方法。模拟测试室：面积 $32m^2 \times$ 高 3.7m。测定模拟测试室内甲醛、氨和苯系物的本底浓度。由熟练油漆工按常规家具涂漆方法将 5 张细木工板表面（包括端面）涂刷两层木器底漆、三层木器哑光漆。在模拟测试室内，模拟家庭装修板材的使用，将 5 张经涂刷处理的细木工板沿墙壁均匀排列，保持一般的通风状况。将大气采样仪置于室内中间位置，采样口离地 1 200mm 左右，根据工业民用建筑室内环境布点有关的要求（小于 $50m^2$ 设一个点）布采样点。为保证可比性，每天定时采样。分别采样测定测试室内空气中甲醛、氨和苯系物的浓度，测量间隔时间为 1 天。被测板材（5 张）：暴露总面积为 $30m^2$。室内的环境温度、湿度用温度湿度计测定。

现场测试前，分别测定了苏州市正在装修又尚未刷油漆前的居室客厅与卧室的甲醛、苯系物、氨等浓度，作为连续监测本底值。测试时，将大气采样仪置于室内中间位置，采样口离地 1 200mm 左右，根据工业民用建筑室内环境布点有关的要求（小于 $50m^2$ 设一个点）布采样点。为保证可比性，每天定时采样。另外，分别在苏州市的 2 套居室内，均在装修油漆完工后进行跟踪监测。前期测量周期为 1 天，后期污染物浓度降下来后，测量周期改为 2 天（油漆后第 3 天进入室内监测时，由于实际情况，只对居室、客厅进行了连续跟踪监测）。

一、未油漆房屋室内环境采样测定

装修所使用的木制人造板材在加工生产中使用的黏合剂为脲醛树脂和酚醛树脂，主要原料是甲醛、尿素、苯酚和其他辅料。在现场检测时，门窗均打开，通风情况良好。装修房屋室内正在进行木工加工，尚未进行油漆，装修时，门窗均打开，通风情况良好。装修所用的木材刚被加工，暴露在外的表面积很大，现场检测结果反映了人造板材中挥发性有机物的实际情况。表 4-2 是采样环境条件，未油漆居室内空气中甲醛、氨和苯系物的相关检测结果见表 4-3。

表 4-2　采样环境条件

编号	日期	天气情况	通风状况	温度（℃）	湿度（%）
1	4 月 16 日	晴	开窗	22	32
2	4 月 27 日	晴	开窗	17	60
3	5 月 11 日	晴	开窗	23	50
4	5 月 28 日	晴	开窗	24	66

表 4-3　未油漆居室内空气中甲醛、氨和苯系物的相关检测结果（mg/m³）

编号	甲醛	氨	苯系物*			苯系物**		
			苯	甲苯	二甲苯	苯	甲苯	二甲苯
1	0.075	0.012	0.298	21.463	1.792	0.215	7.961	1.683
2	0.094	0.011	0.029 8	0.095 7	0.018 2	0.033 4	0.358	0.068 3
3	0.051	0.011	0.316	14.943	0.241	0.094 9	6.393	0.298
4	0.054	0.010	0.036 9	0.208	0.059 4	0.033 4	0.317	0.072 7

注：标准参照值，甲醛为 0.08mg/m³；氨为 0.20mg/m³；苯为 0.87mg/m³；二甲苯为 0.3mg/m³。* 为客厅采样；** 为卧室采样。

由表 4-3 结果可以看出，个别未油漆居室空气中甲醛浓度稍微超标，人在其中稍有不适，但很快就能适应，可是木材中挥发性有机物的释放周期很长，可达 3～15 年。

氨的相关检测结果表明，未油漆居室空气中氨浓度均很低，远小于标准参照值。

参考国际标准，苯的参照标准值定为 0.87mg/m³。未油漆居室空气中苯浓度的相关检测结果较低，小于标准参照值。一居室和三居室内空气中甲苯浓度极高，一居室内空气中二甲苯浓度偏高，原因是两户居室内均放有涂过油漆的木板以及敞口的油漆罐，而且隔壁房屋正在刷油漆，挥发出的甲苯、二甲苯对空气质量产生影响。且由于使用不同品牌的油漆，其中所含溶剂种类亦有差别，故室内空气中二甲苯浓度有所差异。

总的来说，居民屋内使用的建筑装饰用木材对室内空气有一定的影响，但尚未超出参照标准值。

二、已装修房屋 A 室内环境采样测定

检测对象：两户已装修居民家的室内环境。

监测时，仅将门打开一点，但已闻到刺激性气味，并伴有强烈的恶心感。表 4-4 是对已装修房屋 A 从油漆后第 1 天开始，连续进行的 7 天采样测定值，相关的采样环境条件见表 4-5。

表 4-4　某装修房屋的采样测定条件

编号	日期	天气情况	通风状况	温度（℃）	湿度（%）
1	4 月 16 日（油漆前）	晴	开窗	22	32
2	5 月 15 日（油漆后第 1 天）	阴	关窗	24	71
3	5 月 16 日（油漆后第 2 天）	阴	关窗	24	72
4	5 月 17 日（油漆后第 3 天）	阴有风	开窗	24	76

续表 4-4

编号	日期	天气情况	通风状况	温度（℃）	湿度（%）
5	5月18日（油漆后第4天）	阴多云	开窗	26	76
6	5月20日（油漆后第5天）	阴多云	开窗	26	60
7	5月22日（油漆后第6天）	晴有风	开窗	26	56
8	5月24日（油漆后第7天）	晴	开窗	26	54

表 4-5 某房屋的采样测定结果（mg/m³）

编号	甲醛	氨	苯系物		
			苯	甲苯	二甲苯
1	0.075	0.012	—	—	—
2	0.263	0.084	0.061	44.717	5.448
3	0.269	0.088	0.204	78.142	25.233
4	0.053	0.080	0.167	30.367	5.361
5	0.042	0.032	0.107	2.802	0.259
6	0.038	0.025	0.137	0.987	0.078
7	0.027	0.018	0.111	0.968	0.072
8	0.038	0.023	0.066	0.313	0.011

注：标准参照值，甲醛为 0.08mg/m³；氨为 0.20mg/m³；苯为 0.87mg/m³；二甲苯为 0.3mg/m³。

根据上述结果，分别绘制了室内装修油漆后挥发出的甲醛、氨、苯系物的浓度变化趋势见图 4-1、图 4-2。

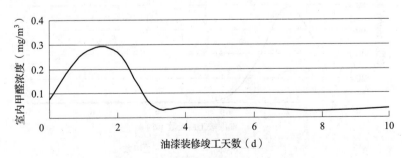

图 4-1 室内甲醛浓度变化趋势

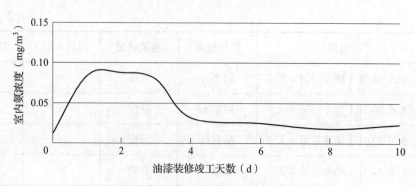

图 4-2　室内氨浓度变化趋势

图 4-1、图 4-2 分别是室内甲醛、氨的浓度变化趋势。从图中可以看出，刷漆后室内空气中甲醛和氨的浓度迅速上升，第 2 天浓度均达到最大，然后迅速下降，第 4 天后浓度变化呈平缓略有下降趋势，其值低于标准参照值；约一周后，浓度已很低，且趋于稳定。第 8 天的室内空气中甲醛和氨的浓度较其他低，可能是由于当天有风，且风力较大的缘故，说明提高空气交换率有助于室内空气中污染物的挥发扩散，使其浓度有所降低。

图 4-3 是室内苯系物变化趋势，图 4-4 是室内甲苯、二甲苯的变化趋势对比。从图中可以看出，涂油漆后第 2 天，室内空气中的苯系物的浓度值均达到最高，在油漆后的前两天甲苯、二甲苯浓度相当高，已严重超标。在后来的几天里，苯系物的浓度变化基本呈平坦趋势，而苯浓度一直保持低于标准参照值。这是因为，该户居民房屋在装修中所用的聚

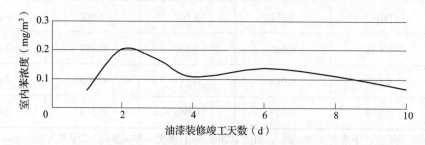

图 4-3　室内苯系物浓度变化趋势

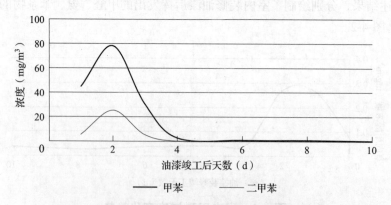

甲苯　　　二甲苯

图 4-4　室内甲苯、二甲苯浓度变化趋势对比

酯漆溶剂中含有甲苯、二甲苯等，刚刚涂刷完漆时，溶剂大量向空气中挥发，使室内空气受到严重污染。待油漆后四五天，大部分溶剂已挥发完，油漆基本干燥，此时室内空气中苯系物的浓度趋于稳定，且浓度值较小，低于标准参照值。

三、已装修房屋 B 室内环境采样测定

已装修房屋 B 监测时，能闻到刺激性气味，并伴有强烈的恶心感。刚油漆后即开始进行的相关采样环境条件见表 4-6，连续采样测定结果列于表 4-7。

表 4-6 已油漆装修房屋 B 室内空气采样环境

编号	日期	天气情况	通风状况	温度（℃）	湿度（%）
1	5 月 28 日	多云	开窗	24	66
2	6 月 2 日	晴	关窗	26	48
3	6 月 3 日	阴小雨	关窗	25	63
4	6 月 4 日	雨	关窗	23	73
5	6 月 5 日	阴有雨	开半窗	23	78
6	6 月 6 日	多云到晴	开半窗	24	72
7	6 月 8 日	多云	开窗	24	80

表 4-7 已油漆装修房屋 B 室内环境采样检测结果（mg/m³）

编号	甲醛	氨	苯系物		
			苯	甲苯	二甲苯
1	0.054	0.010	0.036 9	0.208	0.059 4
2	0.452	0.089	—	—	—
3	0.489	0.087	1.232	43.719	9.877
4	0.431	0.079	0.134	12.657	0.465
5	0.068	0.039	0.090	0.840	0.182
6	0.042	0.032	0.063 7	0.466	0.149
7	0.038	0.024	0.045 9	0.288	0.054 7

注：标准参照值，甲醛为 0.08mg/m³；氨为 0.20mg/m³；苯为 0.87mg/m³；二甲苯为 0.3mg/m³。

根据测得的结果，分别绘制室内油漆装修后挥发出的甲醛、氨、苯系物的浓度变化趋势图，如图 4-5 ~ 图 4-7 所示。

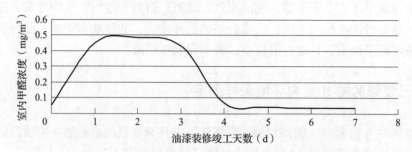

图 4-5   室内油漆装修后挥发出的甲醛浓度变化

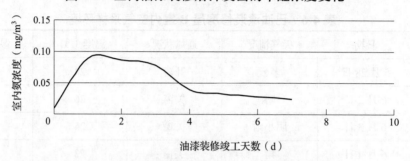

图 4-6   室内油漆装修后挥发出的氨浓度变化

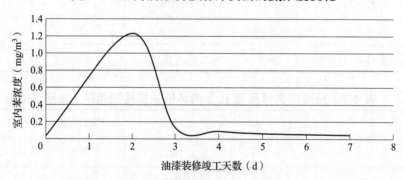

图 4-7   室内苯浓度变化趋势

从图 4-5、图 4-6 可以看出，房屋 B 刷漆后室内空气中甲醛和氨的浓度变化趋势与房屋 A 具有相同的规律。但由于所用的油漆不同，达最高浓度后下降的趋势也有所不同，后者浓度下降比前者更缓慢，趋势更平缓。表明装修中使用的涂料不同，其污染物挥发特性也有所不同。

分析图 4-7 中苯系物采样结果可知，房屋装修中，刚油漆好的房间内的油漆是室内苯系物污染的主要来源；室内的苯系物的变化趋势基本一致；涂油漆后第 2 天浓度最高，到第 7 天后污染物浓度基本趋于稳定；根据国家已有室内空气质量相关标准，涂油漆后第 2 天和第 3 天的苯、二甲苯的浓度值均超标许多。

两处新装修房屋的室内环境采样测定结果表明，一般油漆前污染物的浓度即本底值较低，油漆后污染物浓度呈明显上升趋势，达到最高后迅速下降至标准参照值以下。随着时间的推移，以及温度、湿度、通风条件等的影响，污染物浓度变化逐渐趋于平缓，基本于一周后浓度降至很低，恢复至油漆前水平。

四、在模拟测试室内，对刚油漆的细木工板进行的连续采样测定

采用常用室内装饰材料——细木工板，模拟室内板材使用，研究和测定刚涂刷 5 遍漆后细木工板的挥发性污染物释放特性。

表 4-8 是模拟测试室内放置刚油漆后开始进行的细木工板的连续采样测定结果，相关的采样环境条件见表 4-9。

表 4-8　刚油漆后细木工板模拟测试结果（mg/m³）

编号	甲醛	氨	苯系物		
			苯	甲苯	二甲苯
1	0.163	0.012	0.036 7	0.560	0.087 7
2	0.021	0.010	0.038 9	0.103	0.017 8
3	0.034	0.018	0.043 6	0.204	0.027 1
4	0.019	0.026	0.010 6	0.170	0.013 2
5	0.022	0.019	0.008 37	0.122	0.002 66
6	0.016	0.016	0.002 74	0.105	未检出
7	0.015	0.016	—	—	—
8	0.015	0.016	0.003 61	0.099 0	未检出

注：标准参照值，甲醛为 0.08mg/m³；氨为 0.20mg/m³；苯为 0.87mg/m³；二甲苯为 0.3mg/m³。

表 4-9　模拟测试采样环境

编号	日期	天气情况	通风状况	温度（℃）	湿度（%）
1	5 月 15 日	阴	开窗	24	71
2	6 月 23 日	晴	关窗	26	47
3	6 月 24 日	晴	关窗	26	57
4	6 月 25 日	晴	稍开窗	26	63
5	6 月 26 日	多云	稍开窗	26	76
6	6 月 27 日	多云晴	稍开窗	26	66
7	6 月 28 日	阴到多云	稍开窗	24	63
8	6 月 29 日	晴	稍开窗	26	36

根据测试结果,分别绘制模拟测试室内板材刚油漆后挥发出的甲醛、氨、苯系物的浓度变化趋势图,如图 4-8 ~ 图 4-11 所示。

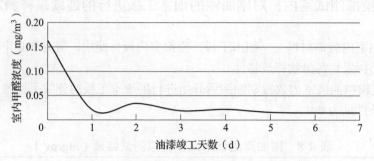

图 4-8 模拟测试室内甲醛浓度变化趋势

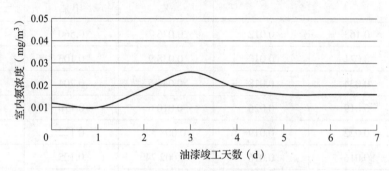

图 4-9 模拟测试室内氨浓度变化趋势

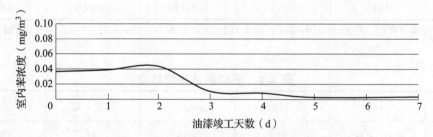

图 4-10 模拟测试室内苯系物浓度变化趋势

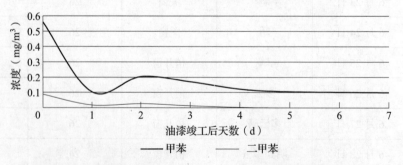

图 4-11 模拟测试室内甲苯、二甲苯浓度变化趋势对比

从图 4-9 可以看到，模拟测试室内空白板材甲醛的挥发量很大，涂油漆后明显降低，表明涂料对建筑装饰木材中甲醛等挥发性有毒有害物质有很好的抑制和封闭作用，效果显著。图 4-9、图 4-10 中油漆后甲醛和氨浓度的变化趋势一致，在刷油漆后第 1 天到第 2 天，浓度又有上升，然后又有所下降，变化规律与房屋 A、房屋 B 实测的结果相同，一周后，浓度基本趋于稳定，且浓度值很低。

细木工板在刚涂完 5 遍漆后约 10 天过程中，挥发出的苯系物的浓度变化基本呈下降趋势。即在涂油漆后 3 天内，室内空气中的苯系物的浓度值较高，之后几天里，苯系物的浓度变化呈平坦趋势。这与对房屋 A、房屋 B 在刚油漆后进行的采样测定相比，所得到的浓度变化趋势基本一致。测试中，模拟测试室的窗户一直打开，因而挥发性有机物扩散稀释速度很快，使空气中苯系物浓度很低。因此，家庭中保持良好的通风，可提高室内空气质量，减少室内污染的发生。

综合上述，室内装饰材料的使用，是导致室内空气中挥发性污染物增加的主要原因之一。这些材料会持续向空气中释放有机污染物，实验调查表明，经使用木制胶合板、黏合剂、涂料、油漆等装饰材料装修的居室随时间的推移而释放出甲醛、氨、苯系物等污染物；尤其在室内刚刚油漆时的浓度都超过国家已有室内空气质量相关标准。通过模拟实验也说明，中密度胶合板和油漆是室内空气污染的重要来源之一，室内空气污染在大约 7 天之后，室内已为恒定的污染源，释放的污染物浓度已趋于稳定。

五、室内人造木板挥发甲醛、氨和苯系物的模拟研究

采用常用室内装饰材料——细木工板，模拟室内板材使用，对未经处理、经简单涂覆处理和多层涂覆的板材释放的挥发性有机物进行研究和测定。

（一）原材料和仪器

市售 A 级优质细木工板；市售家具底漆、哑光漆（广东顺德产）。实验试剂均采用分析纯试剂。

HP6890 型气相色谱仪，配氢火焰离子化检测器（FID）（美国惠普公司）；HF3395 型积分仪（美国惠普公司）；722 型分光光度计（上海仪器三厂）；KB–6CY 大气采样器（青岛崂山电子仪器实验所）；温湿度计（上海志诚五金交电公司）。

（二）检测方法

温度、湿度：仪器直读法。甲醛：乙酰丙酮分光光度法。氨：次氯酸钠 – 水杨酸分光光度法。苯、甲苯、二甲苯：气相色谱法。

（三）模拟实验

模拟测试室：面积 $16.5m^2 \times$ 高 3.7m。测定模拟测试室内甲醛、氨和苯系物的本底浓度。在模拟测试室内，沿墙壁均匀排列 5 张未经涂刷处理的细木工板，模拟装修家庭板材的使用，保持一般的通风状况。将大气采样仪置于室内中间位置，采样口离地 1 200mm

左右，根据工业民用建筑室内环境布点有关的要求（小于 $50m^2$ 设 1 个点），布采样点。为保证可比性，每天定时采样。分别采样测定测试室内空气中甲醛、氨和苯系物的浓度，测量间隔时间为 1 天。

细木工板表面（包括端面）涂刷一层木器底漆后，均匀摆放于空的模拟测试室内，分别采样，测定测试室内空气中甲醛、氨和苯系物的浓度，测量间隔时间为 1 天。由熟练油漆工按常规家具涂漆方法，将 5 张细木工板表面（包括端面）涂尉两层木器底漆、三层木器哑光漆，再将其均匀排放于空的模拟测试室内，分别采样，测定模拟测试室内空气中甲醛、氨和苯系物的浓度，测量间隔时间为 1d。

被测板材（5 张）的暴露总面积为 $30m^2$。室内的环境温度、湿度用温湿度计测定。

（四）模拟测试室内空气中甲醛的测定

表 4-10 是放置不同板材的模拟测试室内空气中甲醛的检测结果。相应采样环境状况记录见表 4-11。

表 4-10　不同板材的模拟测试室内空气中甲醛的检测结果

不同类型	甲醛浓度（mg/m^3）					
	1	2	3	4	5	6
未处理板材	0.311[1]	0.424[2]	0.196[3]	0.127[4]	0.112[5]	—
单层涂覆板材	0.020[6]	0.141[7]	0.026[8]	0.025[9]	0.017[10]	0.045[11]
常规涂覆板材	0.032[12]	0.033[13]	0.033[14]	0.033[15]	0.033[16]	—

注：标准参照值，甲醛为 $0.08mg/m^3$。（1）~（16）分别对应表 4-11 的采样环境。

表 4-11　采样环境状况记录表

序列	采样日期	天气情况	通风状况	温度（℃）	湿度（%）
1	5 月 15 日	阴	开半窗	21	74
2	5 月 16 日	阴	开半窗	26	67
3	5 月 17 日	阴	开半窗	20	76
4	5 月 18 日	阴	开半窗	25	68
5	5 月 19 日	阴	开半窗	25	70
6	5 月 23 日	晴	开半窗	26	63
7	5 月 24 日	晴	开半窗	26	58
8	5 月 25 日	晴	开半窗	26	70
9	5 月 26 日	多云	开半窗	26	74
10	5 月 27 日	多云	开半窗	26	66
11	5 月 29 日	晴	开半窗	24	66

续表 4-11

序列	采样日期	天气情况	通风状况	温度（℃）	湿度（%）
12	6月1日	晴	稍开窗	22	64
13	6月2日	多云	稍开窗	23	63
14	6月3日	阴有雨	稍开窗	24	53
15	6月4日	雨	稍开窗	22	72
16	6月5日	雨到阴	稍开窗	23	73

　　以上结果，以放入模拟测试室的天数为横坐标，甲醛浓度为纵坐标，得出模拟测试室内细木工板挥发出的甲醛变化趋势图，如图 4-12 所示。

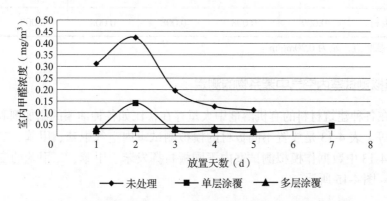

图 4-12　模拟测试室内木制板材的甲醛挥发变化趋势图

　　由上表结果可知，未经处理的板材置于模拟测试室内，挥发出甲醛的含量较高，远远大于标准参照值。板材在经单层涂覆后，甲醛的挥发量明显降低，基本低于拟定的标准参照值。经常规涂覆的板材（多层涂刷），甲醛的挥发量也明显降低，基本为稳定值，均低于拟定的标准参照值。其挥发值略高于单层涂覆的板材，可能是因为测定环境中较高的湿度和空气流通较弱造成的。

　　由图 4-12 可以看出，未处理细木工板挥发甲醛的变化趋势与经单层涂覆的细木工板相类似，开始两天室内甲醛浓度呈上升趋势，达最高值后迅速下降，并基本趋于稳定。经单层涂覆的板材后期挥发出的甲醛量略有回升，可能是由于一层油漆太薄，板材中的甲醛经过一段时间后，透过涂层的原因。经多层涂刷后的板材，室内空气中甲醛的挥发很稳定，基本保持不变。

　　结果表明，木制板材表面及端面采取涂覆处理措施，可以控制板材在室内空气中的暴露面积，从而有效减少板材中残留的和未参与反应的甲醛向周围环境的释放。单层涂覆和多层涂覆均能取得较好效果，但单层涂覆较经济适用，多层涂覆效果持久。

（五）模拟测试室内空气中氨的测定

　　表 4-12 是放置不同板材的模拟测试室内空气中氨的检测结果。由表可知，经不同处

理的板材置于模拟测试室内，空气中挥发氨的浓度较低，且变化较小，维持在一定水平，远低于标准参照值。结果表明，木制板材挥发氨较少，几乎不对空气中氨浓度造成影响。在表面涂覆后，不论单层还是多层涂刷涂料，待有机溶剂完全挥发，亦几乎不挥发产生氨，使空气中氨的浓度保持一定。

表 4-12　不同板材模拟测试室内空气中氨的检测结果

不同类型	氨浓度（mg/m³）					
	1	2	3	4	5	6
未处理板材	0.009	0.011	0.011	0.010	0.009	—
单层涂覆板材	0.009	0.010	0.015	0.011	0.009	0.012
常规涂覆板材	0.009	0.008	0.008	0.008	0.008	—

注：标准参照值，氨为 0.20mg/m³。

（六）模拟测试室内空气中苯系物的测定

苯系物在各种建筑材料的有机溶剂中大量存在，比如各种油漆的添加剂和稀释剂和一些防水材料等。表 4-13 是放置不同板材的模拟测试室内空气中苯、甲苯、二甲苯的检测结果。将表 4-13 中数据作模拟测试室内不同板材挥发苯、甲苯、二甲苯的变化曲线，分别如图 4-13 ~ 图 4-15 所示。

表 4-13　不同板材模拟测试室内空气中苯系物的检测结果

板材类型	检测项目	浓度（mg/m³）					
		1	2	3	4	5	6
未处理板材	苯	0.041 4	0.040 9	0.041 1	0.045 6	0.043 1	—
	甲苯	0.188	2.097	1.450	0.236	0.020 8	—
	二甲苯	0.016 7	0.420	0.237	0.017 4	0.016 0	—
单层涂覆板材	苯	0.035 3	0.002 94	0.002 53	0.003 10	0.003 01	0.002 83
	甲苯	0.342	0.528	0.543	0.415	0.360	0.307
	二甲苯	0.006 25	0.005 3	0.004 0	0.003 71	0.000 966	未检出
常规涂覆板材	苯	0.004 21	0.004 16	0.004 20	0.004 19	0.004 23	—
	甲苯	0.085 4	0.080 4	0.080 1	0.083 4	0.086 4	—
	二甲苯	未检出	未检出	未检出	未检出	未检出	—

注：标准参照值，苯为 0.87mg/m³；采样环境状况参见前表。

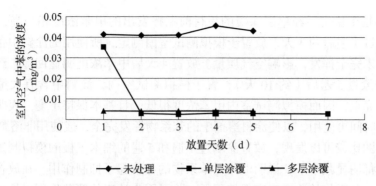

图 4-13　模拟测试室内板材挥发苯的变化曲线

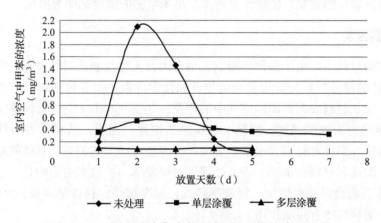

图 4-14　模拟测试室内板材挥发甲苯的变化曲线

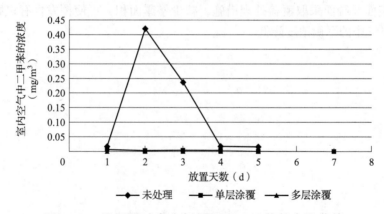

图 4-15　模拟测试室内板材挥发二甲苯的变化曲线

由以上结果可知，未经处理的板材置于模拟测试室内，挥发出的苯含量较经单层涂覆板材和经多层涂覆板材高，但板材苯的挥发量较低，均远小于拟定的标准参照值。板材经单层或多层涂覆处理后，苯的挥发量明显降低，基本为稳定值。

由图 4-14、图 4-15 可以看出，经单层涂覆的细木工板，挥发甲苯、二甲苯的变化趋势与经多层涂覆的细木工板相似，开始两天室内甲醛浓度呈上升趋势，达最高值后迅速下降，并基本趋于稳定。经单层涂覆的板材前期挥发出的甲苯浓度相当高，是由于细木工板是在油漆过 1 遍后约 3 天，放置于模拟测试室内测定，所使用的涂料中含有大量的溶剂——甲苯尚未完全挥发，影响空气质量。放置 4 天后甲苯浓度明显回降。经多层涂覆的细木工板在油漆过 5 遍后（约 10 天），置于模拟测试室内，涂料中含有大量的溶剂——甲苯基本挥发完全，因而模拟测试室内甲苯浓度很低，且基本保持不变。表明，板材涂覆后应晾干一段时间再使用，以使涂料溶剂中的苯系物挥发完全，或使用非溶剂型涂料。

通过与前图比较可以发现，放置涂刷过 1 遍和 5 遍的细木工板的模拟测试室内空气中苯系物的浓度都明显减小了，说明油漆对苯系物的释放起了抑制作用。在放置于模拟测试室的后几天里，苯系物的浓度一直保持很低，除了因为油漆的覆盖作用以外，良好的通风条件有利于有害物质的散发，使空气中的挥发出苯系物的浓度的明显降低。

（七）影响因素

在模拟实验过程中，由于条件的限制，很多因素无法控制，对结果有一定的影响。室内材料中 VOC 的释放过程包含很复杂的物理和化学现象，主要包括以下三个过程：①材料内部扩散；②从材料表面到周围空气中的挥发；③空气吹出（空气交换率）情况。材料内部扩散的驱动力为浓度梯度，遵循 Fick's 第二定律。同时，从材料表面到周围空气中的挥发，与温度、湿度和材料含水率、表面处理等也有一定的关系，具体的规律还有待研究，但温度、湿度和材料含水率、表面处理等对挥发率、扩散率的影响是一定存在的。一般来说，随着表面涂料厚度增加，释放率降低；温度越高，释放率越高；空气中 VOC 的浓度较高时，对释放率有限制作用。

涂料对板材中有毒有害污染物的向外释放有一定的抑制和封闭作用。研究结果表明，对木制板材表面及端面采取覆盖处理措施，减少暴露面积，可使挥发性有机物——甲醛、苯系物等在空气中的平衡浓度降低。

第五章　工程验收阶段的污染控制

第一节　GB 50325–2020 标准对工程验收阶段污染控制的规定

工程竣工验收是工程建设质量管理的一项重要要求，是保证工程质量的最后一环，也是保证本标准得以贯彻实施的最后把关。因此，做好工程竣工验收中的室内环境污染控制工作是建设单位、施工单位、监理单位的共同责任。

关于工程竣工验收，GB 50325–2020 标准有 23 条规定，简要说明如下：

（1）GB 50325–2020 标准第 6.0.1 条规定："民用建筑工程及室内装修工程的室内环境质量验收，应在工程完工不少于 7 天后、工程交付使用前进行。"本条条文说明：考虑到涂料的保养期（挥发期）一般为一周，要求工程竣工验收室内环境检测至少在工程完工 7 天以后。

一项工程建成后，尽快验收并投入使用，是建设各方的一致愿望。但是，工程刚建成，涂料等材料正在养护期，污染物正在大量挥发，此时的室内环境污染状况正在迅速改变，而只有降低到稳定状态以后的室内环境污染状况，才是工程交付使用后的实际情况。为确定验收检测的合理时间，标准编制组进行了涂料涂饰后挥发物的挥发过程测试及模拟测试研究，测试研究表明，涂料的保养期（成膜期）一般 7 天左右，因此，GB 50325–2020 标准规定，验收在工程完工不少于 7 天以后进行。具体情况介绍如下：

1）新装修房现场测试。室内装修涂刷油漆后现场测试挥发出的甲醛、氨、苯系物浓度，其变化趋势见图 5-1 ～ 图 5-4。

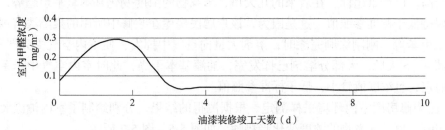

图 5-1　室内甲醛浓度变化趋势

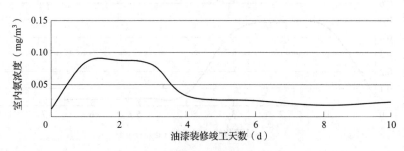

图 5-2　室内氨浓度变化趋势

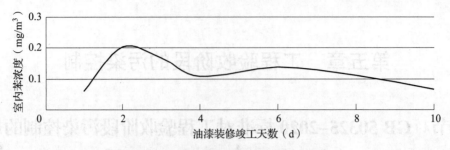

图 5-3　室内苯系物浓度变化趋势

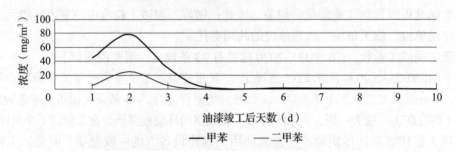

——甲苯　　——二甲苯

图 5-4　室内甲苯、二甲苯浓度变化趋势对比

图 5-1、图 5-2 分别是室内甲醛、氨的浓度变化趋势。从图中可以看出，涂油漆后室内空气中甲醛和氨的浓度迅速上升，第 2 天浓度均达到最大，然后迅速下降，第 4 天后浓度变化呈平缓略有下降趋势，其值低于标准参照值；约一周后，浓度进一步降低，且趋于稳定。

图 5-3、图 5-4 分别是室内苯、甲苯、二甲苯的变化趋势。从图中可以看出，涂油漆后第 2 天，室内空气中的苯系物的浓度值均达到最高，在油漆的前两天里，甲苯、二甲苯浓度相当高，已严重超标。在后来的几天里，苯系物的浓度变化基本呈平坦趋势，而苯浓度一直保持低于标准参照值。这是因为，该户居民房屋在装修中所用的聚酯漆溶剂中含有甲苯、二甲苯等，刚刚涂刷完漆时，溶剂大量向空气中挥发，使室内空气受到严重污染。待涂油漆 4~5 天后，大部分溶剂已挥发完，油漆基本干燥，此时室内空气中苯系物的浓度趋于稳定，且浓度值较小，低于标准参照值。

2）已装修房屋室内环境采样测定。根据测得的结果，分别绘制了室内油漆装修后挥发出的甲醛、氨、苯系物的浓度变化趋势图，如图 5-5 ~ 图 5-7 所示。

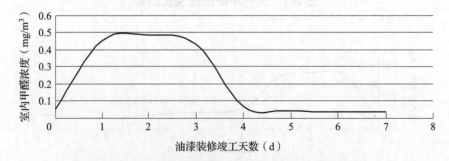

图 5-5　室内油漆装修后挥发出的甲醛浓度变化

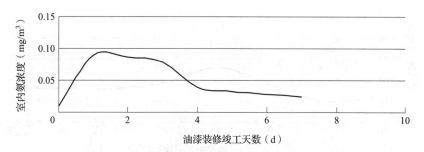

图 5-6　室内油漆装修后挥发出的氨浓度变化

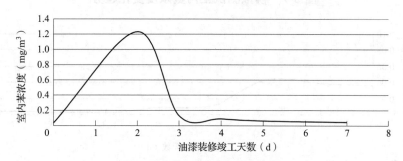

图 5-7　室内苯浓度变化趋势

　　测定结果表明：房屋一般装修油漆前污染物的浓度较低，油漆后污染物浓度呈明显上升趋势，达到最高后，迅速下降，随着时间的推移，以及温度、湿度、通风条件等的影响，污染物浓度变化逐渐趋于平缓，基本于一周后浓度降至很低，恢复至油漆前水平。

　　3）装修材料污染物释放实验室模拟测试。调查及模拟测试使用的原材料：市售 A 级优质细工木板；市售家具底漆、哑光漆。模拟实验方法：模拟测试室，面积 $32m^2 \times$ 高 3.7m。测定模拟测试室内甲醛、氨和苯系物的本底浓度。由熟练油漆工按常规家具涂漆方法将 5 张细木工板表面（包括端面）涂刷两层木器底漆、三层木器哑光漆，材料暴露总面积为 $30m^2$。在模拟测试室内，模拟家庭装修板材的使用，将 5 张经涂刷处理的细木工板沿墙壁均匀排列，保持一般的通风状况，每天定时采样。

　　根据测试结果，分别绘制模拟测试室内板材刚油漆后挥发出的甲醛、氨、苯系物的浓度变化趋势图，如图 5-8 ~ 图 5-11 所示。

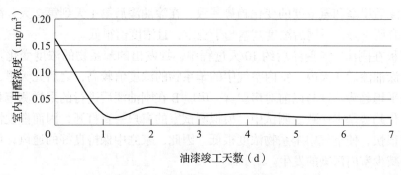

图 5-8　模拟测试室内甲醛浓度变化趋势

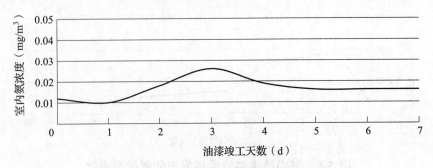

图 5-9　模拟测试室内氨浓度变化趋势

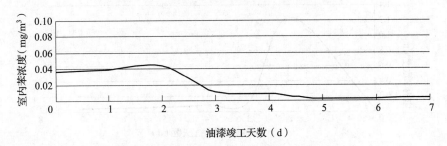

图 5-10　模拟测试室内苯系物浓度变化趋势

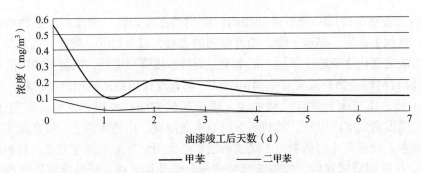

图 5-11　模拟测试室内甲苯、二甲苯浓度变化趋势对比

　　从图中可以看到，模拟测试室内空白板材甲醛的挥发量很大，涂油漆后明显降低，表明涂料对建筑装饰木材中甲醛等挥发性有毒有害物质有很好的抑制和封闭作用，效果显著。图中油漆后甲醛和氨浓度的变化趋势一致，在涂油漆后第 1 天到第 2 天，浓度又有上升，然后又有所下降，一周后浓度基本趋于稳定，且浓度值很低。

　　细木工板在刚涂完 5 遍漆后约 10 天过程中，挥发出的苯系物的浓度变化基本呈下降趋势。即在涂油漆后 3 天内，室内空气中的苯系物的浓度值较高，之后几天里，苯系物的浓度变化呈平坦趋势。这与以前对房屋 A、房屋 B 在刚油漆后进行的采样测定相比，所得到的浓度变化趋势基本一致。测试中，模拟测试室的窗户一直打开，因而挥发性有机物扩散稀释速度很快，使空气中苯系物浓度很低。因此，家庭中保持良好的通风，可提高室内空气质量，减少室内污染的发生。

　　模拟实验表明，胶合板和油漆是室内空气污染的重要来源之一，室内空气污染在大约

7 天之后，释放的污染物浓度已趋于稳定。

（2）GB 50325-2020 标准第 6.0.2 条规定："民用建筑工程竣工验收时，应检查下列资料：

1 工程地质勘察报告、工程地点土壤中氡浓度或氡析出率检测报告、高土壤氡工程地点土壤天然放射性核素镭 -226、钍 -232、钾 -40 含量检测报告；

2 涉及室内新风量的设计、施工文件，以及新风量检测报告；

3 涉及室内环境污染控制的施工图设计文件及工程设计变更文件；

4 建筑主体材料和装饰装修材料的污染物检测报告、材料进场检验记录、复验报告；

5 与室内环境污染控制有关的隐蔽工程验收记录、施工记录；

6 样板间的室内环境污染物浓度检测报告（不做样板间的除外）。

7 室内空气中污染物浓度检测报告。"

按照工程验收管理要求，工程验收时要检查与工程质量有关各类资料。室内环境污染控制涉及从工程勘察、设计开始，到材料选择、施工及竣工验收的每一个环节。因此，检查每个环节的记录、文件及报告显得尤其重要。

按照 GB 50325-2020 标准规定，并非进入工地的每一种、每一批建筑材料和装饰装修材料都要进行实测复验，只有使用量较大的建筑材料和装饰装修材料才需要进行复验抽查。工程地点土壤天然放射性核素镭 -226、钍 -232、钾 -40 含量也只是在土壤氡浓度较高的情况下才需要进行检测。因此，检查资料时，除了应查看进场材料的质量保证文件、型式检测报告以外，还应根据勘察设计文件，查看土壤放射性是否需要进行检测、设计用量较大的建筑材料和装饰装修材料是否进行了复验，并查看相关检测报告。

关于样板间室内环境污染物浓度检测记录，在工程验收查验资料时，应注意样板间装修设计及使用的材料与工程实际使用的是否一致，如果不一致，样板间室内环境污染物浓度检测报告不能作为验收依据。

新风量的设计、施工文件以及新风量的检测报告是 GB 50325-2020 标准强调的内容。查看新风量的相关资料，应包括新风量的设计文件、空调安装调试报告及验收时新风量的检测报告。

（3）GB 50325-2020 标准第 6.0.3 条规定："民用建筑工程所用建筑主体材料和装饰装修材料的类别、数量和施工工艺等，应满足设计要求并符合本标准有关规定。"

民用建筑工程所用建筑材料和装饰装修材料的类别、数量和施工工艺等对室内环境质量有决定性影响，因此，应符合设计要求和 GB 50325-2020 标准的有关规定。

工程所用材料的类别决定于民用建筑的类别。Ⅰ类、Ⅱ类建筑只能使用符合内外照射指数均为 1.0 的建筑主体材料，Ⅰ类建筑使用的无机非金属建筑装修材料必须为 A 类；Ⅱ类建筑使用的无机非金属建筑装修材料，最好使用 A 类材料，但也允许使用 B 类装修材料，只是对使用 B 类装修材料的量有要求，要进行计算，不允许过量使用 B 类材料。民用建筑使用人造板材料必须符合 GB 50325-2020 标准要求，同时使用量要注意，《中国室内环境概况调查与研究》统计资料表明：如果使用板材的总面积（以"m^2"为单位，板材正反两面计）同该房间容积（以"m^3"为单位）的比值超过 1：1 时，人造板材散发的甲醛污染有可能会超过标准要求。

（4）GB 50325–2020 标准第 6.0.4 条为强制性条文，必须严格执行。条文规定："民用建筑工程竣工验收时，必须进行室内环境污染物浓度检测，其限量应符合表 6.0.4 的规定。"

修订后的 GB 50325–2020 标准空气中污染物限量值如表 5-1 所示。

表 5-1   民用建筑室内环境污染物浓度限量（GB 50325–2020 标准表 6.0.4）

污染物	I 类民用建筑工程	II 类民用建筑工程
氡（Bq/m³）	≤ 150	≤ 150
甲醛（mg/m³）	≤ 0.07	≤ 0.08
氨（mg/m³）	≤ 0.15	≤ 0.20
苯（mg/m³）	≤ 0.06	≤ 0.09
甲苯（mg/m³）	≤ 0.15	≤ 0.20
二甲苯（mg/m³）	≤ 0.20	≤ 0.20
TVOC（mg/m³）	≤ 0.45	≤ 0.50

注： 1   污染物浓度测量值，除氡外均指室内污染物浓度测量值扣除室外上风向空气中污染物浓度测量值（本底值）后的测量值。
      2   表中污染物浓度测量值的极限值判定，采用全数值比较法。

表中室内环境指标（除氡外）均为在扣除室外空气空白值（本底值）的基础上制定的，是工程建设阶段必须实实在在进行有效控制的范围。室外空气污染不是工程建设单位能够控制的，扣除室外空气空白值可以突出控制建筑材料和装修材料所产生的污染。检测现场及其周围应无影响空气质量检测的因素，检测时室外风力不大于 5 级，选取上风向适当距离、地点的可操作适当高度进行（注意避免地面附近污染源，如窨井等）；在室内样品采集过程中采样，雾霾重度污染及以上情况不宜进行现场检测。对采用集中通风的民用建筑工程，应在通风系统正常运行的条件下进行现场检测，不必扣除室外空气空白值。

表中的氡浓度，系指实验室内检测氡浓度值，不再进行平衡氡子体换算，与国际接轨。

污染物浓度测量值的极限值判定采用全数值比较法，根据的是现行国家标准《数值修约规则与极限数值的表示和判定》GB/T 8170，在该标准中提出有两种极限值的判定方法：修约值比较法和全数值比较法。该标准进一步明确：各种极限数值（包括带有极限偏差值的数值）未加说明时，均指采用全数值比较法；如规定采用修约值比较法，应在标准中加以说明。考虑到许多检测人员对现行国家标准《数值修约规则与极限数值的表示和判定》GB/T 8170 不熟悉，因此，在表 6.0.4 的注 2 中进一步进行了明确。

关于污染物限量值的确定，介绍如下：

1）氡限量值。本标准本次修订将 I 类民用建筑工程室内氡限量值指标调整为 150Bq/m³（修订前为 200Bq/m³），考虑了以下四方面情况：

①WHO 建议将室内（不分类）氡限量值定为 100Bq/m³；

②现行国家标准《室内氡及其子体控制要求》GB/T 16146-2015 将新建建筑物室内氡浓度的年均氡浓度目标水平确定为 100Bq/m³；

③《中国室内氡研究》实测调查表明：我国住宅室内全年平均氡浓度大于 100Bq/m³ 的房间数小于 10%；

④现行行业标准《民用建筑氡防治技术规程》JGJ/T 349-2015 已将幼儿园、学校、老年建筑（Ⅰ类民用建筑）等氡浓度限量值确定为 100Bq/m³。

按以上情况，本可以将氡浓度限量值确定为 100Bq/m³，但考虑到 GB 50325-2020 标准规定自然通风房间的氡检测条件是在对外门窗封闭 24h 后进行的，房间氡浓度有一定积累，因此，最后确定为 150Bq/m³。

2）甲醛限量值。本标准本次修订将Ⅰ类民用建筑工程室内甲醛浓度限量值由修订前的小于或等于 0.08mg/m³ 调整为小于或等于 0.07mg/m³，考虑了以下情况：

①WHO 建议室内甲醛限量值为 0.10mg/m³；

②现行国家标准《室内空气质量标准》GB/T 18883-2002 及《公共场所卫生指标及限值要求》GB 37488-2019 将使用房屋室内甲醛限量值定为 0.10mg/m³；

③《中国室内环境概况调查与研究》资料表明，房间样本量最多处集中在甲醛浓度 0.05 ~ 0.06mg/m³ 附近（有家具），说明甲醛浓度限量值 0.05 ~ 0.06mg/m³ 是经过努力可以做到，如图 5-12 所示；

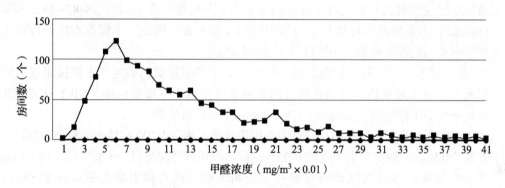

图 5-12　甲醛浓度分布的房间样本量统计结果（有家具）

④一些国际高标准：美国加州 8h 甲醛浓度限量值为 0.035mg/m³；加拿大 24h 甲醛浓度限量均值为 0.06mg/m³；香港的卓越级甲醛浓度限量值为 0.03mg/m³（这些标准的限量值均为使用中的房屋，包括家具、家电、物品等）；

⑤家具因素：《中国室内环境概况调查与研究》资料表明，目前我国室内活动家具对甲醛污染的贡献率统计值约为 30%。由此，除装修污染外，给房屋使用后家具进入预留适当净空间是合理的，即从修订前的小于或等于 0.10mg/m³ 降低到小于或等于 0.07mg/m³。

《中国室内环境概况调查与研究》资料统计显示：①装修后无家具室内甲醛浓度约 33% 超过 0.08mg/m³；②接近 50% 房间甲醛浓度范围在 0.03 ~ 0.08mg/m³ 间，样本量最多处在 0.05mg/m³ 附近；无家具室内甲醛浓度平均值为 0.087mg/m³；甲醛浓度最大值为 0.40mg/m³。也就是说，无活动家具污染情况下，目前室内甲醛等污染物浓度已经约有三分之一超过 0.08mg/m³（GB 50325-2010 修订前规定的限量值）。也就是说，本标准本次修订在确定空气中甲醛浓度限量值时有两方面难题：一是面对目前室内环境污染超标问题相当突出的现实，是否坚持严格要求；另一个是面对家具污染突出的情况，是否给家具预留适当净空间。

面对如此情况，标准编制组认真研究后认为：随着我国经济社会的不断发展，人民群众对环境质量要求越来越高，必须从有利于人民群众健康要求出发，同时考虑国际标准要求，最后意见是：不能放松要求，要给建筑物交付使用后的活动家具进入预留适当净空间。

实际上，除家具影响外，还有高温季节影响问题（温度升高，装修材料污染物释放增加），但考虑到将甲醛限量值进一步降低难以实现，本次修订只能暂不考虑。

3）苯限量值。Ⅰ类建筑空气中苯限量值的确定：现行国家标准《室内空气质量标准》GB/T 18883-2002 及《公共场所卫生指标及限值要求》GB 37488-2019 苯限量定为 0.11mg/m³。由于民用建筑工程禁止在室内使用以苯为溶剂的涂料、胶粘剂、处理剂、稀释剂及溶剂，因此，近年来室内空气中苯污染已经受到一定控制，同时考虑到活动家具等对室内苯污染的贡献率，本标准将Ⅰ类建筑空气中苯污染限值定为不大于 0.06mg/m³。

《中国室内环境概况调查与研究》资料表明，目前室内苯超标率已降至 3%，说明本标准及诸多材料标准禁止使用以苯为溶剂的涂料、胶粘剂、处理剂等后，近年来室内空气中苯污染程度已受到有效控制，同时考虑到《室内空气质量标准》GB/T 18883-2002 苯限量为 0.11mg/m³，木器家具等可能是室内苯污染的主要来源，因此，本标准本次修订将Ⅰ类建筑空气中苯污染限值调整为小于或等于 0.06mg/m³。

4）氨、甲苯、二甲苯限量值。氨、甲苯、二甲苯限量值的确定：Ⅰ类民用建筑室内氨、甲苯、二甲苯限量值指标均比现行国家标准《室内空气质量标准》GB/T 18883-2002 及《公共场所卫生指标及限值要求》GB 37488-2019 更加严格。

5）TVOC 限量值。本标准本次修订Ⅰ类民用建筑工程室内 TVOC 浓度限量值由修订前的小于或等于 0.5mg/m³ 调整为小于或等于 0.45mg/m³。与甲醛情况类似，主要考虑了以下因素：

①《中国室内环境概况调查与研究》资料表明，调查样本量集中点在 TVOC 浓度 0.3～0.4mg/m³ 范围，约 50% 房间浓度范围在 0.45mg/m³ 以下，说明一般民用建筑室内 TVOC 浓度限量值 0.45mg/m³ 经过努力可以做到，如图 5-13 所示。

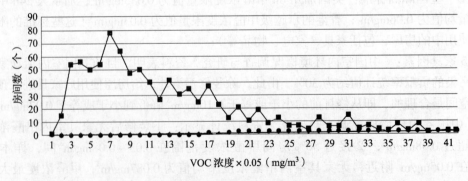

图 5-13　不同 TVOC 浓度下的房间数量分布

②一些 TVOC 国际高标准：日本的 TVOC 浓度限量值为 0.4mg/m³，香港的卓越级的 TVOC 浓度限量值为 0.2mg/m³（这些标准的限量值均为使用中的房屋，包括家具、家电、物品等）。

《中国室内环境概况调查与研究》数据统计显示：I 类建筑室内 VOC 浓度超过 0.5mg/m³ 的超标率 42%，需要考虑给建筑物交付使用后的活动家具进入预留适当净空间。

室外空气空白样品的采集应注意选择在上风向，选取适当地点的适当高度进行（注意避开地面附近污染源，如窨井、化粪池等），并与室内样品同步采集。

另外需要指出的是：厨房卫生间使用的防水涂料往往污染严重，如果在地面未进行装饰或无保护层的情况下进行验收检测，往往容易超标（毛坯房交工时的情况和住户使用时的情况不同，住户使用时已经进行了饰面施工，防水涂料被覆盖密封）。从发展趋势看，我国的住宅竣工验收将逐渐从毛坯房验收过渡到装修完成后的验收。

（5）GB 50325-2020 标准第 6.0.5 条规定："民用建筑工程验收时，对采用集中通风的公共建筑工程，应进行室内新风量的检测，检测结果应符合设计和现行国家标准《民用建筑供暖通风与空气调节设计规范》GB 50736 的有关规定。"第 6.0.5 条条文说明：公共建筑新风量设计执行现行国家标准《民用建筑供暖通风与空气调节设计规范》GB 50736，在新风量检测时，原则上应按设计标准要求的方法进行。

随着国家对建筑节能的要求越来越高，建筑外窗的气密性标准也越来越高，这对建筑节能有好处，但对于室内污染的控制却会产生不利影响。GB 50325-2020 标准执行这些年来，由于有些建筑外窗的气密性等级太高，导致即使建筑物所用建筑装修材料合格，室内污染物浓度依然超标，这一现象多发生在一些高级商业写字楼、装修豪华的宾馆、酒店，以及某些高档住宅上。

关于房间的新风量与室内污染物浓度的关系，国家建筑工程室内环境检测中心（简称国检中心）利用环境测试舱进行的相关实验表明：换气率对（室）内空气中的甲醛浓度有直接影响：当换气率小于 0.5 次 /h（相当于《建筑外门窗气密、水密、抗风压性能分级及检测方法》GB/T 7106-2008 规定的气密性 3 到 4 级水平），室内空气中的甲醛浓度维持在比较高的水平；当换气率大于 0.5 次 /h，室内空气中的甲醛浓度快速下降，并维持在比较低的水平。

从节能角度看，外窗的气密性等级越高越好，房间换气次数越少越好。显然，节能和控制室内环境污染两方面存在一定矛盾。对房间新风量的要求，体现在两个阶段：一是设计阶段，二是验收阶段。

（6）GB 50325-2020 标准第 6.0.6 条规定："民用建筑室内空气中氡浓度检测宜采用泵吸静电收集能谱分析法、泵吸闪烁室法、泵吸脉冲电离室法、活性炭盒 - 低本底多道 γ 谱仪法，测量结果不确定度不应大于 25%（k=2），方法的探测下限不应大于 10Bq/m³。"第 6.0.6 条条文说明：测氡方法研究已有百年历史，广泛使用的测氡方法也有很多，各有其特点。工程竣工验收的建筑室内氡检测与一般情况下的室内氡检测相比，有如下特点：

1）测氡属国家强制性要求，检测结果关系重大（决定建筑物能否交付使用），因此，检测方法及现场操作须统一要求，规范进行；

2）氡检测以室内氡浓度"是否超标"为主要目的，属筛选性检测（在限量值附近时

检测要过细,明显超标或者明显低于限量值时可以粗些);

3)检测工作量大,往往时间要求急,因此,过程长的检测活动不适用(如长期累积式测氡方法等);

4)我国幅员辽阔,四季分明,各地差异较大,要适应多样环境条件(例如冷热、潮湿阴雨等),因此,对环境情况敏感的检测方法尽量不采用;

5)测氡多在工地现场,因此,测氡操作需简便易行,最好现场可以看到检测结果(工程检测习惯)。

根据工程验收室内测氡的特点,中国工程建设标准化协会标准《建筑室内空气中氡检测方法标准》T/CECS 569-2019明确了适用的4种测氡方法:泵吸静电收集能谱分析法、泵吸闪烁室法、泵吸脉冲电离室法、活性炭盒-低本底多道γ谱仪法,并对现场取样检测提出了具体要求。

(7)GB 50325-2020标准第6.0.7条规定:"民用建筑室内空气中甲醛检测方法,应符合现行国家标准《公共场所卫生检验方法 第2部分:化学污染物》GB/T 18204.2中AHMT分光光度法的规定。"由于甲醛在采用酚试剂分光光度法检测时,空气中的乙醛、丙醛等醛类物质会产生干扰,出现假阳性,因此,本次标准修订采用了AHMT分光光度法,以有效避免这种情况出现。

(8)GB 50325-2020标准第6.0.8条规定:"民用建筑室内空气中甲醛检测,可采用简便取样仪器检测方法,甲醛简便取样仪器检测方法应定期进行校准,测量范围不大于0.50μmol/mol时,最大允许示值误差应为±0.05μmol/mol。当发生争议时,应以现行国家标准《公共场所卫生检验方法 第2部分:化学污染物》GB/T 18204.2中AHMT分光光度法的测定结果为准。"第6.0.8条条文说明:民用建筑室内空气中甲醛检测也可采用简便取样仪器检测方法(现行行业标准《建筑室内空气污染简便取样仪器检测方法》JG/T 489-2016中的电化学分析方法、简便采样仪器比色分析方法、被动采样仪器分析方法等),测量范围不大于0.50μmol/mol时,最大允许示值误差应为±0.05μmol/mol。

(9)GB 50325-2020标准第6.0.9条规定:"民用建筑室内空气中氨检测方法应符合现行国家标准《公共场所卫生检验方法 第2部分:化学污染物》GB/T 18204.2中靛酚蓝分光光度法的规定。"

(10)GB 50325-2020标准第6.0.10条规定:"民用建筑室内空气中苯、甲苯、二甲苯的检测方法,应符合本标准附录D的规定。"第6.0.10条条文说明:关于民用建筑室内空气中苯、甲苯、二甲苯的检测方法,参照现行国家标准《居住区大气中苯、甲苯和二甲苯卫生检验标准方法 气相色谱法》GB/T 11737,并进行了改进,设立本标准附录D。

(11)GB 50325-2020标准第6.0.11条规定:"民用建筑室内空气中TVOC的检测方法,应符合本标准附录E的规定。"TVOC检测方法与GB 50325-2020标准修订前的方法有一些改变:一是针对采样管,除可以采用Tenax-TA吸附管外,允许采用2,6-对苯基二苯醚多孔聚合物-石墨化炭黑-X复合吸附管;二是针对检测仪器,除可以采用配置FID的气相色谱仪外,允许采用配置MS检测器的气相色谱仪;三是对于标准品,在原标准品的基础上,根据近年实际检测中发现的常见挥发性有机污染物情况,调整为16种,即正己烷、苯、三氯乙烯、甲苯、辛烯、乙酸丁酯、乙苯、对二甲苯、间二甲苯、邻二甲苯、苯乙烯、壬烷、异辛醇、十一烷、十四烷、十六烷等。有关的详细情况在附录 E 的 TVOC 测定中加以说明。

（12）GB 50325-2020 标准第 6.0.12 条规定："民用建筑工程验收时，应抽检每个建筑单体有代表性的房间室内环境污染物浓度，氡、甲醛、氨、苯、甲苯、二甲苯、TVOC 的抽检量不得少于房间总数的 5%，每个建筑单体不得少于 3 间，当房间总数少于 3 间时，应全数检测。"第 6.0.12、第 6.0.13 条的条文说明：条文中的房间指"自然间"，在概念上可以理解为建筑物内形成的独立封闭、使用中人们会在其中停留的空间单元。计算抽检房间数量时，指对一个单体建筑而言。一般住宅建筑的有门卧室、有门厨房、有门卫生间及厅等均可理解为"自然间"，并作为基数参与抽检比例计算。条文中"抽检每个建筑单体有代表性的房间"指不同的楼层和不同的房间类型（如住宅中的卧室、厅、厨房、卫生间等）。按 GB 50325-2020 标准第 1.0.2 条规定的范围，在计算抽检房间数量时，底层停车场不列入抽检范围。对于室内氡浓度测量来说，考虑到土壤氡对建筑物低层室内产生的影响较大，因此，一般情况下，建筑物的低层应增加抽检数量，向上可以减少。

对于虽然进行了样板间检测，检测结果也合格，但整个单体建筑装修设计已发生变更的，抽检数量不应减半处理。

原建设部《商品住宅性能认定工作规程（试行）》要求，商品住宅性能认定采用抽样评定和综合评定相结合的方法，安全性能对单栋住宅总套数的 10% 抽样评定。考虑到对单栋住宅总套数的 10% 抽样工作量较大，会增加工程成本，因此，在 GB 50325-2020 标准中，将抽样数量减半为抽检数量不得少于 5%，并不得少于 3 间，抽样数量太少将缺少代表性。房间总数少于 3 间时，应全数检测。

（13）GB 50325-2020 标准第 6.0.13 条规定："民用建筑工程验收时，凡进行了样板间室内环境污染物浓度检测且检测结果合格的，其同一装饰装修设计样板间类型的房间抽检量可减半，并不得少于 3 间。"GB 50325-2020 标准支持并鼓励制作样板间，通过样板间测试以便预测未来室内环境污染状况。之所以这样做，是因为：从装修设计到竣工验收之间的过程变动因素太多，因此，仅从装修设计，很难预测装修工程完成后的室内环境污染状况。施工过程中如果实际选用的材料性能不好，或者施工过程中未严格按照规定进行，都会造成装修工程完成后室内环境污染指标偏高，甚至超过标准要求。从工程开始之初的制作样板间到装修工程完工，施工过程中修改设计的事会经常发生。设计如果修改，各种污染物散发的情况将发生变化，直接影响工程完成后室内环境污染状况，因此，仅做样板间测试是不够的，而应在工程完成后仍做抽样测试，只是数量可以减少，即抽检数量减半。凡进行了样板间测试且结果合格的，抽检数量减半，这对于使用同一设计进行大批量重复性装饰装修的工程项目来说，将可以大大减少抽检数量，减少检测费用。

（14）GB 50325-2020 标准第 6.0.14 条规定："幼儿园、学校教室、学生宿舍、老年人照料房屋设施室内装饰装修验收时，室内空气中氡、甲醛、氨、苯、甲苯、二甲苯、TVOC 的抽检量不得少于房间总数的 50%，且不得少于 20 间，当房间总数不大于 20 间时，应全数检测。"本条为强制性条文，必须严格执行。本条条文说明：近年来，多地幼儿园、学校教室装饰装修后发生甲醛、VOC 超标情况不少，社会反响强烈，需加强监督管理。为此，幼儿园、学校教室、学生宿舍、老年人照料房屋设施装饰装修后验收时，甲醛、氡、氨、苯、甲苯、二甲苯、TVOC 的抽检量增加到不得少于房间总数的 50%，并不得少于 20 间，当房间总数少于 20 间时，应全数检测。

（15）GB 50325–2020 标准第 6.0.15 条规定："当进行民用建筑工程验收时，室内环境污染物浓度检测点数应符合表 6.0.15 的规定。"室内环境污染物浓度检测点数设置如表 5-2 所示。

表 5-2　室内环境污染物浓度检测点数设置（GB 50325–2020 标准表 6.0.15）

房间使用面积（m²）	检测点数（个）
<50	1
≥ 50，<100	2
≥ 100，<500	不少于 3
≥ 500，<1 000	不少于 5
≥ 1 000	≥ 1 000m² 的部分，每增加 1 000m² 增设 1，增加面积不足 1 000m² 时按增加 1 000m² 计算

随着房间面积增加，测量点数适当增加是必要的，但不宜无限增加，据此 GB 50325–2020 标准进行了部分修改，增加了可操作性。

（16）GB 50325–2020 标准第 6.0.16 条规定："当房间内有 2 个及以上检测点时，应采用对角线、斜线、梅花状均衡布点，并应取各点检测结果的平均值作为该房间的检测值。"

（17）GB 50325–2020 标准第 6.0.17 条规定："民用建筑工程验收时，室内环境污染物浓度现场检测点应距房间地面高度 0.8～1.5m，距房间内墙面不应小于 0.5m。检测点应均匀分布，且应避开通风道和通风口。"

（18）GB 50325–2020 标准第 6.0.18 条规定："当对民用建筑室内环境中的甲醛、氨、苯、甲苯、二甲苯、TVOC 浓度检测时，装饰装修工程中完成的固定式家具应保持正常使用状态；采用集中通风的民用建筑工程，应在通风系统正常运行的条件下进行；采用自然通风的民用建筑工程，检测应在对外门窗关闭 1h 后进行。"GB 50325–2020 标准第 6.0.18 条的条文说明：工程竣工验收室内空气检测的目的在于了解建筑物交付使用后室内空气中污染物浓度状况是否符合标准规定，因此，取样检测时的室内通风情况应尽可能与房屋交付使用后保持一致。

采用集中通风的民用建筑工程，现行国家标准《公共建筑节能设计标准》GB 50189–2015 及《民用建筑采暖通风与空气调节设计规范》GB 50736–2012 均规定室内最小新风量设计参数为 30m³/（h·人），因此，工程竣工验收检测应在通风系统正常运转的条件下进行，只有在此条件下测得的室内氡及甲醛等挥发性有机化合物浓度数据才与房屋使用后情况一致。

对于采用自然通风的建筑来说，如何使工程验收空气取样检测时室内通风情况与房屋交付使用后的使用情况一致，情况就比较复杂。自然通风建筑由于缺少动力集中通风系统，在门窗关闭及没有采取其他通风措施情况下，室内通风换气主要靠门窗缝隙，因此，通风换气情况受门窗缝隙大小、室外风力、风向等环境条件影响很大。现行行业标准《夏热冬冷地区居住建筑节能设计规范》JGJ 134–2010 规定，居住建筑冬季采暖和夏季空调室内换气次数为 1.0 次/h，现行国家标准《民用建筑采暖通风与空气调节设计规范》GB 50736–2012 规定设置有新风系统的居住建筑的最小通风换气次数应大体大于 0.5 次/h。目前自然通风住宅建筑的实测情况是换气次数大小不一，分布如表 5-3、图 5-14（《中国室内环境概况调查与研究》资料）：

表 5-3 我国目前住宅建筑的自然通风换气次数大小分布

通风换气次数（次/h）	≥ 1	≥ 0.6	>0.5	>0.4
房间数约占比（%）	10	26	30	60

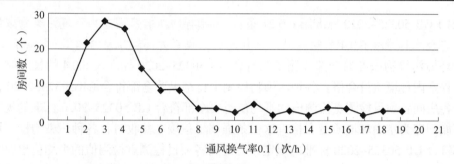

图 5-14 房间数按通风换气率大小分布（2016 年）

实测数据表明：约 70% 的住宅房间通风换气次数为 0.2 ~ 0.5 次/h，多数在 0.33 次/h 上下，超过 1 次/h 的房间仅占约十分之一。

综上可以看出，涉及通风的标准之间不一致，标准要求与实测情况差别也很大，此情况下，如何按房屋使用时的真实通风情况实施验收取样检测，难以简单确定，鉴于此，GB 50325 标准本次修订时维持了修订前的要求"对采用自然通风的民用建筑工程，检测应在对外门窗关闭 1h 后进行"，此问题有待今后进一步研究。

门窗的关闭指自然关闭状态，不是指刻意采取的严格密封措施。当发生争议时，对外门窗关闭时间以 1h 为准。在对甲醛、氨、苯、TVOC 取样检测时，装饰装修工程中完成的固定式家具（如固定壁柜、台、床等），应保持正常使用状态（如家具门正常关闭等）。

（19）GB 50325–2020 标准第 6.0.19 条规定："民用建筑室内环境中氡浓度检测时，对采用集中通风的民用建筑工程，应在通风系统正常运行的条件下进行；采用自然通风的民用建筑工程，应在房间的对外门窗关闭 24h 以后进行。"规定主要考虑氡的衰变特性：氡释放到室内空气中后，一部分会衰变掉，放射性衰变计数统计涨落大，为了测得较稳定数据，有利于发现超标情况，所以，要求检测在对外门窗关闭 24h 以后进行（室内氡浓度会有所积累，比一般实际情况要求严格）。Ⅰ类建筑无架空层或地下车库结构时，一、二层房间抽检比例适当提高。

（20）GB 50325–2020 标准第 6.0.20 条规定："土壤氡浓度大于 30 000Bq/m³ 的高氡地区及高钍地区的 Ⅰ 类民用建筑室内氡浓度超标时，应对建筑一层房间开展 ^{220}Rn 污染调查评估，并根据情况采取措施。"本条条文说明：生态环境保护部《第一次全国污染源普查稀土行业天然放射性核素调查分析研究》表明，目前，国内大多数稀土企业从事低水平的稀土矿石采选、冶炼、加工生产，稀土矿石或主要原料（如精矿）以及主要固体废物的放射性水平较高，甚至超过现行国家标准《电离辐射防护与辐射源安全基本标准》GB 18871-2002 中的豁免要求。理论上，"钍射气"（^{220}Rn）的辐射效应高于 ^{222}Rn，为了防止稀土等放射性矿渣等作为建筑材料使用造成放射性危害，GB 50325-2020 标准要求土壤氡浓度大于 30 000Bq/m^3 的高氡地区及内蒙古、江苏、广东、山东、湖南、江西等省的高钍地区及墙体材料采用矿渣空心建筑材料的 I 类民用建筑，发现室内氡（^{222}Rn）浓度超标后，对建筑一层房间开展 ^{220}Rn 污染调查评估。评估方法可以查阅建筑材料的放射性测量数据（镭、钍、钾比活度），也可以进行室内 ^{220}Rn 浓度测量，然后根据情况进行处理。

（21）GB 50325-2020 标准第 6.0.21 条："当抽样的所有房间室内环境污染物浓度的检测结果符合本标准表 6.0.4 的规定时，应判定该工程室内环境质量合格"。本条条文说明：当室内环境污染物浓度的全部检测结果符合 GB 50325-2020 标准表 6.0.4 的规定时，可判定该工程室内环境质量合格。各种污染物检测项目结果要全部符合 GB 50325-2020 标准的规定，各房间各项目检测点检测值的平均值也要全部符合 GB 50325-2020 标准的规定，否则，不能判定为室内环境质量合格。这一条强调工程竣工验收时，各种污染物检测项目结果全部符合 GB 50325-2020 标准的规定，各房间各项目检测点检测值的平均值也要全部符合 GB 50325-2020 标准的规定，否则，不能判定为室内环境质量合格。这包含两层含义：一是每一种污染物必须合格；二是每一房间必须合格。做出这一严格规定是因为：第一，每一种污染物都有危害，并且很难说哪一种比别的更为危害严重些，因此，任何一种污染物都必须符合 GB 50325-2020 标准的规定。如果不符合要求，不能判定该工程室内环境质量合格。第二，每一房间都代表着一定数目房间的情况，任何一个（一套）抽检房间不合格，都会影响到用户的安全使用，都是不能允许的，因此，只有每一房间合格，才能认为该工程室内环境质量合格。本条将室内环境污染物浓度全部符合 GB 50325-2020 标准的规定时判定为"该工程室内环境质量合格"，而未说是"工程合格"，实际上，两者是一致的。因为，没有室内环境质量合格，就没有工程合格；只有室内环境质量合格以及工程的其他所有项目全部合格，才算整个工程合格。既然 GB 50325-2020 标准不涉及工程其他方面问题，仅是对工程室内环境质量的要求，因此，将室内环境污染物浓度全部符合 GB 50325-2020 标准时判定为"该工程室内环境质量合格"是合适的。

（22）GB 50325-2020 标准第 6.0.22 条规定："当室内环境污染物浓度检测结果不符合本标准表 6.0.4 规定时，应对不符合项目再次抽样检测，并应包括原不合格的同类型房间及原不合格房间；当再次检测的结果符合本标准表 6.0.4 的规定时，应判定该工程室内环境质量合格。再次抽样加倍检测的结果不符合本标准规定时，应查找原因并采取措施进行处理，直至检测合格。"本条条文说明：在进行工程竣工验收时，一次检测不合格的，可再次进行抽样检测，再次抽样检测仅对不符合项目，按抽检房间数加倍抽样检测，其检测结果符合 GB 50325-2020 标准表 6.0.4 的规定时，应判定该工程室内环境质量合格。再次加倍抽样检测结果不符合 GB 50325-2020 标准规定时，应查找原因并采取措施进行处理。《中国室内环境概况调查与研究》资料表明，自然通风房屋室内环境污染超标的主要原因为装饰装修材料使用量负荷比高、材料污染物释放量大、通风换气次数低。现场工作经验表明，自然通风房屋如果发现超标，宜首先确认是否是通风换气低的问题，因为采取措施提高房间的通风换气次数比较容易做到。

工程竣工验收时，发现室内环境污染物浓度检测结果不符合 GB 50325-2020 标准规定，应查找原因。如果甲醛、VOC 等化学污染物超标，一般均是装修材料原因，要在查明原因的基础上，同时考虑超标严重程度、经济损益分析等社会因素，再做决定。如果超标不太严重，工程交付使用的时间也允许，可拖延一段时间再次验收，因为装修材料散发的化学污染随着时间的推移将越来越少。在对化学污染超标进行处理时，应尽量避免采用拆除全部装修材料的做法，因为那样损失太大。如果建筑物低层氡污染水平超标，应首先查找是否地下氡气通过地面裂缝、管线入户口空隙、墙体裂缝等进入室内，如果发现问题，采取措施进行处理。如无上述问题，可从材料上进一步查找原因。找到问题所在，解决问题并不困难。个别情况也会有室外污染影响到室内的问题。不过，只要认真观察，总是可以找到原因的。关于氡污染超标的处理措施，针对性要强。如果氡气来自地面裂缝、空隙等处，可使用水泥、防水材料密封；如果来自墙体材料，可在内墙面采取涂覆防水材料、粘贴面砖、覆盖板材等，这些措施均可收到一定效果。如果采取根本性措施，例如更换部分放射性强的墙体材料、更换工程基础的回填土等，效果会更好一些，但方法比较复杂，花费也多。当然，加强通风是比较容易实现的治理措施之一。室内环境污染物浓度再次检测结果符合 GB 50325-2020 标准的规定时，应判定为室内环境质量合格。也就是说，再次验收检测时，只要能符合 GB 50325-2020 标准的规定（所有的检测抽样房间和所有的检测项目），工程仍可判定为室内环境质量合格。以此希望工程涉及的各方面，以积极的态度对待第一次验收时发现的问题，认真处置，最终目的是把工程做好。

（23）GB 50325-2020 标准第 6.0.23 条为强制性条文，条文规定："室内环境污染物浓度检测结果不符合本标准表 6.0.4 规定的民用建筑工程，严禁交付投入使用。"条文说明：室内环境质量是民用建筑工程质量的一项重要指标，工程竣工验收时必须合格。本条与第 6.0.4 条相呼应并保持一致。

第二节　室内空气中化学污染物测定

一、概述

室内空气中甲醛、氨、苯、甲苯、二甲苯、TVOC 的检测，现场采样是第一步。采样点是否有代表性、采样体积是否准确，直接影响到检测结果。实践发现，甲醛、氨的采样，由于系统阻力小，基本不存在采样流量失真的情况。但苯系物、TVOC 的采样，由于分别使用活性炭管、2, 6- 对苯基二苯醚多孔聚合物 - 石墨化炭黑 -X 复合吸附管和 Tenax-TA 管，导致采样系统阻力大，有可能导致采样流量失真。

为了解目前采样的准确性，课题组曾对从事室内环境检测的 43 家检测单位进行抽查，测定其现场苯、TVOC 采样中使用的气体采样仪的流量值（所使用设备来自国内七个不同的生产厂家，包括单通道和双通道两种型号，基本代表了目前此类设备的总体情况，均属于浮子流量计型采样器）。结果发现，采样流量失真情况十分严重，综合如下：

（1）采样管阻力和采样流量有关，流量越大，阻力越大；

（2）采样管阻力和填料有关，例如：自制 Tenax-TA 采样管在 100～500mL/min 流量范围的阻力（负压）大多数在 10kPa 以下，主要原因是自制 Tenax-TA 管所用填料采用分样筛取，确保粒径符合要求，但填料损失很大；

（3）采样管阻力和内径大小有关，自制 Tenax-TA 和活性炭吸附管的内径较大，所以产生的阻力较小；

（4）活性炭管阻力（负压）没有明显低于 Tenax-TA 管；

（5）部分采样管阻力（负压）相对过大，甚至超过采样系统阻力测试装置上负压表的量程 40kPa。

因此，需注意两点：一是普通的采样泵并没有针对负载变化调节补偿，不具备恒流功能，随着采样阻力的增加，误差不断增大，普遍超过标准要求的相对误差小于 ±5% 的范围。二是活性炭采样管、Tenax-TA 采样管的颗粒细度得不到控制，导致采样管阻力不稳定，且往往过大，当流量 0.2L/min 时，其阻力普遍超过 4kPa。

要保障采样流量的准确性，需要注意选用合适的恒流采样器，测试其性能是否符合 GB 50325-2020 标准附录 E.0.2 规定："恒流采样器在采样过程中流量应稳定，流量范围应包含 0.5L/min，并且当流量为 0.5L/min 时，应能克服 5～10kPa 的阻力，此时用流量计校准系统流量时，相对偏差不应大于 ±5%。"

二、GB 50325-2020 标准对采样的有关规定

（一）甲醛的采样

GB 50325-2020 标准第 6.0.7 条规定："民用建筑室内空气中甲醛检测方法，应符合现行国家标准《公共场所卫生检验方法　第 2 部分：化学污染物》GB/T 18204.2 中 AHMT 分光光度法的规定。"

《公共场所卫生检验方法　第 2 部分：化学污染物》GB/T 18204.2 中有关甲醛采样的要求摘要如下：

大型气泡吸收管：出气口内径 1mm，出气口至管底距离小于或等于 5mm。

恒流采样器：流量范围 0～1L/mm。流量稳定可调，恒流误差小于 5%。

采样：用一个内装 5mL 吸收液的大型气泡吸收管，以 0.5L/mm 流量，采气 10L，并记录采样点的温度和大气压。采样后样品在室温下应在 24h 内分析。

（二）氨的采样

GB 50325-2020 标准第 6.0.9 条规定："民用建筑室内空气中氨的检测方法应符合现行国家标准《公共场所卫生检验方法　第 2 部分：化学污染物》GB/T 18204.2 中靛酚蓝分光光度法的规定。"

《公共场所卫生检验方法　第 2 部分：化学污染物》GB/T 18204.2 中有关氨采样的条

文摘要如下：

大型气泡吸收管：有 10mL 刻度线，出气口内径为 1mm，出气口至管底距离应为 3～5mm。

空气采样器：流量范围 0～2L/mm，流量可调且恒定。

采样：用一个内装 10mL 吸收液的大型气泡吸收管，以 0.5L/mm 流量，采气 5L，及时记录采样点的温度及大气压。采样后，样品在室温下保存，于 24h 内分析。

（三）苯、甲苯、二甲苯的采样

GB 50325-2020 标准中第 D.0.2 条第 1 款规定："恒流采样器：采样过程中流量应稳定，流量范围应包含 0.5L/min，且当流量为 0.5L/min 时，应能克服 5～10kPa 的阻力，此时用流量计校准采样系统流量，相对偏差不应大于 ±5% 阻力。"

GB 50325-2020 标准中第 D.0.3 条第 1 款规定："活性炭吸附管应为内装 100mg 椰子壳活性炭吸附剂的玻璃管或内壁光滑的不锈钢管。使用前应通氮气加热活化，活化温度为 300～350℃，活化时间不应少于 10min，活化至无杂质峰为止；当流量为 0.5L/min 时，阻力应在 5～10kPa 之间；2，6- 对苯基二苯醚多孔聚合物 - 石墨化炭黑 -X 复合吸附管应为分层分隔填装不少于 175mg 的 60～80 目的 Tenax-TA 吸附剂和不少于 75mg 的 60～80 目的石墨化炭黑 -X 吸附剂，样品管应有采样气流方向标识，使用前应通氮气加热活化，活化温度应为 280～300℃，活化时间不应少于 10min，活化至无杂质峰为止；当流量为 0.5L/min 时，阻力应为 5～10kPa。"

GB 50325-2020 标准中第 D.0.4 条规定："采样注意事项应符合下列规定：

1　应在采样地点打开吸附管，吸附管与空气采样器入气口垂直连接（气流方向与吸附管标识方向一致），调节流量在 0.5L/min 的范围内，应采用流量计校准采样系统的流量，采集约 10L 空气，并应记录采样时间、采样流量、温度和大气压。

2　采样后，应取下吸附管，密封吸附管的两端，做好标识，放入可密封的金属或玻璃容器中。样品可保存 14 天。

3　当采集室外空气空白样品时，应与采集室内空气样品同步进行，地点宜选择在室外上风向处。"

（四）TVOC 的采样

GB 50325-2020 标准中第 E.0.2 条的第 1 款规定："恒流采样器：在采样过程中流量应稳定，流量范围应包含 0.5L/min，并且当流量为 0.5L/min 时，应能克服 5～10kPa 的阻力，此时用流量计校准系统流量时，相对偏差不应大于 ±5%。"

GB 50325-2020 标准中第 E.0.3 条第 1 款规定："Tenax-TA 吸附管可为玻璃管或内壁光滑的不锈钢管，管内装有 200mg 粒径为 0.18～0.25mm（60～80 目）的 Tenax-TA 吸附剂，或 2，6- 对苯基二苯醚多孔聚合物 - 石墨化炭黑 -X 复合吸附管（样品管应有采样气流方向标识）。使用前应通氮气加热活化，活化温度应高于解吸温度，活化时间不应少于 30min，活化至无杂质峰为止，当流量为 0.5L/min 时，阻力应在 5～10kPa。"

GB 50325-2020 标准中第 E.0.4 条规定："采样应符合下列规定：

1　应在采样地点打开吸附管，在吸附管与空气采样器入气口垂直连接（气流方向与吸附管标识方向一致），应调节流量在 0.5L/min 的范围内后用皂膜流量计校准采样系统的流量，采集约 10L 空气，应记录采样时间及采样流量、采样温度、相对湿度和大气压。

2 采样后应取下吸附管，并密封吸附管的两端，做好标记后放入可密封的金属或玻璃容器中，应尽快分析，样品保存时间不应大于 14 天。

3 采集室外空气空白样品应与采集室内空气样品同步进行，地点宜选择在室外上风向处。"

三、相关标准有关采样的摘要

（一）《室内环境空气质量监测技术规范》HJ/T 167–2004 摘要

1 范围

本标准适用于室内环境空气质量监测。

2 布点和采样

2.1 布点原则

采样点位的数量根据室内面积大小和现场情况而确定，要能正确反映室内空气污染物的污染程度。原则上小于 $50m^2$ 的房间应设 1～3 个点；50～$100m^2$ 设 3～5 个点；$100m^2$ 以上至少设 5 个点。

2.2 布点方式

多点采样时应按对角线或梅花式均匀布点，应避开通风口，离墙壁距离应大于 0.5m，离门窗距离应大于 1m。

2.3 采样点的高度

原则上与人的呼吸带高度一致，一般相对高度 0.5～1.5m。也可根据房间的使用功能，人群的高低以及在房间立、坐或卧时间的长短，来选择采样高度。有特殊要求的可根据具体情况而定。

2.4 采样时间及频次

经装修的室内环境，采样应在装修完成 7 天以后进行。一般建议在使用前采样监测。年平均浓度至少连续或间隔采样 3 个月，日平均浓度至少连续或间隔采样 18h；8h 平均浓度至少连续或间隔采样 6h；1h 平均浓度至少连续或间隔采样 45min。

2.5 封闭时间

检测应在对外门窗关闭 12h 后进行。对于采用集中空调的室内环境，空调应正常运转。有特殊要求的可根据现场情况及要求而定。

2.6 采样方法

具体采样方法应按各污染物检验方法中规定的方法和操作步骤进行。要求年平均、日平均、8h 平均值的参数，可以先做筛选采样检验。若检验结果符合标准值要求，为达标；若筛选采样检验结果不符合标准值要求，必须按年平均、日平均、8h 平均值的要求，用累积采样检验结果评价。氡的采样方法按附录 N 要求执行。

2.6.1 筛选法采样

在满足 2.5 要求的条件下，采样时关闭门窗，一般至少采样 45min；采用瞬时采样法时，一般采样间隔时间为 10 ~ 15min，每个点位应至少采集 3 次样品，每次的采样量大致相同，其监测结果的平均值作为该点位的小时均值。

2.6.2 累积法采样

按 2.6.1 采样达不到标准要求时，必须采用累积法（按年平均值、日平均值、8h 平均值）的要求采样。

2.7 采样的质量保证

2.7.1 采样仪器

采样仪器应符合国家有关标准和技术要求，并通过计量检定。使用前，应按仪器说明书对仪器进行检验和标定。采样时采样仪器（包括采样管）不能被阳光直接照射。

2.7.2 采样人员

采样人员必须通过岗前培训，切实掌握采样技术、持证上岗。

2.7.3 气密性检查

有动力采样器在采样前应对采样系统气密性进行检查，不得漏气。

2.7.4 流量校准

采样前和采样后要用经检定合格的高一级的流量计（如一级皂膜流量计）在采样负载条件下校准采样系统的采样流量，取两次校准的平均值作为采样流量的实际值。校准时的大气压与温度应和采样时相近。两次校准的误差不得超过 5%。

2.7.5 现场空白检验

在进行现场采样时，一批应至少留有两个采样管不采样，并同其他样品管一样对待，作为采样过程中的现场空白，采样结束后和其他采样吸收管一并送交实验室。样品分析时测定现场空白值，并与校准曲线的零浓度值进行比较。若空白检验超过控制范围，则这批样品作废。

2.7.6 平行样检验

每批采样中平行样数量不得低于 10%。每次平行采样，测定值之差与平均值比较的相对偏差不得超过 20%。

2.7.7 采样体积校正

在计算浓度时应按以下公式将采样体积换算成标准状态下的体积：

$$V_0 = V \cdot \frac{T_0}{T} \cdot \frac{P}{P_0} \tag{1}$$

式中：V_0——换算成标准状态下的采样体积（L）；

V——采样体积（L）；

T_0——标准状态的绝对温度，273K；

T——采样时采样点现场的温度（t）与标准状态的绝对温度之和，（t+273）K；

P_0——标准状态下的大气压力，101.3kPa；

P——采样时采样点的大气压力（kPa）。

2.8 采样装置

2.8.1 玻璃注射器

使用 100mL 注射器直接采集室内空气样品，注射器要选择气密性好的。选择方法如下：将注射器吸入 100mL 空气，内芯与外筒间滑动自如，用细橡胶管或眼药瓶的小胶帽封好进气口，垂直放置 24h，剩余空气不应少于 60mL。用注射器采样时，注射器内应保持干燥，以减少样品贮存过程中的损失。采样时，用现场空气抽洗 3 次后，再抽取一定体积现场空气样品。样品运送和保存时要垂直放置，且应在 12h 内进行分析。

2.8.2　空气采样袋

用空气采样袋也可直接采集现场空气。它适用于采集化学性质稳定、不与采样袋起化学反应的气态污染物，如一氧化碳。采样时，袋内应该保持干燥，且现场空气充、放 3 次后再正式采样。取样后将进气口密封，袋内空气样品的压力以略呈正压为宜。用带金属衬里的采样袋可以延长样品的保存时间，如聚氯乙烯袋对一氧化碳可保存 10~15h，而铝膜衬里的聚酯袋可保存 100h。

2.8.3　气泡吸收管

适用于采集气态污染物。采样时，吸收管要垂直放置，不能有泡沫溢出。使用前应检查吸收管玻璃磨口的气密性，保证严密不漏气。

2.8.4　U 形多孔玻板吸收管

适用于采集气态或气态与气溶胶共存的污染物。使用前应检查玻璃砂芯的质量，方法如下：将吸收管装 5mL 水，以 0.5L/min 的流量抽气，气泡路径（泡沫高度）为（50±5）mm，阻力为（4.666±0.666 6）kPa，气泡均匀，无特大气泡。采样时，吸收管要垂直放置，不能有泡沫溢出。使用后，必须用水抽气唧筒抽水洗涤砂芯板，单纯用水不能冲洗砂芯板内残留的污染物。一般要用蒸馏水而不用自来水冲洗。

2.8.5　固体吸附管

内径 3.5~4.0mm，长 80~180mm 的玻璃吸附管，或内径 5mm、长 90mm（或 180mm）内壁抛光的不锈钢管，吸附管的采样入口一端有标记。内装 20~60 目的硅胶或活性炭、GDX 担体、Tenax、Porapak 等固体吸附剂颗粒，管的两端用不锈钢网或玻璃纤维堵住。固体吸附剂用量视污染物种类而定。吸附剂的粒度应均匀，在装管前应进行烘干等预处理，以去除其所带的污染物。采样后将两端密封，带回实验室进行分析。样品解吸可以采用溶剂洗脱，使成为液态样品。也可以采用加热解吸，用惰性气体吹出气态样品进行分析。采样前必须经实验确定最大采样体积和样品的处理条件。

2.8.6　滤膜

滤膜适用于采集挥发性低的气溶胶，如可吸入颗粒物等。常用的滤料有玻璃纤维滤膜、聚氯乙烯纤维滤膜、微孔滤膜等。

玻璃纤维滤膜吸湿性小、耐高温、阻力小。但是其机械强度差。除做可吸入颗粒物的质量法分析外，样品可以用酸或有机溶剂提取，适于做不受滤膜组分及所含杂质影响的元素分析及有机污染物分析。

聚氯乙烯纤维滤膜吸湿性小、阻力小、有静电现象、采样效率高、不亲水、能溶于乙酸丁酯，适用于重量法分析，消解后可做元素分析。

微孔滤膜是由醋酸纤维素或醋酸－硝酸混合纤维素制成的多孔性有机薄膜，用于空气采样的孔径有 0.3μm，0.45μm，0.8μm 等几种。微孔滤膜阻力大，且随孔径减小而显著增加，吸湿性强、有静电现象、机械强度好，可溶于丙酮等有机溶剂。不适于做重量法分析，消解后适于做元素分析；经丙酮蒸气使之透明后，可直接在显微镜下观察颗粒形态。

滤膜使用前应该在灯光下检查有无针孔、褶皱等可能影响过滤效率的因素。

2.8.7　不锈钢采样罐

不锈钢采样罐的内壁经过抛光或硅烷化处理。可根据采样要求，选用不同容积的采样罐。使用前采样罐被抽成真空，采样时将采样罐放置现场，采用不同的限流阀可对室内空气进行瞬时采样或编程采样，送回实验室分析。该方法可用于室内空气中总挥发性有机物的采样。

（二）ISO 16000-1: 2004（E）《室内空气　第1部分：抽样方案的通用情况》摘要

1　范围

ISO 16000 中的这一部分内容专门用于协助制定室内污染监控计划。

在设计室内空气监控方法前，有必要搞清楚进行监控的目的、时间、地点、频次和监控持续的时间。解决这些问题的关键特别要取决于室内环境的许多特点、测量目标以及待测环境。ISO 16000 中的这一部分内容涉及这些问题的重要性，并提出了如何制定适合采样方法的建议。

ISO 16000 中的这一部分内容适用于室内环境，例如起居室，卧室、操作室、娱乐室、储藏室、厨房、浴室等生活环境；工作室或者未进行有关空气污染健康安全检查的建筑物内的工作场所（例如办公室、售货室）；公共场所（例如医院、学校、幼儿园、体育场、图书馆、餐厅、酒吧、剧院、电影院和其他功能性场所）和车库。

注：在某些国家，对办公室、售货室这样的场所，都要进行有关空气污染的健康安全检查。

2　标准参考文献

在使用本文件时，下列的参考文献是必不可少的。对于标有日期的文献，只使用所引用的那个版本。对于未标日期的文献，则使用参考文献（包括修正后的）中最新的版本。

ISO/IEC 17025: 2017《检测和校准实验室能力的通用要求》，《表示测量不确定度的指南》（简称 GUM）、BIPM、IEC、IFCC、ISO、IUPAC、IUPAP、OIML，1995。

3　室内环境的特点

认真制定采样及整个测量方法意义重大，因为这对测量结果会具有重要的影响（例如：是否需要实施补救措施或类似的措施）。

通常采用两种方法测定室内空气污染物：

a）尽可能使用简便、易操作的仪器在现场取样，随后在实验室内进行分析。

b）采用直接读数的测量系统在现场进行取样和分析。

室内环境很少是静态的，污染源浓度、人的活动、通风换气次数、内外气候状况、化学反应和可能出现的下沉（例如：表面和家具饰物的吸附作用），都经常会改变室内环境中的污染物浓度。由于接近受体来源，人们暴露于室内环境值得特别关注。另外，室内空气的组分在每个房间都各不相同，室内空气不如建筑物周围的室外空气均匀。

方程式（1）中表示的是影响室内空气物质组成的参数之间的关系。特殊情况下，应该考虑如纤维（石棉、人造纤维）的其他限制条件（参见 ISO 16000-7）。

$$\frac{d\rho_i}{dt} = \frac{q}{V} + n\rho_0 - f\rho_i - n\rho_i \tag{1}$$

式中：ρ_i——室内空气中的污染物的质量浓度（mg/m³）；

q——采样的流量（mg/h）；

V——室内的体积（m^3）；

n——每小时的换气次数；

ρ_0——室外空气中的污染物的质量浓度（mg/m^3）；

f——每小时的消除因子；

t——时间（h）。

方程的等号左侧表示的是随着时间变化，物质浓度的变化。等号右侧的前两项表示的是由于污染源排出和室外空气进入而导致的污染物浓度增加的量，等号右侧的后两项表示的是由于通风或者某些清除装置的原因，而使得部分物质浓度减少的量，例如：室内织物吸附化合物。

在方程中，最重要的一项是污染源的浓度。如果发现变化特别重要，就需要一个更复杂的方程式。根据浓度随时间的变化情况，比较恒定的和变化的污染源浓度，当出现差异时，这两种情况还要进一步细分为规则释放和不规则释放。持续污染源的浓度也取决于室内温度、相对湿度和室内空气的流动量，该浓度会在长时期内发生变化，例如：几周内或者几个月内。间断污染源的释放率，一般会受到室内环境参数的轻微影响，同时经常会在短时间内发生变化。

氨基塑料制成的颗粒板就是一个连续向空气释放污染物的一个污染物源的例子，此污染源会长期释放甲醛，甲醛的释放量完全取决于环境因素，例如温度和相对湿度。

偶尔喷洒杀虫剂，就是间断污染源和不规则释放相结合的例子。

4 测量目标

室内空气测量主要适用于下列五种原因。第一个原因可能与其他四个无关，或者第一个原因可诱发其余四个原因：

a）用户投诉室内较差的空气质量；

b）需测量住户在某些污染物下的暴露程度；

c）需确定是否要保持规定的限值或者指导值；

d）测试补救处理的有效性；

e）对住户健康的明显或者不明的影响。

对于第一种情况，有必要广泛查找投诉的原因，包括使用调查问卷以获得较为系统的投诉记录。还需常用抽样的方法对个别情况开展调查。因监测开始前，已掌握待测物的资料，所以，其他情况就较易调整。

物质的性质、浓度及其对人体的健康影响，对用于监控过程中的限制条件具有重要作用。因此，在评价刺激物对人体的健康影响时，人体在短期内的最大暴露程度往往引人注目。当化合物对人体健康具有潜在的慢性影响时（例如致癌物质），令人关注的往往就是人体在其之下的长期平均暴露程度。

5 取样程序

如果设备适用于测量任务，并对室内正常使用没有负面影响，且设备尺寸、采样比和噪声均适合于室内使用的话，那么，室外用的采样法通常也可用于对室内空气进行取样。这对于住宅监测而言非常重要，在此情况下，使用的仪器应相对无噪声，采样比不应干扰正常的通风量。确定监测设备的安放位置时，室内空气浓度呈不均匀状的情况应予以考虑。

测量的时间是一个重要因素。不同的技术具有不同的测量时间，它会影响到对观测结果的评价。

室内每小时取样的体积不能少于通风流量的 10%。如无通风流量值或无法测得通风流量值，那么，每小时的取样体积不能小于室内面积的 10%。

测量室内长期（如 8h）存在的物质平均浓度时，可使用扩散取样器，因其不具有主动取样器的某些缺点。然而，应注意确保控制性的扩散取样器只能用于适度通风的区域，以便保持规定的表面流速。根据 ISO/IEC 17025 标准的要求，应执行合适的质保程序来进行主动取样和扩散取样。

注 1 对于短期取样法而言，要参考 1h 的取样次数；对于长期取样法，则要参考几小时到几天的取样次数。

2 ISO 16000 标准的其他部分中也说明了取样程序。

6 取样时间

评价测量结果时，非常有必要考虑空气中污染物随时间而发生的浓度变化的情况。通过通风手段，首先应将香烟烟雾和化学蒸气（例如清洗时散发的）产生的污染物排除出室内，否则把这些污染物考虑进测量结果的评估中去。

在选择取样时间方面，应注意的重要参数有：通风情况、污染源的性质、住户及其活动、室内环境的类型、温度以及相对湿度。

开窗必然会降低室内污染物的浓度（如室外空气没有受到严重污染的话），也会影响已经建立起来的平衡。

就短期取样而言，如通风后立即取样，就无法获得典型性的结果。如建材和家具持续排放待测物，开窗通风数小时后才能建立平衡。此效果虽对长期取样同样重要，但对短期取样更重要。特别是对长时间并在实际生活环境下取样，此效果更为重要。

基于上述原因，考虑末次通风结束和开始取样之间的时间间隔，认真计划监控时间就非常重要。如果没有严重的污染源，短期取样的程序应包括取样前、通风后的数小时的等待时间。在有关特殊物质或物质群（例如 ISO 16000-2 和 ISO 16000-5）的 ISO 16000 标准中，可找到在各个情况下可选用的时间间隔。

如间隙污染源的排放产生室内空气污染物，取样时间则取决于监控目标。该时间可对应于高峰暴露阶段或者包括了长期的平均暴露程度。

如楼内或室内装有供热、通风和空调（HVAC）系统，其他方面也应予以考虑。例如 HVAC 系统本身（如密封材料、湿度调节器中的水、灰尘沉积等）可能会产生污染排放，导致污染物从某个房间扩散到整个大楼。特别是当 HVAC 系统的循环使用率很高时，情况更是如此。最后，HVAC 系统产生的室外空气可能含有高浓度的污染（如来自于附近的污染源）。与室内空气样品相关的测试报告应包括操作参数和 HVAC 系统的维护状态。如果操作是间歇性并且是限制性的，正常操作 HVAC 系统则至少应达 3h，随后才能开始取样（参见第 8 章）。

7 取样的时间长度和取样频次

取样的时间长度由下列几个方面来确定：

1）物质的性质；

2）目标物质对健康的潜在影响；

3）污染源的排放特点；

4）分析方法的量化限值；

5）测量的目标。

在多数情况下，特别是进行多个测量时，就需采取折中的方法，不能同时考虑所有的方面。

选用的取样时间长度，在目标物质给人体带来的潜在健康影响方面是特别重要的。对引起健康急剧恶化的物质而言，应进行短期取样；但对健康产生长期影响的物质来说，则应开展长期取样。长期取样法检测不到浓度的短期峰值，这就会难以解释测量的结果。特别是当物质对健康具有短期影响时，情况更是如此。

很明显，对污染源的排放特点，可用短期测量法来测量污染源的短期排放。相反，可用长期测量法来监测污染源的长期排放。但是，这样操作很可能会偏离常规方法。例如：可用短期测量法来测定用气雾法喷洒的杀虫剂的短期峰值浓度。但当室内的残留浓度量是主要的考虑因素时，杀虫剂喷洒之后，长期取样法可能会更为适合。

有些情况下，可疑的污染源排放特点起初不明。在此情况下，连续记录被测数量可为采用取样法提供有用的信息。例如，使用火焰电离检测器（FID）或者光离子化检测器（PID），在有限时间内可测得气体有机物的总量。

取样的时间长度应适合于选用的分析方法的量化限值。例如：在取样期内，收集到的分析物的质量可使鉴定明确，并得到可靠的量化测定。同时需记住，延长取样时间，实际上未必能增加收集到的分析物的数量。测量来自偶尔或短期的间隙污染源排放出的化合物浓度时，1h 和 24h 取样时间内收集的物质是同样多的。此外，如选用的取样时间不合适，则会丢失信息。

有些情况下，取样的时间长度可用于分析物（例如：当规定标准值或指导值与时间间隔同时使用时）。以四氟乙烯为例，德国已确定了其合法的极限值为平均一周。对邻近干洗店的房间，设定了平均时间，以便能包括整个一周的排放量，因为工作日的排放量与周末的排放量各不相同。

鉴于费用问题，对单个房间测量的次数一般较少。另外，往往将单个测量结果（或数个结果中的一个）作为供研究的室内情况的样板。如情况相反，就有必要提供能影响测量结果的尽可能多的参数信息，以便能够判断出该结果能否反映出平均值或极端情况。

在极端情况下，经常使用短期取样法（例如空气变化较少，温度较高），以便能够估算出最大的暴露程度。也常用长期取样法来确定正常居住情况下的污染状态。取样时，应准确地记录房间的使用及其居住情况。

做全面评估时，应收集短期样品和长期样品。评估时，通风形式、房间使用及其居住、季节差异的改变产生的污染物浓度的变化应予以考虑。对甲醛和具有繁殖能力的真菌之类的污染物而言，此点尤为重要。

就甲醛而言，浓度的季节性变化特别重要，因为温度和相对湿度会影响到脲醛树脂粘接木制材料中的甲醛释放（参见第 3 章）。

最终的取样设计必然取决于现有的污染源、费用、数据要求和开展研究的时间。

8　取样位置

除应考虑物质浓度随时间变化之外，还需考虑空间的变化。在楼内进行测量时，必须规定待监测的房间及屋内合适的取样位置。选择的房间取决于测量的目的。在装有 HVAC 系统的楼内，测量吸入及排放的空气可显示出空气污染物的来源。

尽管测量的目的常用于确定屋内的污染源，但测量的重点总是强调测定住户在污染物下的暴露程度。在各种情况下，都无法事先规定取样设备的最佳位置。在私人住所内，可选择起居室或卧室。如污染源与住户的某些活动有关，在起居室取样较为合理。但在污染源（如建材）长期排放的环境中，则在卧室内取样更为合理，因为人们用于睡眠的时间更多。对私人房间的测量，不应对房间的正常使用产生影响。

就大房间的测量而言（如大厅、大型办公室等），在选择取样位置及评估测量结果时，应考虑将房间细分。此法特别适用于短期的测量。

如起居室靠近屋外的污染源（如干洗设备），仅在卧室里取样是不科学的。

房间的中央一般认为是最佳的取样点。但如无法在此位置取样，则要把取样器放置在离墙 1m 的地方。因人的呼吸区平均高度为 1～1.5m 可在离地板的这个位置取样。特殊情况下还可考虑其他位置，比如测量厨灶的排放物。这些排放物会使屋内出现热空气流动，产生了明显的浓度梯度。例如，可观察到 NO_2 的浓度明显低于上述煤气炉的排放程度。这样的浓度梯度可能是其他污染源的特点，甚至可用于发现室内的污染源。为此，把房间细分成不同的区域、对每个区域同时取样的做法是明智的。然而，只有当房间每个区域的通风情况近似时（这种情况很少出现），特别是在人工通风的房间内，才能成功地进行这样的取样法。在有人居住的楼内取样时，要注意尽量保护取样设备，免遭人为的干扰。

室内空气的弥漫性流动需取决于通风的性质和范围，此点对规定测量点而言是极为重要的。特别是使用扩散取样器时，这点就更为重要。扩散取样器（所谓的臂章式取样器）的横截面积很大，如空气的表面流速过低时，该取样器就会低估污染物的浓度。房间的角落里尤其会发生此种情况。应避免在阳光明亮处、取暖设备旁、明显干燥点及通风管道边取样，因为这些地方都会影响测量的结果。

9　室外空气平行测量

过滤和通风过程会引起室内外空气的长时间对流，用测量室外空气来同时补充室内空气的测量就非常重要（如可能的话，在楼内的同一层进行）。在不小于 1m 的建筑物附近对室外空气取样。测量时，切记可能会有垂直浓度的梯度，比如，马路上可能会有车辆排放的废气成分。如楼内装有 HVAC 系统，则应在空气入口处对室外空气取样。

取样时，风向、风速和其他气候状况也应是关注之点。

四、室内空气中甲醛的测定

（一）概述

在本次对 GB 50325 标准的修订过程中，编制组调研了近年来各检测单位对 GB 50325 标准的执行情况，随着社会各界对甲醛的关注，促使涂料等合成材料生产厂商改进工艺，减少甲醛用量或用乙醛、丙醛等替代甲醛作为原料，因此检测手段也得随之更新，在老标准中甲醛采用酚试剂分光光度法，但乙醛、丙醛等醛类物质对该方法有干扰，所以新修订的 GB 50325-2020 标准采用了醛类物质干扰小的 AHMT 分光光度法。

（二）GB 50325-2020 标准的相关规定

GB 50325-2020 标准第 6.0.7 条规定："民用建筑室内空气中甲醛的检测方法，应符合现行国家标准《公共场所卫生检验方法　第 2 部分：化学污染物》GB/T 18204.2 中 AHMT 分光光度法的规定。"

GB 50325-2020 标准第 6.0.8 条规定："民用建筑室内空气中甲醛检测，可采用简便取样仪器检测方法，甲醛简便取样仪器应定期进行校准，测量范围不大于 0.50μmol/mol 时，最大允许示值误差应为 ±0.05μmol/mol。当发生争议时，应以现行国家标准《公共场所卫生检验方法　第 2 部分：化学污染物》GB/T 18204.2 中 AHMT 分光光度法的测定结果为准。"

（三）相关标准摘要

《居住区大气中甲醛卫生检验标准方法　分光光度法》GB/T 16129-1995 摘要如下：

1　主题内容与适用范围

本标准规定了用分光光度法测定居住区大气中甲醛浓度的方法。也适用于公共场所空气中甲醛浓度的测定。

本标准测定范围为 2mL 样品溶液中含 0.2~3.2μg 甲醛污染物。若采样流量为 1L/min，采样体积为 20L，则测定浓度范围为 0.01~0.16mg/m³。

乙醛、丙醛、正丁醛、丙烯醛、丁烯醛、乙二醛、苯（甲）醛、甲醇、乙醇、正丙醇、正丁醇、仲丁醇、异丁醇、异戊醇、乙酸乙酯对本法无影响；大气中共存的二氧化氮和二氧化硫对测定无干扰。

2　原理

空气中甲醛与 4- 氨基 -3- 联氨 -5- 巯基 -1，2，4- 三氮杂茂（Ⅰ）在碱性条件下缩合（Ⅱ），然后经高碘酸钾氧化成 6- 巯基 -5- 三氮杂茂〔4，3-b〕-S- 四氮杂苯（Ⅲ）紫红色化合物，其色泽深浅与甲醛含量成正比。反应式如下：

3　试剂和材料

本法所用试剂除注明外，均为分析纯；所用水均为蒸馏水。

3.1　吸收液：称取 1g 三乙醇胺，0.25g 偏重亚硫酸钠和 0.25g 乙二胺四乙酸二钠溶于水中并稀释至 1 000mL。

3.2 0.5% 4-氨基-3-联氮-5-巯基-1, 2, 4-三氮杂茂（简称 AHMT）溶液：称取 0.25g AHMT 溶于 0.5mol/L 盐酸中，并稀释至 50mL，此试剂置于棕色瓶中，可保存半年。

3.3 5mol/L 氢氧化钾溶液：称取 28.0g 氢氧化钾溶于 100mL 水中。

3.4 1.5% 高碘酸钾溶液：称取 1.5g 高碘酸钾溶于 0.2mol/L 氢氧化钾溶液中，并稀释至 100mL，于水浴上加热溶解，备用。

3.5 硫酸（ρ=1.84g/mL）。

3.6 30% 氢氧化钠溶液。

3.7 1mol/L 硫酸溶液。

3.8 0.5% 淀粉溶液。

3.9 0.100 0mol/L 硫代硫酸钠标准溶液。

3.10 0.050 0mol/L 碘溶液。

3.11 甲醛标准贮备溶液：取 2.8mL 甲醛溶液（含甲醛 36%~38%）于 1L 容量瓶中，加 0.5mL 硫酸并用水稀释至刻度，摇匀。其准确浓度用下述碘量法标定。

甲醛标准贮备溶液的标定：精确量取 20.00mL 甲醛标准贮备溶液，置于 250mL 碘量瓶中。加入 20.00mL 0.050 0mol/L 碘溶液和 15mL 1mol/L 氢氧化钠溶液，放置 15min。加入 20mL 0.5mol/L 硫酸溶液，再放置 15min，用 0.05mol/L 硫代硫酸钠溶液滴定，至溶液呈现淡黄色时，加入 1mL 0.5% 淀粉溶液，继续滴定至刚使蓝色消失为终点，记录所用硫代硫酸钠溶液体积。同时用水作试剂空白滴定。甲醛溶液的浓度用公式（1）计算。

$$c = \frac{(V_1 - V_2) \times M \times 15}{20} \tag{1}$$

式中：c——甲醛标准贮备溶液中甲醛浓度，mg/mL；

V_1——滴定空白时所用硫代硫酸钠标准溶液体积，mL；

V_2——滴定甲醛溶液时所用硫代硫酸钠标准溶液体积，mL；

M——硫代硫酸钠标准溶液的摩尔浓度；

15——甲醛的换算值。

取上述标准溶液稀释 10 倍作为贮备液，此溶液置于室温下可使用一个月。

3.12 甲醛标准溶液：用时取上述甲醛贮备液，用吸收液稀释成 1.00mL 含 2.00μg 甲醛。

4 仪器和设备

4.1 气泡吸收管：有 5mL 和 10mL 刻度线。

4.2 空气采样器：流量范围 0~2L/min。

4.3 10mL 具塞比色管。

4.4 分光光度计：具有 550nm 波长，并配有 10mm 光程的比色皿。

5 采样

用一个内装 5mL 吸收液的气泡吸收管，以 1.0L/min 流量，采气 20L。并记录采样时的温度和大气压力。

6　分析步骤

6.1　标准曲线的绘制

用标准溶液绘制标准曲线：取 7 支 10mL 具塞比色管，按下表制备标准色列管。

表 1　甲醛标准色列管

管号	0	1	2	3	4	5	6
标准溶液，mL	0.0	0.1	0.2	0.4	0.8	1.2	1.6
吸收溶液，mL	2.0	1.9	1.8	1.6	1.2	0.8	0.4
甲醛含量，μg	0.0	0.2	0.4	0.8	1.6	2.4	3.2

各管加入 1.0mL 5mol/L 氢氧化钾溶液，1.0mL 0.5% AHMT 溶液，盖上管塞，轻轻颠倒混匀三次，放置 20min。加入 0.3mL 1.5% 高碘酸钾溶液，充分振摇，放置 5min。用 10mm 比色皿，在波长 550nm 下，以水作参比，测定各管吸光度。以甲醛含量为横坐标，吸光度为纵坐标，绘制标准曲线，并计算回归线的斜率，以斜率的倒数作为样品测定计算因子 B_s（微克 / 吸光度）。

6.2　样品测定

采样后，补充吸收液到采样前的体积。准确吸取 2mL 样品溶液于 10mL 比色管中，按制作标准曲线的操作步骤测定吸光度。

在每批样品测定的同时，用 2mL 未采样的吸收液，按相同步骤作试剂空白值测定。

7　结果计算

7.1　将采样体积按公式（2）换算成标准状况下的采样体积。

$$V_0 = V_t \times \frac{T_0}{273 + t} \times \frac{p}{p_0} \tag{2}$$

式中：V_0——标准状况下的采样体积（L）；

$\quad\quad V_t$——采样体积（L）；

$\quad\quad t$——采样时的空气温度（℃）；

$\quad\quad T_0$——标准状况下的绝对温度，273K；

$\quad\quad p$——采样时的大气压（kPa）；

$\quad\quad p_0$——标准状况下的大气压力，101.3kPa。

7.2　空气中甲醛浓度按公式（3）计算。

$$c = \frac{(A - A_0) \times B_s}{V_0} \times \frac{V_1}{V_2} \tag{3}$$

式中：c——空气中甲醛浓度（mg/m^3）；

$\quad\quad A$——样品溶液的吸光度；

$\quad\quad A_0$——试剂空白溶液的吸光度；

$\quad\quad B_s$——计算因子，由 6.1 求得，μg/ 吸光度值；

$\quad\quad V_0$——标准状况下的采样体积（L）；

V_1——采样时吸收液体积（mL）；

V_2——分析时取样品体积（mL）。

五、室内空气中氨的测定

（一）概述

氨的检测用靛酚蓝分光光度法，在历年的各类实验室比对中均取得较好的结果，稳定性好，因此本次修订依旧采用了现行国家标准《公共场所卫生检验方法 第2部分：化学污染物》GB/T 18204.2中靛酚蓝分光光度法。

（二）GB 50325-2020标准的相关规定

GB 50325-2020标准第6.0.9条规定："民用建筑室内空气中氨的检测方法应符合现行国家标准《公共场所卫生检验方法 第2部分：化学污染物》GB/T 18204.2中靛酚蓝分光光度法的规定。"

（三）相关标准摘要

《公共场所卫生检验方法 第2部分：化学污染物》GB/T 18204.2-2014摘要如下：

8.1 靛酚蓝分光光度法

8.1.1 原理

空气中的氨被稀硫酸吸收，在亚硝基铁氰化钠及次氯酸钠存在的条件下，与水杨酸生成蓝绿色的靛酚蓝染料，根据着色深浅，比色定量。

8.1.2 试剂和材料

注：本法所用的试剂均为分析纯。

8.1.2.1 无氨蒸馏水：在普通蒸馏水中加少量的高锰酸钾至浅紫红色，再加少量氢氧化钠至呈碱性。蒸馏，取其中间蒸馏部分的水，加少量硫酸溶液呈微酸性，再蒸馏一次。

8.1.2.2 吸收液 $[c(H_2SO_4)=0.005mol/L]$：量取2.8mL浓硫酸加入水（8.1.2.1）中，并稀释至1L。临用时再稀释10倍。

8.1.2.3 水杨酸溶液 $\{\rho[C_6H_4(OH)COOH]=50g/L\}$：称取10.0g水杨酸和10.0g柠檬酸钠（$Na_3C_6O_7 \cdot 2H_2O$），加水约50mL，再加55mL氢氧化钠溶液 $[c(NaOH)=2mol/L]$，用水（8.1.2.1）稀释至200mL。此试剂稍有黄色，室温下可稳定一个月。

8.1.2.4 亚硝基铁氰化钠溶液（10g/L）：称取1.0g亚硝基铁氰化钠 $[Na_2Fe(CN)_5 \cdot NO \cdot 2H_2O]$，溶于100mL水（8.1.2.1）中。贮于冰箱中可稳定一个月。

8.1.2.5 次氯酸钠溶液 $[c(NaClO)=0.05mol/L]$：取1mL次氯酸钠试剂原液，根据碘量法标定的浓度用氢氧化钠溶液 $[c(NaOH)=2mol/L]$ 稀释成0.05mol/L的次氯酸钠溶液，贮于冰箱中可保存两个月。次氯酸钠溶液浓度的标定：称取2g碘化钾（KI）于250mL碘量瓶中，加水50mL溶解，加1.00mL次氯酸钠（NaClO）试剂，再加0.5mL盐酸溶液 $[V(HCl)=50\%]$，摇匀，暗处放置3min。用硫代硫酸钠标准溶液 $[c(1/2Na_2S_2O_3)=0.100mol/L]$ 滴定析出碘，至溶液呈黄色时，加 1mL 新配制的淀粉指示剂（5g/L），继续滴定至蓝色刚刚褪去，即为终点，记录所用硫代硫酸钠标准溶液体积，按式（1）计算次氯酸钠溶液的浓度。

$$c(\text{NaClO}) = \frac{c(1/2\text{NaS}_2\text{O}_3) \times V}{1.00 \times 2} \tag{1}$$

式中：c（NaClO）——次氯酸钠试剂的浓度（mol/L）；

　　c（1/2NaS$_2$O$_3$）——硫代硫酸钠标准溶液浓度（mol/L）；

　　　　V——硫代硫酸钠标准溶液用量（mL）。

8.1.2.6　氨标准贮备液［ρ（NH$_3$）=1.00g/L］：称取 0.314 2g 经 105℃ 干燥 1h 的氯化铵（NH$_4$Cl），用少量水溶解，移入 100mL 容量瓶中，用吸收液（8.1.2.2）稀释至刻度。此液 1.00mL 含 1.00mg 氨。

8.1.2.7　氨标准工作液［ρ（NH$_3$）=1.00mg/L］：临用时，将标准贮备液（8.1.2.6）用吸收液（8.1.2.2）稀释成 1.00mL 含 1.00μg 氨。

8.1.3　仪器和设备

8.1.3.1　大型气泡吸收管：有 10mL 刻度线，出气口内径为 1mm，与管底距离应为 3～5mm。

8.1.3.2　空气采样器：流量范围 0～2L/min，流量可调且恒定。

8.1.3.3　具塞比色管：10mL。

8.1.3.4　分光光度计：可测波长为 697.5nm，狭缝小于 20nm。

8.1.4　采样

8.1.4.1　采样布点见附录 A。

8.1.4.2　用一级皂膜流量计对采样流量计进行校准，误差 ≤ 5%。

8.1.4.3　用一个内装 10mL 吸收液（8.1.2.2）的大型气泡吸收管，以 0.5L/min 流量采样 5L。

8.1.4.4　记录采样点的温度及大气压力。

8.1.4.5　采样后，样品在室温下保存，于 24h 内分析。

8.1.5　分析步骤

8.1.5.1　标准曲线的绘制：取 10mL 具塞比色管 7 支，按表 1 制备标准系列管。

表 1　氨标准系列

管号	0	1	2	3	4	5	6
标准工作液（8.1.2.7）（mL）	0	0.50	1.00	3.00	5.00	7.00	10.00
吸收液（8.1.2.2）（mL）	10.00	9.50	9.00	7.00	5.00	3.00	0
氨含量（μg）	0	0.50	1.00	3.00	5.00	7.00	10.00

在各管中加入 0.50mL 水杨酸溶液（8.1.2.3），再加入 0.10mL 亚硝基铁氰化钠溶液（8.1.2.4）和 0.10mL 次氯酸钠溶液（8.1.2.5），混匀，室温下放置 1h。用 1cm 比色皿，于波长 697.5nm 处，以水作参比，测定各管溶液的吸光度。以氨含量（μg）作横坐标，吸光度为纵坐标，绘制标准曲线，并计算校准曲线的斜率。标准曲线斜率应为 0.081 ± 0.003 吸

光度 /μg 氨，以斜率的倒数作为样品测定时的计算因子（B_s）。

8.1.5.2　样品测定：将样品溶液转入具塞比色管内，用少量的水洗吸收管，合并，使总体积为 10mL。再按 8.1.5.1 的操作步骤测定样品的吸光度。在每批样品测定的同时，用 10mL 未采样的吸收液作试剂空白测定。如果样品溶液吸光度超过标准曲线范围，则可用空白吸收液稀释样品液后再分析。

8.1.6　结果计算

8.1.6.1　采气体积换算：将实际采气体积按 4.3.6.1 中公式换算成标准状态下的采气体积 V_0。

8.1.6.2　浓度计算：空气中氨的质量浓度按式（2）计算。

$$\rho = \frac{(A - A_0) \cdot B_s}{V_0} \cdot k \tag{2}$$

式中：ρ——空气中氨的质量浓度（mg/m^3）；

　　　A——样品溶液的吸光度；

　　　A_0——空白溶液的吸光度；

　　　B_s——计算因子，$μg/$吸光度；

　　　V_0——标准状态下的采气体积（L）；

　　　k——样品溶液的稀释倍数。

8.1.6.3　结果表达：一个区域的测定结果以该区域内各采样点质量浓度的算术平均值给出。

8.1.7　范围、精密度和准确度

8.1.7.1　本法灵敏度为 $12.3μgNH_3/$ 吸光度。

8.1.7.2　当采气体积为 5L 时，本法最低检出质量浓度为 $0.01mg/m^3$，测量范围 $0.01 \sim 2mg/m^3$。

8.1.7.3　当氨含量为 1.0μg/10mL、5.0μg/10mL、10.0μg/10mL 时，本法变异系数分别为 3.1%、2.9%、1.0%，平均相对偏差为 2.5%；样品溶液加入 1.0μg，3.0μg，5.0μg，7.0μg 的氨时，其回收率为 95% ~ 109%。

8.1.8　干扰与排除

对已知的干扰物如 Ca^{2+}、Mg^{2+}、Fe^{3+}、Mn^{2+}、Al^{3+} 等多种阳离子，本法已采用柠檬酸络合的方法予以消除，2μg/10mL 以上的苯胺和 30μg/10mL 以上的 H_2S 对本法有干扰。

六、室内空气中苯、甲苯、二甲苯的测定

（一）概述

本次修订参照现行国家标准《居住区大气中苯、甲苯和二甲苯卫生检验标准方法　气相色谱法》GB/T 11737-89 的原理，根据几年来检测技术的发展情况，本着简化操作步骤、降低系统误差、提高方法灵敏度的宗旨，对检测方法做了进一步完善。

中国工程建设标准化协会标准《室内空气中苯系物及总挥发性有机化合物检测方法标准》T/CECS 539-2018 已批准颁布，GB 50325 标准本次修订时，引用了该标准的 T-C 复合吸附管方法，明确了复合吸附管结构性能和使用要求；简化了标准样制备细节，可更大范

围地从市场取得有证标准物质；增加了检测结果争议时的处理方法；删除了填充柱方法，符合现阶段分析仪器的发展状况，提高气相色谱仪的使用效率。

（二）GB 50325-2020 标准相关规定

附录 D 室内空气中苯、甲苯、二甲苯的测定

D.0.1 空气中苯、甲苯、二甲苯应使用活性炭管或 2，6- 对苯基二苯醚多孔聚合物 – 石墨化炭黑 –X 复合吸附管采集，经热解吸后，应采用气相色谱法分析，以保留时间定性，峰面积定量。

D.0.2 仪器及设备应符合下列规定：

1 恒流采样器：在采样过程中流量应稳定，流量范围应包含 0.5L/min，并且当流量 0.5L/min 时，应能克服 5～10kPa 的阻力，此时用流量计校准采样系统流量，相对偏差不应大于 ±5% 阻力。

2 热解吸装置：应能对吸附管进行热解吸，解吸温度、载气流速可调。

3 应配备有氢火焰离子化检测器的气相色谱仪。

4 毛细管柱：毛细管柱长应为 30～50m 的石英柱，内径应为 0.32mm，内应涂覆聚二甲基聚硅氧烷或其他非极性材料。

5 应准备容量为 1μL、10μL 的注射器若干个。

D.0.3 试剂和材料应符合下列规定：

1 活性炭吸附管应为内装 100mg 椰子壳活性炭吸附剂的玻璃管或内壁光滑的不锈钢管。使用前应通氮气加热活化，活化温度应为 300～350℃，活化时间不应少于 10min，活化至无杂质峰为止；当流量为 0.5L/min 时，阻力应在 5～10kPa 之间；2，6- 对苯基二苯醚多孔聚合物 – 石墨化炭黑 –X 复合吸附管应为分层分隔填装不少于 175mg 的 60～80 目的 Tenax-TA 吸附剂和不少于 75mg 的 60～80 目的石墨化炭黑 –X 吸附剂，样品管应有采样气流方向标识，使用前应通氮气加热活化，活化温度应为 280～300℃，活化时间不应少于 10min，活化至无杂质峰为止；当流量为 0.5L/min 时，阻力应在 5～10kPa。

2 应包括苯、甲苯、二甲苯标准物质。

3 载气应为氮气，纯度不应小于 99.99%。

D.0.4 采样注意事项应符合下列规定：

1 应在采样地点打开吸附管，吸附管与空气采样器入气口垂直连接（气流方向与吸附管标识方向一致），调节流量在 0.5L/min 的范围内，应采用流量计校准采样系统的流量，采集约 10L 空气，并应记录采样时间、采样流量、温度、相对湿度和大气压。

2 采样后，应取下吸附管，密封吸附管的两端，做好标识，放入可密封的金属或玻璃容器中。样品可保存 14 天。

3 当采集室外空气空白样品时，应与采集室内空气样品同步进行，地点宜选择在室外上风向处。

D.0.5 气相色谱分析条件可选用下列推荐值，也可根据实验室条件选定其他最佳分析条件：

1 毛细管柱温度应为 60℃；

2　检测室温度应为 150℃；

3　汽化室温度应为 150℃；

4　载气应为氮气。

D.0.6　室温下标准吸附管系列制备时应采用一定浓度的苯、甲苯、对（间）二甲苯、邻二甲苯标准气体或标准溶液，从吸附管进气口定量注入吸附管，制成苯含量为 0.05μg、0.1μg、0.2μg、0.4μg、0.8μg、1.2μg 以及甲苯、二甲苯含量分别为 0.1μg、0.4μg、0.8μg、1.2μg、2μg 的标准系列吸附管，同时应采用 100mL/min 的氮气通过吸附管，5min 后取下并密封，作为标准吸附管。

D.0.7　分析时应采用热解吸直接进样的气相色谱法，将标准吸附管和样品吸附管分别置于热解吸直接进样装置中，解吸气流方向应与标准吸附管制样气流方向和样品吸附管采样气流方向相反，充分解吸（活性炭吸附管 350℃或 2，6- 对苯基二苯醚多孔聚合物 – 石墨化炭黑 –X 复合吸附管经过 300℃）后，将解吸气体经由进样阀直接通入气相色谱仪进行色谱分析，应以保留时间定性、以峰面积定量。

D.0.8　所采空气样品中苯、甲苯、二甲苯的浓度及换算成标准状态下的浓度，应分别按下列公式进行计算：

$$C = \frac{m - m_0}{V}$$ （D.0.8-1）

式中：C——所采空气样品中苯、甲苯、二甲苯各组分浓度（mg/m³）；

　　　m——样品管中苯、甲苯、二甲苯各组分的量（μg）；

　　　m_0——未采样管中苯、甲苯、二甲苯各组分的量（μg）；

　　　V——空气采样体积（L）。

$$C_c = C \cdot \frac{101.3}{P} \cdot \frac{t + 273}{273}$$ （D.0.8-2）

式中：C_c——换算到标准体积后空气样品中苯、甲苯、二甲苯的浓度（mg/m³）；

　　　P——采样时采样点的大气压力（kPa）；

　　　t——采样时采样点的温度（℃）。

注：1　当用活性炭吸附管和 2，6- 对苯基二苯醚多孔聚合物 – 石墨化炭黑 –X 复合吸附管采样的检测结果有争议时，以活性炭吸附管的检测结果为准。

　　2　当用活性炭管吸附管采样时，空气湿度应小于 90%。

（三）相关标准摘要

1.《居住区大气中苯、甲苯和二甲苯卫生检验标准方法　气相色谱法》GB/T 11737–1989 摘要

1　适用范围

本标准适用于居住区大气中苯、甲苯和二甲苯浓度的测定，也适用于室内空气中苯、甲苯和二甲苯浓度的测定。

1.1　检出下限

当采样量为 10L，热解吸为 100mL 气体样品，进样 1mL 时，苯、甲苯和二甲苯的检出下限分别为 0.005mg/m³、0.01mg/m³、0.02mg/m³；若用 1mL 二硫化碳提取的液体样品，进样 1μL 时，苯、甲苯和二甲苯的检出下限分别为 0.025mg/m³、0.05mg/m³ 和 0.1mg/m³。

1.2　测定范围

当用活性炭采气样 10L，热解吸时，苯的测量范围为 0.005～10mg/m³，甲苯为 0.01～10mg/m³，二甲苯为 0.02～10mg/m³；二硫化碳提取时，苯的测量范围为 0.025～20mg/m³，甲苯为 0.05～20mg/m³，二甲苯为 0.1～20mg/m³。

1.3　干扰与排除

当空气中水蒸气或水雾量太大，以致在炭管中凝结时，严重影响活性炭管的穿透容量及采样效率，空气湿度在 90% 时，活性炭管的采样效率仍然符合要求，空气中的其他污染物的干扰由于采用了气相色谱分离技术，选择合适的色谱分离条件已予以消除。

2　原理

空气中苯、甲苯和二甲苯用活性炭管采集，然后经热解吸或用二硫化碳提取出来，再经聚乙二醇 6000 色谱柱分离，用氢火焰离子经检测器检测，以保留时间定性，峰高定量。

3　试剂和材料

3.1　苯：色谱纯。

3.2　甲苯：色谱纯。

3.3　二甲苯：色谱纯。

3.4　二硫化碳：分析纯，需经纯化处理，处理方法见附录 A（补充件）。

3.5　色谱固定液：聚乙二醇 6000。

3.6　6201 担体：60～80 目。

3.7　椰子壳活性炭：20～40 目，用于装活性炭采样管。

3.8　纯氮：99.99%。

4　仪器和设备

4.1　活性炭采样管：用长 150mm，内径 3.5～4.0mm，外径 6mm 的玻璃管，装入 100mg 椰子壳活性炭，两端用少量玻璃棉固定。装限管后再用纯氮气于 300～350℃温度条件下吹 5～10min，然后套上塑料帽封紧管的两端。此管放于干燥器中可保存 5 天。若将玻璃管熔封，此管可稳定三个月。

4.2　空气采样器

流量范围 0.2～1L/min，流量稳定。使用时用皂膜流量计校准采样系列在采样前和采样后的流量.流量误差应小于 5%。

4.3　注射器：1mL，100mL。体积刻度误差校正。

4.4　微量注射器：1μL，10μL。体积刻度误差应校正。

4.5　热解吸装置：热解吸装置主要由加热器、控温器、测温表及气体流量控制器等部分组成。调温范围为 100～400℃，控温精度 ±1℃，热解吸气体为氮气，流量调节范围为 50～100mL/min，读数误差 ±1mL/min。所用的热解装置的结构应使活性炭管能方便地插入加热器中，并且各部分受热均匀。

4.6　具塞刻度试管：2mL。

4.7　气相色谱仪：附氢火焰离子化检测器。

4.8　色谱柱：长 2m、内径 4mm 不锈钢柱，内填充聚乙二醇 6000-6201 担体（5∶100）固定相。

5　采样

在采样地点打开活性炭管，两端孔径至少 2mm，与空气采样器入气口垂直连接，以 0.5L/min 的速度，抽取 10L 空气。采样后，将管的两端套上塑料帽，并记录采样时的温度和大气压力。样品可保存 5 天。

6　分析步骤

6.1　色谱分析条件

由于色谱分析条件常因实验条件不同而有差异，所以应根据所用气相色谱仪的型号和性能，制定能分析苯、甲苯和二甲苯的最佳的色谱分析条件。附录 B（参考件）所列举色谱分析条件是一个实例。

6.2　绘制标准曲线和测定计算因子

在做样品分析的相同条件下，绘制标准曲线和测定计算因子。

6.2.1　用混合标准气体绘制标准曲线

用微量注射器准确取一定量的苯、甲苯和二甲苯（于 20℃时，1μL 苯重 0.878 7mg，甲苯重 0.866 9mg，邻、间、对二甲苯分别重 0.880 2mg、0.864 2mg、0.861 1mg）分别注入 100mL 注射器中，以氮气为本底气，配成一定浓度的标准气体。取一定量的苯、甲苯和二甲苯标准气体分别注入同一个 100mL 注射器中相混合，再用氮气逐级稀释成 0.02～2.0μg/mL 范围内四个浓度点的苯、甲苯和二甲苯的混合气体。取 1mL 进样，测量保留时间及峰高。每个浓度重复 3 次，取峰高的平均值。分别以苯、甲苯和二甲苯的含量（μg/mL）为横坐标，平均峰高（mm）为纵坐标，绘制标准曲线。并计算回归线的斜率，以斜率的倒数 B_g〔μg/（mL·mm）〕作样品测定的计算因子。

6.2.2　用标准溶液绘制标准曲线

于 3 个 50mL 容量瓶中，先加入少量二硫化碳，用 10μL 注射器准确量取一定量的苯、甲苯和二甲苯分别注入容量瓶中，加二硫化碳至刻度，配成一定浓度的贮备液。临用前取一定量的贮备液用二硫化碳逐级稀释成苯、甲苯和二甲苯含量为 0.005μg/mL、0.01μg/mL、0.05μg/mL、0.2μg/mL 的混合标准液。分别取 1μL 进样，测量保留时间及峰高，每个浓度重复 3 次，取峰高的平均值，以苯、甲苯和二甲苯的含量（μg/μL）为横坐标，平均峰高（mm）为纵坐标，绘制标准曲线。并计算回归线的斜率，以斜率的倒数 B_g〔μg/（mL·mm）〕作样品测定的计算因子。

6.2.3　测定校正因子

当仪器的稳定性能差，可用单点校正法求校正因子。在样品测定的同时，分别取零浓度和与样品热解吸气（或二硫化碳提取液）中含苯、甲苯和二甲苯浓度相接近时标准气体 1mL 或标准溶液 1μL 按 6.2.1 或 6.2.2 操作，测量零浓度和标准的色谱峰高（mm）和保留时间，用式（1）计算校正因子。

$$f = \frac{c_s}{h_s - h_0} \tag{1}$$

式中：f——校正因子 [μg/(mL·mm)（对热解吸气样）或 μg/(μL·mm)（对二硫化碳提取液样)]；

c_s——标准气体或标准溶液浓度（μg/mL 或 μg/μL）；

h_0、h_s——零浓度、标准的平均峰高（mm）。

6.3 样品分析

6.3.1 热解吸法进样

将已采样的活性炭管与 100mL 注射器相连，置于热解吸装置上，用氮气以 50~60mL/min 的速度于 350℃下解吸，解吸体积为 100mL，取 1mL 解吸气进色谱柱，用保留时间定性，峰高（mm）定量。每个样品做三次分析，求峰高的平均值。同时，取一个未采样的活性炭管，按样品管同样操作，测定空白管的平均峰高。

6.3.2 二硫化碳提取法进样

将活性炭倒入具塞刻度试管中，加 1.0mL 二硫化碳，塞紧管塞，放置 1h，并不时振摇，取 1μL 进色谱柱，用保留时间定性，峰高（mm）定量。每个样品做三次分析，求峰高的平均值。同时，取一个未经采样的活性炭管按样品管同样操作，测量空白管的平均峰高（mm）。

7 结果计算

7.1 将采样体积按式（2）换算成标准状态下的采样体积。

$$V_0 = V_t \cdot \frac{T_0}{273 + t} \cdot \frac{P}{P_0} \tag{2}$$

式中：V_0——换算成标准状态下的采样体积（L）；

V_t——采样体积（L）；

T_0——标准状态的绝对温度，273K；

t——采样时采样点的温度（℃）；

P_0——标准状态的大气压力，101.3kPa；

P——采样时采样点的大气压力（kPa）。

7.2 用热解吸法时，空气中苯、甲苯和二甲苯浓度按式（3）计算。

$$c = \frac{(h - h_0) \cdot B_g}{V_0 \cdot E_g} \times 100 \tag{3}$$

式中：c——空气中苯或甲苯、二甲苯的浓度（mg/m³）；

h——样品峰高的平均值（mm）；

h_0——空白管的峰高（mm）；

B_g——由 6.2.1 得到的计算因子 [μg/(mL·mm)]；

E_g——由实验确定的热解吸效率。

7.3 用二硫化碳提取法时，空气中苯、甲苯和二甲苯浓度按式（4）计算。

$$c = \frac{(h - h_0) \cdot B_s}{V_0 \cdot E_s} \times 1\,000 \tag{4}$$

式中：c——苯或甲苯、二甲苯的浓度（mg/m³）；

B_s——由 6.2.2 得到的校正因子 [μg/(μL·mm)]；

E_s——由实验确定的二硫化碳提取的效率。

7.4 用校正因子时空气中苯、甲苯、二甲苯浓度按式（5）计算。

$$c = \frac{(h-h_0) \cdot f}{V_0 \cdot E_g} \times 100 \text{ 或 } c = \frac{(h-h_0) \cdot f}{V_0 \cdot E_s} \times 1\,000 \tag{5}$$

式中：f——由6.2.3得到的校正因子［mg/（mL·mm）（对热解吸气样）或 μg/（μL·mm）（对用二硫化碳提取液样）］。

2.《室内空气中苯系物及总挥发性有机化合物检测方法标准》T/CECS 539–2018 摘要

2　术语

2.0.1　苯系物

指包括苯、甲苯、对二甲苯、间二甲苯、邻二甲苯、乙苯的苯系列化合物的总称。

2.0.2　2，6–对苯基二苯醚多孔聚合物 – 石墨化炭黑 –X 复合吸附管

分层分隔填充2，6–对苯基二苯醚多孔聚合物吸附剂（Tenax–TA 吸附剂）和石墨化炭黑 –X 吸附剂的样品采集管，简称T–C复合吸附管。

3　基本规定

3.0.1　室内空气中苯系物应采用吸附管进行采集，经热解吸后，解吸气体进入气相色谱仪进行分析，以保留时间定性，外标法定量，或解吸气体进入气相色谱 – 质谱仪进行分析，以与质谱标准库相比较定性，外标法定量。

3.0.2　检测所用仪器和设备应符合下列规定：

1　恒流采样器：流量范围应包含 0.4 ~ 0.5L/min，并且当流量为 0.5L/min 时，应能克服 5 ~ 10kPa 的阻力，用皂膜流量计校准系统流量时，允许相对偏差为 ±5%。

2　皂膜流量计：准确度等级应符合 1 级。

3　活化装置：活化温度温度范围应包含 260 ~ 370℃，加热部件内径与样品管外径不宜相差太大。

4　温度计：测量范围应包含 –10 ~ 50℃。

5　气压表：测量范围应包含 85 ~ 105kPa。

6　进样针：规格宜为 1μL 和 10μL。

7　气相色谱仪：配备氢火焰离子化检测器。

8　气相色谱 – 质谱仪：配备离子源的质谱检测器。

9　二甲基聚硅氧烷毛细管柱：长度应为 30 ~ 60m，内径宜为 0.25mm 或 0.32mm。

10　聚乙二醇毛细管柱：长度应为 30 ~ 60m。

11　热解析装置Ⅰ：热解吸温度范围应包含 270 ~ 360℃，应能全部包覆吸附管中吸附剂存在的区域。

12　热解析装置Ⅱ：热解吸温度范围应包含 270 ~ 360℃，应能全部包覆吸附管中吸附剂存在的区域，应配备冷阱，冷阱温度范围应包含 –20 ~ –10℃。

3.0.3　检测所用吸附管应符合下列规定：

1　活性炭吸附管：管内应填装不少于 100mg 粒径为 20 ~ 60 目（0.84 ~ 0.25mm）的椰壳活性炭。

2 T–C复合吸附管：管内径不应小于4.8mm，管内应分层分隔填装不少于175mg的60～80目的Tenax–TA吸附剂和不少于75mg的60～80目的石墨化炭黑–X吸附剂，采样气流方向应标识为气体从含Tenax–TA吸附剂一端进入，从含石墨化炭黑–X吸附剂一端出来。

3 石墨化炭黑–X吸附管：管内径不应小于4.8mm，管内应填装不少于200mg的60～80目的石墨化炭黑–X吸附剂。

4 当采样系统流量为0.5L/min时，吸附管阻力应为3～10kPa。

5 吸附管管壁应为有吸附剂名称、采样气流方向、唯一性编号标识的玻璃或内壁光滑的不锈钢。

6 吸附管出厂前应充分初始活化；吸附管使用前应通氮气加热活化，活化温度应高于解吸温度10℃以上，活化时间不应少于10min，活化至无杂质峰。

3.0.4 吸附管采样热解吸气相色谱法所用载气应为氮气，纯度不应小于99.99%。吸附管采样热解吸气相色谱质谱法所用载气应为氦气，纯度不应小于99.999%。

3.0.5 检测所用标准物质可为溶液标准物质或气体标准物质，气体标准物质应为有证标准物质，溶液标准物质宜为有证标准物质，单组分溶液的溶剂应为色谱纯甲醇或色谱纯二硫化碳，多组分溶液的溶剂应为色谱纯甲醇。

3.0.6 检测所用工作标准吸附管系列的制备应符合下列规定：

1 选用溶液标准物质时，应采用流量约为100mL/min的氮气通过吸附管，气流方向与吸附管所标识的采样气流方向应相同，抽取1～5μL标准溶液从进气端注入吸附管，继续通氮气5min后，取下密封，作为标准吸附管。

2 选用气体标准物质时，应以流量控制及时间控制的方式定量控制20～2 000mL的气体标准样品通过吸附管，气流方向与吸附管所标识的采样气流方向应相同，取下密封，作为标准吸附管。

3 工作标准吸附管应组成单组分含量应为0.00μg、0.05μg、0.10μg、0.50μg、1.00μg、2.00μg的标准系列。

3.0.7 室内空气中苯系物采样检测点数量设置、检测点布置及室外空白扣除，应符合现行国家标准《民用建筑工程室内环境污染控制规范》GB 50325的规定。

3.0.8 空气中苯系物的样品采集，应符合下列规定：

1 应在采样地点打开吸附管，根据吸附管标识的气流方向连接恒流采样器，调节流量为0.4～0.5L/min，应用皂膜流量计校准采样系统的流量，采样20min。

2 采样后取下吸附管，应立即密封吸附管的两端，作为样品吸附管，然后置于室温中密闭的玻璃或金属容器内，活性炭样品吸附管最长可保存5天，其他种类样品吸附管最长可保存14天。

3 采集室外空气空白样时，应与采集室内空气样同步进行，地点宜选择在室外上风向处。

4 采样中应记录采样日期、采样时间、采样流量、温度和大气压力、采样位置、吸附管种类和编号。

3.0.9 空气中苯系物及总挥发性有机化合物样品检测时所用吸附管种类、热解析装置类型、测定方法、色谱柱类型、柱升温程序、气路流量，应与工作标准吸附管系列测定分析时保持相同。

3.0.10 工作标准吸附管系列分析时，应以色谱峰面积或离子峰面积为纵坐标，以各组分的含量为横坐标，分别绘制标准曲线，得到各组分回归方程。样品吸附管分析时，应由各组分峰面积以回归方程计算得到各组分的质量。

3.0.11 检测报告应包括检测报告唯一性编号、委托方名称、工程名称、采样位置、采样日期、采样环境、检测项目、检测方法、检测仪器、检测所用吸附管种类、检测人员、检测结果等信息。

4　检测方法

4.1　苯检测方法

4.1.1 本方法适用于浓度范围为 0.005～0.25mg/m³ 的室内空气中苯的检测。

4.1.2 采样及标准吸附管系列制备用采样管应为活性炭吸附管。

4.1.3 标准吸附管系列制备用标准物质，组分应包括苯。

4.1.4 当采样环境的相对湿度大于 50% 时，采样后样品吸附管宜为 60～70℃，从采样进气端通入流量约为 100mL/min 的氮气吹扫约 10min，再作为苯测定分析用样品吸附管。

4.1.5 苯检测气相色谱柱温宜为 60℃。

4.1.6 所采空气样品中苯的测定分析步骤应符合下列规定：将工作标准吸附管和样品吸附管分别置于热解吸装置中，应确保解吸气流方向与吸附管所标识的采样气流方向相反，经 300～350℃，并保持 5～10min 充分解吸后，解吸气体直接进入气相色谱仪进行色谱分析，或经冷阱捕集后快速加热后进入气相色谱仪进行色谱分析，得到保留时间和峰面积，外标法得到样品吸附管中苯的质量。

4.1.7 所采空气样品中苯的浓度计算应符合下列规定：

　　1 所采空气样品的体积转换成标准状态下的体积应按下式计算：

$$V_0 = \frac{P}{101.3} \cdot \frac{273}{t + 273} \cdot V \qquad (1)$$

式中：V_0——标准状态下所采空气样品的体积（L）；

　　　　P——采样时采样点的大气压力（kPa）；

　　　　t——采样时采样点的温度（℃）；

　　　　V——空气采样体积（L）。

　　2 所采空气样品中苯的浓度应按下式计算：

$$c_i = \frac{m_i - m_{iB}}{V_0} \qquad (2)$$

式中：c_i——标准状态下所采空气样品中苯的浓度（mg/m³）；

　　　　m_i——样品吸附管中苯的质量（μg）；

　　　　m_{iB}——未采样吸附管中苯的量（μg）。

4.2　苯系物检测方法

4.2.1 本方法适用于单组分浓度范围为 0.005～0.25mg/m³ 的室内空气中苯系物的检测。

4.2.2 室内空气中苯系物检测方法分为吸附管采样热解吸气相色谱法和吸附管采样热解吸气相色谱质谱法。

4.2.3 吸附管采样热解吸气相色谱质谱法测定所用热解析装置应为热解析装置 Ⅱ。

4.2.4 采样及标准吸附管系列制备用吸附管应为 T–C 复合吸附管或石墨化炭黑 –X 吸附管，当采用不同吸附管检测结果不一致时，以采用 T–C 复合吸附管的检测结果为准。

4.2.5 标准吸附管系列制备用标准物质，组分应包括苯、甲苯、乙苯、对二甲苯、间二甲苯、邻二甲苯。

4.2.6 气相色谱柱升温程序宜为：

1 使用二甲基聚硅氧烷色谱柱时，初始温度 50℃，并保持 10min，升温速率 5℃/min，升温至 250℃，并保持 2min。

2 使用聚乙二醇色谱柱时，初始温度 50℃，并保持 10min，升温速率 5℃/min，升温至 220℃，并保持 2min。

4.2.7 吸附管采样热解吸气相色谱法测定步骤应为：将工作标准吸附管和样品吸附管分别置于热解吸装置中，应确保解吸气流方向与吸附管所标识的采样气流方向相反，经 280～300℃，并保持 5～10min 充分解吸后，解吸气体直接快速进入气相色谱仪，或经冷阱捕集后快速加热后进入气相色谱仪进行色谱分析，得到保留时间和峰面积，外标法得到样品吸附管中苯的质量。

4.2.8 吸附管采样热解吸气相色谱–质谱法测定步骤应为：将工作标准吸附管和样品吸附管分别置于热解吸装置中，应确保解吸气流方向与吸附管所标识的采样气流方向相反，经 280～300℃解吸 5～10min 后，解吸气体经冷阱捕集后快速加热后进入气相色谱，色谱分离后质谱测定，得到总离子流色谱图，外标法得到样品吸附管中苯的质量。

4.2.9 检测结果计算应符合下列规定：

所采空气样品中第 i 个目标组分的浓度应按下列公式计算：

$$c_i = \frac{m_i - m_{iB}}{V_0} \tag{3}$$

式中：c_i——所采空气样品中 i 组分的浓度（mg/m³）；

m_i——样品吸附管中检测到 i 组分的质量（μg）；

m_{iB}——未采样吸附管中检测到 i 组分的质量（μg）。

V_0——换算为标准状态下的空气采样体积（L），应按公式（1）计算。

3.《室内空气质量标准》GB/T 18883–2002 附录 B 摘要

B.1　方法提要

B.1.1　相关标准和依据

本方法主要依据现行国家标准《居住区大气中苯、甲苯和二甲苯卫生检验标准方法　气相色谱法》GB 11737–89 中的气相色谱法。

B.1.2　原理：空气中苯用活性炭管采集，然后用二硫化碳提取出来。用氢火焰离子化检测器的气相色谱仪分析，以保留时间定性，峰高定量。

B.1.3　干扰和排除：当空气中水蒸气或水雾量太大，以至在碳管中凝结时，将严重影响活性炭的穿透容量和采样效率。空气湿度在 90% 以下，活性炭管的采样效率符合要求。空气中其他污染物的干扰，由于采用了气相色谱分离技术，选择合适的色谱分离条件可以消除。

B.2 适用范围

B.2.1 测定范围：采样量为 20L 时，用 1mL 二硫化碳提取，进样 1μL，测定范围为 0.05 ~ 10mg/m^3。

B.2.2 适用场所：本法适用于室内空气和居住区大气中苯浓度的测定。

B.3 试剂和材料

B.3.1 苯：色谱纯。

B.3.2 二硫化碳：分析纯，需经纯化处理，保证色谱分析无杂峰。

B.3.3 椰子壳活性炭：20 ~ 40 目，用于装活性炭采样管。

B.3.4 高纯氮：99.999%。

B.4 仪器和设备

B.4.1 活性炭采样管：用长 150mm，内径 3.5 ~ 4.0mm，外径 6mm 的玻璃管，装入 100mg 椰子壳活性炭，两端用少量玻璃棉固定。装好管后再用纯氮气于 300 ~ 350℃温度条件下吹 5 ~ 10min，然后套上塑料帽封紧管的两端。此管放于干燥器中可保存 5 天。若将玻璃管熔封，此管可稳定三个月。

B.4.2 空气采样器：流量范围 0.2 ~ 1L/min，流量稳定。使用时用皂膜流量计校准采样系统在采样前和采样后的流量。流量误差应小于 5%。

B.4.3 注射器：1mL。体积刻度误差应校正。

B.4.4 微量注射器：1μL，10μL。体积刻度误差应校正。

B.4.5 具塞刻度试管：2mL。

B.4.6 气相色谱仪：附氢火焰离子化检测器。

B.4.7 色谱柱：0.53mm × 30m 大口径非极性石英毛细管柱。

B.5 采样和样品保存

在采样地点打开活性炭管，两端孔径至少 2mm，与空气采样器入气口垂直连接，以 0.5L/min 的速度，抽取 20L 空气。采样后，将管的两端套上塑料帽，并记录采样时的温度和大气压力。样品可保存 5 天。

B.6 分析步骤

B.6.1 色谱分析条件：由于色谱分析条件常因实验条件不同而有差异，所以应根据所用气相色谱仪的型号和性能，制定能分析苯的最佳的色谱分析条件。

B.6.2 绘制标准曲线和测定计算因子：在与样品分析的相同条件下，绘制标准曲线和测定计算因子。

用标准溶液绘制标准曲线：于 5.0mL 容量瓶中，先加入少量二硫化碳，用 1μL 微量注射器准确取一定量的苯（20℃时，1μL 苯重 0.878 7mg）注入容量瓶中，加二硫化碳至刻度，配成一定浓度的储备液。临用前取一定量的储备液用二硫化碳逐级稀释成苯含量分别为 2.0μg/mL、5.0μg/mL、10.0μg/mL、50.0μg/mL 的标准液。取 1μL 标准液进样，测量保留时间及峰高。每个浓度重复 3 次，取峰高的平均值。分别以 1μL 苯的含量（μg/mL）为横坐标（μg），平均峰高为纵坐标（mm），绘制标准曲线。并计算回归线的斜率，以斜率的倒数 B_s［μg/mm］作为样品测定的计算因子。

B.6.3 样品分析：将采样管中的活性炭倒入具塞刻度试管中，加 1.0mL 二硫化碳，塞紧管塞，放置 1h，并不时振摇。取 1μL 进样，用保留时间定性，峰高（mm）定量。每个样品做 3 次分析，求峰高的平均值。同时，取一个未经采样的活性炭管按样品管同时操作，测量空白管的平均峰高（mm）。

B.7　结果计算

B.7.1　将采样体积按式（1）换算成标准状态下的采样体积

$$V_0 = V \cdot \frac{T_0}{T} \cdot \frac{P}{P_0} \tag{1}$$

式中：V_0——换算成标准状态下的采样体积（L）；

　　　　V——采样体积（L）；

　　　　T_0——标准状态的绝对温度，273K；

　　　　T——采样时采样点现场的温度（t）与标准状态的绝对温度之和，（t+273）K；

　　　　P_0——标准状态下的大气压力，101.3kPa；

　　　　P——采样时采样点的大气压力（kPa）。

B.7.2　空气中苯浓度按式（2）计算：

$$c = \frac{(h - h') \cdot B_s}{V_0 \cdot E_s} \tag{2}$$

式中：c——空气中苯或甲苯、二甲苯的浓度（mg/m³）；

　　　　h——样品峰高的平均值（mm）；

　　　　h'——空白管的峰高（mm）；

　　　　B_s——由 6.2 得到的计算因子（μg/mm）；

　　　　E_s——由实验确定的二硫化碳提取的效率；

　　　　V_0——标准状况下采样体积（L）。

B.8　方法特性

B.8.1　检测下限：采样量为 20L 时，用 1mL 二硫化碳提取，进样 1μL，检测下限为 0.05mg/m³。

B.8.2　线性范围：10^6。

B.8.3　精密度：苯的浓度为 8.78μg/mL 和 21.9μg/mL 的液体样品，重复测定的相对标准偏差为 7% 和 5%。

B.8.4　准确度：对苯含量为 0.5μg、21.1μg 和 200μg 的回收率分别为 95%、94% 和 91%。

七、室内空气中总挥发性有机化合物（TVOC）测定

（一）概述

本次修订参照 ISO 16017-1《室内、环境和工作场所空气　取样和通过吸附管/热吸/毛细气相色谱法分析挥发性有机成分　第 1 部分：泵吸取样》的原理和方法，还参考了 ISO 16000-6：2004 的原理和方法，结合了多年来开展 TVOC 检测的实际情况和经验。

中国工程建设标准化协会标准《室内空气中苯系物及总挥发性有机化合物检测方法标准》T/CECS 539-2018 已批准发布，GB 50325 标准本次修订时，引用了该标准的 T-C 复

合吸附管方法，以简化实验室检测操作工作量；允许使用更先进的检测设备，提高工作效率；标准物质确定时，参考了人造板、涂料、胶粘剂、地毯、地毯衬垫和地毯胶粘剂等装修材料释放到空气中较突出的污染物种类，结合了国内实际情况和相关方面的研究成果，参考了 ISO 16000-6 的原理和方法；考虑到实际工作需要，增加了检测结果争议时的处理。

（二）GB 50325-2020 标准的相关规定

附录 E　室内空气中 TVOC 的测定

E.0.1　室内空气中 TVOC 应按下列步骤进行测定：

1　应采用 Tenax-TA 吸附管或 2，6- 对苯基二苯醚多孔聚合物 - 石墨化炭黑 -X 复合吸附管采集一定体积的空气样品。

2　应通过热解吸装置加热吸附管，并得到 TVOC 的解吸气体。

3　将 TVOC 的解吸气体注入气相色谱仪进行色谱定性、定量分析。

E.0.2　室内空气中 TVOC 测定所需仪器及设备应符合下列规定：

1　恒流采样器：在采样过程中流量应稳定，流量范围应包含 0.5L/min，并且当流量为 0.5L/min 时，应能克服 5～10kPa 的阻力，此时用流量计校准系统流量时，相对偏差不应大于 ±5%。

2　热解吸装置应能对吸附管进行热解吸，其解吸温度及载气流速应可调。

3　气相色谱仪应配置 FID 或 MS 检测器。

4　毛细管柱：毛细管柱长应为 50m 的石英柱，内径应为 0.32mm，内涂覆聚二甲基聚硅氧烷或其他非极性材料。

5　程序升温：初始温度应为 50℃，且保持 10min，升温速率应 5℃/min，温度应升至 250℃，并保持 2min。

E.0.3　试剂和材料应符合下列规定：

1　Tenax-TA 吸附管可为玻璃管或内壁光滑的不锈钢管，管内装有 200mg 粒径为 0.18～0.25mm（60～80 目）的 Tenax-TA 吸附剂，或 2，6- 对苯基二苯醚多孔聚合物 - 石墨化炭黑 -X 复合吸附管（样品管应有采样气流方向标识）。使用前应通氮气加热活化，活化温度应高于解吸温度，活化时间不应少于 30min，活化至无杂质峰为止，当流量为 0.5L/min 时，阻力应在 5～10kPa。

2　有证标准溶液或标准气体应符合表 E.0.3 规定。

表 E.0.3　有证标准溶液或标准气体

序号	名称	CAS 号
1	正己烷	110-54-3
2	苯	200-753-7
3	三氯乙烯	71-43-2
4	甲苯	108-88-3

序号	名称	CAS 号
5	辛烯	111–66–0
6	乙酸丁酯	123–86–4
7	乙苯	100–41–4
8	对二甲苯	106–42–3
9	间二甲苯	108–38–3
10	邻二甲苯	95–47–6
11	苯乙烯	100–42–5
12	壬烷	111–84–2
13	异辛醇	104–76–7
14	十一烷	1120–21–4
15	十四烷	629–59–4
16	十六烷	544–76–3

3　载气应为氮气，纯度不应小于 99.99%，当配置 MS 检测器载气为氦气时，纯度不应小于 99.999%。

E.0.4　采样应符合下列规定：

1　应在采样地点打开吸附管，在吸附管与空气采样器入气口垂直连接（气流方向与吸附管标识方向一致），应调节流量在 0.5L/min 的范围内后用皂膜流量计校准采样系统的流量，采集约 10L 空气，应记录采样时间及采样流量、采样温度、相对湿度和大气压。

2　采样后应取下吸附管，并密封吸附管的两端，做好标记后放入可密封的金属或玻璃容器中，并应尽快分析，样品保存时间不应大于 14 天。

3　采集室外空气空白样品应与采集室内空气样品同步进行，地点宜选择在室外上风向处。

E.0.5　标准吸附管系列制备时，应采用一定浓度的各组分标准气体或标准溶液，定量注入吸附管中，制成各组分含量应为 0.05μg、0.1μg、0.4μg、0.8μg、1.2μg、2μg 的标准吸附管，同时用 100mL/min 的氮气通过吸附管，5min 后取下并密封，作为标准吸附管系列样品。

E.0.6　应采用热解吸直接进样的气相色谱法，将吸附管置于热解吸直接进样装置中，应确保解吸气流方向与标准吸附管制样气流方向相反，经 300℃ 充分解吸后，使解吸气体直接由进样阀快速通入气相色谱仪进行色谱定性、定量分析。

E.0.7　当配置 FID 检测器时，应以保留时间定性、峰面积定量；当配置 MS 检测器时，应根据保留时间和各组分的特征离子定性，在确认组分的条件后，采用定量离子进行定量。

E.0.8 样品分析时，每支样品吸附管应按与标准吸附管系列相同的热解吸气相色谱分析方法进行分析。

E.0.9 所采空气样品中的浓度计算应符合下列规定：

1 所采空气样品中各组分的浓度应按下式进行计算：

$$C_{\mathrm{m}} = \frac{m_i - m_0}{V} \qquad (\text{E.0.9-1})$$

式中：C_{m}——所采空气样品中 i 组分的浓度（mg/m³）；

　　　m_i——样品管中 i 组分的质量（μg）；

　　　m_0——未采样管中 i 组分的质量（μg）；

　　　V——空气采样体积（L）。

2 空气样品中各组分的浓度应按下式换算成标准状态下的浓度：

$$C_{\mathrm{c}} = C_{\mathrm{m}} \cdot \frac{101.3}{P} \cdot \frac{t + 273}{273} \qquad (\text{E.0.9-2})$$

式中：C_{c}——换算到标准体积后空气样品中 i 组分的浓度（mg/m³）；

　　　P——采样时采样点的大气压力（kPa）；

　　　t——采样时采样点的温度（℃）。

3 所采空气样品中 TVOC 的浓度应按下式进行计算：

$$C_{\mathrm{TVOC}} = \sum_{i=1}^{i=n} C_{\mathrm{c}} \qquad (\text{E.0.9-3})$$

式中：C_{TVOC}——标准状态下所采空气样品中 TVOC 的浓度（mg/m³）；

　　　C_{c}——标准状态下所采空气样品中 i 组分的浓度（mg/m³）。

注：1 对未识别的峰，应以甲苯计。

　　2 当用 Tenax-TA 吸附管和 2，6- 对苯基二苯醚多孔聚合物 – 石墨化炭黑 -X 复合吸附管采样的检测结果有争议时，以 Tenax-TA 吸附管的检测结果为准。

（三）相关标准摘要

《室内空气中苯系物及总挥发性有机化合物检测方法标准》T/CECS 539-2018 摘要如下：

2 术语

2.0.2 2，6- 对苯基二苯醚多孔聚合物 – 石墨化炭黑 -X 复合吸附管

分层分隔填充 2，6- 对苯基二苯醚多孔聚合物吸附剂（Tenax-TA 吸附剂）和石墨化炭黑 -X 吸附剂的样品采集管，简称 T-C 复合吸附管。

3 基本规定

3.0.1 室内空气中总挥发性有机化合物应采用吸附管进行采集，经热解吸后，解吸气体进入气相色谱仪进行分析，以保留时间定性，外标法定量，或解吸气体进入气相色谱 – 质谱仪进行分析，以与质谱标准库相比较定性，外标法定量。

3.0.2 检测所用仪器和设备应符合下列规定：

1 恒流采样器：流量范围应包含 0.4 ~ 0.5L/min，并且当流量为 0.5L/min 时，应能克服 5 ~ 10kPa 的阻力，用皂膜流量计校准系统流量时，允许相对偏差为 ±5%。

2 皂膜流量计：准确度等级应符合 1 级。

3 活化装置：活化温度温度范围应包含 260～370℃，加热部件内径与样品管外径不宜相差太大。

4 温度计：测量范围应包含 –10～50℃。

5 气压表：测量范围应包含 85～105kPa。

6 进样针：规格宜为 1μL 和 10μL。

7 气相色谱仪：配备氢火焰离子化检测器。

8 气相色谱–质谱仪：配备离子源的质谱检测器。

9 二甲基聚硅氧烷毛细管柱：长度应为 30～60m，内径宜为 0.25mm 或 0.32mm。

10 聚乙二醇毛细管柱：长度应为 30～60m。

11 热解析装置Ⅰ：热解吸温度范围应包含 270～360℃，应能全部包覆吸附管中吸附剂存在的区域。

12 热解析装置Ⅱ：热解吸温度范围应包含 270～360℃，应能全部包覆吸附管中吸附剂存在的区域，应配备冷阱，冷阱温度范围应包含 –20～–10℃。

3.0.3 检测所用吸附管应符合下列规定：

1 Tenax–TA 吸附管：管内径不应小于 4.8mm，管内应填装不少于 200mg 的 60～80 目（0.25～0.18mm）的 Tenax–TA 吸附剂。

2 T–C 复合吸附管：管内径不应小于 4.8mm，管内应分层分隔填装不少于 175mg 的 60～80 目的 Tenax–TA 吸附剂和不少于 75mg 的 60～80 目的石墨化炭黑 –X 吸附剂，采样气流方向应标识为气体从含 Tenax–TA 吸附剂一端进入，从含石墨化炭黑 –X 吸附剂一端出来。

3 当采样系统流量为 0.5L/min 时，吸附管阻力应在 3～10kPa 范围。

4 吸附管管壁应为有吸附剂名称、采样气流方向、唯一性编号标识的玻璃或内壁光滑的不锈钢。

5 吸附管出厂前应充分初始活化，使用前应通氮气加热活化，活化温度应高于解吸温度 10℃以上，活化时间不应少于 10min，活化至无杂质峰。

3.0.4 吸附管采样热解吸气相色谱法所用载气应为氮气，纯度不应小于 99.99%。吸附管采样热解吸气相色谱质谱法所用载气应为氦气，纯度不应小于 99.999%。

3.0.5 检测所用标准物质可为溶液标准物质或气体标准物质，气体标准物质应为有证标准物质，溶液标准物质宜为有证标准物质，单组分溶液的溶剂应为色谱纯甲醇或色谱纯二硫化碳，多组分溶液的溶剂应为色谱纯甲醇。

3.0.6 检测所用工作标准吸附管系列的制备应符合下列规定：

1 选用溶液标准物质时，应采用流量约为 100mL/min 的氮气通过吸附管，气流方向与吸附管所标识的采样气流方向应相同，抽取 1～5μL 标准溶液从进气端注入吸附管，继续通氮气 5min 后，取下密封，作为标准吸附管。

2 选用气体标准物质时，应以流量控制及时间控制的方式定量控制 20～2 000mL 的气体标准样品通过吸附管，气流方向与吸附管所标识的采样气流方向应相同，取下密封，作为标准吸附管。

3 工作标准吸附管应组成单组分含量应为 0.00μg、0.05μg、0.10μg、0.50μg、1.00μg、

2.00μg 的标准系列。

3.0.7 室内空气中总挥发性有机化合物采样检测点数量设置、检测点布置及室外空白扣除，应符合现行国家标准《民用建筑工程室内环境污染控制标准》GB 50325 的规定。

3.0.8 空气中总挥发性有机化合物的样品采集，应符合下列规定：

　　1 应在采样地点打开吸附管，根据吸附管标识的气流方向连接恒流采样器，调节流量为 0.4 ~ 0.5L/min，应用皂膜流量计校准采样系统的流量，采样 20min。

　　2 采样后取下吸附管，应立即密封吸附管的两端，作为样品吸附管，然后置于室温中密闭的玻璃或金属容器内，活性炭样品吸附管最长可保存 5 天，其他种类样品吸附管最长可保存 14 天。

　　3 采集室外空气空白样时，应与采集室内空气样品同步进行，地点宜选择在室外上风向处。

　　4 采样中应记录采样日期、采样时间、采样流量、温度和大气压力、采样位置、吸附管种类和编号。

3.0.9 空气中总挥发性有机化合物样品检测时所用吸附管种类、热解析装置类型、测定方法、色谱柱类型、柱升温程序、气路流量，应与工作标准吸附管系列测定分析时保持相同。

3.0.10 工作标准吸附管系列分析时，应以色谱峰面积或离子峰面积为纵坐标，以各组分的含量为横坐标，分别绘制标准曲线，得到各组分回归方程。样品吸附管分析时，应由各组分峰面积以回归方程计算得到各组分的质量。

3.0.11 检测报告应包括检测报告唯一性编号、委托方名称、工程名称、采样位置、采样日期、采样环境、检测项目、检测方法、检测仪器、检测所用吸附管种类、检测人员、检测结果等信息。

4　检测方法

4.3　总挥发性有机化合物检测方法

4.3.1 本方法适用于单组分浓度范围为 0.005 ~ 0.25mg/m³ 的室内空气中总挥发性有机化合物的检测。

4.3.2 室内空气中总挥发性有机化合物检测方法分为吸附管采样热解吸气相色谱法Ⅰ、吸附管采样热解吸气相色谱法Ⅱ和吸附管采样热解吸气相色谱质谱法。

4.3.3 检测所用色谱柱应为长 60m 的二甲基聚硅氧烷毛细管柱。吸附管采样热解吸气相色谱法Ⅱ和吸附管采样热解吸气相色谱质谱法测定所用热解析装置应为热解析装置Ⅱ。

4.3.4 总挥发性有机化合物检测所用吸附管应选用 Tenax-TA 吸附管或 T-C 复合吸附管。当检测结果不一致时，吸附管采样热解吸气相色谱法Ⅰ以采用 Tenax-TA 吸附管的检测结果为准，吸附管采样热解吸气相色谱法Ⅱ和吸附管采样热解吸气相色谱质谱法以采用 T-C 复合吸附管的检测结果为准。

4.3.5 检测所用标准吸附管系列制备时，测定方法所用标准物质应符合下列规定：

　　1 吸附管采样热解吸气相色谱法Ⅰ所用标准物质组分应包括苯、甲苯、对二甲苯、间二甲苯、邻二甲苯、乙苯、苯乙烯、正十一烷、乙酸丁酯。

　　2 吸附管采样热解吸气相色谱法Ⅱ和吸附管采样热解吸气相色谱质谱法所用标准物

质组分应包括苯、甲苯、对二甲苯、间二甲苯、邻二甲苯、乙苯、苯乙烯、正壬烷、正十一烷、1-辛烯、三氯乙烯、2-乙基-1-己醇、苯甲醛、丙二醇单甲醚、乙二醇单丁醚、乙酸丁酯。

4.3.6 气相色谱柱升温程序应为：初始温度 50℃，保持 10min，升温速率 5℃/min，升温至 250℃，保持 2min。

4.3.7 吸附管采样热解吸气相色谱法Ⅰ和吸附管采样热解吸气相色谱法Ⅱ的测定步骤应符合本标准第 4.2.7 条的规定。

4.3.8 吸附管采样热解吸气相色谱-质谱法的测定步骤应符合本标准第 4.2.8 条的规定。

4.3.9 所采空气样品中总挥发性有机化合物的浓度计算应符合下列规定：

　　1 吸附管采样热解吸气相色谱法Ⅰ检测需识别组分应包括苯、甲苯、对二甲苯、间二甲苯、邻二甲苯、乙苯、苯乙烯、正十一烷、乙酸丁酯；

　　2 吸附管采样热解吸气相色谱法Ⅱ和吸附管采样热解吸气相色谱质谱法检测需识别组分应包括苯、甲苯、对二甲苯、间二甲苯、邻二甲苯、乙苯、苯乙烯、正壬烷、正十一烷、1-辛烯、三氯乙烯、2-乙基-1-己醇、苯甲醛、丙二醇单甲醚、乙二醇单丁醚、乙酸丁酯。

　　3 挥发性有机化合物中未识别的组分质量，应以甲苯的回归方程计算。

　　4 所采空气样品中 TVOC 的浓度应按下式计算：

$$C_{\text{TVOC}} = \sum_{i=1}^{n} C_i \qquad (4.3.9-1)$$

式中：C_{TVOC}——所采空气样品中总挥发性有机化合物的浓度（mg/m³）；

　　　　n——所采空气样品中挥发性有机化合物的组分数量，包括识别目标组分和未识别组分。

第三节　室内新风量的测定

一、概述

对于节能，常常会出现一个误区，那就是认为房屋使用越封闭越节能。其实，这是忽视了建筑物通风的必要性，也忽视了建筑是否真的满足通风设计的要求。民用建筑在不满足通风或新风量设计要求时，室内空气中污染物会逐渐蓄积，到一定程度将严重影响人们的身体健康。

足够的新风量及良好的空气品质是人身健康的基本要求，同时也是提供良好空气品质的有效技术手段。夏热冬冷地区、寒冷地区、严寒地区等采用自然通风的Ⅰ类民用建筑最小通风换气次数应大于 0.5 次/h（参考了现行国家标准《民用建筑供暖通风与空气调节设计规范》GB 50736-2012 第 3.0.6 条第 1 款）。自然通风建筑最小通风换气次数测定可以参照采用国家标准《公共场所卫生检验方法　第 1 部分：物理因素》GB/T 18204.1-2013 中的示踪气体法。通风措施大体可分为主动式和被动式两类，主动式通风措施通常为机械送、排风系统，被动式通风措施可采用自力式排风扇或无动力通风器等，无动力通风器可选用窗式通风器、外墙通风器等形式。

在 GB 50325-2020 标准执行的这几年的实践中，尤其是对一些高级商住楼的空气检测，发现房间的新风量与室内污染物的浓度有很大的关系，因为这些高级商住楼门窗的气密性很好，即使房间内所用的装修材料都合格，室内污染物浓度的检测结果却仍有不合格的现象出现。

为防止一味追求建筑节能而忽视室内空气质量的问题，GB 50325-2020 标准强调对通风、新风量的要求，这将有助于推动建筑节能与室内空气质量科学、协调地发展。

二、GB 50325-2020 标准相关规定

GB 50325-2020 标准第 4.1.3 条规定："民用建筑室内通风设计应符合现行国家标准《民用建筑设计统一标准》GB 50352 的有关规定；采用集中空调的民用建筑工程，新风量应符合现行国家标准《民用建筑供暖通风与空气调节设计规范》GB 50736 的有关规定。"

GB 50325-2020 标准第 4.1.4 条规定："夏热冬冷地区、严寒及寒冷地区等采用自然通风的 I 类民用建筑最小通风换气次数不应低于 0.5 次 /h，必要时应采取机械通风换气措施。"

GB 50325-2020 标准第 6.0.5 条规定："民用建筑工程验收时，对采用集中通风的公共建筑工程，应进行室内新风量的检测，检测结果应符合设计和现行国家标准《民用建筑供暖通风与空气调节设计规范》GB 50736 的有关规定。"

三、相关标准摘要

（一）《公共场所卫生检验方法　第 1 部分：物理因素》GB/T 18204.1-2013 摘要

6　室内新风量

6.1　示踪气体法

6.1.1　原理

示踪气体法即示踪气体（tracer gas）浓度衰减法，常用的示踪气体有 CO_2 和 SF_6。在待测室内通入适量示踪气体，由于室内外空气交换，示踪气体的浓度呈指数衰减，根据浓度随着时间变化的值，计算出室内的新风量和换气次数。

6.1.2　仪器和材料

6.1.2.1　袖珍或轻便型气体浓度测定仪。

6.1.2.2　直尺或卷尺、电风扇。

6.1.2.3　示踪气体：无色、无味、使用浓度无毒、安全、环境本底低、易采样、易分析的气体，装于 10L 气瓶中，气瓶应有安全的阀门。示踪气体环境本底水平及安全性资料见附录 B。

6.1.3　测量步骤

6.1.3.1　用尺测量并计算出室内容积 V_1 和室内物品（桌、沙发、柜、床、箱等）总体积 V_2。

6.1.3.2 计算室内空气体积，见式（1）。

$$V=V_1-V_2 \tag{1}$$

式中：V——室内空气体积（m^3）；

　　　V_1——室内容积（m^3）；

　　　V_2——室内物品总体积（m^3）。

6.1.3.3 按测量仪器使用说明校正仪器。

6.1.3.4 如果选择的示踪气体是环境中存在的（如 CO_2），应首先测量本底浓度。

6.1.3.5 关闭门窗，用气瓶在室内通入适量的示踪气体后将气瓶移至室外，同时用电风扇搅动空气 3~5min，使示踪气体分布均匀，示踪气体的初始浓度应达到至少经过 30 min，衰减后仍高于仪器最低检出限。

6.1.3.6 打开测量仪器电源，在室内中心点记录示踪气体浓度。

6.1.3.7 根据示踪气体浓度衰减情况，测量从开始至 30~60min 时间段示踪气体浓度，在此时间段内测量次数不少于 5 次。

6.1.3.8 调查检测区域内设计人流量和实际最大人流量。

6.1.3.9 按要求对仪器进行期间核查和使用前校准。

6.1.4　结果计算

6.1.4.1 换气次数计算见式（2）。

$$A = \frac{\ln(c_1 - c_0) - \ln(c_t - c_0)}{t} \tag{2}$$

式中：A——换气次数，单位时间内由室外进入室内的空气总量与该室内空气总量之比；

　　　c_0——示踪气体的环境本底浓度（mg/m^3 或 %）；

　　　c_1——测量开始时示踪气体浓度（mg/m^3 或 %）；

　　　c_t——时间为 t 时示踪气体浓度（mg/m^3 或 %）；

　　　t——测定时间（h）。

6.1.4.2 新风量计算见式（3）。

$$Q = \frac{A \cdot V}{P} \tag{3}$$

式中：Q——新风量，单位时间内每人平均占有由室外进入室内的空气量 [m^3/（人·h）]；

　　　A——换气次数；

　　　V——室内空气体积（m^3）；

　　　P——取设计人流量与实际最大人流量两个数中的高值（人）。

6.1.5　测量范围

非机械通风且换气次数小于 5 次 /h 的公共场所（无集中空调系统的场所）。

6.2　风管法

6.2.1　原理

在机械通风系统处于正常运行或规定的工况条件下，通过测量新风管某一断面的面积及该断面的平均风速，计算出该断面的新风量。如果一套系统有多个新风管，每个新风管均要测定风量，全部新风管风量之和即为该套系统的总新风量，根据系统服务区域内的人数，便可得出新风量结果。

6.2.2　仪器

6.2.2.1　标准皮托管：K_p=0.99±0.01，或 S 形皮托管 K_p=0.84±0.01。

6.2.2.2　微压计：精确度不低于 2%，最小读数不大于 1Pa。

6.2.2.3　热电风速仪：最小读数不大于 0.1m/s。

6.2.2.4　玻璃液体温度计或电阻温度计：最小读数不大于 1℃。

6.2.3　测点要求

6.2.3.1　检测点所在的断面应选在气流平稳的直管段，避开弯头和断面急剧变化的部位。

6.2.3.2　圆形风管测点位置和数量：将风管分成适当数量的等面积同心环，测点选在各环面积中心线与垂直的两条直径线的交点上，圆形风管测点数见表 1。直径小于 0.3m、流速分布比较均匀的风管，可取风管中心一点作为测点。气流分布对称和比较均匀的风管，可只取一个方向的测点进行检测。

表 1　圆形风管测点数

风管直径（m）	环数（个）	测点数（两个方向共计，个）
≤1	1~2	4~8
>1~2	2~3	8~12
>2~3	3~4	12~16

6.2.3.3　矩形风管测点位置和数量：将风管断面分成适当数量的等面积矩形（最好为正方形），各矩形中心即为测点。矩形风管测点数见表 2。

表 2　矩形风管测点数

风管断面面积（m²）	等面积矩形数（个）	测点数（个）
≤1	2×2	4
>1~4	3×3	9
>4~9	3×4	12
>9~16	4×4	16

6.2.4　测量步骤

6.2.4.1　测量风管检测断面面积（S），按表 1 或表 2 分环/分块确定检测点。

6.2.4.2　皮托管法测定新风量测量步骤如下：

检查微压计显示是否正常，微压计与皮托管连接是否漏气。

将皮托管全压出口与微压计正压端连接，静压管出口与微压计负压端连接。将皮托管插入风管内，在各测点上使皮托管的全压测孔对着气流方向，偏差不应超过 10°，测量出各点动压（P_d）。重复测量一次，取算术平均值。

将玻璃液体温度计或电阻温度计插入风管中心点处，封闭测孔待温度稳定后读数，测量出新风温度（t）。

调查机械通风服务区域内设计人流量和实际最大人流量。

6.2.4.3 风速计法测定新风量测量步骤如下：

按照热电风速仪使用说明书调整仪器；

将风速仪放入新风管内测量各测点风速，以全部测点风速算术平均值作为平均风速；

将玻璃液体温度计或电阻温度计插入风管中心点处，封闭测孔待温度稳定后读数，测量出新风温度（t）；

调查机械通风服务区域内设计人流量和实际最大人流量。

6.2.4.4 按要求对仪器进行期间核查和使用前校准。

6.2.5 结果计算

6.2.5.1 皮托管法测量新风量的计算见式（4）。

$$Q = \frac{\sum_{i=1}^{n}(3\,600 \times S \times 0.076 \times K_p \times \sqrt{273+t} \times \sqrt{\overline{P_d}})}{P} \qquad (4)$$

式中：Q——新风量[m³/（人·h）]；

n——一个机械通风系统内新风管的数量；

S——新风管测量断面面积（m²）；

K_p——皮托管系数；

t——新风温度（℃）；

P_d——新风动压值（Pa）；

P——服务区人数，取设计人流量与实际最大人流量两个数中的高值（人）。

6.2.5.2 风速计法测量新风量的计算见式（5）。

$$Q = \frac{\sum_{i=1}^{n}(3\,600 \times S \times \overline{V})}{P} \qquad (5)$$

式中：Q——新风量[m³/（人·h）]；

n——一个机械通风系统内新风管的数量；

S——新风管测量断面面积（m²）；

$\overline{V}$——新风管中空气的平均速度（m/s）；

P——服务区人数，取设计人流量与实际最大人流量2个数中的高值（人）。

6.2.5.3 换气次数的计算见式（6）。

$$A = \frac{Q \cdot P}{V} \qquad (6)$$

式中：A——换气次数；

Q——新风量[m³/（人·h）]；

P——服务区人数；

V——室内空气体积（m^3）。

6.2.6　测量范围

皮托管法测量新风管风速范围为 2～30m/s，电风速计法测量新风管风速范围为 0.1～10m/s。

（二）《民用建筑供暖通风与空气调节设计规范》GB 50736-2012 摘要

3.0.6　设计最小新风量应符合下列规定：

1　公共建筑主要房间每人所需最小新风量应符合表 1 规定。

表 1　公共建筑主要房间每人所需最小新风量〔m^3/（h·人）〕

建筑房间类型	新风量
办公室	30
客房	30
大堂、四季厅	10

2　设置新风系统的居住建筑和医院建筑，所需最小新风量宜按换气次数法确定。居住建筑换气次数宜符合表 2 规定，医院建筑换气次数宜符合表 3 规定。

表 2　居住建筑设计最小换气次数

人均居住面积 F_P	每小时换气次数
$F_P \leqslant 10m^2$	0.70
$10m^2 < F_P \leqslant 20m^2$	0.60
$20m^2 < F_P \leqslant 50m^2$	0.50
$F_P > 50m^2$	0.45

表 3　医院建筑设计最小换气次数

功能房间	每小时换气次数
门诊室	2
急诊室	2
配药室	5
放射室	2
病房	2

3　高密人群建筑每人所需最小新风量应按人员密度确定，且应符合表 4 规定。

表4 高密人群建筑每人所需最小新风量 [$m^3/(h \cdot 人)$]

建筑类型	人员密度 P_F（人/m^2）		
	$P_F \leq 0.4$	$0.4 < P_F \leq 1.0$	$P_F > 1.0$
影剧院、音乐厅、大会厅、多功能厅、会议室	14	12	11
商场、超市	19	16	15
博物馆、展览厅	19	16	15
公共交通等候室	19	16	15
歌厅	23	20	19
酒吧、咖啡厅、宴会厅、餐厅	30	25	23
游艺厅、保龄球房	30	25	23
体育馆	19	16	15
健身房	40	38	37
教室	28	24	22
图书馆	20	17	16
幼儿园	30	25	23

6 通风

6.1 一般规定

6.1.1 当建筑物存在大量余热余湿及有害物质时，宜优先采用通风措施加以消除。建筑通风应从总体规划、建筑设计和工艺等方面采取有效的综合预防和治理措施。

6.1.2 对不可避免放散的有害或污染环境的物质，在排放前必须采取通风净化措施，并达到国家有关大气环境质量标准和各种污染物排放标准的要求。

6.1.3 应首先考虑采用自然通风消除建筑物余热、余湿和进行室内污染物浓度控制。对于室外空气污染和噪声污染严重的地区，不宜采用自然通风。当自然通风不能满足要求时，应采用机械通风或自然通风和机械通风结合的复合通风。

6.1.4 设有机械通风的房间，人员所需的新风量应满足第3.0.6条的要求。

6.1.5 对建筑物内放散热、蒸汽或有害物质的设备，宜采用局部排风。当不能采用局部排风或局部排风达不到卫生要求时，应辅以全面通风或采用全面通风。

6.1.6 凡属下列情况之一时，应单独设置排风系统：

1 两种或两种以上的有害物质混合后能引起燃烧或爆炸时；

2 混合后能形成毒害更大或腐蚀性的混合物、化合物时；

3 混合后易使蒸汽凝结并聚积粉尘时；

4 散发剧毒物质的房间和设备；

5 建筑物内设有储存易燃易爆物质的单独房间或有防火防爆要求的单独房间；

6　有防疫的卫生要求时。

6.1.7　室内送风、排风设计时，应根据污染物的特性及污染源的变化，优化气流组织设计；不应使含有大量热、蒸汽或有害物质的空气流入没有或仅有少量热、蒸汽或有害物质的人员活动区，且不应破坏局部排风系统的正常工作。

6.1.8　采用机械通风时，重要房间或重要场所的通风系统应具备防止以空气传播为途径的疾病通过通风系统交叉传染的功能。

6.1.9　进入室内或室内产生的有害物质数量不能确定时，全面通风量可按类似房间的实测资料或经验数据，按换气次数确定，亦可按国家现行的各相关行业标准执行。

6.1.10　同时放散余热、余湿和有害物质时，全面通风量应按其中所需最大的空气量确定。多种有害物质同时放散于建筑物内时，其全面通风量的确定应符合现行国家有关工业企业设计卫生标准的有关规定。

6.1.11　建筑物的通风系统设计应符合国家现行防火规范要求。

6.2　自然通风

6.2.1　利用自然通风的建筑在设计时，应符合下列规定：

1　利用穿堂风进行自然通风的建筑，其迎风面与夏季最多风向宜成60°~90°角，且不应小于45°，同时应考虑可利用的春秋季风向以充分利用自然通风；

2　建筑群平面布置应重视有利自然通风因素，如优先考虑错列式、斜列式等布置形式。

6.2.2　自然通风应采用阻力系数小、噪声低、易于操作和维修的进排风口或窗扇。严寒寒冷地区的进排风口还应考虑保温措施。

6.2.3　夏季自然通风用的进风口，其下缘距室内地面的高度不宜大于1.2m。自然通风进风口应远离污染源3m以上；冬季自然通风用的进风口，当其下缘距室内地面的高度小于4m时，宜采取防止冷风吹向人员活动区的措施。

6.2.4　采用自然通风的生活、工作的房间的通风开口有效面积不应小于该房间地板面积的5%；厨房的通风开口有效面积不应小于该房间地板面积的10%，并不得小于0.60m²。

6.2.5　自然通风设计时，宜对建筑进行自然通风潜力分析，依据气候条件确定自然通风策略并优化建筑设计。

6.2.6　采用自然通风的建筑，自然通风量的计算应同时考虑热压以及风压的作用。

6.2.7　热压作用的通风量，宜按下列方法确定：

1　室内发热量较均匀、空间形式较简单的单层大空间建筑，可采用简化计算方法确定；

2　住宅和办公建筑中，考虑多个房间之间或多个楼层之间的通风，可采用多区域网络法进行计算；

3　建筑体形复杂或室内发热量明显不均的建筑，可按计算流体动力学（CFD）数值模拟方法确定。

6.2.8　风压作用的通风量，宜按下列原则确定：

1　分别计算过渡季及夏季的自然通风量，并按其最小值确定；

2　室外风向按计算季节中的当地室外最多风向确定；

3 室外风速按基准高度室外最多风向的平均风速确定。当采用计算流体动力学（CFD）数值模拟时，应考虑当地地形条件及其梯度风、遮挡物的影响；

4 仅当建筑迎风面与计算季节的最多风向成45°～90°角时，该面上的外窗或有效开口利用面积可作为进风口进行计算。

6.2.9 宜结合建筑设计，合理利用被动式通风技术强化自然通风。被动通风可采用下列方式：

1 当常规自然通风系统不能提供足够风量时，可采用捕风装置加强自然通风；

2 当采用常规自然通风难以排除建筑内的余热、余湿或污染物时，可采用屋顶无动力风帽装置，无动力风帽的接口直径宜与其连接的风管管径相同；

3 当建筑物利用风压有局限或热压不足时，可采用太阳能诱导等通风方式。

6.3　机械通风

6.3.1 机械送风系统进风口的位置，应符合下列规定：

1 应设在室外空气较清洁的地点；

2 应避免进风、排风短路；

3 进风口的下缘距室外地坪不宜小于2m，当设在绿化地带时，不宜小于1m。

6.3.4 住宅通风系统设计应符合下列规定：

1 自然通风不能满足室内卫生要求的住宅，应设置机械通风系统或自然通风与机械通风结合的复合通风系统。室外新风应先进入人员的主要活动区；

2 厨房、无外窗卫生间应采用机械排风系统或预留机械排风系统开口，且应留有必要的进风面积；

3 厨房和卫生间全面通风换气次数不宜小于3次/h；

4 厨房、卫生间宜设竖向排风道，竖向排风道应具有防火、防倒灌及均匀排气的功能，并应采取防止支管回流和竖井泄漏的措施。顶部应设置防止室外风倒灌装置。

6.4　复合通风

6.4.1 大空间建筑及住宅、办公室、教室等易于在外墙上开窗并通过室内人员自行调节实现自然通风的房间，宜采用自然通风和机械通风结合的复合通风。

6.4.2 复合通风中的自然通风量不宜低于联合运行风量的30%。复合通风系统设计参数及运行控制方案应经技术经济及节能综合分析后确定。

6.4.3 复合通风系统应具备工况转换功能，并应符合下列规定：

1 应优先使用自然通风；

2 当控制参数不能满足要求时，启用机械通风；

3 对设置空调系统的房间，当复合通风系统不能满足要求时，关闭复合通风系统，启动空调系统。

6.4.4 高度大于15m的大空间采用复合通风系统时，宜考虑温度分层等问题。

第六章 室内环境检测基础知识

第一节 化学分析基础知识

一、常用玻璃仪器

（一）滴定管

滴定管是滴定时可以准确测量滴定剂消耗体积的玻璃仪器，它是一根具有精密刻度，内径均匀的细长玻璃管，可连续的根据需要放出不同体积的液体，并准确读出液体体积的量器。

根据长度和容积的不同，滴定管可分为常量滴定管、半微量滴定管和微量滴定管。

常量滴定管容积有 50mL、25mL，刻度最小 0.1mL，最小可读到 0.01mL。半微量滴定管容量 10mL，刻度最小 0.05mL，最小可读到 0.01mL。其结构一般与常量滴定管较为类似。微量滴定管容积有 1mL，2mL，5mL，10mL，刻度最小 0.01mL，最小可读到 0.001mL。此外还有半微量半自动滴定管，它可以自动加液，但滴定仍需手动控制。

滴定管一般分为两种：酸式滴定管和碱式滴定管，见图 6-1。

酸式滴定管：又称具塞滴定管，下端有玻璃旋塞开关，用来装酸性溶液与氧化性溶液及盐类溶液，不能装碱性溶液如 NaOH 等。

碱式滴定管：又称无塞滴定管，下端有一根橡皮管，中间有一个玻璃珠，用来控制溶液的流速；碱式滴定管用来装碱性溶液与无氧化性溶液，凡可与橡皮管起作用的溶液均不可装入碱式滴定管中，如 $KMnO_4$、$K_2Cr_2O_7$。

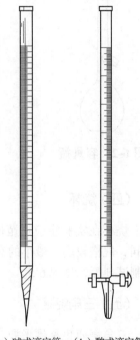

（a）碱式滴定管　（b）酸式滴定管

图 6-1 滴定管

（二）容量瓶

容量瓶主要用于准确地配制一定浓度的溶液。它是一种细长颈、梨形的平底玻璃瓶，配有磨口塞。瓶颈上刻有标线，当瓶内液体在所指定温度下达到标线处时，其体积即为瓶上所注明的容积数。常用的容量瓶有 100mL，250mL，500mL 等多种规格，见图 6-2。

（三）移液管

移液管又称吸管，用来准确量取一定体积的液体，把液体转移至另一器皿中。吸管有无分度吸管和有分度吸管之分。无分度吸管常叫作大肚吸管或移液管，可用于吸取一定体积液体；有分度吸管常叫作刻度吸管，直形，上有刻度，见图6-3、图6-4。

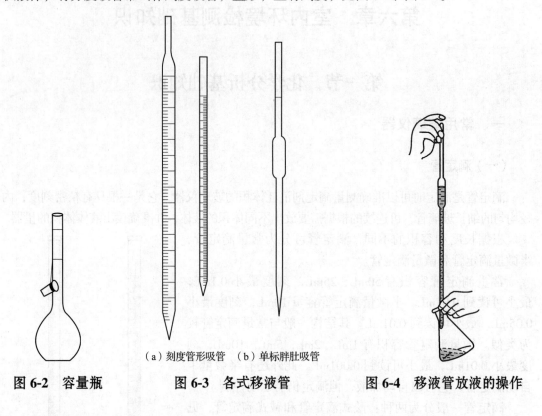

（a）刻度管形吸管　（b）单标胖肚吸管

图 6-2　容量瓶　　　**图 6-3　各式移液管**　　　**图 6-4　移液管放液的操作**

（四）烧杯

烧杯在实验室应用范围较为广泛，形状大致差不多，只在高矮和直径的大小上有所不同，规格较多，最小的有 5mL、10mL，最大的有几千毫升，多用于蒸发、浓缩、煮沸、配制试剂等，见图 6-5。

（五）三角烧瓶

三角烧瓶也称锥形瓶，多用于加热液体时避免大量蒸发、反应时便于摇动的工作中，特别适用于滴定工作，常用规格 50～500mL 不等，见图 6-6。

（六）碘量瓶

碘量瓶也叫磨口三角瓶，它具有自己的固定磨口塞。磨口三角瓶在加热时需将塞子打开，否则瓶内气体膨胀，易使瓶子破碎或冲开塞子溅出液体，常用规格有 100mL，125mL，250mL，500mL 四种，见图 6-7。

（七）试管

试管可加热，按直接能容纳液体的体积分类，如 5mL、10mL、20mL、30mL、50mL；

按直径和长度分类，如 12mm×100mm、10mm×80mm、13mm×120mm 等；还有带刻度的试管，见图 6-8。

图 6-5　烧杯　　　　　　图 6-6　三角烧瓶　　　　　　图 6-7　碘量瓶

（八）比色管

比色管：主要用于比色分析。不能直接用火加热，注意保持管壁透明。其常用规格有 10mL、25mL、50mL、100mL，还有带刻度、不带刻度，具塞、不具塞之分，见图 6-9。

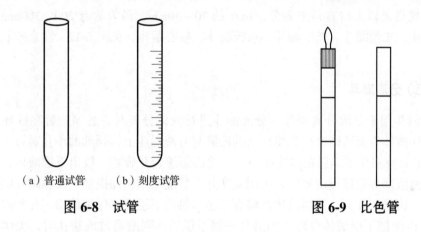

（a）普通试管　　（b）刻度试管

图 6-8　试管　　　　　　　图 6-9　比色管

（九）量筒和量杯

在量取不太精确体积的液体及配制要求不太精确浓度的试剂时，例如不需标定浓度的溶液等，可直接用量筒或量杯量取溶液，常用规格有 5mL、10mL、50mL、100mL、250mL、500mL、1 000mL、2 000mL，见图 6-10。

（十）干燥器

干燥器用于冷却和保存烘干的样品和称量瓶。底层放有干燥剂。常用的干燥剂有氯化钙、变色硅胶和浓硫酸。干燥器的盖和底的接触是磨口的，并需涂凡士林以保证接触面的密封。应注意及时更换干燥剂，保证干燥效果。

干燥器规格是按口的直径划分，小型的有 100mm，最大的有 500mm 的。棕色玻璃质的为存放避光的样品，见图 6-11。

干燥器也可作为其他用途，测定板材甲醛时，把它当作一个小型密闭舱来使用。

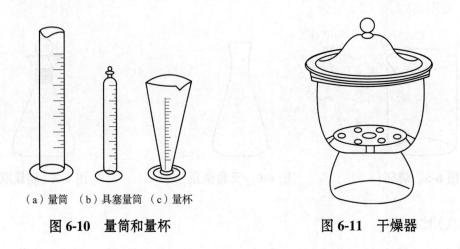

（a）量筒　（b）具塞量筒　（c）量杯

图 6-10　量筒和量杯　　　　　　　**图 6-11　干燥器**

（十一）漏斗

漏斗规格是以上口直径来划分，最小的 20~30mm，最大的有 200~300mm。常用的有短颈漏斗、长颈漏斗、筋纹漏斗、布氏漏斗、砂心漏斗，见图 6-12。注意砂心漏斗不能过滤碱液。

（十二）分液漏斗

分液漏斗用于萃取分离操作。分液漏斗进行液体分离时，必须放置在铁环上静置分层；待两层液体界面清晰时，先将顶塞的凹缝与分液漏斗上口颈部的小孔对好（与大气相通），再把分液漏斗下端靠在接受瓶壁上，然后缓缓旋开旋塞，放出下层液体，放时先快后慢，当两液面界限接近旋塞时，关闭旋塞并手持漏斗颈稍加振摇，使粘附在漏斗壁上的液体下沉，再静置片刻，下层液体常略有增多，再将下层液体仔细放出，此种操作可重复 2~3 次，以便把下层液体分净。当最后一滴下层液体刚刚通过旋塞孔时，关闭旋塞。待颈部液体流完后，将上层液体从上口倒出。绝不可由旋塞放出上层液体，以免被残留在漏斗颈的下层液体所沾污，见图 6-13。

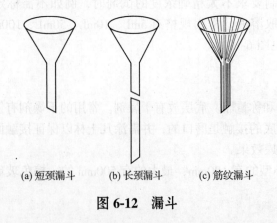

(a) 短颈漏斗　　　(b) 长颈漏斗　　　(c) 筋纹漏斗

图 6-12　漏斗

图 6-13　分液漏斗

（十三）平底烧瓶

平底烧瓶，口比较细，可以防止液体流出，可以进行长时间加热，加热时烧瓶应放置在石棉网上，不能用火焰直接加热，实验完毕后，应撤去热源，静止冷却后，再行废液处理，进行洗涤，通常有 50mL，100mL，500mL，1 000mL，2 000mL 等，见图 6-14。

（十四）冷凝管

冷凝管供蒸馏时冷凝用，必须与其他仪器配套装在一起使用。冷凝管没有固定统一规格，分为直形、球形、蛇形和空气冷凝管四种。冷凝水的走向要从低处流向高处，千万不要把进水口和出水口装颠倒。

蛇形的冷凝面积大，适用于将沸点较低的物质由蒸气冷凝成液体，直形的适于将沸点较高的物质由蒸气冷凝成液体，球形的则两种情况都可以使用。还有一种空气冷凝器，是一支单层的玻璃管，用于冷凝沸点在 150℃ 以上的液体蒸气，借助空气进行冷却，见图 6-15。

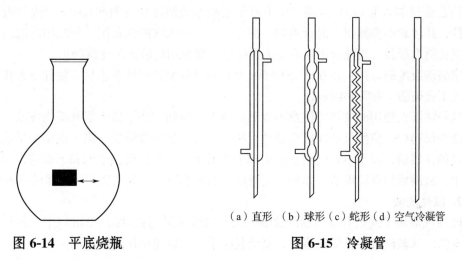

（a）直形 （b）球形（c）蛇形（d）空气冷凝管

图 6-14 平底烧瓶 　　　　　图 6-15 冷凝管

二、玻璃仪器的洗涤方法

（一）洗涤仪器的一般步骤

1. 目的

在分析工作中，洗涤玻璃仪器是一个必须做的实验前的准备工作，也是一个技术性的工作，仪器洗涤是否符合要求，对分析工作的准确度和精密度均有重要影响。

2. 洗涤仪器的一般步骤

（1）对于新的玻璃仪器，先用水浸泡或用毛刷与洗涤剂清洗，晾干后，再用洗液浸泡数小时，洗净。

（2）洗刷仪器时，应首先将手用肥皂洗净，免得手上的油污附在仪器上，增加洗刷的困难。如仪器长久存放附有灰尘，先用清水冲去，再按要求选用洁净剂洗刷或洗涤。如用去污粉，将刷子蘸上少量去污粉，将仪器内外全刷一遍，再边用水冲边刷洗至肉眼看不见有去污粉时，用自来水洗 3~6 次，再用蒸馏水冲三次以上。一个洗涤干净的玻璃仪器，应该以挂不住水珠为标准。如仍能挂住水珠，需要重新洗涤。用蒸馏水冲洗时，要用顺壁冲洗方法并充分振荡，经蒸馏水冲洗后的仪器，用指示剂检查应为中性。

（二）各种洗涤液的使用

洗涤液简称洗液，根据不同的要求有各种不同的洗液，较常用的有以下几种：

1. 强酸氧化剂洗液

强酸氧化剂洗液可用重铬酸钾（$K_2Cr_2O_7$）和浓硫酸（H_2SO_4）配制 $K_2Cr_2O_7$ 在酸性溶液中，有很强的氧化能力，对玻璃仪器又极少有侵蚀作用，这种洗液在实验室内使用最广泛。

配制浓度各有不同，从 5%~12% 的各种浓度都有。配制方法大致相同：取一定量的 $K_2Cr_2O_7$（工业品即可），先用约 1~2 倍的水加热溶解，稍冷后，将工业品浓 H_2SO_4 按所需体积数徐徐加入 $K_2Cr_2O_7$ 溶液中（千万不能将水或溶液加入 H_2SO_4 中），边倒边用玻璃棒搅拌，并注意不要溅出，混合均匀，待冷却后，装入洗液瓶备用。新配制的洗液为红褐色，氧化能力很强。当洗液用久后变为黑绿色，即说明洗液无氧化洗涤力。

铬酸洗液配制方法：在 60℃ 下用 50g 水溶解 25g 重铬酸钾粉末后，搅拌下直接少量多次加入工业硫酸（98%）450mL。

这种洗液在使用时要切实注意不能溅到身上，以防"烧"破衣服和损伤皮肤。洗液倒入要洗的仪器中，应使仪器周壁全浸洗后稍停一会再倒回洗液瓶。第一次用少量水冲洗刚浸洗过的仪器后，废水不要倒在水池里和下水道里，长久会腐蚀水池和下水道，应倒在废液缸中，缸满后倒在垃圾里，如果无废液缸，倒入水池时，要边倒边用大量的水冲洗。

2. 碱性洗液

碱性洗液用于洗涤有油污物的仪器，用此洗液是采用长时间（24h 以上）浸泡法，或者浸煮法。从碱洗液中捞取仪器时，要戴乳胶手套，以免烧伤皮肤。

常用的碱洗液有：碳酸钠液（Na_2CO_3，纯碱），碳酸氢钠（Na_2HCO_3，小苏打），磷酸钠（Na_3PO_4，磷酸三钠）液，磷酸氢二钠（Na_2HPO_4）液等。

3. 碱性高锰酸钾洗液

用碱性高锰酸钾作洗液，作用缓慢，适合用于洗涤有油污的器皿。配制方法：取高锰酸钾（$KMnO_4$）4g 加少量水溶解后，再加入 10% 氢氧化钠（$NaOH$）100mL。

4. 纯酸纯碱洗液

根据器皿污垢的性质，直接用浓盐酸（HCL）或浓硫酸（H_2SO_4）、浓硝酸（HNO_3）浸泡或浸煮器皿（温度不宜太高，否则浓酸挥发刺激人）。纯碱洗液多采用 10% 以上的浓烧碱（$NaOH$）、氢氧化钾（KOH）或碳酸钠（Na_2CO_3）液浸泡或浸煮器皿（可以煮沸）。

5. 有机溶剂

带有脂肪性污物的器皿，可以用汽油、甲苯、二甲苯、丙酮、酒精、三氯甲烷、乙醚等有机溶剂擦洗或浸泡。但用有机溶剂作为洗液浪费较大，能用刷子洗刷的大件仪器尽量采用碱性洗液。只有无法使用刷子的小件或特殊形状的仪器才使用有机溶剂洗涤，如活塞内孔、移液管尖头、滴定管尖头、滴定管活塞孔、滴管、小瓶等。

（三）吸收池（比色皿）的洗涤

1. 比色皿选择

比色皿透光面是由能够透过所使用的波长范围的光的材料制成，在 200 ~ 350nm 工作的比色皿适用于紫外区，必须使用石英或熔硅石制成透光面的石英比色皿。如果不用紫外区，用普通玻璃比色皿即可。

2. 比色皿使用

在使用比色皿时，两个透光面要完全平行，并垂直置于比色皿架中，以保证在测量时，入射光垂直于透光面，避免光的反射损失，保证光程固定。

比色皿一般为长方体，其底及两侧为磨毛玻璃，另两面为光学玻璃制成的透光面黏结而成。使用时应注意以下几点：

（1）拿取比色皿时，只能用手指接触两侧的毛玻璃，避免接触光学面。

（2）不得将光学面与硬物或脏物接触。盛装溶液时，高度为比色皿的 2/3 处即可，光学面如有残液可先用滤纸轻轻吸附，然后再用镜头纸或丝绸擦拭。

（3）凡含有腐蚀玻璃的物质的溶液，不得长期盛放在比色皿中。

（4）比色皿在使用后，应立即用水冲洗干净。必要时可用 1∶1 的盐酸浸泡，然后用水冲洗干净。

（5）不能将比色皿放在火焰或电炉上进行加热或干燥箱内烘烤。

（6）在测量时如对比色皿有怀疑，可自行检测。可将波长选择在实际使用的波长上，将一套比色皿都注入蒸馏水，将其中一只的透射比调至 95%（数显仪器调至 100%）处，测量其他各只的透射比，凡透射比之差不大于 0.5%，即可配套使用。

3. 比色皿的洗涤方法

分光光度法中比色皿洁净与否是影响测定准确度的因素之一。因此，必须重视选择正确的洗净方法。选择比色皿洗涤液的原则是去污效果好，不损坏比色皿，同时又不影响测定。

当测定溶液是酸，用弱碱溶液洗涤，当测定溶液是碱，用弱酸溶液洗涤，当测定溶液是有机物质，用有机溶剂，比如酒精等溶液洗涤。HCl– 乙醇（1+2）洗涤液适合于洗涤染上有色有机物的比色皿。

分析常用的铬酸洗液不宜用于洗涤比色皿，因为带水的比色皿在该洗液中有时会局部发热，致使比色皿胶接面裂开而损坏。同时经洗液洗涤后的比色皿还很可能残存微量铬，其在紫外区有吸收，因此会影响铬及其他有关元素的测定。

三、玻璃仪器的干燥和存放

玻璃仪器在每次实验完毕后一般要求洗涤干净后干燥备用。玻璃仪器用于不同实验，对干燥有不同的要求，一般定量分析用的烧杯、锥形瓶等仪器洗涤干净后即可使用，而用于食品分析的仪器很多要求是干燥的，有的要求无水痕，有的要求无水。应根据不同要求干燥玻璃仪器。

1. 晾干

不急等用的仪器，可在蒸馏水冲洗后在无尘处倒置控去水分，然后自然干燥。可用安有木钉的架子或带有透气孔的玻璃柜放置仪器。

2. 烘干

洗净的仪器控去水分，放在烘箱内烘干，烘箱温度为 105～110℃烘 1h 左右。称量瓶等在烘干后要放在干燥器中冷却保存。带实心玻璃塞的及厚壁仪器烘干时要慢慢升温并且温度不可过高，以免破裂。量器不可放于烘箱中烘干。

硬质试管可用酒精灯加热烘干，要从底部烤起，把管口向下，以免水珠倒流把试管炸裂，烘到无水珠后把试管口向上赶净水气。

3. 热（冷）风吹干

对于急于干燥的仪器或不适于放入烘箱的较大的仪器可用吹干的办法。通常用少量乙醇、丙酮（或最后再用乙醚）倒入已控去水分的仪器中摇洗，然后用电吹风机吹，开始用冷风吹 1～2min，当大部分溶剂挥发后吹入热风至完全干燥，再用冷风吹去残余蒸汽，不使其又冷凝在容器内。

四、使用玻璃仪器常见问题的解决方法

（1）凡士林粘住活塞，可用火烤或开水浸泡。

（2）碱性物质粘住活塞可在水中加热至沸腾，再轻度敲击。

（3）内有试剂的瓶塞打不开，如果是腐蚀性试剂，操作者要做好自我保护，同时脸部不能离瓶口太近。

（4）因结晶后碱金属盐沉积及强碱粘住瓶塞，可把瓶口泡在水中或稀盐酸中。

（5）将粘住的部位置于超声波清洗机的盛水清洗槽中清洗。

五、滴定管使用方法

（一）滴定管使用前的准备

1. 检查试漏

酸式滴定管洗净后，先检查旋塞转动是否灵活，是否漏水，方法为关闭旋塞，将滴定管充满水，用滤纸在旋塞周围和管尖处检查。然后将旋塞旋转 180°，直立 2min，再用滤纸检查，如漏水，酸式管涂凡士林；碱式滴定管使用前应先检查橡皮管是否老化，检查玻璃珠大小是否适当，若有问题，应及时更换。

2. 滴定管的洗涤

滴定管使用前必须先洗涤，洗涤时以不损伤内壁为原则。洗涤前，关闭旋塞，倒入约 10mL 洗液，打开旋塞，放出少量洗液洗涤管尖，然后边转动边向管口倾斜，使洗液布满

全管。最后从管口放出（也可用铬酸洗液浸洗）。然后用自来水冲净。再用蒸馏水洗三次，每次 10 ~ 15mL。

碱式滴定管的洗涤方法与酸式滴定管不同，碱式滴定管可以将管尖与玻璃珠取下，放入洗液浸洗。管体倒立入洗液中，用吸耳球将洗液吸上洗涤。

3. 润洗

滴定管在使用前还必须用操作溶液润洗三次，每次 10 ~ 15mL，润洗液弃去。

4. 装液排气泡

洗涤后再将操作溶液注入至零线以上，检查活塞周围是否有气泡，若有，开大活塞使溶液冲出，排出气泡。滴定剂装入必须直接注入，不能使用漏斗或其他器皿辅助。

碱式滴定管排气泡的方法：将碱式滴定管管体竖直，左手拇指捏住玻璃珠，使橡胶管弯曲，管尖斜向上约 45°，挤压玻璃珠处胶管，使溶液冲出，以排除气泡。

5. 读初读数

放出溶液后（装满或滴定完后）需等待 1 ~ 2min 后方可读数。读数时，将滴定管从滴定管架上取下，左手捏住上部无液处，保持滴定管垂直。视线与弯月面最低点刻度水平线相切。视线若在弯月面上方，读数就会偏高；若在弯月面下方，读数就会偏低。若为有色溶液，其弯月面不够清晰，则读取液面最高点。有的滴定管背面有一条蓝带，称为蓝带滴定管。蓝带滴定管的读数与普通滴定管类似，当蓝带滴定管盛溶液后将有两个弯月面相交，此交点的位置即为蓝带滴定管的读数位置。

（二）滴定

1. 滴定操作

滴定操作见图 6-16。

滴定时，应将滴定管垂直地夹在滴定管夹上，滴定台应呈白色。滴定管离锥瓶口约 10mm，用左手控制旋塞，拇指在前，食指中指在后，无名指和小指弯曲在滴定管和旋塞下方之间的直角中。转动旋塞时，手指弯曲，手掌要空。右手三指拿住瓶颈，瓶底离台约 20 ~ 30mm，滴定管下端深入瓶口约 10mm，微动右手腕关节摇动锥形瓶，边滴边摇使滴下的溶液混合均匀。摇动的锥瓶的规范方式为：右手执锥瓶颈部，手腕用力使瓶底沿顺时针方向画圆，要求使溶液在锥瓶内均匀旋转，形成旋涡，溶液不能有跳动。管口与锥瓶应无接触。

2. 滴定速度

液体流速由快到慢，起初可以"连滴成线"，之后逐滴滴下，快到终点时则要半滴半滴的加入。半滴的加入方法是：小心放下半滴滴定液悬于管口，用锥瓶内壁靠下，然后再用洗瓶冲下。

3. 终点操作

当锥瓶内指示剂指示终点时，立刻关闭活塞停止滴定。洗瓶淋洗锥形瓶内壁。取下滴定管，右手执管上部无液部分，使管垂直，目光与液面平齐，读出读数，读数时应估读一位。滴定结束，滴定管内剩余溶液应弃去，洗净滴定管，倒置在夹上备用。

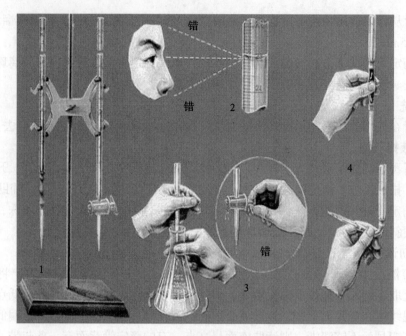

图 6-16　滴定管使用示意图

注：1　滴定管架上的滴定管（左：碱式，右：酸式）；

2　观看管内液面的位置：视线跟管内液体的凹液面的最低处保持水平；

3　酸式滴定管的使用：右手拿住锥形瓶颈，向同一方向转动。左手旋开（或关闭）活塞，使滴定液逐滴加入；

4　碱式滴定管的使用：左手捏挤玻璃球处的橡皮管，使液体逐滴下降。如果管内有气泡，要先赶走气泡。

（三）注意事项

（1）滴定时，左手不允许离开活塞，放任溶液自己流下。

（2）滴定时目光应集中在锥形瓶内的颜色变化上，不要去注视刻度变化，而忽略反应的进行。

（3）一般每个样品要平行滴定三次，每次均从零线开始，每次均应及时记录在实验记录表格上，不允许记录到其他地方。

（4）使用碱式滴定管注意事项：

1）用力方向要平，以避免玻璃珠上下移动。

2）不要捏到玻璃珠下侧部分，否则有可能使空气进入管尖形成气泡。

3）挤压胶管过程中不可过分用力，以避免溶液流出过快。

（5）滴定也可在烧杯中进行，方法同上，但要用玻璃棒或电磁搅拌器搅拌。

六、移液管（吸量管）的使用方法

移液管用来准确移取一定体积的溶液。在标明的温度下，先使溶液的弯月面下缘与移液管标线相切，再让溶液按一定方法自由流出，则流出的溶液的体积与管上所标明的体积相同。实际上流出溶液的体积与标明的体积会稍有差别。使用时的温度与标定移液管移液体积时的温度不一定相同，必要时可做校正。

吸量管一般只用于量取小体积的溶液，其上带有分度，可以用来吸取不同体积的溶液，但用吸量管吸取溶液的准确度不如移液管。上面所指的溶液均以水为溶剂，若为非水溶剂，则体积稍有不同。

（一）使用前准备

使用前，移液管和吸量管都应该洗净，使整个内壁和下部的外壁不挂水珠，为此，可先用自来水冲洗一次，再用铬酸洗液洗涤。以左手持洗耳球，将食指或拇指放在洗耳球的上方，右手手指拿住移液管或吸量管管颈标线以上的地方，将洗耳球紧接在移液管口上。管尖贴在滤纸上，用洗耳球打气，吹去残留水。然后排除洗耳球中空气，将移液管插入洗液瓶中，左手拇指或食指慢慢放松，洗液缓缓吸入移液管球部或吸量管约 1/4 处。移去洗耳球，再用右手食指按住管口，把管横过来，左手扶助管的下端，慢慢开启右手食指，一边转动移液管，一边使管口降低，让洗液布满全管。洗液从上口放回原瓶，然后用自来水充分冲洗，再用洗耳球吸取蒸馏水，将整个内壁洗三次，洗涤方法同前。但洗过的水应从下口放出。每次用水量：移液管以液面上升到球部或吸量管全长约 1/5 为度。也可用洗瓶从上口进行吹洗，最后用洗瓶吹洗管的下部外壁。

移取溶液前，必须用滤纸将尖端内外的水除去，然后用待吸溶液洗三次。方法是：将待吸溶液吸至球部（尽量勿使溶液流回，以免稀释溶液），以后的操作按铬酸洗液洗涤移液管的方法进行，但用过的溶液应从下口放出弃去。

（二）移（吸）取溶液

（1）移取溶液时，将移液管直接插入待吸溶液液面下 10～20mm 深处，不要伸入太浅，以免液面下降后造成吸空；也不要伸入太深，以免移液管外壁附有过多的溶液。移液时将洗耳球紧接在移液管口上，并注意容器液面和移液管尖的位置，应使移液管随液面下降而下降，当液面上升至标线以上时，迅速移去洗耳球，并用右手食指按住管口，左手改拿盛待吸液的容器。将移液管向上提，使其离开液面，并将管的下部伸入溶液的部分沿待吸液容器内壁转两圈，以除去管外壁上的溶液。然后使容器倾斜成约 45°，其内壁与移液管尖紧贴，移液管垂直，此时微微松动右手食指，使液面缓慢下降，直到视线平视时弯月面与标线相切时，立即按紧食指。左手改拿接受溶液的容器。将接受容器倾斜，使内壁紧贴移液管尖成 45° 倾斜。松开右手食指，使溶液自由地沿壁流下。待液面下降到管尖后，再等 15s 取出移液管。注意，除非特别注明需要"吹"的以外，管尖最后留有的少量溶液不能吹入接收器中，因为在检定移液管体积时，就没有把这部分溶液算进去，见图 6-4。

（2）用吸量管吸取溶液时，吸取溶液和调节液面至最上端标线的操作与移液管相同。放溶液时，用食指控制管口，使液面慢慢下降至与所需的刻度相切时按住管口，移去接收器。若吸量管的分度刻到管尖，管上标有"吹"字，并且需要从最上面的标线放至管尖时，则在溶液流到管尖后，立即从管口轻轻吹一下即可。还有一种吸量管，分度刻在离管尖尚差 10~20mm 处。使用这种吸量管时，应注意不要使液面降到刻度以下。在同一实验中应尽可能使用同一根吸量管的同一段，并且尽可能使用上面部分，而不用末端收缩部分。

（三）移液管和吸量管的存放

移液管和吸量管用完后应放在移液管架上，如短时间内不再用它吸取同一溶液时，应立即用自来水冲洗，再用蒸馏水清洗，然后放在移液管架上。

七、使用容量瓶的技术要求

（一）使用前检查瓶塞处是否漏水

具体操作方法是：在容量瓶内装入半瓶水，塞紧瓶塞，用右手食指顶住瓶塞，另一只手五指托住容量瓶底，将其倒立（瓶口朝下），观察容量瓶是否漏水。若不漏水，将瓶正立且将瓶塞旋转 180° 后，再次倒立，检查是否漏水，若两次操作，容量瓶瓶塞周围皆无水漏出，即表明容量瓶不漏水。经检查不漏水的容量瓶才能使用。

（二）用容量瓶配置溶液步骤

（1）把准确称量好的固体溶质放在烧杯中，用少量溶剂溶解。然后把溶液转移到容量瓶里。为保证溶质能全部转移到容量瓶中，要用溶剂多次洗涤烧杯，并把洗涤溶液全部转移到容量瓶里。转移时要用玻璃棒引流。方法是将玻璃棒一端靠在容量瓶颈内壁上，注意不要让玻璃棒其他部位触及容量瓶口，防止液体流到容量瓶外壁上。

（2）向容量瓶内加入的液体液面离标线 10mm 左右时，应改用滴管小心滴加，最后使液体的弯月面与标线正好相切，若加水超过刻度线，则需重新配制。

（3）盖紧瓶塞，用倒转和摇动的方法使瓶内的液体混合均匀，静置后如果发现液面低于刻度线，这是因为容量瓶内极少量溶液在瓶颈处润湿所损耗，所以并不影响所配制溶液的浓度，故不要在瓶内添水，否则，将使所配制的溶液浓度降低。

（三）使用容量瓶时应注意的问题

（1）容量瓶的容积是特定的，刻度不连续，所以一种型号的容量瓶只能配制同一体积的溶液。在配制溶液前，先要弄清楚需要配制的溶液的体积，然后再选用相同规格的容量瓶。

（2）易溶解且不发热的物质可直接用漏斗倒入容量瓶中溶解，其他物质基本不能在容量瓶里进行溶质的溶解，应将溶质在烧杯中溶解后转移到容量瓶里。

（3）用于洗涤烧杯的溶剂总量不能超过容量瓶的标线。

（4）容量瓶不能进行加热。如果溶质在溶解过程中放热，要待溶液冷却后再进行转移，因为一般的容量瓶是在 20℃ 的温度下标定的，若将温度较高或较低的溶液注入容量瓶，容量瓶则会热胀冷缩，所量体积就会不准确，使所配制的溶液浓度不准确。

（5）容量瓶只能用于配制溶液，不能储存溶液，因为溶液可能会对瓶体进行腐蚀，从而使容量瓶的精度受到影响。

（6）容量瓶用毕，应及时洗涤干净，塞上瓶塞，并在塞子与瓶口之间夹一张纸条，防止瓶塞与瓶口粘连。

八、溶液的基本知识

（一）溶液的定义

溶液是由至少两种物质组成的均匀、稳定的分散体系，被分散的物质（溶质）以分子或更小的质点分散于另一物质（溶剂）中。溶液是混合物，物质在常温时有固体、液体和气体三种状态，因此溶液也有三种状态，大气本身就是一种气体溶液，固体溶液混合物常称固溶体，如合金。一般溶液专指液体溶液。

（二）溶液的组成

（1）溶质：被溶解的物质。

（2）溶剂：起溶解作用的物质。

（3）两种液互溶时，一般把量多的一种叫溶剂，量少的一种叫溶质。

（4）两种液互溶时，若其中一种是水（H_2O），一般将水称为溶剂。

其中，水是最常用的溶剂，能溶解很多种物质。汽油、酒精、氯仿、香蕉水也是常用的溶剂，如汽油能溶解油脂，酒精能溶解碘等。

溶质可以是固体，也可以是液体或气体；如果两种液体互相溶解，一般把量多的一种叫作溶剂，量少的一种叫作溶质。

（三）溶液的分类

饱和溶液：在一定温度、一定量的溶剂中，溶质不能继续被溶解的溶液。

不饱和溶液：在一定温度、一定量的溶剂中，溶质可以继续被溶解的溶液。

饱和与不饱和溶液的互相转化：

不饱和溶液通过增加溶质（对一切溶液适用）或降低温度（对于大多数溶解度随温度升高而升高的溶质适用，反之则需升高温度，如石灰水）、蒸发溶剂（溶剂是液体时）能转化为饱和溶液。

饱和溶液通过增加溶剂（对一切溶液适用）或升高温度（对于大多数溶解度随温度升高而升高的溶质适用，反之则降低温度，如石灰水）能转化为不饱和溶液。

（四）相关概念

溶解度：一定温度下，某固态物质在 100g 溶剂里达到饱和状态时所溶解的质量（溶液质量 = 溶质质量 + 溶剂质量）。如果不指明溶剂，一般说的溶解度指的是物质在水中的溶解度。

（五）溶液的稀释

根据稀释前后溶质的总量不变进行运算，无论是用水，或是用稀溶液来稀释浓溶液，都可计算。

（1）用水稀释浓溶液。设稀释前的浓溶液的质量为 m，其溶质的质量分数为 $a\%$，稀释时加入水的质量为 n，稀释后溶质的质量分数为 $b\%$。

则可得：
$$m \cdot a\% = (m+n) \cdot b\% \tag{6-1}$$

（2）用稀溶液稀释浓溶液。设浓溶液的质量为 A，其溶质的质量分数为 $a\%$，稀溶液的质量为 B，其溶质的质量分数为 $b\%$，两液混合后的溶质的质量分数为 $c\%$。

则可得：
$$A \cdot a\% + B \cdot b\% = (A+B) \cdot c\% \tag{6-2}$$

（六）溶液浓度的表示方法

1. 质量分数

溶液中溶质的质量分数是溶质质量与溶液质量的百分比。

2. 体积分数

体积分数是溶质（液体）的体积与全部溶液体积的百分比。一般用于配制溶质为液体的溶液，如各种浓度的酒精溶液。

3. 物质的量、摩尔质量和物质的量浓度

（1）物质的量（mol）：物质的量是国际单位制中 7 个基本物理量之一（7 个基本的物理量分别为：长度、质量、时间、电流、发光强度、热力学温度、物质的量），它表示含有一定数目粒子的集体，符号为 n，单位为摩尔（mol）。

（2）摩尔质量：1mol 物质（由 6.02×10^{23} 个粒子组成）的质量，符号是 M，单位 g/mol，在数值上与该粒子的相对原子质量或相对分子质量相等。

（3）物质的量（n）、质量（m）和摩尔质量（M）之间关系：$M=m/n$

物质的量是一个专有名词，不可以分开理解；使用物质的量时必须指明微粒符号、名称或化学式，在 0.5mol Na_2SO_4 中含有 1.0mol Na^+、0.5mol SO_4^{2-}。

（4）物质的量浓度：

1）定义：以单位体积溶液里所含溶质 B 的物质的量来表示溶液组成的物理量。符号用 C_B 表示。

2）表达式：$C_B=n_B/V$ 单位常用 mol/L 或 mol/m^3。

3）注意：单位体积为溶液的体积，不是溶剂的体积；溶质必须用物质的量来表示；单位体积一般指 1L，溶质 B 指溶液中的溶质，可以指单质或化合物，如 $C(Cl_2)=0.1$mol/L，$C(NaCl)=2.5$mol/L；也可以指离子或其他特定组合，如 $C(Fe^{2+})=0.5$mol/L，$C(SO_4^{2-})=0.01$mol/L 等。

（七）溶液的配制和计算

1. 质量浓度的配置步骤

以配制 500mL，0.1mol/L 碳酸钠溶液为例说明物质的量浓度的溶液配置过程（见图6-17）：

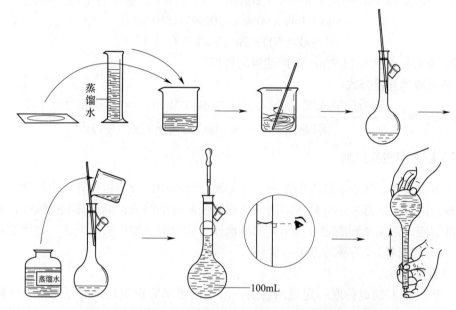

图6-17　配制一定物质的量浓度的溶液过程示意图

第一步：计算。

称取溶质的克数 = 需配制溶液的物质的量浓度 × 溶质的相对分子质量 × 需配制溶液的毫升数 /1 000。

例如：配制 2mol/L 碳酸钠溶液 500mL（Na_2CO_3 的相对分子质量为 106）：

$$2 × 106 × 500/1\ 000 =106（g）$$

第二步：称量：在天平上称量 106g 碳酸钠固体，并将它倒入小烧杯中。

第三步：溶解：在盛有碳酸钠固体的小烧杯中加入适量蒸馏水，用玻璃棒搅拌，使其溶解。

第四步：移液：将溶液沿玻璃棒注入 500mL 容量瓶中。

第五步：洗涤：用蒸馏水洗烧杯 2～3 次，并倒入容量瓶中。

第六步：定容：倒水至刻度线 10～20mm 处改用胶头滴管滴到与凹液面平直。

第七步：摇匀：盖好瓶塞，上下颠倒、摇匀。

第八步：装瓶、贴签。

2. 质量浓度配制及计算

溶质是固体：称取溶质质量 = 需配制溶液的总重量 × 需配制溶液的质量浓度，需用溶剂的质量 = 需配制溶液质量 – 称取溶质质量。例如，配制 10% 氢氧化钠溶液 200g：200g × 10%=20g（固体氢氧化钠），200g-20g=180g（溶剂的重量），称取 20g 氢氧化钠和

180g 水溶解即可。

溶质是液体：应量取溶质的体积 = 需配制溶液总重量 /（溶质的密度 × 溶质的质量浓度）× 需配制溶液的质量浓度；需用溶剂质量 = 需配制溶液总重量 –（需配制溶液总质量 × 需配制溶液的质量浓度）。

例如：配制 20% 硝酸溶液 500g（浓硝酸的浓度为 90%，密度为 1.49g/cm³）：

$$500/（1.49 × 90%）× 20% = 74.57（mL）$$

$$500 –（500 × 20%）= 400（mL）$$

量取 400mL 水加入 74.57mL 浓硝酸混匀即得。

3. 溶液浓度互换公式

$$质量浓度（\%）= \frac{物质的量浓度（moL/L）× 溶液体积（L）× 溶质相对分子量}{溶液体积（L）× 1\,000 × 溶液密度（g/cm^3）} \quad (6\text{-}3)$$

（八）标准溶液的配制

标准溶液是指已知准确浓度的溶液，它是滴定分析中进行定量计算的依据之一。不论采用何种滴定方法，都离不开标准溶液，正确地配制标准溶液，确定其准确浓度，妥善地贮存标准溶液，都关系到滴定分析结果的准确性。标准溶液浓度表示方法：物质的量浓度（c，mol/L），配制标准溶液的方法一般有以下两种：

1. 直接配制法

用分析天平准确地称取一定量的物质，溶于适量水后定量转入容量瓶中，稀释至标线，定容并摇匀。根据溶质的质量和容量瓶的体积计算该溶液的准确浓度。

能用于直接配制标准溶液的物质，称为基准物质或基准试剂，它也是用来确定某一溶液准确浓度的标准物质。作为基准物质必须符合下列要求：

（1）试剂必须具有足够高的纯度，一般要求其纯度在 99.9% 以上，所含的杂质不应影响滴定反应的准确度。

（2）物质的实际组成与它的化学式完全相符，若含有结晶水（如硼砂 $Na_2B_4O_7 \cdot 10H_2O$），其结晶水的数目也应与化学式完全相符。

（3）试剂应该稳定。例如，不易吸收空气中的水分和二氧化碳，不易被空气氧化，加热干燥时不易分解等。

（4）试剂最好有较大的摩尔质量，这样可以减少称量误差。常用的基准物质有纯金属和某些纯化合物，如 Cu, Zn, Al, Fe 和 $K_2Cr_2O_7$, Na_2CO_3, MgO, $KBrO_3$ 等，它们的含量一般在 99.9% 以上，甚至可达 99.99%。

应注意，有些高纯试剂和光谱纯试剂虽然纯度很高，但只能说明其中杂质含量很低。由于可能含有组成不定的水分和气体杂质，使其组成与化学式不一定准确相符，致使主要成分的含量可能达不到 99.9%，这时就不能用作基准物质。

常用的基准物质有以下几类：用于酸碱反应有无水碳酸钠（Na_2CO_3），硼砂（$Na_2B_4O_7 \cdot 10H_2O$），邻苯二甲酸氢钾（$KHC_8H_4O_4$），苯甲酸 H（$C_7H_5O_2$），草酸（$H_2C_2O_4 \cdot 2H_2O$）等；用于配位反应有硝酸铅 [$Pb（NO_3）_2$]，氧化锌（ZnO），碳酸钙（$CaCO_3$）；用于氧化还原反应有重铬酸钾（$K_2Cr_2O_7$），溴酸钾（$KBrO_3$），碘酸钾（KIO_3），碘酸氢钾

［KH（IO₃）₂］等；用于沉淀反应有银（Ag），硝酸银（AgNO₃），氯化钠（NaCl），氯化钾（KCl），溴化钾（KBr，从溴酸钾制备的）等。

2. 间接配制法（标定法）

需要用来配制标准溶液的许多试剂不能完全符合上述基准物质必备的条件，例如：NaOH 极易吸收空气中的二氧化碳和水分，纯度不高；市售盐酸（HCl）中的准确含量难以确定，且易挥发；KMnO₄ 和 Na₂S₂O₃ 等均不易提纯，且见光分解，在空气中不稳定等。因此，这类试剂不能用直接法配制标准溶液，只能用间接法配制，即先配制成接近于所需浓度的溶液，然后用基准物质（或另一种物质的标准溶液）来测定其准确浓度。这种确定其准确浓度的操作称为标定。

例如：配制 0.1mol/L HCl 标准溶液，先用一定量的浓 HCl 加水稀释，配制成浓度约为 0.1mol/L 的稀溶液，然后用该溶液滴定经准确称量的无水 Na₂CO₃ 基准物质，直至两者定量反应完全，再根据滴定中消耗 HCl 溶液的体积和无水 Na₂CO₃ 的质量，计算出 HCl 溶液的准确浓度。大多数标准溶液的准确浓度是通过标定的方法确定的。

为了提高标定的准确度，标定时应注意以下几点：

（1）标定应平行测定 3 ~ 4 次，至少重复 3 次，并要求测定结果的相对偏差不大于 0.2%。

（2）为了减少测量误差，称取基准物质的量不应太少，最少应称取 0.2g 以上；同样，滴定到终点时消耗标准溶液的体积也不能太小，最好大于 20mL 以上。

（3）配制和标定溶液时使用的量器，如滴定管，容量瓶和移液管等，在必要时应校正其体积，并考虑温度的影响。

（4）已标定好的标准溶液应该妥善保存，避免因水分蒸发而使溶液浓度发生变化；有些不够稳定，如见光易分解的 AgNO₃ 和 KMnO₄ 等标准溶液应贮存于棕色瓶中，并置于暗处保存；能吸收空气中二氧化碳并对玻璃有腐蚀作用的强碱溶液，最好装在塑料瓶中，并在瓶口处装碱石灰管，以吸收空气中的二氧化碳和水。对不稳定的标准溶液，久置后，在使用前还需重新标定其浓度。

九、酸碱滴定法

（一）质子理论

酸：凡是能释放质子 H⁺ 的任何含氢原子的分子或离子的物种，即质子的给予体。

碱：任何能与质子结合的分子或离子的物质，即质子的接受体。

$$酸 \rightleftharpoons 质子 + 碱$$

$$HAc \rightleftharpoons H^+ + Ac^-$$

$$H_3PO_4 \rightleftharpoons H^+ + H_2PO_4^-$$

$$NH_4^+ \rightleftharpoons H^+ + NH_3$$

$$[Fe(H_2O)_6]^{3+} \rightleftharpoons H^+ + [Fe(OH)(H_2O)_5]^{2+}$$

可见，酸给出质子生成相应的碱，而碱结合质子后又生成相应的酸；酸与碱之间的这种依赖关系称为共轭关系。相应的一对酸碱被称为共轭酸碱对。例如，HAc 的共轭酸碱是 Ac^-，Ac^- 的共轭酸是 HAc，HAc 和 Ac^- 是一对共轭酸碱。通式表示如下：

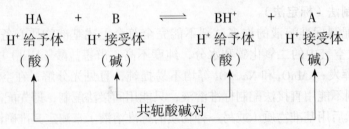

既能给出质子，又能接受质子的物质为两性物质，例如，HPO_4^{2-}，$H_2PO_4^{2-}$，$[Fe(OH)(H_2O)_5]^{2+}$，H_2O 等。

（二）酸碱强度

酸和碱的强度是指酸给出质子的能力和碱接受质子的能力的强弱。在水溶液中：

$$K_a(HAc)=1.8 \times 10^{-5}, \ K_a(HCN)=5.8 \times 10^{-10}$$

说明在水溶液中，HAc 的酸性比 HCN 的酸性强。

区分效应：用一个溶剂把酸或碱的相对强弱区分开来，称为溶剂的区分效应。例如：H_2O 可以区分 HAc、HCN 酸性的强弱。

拉平效应：溶剂将酸或碱的强度拉平的作用，称为溶剂的"拉平效应"。水对强酸起不到区分作用，水同等强度地将 $HClO_4$、HCl、HNO_3 等强酸的质子全部争取过来。

选取比水碱性弱的碱，如冰醋酸为溶剂对水中的强酸可体现出区分效应。例如，上述强酸在冰醋酸中不完全解离，酸性强度依次为：

$$HClO_4>HCl>H_2SO_4>HNO_3$$

因此，H_2O 对以上强酸有拉平反应，冰醋酸对它们有区分效应。

结论：

酸性越强，其共轭碱越弱；碱越强，其共轭酸越弱。

酸性：$HClO_4>H_2SO_4>H_3PO_4>HAc>H_2CO_3>NH_4^+>H_2O$

碱性：$ClO_4^-<HSO_4^-<H_2PO_4^-<Ac^-<HCO_3^-<NH_3<OH^-$

（三）酸碱反应

酸碱质子理论中的酸碱反应是酸碱之间的质子传递。例如，这个反应无论在水溶液中、苯或气相中，它的实质都是一样的。HCl 是酸，放出质子给 NH_3，然后转变成共轭碱 Cl^-，NH_3 是碱，接受质子后转变成共轭酸 NH_4^+。强碱夺取了强酸放出的质子，转化为较弱的共轭酸和共轭碱。

酸碱质子理论不仅扩大了酸碱的范围，还可以把酸碱离解作用、中和反应、水解反应等，都看作质子传递的酸碱反应。

由此可见，酸碱质子理论更好地解释了酸碱反应，摆脱了酸碱必须在水中才能发生反应的局限性，解决了一些非水溶剂或气间的酸碱反应，并把水溶液中进行的某些离子反应系统地归纳为质子传递的酸碱反应，加深了人们对酸碱和酸碱反应的认识。

（四）酸碱指示剂

用于酸碱滴定的指示剂，称为酸碱指示剂。这是一类结构较复杂的有机弱酸或有机弱碱，它们在溶液中能部分电离成指示剂的离子和氢离子（或氢氧根离子），并且由于结构上的变化，它们的分子和离子具有不同的颜色，因而在 pH 不同的溶液中呈现不同的颜色，见表 6-1。

表 6-1　常用酸碱指示剂变色范围及配置方法

名称	本身性质	室温下的颜色变化		溶液的配置方法
		pH 范围	颜色	
甲基橙	碱	3.1 ~ 4.4	红 ~ 黄	每 100mL 水中溶解 0.1g 甲基橙
石蕊	酸	5.0 ~ 8.0	红 ~ 蓝	向 5g 石蕊中加入 95% 热酒精 500mL 充分振荡后静置一昼夜，然后倾去红色浸出液（酒精可回收）。向存留的石蕊固体中加入 500mL 纯水，煮沸后静置一昼夜后过滤，保留滤液，再向滤渣中加入 200mL 纯水，煮沸后过滤，弃去滤渣。将两次滤液混合，水浴蒸发浓缩至向 100mL 水中加入三滴浓缩液即能明显着色为止（若用于分析化学，还需除去碳酸根）
苯酚红	碱	6.6 ~ 8.0	黄 ~ 红	取 0.1g 苯酚红与 5.7mL 的 0.05 mol/L 的 NaOH 溶液在研钵中研匀后用纯水溶解制成 250mL 试液
酚酞	酸	8.2 ~ 10.0	无色 ~ 红	将 0.1g 酚酞溶于 100mL 的 90% 的酒精中

（五）酸碱滴定法

酸碱滴定法是以酸碱反应为基础的滴定分析方法。利用该方法可以测定一些具有酸碱性的物质，也可以用来测定某些能与酸碱作用的物质。有许多不具有酸碱性的物质，也可通过化学反应产生酸碱，并用酸碱滴定法测定它们的含量。因此，在生产和科研实践中，酸碱滴定法的应用相当广泛。最常用的酸标准溶液是盐酸，有时也用硝酸和硫酸。标定它们的基准物质是碳酸钠（Na_2CO_3）。最常用的碱标准溶液是氢氧化钠，有时也用氢氧化钾或氢氧化钡，标定它们的基准物质是邻苯二甲酸氢钾（$KHC_8H_4O_6$）。

十、氧化还原滴定法

（一）氧化还原滴定法概念

氧化还原滴定法是以氧化还原反应为基础的滴定分析方法。氧化还原反应较为复杂，一般反应速度较慢，副反应较多，并不是所有的氧化还原反应都能用于滴定反应，应该符合滴定分析的一般要求，即要求反应完全，反应速度快，无副反应等。因此，必须根据具体情况，创造适宜的反应条件。

（1）根据平衡常数的大小判断反应进行程度。一般 $K \geq 10^6$ 时，该反应进行得完全。

（2）反应速度快。一般可通过下列几种方法增加反应速度。

1）加催化剂。例如，用 MnO_4^- 氧化 Fe^{2+} 时，加入少许 Mn^{2+} 作为催化剂，可使反应迅速进行。

2）升高温度。例如，用 MnO_4^- 氧化 $C_2O_4^{2+}$ 时，室温下反应进行得很慢，温度升高到80℃时反应能够很快地进行。

（3）无副反应。若用于滴定分析的氧化还原反应伴有副反应发生，必须设法消除。如果没有抑制副反应的方法，反应就不能用于滴定。

（二）氧化还原指示剂

氧化还原指示剂指本身具有氧化还原性质的一类有机物，这类指示剂的氧化态和还原态具有不同的颜色。当溶液中滴定体系电对的点位改变时，指示剂电对的浓度也发生改变，因而引起溶液颜色变化，以指示滴定终点。常见氧化还原指示剂如二苯胺磺酸钠、邻二氮菲（也称邻菲咯啉）、自身指示剂（如 $KMnO_4$）、专属指示剂（如淀粉）。

（三）碘量法

按照氧化还原滴定中所用氧化剂的不同，将氧化还原法分为高锰酸钾法、碘量法、重铬酸钾法等，这里主要讨论碘量法。

碘量法是利用 I_2 的氧化性和 I^- 的还原性进行滴定的分析方法。

$$I_2 + 2e = 2I^-, \quad E_0 = +0.535\ 5V$$

从值可知，I_2 是一种较弱的氧化剂，而 I^- 是中等强度的还原剂。低于电对的还原性物质如 S^{2-}、SO_2^{3-}、AsO_3^{3-}、SbO_3^{3-}、维生素 C 等，能用 I_2 标准溶液直接滴定，这种方法叫直接碘量法或碘滴定法。高于电对的氧化性物质如 Cu^{2+}、$Cr_2O_7^{2-}$、CrO_4^{2-}、MnO_2^-、NO^{2-} 漂白粉等，可将 I^- 氧化成 I_2，再用 $Na_2S_2O_3$ 标准溶液滴定生成的 I_2。这种滴定方法叫间接碘量法或滴定碘量法。

1. 直接碘量法

用直接碘量法来测定还原性物质时，一般应在弱碱性、中性或弱酸性溶液中进行，如测定 AsO_3^{-3} 需在弱碱性 $NaHCO_3$ 溶液中进行。

若反应在强酸性溶液中进行，则平衡向左移动，且 I^- 易被空气中的 O_2 氧化：

$$4I^- + O_2 + 4H^+ \rightarrow 2I_2 + 2H_2O$$

如果溶液的碱性太强，I_2 就会发生歧化反应。

I_2 标准溶液可用升华法制得的纯碘直接配制。但 I_2 具有挥发性和腐蚀性，不宜在天平上称量，故通常先配成近似浓度的溶液，然后进行标定。由于碘在水中的溶解度很小，通常在配制 I_2 溶液时加入过量的 KI 以增加其溶解度，降低 I_2 的挥发性。直接碘量法可利用碘自身的黄色或加淀粉作指示剂，I_2 遇淀粉呈蓝色。

2. 间接碘量法

间接碘量法测定氧化性物质时，需在中性或弱酸性溶液中进行。例如，测定 $K_2Cr_2O_7$

含量的反应如下：

$$Cr_2O_7^{2-}+6I^-+14H^+ \longrightarrow 2Cr^{3+}+3I_2+7H_2O$$
$$I_2+2S_2O_3^{2-} \longrightarrow 2I^-+S_4O_6^{2-}$$

若溶液为碱性，则存在如下副反应：

$$4I_2+S_2O_3^{2-}+10OH^- \longrightarrow 8I^-+2SO_4^{2-}+5H_2O$$

在强酸性溶液中，$S_2O_3^{2-}$ 易被分解：

$$S_2O_3^{2-}+2H^+ \longrightarrow S \downarrow +SO_2+H_2O$$

间接碘量法也用淀粉作指示剂，但它不是在滴定前加入，若指示剂加得过早，则由于淀粉与 I_2 形成的牢固结合会使 I_2 不易与 $Na_2S_2O_3$ 立即作用，以致滴定终点不敏锐。故一般在近终点时加入。应用碘量法除需掌握好酸度外，还应注意以下两点：

（1）防止碘挥发。主要方法有：加入过量的 KI，使 I_2 变成 I_3^-；反应时溶液不可加热；反应在碘量瓶中进行，滴定时不要过分摇动溶液。

（2）防止 I^- 被空气氧化。主要方法有：避免阳光照射；Cu_2^+、NO_2^- 等能催化空气对 I^- 的氧化，应该设法除去；滴定应该快速进行。

十一、重量分析法

重量法是化学分析中的一种定量测定方法，指以质量为测量值的分析方法。将被测组分与其他组分分离，称重计算含量。例如欲测定一种水溶液试样中的某离子含量，可在适当条件下将其中欲测的离子转变为溶解度极小的物质而定量析出，再经过滤、洗涤、干燥或灼烧成为有一定组成的物质，冷至室温后称重，即可定量地测定该离子的含量。

重量法兴起于 18 世纪，曾对建立质量守恒定律和定比定律等有过一定贡献。重量法曾用于测定原子量、金属和非金属物质。在当时和以后一段时间内，重量法一直在分析化学中占有重要位置。最早的有机分析也采用重量法。18 世纪以后，重量分析在方法、试剂、仪器等方面不断改进，试样用量渐趋减少。分析天平的感度为 0.1mg，微量化学天平的感度可达 1mg。由于有机试剂具有选择性和灵敏度高的特点，19 世纪末，无机重量法中引入了有机试剂，如用 1- 亚硝基 -2- 萘酚在镍存在下测定钴。20 世纪上半叶，则在沉淀方法中引入了均相沉淀。用在水中溶解度低的试剂（如二苯基羟乙酸）作沉淀剂时，比其水溶性铵盐更优异，这是由于它能延长沉淀作用的时间，与均相沉淀类似。在加热方法上，从 19 世纪末已开始使用电热板和电炉了。

重量分析法的分类与特点：

（一）沉淀法

沉淀法是重量分析的重要方法，这种方法是利用试剂与待测组分生成溶解度很小的沉淀，经过过滤、洗涤、烘干或灼烧成为组成一定的物质，然后称其质量，再计算待测组分的含量。

（二）气化法（挥发法）

利用物质的挥发性质，通过加热或其他方法使试验中的待测组分挥发逸出，然后根据试样质量的减少计算该组分的含量；或者用吸收剂吸收逸出的组分，根据吸收剂质量的增加计算该组分的含量。

（三）电解法

利用电解的方法，使待测金属离子在电极上还原析出，然后称量，根据电极增加的质量要求得其含量。

重量分析法是经典的化学分析法，它通过直接称量得到分析的结果，不需要从容量器皿中引入许多数据，也不需要标准试样或基准物质做比较。对高含量组分的测定，重量分析法比较准确，一般测定的相对误差不大于0.1%。但重量分析法的不足之处是操作较烦琐，耗时多，不适于生产中的控制分析；对低含量组分的测定误差较大。

十二、化学试剂

（一）化学试剂分类、规格

化学试剂主要是实现化学反应、分析化验、研究试验、教学实验使用的纯净化学品。一般按用途分为通用试剂、高纯试剂、分析试剂、仪器分析试剂、临床诊断试剂、生化试剂、无机离子显色剂试剂等。

试剂规格应根据具体要求和使用情况加以选择。

基准试剂（JZ，绿标签）：作为基准物质，标定标准溶液。

优级纯（GR，绿标签）：主成分含量很高、纯度很高，适用于精确分析和研究工作，有的可作为基准物质。

分析纯（AR，红标签）：主成分含量很高、纯度较高，干扰杂质很低，适用于工业分析及化学实验。

化学纯（CP，蓝标签）：主成分含量高、纯度较高，存在干扰杂质，适用于化学实验和合成制备。

实验纯（LR，黄标签）：主成分含量高，纯度较差，杂质含量不做选择，只适用于一般化学实验和合成制备。

指定级（ZD）：该类试剂是按照用户要求的质量控制指标，为特定用户定做的化学试剂。

高纯试剂（EP）：包括超纯、特纯、高纯、光谱纯，配制标准溶液。此类试剂质量注重的是：在特定方法分析过程中可能引起分析结果偏差，对成分分析或含量分析干扰的杂质含量，但对主含量不做很高要求。

色谱纯（GC）：气相色谱分析专用。质量指标注重干扰气相色谱峰的杂质。主成分含量高。

色谱纯（LC）：液相色谱分析标准物质。质量指标注重干扰液相色谱峰的杂质。主成分含量高。

（二）化学试剂使用方法

（1）熟知最常用的试剂的性质，如强酸强碱、易燃易爆品、毒品等。

（2）注意保护试剂瓶的标签，分装或配制试剂后应立即贴上标签。

（3）取出固体试剂要用牛角勺或不锈钢勺；液体用洗干净的量筒倒取，不要用吸管直接伸入原试剂瓶中吸取液体，取出的试剂不可倒回原瓶；打开易挥发的试剂瓶不可把试剂瓶对准脸部；夏季由于气温高，试剂瓶中很容易冲出气液，最好把试剂瓶放入冷水中浸一段时间，再打开瓶塞；取完试剂后要盖紧瓶塞。

（4）不可用鼻子对准试剂瓶口猛吸气，如果必须嗅试剂的气味，可将瓶口远离鼻子，用手在试剂瓶上方扇动，使空气流吹向自己而闻其味，绝不可用舌头品尝试剂。

（三）引起试剂变质的原因

（1）氧化和吸收二氧化碳。易被氧化的还原剂，如碘化钾，碱及碱性氧化物易吸收二氧化碳。

（2）湿度影响。易吸收空气中的水分发生潮解，如 $CaCl_2$、$MgCl_2$ 等。含结晶水的试剂置于干燥的空气中，易失去结晶水，发生风化。

（3）见光分解。过氧化氢溶液见光后分解为水和氧；甲醛见光氧化成甲酸等。有机试剂一般存于棕色瓶中。

（4）挥发和升华。浓氨水如果盖子密封不严，就存在由于 NH_3 的逸出，其浓度会降低；挥发性有机溶剂，如石油醚等，由于挥发会使其体积减小。

（5）温度的影响。高温加速试剂的化学变化速度，也使挥发、升华速度加快，温度过低也不利于试剂储存，在低温时，有的试剂会出现沉淀。

十三、标准物质

（一）标准物质定义

标准物质是国家标准的一部分，国际标准化组织对其所下的定义为：已确定其一种或几种特性，用于校准测量器具，评价测量方法或确定材料特性量值的物质，每种标准物质都有相应的标准物质证书。

标准物质和化学试剂没有必然的联系。标准物质可以是高纯的化学试剂（但高纯试剂不一定就是标准物质，还要看是否符合标准物质的特征以及是否有相应的标准证书），也可以是按照一定的比例配制的混合物（例如 pH 标准溶液），甚至可以是一些天然样品按照一定的方法制备的具有复杂成分的标准样品。化学试剂则一般都是高纯度的纯净物或含量和组成确定的简单混合物。但凡化学实验中用到的已知其成分的物质都可以称为化学试剂。

（二）标准物质分类和分级

1. 标准物质的分类
我国将标准物质分为 13 类，分类情况参见表 6-2。

表 6-2　标准物质分类

序号	类别	一级标准物质数	二级标准物质数	序号	类别	一级标准物质数	二级标准物质数
1	钢铁	258	142	8	环境	146	537
2	有色金属	165	11	9	临床化学与药品	40	24
3	建材	35	2	10	食品	9	11
4	核材料	135	11	11	煤炭、石油	26	18
5	高分子材料	2	3	12	工程	8	20
6	化工产品	31	369	13	物理	75	208
7	地质	238	66	合计		1 168	1 422

2. 标准物质的分级

我国将标准物质分为一级与二级，它们都符合有证标准物质的定义。

一级标准物质符合如下条件：

（1）用绝对测量法或两种以上不同原理的准确可靠的方法定值。在只有一种定值方法的情况下，用多个实验室以同种准确可靠的方法定值；

（2）准确度具有国内最高水平，均匀性在准确度范围之内；

（3）稳定性在一年以上，或达到国际上同类标准物质的先进水平；

（4）包装形式符合标准物质技术规范的要求。

二级标准物质符合如下条件：

（1）用与一级标准物质进行比较测量的方法或一级标准物质的定值方法定值；

（2）准确度和均匀性未达到一级标准物质的水平，但能满足一般测量的需要；

（3）稳定性在半年以上，或能满足实际测量的需要；

（4）包装形式符合标准物质技术规范的要求。

（三）标准物质的编号

我国标准物质分为一级和二级，其编号由国家质量监督检验检疫总局统一指定、颁发，按国家颁布的计量法进行管理。一级标准物质的代号以国家标准物质的汉语拼音中"Guo""Biao""Wu"三个字的字头作为国家级标准物质的代号以"GBW"表示。二级标准物质的代号以 GBW（E）表示（国家标准物质的汉语拼音中"Guo""Biao""Wu"三个字头"GBW"加上二级的汉语拼音中"Er"字的字头"E"，并以小括号括起来）。标准物质代号"GBW"冠于编号前部，编号的前二位是标准物质的大类号，第三位数是标准物质的小类号，每大类标准物质分为 1~9 个小类，第四、第五位是同一小类标准物质中按审批的时间先后顺序排列的顺序号，最后一位是标准物质的生产批号，用英文小写字母表示，批号顺序与英文字母顺序一致。

（四）标准物质使用

（1）保存和传递特性量值，建立测量溯源性。标准物质是特性量值准确、均匀性和稳定性良好的计量标准，具有在时间上保持特性量值，在空间上传递量值的功能。通过使用标准物质，可以使实际测量结果获得量值溯源性。

（2）保证测量结果的一致性、可比性。通过校准测量仪器，评价测量过程，由标准物质将测量结果溯源到国际单位（SI）制，保证测量结果的一致性、可比性，从而达到量值统一。

（3）研究与评价测量方法。标准物质可作为特性量值已知的物质，用于研究和评价测量这些成分或特性的方法。从而判断该方法的准确度和重复性，并通过验证和改进测量方法的准确度，评价检测方法在特定场合的适应性，促进了校准方法和测试技术的发展。

（4）保证产品质量监督检验的顺利进行。在生产过程中，从工业原料的检验、工艺流程的控制、产品质量的评价、新产品的试制到三废的处理和利用等都需要各种相应的标准物质保证其结果的可靠性，使生产过程处于良好的质量控制状态，有效地提高产品质量。

另外，标准物质在产品保证制定验证与实施方面，在产品检验和认证机构的质量控制和评价方面，在实验室认可工作方面都发挥着重要作用。

十四、天平

天平用于试剂或样品的称量。称量时应按误差的要求来选择天平与量具的等级。例如配制一般试剂，只需普通托盘天平，但称量标准物质时，一般需准确至 ±0.1mg，即应使用三级天平（通常称为万分之一天平）。

（一）天平性能检查与校准

对于天平的性能如灵敏度、变动性等应按仪器说明书随时进行检查。天平在安装、修理和移动位置后均需进行计量性能的检定。检定应由计量部门进行。使用中的天平也应定期检定。

（二）天平的维护

（1）天平应放在稳固不易受振动的天平台上，避免日光直晒，室内温度勿变化太大，应尽量消除水气、腐蚀性气体和粉尘等影响。

（2）保持天平罩内清洁。

（3）天平安装后不宜经常搬动。

（4）应注意保持天平室内干燥。

十五、化学分析常用术语

1. 恒重

恒重系指连续两次干燥后的质量差异在 0.2mg 以下。

2. 量取

量取指用量筒量取水、溶剂或试液。

3. 吸取

吸取指用无分度吸管或分度吸管吸取。

4. 定容

定容系指在容量瓶中用纯水或其他溶剂稀释至刻度。

5. 加热

（1）加热目的。加热目的是根据检验分析工作中的某种特殊要求而确定的，其目的大致有以下几种：加快化学反应、蒸发浓缩、加快溶解、加热保温以及保温过滤等。

（2）加热方法。加热方法有多种多样，总的可分为两大类，即直接加热和间接加热。

直接加热的方法一般指在火焰上或电热仪器上加热。直接加热的容器要选择适当，如需高温直火加热，需选用瓷质、石英质或金属质及特种玻璃质的容器。

间接加热的方法在分析时较为多用，这种方法比直接加热时温度更为均匀易控制。间接加热的方法除加热器上放有石棉网或石棉板的一种形式外，各种浴器都应属于间接加热法，如水浴、油浴、沙浴等。

6. 过滤与分离

过滤一般指分离悬浮在液体中的固体颗粒的操作。滤纸分定性滤纸和定量滤纸两种，除重量分析中常用定量滤纸（或称无灰滤纸）进行过滤外，其他用定性滤纸。定量滤纸一般为圆形，按直径分为 110mm，90mm，70mm 等几种；按滤纸孔隙大小分有"快速""中速"和"慢速"三种。过滤时滤纸折叠方法为对折后，再对折，分开，一侧是三层，另一侧是一层；然后将滤纸放入漏斗尽量紧贴漏斗，润湿；滤纸低于漏斗，玻璃棒靠在有三层的一侧。

十六、化学分析常用的物理量单位

（一）质量单位

质量（俗称重量）的法定基本单位是千克（公斤），它等于国际千克原器的质量，符号为 kg。"公斤"可作为"千克"的同义语，但在化学中应用"千克"这一名称，不要用"公斤"这一名称。

在化验工作中常用的质量单位有千克（kg）、克（g）、毫克（mg）、微克（μg）。要注意这些单位的符号均为小写体，不应将其分别写成大写体"KG""G""Mg"等，其关系如下：

$$1g = 1 \times 10^{-3}kg$$
$$1mg = 1 \times 10^{-6}kg$$
$$= 1 \times 10^{-3}g$$
$$1\mu g = 1 \times 10^{-9}kg$$
$$= 1 \times 10^{-6}g$$
$$1ng = 1 \times 10^{-12}kg$$
$$= 1 \times 10^{-9}g$$

（二）时间单位

时间的法定基本单位是秒，符号为 s。除此之外还有非十进制时间单位分（min）、时（h）、天（日，d）。它们均是我国选定的非国际单位制的法定计量单位，其关系为：

$$1min=60s$$
$$1h=60min$$
$$1d=24h$$

使用时间单位秒（s）、分（min）、时（h）、天（日，d）的国际符号时，要注意它们的符号都是小写正体，不应写成大写体。

（三）温度单位

开尔文是热力学温度的单位，国际单位制（SI）中 7 个基本单位之一，简称开，国际代号 K，以绝对零度为最低温度，规定水的三相点的温度为 273.16K，1K 等于水三相点温度的 1/273.16。热力学温度 T 与人们惯用的摄氏温度 t 的关系是 $T=t+273.15$。开尔文是为了纪念英国物理学家开尔文而命名的。

（四）体积单位

体积的 SI 单位为立方米，符号为 m^3。常用的倍数和分数单位有立方千米（km^3）、立方分米（dm^3）、立方厘米（cm^3）、立方毫米（mm^3）。

$$1m^3=10^3dm^3$$
$$=10^6cm^3$$
$$1dm^3=10^3cm^3$$

体积的另一个单位是升，符号为 L，它是我国选定的法定计量单位。其定义为：1 升等于 1 立方分米的体积，符号为 L 或 l。

$$1L=1dm^3$$

按国际单位制规定，所有的计量单位都只给予一个单位符号，唯独升例外，它有两个符号，一个大写的"L"与一个小写的"l"。升的名称不是来源于人名，本应用小写体字母"l"作符号，但是小写体的字母"l"极易与阿拉伯数字"1"混淆而带来误解。例如体积"10 升"则应写成为"10l"，它与数字"101"无法区分。为此国际计量大会决议把"L"和"l"两个符号暂时并列。我国法定计量单位规定，升的符号用大写体"L"，小写体字母"l"为备用符号。

国际单位制 dm^3 与升的关系为：

$$1L=1dm^3$$
$$=10^3cm^3$$
$$=1\ 000mL$$
$$1mL=1cm^3$$
$$=10^{-6}m^3$$

使用时要注意，不能把升称为"立升""公升"等。

（五）放射性活度单位

放射性活度：在给定时刻，处于特定能态的一定量放射性核素在 dt 时间内发生自发核跃迁数的期望值除以 dt，其单位名称是贝可［勒尔］，符号是 Bq。贝可［勒尔］（Bq）是每秒发生一次衰变的放射性活度：

$$1Bq=1s^{-1}$$

贝可［勒尔］可简称为贝可，但不可称为贝。

十七、化学分析中的数据处理

（一）误差的来源

1. 测定值

分析过程是通过测定被测物的某些物理量，并依此计算欲测组分的含量来完成定量任务的，所有这些实际测定的数值及依此计算得到的数值均为测定值。

2. 真实值

真实值是被测物质中某一欲测组分含量客观存在的数值。

在实验中，由于应用的仪器，分析方法，样品处理，分析人员的观察能力以及测定程序都不十全十美，所以测定得到的数据均为测定值，而并非真实值。真实值是客观存在的，但在实际中却难以测得。

真值一般分为：

（1）理论真值：如三角形内角和等于 180°。

（2）约定真值：统一单位（m，kg，s）和导出单位、辅助单位。

（3）相对真值：高一级的标准器的误差与低一级标准器的误差的 1/5（1/3～1/20）时，则认为前者为后者的相对真值。

3. 误差的来源

真值是不可测的，测定值与真实值之差称为误差。在定量分析中，误差主要来源于以下六个方面：

（1）分析方法。由于任何一种分析方法都仅是在一定程度上反映欲测体系的真实性。因此，对于一个样品来说，采用不同的分析方法常常得到不同的分析结果。实验中，当我们采用不同手段对同一样品进行同一项目测定时，经常得到不同的结果，说明分析方法和操作均会引起误差。例如，在酸碱滴定中，选用不同的指示剂会得到不同的结果，这是因为每一种指示剂都有着特定的 pH 变化范围，反应的变色点与酸、碱的化学计量点有或多或少的差距。另外在样品处理过程中，由于浸取、消化、沉淀、萃取、交换等操作过程，不能全部回收欲测物质或引入其他杂质，对测定结果也会引入误差。

（2）仪器设备。由于仪器设备的结构，所用的仪表及标准量器等引起的误差称为仪器设备误差，例如天平两臂不等、仪表指示有误差、砝码锈蚀、容量瓶刻度不准等。

（3）试剂误差。试剂中常含有一定的杂质或由于贮存不当给定量分析引入不易发现的误差。杂质还常常干扰测定。所以试剂常常需要进行前处理和纯化，有些试剂在用前配制或标定。

（4）操作环境。操作环境误差是由于操作的环境状态，如湿度、温度、气压、振动、电磁场、光线等条件与要求不一致而引起仪器设备的量值变化，仪器指示滞后或超前而产生误差。此外，环境对分析对象本身也会引起改变。

（5）操作人员。这是由分析人员固有的习惯（如读数时基准线偏上、偏下）以及生理特点（如最小分辨能力、辨色能力、敏感程度等）的差异引起的误差。只有通过严格的训练克服错误的操作，减小自身的误差来克服这种误差。

（6）样品误差。由于取样方法不同，可能引起误差。所取样品是否具有代表性还与时空观念有关。如在分析环境样品时，当排污口向河水中排污时与不排污时，所取河水样品差距较大，由此引起的误差为样品误差。

（二）误差的分类

误差分为系统误差（可测误差）、偶然误差（非确定误差）、粗差（过失误差）。

1. 系统误差

系统误差是由于某种比较固定的原因引起的。在同一条件下多次测定中，它会重复地出现，因此系统误差对分析结果的影响比较固定，即误差正负，大小一定，是单向性的。

正负和大小有着固定规律的误差称为系统误差。误差的大小和正负是可测的，所以又叫可测误差。

2. 偶然误差

偶然误差是指由于偶然原因引起的误差。它的大小、正负是可变，所以又称为非确定误差。它是由一些偶然和意外原因引起的，事先无从知道产生误差的原因，因此偶然误差难以避免。例如，某个分析人员对同一试样进行多次分析，得到的分析结果有高有低，不能完全一致，这是偶然误差引起的，似乎没有规律性。但实践证明，如果进行多次测定，便发现数据的分布符合一般的统计规律，即可以用正态分布曲线来表示偶然误差。

偶然误差具有正误差和负误差出现的概率相等，即具有对称性和单峰性；小误差出现的次数多，大误差出现的次数少，即在一定条件下的测量值中，其误差的绝对值不会超过一定界限，就是我们所说的有界性；在一定条件下进行测定，偶然误差的算术平均值随测量次数的无限增加而趋于零。

根据误差理论，校正系统误差后，测定次数越多，则分析结果的平均值越接近真实值，也就是说采用多次测定取平均值的方法可以减小偶然误差。由于偶然误差是由于不定因素引起的，不能通过实验减免，而且互相叠加、传递、干扰，且影响因素太多，所以只能通过数据处理来减少对测定结果的影响，故偶然误差是数据处理的主要对象。

（三）误差与偏差的表示方法

1. 绝对误差

绝对误差是指测定值与真实值之差。

$$E = x_i - \mu \tag{6-4}$$

$x_i>\mu$，$E>0$，为正误差，表示测定结果偏高；$x_i<\mu$，$E<0$，为负误差，表示测定结果偏低。

2. 相对误差

相对误差是指误差在真实结果中所占的百分率。

$$E_{相对}=\frac{E}{\mu}\times100\%=\frac{x_i-\mu}{\mu}\times100\% \quad (6-5)$$

$E_{相对}>0$，为正误差；$E_{相对}<0$，为负误差。相对误差较绝对误差更能说明分析结果的准确性。

3. 绝对偏差

在实际工作，由于真实值不知道，通常以平均值代替真实值，并以平均值作为最后的分析结果。

个别测定值与有限测定的平均值之差称为绝对偏差。

$$d_i=x_i-\bar{x} \quad (6-6)$$

$$\bar{x}=\frac{x_1+x_2\cdots+x_n}{n}=\frac{\sum x_i}{n} \quad (6-7)$$

其中：$\bar{x}$ 为算术平均值，x_i 为某次测定值，n 为测定次数，d_i 为某次测定值的偏差。

4. 相对偏差

相对偏差是指绝对偏差与平均值之比。

$$d_{相对}=\frac{d_i}{\bar{x}}\times100\% \quad (6-8)$$

相对偏差表示绝对偏差在平均值中所占的比例。偏差也有正负。在实际测定中，通常得到的是 $\bar{x}$，而不是 μ，所以以偏差较误差更为常用。

5. 算术平均偏差

算术平均偏差是指各个单次测定产生偏差的算术平均值。

$$\bar{d}=\frac{|d_1|+|d_2|+\cdots+|d_n|}{n}=\frac{\sum|d_i|}{n}=\frac{\sum|x_i-\bar{x}|}{n} \quad (6-9)$$

6. 相对算术平均偏差

$$\bar{d}_{相对}=\frac{\bar{d}}{\bar{x}}\times100\% \quad (6-10)$$

7. 标准偏差（均方根偏差）

标准偏差是测定中各单次测定的偏差平方和的平均值再开方。

当 $n\rightarrow\infty$ 时，

$$\sigma=\sqrt{\frac{\sum(x_i-\bar{\mu})^2}{n}} \quad (6-11)$$

式中：σ——总体标准偏差，标准误差。

当 n 为有限次时，

$$S=\sqrt{\frac{\sum(x_i-\bar{x})^2}{n-1}} \quad (6-12)$$

式中：S——标准偏差。

例：求以下两组偏差数据的平均偏差和标准偏差：

（1）+0.3，-0.2，-0.4，+0.2，+0.1，+0.4，0.0，-0.3，+0.2，-0.3；

（2）0.0，+0.1，−0.7，+0.2，−0.1，−0.2，+0.5，−0.2，+0.3，+0.1。

解：通过计算可得：

$$\bar{d}_1 = \frac{\sum |d_i|}{n} = 0.24，\quad \bar{d}_2 = 0.24$$
$$S_1 = 0.28，\quad S_2 = 0.33$$

由计算结果可知：算术平均偏差对于大偏差得不到如实的反映，因为在一系列测定中，小偏差出现的次数多，大偏差出现的次数少，前后求得的算术平均偏差总是偏低。在标准偏差中，由于平方后，加大了较大偏差在计算中的影响，这样就可以看出第一组的数据较第二组为好。标准偏差和算术平均偏差一样，其大小是反映各测定值的互相间分散或密集的情况，其标准偏差比算术平均偏差更为"灵敏"一些。

8. 相对标准偏差（RSD），或变异系数（CV）

$$S_{相对} = \frac{S}{\bar{x}} \times 100\% \tag{6-13}$$

9. 平均值的标准偏差

平均值的标准偏差是指单次测定的标准偏差除以测定次数的平方根。

$$S_{\bar{x}} = \pm \frac{S}{\sqrt{n}} \tag{6-14}$$

$S_{\bar{x}}$ 的大小与测定次数的平方根成反比，即：$n \uparrow$，$S_{\bar{x}} \downarrow$，增加测定次数可以提高测定结果的精密度，使平均值的标准偏差下降。但当 $n>5$ 时，用增加测定次数来提高精密度的效果开始下降：

$\sqrt{1}$	$\sqrt{2}$	$\sqrt{3}$	$\sqrt{4}$	$\sqrt{5}$	$\cdots$	$\sqrt{10}$	$\sqrt{11}$
1	1.414	1.732	2	2.236	$\cdots$	3.162	3.317

可见，n 增大，$\sqrt{n}$ 变化梯度逐渐减小，所以对 $\bar{x}$ 的影响减小。

一般工作中只取 3~4 个平行样。如果再增加测定次数对 $S_{\bar{x}}$ 帮助较小，但却造成人力、物力上的浪费。

10. 极差

一组测定数据中最大值与最小值之差称为极差，也叫全距或全距范围，说明了数据的范围和伸展情况。

$$R = X_{\max} - X_{\min} \tag{6-15}$$

式中：R——极差；

$X_{\max}$——一组数据中的最大值；

$X_{\min}$——一组数据中的最小值。

对于测定次数比较小的数据（$n<15$ 次），可通过下式简单地估算标准偏差：

$$S \approx \frac{R}{\sqrt{n}} \tag{6-16}$$

例：经几次测定将水中含 F_e 量（以 mg/L 计）为 0.48，0.37，0.47，0.40，0.43。求 $\bar{x}$、$\bar{d}$、$\bar{d}_{相对}$、S、$S_{相对}$、$S_{\bar{x}}$、R 以及用 R 估算 S（95% 置信度）。

解：

$$\bar{x} = \frac{0.48+0.37+0.47+0.40+0.43}{5} = 0.43$$

$$\bar{d} = \frac{|0.05|+|-0.06|+|0.04|+|-0.03|+0}{5} = 0.036$$

$$\bar{d}_{相对} = \frac{0.036}{0.043} \times 100\% = 8.4\%$$

$$S = \sqrt{\frac{0.05^2+0.06^2+0.04^2+0.03^2+0}{5-1}} = 0.046$$

$$S_{相对} = \frac{0.046}{0.43} \times 100\% = 11\%$$

$$S_{\bar{x}} = \pm \frac{0.046}{\sqrt{5}} = \pm 0.021$$

$$R = 0.48 - 0.37 = 0.11$$

$$S = \frac{R}{\sqrt{n}} = \frac{0.11}{\sqrt{5}} = 0.049$$

可见，估算出的标准偏差与前面准确计算出来的 S 值接近，但计算要简便得多，在实际工作中有一定的意义。

（四）准确度和精密度

1. 准确度

准确度是测定值与真实值的符合程度。

准确度说明了测定结果的可靠性，可以用误差的大小来表示。误差的绝对值 $|E|\uparrow$，测定结果越不准确，即准确度越低。测定结果的准确度常用相对误差来判断：

$|E|\uparrow$，不准确，即 $|x-\mu|\uparrow$，准确度低；

$|E|\downarrow$，准确，表示 $|x-\mu|\downarrow$，准确度高。

2. 精密度

精密度是 n 次测定值之间相互接近的程度。

精密度说明了测定结果再现性程度，可以用偏差的大小来表示。

偏差$\uparrow$，表示 x 与 $\bar{x}$ 相差多，数据分散，精密度低；

偏差$\downarrow$，x 与 $\bar{x}$ 相差少，数据集中，精密度高。

准确度与精密度是两个不同概念，必须严格区分，准确度高，精密度一定高，也就是说准确度高是以精密度为前提的；而精密度高不一定准确度高，它可能存在着系统误差，使得数据虽然很接近，但从全部数据上偏离了真实值。

分析最终的目的是要准确，不精密的测定可靠性低，也难达到准确的目的。但精密的测定结果一旦存在系统误差，也就难以准确了。因此校正系统误差，提高准确度，再加上控制偶然误差，以提高精密度，这样就可得到准确、精密的测定结果。

（五）有效数字及计算规则

1. 有效数字

数字的位数不仅表示数量的大小，而且也反映测量的准确度。正确的数字位数就是在测量中所能得到的有实际意义的数字。换句话说，有效数字就是实际上能测得的数字。一个有效数字除最后一位不准确外，其他各数都是确定的，就是说有效数字是由两个部分组成的：

$$有效数字 = 可靠数字 + 可疑数字 \qquad （6-15）$$

可靠数字表示在反复测量一个量时，其结果总是有几位数字固定不变，所以为可靠数字。在可靠数字后面出现的数字，在各次单一测定中常常是不同的、可变的，这些数字欠准确，往往是通过分析人员估计得到的，为可疑数字，实际工作中常保留一位可疑数字。例如，用分析天平称取样品 0.401 0g 或 0.401 1g，最末一位数字是可疑数字，前面的三位为可靠数字。两者构成了 0.401 0 这样一个四位数字。

如何确定有效数字的位数呢？

从可疑数字算起，到读数的左起第一非零数字的数字位数称为有效数字的位数。

在计算有效数字时，"0"的作用是不同的，"0"可以是有效数字，也可以是非有效数字，所谓非有效数字是指在一个数中可有可无的数字。

如：0. 4　0　1　0 g

　　　↓　　　　↓

非有效数字，有效数字，不能省略

只起定位作用，

没有其他意义，

是可有可无的

当"0"用来定位时，它就不是有效数字，若最后一位数字是"0"，则表示该数字的准确度，0.401 0g 表示准确到万分之一。若改用千分之一天平称量，得到结果为 0.401g，其"1"是可疑数字，如果后面再加一个"0"，记录结果就是错误的。所以一般只保留一位可疑数字。

2. 有效数字的保留与修约原则。

在数据记录和处理过程中，常常会遇到一些精密度不同或位数较多的数据。另外，测量中的误差在计算中会传递到结果中去。为了使计算简化，且不致引起错误，可以按下列原则对数据进行修约。

（1）在记录测量数据时，一般仅保留一位可疑数字，如滴定管读数 $V=24.36\text{mL}$，表示其准确度为：$V=（24.36 \pm 0.01）\text{mL}$；

（2）修约原则：四舍六入五成双。

1）舍去部分的数值大于 5 时，前一位加一、进一；

2）舍去部分的数值小于 5 时，则舍去不计；

3）舍去部分的数值等于 5 时，前一位为奇数 +1 → 偶数；偶数，则不变；

即修约后，使这个数字变为偶数，即"保双"。

例：下列数字取三位有效数字时应为：

0.324 6 →　0.325　　六入

0.323 49 →　0.323　　四舍

0.324 5 →　0.324　　保双

0.324 501 →　0.325　　5 后面有不为零的数，应入一位

0.324 500 →　0.324　　保双

0.323 5 →　0.324　　保双

保双的目的在于消除"舍、进"造成的系统误差。如果按照旧的修约原则"四舍五入"，逢五进一，就会造成结果朝大或小的一个方向偏离。另外，偶数也便于计算。

在取舍数字时，应对数字一次修约，不可连续对该数字进行修约。

如：27.455 → 27 一次修约 （正确）

27.455 → 27.46 → 27.5 → 28 多次修约 （不正确）

3. 有效数字的运算

由于误差可以传递到计算结果中去，为了避免在计算中使误差改变其原来的意义，并且能在结果中正确地反映出来，计算就应按照一定的规则进行。

（1）加减法。

几个数据相加减时，它们的和或差只能保留一位不确定的数字，即有效数字的保留应以小数点后位数最少的数字为根据，换句话说，是以绝对误差最大的数据为根据。

例如：　　　　　　　　$0.012\,1 + 25.64 + 1.057\,82$

小数点后位数　　　四位　　　二位　　　五位　　　以最少为准

绝对误差　　　　$\pm 0.000\,1$　± 0.01　$\pm 0.000\,01$　　以最大为准

进行计算时，应先修约后计算，这样就与误差的实际情况相等了。

在实际运算过程中，加减各数值时，应以小数点后位数最少者为准，其他各数均比该数暂时多保留一位有效数字，这个多保留的数字称为安全数字，目的是防止连续舍或连续进而影响结果，当然最后计算结果仍以小数点后位数最少者为准。

（2）乘除法。

在乘除法运算中，所得到的积或商其有效数字的位数应与各测定值中有效数字位数最少者相同。

例如：　　　　　　　$0.012\,1 \times 25.64 \times 1.057\,82 = 0.328$

有效数字位数　　　三　　　　　四　　　　六　　　　最少

$E_{相对}$　$\dfrac{\pm 0.000\,1}{0.012\,1} \times 100\%$　　$\dfrac{\pm 0.01}{25.65} \times 100\%$　　$\dfrac{\pm 0.000\,01}{1.057\,82} \times 100\%$　　　最大

　　　　$= \pm 0.08\%$　　　　　$= \pm 0.04\%$　　　$= \pm 0.000\,19\%$

第二节　气相色谱分析基础知识

一、色谱分析法的原理及分类

（一）茨维特的经典实验

色谱法最早由俄国植物学家茨维特在 1906 年提出，他用一根装满碳酸钙的玻璃管子，将植物的石油浸取液从管顶端加入，并以纯石油醚淋洗，在石油醚的流动方向，叶绿素中不同色素分离成不同颜色的谱带。现代色谱法已不局限于有色物质，但色谱名词一直沿用至今。1952 年詹姆斯马丁提出塔板理论解释色谱流出曲线形状，1956 年范第姆提出速率理论，为色谱分离操作条件的选择提供理论指导，1958 年以后发展了毛细管柱，其后，

出现了高压泵，经过几十年的发展，包括气相色谱、液相色谱等在内的色谱技术在理论上和技术上都趋成熟。作为一种极为重要的分离、分析手段，色谱已成为现代科学实验室中应用最广的一类工具。

（二）色谱法的分离原理及特点

1. 色谱法的分离原理

色谱法是利用不同物质在两相中分配系数的差异性，当两相做相对运动时，这些物质在两相中进行多次反复分配而实现分离的。

2. 色谱法的特点

色谱法具有高超的分离能力，它的分离效率远远高于其他分离技术如蒸馏、萃取、离心等方法。色谱法的特点如下：

（1）分离效率高。例如：毛细管气相色谱柱（0.1～0.25μm i.d.）30～50m，其理论塔板数可以到 7 万～12 万。

（2）应用范围广。它几乎可用于所有化合物的分离和测定。

（3）分析速度快。一般在几分钟到几十分钟就可以完成一次复杂样品的分离和分析。

（4）样品用量少。用极少的样品就可以完成一次分离和测定。

（5）灵敏度高。例如：GC 可以分析几纳克的样品，FID 可达 10^{-12}g/s，ECD 达 10^{-13}g/s；检测限为 10^{-9}g/L 和 10^{-12}g/L 的浓度。

（6）分离和测定一次完成。可以和多种波谱分析仪器联用。

（7）易于自动化，可在工业流程中使用。

色谱分析法优点很多，但是也有缺点，即对所分析对象的鉴别功能较差。一般来说，色谱的定性分析是靠保留值定性，但在一定的色谱条件下，一个保留值可能对应许多个化合物，所以，色谱方法要和其他的方法配合才能发挥它更大的作用。

（三）色谱法的分类

色谱法的分类可按两相的状态及应用领域的不同分为两大类：

1. 按流动相的和固定相的状态分类

按流动相的和固定相的状态可分为气相色谱和液相色谱。

（1）气相色谱。气相色谱是以气体为流动相，又可分为气固色谱和气液色谱；固定相为固体的，叫气固色谱，固定相为液体的叫气液色谱。

气固色谱是利用不同物质在固体吸附剂上的物理吸附－解吸能力不同实现物质的分离。由于活性（或极性）分子在这些吸附剂上的半永久性滞留（吸附－脱附过程为非线性的），导致色谱峰严重拖尾，因此气固色谱应用有限。只适于较低分子量和低沸点气体组分的分离分析。

气液色谱通常直接称为气相色谱，它是利用待测物在气体流动相和固定液（涂渍在管壁或惰性固体即担体上）间不同的溶解和解析能力而实现物质分离的，目前应用范围较广。

（2）液相色谱。液相色谱是以液体为流动相，又可分为液固色谱和液液色谱；固定相为固体的叫液固色谱，固定相为液体的叫液液色谱。

2. 按使用领域不同分类

按使用领域不同可分为分析用色谱、制备用色谱和流程色谱。

二、气相色谱简介

（一）气相色谱（GC）的原理及应用范围

1. 气相色谱（GC）的原理

气相色谱（GC）法是利用混合物中各组分在流动相和固定相中具有不同的溶解和解析能力（主要是指气液色谱），或不同的吸附和脱附能力（主要指气固色谱），或其他亲和性能作用的差异，当两相做相对运动时，样品各组分在两相中反复多次（$10^3 \sim 10^5$ 次）受到上述各种作用力的作用，从而使混合物中的组分获得分离。

2. 气相色谱（GC）应用范围

气相色谱法广泛应用于气体和易挥发物或可转化为易挥发物的液体和固体样品的定性定量分析工作。易挥发的有机物，一般可直接进样分析。对于挥发性低和易分解的物质，则需制成挥发性大和稳定性好的衍生物后才能分析。

（二）气相色谱（GC）分析基本概念

（1）色谱图：色谱分析中检测器响应信号随时间的变化曲线。

（2）色谱峰：色谱柱流出物通过检测器时所产生的响应信号的变化曲线。

（3）基线：在正常操作条件下仅有载气通过检测器时所产生的信号曲线。

（4）峰底：连接峰起点与终点之间的直线。

（5）峰高 h：从峰最大值到峰底的距离（见图 6-18）。

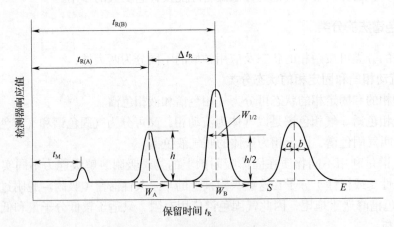

图 6-18　气相色谱谱图示意图

（6）峰（底）宽 W：在峰两侧拐点处所做切线与峰底相交两点间的距离。

（7）半峰宽 $W_{1/2}$：在峰高的中点作平行于峰底的直线，此直线与峰两侧相交点之间的距离。

（8）峰面积 A：峰与峰底之间的面积。

（9）保留时间 t_R：样品组分从进样到出现峰最大值所需的时间，即组分被保留在色谱柱中的时间。

（10）死时间 t_M：不被固定相保留的组分的保留时间。

（11）调整保留时间 t_R'：$t_R' = t_R - t_M$，即扣除了死时间的保留时间。

（12）分离度 R：表示相邻两个色谱峰分离程度的优劣，其定义为：$R = 2\Delta t_R / (W_A + W_B)$。

（13）相、固定相和流动相：一个体系中的某一均匀部分称为相；在色谱分离过程中，固定不动的一相称为固定相；通过或沿着固定相移动的流体称为流动相。

（三）气相色谱（GC）分析的塔板理论及速率理论

1. 塔板理论简介

1941 年，Martin 和 Synge 首先提出了色谱过程的塔板理论。该理论把色谱柱看作一个有若干层塔板的分馏塔；并假设每块塔板中样品组分在流动相和固定相之间的分配很快达到平衡，然后进入下一块塔板，组分在两相间的分配系数与浓度无关，在各个塔板中均为同一常数。该理论提出了理论塔板数 n 和理论塔板高度 H 的概念：

$$n = 16\left(\frac{t_R}{W}\right)^2 = 5.54\left(\frac{t_R}{W_{1/2}}\right)^2 \tag{6-17}$$

$$H = L/n \tag{6-18}$$

2. 速率理论简介

1956 年，荷兰化学工程师 Van Deemter 提出了色谱过程动力学速率理论，吸收了塔板理论中的板高 H 概念，考虑了组分在两相间的扩散和传质过程，从而给出了 Van Deemter 方程：

$$H = A + B/u + C \cdot u \tag{6-19}$$

式中：　H——理论塔板高度；

　　　　u——载气的线速度（cm/s）；

A、B、C——均为常数，A 为涡流扩散系数，B 为分子扩散系数，C 为传质阻力系数（包括液相和固相传质阻力系数）。

由该方程式可知：组分分子在柱内运行的多路径涡流扩散、浓度梯度所造成的分子扩散及传质阻力使气液两相间的分配平衡不能瞬间达到等因素是造成色谱峰扩展，柱效下降的主要原因；通过选择适当的固定相粒度、载气种类、液膜厚度及载气流速可提高柱效；各种因素相互制约，如载气流速增大，分子扩散项的影响减小，使柱效提高，但同时传质阻力项的影响增大，又使柱效下降；柱温升高，有利于传质，但又加剧了分子扩散的影响，选择最佳条件，才能使柱效达到最高。

三、气相色谱仪

（一）气相色谱仪基本结构

气相色谱仪型号繁多，性能各异，但仪器的基本构造相似，主要由以下几部分组成：

（1）气路系统：包括载气和检测器所用气体的气源（氮气或氩气、氢气、压缩空气等的钢瓶和/或气体发生器，气流管线）以及气流控制装置（压力表、针型阀，还可能有电磁阀、电子流量计）。

（2）进样系统：作用是有效地将样品导入色谱柱进行分离，如自动进样器、进样阀、各种进样口，以及顶空进样器、吹扫－捕集进样器、裂解进样器等辅助进样装置。

（3）柱系统：包括柱加热箱、色谱柱，以及与进样口和检测器的接头。

（4）检测系统：用各种检测器检测色谱柱的流出物，如热导检测器（TCD）、火焰离子化检测器（FID）、质谱检测器（MS）、氮磷检测器（NPD）、电子俘获检测器（FPD）、火焰光度检测器（TCD）、质谱检测器（MSD）、原子发射光谱检测器（ACD）等。

（5）数据处理系统：对气相色谱原始数据进行处理，画出色谱图，并获得相应的定性定量数据。

（6）控制系统：主要是检测器、进样口和柱温的控制，检测信号的控制等。

以配火焰离子化检测器的气相色谱为例，其结构流程如图 6-19 所示。

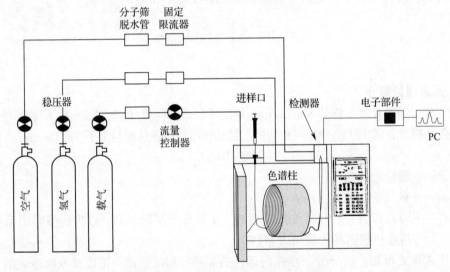

图 6-19　气相色谱分析流程示意图

（二）载气流速控制及测量装置

1. 载气及其净化

气相色谱流动相称为载气。它是一类不与待测物反应（作用），专用来载送试样的惰性气体，一般为 N_2、H_2、He、Ar 等。这些气体可以使用高压钢瓶来供气，N_2、H_2 也可使用气体发生器来供气，前提是必须要保证质量。气相色谱对各种气体的纯度要求较高，对于用作载气的氮气、氢气或氦气都要高纯级（99.999%）。这是因为气体中的杂质会使检测器的噪声增大，还可能对色谱柱性能有影响。因此，实际工作中要在气源于仪器之间连接气体净化装置。

气体中的杂质主要是一些永久气体、低分子有机化合物和水蒸气。一般采用装有分子筛（如 5A 分子筛或 13X 分子筛）的过滤器以吸附有机杂质，采用变色硅胶除去水蒸气。实际工作中要注意定期更换净化装置中的填料，防止使用时间过长而失去净化功能。

2. 载气流速控制

气相色谱（GC）仪器的气路控制系统好坏直接影响分析重现性，尤其是在毛细管 GC 中，柱内载气流量一般为 1 ~ 3mL/min，如果控制不精确，就会造成保留时间的不重现。气路控制系统往往采用多级控制方法。一般气体从钢瓶中出来，首先要经过减压阀减压，GC 要求的气源压力约为 4MPa，然后气体经过净化装置后进入 GC 仪器的稳压阀和稳流阀，通过进样口柱前压压力表和调节阀来控制载气的流量。

3. 载气流量测量

测量 GC 仪器气体的流量，一般可以使用皂膜流量计或电子流量计。对于有的 GC 仪器，厂家提供有针型调节阀刻度与流量曲线表，通过该曲线表，可以读出载气的流量；有的高端 GC 仪器，安装有电子气路控制（EPC）系统，可以直接通过工作站来实现压力和流量的自动控制。

（三）进样器和汽化室（进样口）

气相色谱（GC）进样系统包括样品引入装置（如注射器和自动进样器）和汽化室。汽化室作用是将液体或固体试样，在进入色谱柱之前瞬间汽化，然后快速定量地转入色谱柱中。进样的大小，进样时间的长短，试样的汽化速度等都会影响色谱的分离效果和分析结果的准确性及重现性。

GC 检测的样品为气体时，常用的进样方法为注射器进样、量管进样、定体积进样和气体自动进样。检测的样品为液体时一般用微量注射器进样，方法简便，进样迅速。也可采用定量自动进样，此法进样重复性好，可自动分析，提高工作效率。

汽化室（进样口）的主要功能是把所注入的样品（液体）瞬间加热变成蒸汽，并保持样品性质不变。它一般应满足如下要求：进样方便，密封性好；热容量大；应有足够的惰性，防止吸附或催化样品；死体积小，以保证样品进入色谱柱的初始谱带尽可能窄，常见的为 0.2 ~ 1mL。汽化室的温度一般设定要高于样品各组分的沸点，但也不能太高而导致样品分解。

汽化室一般带有隔垫吹扫功能。因为进样隔垫一般为硅橡胶材料制成，其中不可避免地含有一些残留溶剂和（或）低分子化合物。由于汽化室高温的影响，硅橡胶会发生部分降解。这些残留溶剂和降解产物如果进入色谱柱，就可能出现"鬼峰"（即不是样品本身的峰），影响分析。隔垫吹扫就是消除这一现象的有效方法。

（四）色谱柱及柱温控制

1. 色谱柱种类

气相色谱柱有多种类型，可按色谱柱的材料、形状、柱内径的大小和长度、固定液的化学性能等进行分类。色谱柱使用的材料通常有玻璃、石英玻璃、不锈钢和聚四氟乙烯等，根据所使用的材质分别称为玻璃柱、石英玻璃柱、不锈钢柱和石英玻璃柱，后者应用范围最广。根据固定液的化学性能，色谱柱可分为非极性、极性与手性色谱分离柱等。固定液的种类繁多，极性各不相同。色谱柱对混合样品的分离能力，往往取决于固定液的极性。常用的固定液有烃类、聚硅氧烷类、醇类、醚类、酯类以及腈和腈醚类等。新近发展的手性色谱柱使用的是手性固定液，主要有手性氨基酸衍生物、冠醚和环糊精衍生物等。按照色谱柱内径的大小和长度，又可分为填充柱和毛细管柱。前者的内径为 2~4mm，长 1~10m，大多为不锈钢柱，其形状有 U 型和螺旋形，使用 U 型柱时柱效较高；后者内径在 0.2~0.5mm，长度 30~300m，普遍使用玻璃柱和石英玻璃柱，呈螺旋形。

（1）填充气相色谱柱。

填充气相色谱柱通常简称填充柱，它在分离效能方面比毛细管柱差，但制备方法比较简单，定量分析的准确度较高，特别适合某些特定的分析领域（如气体分析、痕量水分析）。填充柱主要有气固色谱柱和气液色谱柱两种类型。

1）气固色谱填充柱。气固色谱填充柱常采用固体物质作固定相。这些固体固定相包括具有吸附活性的无机吸附剂、高分子多孔微球和表面被化学键合的固体物质等。

无机吸附剂包括具有强极性的硅胶、中等极性的氧化铝、非极性的碳素及有特殊吸附作用的分子筛。它们大多数能在高温下使用，吸附容量大，热稳定性好，是分析永久性气体及气态烃类混合物理想的固定相。但使用时应注意：吸附剂的吸附性能与其制备、活化条件有密切关系；一般具有催化活性，不宜在高温和存在活性组分的情况下使用；吸附等温线通常是非线性的，进样量较大时易出现色谱峰形不对称。

高分子多孔小球（GDX）是以苯乙烯等为单体与交联剂二乙烯苯交联共聚的小球。这种聚合物在有些方面具有类似吸附剂的性能，而在另外一些方面又显示出固定液的性能。因此，它本身既可以作为吸附剂在气固色谱中直接使用，也可以作为载体涂上固定液后用于分离。在烷烃、芳烃卤代烃、醇、酮、醛、醚、酯、酸、胺、腈以及各种气体的气相色谱分析中已得到广泛应用。其优点主要有：吸附活性低；对含羟基的化合物具有相对低的亲和力；可选择的孔径和表面性质范围大；高分子小球在高温时不流失，机械强度好，圆球均匀，较易获得重现性好的填充柱。

化学键合固定相又称化学键合多孔微球固定相。这是一种以表面孔径度可人为控制的球形多孔硅胶为基质，利用化学反应方法把固定液键合于载体表面上制成的键合固定相。它大致可分为硅氧烷型、硅脂型和硅碳型三种。与载体涂渍固定液制成的固定相比较，化学键合固定相主要有下述优点：耐溶剂；具有良好的热稳定性；适合于做快速分析；对极性组分和非极性组分都能获得对称峰。

2）气液色谱填充柱。气液色谱填充柱中所有的填料是液体固定相。它是由惰性的固体支持物和其表面上涂渍的高沸点有机物液膜所构成。通常把惰性的固体支持物称为"载体"，把涂渍的高沸点有机物称为"固定液"。

载体又称担体，是一种化学惰性的物质，大部分为多孔性的固体颗粒。它的作用是使固定液和流动相间有尽可能大的接触面积。一般对载体有以下要求：有较大的表面积；孔径分布均匀；化学惰性好；热稳定性好；有一定的机械强度；表面没有吸附性或吸附性能力很弱。用于气相色谱的载体大致可分为无机载体和有机聚合物载体两大类。前者应用最为普遍的主要有硅藻土型和玻璃微球载体；后者主要包括含氟塑料载体以及其他各种聚合物载体。载体性能的优劣对样品的分离起着重要的作用，实际工作中主要依据分析对象、固定液的性质和涂渍量来选择载体。

固定液是气液色谱柱的关键组成部分。与气固色谱柱中的吸附剂相比，其优点主要是在通常的操作条件下，组分在两相间的分配等温线多是线性的，因此比较容易获得对称峰。对固定液的一些基本要求如下：在操作温度下呈液态，黏度越低越好；蒸气压低，热稳定性好；化学惰性高，润湿性好；有良好的选择性。到目前为止，固定液的选择尚无严格规律可循。对于日常分析的样品，通常可知道大多数组分的性质，能够初步确定难分离物质对，此时固定液的选择应遵循"相似相溶"的基本原则，即对于非极性的样品，应首先考虑用非极性固定液分离；对于极性物质的分离，则应首先考虑选用极性固定液；对于分离能形成氢键的样品，如水、醇、胺类物质，一般可选择氢键型固定液。

可以用作气相色谱固定液的物质很多，已被采用的有近千种。现在文献中出现次数最多，使用概率最大，即可以认为最常用的固定液为：OV-101（甲基聚硅氧烷）；OV-17（50%苯基的甲基聚硅氧烷）；OV-210（50%三氟丙基的甲基聚硅氧烷）；Carbowax 20M（聚乙二醇，平均分子量2万）；DEGS（二乙二醇酯丁二酸）。

（2）毛细管气相色谱柱。

一般将毛细管柱分为三种类型：壁涂开管柱（WCOT）、载体涂渍开管柱（SCOT）和多孔层开管柱（PLOT）。PLOT柱主要用于永久气体和低分子量有机化合物的分离；SCOT柱所用固定液的量大一些，相比较小，故柱容量大一些，但由于制备技术较复杂，应用不太普遍。目前应用最广泛的是WCOT柱。

WCOT柱材料大多用熔融石英，即弹性石英柱。表6-3是WCOT柱的进一步分类，柱内径越小，分离效率越高，完成特定分离任务所需的柱长就越短。但细的色谱柱柱容量小，容易超载。当然，同样内径的色谱柱也因固定液的膜厚度不同而具有不同的柱容量。这些都是选择色谱柱时应考虑的问题。就常规分析来说，0.20~0.32mm内径的毛细管柱没有太大差别，只是在做GC/MS分析时，内径小的色谱柱在满足离子源高真空度要求方面更为有利一些。大口径柱（0.53mm）是一类特殊的毛细管柱，它的液膜厚度一般较大，故有较大的柱容量。不少人倾向于用其代替填充柱，不仅因为其柱容量接近于填充柱，可以接在填充柱进样口采用不分流进样；而且因为大口径柱的柱效高于填充柱，程序升温性能也好，故可获得比填充柱更为有效、快速的分离，其定量分析精度完全可与填充柱相比。大口径柱的局限性可能是柱成本较填充柱高，柱效不及常规毛细管柱。

表 6-3　WCOT 柱的尺寸分类

柱类型	内径（mm）	常用柱长（m）	每米理论塔板数 n（m）	主要用途
微径柱	≤ 0.1	1~10	4 000~8 000	快速 GC 分析
常规柱	0.2~0.32	10~60	3 000~5 000	常规分析
大口径柱	0.53~0.75	10~50	1 000~2 000	定量分析

柱效能常用每米柱长理论塔板数来衡量，柱的性能、理论塔板数的大小，很大程度上取决于操作条件，如载气性质、流速、柱温以及进样量等，通常可以用下式表达：

$$n/m=16\left(t_R/W\right)^2/L \tag{6-20}$$

或

$$n/m=5.54\left(t_R/W_{1/2}\right)^2/L \tag{6-21}$$

式中：n——理论塔板数；

L——柱长；

2. 常用商品柱分类

随着色谱固定相的发展，商品毛细管柱的品种迅速增加。常规分析工作中选择色谱柱主要是考虑固定液的问题。下面是部分常用商品柱的分类：

（1）非极性毛细管柱。

1）100% 聚二甲基硅氧烷毛细管柱，相似固定相：AT-1，BP-1，CP-SIL-5，DB-1，DC-200，HP-1，MTX-1，007-1，MDN-1，OV-17，OV-101，Rtx-1，RSL-150，SE-30，SP-2100，SF-96 等。使用温度范围：等温 –60～325℃；程序升温 –60～350℃。主要分析用途：胺类、烃类、酚类、杀虫剂、聚氯联苯、硫化物、香精和香料等。

2）5%- 二苯基 –95%- 聚二甲基硅氧烷毛细管柱，相似固定相：AT-5，BP-5，DB-5ht，DB-5，GC-5，HP-5，MTX-5，007-2，MDN-5，OV-5，PTE-5，Rtx-5，SE-52，SE-54，CP-SIL BCB 等。使用温度范围：等温 –60～325℃；程序升温 –60～350℃。主要分析用途：生物碱、脂肪酸甲酯、卤代化合物、芳香化合物、药品等。

（2）中等极性毛细管柱。

1）6% 氰丙基苯基 –94% 二甲基硅氧烷共聚物毛细管柱，相似固定相：AT-1301，DB-624，DB-1301，HP-1301，Rtx-1301，Rtx-624，007-502 等。使用温度范围：等温 –20～280℃；程序升温 –20～300℃。主要分析用途：杀虫剂、醇类、氧化剂、亚老哥尔类（Aroclors）等。

2）6% 氰丙基苯 –94% 二甲基硅氧烷共聚物毛细管柱，相似固定相：AT-624，CP-Select624CB，CP-624，DB-VRX，Rtx-624，VOCOL，007-624 等。使用温度范围：等温 –20～260℃；程序升温 –20～270℃。主要分析用途：挥发性卤代化合物等。

3）35% 二苯基 –65% 二甲基硅氧烷共聚物毛细管柱，相似固定相：DB-35，HP-35，Rtx-35，SPB-3，SPB-608，Sup-Herb 等。使用温度范围：等温 –40～300℃；程序升温 –40～320℃。主要分析用途：胺类、杀虫剂、药品、亚老哥尔（Aroclors）等。

4）14% 氰丙基苯基 –86% 二甲基硅氧烷共聚物毛细管柱，相似固定相：AT-1701，DB-1701，HP-1701，OV-1701，Rtx-1701，SPB-1701，007-1701 等。使用温度范围：等温 –20～280℃；程序升温 –20～300℃。主要分析用途：杀虫剂、药品、除草剂、TMS 糖、亚老哥尔（Aroclors）等。

5）50% 二苯基 –50% 二甲基硅氧烷共聚物毛细管柱，相似固定相：AT-50，BPX-50，CP-Sil19，DB-17，DB-17ht，HP-50，OV-17，Rtx-50，SP-2250，SPB-50，007-17 等。使用温度范围：等温 40～260℃；程序升温 40～280℃。主要分析用途：杀虫剂、药品、乙二醇、甾族化合物等。

6）50% 三氟丙基 –50% 甲基硅氧烷共聚物毛细管柱，相似固定相：AT-210，HP-

210，DB-210，Rtx-200 等。使用温度范围：等温 -45 ~ 240℃；程序升温 -45 ~ 260℃。主要分析用途：醛类、酮类、有机磷、杀虫剂、除草剂等。

7）50% 氰丙基苯基 -50% 二甲基硅氧烷共聚物毛细管柱，相似固定相：AT-225，BP-225，CP-Sil43CB，DB-225，HP-225，OV-225，Rtx-225，SP-2330，007-225 等。使用温度范围：等温 40 ~ 220℃；程序升温 40 ~ 240℃。主要分析用途：醛酮、乙酸酯类、中性甾醇、聚不饱和脂肪酸等。

8）50% 氰丙基 -50% 甲基硅氧烷共聚物毛细管柱，相似固定相：DB-23，HP-23，Rtx-2330，SP-2330/2340/2380/2560，007-23 等。使用温度范围：等温 40 ~ 250℃；程序升温 40 ~ 260℃。主要分析用途：顺 / 反脂肪酸异构体等。

（3）极性毛细管柱。

1）INNOphase™ bondable PEG 毛细管柱，相似固定相：AT-WAX，BP-20，007-CW，CP wax52CB，Carbowax PEG 20M，DB-WAXetr，HP-INNOWax，Stabilwax，Supelcowax-10 等。使用温度范围：等温 40 ~ 260℃；程序升温 40 ~ 270℃。主要分析用途：醇类、芳香族类、精油、溶剂等。

2）键合聚乙二醇毛细管柱，相似固定相：Carbowax，HP-Wax，Rtx-Wax 等。使用温度范围：等温 20 ~ 250℃；程序升温 20 ~ 264℃。主要分析用途：醇类、芳香族类、精油、溶剂、乙二醇类等。

3）交联聚乙二醇毛细管柱，相似固定相：AT-1000，CP Wax58CB，DB-FFAP，HP-FFAP，NukolOV-351，Stabilwax-DA，SP-1000，007-FFAP 等。使用温度范围：等温 60 ~ 240℃；程序升温 60 ~ 250℃。主要分析用途：酸类、醇类、醛类、酮类、腈类、丙烯酸酯类等。

3. 色谱柱温度控制

（1）色谱柱最高使用温度。

色谱柱在使用时都会限定一个最高使用温度，主要是为了防止高温下固定液流失或裂解。

（2）色谱柱老化。

新买的及长时间使用的色谱柱，都需要进行老化。老化的目的是去除柱子里面的残留溶剂或杂质，并使固定液在担体表面涂渍更均匀牢固。

色谱柱老化具体办法：先接通载气，然后将柱温从 60℃左右以 5 ~ 10℃ /min 的速率程序升温到色谱柱的最高使用温度以下 30℃或者实际分析操作温度以上 30℃，并在高温时恒温 30 ~ 120min，直到所记录的基线稳定为止。如果基线难以稳定，可重复进行几次程序升温老化，也可在高温下恒定更长的时间。在老化柱子时，一定不要将毛细管接在检测器上。应将毛细管尾端放空，同时将检测器用闷头堵上。如果是 FID，容许接在上面，但应该将检测器升温。

（3）色谱柱控温方式。

色谱柱的温度是由柱温箱的温度决定的，常用的控温方式为恒温和程序升温。

（五）检测器的种类、特点及性能指标

1. 检测器种类

气相色谱检测器的作用是将各个组分及其浓度的瞬间变化转化为可测量的信号，有浓度型和质量型两种。浓度型检测器测量的是载气中组分浓度的瞬间变化，即检测器的响应值正比于组分的浓度。如热导检测器（TCD）、电子捕获检测器（ECD）和火焰光度检测器（FPD）等。质量型检测器测量的是载气中所携带的样品进入检测器的速度变化，即检测器的响应信号正比于单位时间内组分进入检测器的质量。如氢焰离子化检测器（FID）、质谱检测器（MS）、氮磷检测器（NPD）和火焰光度检测器（FPD）等。

2. 检测器特点及性能指标。

各种检测器都有各自的特点。如 FID 是质量型准通用型检测器，适用于各种有机化合物的分析，对碳氢化合物的灵敏度高；TCD 是浓度型通用型检测器，适用于各种无机气体和有机物的分析，多用于永久气体的分析；ECD 是浓度型选择型检测器，适合分析含电负性元素或基团的有机化合物，多用于分析含卤素化合物；NPD 是质量型选择型检测器，适合于含氮和含磷化合物的分析；FPD 是浓度型选择型检测器，适合于含硫、含氮和含磷化合物的分析；MS 是质谱检测器，测定化合物每一离子的质荷比及相对强度，由此得出谱图的分析。

一个优良的检测器应具有以下几个性能指标：灵敏度高，检出限低，死体积小，响应迅速，线性范围宽和稳定性好。通用性检测器要求适用范围广，选择性检测器要求选择性好。

（六）氢火焰离子化检测器（FID）

1. 检测原理

FID 是气相色谱检测器中使用最广泛的一种，是典型的破坏型质量型检测器。其原理为：以氢气和空气燃烧的火焰作为能源，利用含碳化合物在火焰中燃烧产生离子，在外加的电场作用下，使离子形成离子流，根据离子流产生的电信号强度，检测被色谱柱分离出的组分。

2. 检测器的结构

氢火焰离子化检测器（FID）由电离室和放大电路组成，如图 6-20 所示。

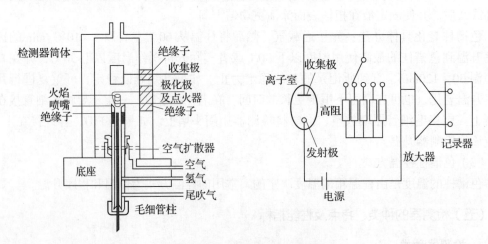

图 6-20　FID 结构示意图

FID 的电离室由金属圆筒作外罩，底座中心有喷嘴；喷嘴附近有环状金属圈（极化极，又称发射极），上端有一个金属圆筒（收集极）。两者间加 90~300V 的直流电压，形成电离电场加速电离的离子。收集极捕集的离子流经放大器的高阻产生信号、放大后送至数据采集系统。燃烧气、辅助气和色谱柱由底座引入；燃烧气及水蒸气由外罩上方小孔逸出。

3. 检测器性能

FID 的灵敏度和稳定性主要取决于：①如何提高有机物在火焰中离子化的效率；②如何提高收集极对离子收集的效率。离子化的效率取决于火焰的温度、形状、喷嘴的材料、孔径和载气、氢气、空气的流量比等。离子收集的效率则与收集极的形状、极化电压、电极性、发射极与收集极之间距离等参数有关。

在具体操作中，实验人员要提高检测器的灵敏度，通常要注意以下几个因素：①载气和氢气流速，一般 $N_2 : H_2 = 1:1 \sim 1:1.5$，通常以 N_2 为载气，其流速一般为 30mL/min，H_2 的最佳流速为 40~60mL/min；②空气流速，一般 H_2：空气 =1：10，空气流速越大，灵敏度越大，到一定值时，空气流速对灵敏度影响不大；③极化电压，在 50V 以下时，电压越高，灵敏度越高，通常选择 ±100 ~ ±300V 的极化电压；④操作温度，FID 温度要比柱的最高允许使用温度低约 50℃（防止固定液流失及基线漂移）。

（七）质谱检测器（MS）

1. 检测原理

质谱是质量的谱图，物质的分子在高真空下，经物理作用或化学反应等途径形成带电粒子，某些带电粒子可进一步断裂。每一离子的质量与所带电荷的比称为质荷比（m/z，曾用 m/e）。不同质荷比的离子经质量分离器——分离后，由检测器测定每一离子的质荷比及相对强度，由此得出的谱图称为质谱。

2. 质谱检测器的构造及功能（图 6-21）

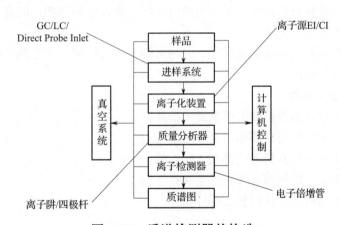

图 6-21　质谱检测器的构造

（1）真空系统。
构造：初级真空泵 – 机械泵、高真空泵 – 扩散泵或分子涡轮泵。

功能：造成并维持仪器的真空状态（$10^{-5} \sim 10^{-8}$Torr）。

质谱仪的真空度越高，离子越易通过，同时保护灯丝、避免放电、减少额外的离子分子反应。

（2）电离系统。

功能：样品离子化，产生特征离子。

（3）常用电子轰击电离（EI）源（图6-22）。

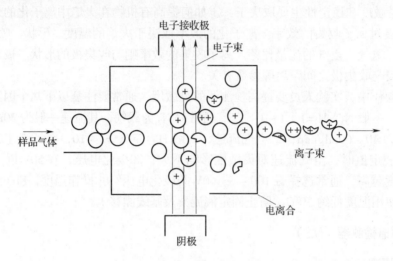

图 6-22　电子轰击电离

电子轰击离子源获得质谱图的步骤：

第一步：使用 70eV 的电子束离子化样品；

第二步：所有离子储存在质量分析器（离子阱）中直到达到一定的数量；软件自动优化最佳离子化时间，调节离子数量；

第三步：通过质量分析器环电极的射频电压的扫描，不同质荷比的离子被从小到大依次抛出，被检测器收集、记录；

第四步：工作站系统同步记录信号，并将其转换为我们可以识别的质谱图，质谱图提供化合物的"指纹"特性。

3. 质谱仪的五大共性

（1）所有的质量分析器检测的都是离子的质量数；

（2）所有的质量分析器检测的都是质荷比（m/z）；

（3）所有的质量分析器检测的都是气相态的离子；

（4）所有的质量分析器都必须在真空状态下操作；

（5）真空泵是所有质谱仪的核心部件。

（八）数据处理系统

GC 常用的数据记录处理方式一般有三种：台式记录仪、数据处理机和色谱工作站。

台式记录仪由差式放大器、可逆电机、记录笔、同步电机和记录纸等组成。由于需要对色谱图进行手工处理和计算，目前基本上已退出市场。

数据处理机是由模 / 数（A/D）转换器、专用计算机、键盘以及作图 / 打印器组成。其原理是：分析过程中 A/D 转换器不断接收 GC 来的信号，将其转换成数字信号存储到专用计算机，然后分析人员通过键盘给专用计算机指令来完成色谱图的处理，得到结果从作图 / 打印器中打出。

色谱工作站在组成和工作原理上与数据处理机基本相同，但它是计算机程序，可在 Windows 系统下工作，存储量和处理能力比数据处理机大得多；GC 运行情况可直接在显示器上同步显示，并且具备控制汽化室、柱和检测器的温度，控制各种气体流量和压力等功能。

（九）色谱的定性与定量分析

1. 色谱的定性分析

气相色谱可采用保留值对样品组分进行定性，常用以下三种方法。

（1）利用已知物直接对照进行定性分析，见图 6-23；

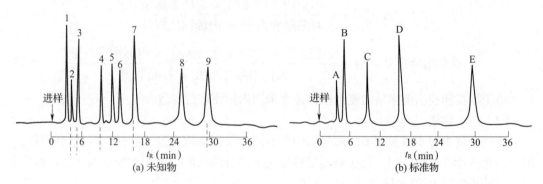

图 6-23　以已知纯物质对照进行定性示意图

注：A—甲醇；B—乙醇；C—正丙醇；D—正丁醇；E—正戊醇

（2）利用文献值传真对照进行定性分析；

（3）利用保留值规律进行定性分析。

1）双柱定性：各类同系物在两根极性不同的色谱柱上的响应是不同的。

2）碳数规律定性：同系物间，在一定温度下，调整保留值的对数与该分子的碳数呈线性关系，选用这个规律进行定性分析。

根据质谱仪工作平台配备的各种标准物的保留时间，质谱峰强度的谱库，对未知化合物进行定性分析。

2. 色谱的定量分析

色谱的定量分析以峰高或峰面积进行计算，质谱（MS）检测器以质谱图中质量数最高，强度最大的离子或特征离子作为定量的根据，样品中的每一个组分一定要被识别，并确定定量方法以保证样品定量结果的正确性。

定量方法包括标准曲线（外标）法、内标法和归一化法等。

（1）标准曲线（外标）法。

标准曲线法也称为外标法或直接比较法。先以不同量的对照品注入色谱图，测量出峰高或峰面积，以峰高（面积）与对照品的含量作标准曲线。在测定样品时，注入一定量的样品，记录色峰图，测量相应的峰高或峰面积，然后由标准曲线中查出欲测组分的量，再计算出欲测组分的百分含量。

室内空气苯、TVOC 的测定均采用标准曲线（外标）法。

（2）内标法。

在样品中加入一定质量或体积的内标物质（样品中不含有的成分），然后注入色谱仪，记录色谱图，测出欲测组分的峰面积与内标物质的峰面积，求出两个峰面积之比值。另取欲测组分的对照品及内标物质，按不同比例配制若干标准混合物，注入色谱仪，分别记录色谱图，求出峰面积之比。以对照品质量与内标物质量之比为横坐标，对照品中欲测组分的峰面积与内标物质峰面积的比值为纵坐标作标准曲线。从标准曲线中查出欲测物质与内标物的质量比，从而算出样品中欲测物质的量与百分含量。当求得校正因子后，可按校正因子计算欲测物质的量。

$$校正因子 = \frac{内标物质峰面积 \times 对照品取量}{对照品峰面积 \times 内标物质取量} \tag{6-22}$$

$$欲测组分百分含量 = \frac{校正因子 \times 欲测组分峰面积 \times 内标物质取量}{内标物质峰面积 \times 样品质量} \tag{6-23}$$

由于涂料和胶粘剂样品的复杂性，经常采用内标法进行定量。

（3）归一化法。

当进样量少得不易被测准，而样品中所有组分又都能流出色谱柱并显示色谱峰时，可用归一化法计算含量。归一化法是测定样品全部组分的峰面积和相对校正因子后，再按下式计算被测组分 P_1 的含量。

$$P_1 = \frac{m_1}{m} = \frac{A_1 f_1}{A_1 f_1 + A_2 f_2 + \cdots + A_n f_n} \times 100\% \tag{6-24}$$

式中：A_1、A_2、$\cdots$、A_n——样品中各组分的相应峰面积；

　　　f_1、f_2、$\cdots$、f_n——样品中各组分的校正因子；

　　　　　　　m——样品量；

　　　　　　m_1——样品中欲测组分的量。

（十）色谱操作条件的选择

室内空气、涂料、胶粘剂的成分均十分复杂，为了使各组分彼此分离，首先要选择适当的固定相（液），固定液的选择一般依据"相似相溶"规律来选择，因为这时分子间作用力强，选择性高，分离效果好。其次，要选择分离条件，这包括载气及其流速、色谱柱类型及柱长、柱温、进样量和进样时间，以及气化温度。

增加色谱柱长对分离有利，但柱长增加，柱压增加，分析时间过长。色谱柱内径增加，可增加分离的样品量，但会使柱效能下降，不利于分离。

　　柱温是一个重要的色谱操作参数，它直接影响分离效能和分析速度。柱温不能高于固定液的最高使用温度，否则会造成固定液大量挥发流失。某些固定液有最低操作温度。一般来说，操作温度至少必须高于固定液的熔点，以使其有效地发挥作用。降低柱温可使色谱柱的选择性增大，但升高柱温可以缩短分析时间，并且可以改善气相和液相的传质速率，有利于提高效能。柱温还与固定相配比有关，固定相配比增加，应采用较高柱温。所以，这两方面的情况均需考虑。在实际工作中，一般根据试样的沸点选择柱温、固定液用量及载体的种类。对于沸点范围较宽的样品，宜采用程序升温，见图 6-24。

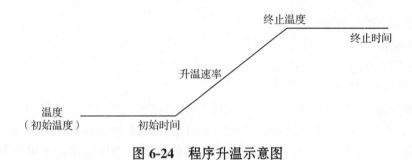

图 6-24　程序升温示意图

　　气化温度一般相当于或高于样品沸点，气化温度不宜太高以防热稳定性差的样品分解。

　　以上是选择操作条件的基本原则，实际工作中，对单个操作条件都要根据样品组成、性质、含量等进行试验才能确定。

（十一）分流 / 不分流进样技术

　　分流 / 不分流进样口是毛细管 GC 最常用的进样口。它既可用作分流进样，也可用作不分流进样。分流进样适合于大部分可挥发样品，包括液体和气体样品。在毛细管 GC 的方法开发过程中，如果对样品的组成不很清楚，应首先采用分流进样；当被测物浓度较高时，也应采用分流进样，分流进样允许样品中的代表部分进入到色谱柱中。在使用分流进样的时候，要控制隔垫吹扫气流量和分流流量，前者一般为 2 ~ 3mL/min，后者要依据样品情况、进样量大小和分析要求来改变。常用分流比范围为 10∶1 ~ 200∶1，样品浓度或进样量大时，分流比可相应增大，反之则减小。

　　不分流进样就是将分流气路的电磁阀关闭，让样品全部进入色谱柱。由于它具有明显高于分流进样的灵敏度，所以通常用于环境分析、食品中的农药残留监测以及临床和药物分析等。然而，在实际工作中，不分流进样的应用远没有分流进样普遍，只是在分流进样不能满足分析要求时（主要是灵敏度要求），才考虑使用不分流进样。这是因为不分流进样的操作条件优化较复杂，对操作技术的要求高。

　　在分流 / 不分流进样具体的使用中，还要注意分流歧视的问题。所谓分流歧视是指在一定分流比条件下，不同样品组分的实际分流比是不同的，这就会造成进入色谱柱的样品组成不同于原来的样品组成，从而影响定量分析的准确度。不均匀汽化、分流比大小等是造成分流歧视的主要原因。

（十二）气相色谱的日常维护

（1）按仪器说明书的规程操作；

（2）及时更换毛细管柱密封垫；

（3）使用纯度合乎要求的气体；

（4）定期更换气体净化器填料；

（5）使用性能可靠的压力调节阀；

（6）定期更换进样口隔垫；

（7）及时清洗注射器；

（8）定期检查并清洗进样口衬管；

（9）保留完整的仪器使用记录；

（10）更换零部件要逐一进行。

分析和判断色谱仪的故障，必须要熟悉气相色谱的流程和气、电路这两大系统，特别是构成这两个系统部件的结构、功能。色谱仪的故障是多种多样的，而且某一故障产生的原因也是多方面的，必须采用部分检查的方法，即排除法，才可能缩小故障的范围。

对于气路系统出的故障，主要是各种气体（特别是载气）有漏气的现象、气体质量问题、气体稳压稳流控制问题等，使气路产生的"鬼峰"和峰的丢失较为普遍。色谱柱的"老化"过程没有充分或柱温过高，产生的"液相遗失"等"鬼峰"也会出现。所以，首先应该解决气路问题，若气路无问题，则看电路问题。色谱气路上的故障，分析工作者可以找出并排除，但要排除电路上的故障则并非易事，就需要分析工作者有一定的电子线路方面的知识，并且要弄清楚主机接线图和各系统的电原理图（尤其是接线图）。在这些图上清楚地画出了控制单元和被控对象间的关系，具体地标明了各接插件引线的编号和去向，按图去检查电路、找寻故障是非常方便的。色谱电路系统的故障，一般是温度控制系统的故障和检测放大系统的故障，当然不排除供给各系统的电源的故障。温控系统（包括柱温、检测器温控、进样器温控）的主回路由可控硅和加热丝所组成；可控硅导通角的变化，使加热功率变化，而使温度变化（恒定或不恒定）。而控制可控硅导通角变化的是辅回路（或称控温电路），包括铂电阻（热敏元件）和线性集成电路等。综上所述，若是温控系统故障，应首先要检查可控硅是否坏，加热丝是否坏（断路或短路），铂电阻是否坏（断路或短路）或是否接触不良。其次，检查辅回路的其他电子部件。放大系统常见故障是离子信号线受潮或断开、高阻开关（即灵敏度选择）受潮、集成运算放大器（如AD515JH、OP07等）性能变差或坏等。

色谱故障的排除既要做到局部又要考虑到整体，有"果"必有"因"；弄清线路的走向，逐步排除产生"果"（故障）的"因"，把故障范围缩小。例如，若出现基线不停地抖动或基线噪声很大时，可先将放大器的信号输入线断开，观察基线情况，如果恢复正常，则说明故障不在放大器和处理机（或记录仪），而在气路部分或温度控制单元；反之，则说明故障发生在放大器、记录仪（或处理机）等单元上。这种部分排除的检查故障方法，在实际中是非常有用的。

（十三）气相色谱的检出限

在痕量分析中要提高检测的灵敏度，就是要提高检测器的选择性和降低检测器的基线噪声。色谱分析的检出限定义为响应值为二倍基线噪声时所需的样品量，因此检测系统的噪声大小将直接影响痕量分析的检出限，噪声越低，检测限也越低，而检测的灵敏度就越高。

（十四）色谱定量分析中的误差来源

色谱定量分析中的误差来源主要有系统误差、随机误差、过失误差。

1. 系统误差的来源及校正

（1）样品制备过程中欲测组分的损失，如解吸不完全等。

（2）由于色谱仪的进样分流比，衰减比不正确或线性响应范围过窄而引起的误差。

（3）由于采用了不正确的标准校正曲线或不正确的校正因子而产生的误差。

（4）由于测量者的不良习惯与偏向，在读取容量器具偏高或偏低而引入的误差。

由于（1）、（2）、（3）产生的系统误差，可以用分析样品的方法去分析已知准确含量的标准样品，将定量分析结果与已知含量对比，相当于扣除背景。由于（3）产生的误差只能使用已知准确含量的标准样品进行校正。

2. 随机误差的来源及校正

随机误差原因无法查明，大小随机波动，而且是不可避免的误差。存在于色谱定量分析的所有分析测试步骤。可以通过增加测量次数来校正由随机误差引起的测量误差。同时对误差过大或过小的数据进行取舍，以使定量分析的结果更接近真值。

3. 过失误差的来源及校正

由于操作人员的马虎和操作的错误引起的误差，如称量错误、操作不当引起欲测组分的损失，读数错误，仪器误操作，计算错误等都属于过失误差。这种误差，只要工作人员在分析测试过程中认真、细心、严格遵守操作规程是可以避免的。

第三节 分光光度法基础知识

一、分光光度法的基本原理

（一）概述

许多物质是有颜色的，例如高锰酸钾在水溶液中呈紫色，Cu^{2+}在水溶液中呈蓝色。这些有色溶液颜色的深浅与浓度有关，溶液越浓，颜色越深。因此可以用比较颜色的深浅来测定溶液中该种有色物质的浓度，这种测定方法就称为比色分析法。比色分析的基本依据是有色物质对光的选择性吸收作用。随着近代测试仪器的发展，目前已普遍地使用分光光度计进行比色分析。应用分光光度计的分析方法称为分光光度法。这种方法具有灵敏、准确、快速及选择性好等特点。

由于分光光度法的灵敏度高，所以它主要用于测定微量组分。例如，试样中含铜 0.001%，即 100mg 试样含铜 0.001mg 时，用比色法可以测出。若欲用碘量法进行滴定分析，设 $Na_2S_2O_3$ 溶液浓度为 $C(Na_2S_2O_3)$=0.05mol/L，消耗体积为 V（mL），则：

$$0.001/63.55=0.05V,$$

$$V=0.000\ 3mL$$

所需标准溶液的量这样少，无法进行滴定；若欲用重量法测定，沉淀的重量太少，也无法准确称量。此时，我们就可以选择比色分析或分光光度法来进行微量组分的测定。通常比色分析法及分光光度法所测溶液浓度下限可达 $10^{-5} \sim 10^{-6}M$，个别的还可更低，因而它们具有较高的灵敏度。

分光光度法测定的相对误差为 2%～5%，完全可以满足微量组分测定准确度的要求，且分光光度法测定迅速，所用仪器操作简便，价格便宜，几乎所有的无机物质和许多有机物质都能用此法进行测定，因此它对生产或科研都有极其重要的意义。

（二）物质对光的选择性吸收与物质的颜色

比色分析及分光光度分析的基本依据是物质对光的选择性吸收作用，为此，必须对光的基本性质有所了解。

我们可以做这样一个实验：使一束白光通过三棱镜时，在棱镜后的屏幕上就可得到一条彩色的光带（见图 6-25）。这种现象叫作光的色散现象，这个彩色的光带叫作光谱。

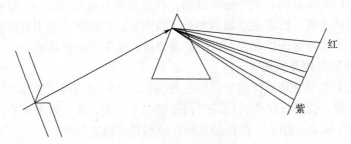

图 6-25　光的色散现象

以所得光谱可以看到红、橙、黄、绿、蓝、靛、紫逐渐过渡的颜色，可见白光是由以上各种颜色的光混合而成的复合光。

光的本质是一种电磁波，具有波动性和微粒性。光在传播时表现其波动性，如光的折射、衍射、干涉等现象，都能用波动性予以满意的解释。描述波动性的重要参数是：波长 λ，频率 γ 和光速 c，其关系是：

$$\lambda \cdot \gamma = c \tag{6-25}$$

根据波长的不同，光学光谱可分为紫外区光谱（10～40nm），可见区光谱（400～780nm）和红外区光谱（780～3 000nm）。

光的另一个性质是具有微粒性，即把光看作带有能量的微粒流，这种微粒叫作光子或光量子。单个光子的能量（E）决定于光的频率或波长，其关系是：

$$E=h \cdot \gamma = h \cdot c/\lambda \tag{6-26}$$

式中：h——普朗克常数（6.62×10^{-27}erg·s）。

运用光的微粒性这一特点可以很好地解释如光电效应、光的吸收和发射等光学现象。

波长一定，光子的能量一定。具有同一波长的光称为单色光。理论上，单色光是由具有相同能量的光子所组成的。通常把由不同波长的光组成的光称为复合光。

物质呈现的颜色与物质对光的吸收、透过、反射有关。不同波长的可见光对眼睛能引起不同颜色的感觉。白光是由红、橙、黄、绿、青、蓝、紫等色光按一定比例混合而成的，每一种颜色的光具有一定的波长范围，把两种适当颜色的光按一定的强度比例混合，可以成为白光，这两种色光就叫互补色。如绿光和紫光互补，黄光和蓝光互补等。

由于物质的本性和形态不同，光的吸收、透过、反射情况也就不同，物质因而呈现不同的颜色。

就透明的物质来说，主要是光的吸收和透过的矛盾。如果物质对光谱中各种色光的透过程度相同，这种物质就是无色的，如果物质只能透过某一部分波长的光，而吸收其他一些波长的光，这种物质的颜色就由它所透过的光来决定。例如，绿色玻璃主要透过绿色光，其他光几乎全被吸收，所以绿玻璃就呈绿色。

就不透明的物质来说，主要是光的吸收和反射的矛盾。当白光照射到不透明的物质表面时，如果物质几乎把全部入射光线都吸收了，这种物质就是黑色的。如果物质几乎把可见光谱中各种色光都反射回去，这种物质就是白色的。如果物质只反射某一部分波长的光，而吸收其他波长的光，这种物质的颜色就由它反射的光来决定。例如，红旗的表面主要反射红光，所以在白光照射下，它就显红色。

有色溶液呈现不同的颜色，是由于溶液中的质点（分子或离子）选择性地吸收某种颜色（某一波段）的光所引起的。如果溶液对各种波长的光具有不同的吸收能力，溶液呈现的颜色就是与它的主要吸收的色光相关的互补色。例如，一束白光通过 $KMnO_4$ 溶液时，绿色的光大部分被选择吸收，其他色光通过溶液，从下面的互补色示意表（表6-4）可以看出，透过的光中除紫色光外，其他颜色的光两两互补，透过光中只剩下紫色光，所以 $KMnO_4$ 呈紫红色。同样，K_2CrO_4 溶液选择吸收大部分蓝色光，所以溶液显黄色。

表6-4　物质颜色与吸收光颜色的互补关系

物质颜色	吸 收 光	
	颜色	波长（nm）
黄绿	紫	400~450
黄	蓝	450~480
橙	绿蓝	480~490
红	蓝绿	490~500
紫红	绿	500~560
紫	黄绿	560~580
蓝	黄	580~600
绿蓝	橙	600~650
蓝绿	红	650~780

以上简单地说明了物质呈现的颜色是物质对不同波长的光选择性吸收的结果。下面再简单说明一下吸收的本质。

当一束光照射到某一物质或其溶液时，组成该物质的分子、原子或离子与光子发生"碰撞"，光子的能量就转移到分子、原子上，使这些粒子由最低能态（基态）跃迁到较高能态（激发态）：

$$M + \gamma \cdot h \longrightarrow M^*$$
$$\text{（基态）} \quad \text{（激发态）}$$

这个作用叫作物质对光的吸收。被激发的粒子约在 $10^{-8}s$ 后又回到基态，并以热或荧光等形式释放出能量。

分子、原子或离子具有不连续的量子化能级，仅当照射光光子的能量（$\gamma \cdot h$）与被照射物质粒子的基态和激发态能量之差相当时才能发生吸收，而不同的物质微粒由于结构不同具有不同的量子化能级，其能量差也不相同，所以物质对光的吸收具有选择性。

将不同波长的光通过某一固定浓度的有色溶液，测量每一波长下有色溶液对光的吸收程度（即吸光度），然后以波长为横坐标，吸光度为纵坐标作图，即可得一曲线。这种曲线描述了物质对不同波长光的吸收能力，称为吸收曲线（吸收光谱），如图 6-26 所示。

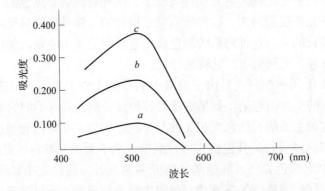

图 6-26　分光光度法溶液吸收曲线示意图

图中曲线 a、b、c 是 Fe^{2+} 含量分别为 0.000 2mg/mL，0.000 4mg/mL 和 0.000 6mg/mL 的吸收曲线。由图 6-26 可见，1，10- 邻二氮杂菲亚铁溶液，对不同波长的光吸收情况不同。对波长为 510nm 的绿色可见光吸收最多，有一吸收峰（相应的波长称为最大吸收波长）。对波长 630nm 左右的橙红色光，则几乎不吸收，完全透过，所以溶液呈现橙红色。这说明了物质呈色的原因及物质对光的选择性吸收。不同物质其吸收曲线的形状和最大吸收波长也不相同。根据这个特性可用作物质的初步定性分析。不同浓度的同一物质，在吸收峰附近吸光度随浓度增加而增大，但最大吸收波长不变。若在最大吸收波长处测定吸光度，则灵敏度最高。因此，吸收曲线是比色法及分光光度法中选择测定波长的重要依据。

（三）光的吸收基本定律——朗白－比耳定律

比色法及分光光度法的定量依据是朗白－比耳定律。这个定律开始是由实验观察得到的。当一束平行单色光通过液层厚度为 b 的有色溶液时，溶质吸收了光能，光的强度就要减弱。溶液的浓度越大，通过的液层厚度越大，入射光越强，则光被吸收得越多，光强度的减弱也越显著。描述它们之间定量关系的定律称为朗白－比耳定律。

早在 1729 年，波格（Bougeur）首先发现物质对光的吸收与吸光物质的厚度有关。之后，他的学生朗白（Lambert）进一步研究，并于 1760 年指出，如果溶液的浓度一定，则光的吸收程度与液层的厚度成正比，这个关系称为朗白定律，用下式表示：

$$A=\log I_0/I=k_1 \cdot b \tag{6-27}$$

式中：A——吸光度；

　　I_0——入射光强度；

　　I——透射光强度；

　　b——液层厚度；

　　k_1——比例常数。

1852 年，比耳（Beer）研究了各种无机盐水溶液对红光的吸收后指出：光的吸收和光所遇到的吸光物质的数量有关；如果吸光物质溶于不吸光的溶剂中，则吸光度和吸光物质的浓度成正比。也就是说，当单色光通过液层厚度一定的有色溶液时，溶液的吸光度与溶液的浓度成正比，这个关系称为比耳定律，用下式表示：

$$A=\log I_0/I=k_2 \cdot c \tag{6-28}$$

式中：c——有色溶液的浓度；

　　k_2——比例常数。

将朗白定律与比耳定律结合起来，就称为朗白－比耳定律（简称比耳定律）。

$$A=\log I_0/I=a \cdot b \cdot c \tag{6-29}$$

式中：a——比例常数，称为吸光系数；

　　b——液层厚度；

　　c——有色溶液的浓度。

如果溶液浓度用"mol/L"为单位，液层厚度以"cm"为单位，则比例常数称为摩尔吸收系数，以 ε 表示。摩尔吸收系数表示物质对某一特定波长光的吸收能力。ε 越大，表示该物质对某波长光的吸收能力越强，测定的灵敏度也就越高。

朗白－比耳定律的物理意义为：当一束平行单色光通过均匀的有色溶液时，溶液的吸光度与溶液的浓度和液层厚度的乘积成正比。

朗白－比耳定律不仅适用于有色溶液，也适用于其他均匀、非散射的吸光物质（包括液体、气体和固体），是各类吸光光度法的定量依据。

在吸光度的测量中，有时也用透光度 T 或百分透光度 %。T 表示有色物质对光的吸收程度和进行有关计算。透光度 T 是透射光强度 I 与入射光强度 I_0 之比，即：

$$T=I/I_0 \tag{6-30}$$

因此，

$$A=\log 1/T=-\log T \tag{6-31}$$

（四）吸光度的测量

在吸光度的实际测量中，必须将溶液装入由透明材料制成的比色皿中，发生反射、吸收和透射等作用。由于反射和溶剂等试剂的吸收会造成透射光强度的减弱，为了使光的强度减弱仅与溶液中待测物质的浓度有关，必须对上述影响进行校正。为此，采用光学性质相同，厚度相同的比色皿贮存试剂作参比，调节仪器，使透过参比皿的吸光度 $A=0$，或透光度 $T=100\%$。这样就消除了比色皿的反射和试剂吸收对光强度的影响。即：

$$A \approx \log I_{参比}/I_{试液} \approx \log I_0/I \tag{6-32}$$

也就是说，实际上是以通过参比皿的光强度作为入射光强度。这样测得的吸光度比较真实地反映了待测物质对光的吸收，也就能比较真实地反映待测物质的浓度。因此在光度分析中，参比溶液的作用是非常重要的。

（五）偏离比耳定律的原因

根据朗白－比耳定律，当波长和强度一定的入射光通过光程长度固定的有色溶液时，吸光度与有色溶液浓度成正比。通常在比色分析及可见光分光光度分析中，需要绘制标准曲线（工作曲线），即固定液层厚度及入射光的波长和强度，测定一系列不同浓度标准溶液的吸光度，以吸光度为纵坐标，标准溶液浓度为横坐标作图，可得到一条通过原点的直线。该直线称为标准工作曲线或工作曲线。在相同条件下测得试液的吸光度，从工作曲线上可查得试液的浓度，这就是工作曲线法。但在实际工作中，特别是在溶液浓度较高时，常会出现标准曲线不成直线（见图 6-27 虚线）的现象，这种现象称为偏离比耳定律。若需用试液浓度在标准曲线弯曲部分，则测得的浓度必将具有较大的误差。

引起偏离比耳定律的原因主要是所用仪器不能提供真正的单色光，以及随着有色溶液浓度的增大发生了吸光物质性质的改变。这种偏离并不是由比耳定律本身不严格所引起，因此只能称为表观偏离。兹就引起偏离的不同原因讨论如下：

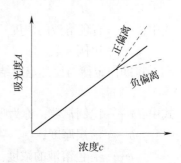

图 6-27　分光光度分析工作曲线示意图

1. 非单色光引起的偏离

严格地说，比耳定律只适用于单色光，但目前一般单色器所提供的入射光并非单纯的单色光，而是波长范围比较窄的光带，实际上仍是复合光。由于物质对不同波长光的吸收程度不同，因而用复合光时就会发生偏离。

实验证明，若能选用一束吸光度随波长变化不大的复合光作入射光来进行测定，所引起的偏离就小，标准曲线基本上成直线。所以比色分析并不严格要求用很纯的单色光，只要入射光所包含的波长范围在被测溶液的吸收曲线较平直部分，也可得到较好的线性关系。如图 6-28 所示，左图为吸收曲线与选用谱带关系，右图为工作曲线。若选用吸光度随波长变化不大的谱带 A 的复合光进行测量，则吸光度随波长变化较小，引起的偏离也较小，吸光度与浓度基本呈直线关系。若选用谱带 B 的复合光进行测量，则吸光度随波长的变化较明显，因此出现明显的偏离，吸光度与浓度不成线性关系。

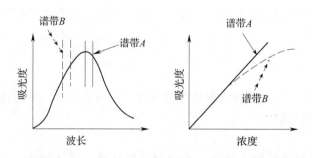

图 6-28　复合光对比耳定律的影响示意图

2. 化学因素引起的偏离

朗白 – 比耳定律的基本假设，除要求入射光是单色光外，还假设吸收粒子是独立的，彼此之间无相互作用，因此稀溶液能很好地服从比耳定律。在高浓度时（通常 >0.01mol/L）由于吸收组分粒子间的平均距离减小，以致每个粒子都可影响其邻近粒子的电荷分布，这种相互作用可使它们的吸光能力发生改变。由于相互作用的程度与浓度有关，随浓度增大，吸光度与浓度间的关系就逐渐偏离线性关系。所以一般认为比耳定律仅适用于稀溶液。

另外，溶液中由吸光物质等构成的化学体系，常因条件的变化而形成新的化合物而改变了吸光物质的浓度，如吸光组分的缔合、离解，互变异构，络合物的逐级形成，以及与溶剂的相互作用等，都将导致偏离比耳定律。因此必须根据吸光物质的性质，溶液中化学平衡的知识，对偏离加以预测和防止，也必须严格控制显色反应条件，以期获得较好的测定结果。

二、分光光度计的结构

虽然光度计的种类和型号繁多，但它们都是由下列基本部件组成（见图 6-29）。

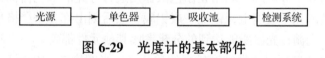

图 6-29　光度计的基本部件

现将各部件的作用原理及性能讨论如下。

（一）光源

在吸光度的测量中，要求光源发出所需波长范围内的连续光谱具有足够的光强度，并在一定时间内能保持稳定。

可见光区通常使用的光源为钨丝灯。钨丝加热到白炽状态时，将发出波长约为 320～2 500nm 的连续光谱，发出光的强度在各波段的分布随灯丝温度变化而变化。温度增高时，总强度增大，且在可见光区的强度分布增大，但温度较高，会影响灯的寿命。钨丝灯一般工作温度为 2 600～2 870K（钨的熔点为 3 680K）。而钨丝灯的温度决定于电源电压，电源电压的微小波动会引起钨灯光强度的很大变化，因此必须使用稳压器电源才能使光源光强度保持不变。

（二）单色器

将光源发出的连续光谱分解为单色光的装置，称为单色器。单色器由棱镜或光栅等色散元件及狭缝和透镜等组成。

1. 棱镜

图 6-30 是棱镜单色器的原理图，光通过入射狭缝，经透镜以一定角度射到棱镜上，在棱镜的两界面上发生折射而色散。色散了的光被聚焦在一个微微弯曲并带有出射狭缝的表面上，移动棱镜或移动出射狭缝的位置，就可使所需波长的光通过狭缝照射到试液上。

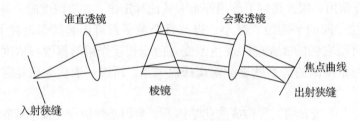

图 6-30　棱镜单色器示意图

单色光的纯度决定于棱镜的色散率和出射狭缝的宽度，玻璃棱镜对 400～1 000nm 波长的光色散较大，适用于可见光分光光度计。

通过单色器的出射光束中通常混有少量与仪器所指示波长很不同的杂散光，其来源之一是由于光学部件表面尘埃的散射。杂散光的存在，会影响吸光度的测量，因此应该保持仪器光学部件的清洁。

2. 光栅

根据光的衍射和干涉原理，利用光栅色散作用进行分光的单色器称为光栅分光器。它是在一块极其平整的光学玻璃上，镀上一层铝膜，然后刻出许多条严格平行、等宽、等距离的狭缝，就形成光栅，光栅所能达到的分辨率比其他元件都高。

使用棱镜等单色器可以获得纯度较高的单色光（半宽度 5～10nm），且可方便地改变测定波长。所以分光光度法的灵敏度、选择性和准确度都较光电比色法高。使用分光光度计可测定吸收光谱曲线和进行多组分试样的分析。

（三）吸收池

吸收池亦称比色皿，用于盛吸收试液，能透过所需光谱范围内的光线。在可见光区测定，可用无色透明、能耐腐蚀的玻璃比色皿，大多数仪器都配有厚度为 5mm，10mm，20mm，30mm 等的一套长方形或圆柱形比色皿。同样厚度比色皿之间的透过率相差应小于0.5%。为了减少入射光的反射损失和造成光误差，应注意比色皿放置的位置，使其透光面垂直于光束方向。指纹、油腻或皿壁上其他沉积物都会影响其透射特性，因此应注意保持比色皿的光洁。

（四）检测系统

测量吸光度时，并非直接测量透过吸收池的光强度，而是将光强度转换成电流进行测量，这种光电转换器件称为检测器。因此，要求检测器对测定波长范围内的光有快速、灵敏的响应，最重要的是产生的光电流应与照射于其上的光强度成正比。

可见光光度计常使用硒光电池或光电管作检测器，采用检流计作读数装置，两者组成检测系统。

1. 光电池

常用硒光电池。当光照射到光电池收时，半导体硒表面就有电子逸出，被收集于金属薄膜上（一般是金、银、铅等薄膜），因此带负电，成为光电池的负极。由于硒的半导体性质，电子只能单向移动，使铁片成为正极。通过电阻很小的外电路连接起来，可产生 $10 \sim 20\mu A$ 的光电流，能直接用检流计测量，电流的大小与照射光强度成正比。

光电池受强光照射，或长久连续使用时，会出现"疲劳"现象，即照射光强度不变，但产生的光电流会逐渐下降。这时应暂停使用，放置暗处使其恢复原有灵敏度，严重时就应更换新的硒光电池。

硒光电池和人眼相似，它对于波长为 550nm 左右的光灵敏度最高，而在 250nm 和 750nm 处相对灵敏度降至 10% 左右。

2. 光电管

光电管是由一个阳极和一个光敏阴极组成的真空（或充有少量惰性气体）二极管，阴极表面镀有碱金属或碱金属氧化物等光敏材料，当它被有足够能量的光子照射时，能够发射电子。当在两极间有电位差时，发射出的电子就流向阳极而产生电流，电流的大小决定于入射光的强度。在相同强度的光照射下，光电管所产生的电流约为光电池的 1/4，但是，由于光电管有很高的内阻，所以产生的电流很容易放大。

3. 检流计

通常使用悬镜式光点反射检流计测量产生的光电流，其灵敏度一般为 $10^{-9}A/$ 格。在单光束仪器中，检流计光点偏转刻度直接标为百分透光度 T 和吸光度 A，它们之间的关系为：

$$I/I_0 \times 100 = T\% \qquad\qquad （6-33）$$

$$A = \log I/I_0 = \log 100/T\% = 2 - \log T\% \qquad\qquad （6-34）$$

当 $T\% = 50$ 时，$A = 2 - \log 50 = 0.301$。

测定时，一般直接读出 A 的数值。

检流计在使用中应防止振动和大电流通过。停止使用时，必须将检流计开关指向零位，使其短路。

三、分光光度计的维护

1. 分光光度计的检验

为保证测试结果的准确可靠，分光光度计应定期进行检定。检定工作应请当地的计量检定部门进行。国家技术监督局批准颁布了各类分光光度计的检定规程，规定了检定周期。在检定周期内，仪器经修理或对测量结果有怀疑时，应及时进行检定。

2. 分光光度计的保养和维护

分光光度计是光学、精密机械和电子技术三者紧密结合而成的光谱仪器。正确安装、使用和保养对保持仪器良好的性能和保证测试的准确度有很重要的作用，其使用、保养和维护应注意以下几点：

（1）室温宜保持在 15~28℃；相对湿度宜控制在 45%~65%，不要超过 70%。

（2）防尘、防振和防电磁干扰。仪器周围不应有强磁场，应远离电场及发生高频波的电器设备。

（3）防腐蚀。应防止腐蚀性气体，如 SO_2、NO_2 及酸雾等侵蚀仪器部件。

（4）在不使用时不要开光源灯。如灯泡发黑、亮度减弱或不稳定，应及时更换灯泡，更换后要及时调节好灯丝位置。不要用手直接接触窗口或灯泡，避免油污污染，若不小心接触过，要用无水乙醇擦拭。

（5）单色器是仪器的核心部分，装在密封的盒内，一般不宜拆开。要经常更换单色器盒内的干燥剂，防止色散元件受潮生霉。

（6）吸收池用后应立即清洗，为防止其光学面被划伤，必须用擦镜纸或柔软的棉织物擦去水分。有色物质污染，可用 3mol/L HCl 和等体积乙醇的混合液洗涤。

（7）光电器件应避免强光照射或受潮积尘。

（8）仪器的工作电源一般允许 220V±10% 的电压波动。为保持光源灯和检测系统的稳定性，在电源电压波动较大的实验室最好配备稳压器。

四、可见光分光光度法

分光光度分析有两种，一种是利用物质本身对可见光的吸收进行测定，另一种是生成有色化合物即"显色"以后测定。虽然不少无机离子在可见光区有吸收，但因一般强度较弱，所以直接用于定量分析的较少。加入显色剂使待测物质转化为可见光区有吸收的化合物来进行光度测定，是目前应用最广泛的测试手段，在分光光度法中占有重要地位。

（一）显色反应

在进行比色分析或光度分析时，首先要利用显色反应把待测组分转变成有色化合物，然后进行比色或光度测定。将待测组分转变成有色化合物的反应叫显色反应。与待测组分形成有色化合物的试剂称为显色剂。在分析工作中选择合适的显色反应，并严格控制反应条件，是十分重要的。

1. 显色反应的选择

显色反应可分为两大类，即络合反应和氧化还原反应，而络合反应是最主要的显色反应。同一组分常可与多种显色剂反应，生成不同的有色物质，在分析时，究竟选用何种显色反应较适宜，应考虑以下四个因素。

（1）灵敏度高。光度法一般用于微量组分的测定，因此，选择灵敏的显色反应是应考虑的主要方面。摩尔吸光系数 ε 的大小是显色反应灵敏度高低的重要标志，因此应当选择生成的有色物质的 ε 较大的显色反应。一般来说，当 ε 值为 $10^4 \sim 10^5$ 时，可认为该反应灵敏度较高。

（2）选择性好。选择性好指显色剂仅与一个组分或少数几个组分发生显色反应。仅与某一个离子发生反应者称为特效的（或专属的）显色剂。这种显色剂实际上是不存在的，但是干扰较少或干扰易于除去的显色反应是可以找到的。

（3）显色剂在测定波长处无明显吸收。显色剂在测定波长处无明显吸收，试剂空白值小，可以提高测定的准确度。通常把两种有色物质最大吸收波长之差称为"对比度"，一般要求显色剂与有色化合物的对比度 $\Delta\lambda$ 在 60nm 以上。

（4）反应生成的有色化合物组成恒定，化学性质稳定。反应生成的有色化合物组成恒定，化学性质稳定，可以保证至少在测定过程中吸光度基本上不变，否则将影响吸光度测定的准确度及再现性。

2. 显色条件的选择

分光光度法是测定显色反应达到平衡后溶液的吸光度，因此要能得到准确的结果，必须从研究平衡着手，了解影响显色反应的因素，控制适当的条件，使显色反应完全和稳定。现对显色的主要条件讨论如下：

（1）显色剂用量。显色反应一般可用下式表示：

$$\text{M} \quad + \quad \text{R} \quad \longrightarrow \quad \text{MR}$$
$$（待测组分）\quad（显色剂）\quad\quad（有色化合物）$$

根据溶液平衡原理，有色络合物稳定常数越大，显色剂过量越多，越有利于待测组分形成有色化合物。但是过量显色剂的加入，有时会引起副反应的发生，对测定反而不利。显色剂的适宜用量常通过实验来确定。其方法是将待测组分的浓度及其他条件固定，然后加入不同量的显色剂，测定其吸光度，绘制吸光度（A）－浓度（C_R）关系曲线，一般可得到图 6-31 所示的三种不同情况。

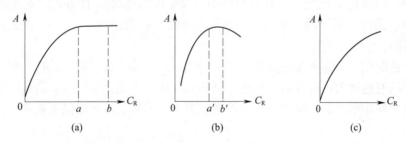

图 6-31　吸光度与显色剂浓度关系示意图

图中（a）图曲线表明，当显色剂浓度 C_R 在 $0 \sim a$ 范围内时，显色剂用量不足，待测离子没有完全转变成有色络合物，随着 C_R 增大，吸光度 A 增大。在 $a \sim b$ 范围内，曲线平直，吸光度出现稳定值，因此可在 $a \sim b$ 间选择合适的显色剂用量。这类反应生成的有色络合物稳定，对显色剂浓度控制要求不太严格，适宜于光度分析。图中（b）图曲线表明，

当显色剂浓度在 $a' \sim b'$ 这一较窄的范围内时，吸光度值才较稳定，显色剂浓度小于 a' 或大于 b'，吸光度都下降，因此必须严格控制 C_R 的大小。如硫氰酸盐与钼的反应：

$$\text{Mo}(\text{SCN})_3^{2+} \underset{-\text{SCN}^-}{\overset{+\text{SCN}^-}{\rightleftharpoons}} \text{Mo}(\text{SCN})_5 \underset{-\text{SCN}^-}{\overset{+\text{SCN}^-}{\rightleftharpoons}} \text{Mo}(\text{SCN})_6^-$$

（浅红） （橙红） （浅红）

显色剂 SCN^- 浓度太低或太高，生成配位体数低或高的络合物，吸光度都降低。图中（c）图曲线表明，随着显色剂浓度增大，吸光度不断增大，例如用 SCN^- 与 Fe^{3+} 离子反应，生成逐级络合物 $\text{Fe}(\text{SCN})_n^{3-n}$，$n=1, 2, \cdots, 6$，随着 SCN^- 浓度增大，生成颜色愈深的高配位体数络合物，这种情况下必须十分严格地控制显色剂用量。

（2）酸度。酸度对显色反应的影响是多方面的。由于大多数有机显色剂是有机弱酸，且带有酸碱指示剂性质，在溶液中存在着下列平衡：

$$\text{HR} \longrightarrow \text{H}^+ + \text{R}^-$$
（显色剂）　+

$$\text{Me}^{n+} \longrightarrow \text{MeR}_n$$
（有色化合物）

酸度改变，将引起平衡移动，从而影响显色剂及有色化合物的浓度变化，以至于改变溶液的颜色。

此外，酸度对待测离子是否发生水解也是有影响的。

一种金属离子与某种显色剂反应的适宜酸碱范围，是通过实验来确定的。确定的方法是固定待测组分及显色剂浓度，改变溶液 pH 值，测定其吸光度，作出吸光度与 pH 关系曲线，如图 6-32 所示，应选择曲线平坦部分对应的 pH 值作为测定条件。

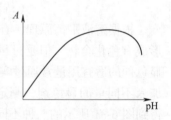

图 6-32 吸光度与 pH 值关系示意图

（3）显色温度。显色反应一般在室温下进行，有的反应则需要加热，以加速显色完全。有的有色物质当温度偏高时又容易分解，为此，对不同的反应，应通过实验找出各自适宜的温度范围。

（4）显色时间。大多数显色反应需要一定的时间才能完成。时间的长短又与温度的高低有关。有的有色物质在放置时，受到空气的氧化或发生光化学反应，会使颜色减弱。因此必须通过实验作出在一定温度下（一般是室温下）的吸光度—时间关系曲线，求出适宜的显色时间。

（5）干扰的消除。光度分析中，共存离子如本身有颜色，或与显色剂作用生成有色化合物，都将干扰测定。要消除共存离子的干扰，可采用下列方法：

1）加入络合掩蔽剂或氧化还原掩蔽剂，使干扰离子生成无色络合物或无色离子。如用 NH_4SCN 作显色剂测定 Co^{2+} 时，Fe^{3+} 干扰可借加 NaF 使之生成无色的 FeF_6^{3-} 而消除。

2）选择适当的显色条件以避免干扰。如利用酸效应，控制显色剂离解平衡，降低

〔R〕，使干扰离子不与显色剂作用。如用磺基水杨酸测定 Fe^{3+} 离子时，Cu^{2+} 与试剂形成黄色络合物，干扰测定，但如控制 pH 在 2.5 左右，Cu^{2+} 则不与试剂反应。

3）分离干扰离子。在不能掩蔽的情况下，可采用沉淀、离子交换或溶剂萃取等分离方法除去干扰离子。其中，尤以萃取分离法使用较多，并可直接在有机相中显色，这类方法称为萃取光度法。

4）也可选择适当的光度测量条件，消除干扰离子的影响。

综上所述，建立一个新的光度分析方法，必须通过实验对上述各种条件进行研究。应用某一显色反应进行测定时，必须对这些条件进行适当的控制，并使试样的显色条件与绘制标准曲线时的条件一致，这样才能得到重现性好而准确度高的分析结果。

（二）光度测量条件的选择

为了使光度分析法有较高的灵敏度和准确度，除了要注意选择和控制适当的显色反应条件外，还必须注意选择适当的光度测量条件，主要应考虑下列几点。

1. 入射光波长的选择

入射光的波长应根据吸收光谱曲线，选择溶液有最大吸收时的波长为宜，因为在此波长处，摩尔吸光系数 ε 值最大，使测定有较高的灵敏度，同时，在此波长处的一个较小范围内，吸光度变化不大，不会造成对比耳定律的偏差。

如果最大吸收波长不在仪器可测波长范围内，或干扰物质在此波长处有强烈的吸收，那么可选用非峰值处的波长。但应注意尽可能选择其 ε 值随波长改变而变化不太大的区域内的波长。

2. 参比溶液的选择

参比溶液的选择是光度测量的重要条件之一。在实际工作中，当试液、显色剂及所用的其他试剂在测定波长处无吸收时，可用纯溶剂（或蒸馏水）作参比溶液。如果显色剂无吸收，而待测溶液在此波长处有吸收，那么应采用不加显色剂的待测试液作参比溶液。如果显色剂和试液均有吸收，可将一份试液，加入适当掩蔽剂将待测组分掩蔽起来，使之不再与显色剂作用，然后按操作步骤加入显色剂及其他试剂，以此作参比溶液。总之，要求制备的参比溶液，能尽量使测得试液的吸光度真正地反映待测物质的浓度。

3. 吸光度读数范围的选择

影响光度测定的因素除上述两方面外，在不同吸光度范围内读数，也可带入不同程度的误差，对测定产生影响。为了减小这方面的影响，应选择适当的吸光度范围进行光度测定。

浓度相对误差大小和吸光度读数范围有关。当所测吸光度在 0.15 ~ 1.0 或 $T=70\%$ ~ 10% 的范围内，浓度测量误差为 1.4% ~ 2.2%，最小误差为 1.4%（$\Delta T=0.5\%$），见表 6-5。测量的吸光度过低或过高，误差都是非常大的，因而普通分光光度法不适于高含量或极低含量物质的测定。

国产 72 型分光光度计适宜测定的吸光度范围为 0.1 ~ 0.65。根据朗白 – 比耳定律，可以改变吸收池厚度或待测溶液浓度，使吸光度读数处在适宜范围内。

表 6-5　不同 T（或 A）时的浓度相对误差（假定 $\Delta T= \pm 0.5\%$）

透射比 T（%）	吸光度 A	浓度相对误差 $\dfrac{\Delta c}{c} \times 100$	透射比 T（%）	吸光度 A	浓度相对误差 $\dfrac{\Delta c}{c} \times 100$
95	0.022	（±）10.2	40	0.399	（±）1.36
90	0.046	5.3	30	0.523	1.38
80	0.097	2.8	20	0.699	1.55
70	0.155	2.0	10	1.000	2.17
60	0.222	1.63	3	1.523	4.75
50	0.301	1.44	2	1.699	6.38

五、分光光度法分析的误差因素

（一）方法误差

方法误差是指分光光度法本身所产生的误差。主要由溶液偏离比耳定律及显色反应条件的改变所引起。为避免这一误差，应采用工作曲线呈线性的那一段范围进行测定工作，还要严格控制显色反应溶液酸度、温度、显色时间等反应条件，防止有色配合物的组成发生变化。

（二）仪器误差

仪器误差是指由使用分光光度计所引入的误差。

（1）仪器的非理想性引起的误差：复色光引起对比耳定律的偏离；波长标度尺未做校正时引起光谱测量误差。

（2）仪器噪声的影响。

（3）反射和散射的影响。

（4）吸收池引起的误差。

吸收池不匹配或吸收池透光面不平行，吸收池定位不确定或吸收池对光方向不同，均会使其透光率产生差异，使测定结果产生误差。因此配好对的吸收池应在毛玻璃面做好标记，同时吸收池的洗涤也很重要，应按操作方法认真洗涤。

第四节　室内环境检测实验室的建设与质量管理

一、室内环境检测实验室的建设

室内环境检测实验室的建设内容包括以下几方面：

（1）实验室应依法设立或注册，能够承担相应的法律责任，保证客观、公正、独立地从事检测活动，并应通过实验室资质认定。

（2）实验室应具备固定的工作场所（包括办公、检测的场地或房屋），室内的通风、采光、温度控制、给排水等方面的设计应满足相关规范及标准的要求。

（3）实验室应配备检测活动的设备及辅助设施，并具有对所有设备、设施独立调配使用、管理的权力。应建立安全作业管理程序，确保化学危险品、毒品及水、气、火、电等危及安全的因素和环境得以有效控制并有应急处理措施。

（4）实验室人员的数量和能力应满足工作要求，所有从事抽样、检测、操作设备的人员均应持证上岗。

（5）实验室应保证检测活动的客观、公正、独立性，应制定措施保证检测人员不受外界压力影响。

（6）为确保检验数据的准确、有效和可靠，实验室应建立质量手册及全面、有可操作性的程序文件。

二、室内环境检测实验室管理

参考 ISO/IEC 17025：2017《检测和校准实验室能力的通用要求》建立全面的质量控制体系进行管理，摘要如下：

4 通用要求

4.1 公正性

4.1.1 实验室应公正地实施实验室活动，并从组织结构和管理上保证公正性。

4.1.2 实验室管理层应做出公正性承诺。

4.1.3 实验室应对实验室活动的公正性负责，不允许商业、财务或其他方面的压力损害公正性。

4.1.4 实验室应持续识别影响公正性的风险。这些风险应包括其活动、实验室的各种关系，或者实验室人员的关系而引发的风险。然而，这些关系并非一定会对实验室的公正性产生风险。

注：危及实验室公正性的关系可能基于所有权、控制权、管理、人员、共享资源、财务、合同、市场营销（包括品牌）、支付销售佣金或其他引荐新客户的奖酬等。

4.1.5 如果识别出公正性风险，实验室应能够证明如何消除或最大程度降低这种风险。

4.2 保密性

4.2.1 实验室应通过作出具有法律效力的承诺，对在实验室活动中获得或产生的所有信息承担管理责任。实验室应将其准备公开的信息事先通知客户。除客户公开的信息，或实验室与客户有约定（如为回应投诉的目的），其他所有信息都被视为专有信息，应予保密。

4.2.2 实验室依据法律要求或合同授权透露保密信息时，应将所提供的信息通知到相关客户或个人，除非法律禁止。

4.2.3 实验室从客户以外渠道（如投诉人、监管机构）获取有关客户的信息时，应在客户和实验室间保密。除非信息的提供方同意，实验室应为信息提供方（来源）保密，且不应告知客户。

4.2.4 人员，包括委员会委员、合同方、外部机构人员或代表实验室的个人，应对在实施实验室活动过程中获得或产生的所有信息保密，法律要求除外。

5 结构要求

5.1 实验室应为法律实体，或法律实体中被明确界定的一部分，该实体对实验室活动承担法律责任。

> 注：在本准则中，政府实验室基于其政府地位被视为法律实体。

5.2 实验室应确定对实验室全权负责的管理层。

5.3 实验室应规定符合本准则的实验室活动范围，并制定成文件。实验室应仅声明符合本准则的实验室活动范围，不应包括持续从外部获得的实验室活动。

5.4 实验室应以满足本准则、实验室客户、法定管理机构和提供承认的组织要求的方式开展实验室活动，这包括实验室在固定设施、固定设施以外的地点、临时或移动设施、客户的设施中实施的实验室活动。

5.5 实验室应：

a）确定实验室的组织和管理结构、其在母体组织中的位置，以及管理、技术运作和支持服务间的关系；

b）规定对实验室活动结果有影响的所有管理、操作或验证人员的职责、权力和相互关系；

c）将程序形成文件的程度，以确保实验室活动实施的一致性和结果有效性为原则。

5.6 实验室应有人员（不论其他职责）具有履行职责所需的权力和资源，这些职责包括：

a）实施、保持和改进管理体系；

b）识别与管理体系或实验室活动程序的偏离；

c）采取措施以预防或最大程度减少这类偏离；

d）向实验室管理层报告管理体系运行状况和改进需求；

e）确保实验室活动的有效性。

5.7 实验室管理层应确保：

a）针对管理体系有效性、满足客户和其他要求的重要性进行沟通；

b）当策划和实施管理体系变更时，保持管理体系的完整性。

6 资源要求

6.1 总则

实验室应获得管理和实施实验室活动所需的人员、设施、设备、系统及支持服务。

6.2 人员

6.2.1 所有可能影响实验室活动的人员，无论是内部人员还是外部人员，应行为公正、有能力，并按照实验室管理体系要求工作。

6.2.2 实验室应将影响实验室活动结果的各职能的能力要求制定成文件，包括对教育、资格、培训、技术知识、技能和经验的要求。

6.2.3 实验室应确保人员具备其负责的实验室活动的能力，以及评估偏离影响程度的能力。

6.2.4 实验室管理层应向实验室人员传达其职责和权限。

6.2.5 实验室应有以下活动的程序，并保存相关记录：

　　a）确定能力要求；

　　b）人员选择；

　　c）人员培训；

　　d）人员监督；

　　e）人员授权；

　　f）人员能力监控。

6.2.6 实验室应授权人员从事特定的实验室活动，包括但不限于下列活动：

　　a）开发、修改、验证和确认方法；

　　b）分析结果，包括符合性声明或意见和解释；

　　c）报告、审查和批准结果。

6.3　设施和环境条件

6.3.1 设施和环境条件应适合实验室活动，不应对结果有效性产生不利影响。

　　注：对结果有效性有不利影响的因素可能包括但不限于：微生物污染、灰尘、电磁干扰、辐射、湿度、供电、温度、声音和振动。

6.3.2 实验室应将从事实验室活动所必需的设施及环境条件的要求形成文件。

6.3.3 当相关规范、方法或程序对环境条件有要求时，或环境条件影响结果的有效性时，实验室应监测、控制和记录环境条件。

6.3.4 实验室应实施、监控并定期评审控制设施的措施，这些措施应包括但不限于：

　　a）进入和使用影响实验室活动区域的控制；

　　b）预防对实验室活动的污染、干扰或不利影响；

　　c）有效隔离不相容的实验室活动区域。

6.3.5 当实验室在永久控制之外的地点或设施中实施实验室活动时，应确保满足本准则中有关设施和环境条件的要求。

6.4　设备

6.4.1 实验室应获得正确开展实验室活动所需的并影响结果的设备，包括但不限于：测量仪器、软件、测量标准、标准物质、参考数据、试剂、消耗品或辅助装置。

　　注：1　标准物质和有证标准物质有多种名称，包括标准样品、参考标准、校准标准、标准参考物质和质量控制物质。ISO 17034 给出了标准物质生产者的更多信息。满足 ISO 17034 要求的标准物质生产者被视为是有能力的。满足 ISO 17034 要求的标准物质生产者提供的标准物质会提供产品信息单 / 证书，除其他特性外至少包含规定特性的均匀性和稳定性，对于有证标准物质，信息中包含规定特性的标准值、相关的测量不确定度和计量溯源性。

　　2　ISO 指南 33 给出了标准物质选择和使用指南。ISO 指南 80 给出了内部制备质量控制物质的指南。

6.4.2 实验室使用永久控制以外的设备时，应确保满足本准则对设备的要求。

6.4.3 实验室应有处理、运输、储存、使用和按计划维护设备的程序，以确保其功能正常并防止污染或性能退化。

6.4.4 当设备投入使用或重新投入使用前，实验室应验证其符合规定要求。

6.4.5 用于测量的设备应能达到所需的测量准确度和（或）测量不确定度，以提供有效结果。

6.4.6 在下列情况下，测量设备应进行校准：

 ——当测量准确度或测量不确定度影响报告结果的有效性；和（或）

 ——为建立报告结果的计量溯源性，要求对设备进行校准。

 注：影响报告结果有效性的设备类型可包括：

 ——用于直接测量被测量的设备，例如使用天平测量质量；

 ——用于修正测量值的设备，例如温度测量；

 ——用于从多个量计算获得测量结果的设备。

6.4.7 实验室应制订校准方案，并应进行复核和必要的调整，以保持对校准状态的可信度。

6.4.8 所有需要校准或具有规定有效期的设备应使用标签、编码或以其他方式标识，使设备使用人方便地识别校准状态或有效期。

6.4.9 如果设备有过载或处置不当、给出可疑结果、已显示有缺陷或超出规定要求时，应停止使用。这些设备应予以隔离以防误用，或加贴标签 / 标记以清晰表明该设备已停用，直至经过验证表明能正常工作。实验室应检查设备缺陷或偏离规定要求的影响，并应启动不符合工作管理程序（见 7.10）。

6.4.10 当需要利用期间核查以保持对设备性能的信心时，应按程序进行核查。

6.4.11 如果校准和标准物质数据中包含参考值或修正因子，实验室应确保该参考值和修正因子得到适当的更新和应用，以满足规定要求。

6.4.12 实验室应有切实可行的措施，防止设备被意外调整而导致结果无效。

6.4.13 实验室应保存对实验室活动有影响的设备记录。适用时，记录应包括以下内容：

 a）设备的识别，包括软件和固件版本；

 b）制造商名称、型号、序列号或其他唯一性标识；

 c）设备符合规定要求的验证证据；

 d）当前的位置；

 e）校准日期、校准结果、设备调整、验收准则、下次校准的预定日期或校准周期；

 f）标准物质的文件、结果、验收准则、相关日期和有效期；

 g）与设备性能相关的维护计划和已进行的维护；

 h）设备的损坏、故障、改装或维修的详细信息。

6.5 计量溯源性

6.5.1 实验室应通过形成文件的不间断的校准链将测量结果与适当的参考对象相关联，建立并保持测量结果的计量溯源性，每次校准均会引入测量不确定度。

 注：1 在 ISO/IEC 指南 99 中，计量溯源性定义为"测量结果的特性，结果可以通过形成文件的不间断的校准链与参考对象相关联，每次校准均会引入测量不确定度"。

 2 关于计量溯源性的更多信息见附录 A。

6.5.2 实验室应通过以下方式确保测量结果溯源到国际单位制（SI）：

 a）具备能力的实验室提供的校准；或

 注：满足本准则要求的实验室被视为是有能力的。

 b）具备能力的标准物质生产者提供并声明计量溯源至 SI 的有证标准物质的标准值；或

注：满足 ISO 17034 要求的标准物质生产者被视为是有能力的。

　　c）SI 单位的直接复现，并通过直接或间接与国家或国际标准比对来保证。

注：SI 手册给出了一些重要单位定义的实际复现的详细信息。

6.5.3　技术上不可能计量溯源到 SI 单位时，实验室应证明可计量溯源至适当的参考对象，如：

　　a）具备能力的标准物质生产者提供的有证标准物质的标准值；

　　b）描述清晰的参考测量程序、规定方法或协议标准的结果，其测量结果满足预期用途，并通过适当比对予以保证。

6.6　外部提供的产品和服务

6.6.1　实验室应确保影响实验室活动的外部提供的产品和服务的适宜性，这些产品和服务包括：

　　a）用于实验室自身的活动；

　　b）部分或全部直接提供给客户；

　　c）用于支持实验室的运作。

注：产品可包括测量标准和设备、辅助设备、消耗材料和标准物质。服务可包括校准服务、抽样服务、检测服务、设施和设备维护服务、能力验证服务以及评审和审核服务。

6.6.2　实验室应有以下活动的程序，并保存相关记录：

　　a）确定、审查和批准实验室对外部提供的产品和服务的要求；

　　b）确定评价、选择、监控表现和再次评价外部供应商的准则；

　　c）在使用外部提供的产品和服务前，或直接提供给客户之前，应确保符合实验室规定的要求，或适用时满足本准则的相关要求；

　　d）根据对外部供应商的评价、监控表现和再次评价的结果采取措施。

6.6.3　实验室应与外部供应商沟通，明确以下要求：

　　a）需提供的产品和服务；

　　b）验收准则；

　　c）能力，包括人员需具备的资格；

　　d）实验室或其客户拟在外部供应商的场所进行的活动。

7　过程要求

7.1　要求、标书和合同评审

7.1.1　实验室应有要求、标书和合同评审程序。该程序应确保：

　　a）明确规定要求，形成文件，并被理解。

　　b）实验室有能力和资源满足这些要求。

　　c）当使用外部供应商时，应满足 6.6 条款的要求，实验室应告知客户由外部供应商实施的实验室活动，并获得客户同意。

注：在下列情况下，可能使用外部提供的实验室活动：

——实验室有实施活动的资源和能力，但由于不可预见的原因不能承担部分或全部活动；

——实验室没有实施活动的资源和能力。

　　d）选择适当的方法或程序，并能满足客户的要求。

注：对于内部或例行客户，要求、标书和合同评审可简化进行。

7.1.2 当客户要求的方法不合适或是过期的，实验室应通知客户。

7.1.3 当客户要求针对检测或校准作出与规范或标准符合性的声明时（如通过/未通过，在允许限内/超出允许限），应明确规定规范或标准以及判定规则。选择的判定规则应通知客户并得到同意，除非规范或标准本身已包含判定规则。

注：符合性声明的详细指南见 ISO/IEC 指南 98-4。

7.1.4 要求或标书与合同之间的任何差异，应在实施实验室活动前解决。每项合同应被实验室和客户双方接受。客户要求的偏离不应影响实验室的诚信或结果的有效性。

7.1.5 与合同的任何偏离应通知客户。

7.1.6 如果工作开始后修改合同，应重新进行合同评审，并与所有受影响的人员沟通修改的内容。

7.1.7 在澄清客户要求和允许客户监控其相关工作表现方面，实验室应与客户或其代表合作。

注：这种合作可包括：

——允许适当进入实验室相关区域，以见证与该客户相关的实验室活动。

——客户出于验证目的所需物品的准备、包装和发送。

7.1.8 实验室应保存评审记录，包括任何重大变化的评审记录。针对客户要求或实验室活动结果与客户的讨论，也应作为记录予以保存。

7.2 方法的选择、验证和确认

7.2.1 方法的选择和验证

7.2.1.1 实验室应使用适当的方法和程序开展所有实验室活动，适当时，包括测量不确定度的评定以及使用统计技术进行数据分析。

注：本准则所用"方法"可视为是 ISO/IEC 指南 99 定义的"测量程序"的同义词。

7.2.1.2 所有方法、程序和支持文件，例如与实验室活动相关的指导书、标准、手册和参考数据，应保持现行有效并易于人员取阅（见 8.3）。

7.2.1.3 实验室应确保使用最新有效版本的方法，除非不合适或不可能做到。必要时，应补充方法使用的细则以确保应用的一致性。

注：如果国际、区域或国家标准，或其他公认的规范文本包含了实施实验室活动充分且简明的信息，并便于实验室操作人员使用时，则不需再进行补充或改写为内部程序。对方法中的可选择步骤，可能有必要制定补充文件或细则。

7.2.1.4 当客户未指定所用的方法时，实验室应选择适当的方法并通知客户。推荐使用以国际标准、区域标准或国家标准发布的方法，或由知名技术组织或有关科技文献或期刊中公布的方法，或设备制造商规定的方法。实验室制定或修改的方法也可使用。

7.2.1.5 实验室在引入方法前，应验证能够正确地运用该方法，以确保实现所需的方法性能。应保存验证记录。如果发布机构修订了方法，应在所需的程度上重新进行验证。

7.2.1.6 当需要开发方法时，应予以策划，指定具备能力的人员，并为其配备足够的资源。在方法开发的过程中，应进行定期评审，以确定持续满足客户需求。开发计划的任何变更应得到批准和授权。

7.2.1.7 对实验室活动方法的偏离，应事先将该偏离形成文件，做技术判断，获得授权并被客户接受。

注：客户接受偏离可以事先在合同中约定。

7.2.2 方法确认

7.2.2.1 实验室应对非标准方法、实验室制定的方法、超出预定范围使用的标准方法，或其他修改的标准方法进行确认。确认应尽可能全面，以满足预期用途或应用领域的需要。

注：1 确认可包括检测或校准物品的抽样、处置和运输程序。

2 可用以下一种或多种技术进行方法确认：

——使用参考标准或标准物质进行校准或评估偏倚和精密度；

——对影响结果的因素进行系统性评审；

——通过改变控制检验方法的稳健度，如培养箱温度、加样体积等；

——与其他已确认的方法进行结果比对；

——实验室间比对；

——根据对方法原理的理解以及抽样或检测方法的实践经验，评定结果的测量不确定度。

7.2.2.2 当修改已确认过的方法时，应确定这些修改的影响。当发现影响原有的确认时，应重新进行方法确认。

7.2.2.3 当按预期用途评估被确认方法的性能特性时，应确保与客户需求相关，并符合规定要求。

注：方法性能特性可包括但不限于：测量范围，准确度，结果的测量不确定度，检出限，定量限，方法的选择性、线性、重复性或复现性，抵御外部影响的稳健度或抵御来自样品或测试物基体干扰的交互灵敏度以及偏倚。

7.2.2.4 实验室应保存以下方法确认记录：

a）使用的确认程序；

b）规定的要求；

c）确定的方法性能特性；

d）获得的结果；

e）方法有效性声明，并详述与预期用途的适宜性。

7.3 抽样

7.3.1 当实验室为后续检测或校准对物质、材料或产品实施抽样时，应有抽样计划和方法。抽样方法应明确需要控制的因素，以确保后续检测或校准结果的有效性。在抽样地点应能得到抽样计划和方法。只要合理，抽样计划应基于适当的统计方法。

7.3.2 抽样方法应描述：

a）样品或地点的选择；

b）抽样计划；

c）从物质、材料或产品中取得样品的制备和处理，以作为后续检测或校准的物品。

注：实验室接收样品后，进一步处置要求见7.4条款的规定。

7.3.3 实验室应将抽样数据作为检测或校准工作记录的一部分予以保存。相关时，这些记录应包括以下信息：

a）所用的抽样方法；

b）抽样日期和时间；

c）识别和描述样品的数据（如编号、数量和名称）；

d）抽样人的识别；

e）所用设备的识别；

　　f）环境或运输条件；

　　g）适当时，标识抽样位置的图示或其他等效方式；

　　h）与抽样方法和抽样计划的偏离或增减。

7.4　检测或校准物品的处置

7.4.1　实验室应有运输、接收、处置、保护、存储、保留、清理或返还检测或校准物品的程序，包括为保护检测或校准物品的完整性以及实验室与客户利益需要的所有规定。在处置、运输、保存 / 等候、制备、检测或校准过程中，应注意避免物品变质、污染、丢失或损坏。应遵守随物品提供的操作说明。

7.4.2　实验室应有清晰标识检测或校准物品的系统。物品在实验室负责的期间内应保留该标识。标识系统应确保物品在实物上、记录或其他文件中不被混淆。适当时，标识系统应包含一个物品或一组物品的细分和物品的传递。

7.4.3　接收检测或校准物品时，应记录与规定条件的偏离。当对物品是否适于检测或校准有疑问，或当物品不符合所提供的描述时，实验室应在开始工作之前询问客户，以得到进一步的说明，并记录询问的结果。当客户知道偏离了规定条件仍要求进行检测或校准时，实验室应在报告中作出免责声明，并指出偏离可能影响的结果。

7.4.4　如物品需要在规定环境条件下储存或调置时，应保持、监控和记录这些环境条件。

7.5　技术记录

7.5.1　实验室应确保每一项实验室活动的技术记录包含结果、报告和足够的信息，以便在可能时识别影响测量结果及其测量不确定度的因素，并确保能在尽可能接近原条件的情况下重复该实验室活动。技术记录应包括每项实验室活动以及审查数据结果的日期和责任人。原始的观察结果、数据和计算应在观察或获得时予以记录，并应按特定任务予以识别。

7.5.2　实验室应确保技术记录的修改可以追溯到前一个版本或原始观察结果。应保存原始的以及修改后的数据和文档，包括修改的日期、标识修改的内容和负责修改的人员。

7.6　测量不确定度的评定

7.6.1　实验室应识别测量不确定度的贡献。评定测量不确定度时，应采用适当的分析方法考虑所有显著贡献，包括来自抽样的贡献。

7.6.2　开展校准的实验室，包括校准自有设备，应评定所有校准的测量不确定度。

7.6.3　开展检测的实验室应评定测量不确定度。当由于检测方法的原因难以严格评定测量不确定度时，实验室应基于对理论原理的理解或使用该方法的实践经验进行评估。

　　注：1　某些情况下，公认的检测方法对测量不确定度主要来源规定了限值，并规定了计算结果的表示方式，实验室只要遵守检测方法和报告要求，即满足 7.6.3 条款的要求。

　　2　对一特定方法，如果已确定并验证了结果的测量不确定度，实验室只要证明已识别的关键影响因素受控，则不需要对每个结果评定测量不确定度。

　　3　更多信息参见 ISO/IEC 指南 98-3、ISO 21748 和 ISO 5725 系列标准。

7.7　确保结果有效性

7.7.1　实验室应有监控结果有效性的程序。记录结果数据的方式应便于发现其发展趋势，如可行，应采用统计技术审查结果。实验室应对监控进行策划和审查，适当时，监控应包括但不限于以下方式：

a）使用标准物质或质量控制物质；

b）使用其他已校准能够提供可溯源结果的仪器；

c）测量和检测设备的功能核查；

d）适用时，使用核查或工作标准，并制作控制图；

e）测量设备的期间核查；

f）使用相同或不同方法重复检测或校准；

g）留存样品的重复检测或重复校准；

h）物品不同特性结果之间的相关性；

i）审查报告的结果；

j）实验室内比对；

k）盲样测试。

7.7.2　可行和适当时，实验室应通过与其他实验室的结果比对监控能力水平。监控应予以策划和审查，包括但不限于以下一种或两种措施：

a）参加能力验证；

注：GB/T 27043 包含能力验证和能力验证提供者的详细信息。满足 GB/T 27043 要求的能力验证提供者被认为是有能力的。

b）参加除能力验证之外的实验室间比对。

7.7.3　实验室应分析监控活动的数据用于控制实验室活动，适用时实施改进。如果发现监控活动数据分析结果超出预定的准则时，应采取适当措施防止报告不正确的结果。

7.8　报告结果

7.8.1　总则

7.8.1.1　结果在发出前应经过审查和批准。

7.8.1.2　实验室应准确、清晰、明确和客观地出具结果，并且应包括客户同意的、解释结果所必需的以及所用方法要求的全部信息。实验室通常以报告的形式提供结果（例如检测报告、校准证书或抽样报告）。所有发出的报告应作为技术记录予以保存。

注：1　检测报告和校准证书有时称为检测证书和校准报告。

2　只要满足本准则的要求，报告可以硬拷贝或电子方式发布。

7.8.1.3　如客户同意，可用简化方式报告结果。如果未向客户报告 7.8.2～7.8.7 条款中所列的信息，客户应能方便地获得。

7.8.2　（检测、校准或抽样）报告的通用要求

7.8.2.1　除非实验室有有效的理由，每份报告应至少包括下列信息，以最大限度地减少误解或误用的可能性：

a）标题（例如"检测报告""校准证书"或"抽样报告"）；

b）实验室的名称和地址；

c）实施实验室活动的地点，包括客户设施、实验室固定设施以外的地点、相关的临时或移动设施；

d）将报告中所有部分标记为完整报告一部分的唯一性标识，以及表明报告结束的清晰标识；

e）客户的名称和联络信息；

f）所用方法的识别；

g）物品的描述、明确的标识以及必要时物品的状态；

h）检测或校准物品的接收日期，以及对结果的有效性和应用至关重要的抽样日期；

i）实施实验室活动的日期；

j）报告的发布日期；

k）如与结果的有效性或应用相关时，实验室或其他机构所用的抽样计划和抽样方法；

l）结果仅与被检测、被校准或被抽样物品有关的声明；

m）结果，适当时，带有测量单位；

n）对方法的补充、偏离或删减；

o）报告批准人的识别；

p）当结果来自外部供应商时，清晰标识。

注：报告中声明除全文复制外，未经实验室批准不得部分复制报告，可以确保报告不被部分摘用。

7.8.2.2　实验室对报告中的所有信息负责，客户提供的信息除外。客户提供的数据应予明确标识。此外，当客户提供的信息可能影响结果的有效性时，报告中应有免责声明。当实验室不负责抽样（如样品由客户提供），应在报告中声明结果仅适用于收到的样品。

7.8.3　检测报告的特定要求

7.8.3.1　除 7.8.2 条款所列要求之外，当解释检测结果需要时，检测报告还应包含以下信息：

a）特定的检测条件信息，如环境条件；

b）相关时，与要求或规范的符合性声明（见 7.8.6）；

c）适用时，在下列情况下，带有与被测量相同单位的测量不确定度或被测量相对形式的测量不确定度（如百分比）：

——测量不确定度与检测结果的有效性或应用相关时；

——客户有要求时；

——测量不确定度影响与规范限的符合性时。

d）适当时，意见和解释（见 7.8.7）；

e）特定方法、法定管理机构或客户要求的其他信息。

7.8.3.2　如果实验室负责抽样活动，当解释检测结果需要时，检测报告还应满足 7.8.5 条款的要求。

7.8.4　校准证书的特定要求

7.8.4.1　除 7.8.2 条款的要求外，校准证书应包含以下信息：

a）与被测量相同单位的测量不确定度或被测量的相对形式（如百分比）；

注：根据 JCGM 200：2012，测量结果通常表示为一个被测量值，包括测量单位和测量不确定度。

b）校准活动中对测量结果有影响的条件（如环境条件）；

c）测量如何计量溯源的声明（见附录 A）；

d）如可获得，调整或修理前后的结果；

e）相关时，与要求或规范的符合性声明（见 7.8.6）；

f）适当时，意见和解释（见 7.8.7）。

7.8.4.2　当实验室负责抽样活动时，如果解释检测结果需要，校准证书应满足 7.8.5 条款的要求。

7.8.4.3　校准证书或校准标签不应包含对校准周期的建议，除非已与客户达成协议。

7.8.5　报告抽样——特殊要求

如果实验室负责抽样，除 7.8.2 条款中的要求外，报告应包括以下解释结果所必需的信息：

a）抽样日期；

b）抽取的物品或物质的唯一性标识（适当时，包括制造商的名称、标示的型号或类型以及序列号；

c）抽样位置，包括图示、草图或照片；

d）抽样计划和抽样方法；

e）抽样过程中影响测试结果解释的详细环境条件信息；

f）评定后续检测或校准的测量不确定度所需的信息。

7.8.6　报告符合性声明

7.8.6.1　当做出与规范或标准符合性声明时，实验室应考虑与所用判定规则相关的风险水平（如错误接受、错误拒绝以及统计假设），将所使用的判定规则制定成文件，并应用判定规则。

注：如果客户、法规或规范性文件规定了判定规则，无须进一步考虑风险等级了。

7.8.6.2　实验室在报告符合性声明时应清晰标识：

a）符合性声明适用于哪些结果；

b）满足或不满足哪个规范、标准或其中的部分；

c）使用的判定规则（除非规范或标准中已包含）。

注：进一步信息见 ISO/IEC 指南 98-4。

7.8.7　报告意见和解释

7.8.7.1　当表述意见和解释时，实验室应确保只有授权人员才能发布意见和解释。实验室应将意见和解释的依据制定成文件。

注：应注意区分意见和解释与 ISO/IEC 17020 中的检查声明、ISO/IEC 17065 中的产品认证声明以及 7.8.6 条款中符合性声明的差异。

7.8.7.2　报告中的意见和解释应基于被检测或校准物品的结果，并清晰地予以标识。

7.8.7.3　当以对话方式直接与客户沟通意见和解释时，应保留对话记录。

7.8.8　修改报告

7.8.8.1　当更改、修订或重新发布已发布的报告，应在报告中清晰标识修改的信息，适当时标注修改的原因。

7.8.8.2　修改已发布的报告时，应仅以追加文件或数据传输的形式，并包含以下声明：

——"对序列号为……（或其他标识）报告的修改"；

——或其他等效的文字。

修改应满足本标准的所有要求。

7.8.8.3 当有必要发布全新的报告时，应给予唯一性标识，并注明所替代的原报告。

7.9 投诉

7.9.1 实验室应有形成文件的过程来接收和评价投诉，并对投诉做出决定。

7.9.2 利益相关方有要求时，应可获得对投诉处理过程的说明。在接到投诉后，实验室应确认投诉是否与其负责的实验室活动相关，如相关，则应处理。实验室应对投诉处理过程中的所有决定负责。

7.9.3 投诉处理过程应至少包括以下要素和方法：

a）对投诉的接收、确认、调查以及决定采取处理措施过程的说明；

b）跟踪并记录投诉，包括为解决投诉所采取的措施；

c）确保采取适当的措施。

7.9.4 接到投诉的实验室应负责收集并验证所有必要的信息，以便确认投诉是否有效。

7.9.5 只要可能，实验室应告知投诉人已收到投诉，并向其提供处理进程的报告和结果。

7.9.6 通知投诉人的处理结果应由与所涉及的实验室活动无关的人员做出，或审查和批准。

注：可由外部人员实施。

7.9.7 只要可能，实验室应正式通知投诉人投诉处理完毕。

7.10 不符合工作

7.10.1 当实验室活动或结果不符合自身的程序或与客户协商一致的要求时（例如，设备或环境条件超出规定限值，监控结果不能满足规定的准则），实验室应有程序予以实施。该程序应确保：

a）确定不符合工作管理的职责和权力；

b）基于实验室建立的风险水平采取措施（包括必要时暂停或重复工作以及扣发报告）；

c）评价不符合工作的严重性，包括分析对先前结果的影响；

d）对不符合工作的可接受性做出决定；

e）必要时，通知客户并召回；

f）规定批准恢复工作的职责。

7.10.2 实验室应保存不符合工作和 7.10.1 条款中 b）~ f）规定措施的记录。

7.10.3 当评价表明不符合工作可能再次发生时，或对实验室的运行与其管理体系的符合性产生怀疑时，实验室应采取纠正措施。

7.11 数据控制和信息管理

7.11.1 实验室应获得开展实验室活动所需的数据和信息。

7.11.2 用于收集、处理、记录、报告、存储或检索数据的实验室信息管理系统，在投入使用前应进行功能确认，包括实验室信息管理系统中界面的适当运行。当对管理系统的任何变更，包括修改实验室软件配置或现成的商业化软件，在实施前应被批准、形成文件并确认。

8 管理体系要求

8.1 方式

8.1.1 总则

实验室应建立、编制、实施和保持管理体系，该管理体系应能够支持和证明实验室持续满足本准则要求，并且保证实验室结果的质量。除满足第 4 条款～第 7 条款的要求，实验室应按方式 A 或方式 B 实施管理体系。

注：更多信息参见附录 B。

8.1.2　方式 A

实验室管理体系至少应包括下列内容：

——管理体系文件（见 8.2）；

——管理体系文件的控制（见 8.3）；

——记录控制（见 8.4）；

——应对风险和机遇的措施（见 8.5）；

——改进（见 8.6）；

——纠正措施（见 8.7）；

——内部审核（见 8.8）；

——管理评审（见 8.9）。

8.1.3　方式 B

实验室按照 GB/T 19001 的要求建立并保持管理体系，能够支持和证明持续符合第 4 条款～第 7 条款要求，也至少满足了第 8.2 条款～第 8.9 条款中规定的管理体系要求。

8.2　管理体系文件（方式 A）

8.2.1　实验室管理层应建立、编制和保持符合本准则目的的方针和目标，并确保该方针和目标在实验室组织的各级人员得到理解和执行。

8.2.2　方针和目标应能体现实验室的能力、公正性和一致运作。

8.2.3　实验室管理层应提供建立和实施管理体系以及持续改进其有效性承诺的证据。

8.2.4　管理体系应包含、引用或链接与满足本准则要求相关的所有文件、过程、系统和记录等。

8.2.5　参与实验室活动的所有人员应可获得适用其职责的管理体系文件和相关信息。

8.3　管理体系文件的控制（方式 A）

8.3.1　实验室应控制与满足本准则要求有关的内部和外部文件。

注：本准则中，"文件"可以是政策声明、程序、规范、制造商的说明书、校准表格、图表、教科书、张贴品、通知、备忘录、图纸、计划等。这些文件可能承载在各种载体上，例如硬拷贝或数字形式。

8.3.2　实验室应确保：

a）文件发布前由授权人员审查其充分性并批准；

b）定期审查文件，必要时更新；

c）识别文件更改和当前修订状态；

d）在使用地点应可获得适用文件的相关版本，必要时，应控制其发放；

e）文件有唯一性标识；

f）防止误用作废文件，无论出于任何目的而保留的作废文件，应有适当标识。

8.4　记录控制（方式 A）

8.4.1　实验室应建立和保存清晰的记录以证明满足本准则的要求。

8.4.2 实验室应对记录的标识、存储、保护、备份、归档、检索、保存期和处置实施所需的控制。实验室记录保存期限应符合合同义务。记录的调阅应符合保密承诺，记录应易于获得。

8.5 应对风险和机遇的措施（方式 A）

8.5.1 实验室应考虑与实验室活动相关的风险和机遇，以：

　　a）确保管理体系能够实现其预期结果；

　　b）增强实现实验室目的和目标的机遇；

　　c）预防或减少实验室活动中的不利影响和可能的失败；

　　d）实现改进。

8.5.2 实验室应策划：

　　a）应对这些风险和机遇的措施；

　　b）如何：

　　——在管理体系中整合并实施这些措施；

　　——评价这些措施的有效性。

8.5.3 应对风险和机遇的措施应与其对实验室结果有效性的潜在影响相适应。

　　注：1 应对风险的方式包括识别和规避威胁，为寻求机遇承担风险，消除风险源，改变风险的可能性或后果，分担风险，或通过信息充分的决策而保留风险。

　　2 机遇可能促使实验室扩展活动范围，赢得新客户，使用新技术和其他方式应对客户需求。

8.6 改进（方式 A）

8.6.1 实验室应识别和选择改进机遇，并采取必要措施。

　　注：实验室可通过评审操作程序、实施方针、总体目标、审核结果、纠正措施、管理评审、人员建议、风险评估、数据分析和能力验证结果识别改进机遇。

8.6.2 实验室应向客户征求反馈，无论是正面的还是负面的。应分析和利用这些反馈，以改进管理体系、实验室活动和客户服务。

　　注：反馈的类型示例包括：客户满意度调查、与客户的沟通记录和共同评价报告。

8.7 纠正措施（方式 A）

8.7.1 当发生不符合时，实验室应：

　　a）对不符合作出应对，并且适用时：

　　——采取措施以控制和纠正不符合；

　　——处置后果。

　　b）通过下列活动评价是否需要采取措施，以消除产生不符合的原因，避免其再次发生或者在其他场合发生：

　　——评审和分析不符合；

　　——确定不符合的原因；

　　——确定是否存在或可能发生类似的不符合。

　　c）实施所需的措施。

　　d）评审所采取的纠正措施的有效性。

　　e）必要时，更新在策划期间确定的风险和机遇。

　　f）必要时，变更管理体系。

8.7.2　纠正措施应与不符合产生的影响相适应。

8.7.3　实验室应保存记录，作为下列事项的证据：

a）不符合的性质、产生原因和后续所采取的措施；

b）纠正措施的结果。

8.8　内部审核（方式 A）

8.8.1　实验室应按照策划的时间间隔进行内部审核，以提供有关管理体系的下列信息：

a）是否符合：

——实验室自身的管理体系要求，包括实验室活动；

——本准则的要求。

b）是否得到有效的实施和保持。

8.8.2　实验室应：

a）考虑实验室活动的重要性、影响实验室的变化和以前审核的结果，策划、制订、实施和保持审核方案，审核方案包括频次、方法、职责、策划要求和报告；

b）规定每次审核的审核准则和范围；

c）确保将审核结果报告给相关管理层；

d）及时采取适当的纠正和纠正措施；

e）保存记录，作为实施审核方案和审核结果的证据。

注：内部审核相关指南参见 GB/T 19011（ISO 19011，IDT）。

8.9　管理评审（方式 A）

8.9.1　实验室管理层应按照策划的时间间隔对实验室的管理体系进行评审，以确保其持续的适宜性、充分性和有效性，包括执行本准则的相关方针和目标。

8.9.2　实验室应记录管理评审的输入，并包括以下相关信息：

a）与实验室相关的内外部因素的变化；

b）目标实现；

c）政策和程序的适宜性；

d）以往管理评审所采取措施的情况；

e）近期内部审核的结果；

f）纠正措施；

g）由外部机构进行的评审；

h）工作量和工作类型的变化或实验室活动范围的变化；

i）客户和员工的反馈；

j）投诉；

k）实施改进的有效性；

l）资源的充分性；

m）风险识别的结果；

n）保证结果有效性的输出；

o）其他相关因素，如监控活动和培训。

8.9.3　管理评审的输出至少应记录与下列事项相关的决定和措施：

a）管理体系及其过程的有效性；

b）履行本准则要求相关的实验室活动的改进；

c）提供所需的资源；

d）所需的变更。

第五节　实验室安全与防护

一、化学药品的管理

（1）化学药品保管室要阴凉、通风、干燥，有防火、防盗设施。禁止吸烟和使用明火，有火源（如电炉通电）时，必须有人看守。

（2）化学药品要由可靠的、有化学专业知识的人专门管理。

（3）化学药品应按性质分类存放，并采用科学的保管方法。如受光易变质的应装在避光容器内；易挥发、溶解的，要采取密封措施；长期不用的，应蜡封；装碱的玻璃瓶不能用玻璃塞等。

（4）化学药品应在容器外贴上标签，并涂蜡保护，短时间内保存化学药品容器可不涂蜡。

（5）对危险药品要严加管理。危险药品必须存入专用仓库或专柜，加锁防范；互相发生化学作用的药品应隔开存放；危险药品都要严加密封，并定期检查密封情况，高温、潮湿季节尤应注意；对剧毒、强腐蚀、易爆易燃药根据使用情况和库存量制定具体领用办法，并要定期清点；危险药品仓库（或柜）周围和内部严禁有火源；用不上的危险药品，应及时调出，变质失效的要及时销毁，销毁时要注意安全，不得污染环境；主动争取当地公安部门对危险药品管理的指导和监督；剧毒药品，用后剩余部分应随时存入危险药品库（或柜）。

二、其他实验物品的管理

实验室物品除精密仪器外，还可以分为低值品、易耗品和材料。材料一般指消耗品，如金属、非金属原材料、试剂等；易耗品指玻璃仪器、元器件等；低值品是指价格不够固定资产标准又不属于材料范围的用品，如电表、工具等。上述三种物品，使用频率高，流动性大，管理上做到心中有数，方便使用为目的，使用后要及时物归原处，建立必要的账目。有腐蚀性蒸气的酸应注意密封，定时通风，不要与精密仪器置于同一室中。

三、防止中毒、化学灼伤、割伤

（一）化学中毒

化学中毒的主要原因：由呼吸道吸入有毒物质的蒸气；有毒药品通过皮肤吸收进入人体；吃进被有毒物质污染的食物或饮料，品尝或误食有毒药品。

（二）化学灼伤

皮肤直接接触强腐蚀性物质、强氧化剂、强还原剂，如浓酸、浓碱、氢氟酸、钠、溴等引起的局部外伤。

（三）预防措施

（1）最重要的是保护好眼睛。在化学实验室里应该一直佩戴护目镜（平光玻璃或有机玻璃眼镜），防止眼睛受刺激性气体熏染，防止任何化学药品特别是强酸、强碱、玻璃屑等异物进入眼内。

（2）禁止用手直接取用任何化学药品。使用毒品时除用药匙、量器外必须佩戴橡皮手套，实验后马上清洗仪器、用具，立即用肥皂洗手。

（3）尽量避免吸入任何药品和溶剂蒸气。处理具有刺激性的、恶臭的和有毒的化学药品时，如 H_2S、NO_2、Cl_2、Br_2、CO、SO_2、SO_3、HCl、HF、浓硝酸、发烟硫酸、浓盐酸、乙酰氯等，必须在通风橱中进行。通风橱开启后，不要把头伸入橱内，并保持实验室通风良好。

（4）严禁在酸性介质中使用氰化物。

（5）禁止用口吸吸管移取浓酸、浓碱、有毒液体，应该用洗耳球吸取。

（6）禁止冒险品尝药品试剂，不得用鼻子直接嗅气体，而是用手向鼻孔扇入少量气体。不要用乙醇等有机溶剂擦洗溅在皮肤上的药品，这种做法反而增加皮肤对药品的吸收速度。

（7）实验室里禁止吸烟、进食，禁止赤膊、穿拖鞋。

（四）中毒和化学灼伤的急救

1. 眼睛灼伤或掉进异物

如果眼内溅入任何化学药品，立即用大量水缓缓彻底冲洗。实验室内应备有专用洗眼水龙头。洗眼时要保持眼皮张开，可由他人帮助翻开眼睑，持续冲洗 15min。忌用稀酸中和溅入眼内的碱性物质，反之亦然。对因溅入碱金属、溴、磷、浓酸、浓碱或其他刺激性物质的眼睛灼伤者，急救后必须迅速送往医院检查治疗。

玻璃屑进入眼睛内是比较危险的。这时要尽量保持平静，绝不可用手揉擦，也不要试图让别人取出碎屑，尽量不要转动眼球，可任其流泪，有时碎屑会随泪水流出。用纱布轻轻包住眼睛后，将伤者急送医院处理。

若系木屑、尘粒等异物，可由他人翻开眼睑，用消毒棉签轻轻取出异物，或任其流泪，待异物排出后，再滴入几滴鱼肝油。

2. 皮肤灼伤

（1）酸灼伤。先用大量水冲洗，以免深度受伤，再用稀 $NaHCO_3$ 溶液或稀氨水浸洗，最后用水洗。氢氟酸能腐烂指甲、骨头，滴在皮肤上，会形成痛苦的、难以治愈的烧伤。皮肤若被灼烧后，应先用大量水冲洗 20min 以上，再用冰冷的饱和硫酸镁溶液或 70%酒精浸洗 30min 以上，或用大量水冲洗后，用肥皂水或 2%~5%$NaHCO_3$ 溶液冲洗，用

5%NaHCO$_3$溶液湿敷。局部外用可的松软膏或紫草油软膏及硫酸镁糊剂。

（2）碱灼伤。先用大量水冲洗，再用1%硼酸或2%HAc溶液浸洗，最后用水洗。溴灼伤是很危险的，被溴灼伤后的伤口一般不易愈合，必须严加防范。凡用溴时都必须预先配制好适量的20%Na$_2$S$_2$O$_3$溶液备用。一旦有溴沾到皮肤上，立即用Na$_2$S$_2$O$_3$溶液冲洗，再用大量水冲洗干净，包上消毒纱布后就医。

在受上述灼伤后，若创面起水泡，均不宜把水泡挑破。

3. 烫伤、割伤等外伤

在烧熔和加工玻璃物品时最容易被烫伤，在切割玻管或向木塞、橡皮塞中插入温度计、玻璃管等物品时最容易发生割伤。玻璃质脆易碎，对任何玻璃制品都不得用力挤压或造成张力。在将玻管、温度计插入塞中时，塞上的孔径与玻璃管的粗细要吻合。玻璃管的锋利切口必须在火中烧圆，管壁上用几滴水或甘油润湿后，用布包住用力部位轻轻旋入，切不可用猛力强行连接。

外伤急救方法如下：

（1）割伤。先取出伤口处的玻璃碎屑等异物，用水洗净伤口，挤出一点血，涂上红汞水后用消毒纱布包扎。也可在洗净的伤口上贴上"创可贴"，可立即止血，且易愈合。

若严重割伤大量出血时，应先止血，让伤者平卧，抬高出血部位，压住附近动脉，或用绷带盖住伤口直接施压，若绷带被血浸透，不要换掉，再盖上一块施压，及时送医院治疗。

（2）烫伤。如果被火焰、蒸气、红热的玻璃、铁器等烫伤，立即将伤处用大量水冲淋或浸泡，以迅速降温避免深度烧伤。若起水泡不宜挑破，用纱布包扎后送医院治疗。对轻微烫伤，可在伤处涂些鱼肝油或烫伤油膏或万花油后包扎。

四、防火防爆及灭火

（一）防火防爆

（1）各实验室应保持环境整洁，设备及各类器材应管理得井井有条，不用仪器设备及物资应收拾整齐，放在规定位置。

（2）废弃物应立即清除，易燃烧的包装材料应及时保存于安全处，不准储藏于实验室中备用，也不准放置于走廊与通道中，确保梯道畅通无阻。

（3）不准在实验室内和走廊上匆忙跑动，禁止粗暴的恶作剧和一切戏谑行为。空调机要定期维护，室内进风口滤网应每月清洗一次，防止灰尘堵塞造成过压、电线发热等产生火灾危险。

（4）使用电炉必须确定位置，定点使用，周围严禁有易燃物。使用易燃化学危险品时，应随用随领，不宜在实验室现场存放；零星备用化学危险品，应由专人负责，存放于铁柜中。

（5）电烙铁应放在不燃的支架上，周围不要堆放可燃物，用后立即拔下插头，下班时将电源切断。有变压器、电感应圈的设备，应放置在不燃的基座上，其散热孔不应覆盖或放置易燃物。实验室内的用电量，不应超过额定负荷。

（二）灭火

1. 灭火的基本方法

（1）冷却灭火法。把燃烧周围环境温度降低至燃点以下，从而使燃烧停止。对于一般物质起火，都可以用水和二氧化碳灭火剂来冷却灭火。在火场上，除了运用冷却直接扑灭火灾外，还常常用降低可燃物的温度，防止其达到燃点起火或受热变形爆炸。

（2）隔离灭火法。将燃烧物与附近可燃烧物隔离或者疏散开，从而使燃烧停止。适用于扑救各种固体、液体和气体等火灾。

例如，将火源附近的易燃易爆物质转移至安全区；关闭阀门，阻止可燃气体或液体流入燃烧区；排除设备、容器内的可燃气体、液体；阻拦、疏散易燃可燃液体或扩散的可燃气体；拆除与火源相毗邻的易燃建筑结构，造成阻止火势蔓延的空间地带等。

（3）窒息灭火法。根据可燃物质发生燃烧需要足够的助燃物（如空气或氧气）这个条件，采取恰当措施，防止空气进入燃烧区，或用惰性气体稀释空气中的含氧量，使燃烧物质缺乏或断绝氧气而熄灭。适用于扑救一些封闭的空间和生产设备装置内的火灾。可采用石棉布、湿抹布等不燃或难燃材料覆盖燃烧物。

（4）抑制灭火法。将化学灭火剂喷入燃烧区，使之参与燃烧的化学反应，从而使燃烧反应停止。使用的灭火剂有干粉、1211等卤代烷灭火剂。

2. 灭火的基本原则

（1）先控制，后灭火。对于不能立即扑救的火灾，要首先控制火势的继续蔓延扩大，在具备了扑灭火灾的条件时，展开全面进攻，一举扑灭火焰。

（2）救人重于灭火。火场上如果有人受到火势威胁，消防人员的首要任务是要把被火围困的人员抢救出来。运用这一原则，要根据火势情况和人员受火势威胁程度决定。在灭火力量较强时，灭火和救人可以同时进行，但绝不能因灭火而贻误救人时机。人未救出之前，灭火往往是为了打开救人通道或减弱火势对人员的威胁程度，从而更好地给救人脱险、及时扑灭火灾创造条件。

（3）先重点，后一般。对整个火场而言，重点和一般有一个相比确定。例如，人和物相比；贵重物资和一般物资相比；火势蔓延猛烈方面和其他方面相比；有爆炸、毒害、倒塌危险的方面和没有这些危险的方面相比；火场上的下风方向与上风、侧风方向相比，下风方向是重点；易燃和可燃物集中区域和这类物品较小的区域相比；要害部位和其他部位相比。

3. 灭火器材的一般原理与使用方法

（1）使用灭火器的一般要求：

1）灭火器喷射的时间很短，适用扑救初起火灾。平时要把灭火器放在使用方便的地方。使用时把灭火器拿到离着火点尽可能近的地方再启动，防止迟缓动作和过早启动，影响灭火效果。

2）扑救一般固体物质火灾时，要将灭火剂喷射到燃烧最强处。

3）扑救液体火灾，要从一面顺风平推，平稳地将燃烧面盖住，将火扑灭，并要防止回火复燃。

4）使用干粉等灭火器，要站在上风处，充分发挥灭火效能；使用二氧化碳灭火器要注意掌握好提拿姿势，防止冻伤。使用各种灭火器灭火均应注意不要使灭火器盖与筒底对着人的身体，以免发生意外。

（2）灭火剂的主要类型：

主要有水、泡沫、二氧化碳、干粉、卤代烷。以下主要介绍二氧化碳和干粉两种灭火剂。

1）二氧化碳。二氧化碳是一种无色、无味的气体，不燃烧、不助燃、比空气重。能够冷却燃烧物质和冲淡燃烧区空气中氧气的含量，使燃烧停止。

二氧化碳不导电，不含有水分，不污损仪器设备。适用于扑救电器设备、精密仪器图书和档案火灾，以及燃烧面积不大的油类、气体和一些不能用水扑救的物质的火灾。

二氧化碳不能扑救金属钾、钠、铝和金属氢化物等物质的火灾；也不能扑救某些能够在惰性介质中燃烧的物质火灾（如硝酸纤维）和某些物质（如棉花）内部的引燃。

2）干粉。干粉的种类很多，目前主要使用的是小苏打干粉和改性钠盐干粉。干粉可以用人工喷洒，也可以装入特制的灭火器内用惰性气体（如氧气）的压力来喷射。干粉颗粒微细，浓度密集，在燃烧区内能隔绝火焰的辐射热，析出惰性气体，冲淡空气中氧的含量。同时，干粉还具有化学灭火效能可以中断燃烧的连锁反应。

五、化学毒物及中毒的救治

实验中若感觉咽喉灼痛、嘴唇脱色或发绀，胃部痉挛或恶心呕吐、心悸头痛等症状时，则可能系中毒所致。视中毒原因，采取下述急救后，立即送医院治疗，不得延误。

（1）固体或液体毒物中毒。有毒物质尚在嘴里的立即吐掉，用大量水漱口；误食碱者，先饮大量水再喝些牛奶；误食酸者，先喝水，再服 $Mg(OH)_2$ 乳剂，最后饮些牛奶；不要用催吐药，也不要服用碳酸盐或碳酸氢盐。

重金属盐中毒者，喝一杯含有几克 $MgSO_4$ 的水溶液，立即就医。不要服催吐药，以免引起危险或使病情复杂化。

砷和汞化物中毒者，必须紧急就医。

（2）吸入气体或蒸气中毒者立即转移至室外，解开衣领和纽扣，呼吸新鲜空气。对休克者应施以人工呼吸，但不要用口对口法。立即送医院急救。

六、有毒化学物质的处理

（一）汞蒸汽及其他废气

（1）为减少汞液面的蒸发，可在汞液面覆盖化学液体。

（2）对于溅落的汞，应尽可能拣拾起来，颗粒直径大于1mm的汞可用洗耳球拣起来。拣拾过汞的地点可以洒上多硫化钙、硫黄或漂白粉，或喷洒药品使汞生成不挥发的难溶盐，干后扫除。

（3）可以用紫外灯除汞，使汞被臭氧氧化为不溶性的氧化汞。

（4）少量废气应由通风橱排至室外，毒性大的气体则采用吸附、吸收、氧化、分解等办法处理后排放。

（二）废液

（1）无机酸类。将废酸慢慢倒入过量的含碳酸钠或氢氧化钙的水溶液中或废碱互相中和，中和后用大量水冲洗。

（2）含汞、砷、锑、铍等离子的废液。控制废液酸度 0.3mol/L［H^+］，使其生成硫化物沉淀。

（3）含氰废液。含氰废液加入氢氧化钠使 pH 值在 10 以上，加入过量的高锰酸钾（3%）溶液，使 CN^- 氧化分解。如 CN^- 含量高，可加入过量的次氯酸钙和氢氧化钠溶液。

（4）含氟溶液。含氟溶液加入石灰使生成氟化钙沉淀。

（5）可燃性有机物。可燃性有机物用焚烧法处理。不易燃烧的可用废易燃溶剂稀释。

（6）综合废水处理。调节综合废水 pH 值为 3～4，加入铁粉，搅拌 30min，用碱把 pH 调至 9 左右，继续搅拌 10min，加入高分子混凝剂，进行混凝后沉淀，清液可排放，沉淀物以废渣处理。

（三）废渣

废弃的有害固体药品严禁倒在生活垃圾箱，必须经处理解毒后丢弃。

（四）有机溶剂的回收

分析实验用过的有机溶剂有些可回收使用。使用前应经过空白或标准实验。处理有机溶剂均在分液漏斗中进行。

（1）乙醚。将用过的废乙醚置于分液漏斗中，用水洗一次；中和（石蕊试纸检查），用 0.5% 高锰酸钾洗至紫色不褪；再用水洗，用 0.5%～1% 硫酸亚铁铵溶液洗以除去过氧化物；水洗后用氯化钙干燥，过滤进行分馏，收集 33.5～34.5℃馏分使用。

（2）乙酸乙酯。乙酸乙酯废液先用水洗几次，然后用硫代硫酸钠稀溶液洗几次，使之褪色，再用水洗几次后蒸馏。用无水碳酸钾脱水，放置几天，过滤后蒸馏。收集 76～77℃的馏分。

（3）氯仿。废氯仿，顺序用水、浓硫酸（用量为氯仿量的 1/10）、纯化水、0.5% 盐酸羟胺（分析纯）溶液洗涤。用注射用水洗后，按上法干燥并蒸馏 2 次。对于蒸馏法仍不能除去的有机杂质可用活性炭吸附纯化。

七、气体钢瓶的安全使用

气体钢瓶是储存压缩气体的特制的耐压钢瓶。使用时，通过减压阀（气压表）有控制地放出气体。钢瓶的内压较大（有的高达 15MPa），有些气体易燃或有毒，所以在使用钢瓶时要注意安全。

使用钢瓶的注意事项：

（1）钢瓶应存放在阴凉、干燥、远离热源（如阳光、暖气、炉火）处。可燃性气体钢瓶必须与氧气钢瓶分开存放。

（2）绝不可使油或其他易燃性有机物沾在气瓶上（特别是气门嘴和减压阀），也不得用棉、麻等物堵漏，以防燃烧引起事故。

（3）使用钢瓶中的气体时，要用减压阀（气压表）。各种气体的气压表不得混用，以防爆炸。

（4）不可将钢瓶内的气体全部用完，一定要保留 0.05MPa 以上的残留压力（减压阀表压）。可燃性气体如 C_2H_2 应剩余 0.2~0.3MPa。

（5）为了避免各种气瓶混淆而用错气体，通常在气瓶外面涂以特定的颜色以便区别，并在瓶上写明瓶内气体的名称。

（6）据我国有关部门规定，各种钢瓶必须按照下述规定进行漆色、标注气体名称和涂刷横条，其规格见表 6-6。

表 6-6   各种钢瓶标示

钢瓶名称	外表颜色	字样	字样颜色	横条颜色
氧气瓶	天蓝	氧	黑	—
氢气瓶	深绿	氢	红	红
氮气瓶	黑	氮	黄	棕
纯氩气瓶	灰	纯氩	绿	—
二氧化碳气瓶	黑	二氧化碳	黄	黄
氨气瓶	黄	氨	黑	—
氯气瓶	草绿	氯	白	白
氟氯烷瓶	铝白	氟氯烷	黑	—

八、电器安全

（1）所有电器设备在使用前，应确保安全接地。不得使用没有安全接地的设备。

（2）在使用动力电时，需事先检查电气开关、马达和机械设备是否安装妥善。

（3）实验结束后，实验人员或实验室工作人员要严格检查电、气使用状况，离开实验室前需将总电闸拉下，以免出现电气安全事故。

（4）放置电器设备的实验室要特别注意用水安全，在无人情况下，不得出现漏水、跑水现象。使用电气设备时要严格遵守电气设备的操作规程。

（5）在为实验室或电气设备更换保险丝或保险管时，要按电器的用电负荷量选用适当规格，不得任意加大或以铜丝代替使用。

（6）实验室不得出现裸露的电线头。接线时，应使用黑胶布将线路的接头部分包裹严实，以免引起意外事故。

（7）实验室的电气开关箱内，不准存放任何物品，以免导电燃烧，引起事故；严禁用铁柄毛刷和湿布清扫、擦拭正在使用的电气设备，严禁用湿手接触电器。擦拭电器设备前，应将电源断开。

（8）凡电气动力设备，如电风扇、电动机、马达等发生过热现象，应立即停止运转，并及时维修，以免烧毁设备；实验时必须先接好用电设备的线路，再接通电源；实验结束时，必须先切断电源，再拆线路。严禁在未断开电源的情况下给用电设备接线。

（9）实验室所有电气设备不得私自拆卸及随便自行修理，电气修理应由专业电工或仪表工负责。

（10）实验人员在受到触电伤害时，其他人员应立即戴上绝缘手套将电线挪开，同时切断电源，然后把触电者转移到有新鲜空气的地方进行人工呼吸并迅速拨打120急救。

九、实验室安全守则

（1）严格执行实验室检测设备与器皿的操作规程，未经主管领导同意，不得随意更改操作程序。

（2）凡进行有危险性实验，工作人员应先检查防护措施，保证防护妥当后，才可进行实验。实验中不得擅自离开，实验完成后立即做好善后清理工作，以防事故发生。

（3）加强个人防护意识，取样时戴好劳动保护用品并及时更换，凡有害或有刺激性易挥发气体应在通风柜内进行。腐蚀和刺激性药品，如强酸、碱、冰醋酸等，取用时尽可能戴上橡皮手套和防护眼镜，倾倒时，切勿直对容器口俯视，吸取时，应使用洗耳球。禁用裸手直接拿取上述物品。

（4）不使用无标签（或标志）容器盛放的试剂、试样。实验中产生的废液、废物应集中处理，不得任意排放；酸、碱或有毒物品溅落时，应及时清理及除毒。

（5）往玻璃管上套橡皮管（塞）时，管端应烧圆滑，并用水或甘油浸湿橡皮管（塞）内部，用布裹手，以防玻璃管破碎割伤手。尽量不要使用薄壁玻璃管。

（6）严格遵守安全用电、用水要求。不使用绝缘损坏或接地不良的电器设备，不准擅自拆修检测设备。

（7）分析人员要熟悉消防器材使用方法并掌握有关的灭火知识。

（8）更换气瓶室气体时注意，保持钢瓶接口不漏气，同时要通风。

（9）一旦发生失火事故，首先应撤除一切火源，关闭电闸，然后用砂子或干粉灭火器灭火。及时向主管领导汇报情况。

（10）实验结束，实验人员必须洗手后方可进食，并不准把食物、食具带进实验室。离开实验室前要检查水、电、气和门窗。

附录一　民用建筑工程室内空气污染物检测细则

1　民用建筑工程室内空气采样实施细则

1.1　编制目的

为对民用建筑工程室内空气中样品的采集，特制定本细则。

1.2　适用范围

适用于民用建筑工程室内环境空气中苯、甲苯、二甲苯、甲醛、氨、TVOC样品的采集。

1.3　制定依据

《民用建筑工程室内环境污染控制标准》GB 50325–2020。

1.4　采样

1.4.1　采样仪器准备。

恒流采样器或大气采样器：流量范围 0 ~ 0.5L/min，流量稳定。

皂膜流量计。

大型气泡吸收管。

气压表。

温湿度计。

活性炭吸附管（采样前吸附管在350℃下，通氮气活化20 ~ 60min）。

T–C复合吸附管（采样前吸附管在350℃下，通氮气活化20 ~ 60min）。

Tenax–TA吸附管（采样前吸附管在300℃下，通氮气活化20 ~ 60min）。

1.4.1.1　采样仪器设备的准备情况、运行完好检查。

1. 气密性检查：有动力采样器在采样前应对采样系统气密性进行检查，不得漏气。

2. 流量校准：

甲醛、氨采样前均需校准采样器的流量。

苯、甲苯、二甲苯、TVOC采样应使用恒流采样器，在采样地点打开吸附管，根据吸附管标识的气流方向连接恒流采样器，调节流量为 0.4 ~ 0.5L/min，应用皂膜流量计校准采样系统的流量，采样20min。采样后取下吸附管，应立即密封吸附管的两端，作为样品吸附管，然后置于室温中密闭的玻璃或金属容器内，活性炭样品吸附管最长可保存5天，其他种类样品吸附管最长可保存14天。

1.4.1.2　采集样品的环境准备情况检查。

1. 抽样时间应在民用建筑工程及室内装修工程完工至少7天以后、工程交付使用前进行。

2. 对采用集中空调的民用建筑工程，应在空调正常运转条件下进行。

3. 对采用自然通风的民用建筑工程，检测应在对外门窗关闭1h后进行。

1.4.1.3　采集室外空气空白样时，应与采集室内空气样品同步进行，地点宜选择在室外上风向处。

1.4.1.4　对不合格情况，应加采平行样，测定之差与平均值比较的相对偏差不超过20%。

1.4.2　采样点设置要求。

1.4.2.1　环境污染物现场检测点应按表1房间面积设置。

表1　环境污染物现场检测点

房间使用面积（m²）	检测点数（个）
<50	1
≥50且<100	2
≥100且<500	≥3
≥500且<1 000	≥5
≥1 000且<3 000	≥6
≥3 000	每1 000m²且≥3

1.4.2.2　环境污染物浓度现场检测点应距内墙面不小于0.5m、距楼地面高度0.8～1.5m。

1.4.2.3　检测点应在对角线上或梅花式均匀分布设置，避开通风道和通风口。

1.4.3　采样记录内容。

1.4.3.1　标明采样点的设置位置。

1.4.3.2　采样仪器的型号、编号、采样流量。

1.4.3.3　采样时间、流速。

1.4.3.4　采样温度、湿度、气压等气象参数。

1.4.3.5　采样者姓名。

1.4.3.6　采样记录的其他相关内容。

1.5　采样体积计算

将采样体积按下式换算成标准状态下的采样体积：

$$V_\mathrm{o}=V_\mathrm{t} \cdot \frac{T_0}{273+t} \cdot \frac{P}{P_0} \tag{1}$$

式中：V_o——标准状态下的采样体积（L）；

　　　V_t——体积，为采样流量与采样时间乘积；

　　　t——采样点的气温（℃）；

　　　T_0——标准状态下的绝对温度，273K；

　　　P——采样点的大气压（kPa）；

　　　P_0——标准状态下的大气压，101.3kPa。

2　民用建筑工程室内空气中甲醛 AHMT 分光光度法检测细则

2.1　编制目的

为对民用建筑工程室内空气中甲醛浓度的检验，特制定本细则。

2.2　适用范围

本实施细则适用于民用建筑工程室内空气中甲醛浓度的检验，乙醛、丙醛、正丁醛、丙烯醛、丁烯醛、乙二醛、苯（甲）醛、甲醇、乙醇、正丙醇、仲丁醇、异丁醇、异戊醇、乙酸乙酯对检测无影响；大气中共存的二氧化氮和二氧化硫对检测无干扰。

2.3　检验依据

2.3.1　《民用建筑工程室内环境污染控制标准》GB 50325–2020。

2.3.2　《公共场所卫生检验方法　第 2 部分：化学污染物》GB/T 18204.2–2014。

2.3.3　《居住区大气中甲醛卫生检验标准方法　分光光度法》GB/T 16129–1995。

2.4　检验原理

空气中甲醛与 4- 氨基 -3- 联氨 -5- 巯基 -1，2，4- 三氮杂茂（Ⅰ）在碱性条件下缩合（Ⅱ），然后经高碘酸钾氧化成 6- 巯基 -5- 三氮杂茂［4，3–b］–S– 四氮杂苯（Ⅲ）紫红色化合物，其色泽深浅与甲醛含量成正比。

2.5　检验人员

检验人员须持证上岗，检验工作中，检验人员应认真负责。

2.6　仪器和设备

2.6.1　气泡吸收管：有 5mL 和 10mL 刻度线。

2.6.2　空气采样器：流量范围 0 ~ 2L/min。

2.6.3　10mL 具塞比色管。

2.6.4　分光光度计：具有 550nm 波长，并配有 10mm 光程的比色皿。

2.7　试剂和材料

本法所用试剂除注明外，均为分析纯；所用水均为蒸馏水。

2.7.1　吸收液：称取 1g 三乙醇胺，0.25g 偏重亚硫酸钠和 0.25g 乙二胺四乙酸二钠溶于水中并稀释至 1 000mL。

2.7.2　0.5% 的 4- 氨基 -3- 联氨 -5- 巯基 -1，2，4- 三氮杂茂（简称 AHMT）溶液：称取 0.25g AHMT 溶于 0.5mol/L 盐酸中，并稀释至 50mL，此试剂置于棕色瓶中，可保存半年。

2.7.3　5mol/L 氢氧化钾溶液：称取 28.0g 氢氧化钾溶于 100mL 水中。

2.7.4　1.5% 高碘酸钾溶液：称取 1.5g 高碘酸钾溶于 0.2mol/L 氢氧化钾溶液中，并稀释至 100mL，于水浴上加热溶解，备用。

2.7.5　硫酸（$\rho = 1.84$g/mL）。

2.7.6　30% 氢氧化钠溶液。

2.7.7　1mol/L 硫酸溶液。

2.7.8　0.5% 淀粉溶液。

2.7.9   0.100 0mol/L 硫代硫酸钠标准溶液。

2.7.10   0.050 0mol/L 碘溶液。

2.7.11   甲醛标准贮备溶液：取 2.8mL 甲醛溶液（含甲醛 36%～38%）于 1L 容量瓶中，加 0.5mL 硫酸并用水稀释至刻度，摇匀。其准确浓度用下述碘量法标定。

甲醛标准贮备溶液的标定：精确量取 20.00mL 甲醛标准贮备溶液，置于 250mL 碘量瓶中。加入 20.00mL 的 0.050 0mol/L 碘溶液和 15mL 的 1mol/L 氢氧化钠溶液，放置 15min。加入 20mL 的 0.5mol/L 硫酸溶液，再放置 15min，用硫代硫酸钠滴定，至溶液呈现淡黄色时，加入 1mL 的 0.5% 淀粉溶液，继续滴定至刚使蓝色消失为终点，记录所用硫代硫酸钠溶液体积。同时用水做试剂空白滴定。甲醛溶液的浓度用下式计算。

$$C = (V_1 - V_2) \cdot M \times 15 \tag{2}$$

式中：C——甲醛标准贮备溶液中甲醛浓度（mg/mL）；

    V_1——滴定空白时所用硫代硫酸钠标准溶液体积（mL）；

    V_2——滴定甲醛溶液时所用硫代硫酸钠标准溶液体积（mL）；

    M——硫代硫酸钠标准溶液的摩尔浓度；

    15——甲醛的换算值。

取上述标准溶液稀释 10 倍作为贮备液，此溶液置于室温下可使用 1 个月。

2.7.12   甲醛标准溶液：用时取上述甲醛贮备液，用吸收液稀释成 1.00mL 含 2.00μg 甲醛。

2.8   采样

用一个内装 5mL 吸收液的气泡吸收管，以 1.0L/min 流量，采气 20L，并记录采样时的温度和大气压力。

2.9   分析步骤

2.9.1   标准曲线的绘制。

用标准溶液绘制标准曲线：取 7 支 10mL 具塞比色管，按表 2 制备标准系列管。

表 2   甲醛标准系列管

管号	0	1	2	3	4	5	6
标准溶液（mL）	0.0	0.1	0.2	0.4	0.8	1.2	1.6
吸收溶液（mL）	2.0	1.9	1.8	1.6	1.2	0.8	0.4
甲醛含量（μg）	0.0	0.2	0.4	0.8	1.6	2.4	3.2

各管加入 1.0mL 的 5mol/L 氢氧化钾溶液，1.0mL 的 0.5% AHMT 溶液，盖上管塞，轻轻颠倒混匀 3 次，放置 20min。加入 0.3mL 的 1.5% 高碘酸钾溶液，充分振摇，放置 5min。用 10mm 比色皿，在波长 550nm 下，以水做参比，测定各管吸光度。以甲醛含量为横坐标，吸光度为纵坐标，绘制标准曲线，并计算回归线的斜率，以斜率的倒数作为样品测定计算因子 B_s（μg/吸光度）。

2.9.2   样品测定。

采样后，补充吸收液到采样前的体积。准确吸取 2mL 样品溶液于 10mL 比色管中，按制作标准曲线的操作步骤测定吸光度。

在每批样品测定的同时，用 2mL 未采样的吸收液，按相同步骤做试剂空白值测定。

2.10　结果计算

2.10.1　将采样体积按式（3）换算成标准状况下的采样体积。

$$V_0 = V_t \cdot \frac{T_0}{273+t} \cdot \frac{P}{P_0} \tag{3}$$

式中：V_0——标准状况下的采样体积（L）；

　　　V_t——采样体积（L）；

　　　t——采样时的空气温度（℃）；

　　　T_0——标准状况下的绝对温度，273K；

　　　P——采样时的大气压（kPa）；

　　　P_0——标准状况处的大气压力，101.3kPa。

2.10.2　空气中甲醛浓度按式（4）计算。

$$C = \frac{(A-A_0) \cdot B_s}{V_0} \cdot \frac{V_1}{V_2} \tag{4}$$

式中：C——空气中甲醛浓度（mg/m³）；

　　　A——样品溶液的吸光度；

　　　A_0——试剂空白溶液的吸光度；

　　　B_s——计算因子（μg/ 吸光值），由 6.1 求得；

　　　V_0——标准状况下的采样体积（L）；

　　　V_1——采样时吸收液体积（mL）；

　　　V_2——分析时取样品体积（mL）。

3　民用建筑工程室内空气中氨的靛酚蓝分光光度法检测实施细则

3.1　编制目的

为对民用建筑工程室内空气中氨浓度的检验，特制定本细则。

3.2　适用范围

本实施细则适用于民用建筑工程室内空气中氨浓度的检验。

3.3　检验依据

3.3.1　《民用建筑工程室内环境污染控制标准》GB 50325-2020。

3.3.2　《公共场所卫生检验方法　第 2 部分：化学污染物》GB/T 18204.2-2014。

3.4　检验原理

空气中氨吸收在稀硫酸中，在亚硝基铁氰化钠及次氯酸钠存在下，与水杨酸生成蓝绿色的靛酚蓝染料，根据着色深浅，比色定量。

3.5　检验人员

检验人员须持证上岗，检验工作中，检验人员应认真负责。

3.6　检验仪器及设备

3.6.1　大型气泡吸收管：有 10mL 刻度线，出气口内径为 1mm，与管底距离为 3～5mm。

3.6.2　空气采样器：流量范围 0～2L/min，流量可调且恒定。

3.6.3　具塞比色管：10mL。

3.6.4　分光光度计：可测波长 697.5nm，狭缝小于 20nm。

3.7　试剂和材料

注：本法所用的试剂均为分析纯。

3.7.1　无氨蒸馏水：在普通蒸馏水中加少量的高锰酸钾至浅紫红色，再加少量氢氧化钠至呈碱性。蒸馏，取其中间蒸馏部分的水，加少量硫酸溶液呈微酸性，再蒸馏一次。

3.7.2　吸收液 $[C(H_2SO_4)=0.005mol/L]$：量取 2.8mL 浓硫酸加入水中，并稀释至 1L。临用时再稀释 10 倍。

3.7.3　水杨酸溶液 $\{\rho[C_6H_4(OH)COOH]=50g/L\}$：称取 10.0g 水杨酸和 10.0g 柠檬酸钠（$Na_3C_6O_7 \cdot 2H_2O$），加水约 50mL，再加 55mL 氢氧化钠溶液 $[C(NaOH)=2mol/L]$，用水稀释至 200mL。此试剂稍有黄色，室温下可稳定 1 个月。

3.7.4　亚硝基铁氰化钠溶液（10g/L）：称取 1.0g 亚硝基铁氰化钠 $[Na_2Fe(CN)_5 \cdot NO \cdot 2H_2O]$，溶于 100mL 水中，贮于冰箱中可稳定 1 个月。

3.7.5　次氯酸钠溶液 $[C(NaClO)=0.05mol/L]$：取 1mL 次氯酸钠试剂原液，根据碘量法标定的浓度用氢氧化钠溶液 $[C(NaOH)=2mol/L]$ 稀释成 0.05mol/L 的次氯酸钠溶液，贮于冰箱中可保存 2 个月。次氯酸钠溶液浓度的标定：称取 2g 碘化钾（KI）于 250mL 碘量瓶中，加水 50mL 溶解，加 1.00mL 次氯酸钠（NaClO）试剂，再加 0.5mL 盐酸溶液 $[V(HCl)=50\%]$，摇匀，暗处放置 3min。用硫代硫酸钠标准溶液 $[C(1/2NaS_2O_3)=0.100mol/L]$ 滴定析出碘，至溶液呈黄色时，加 1mL 新配制的淀粉指示剂（5g/L），继续滴定至蓝色消失终点，记录所用硫代硫酸钠标准溶液体积，按下式计算次氯酸钠溶液的浓度。

$$C(NaClO) = \frac{C(1/2NaS_2O_3) \cdot V}{1.00 \times 2} \tag{5}$$

式中：$C(NaClO)$——次氯酸钠试剂的浓度（mol/L）；

$C(1/2NaS_2O_3)$——硫代硫酸钠标准溶液浓度（mol/L）；

V——硫代硫酸钠标准溶液用量（mL）。

3.7.6　氨标准贮备液 $[\rho(NH_3)=1.00g/L]$：称取 0.314 2g 经 105℃ 干燥 1h 的氯化铵（NH_4Cl），用少量水溶解，移入 100mL 容量瓶中，用吸收液稀释至刻度。此液 1.00mL 含 1.00mg 氨。

3.7.7　氨标准工作液 $[\rho(NH_3)=1.00mg/L]$ 临用时，将标准贮备液用吸收液稀释成 1.00mL 含 1.00μg 氨。

3.8　采样

3.8.1　采样布点应符合《民用建筑工程室内环境污染控制标准》GB 50325–2020 的规定。

3.8.2 用一级皂膜流量计对采样流量计进行校准，误差小于 5%。

3.8.3 用一个内装 10mL 吸收液的大型气泡吸收管，以 0.5L/mm 流量采样 5L。

3.8.4 记录采样点的温度及大气压力。

3.8.5 采样后，样品在室温下保存，于 24h 内分析。

3.9　分析步骤

3.9.1 标准曲线的绘制：取 10mL 具塞比色管 7 支，按表 3 制备标准系列管。

表 3　氨标准系列管

管号	0	1	2	3	4	5	6
标准工作液（mL）	0	0.50	1.00	3.00	5.00	7.00	10.00
吸收液（mL）	10.00	9.50	9.00	7.00	5.00	3.00	0
氨含量（μg）	0	0.50	1.00	3.00	5.00	7.00	10.00

在各管中加入 0.50mL 水杨酸溶液，再加入 0.10mL 亚硝基铁氰化钠溶液和 0.10mL 次氯酸钠溶液，混匀，室温下放置 1h。用 10mm 比色皿，于波长 697.5nm 处，以水做参比，测定各管溶液的吸光度。以氨含量（μg）做横坐标，吸光度为纵坐标，绘制标准曲线，并计算校准曲线的斜率。标准曲线斜率应为（0.081 ± 0.003）吸光度 /μg，以斜率的倒数作为样品测定时的计算因子（B_a）。

3.9.2 样品测定：将样品溶液转入具塞比色管内，用少量的水洗吸收管，合并，使总体积为 10mL，再按操作步骤测定样品的吸光度。在每批样品测定的同时，用 10mL 未采样的吸收液作试剂空白测定。如果样品溶液吸光度超过标准曲线范围，则可用空白吸收液稀释样品液后再分析。

3.10　结果计算

3.10.1 采气体积换算：将实际采气体积换算成标准状态下的采气体积 V。

3.10.2 浓度计算：空气中氨的质量浓度按式（6）计算。

$$\rho = \frac{(A-A_0) \cdot B_a}{V_0} \cdot k \tag{6}$$

式中：ρ ——空气中氨的质量浓度（mg/m³）；

　　A ——样品溶液的吸光度；

　　A_0 ——空白溶液的吸光度；

　　B_a ——计算因子（μg/ 吸光度）；

　　V_0 ——标准状态下的采气体积（L）；

　　k ——样品溶液的稀释倍数。

3.10.3 结果表达：一个区域的测定结果以该区域内各采样点质量浓度的算术平均值给出。

4　民用建筑工程室内空气中苯、甲苯、二甲苯气相色谱法检测细则

4.1　编制目的
为对民用建筑工程室内空气中苯、甲苯、二甲苯浓度的检验，特制定本细则。

4.2　适用范围
本实施细则适用于民用建筑工程室内空气中苯、甲苯、二甲苯浓度的检验。

4.3　检测依据
4.3.1　《民用建筑工程室内环境污染控制标准》GB 50325-2020。

4.3.2　《室内空气中苯系物及总挥发性有机化合物检测方法标准》T/CECS 539-2018。

4.4　原理
空气中苯、甲苯、二甲苯应使用活性炭管或 2，6- 对苯基二苯醚多孔聚合物 - 石墨化炭黑 -X 复合吸附管采集，经热解吸后，应采用气相色谱法分析，以保留时间定性，峰面积定量。

4.5　检验人员
检验人员须持证上岗，检验工作中，检验人员应认真负责。

4.6　仪器和设备
4.6.1　恒流采样器：在采样过程中流量应稳定，流量范围应包含 0.5L/min，并且当流量 0.5L/min 时，应能克服 5～10kPa 的阻力，此时用流量计校准采样系统流量，相对偏差不应大于 ±5%。

4.6.2　热解吸装置：应能对吸附管进行热解吸，解吸温度、载气流速可调。

4.6.3　应配备有氢火焰离子化检测器的气相色谱仪。

4.6.4　毛细管柱：毛细管柱长应为 30～50m 的石英柱，内径应为 0.32mm，内应涂覆聚二甲基聚硅氧烷或其他非极性材料。

4.6.5　应准备容量为 1μL、10μL 的注射器若干个。

4.7　试剂和材料
4.7.1　活性炭吸附管应为内装 100mg 椰子壳活性炭吸附剂的玻璃管或内壁光滑的不锈钢管。使用前应通氮气加热活化，活化温度应为 300～350℃，活化时间不应少于10min，活化至无杂质峰为止；当流量为 0.5L/min 时，阻力应为 5～10kPa；2，6- 对苯基二苯醚多孔聚合物 - 石墨化炭黑 -X 复合吸附管应为分层分隔填装不少于 175mg 的60～80 目的 Tenax-TA 吸附剂和不少于 75mg 的 60～80 目的石墨化炭黑 -X 吸附剂，样品管应有采样气流方向标识，使用前应通氮气加热活化，活化温度应为 280～300℃，活化时间不应少于 10min，活化至无杂质峰为止；当流量为 0.5L/min 时，阻力应在5～10kPa。

4.7.2　应包括苯、甲苯、二甲苯标准物质。

4.7.3　载气应为氮气，纯度不应小于 99.99%。

4.8　采样

4.8.1　应在采样地点打开吸附管，吸附管与空气采样器入气口垂直连接（气流方向与吸附管标识方向一致），调节流量在 0.5L/min 的范围内，应采用流量计校准采样系统的流量，采集约 10L 空气，并应记录采样时间、采样流量、温度、相对湿度和大气压。

4.8.2　采样后，应取下吸附管，密封吸附管的两端，做好标识，放入可密封的金属或玻璃容器中，样品可保存 14 天。

4.8.3　当采集室外空气空白样品时，应与采集室内空气样品同步进行，地点宜选择在室外上风向处。

4.9　分析步骤

4.9.1　气相色谱分析条件可选用下列推荐值，也可根据实验室条件选定其他最佳分析条件：

4.9.1.1　毛细管柱温度应为 60℃；

4.9.1.2　检测室温度应为 150℃；

4.9.1.3　汽化室温度应为 150℃；

4.9.1.4　载气应为氮气。

4.9.2　室温下标准吸附管系列制备时应采用一定浓度的苯、甲苯、对（间）二甲苯、邻二甲苯标准气体或标准溶液，从吸附管进气口定量注入吸附管，制成苯含量为 0.05μg，0.1μg，0.2μg，0.4μg，0.8μg，1.2μg 以及甲苯、二甲苯含量分别为 0.1μg，0.4μg，0.8μg，1.2μg，2μg 的标准系列吸附管，同时应采用 100mL/min 的氮气通过吸附管，5min 后取下并密封，作为标准吸附管。

4.9.3　分析时应采用热解吸直接进样的气相色谱法，将标准吸附管和样品吸附管分别置于热解吸直接进样装置中，解吸气流方向应与标准吸附管制样气流方向和样品吸附管采样气流方向相反，充分解吸（活性炭吸附管 350℃或 2, 6- 对苯基二苯醚多孔聚合物 – 石墨化炭黑 –X 复合吸附管经过 300℃）后，将解吸气体经由进样阀直接通入气相色谱仪进行色谱分析，应以保留时间定性、以峰面积定量。

4.10　结果计算

4.10.1　所采空气样品中苯、甲苯、二甲苯的浓度及换算成标准状态下的浓度，应分别按下列公式进行计算：

$$C=\frac{m-m_0}{V} \tag{7}$$

式中：C——所采空气样品中苯、甲苯、二甲苯各组分浓度（mg/m³）；

　　　m——样品管中苯、甲苯、二甲苯各组分的量（μg）；

　　　m_0——未采样管中苯、甲苯、二甲苯各组分的量（μg）；

　　　V——空气采样体积（L）。

$$C_c=C\times\frac{101.3}{p}\times\frac{t+273}{273} \tag{8}$$

式中：C_c——换算到标准体积后，空气样品中苯、甲苯、二甲苯的浓度（mg/m³）；

　　　p——采样时采样点的大气压力（kPa）；

t——采样时采样点的温度（℃）。

注：1　当用活性炭吸附管和2，6- 对苯基二苯醚多孔聚合物 - 石墨化炭黑 -X 复合吸附管采样的检测结果有争议时，以活性炭吸附管的检测结果为准。

2　当用活性炭管吸附管采样时，空气湿度应小于 90%。

5　民用建筑工程室内空气中 TVOC 气相色谱法检测细则

5.1　编制目的

为对民用建筑工程室内空气中 TVOC 浓度的检验，特制定本细则。

5.2　适用范围

本实施细则适用于民用建筑工程室内空气中 TVOC 浓度的检验。

5.3　检测依据

5.3.1　《民用建筑工程室内环境污染控制标准》GB 50325-2020。

5.3.2　《室内空气中苯系物及总挥发性有机化合物检测方法标准》T/CECS 539-2018。

5.4　原理

采用 Tenax-TA 吸附管或 2，6- 对苯基二苯醚多孔聚合物 - 石墨化炭黑 -X 复合吸附管采集一定体积的空气样品，通过热解吸装置加热吸附管，并得到 TVOC 的解吸气体，将 TVOC 的解吸气体注入气相色谱仪进行色谱定性、定量分析。

5.5　检验人员

检验人员须持证上岗，检验工作中，检验人员应认真负责。

5.6　仪器和设备

5.6.1　恒流采样器：在采样过程中流量应稳定，流量范围应包含 0.5L/min，并且当流量为 0.5L/min 时，应能克服 5～10kPa 的阻力，此时用流量计校准系统流量时，相对偏差不应大于 ±5%。

5.6.2　热解吸装置应能对吸附管进行热解吸，其解吸温度及载气流速应可调。

5.6.3　气相色谱仪应配置 FID 或 MS 检测器。

5.6.4　毛细管柱：毛细管柱长应为 50m 的石英柱，内径应为 0.32mm，内涂覆聚二甲基聚硅氧烷或其他非极性材料。

5.6.5　程序升温：初始温度应为 50℃，且保持 10min，升温速率应为 5℃ /min，温度应升至 250℃，并保持 2min。

5.7　试剂和材料

5.7.1　Tenax-TA 吸附管可为玻璃管或内壁光滑的不锈钢管，管内装有 200mg 粒径为 0.18～0.25mm（60～80 目）的 Tenax-TA 吸附剂或 2，6- 对苯基二苯醚多孔聚合物 - 石墨化炭黑 -X 复合吸附管（样品管应有采样气流方向标识）。使用前应通氮气加热活化，活化温度应高于解吸温度，活化时间不应少于 30min，活化至无杂质峰为止，当流量为 0.5L/min 时，阻力应为 5～10kPa。

5.7.2　有证标准溶液或标准气体应符合表 4 的规定。

表 4 有证标准溶液或标准气体

序号	名称	CAS 号
1	正己烷	110–54–3
2	苯	200–753–7
3	三氯乙烯	79–01–6
4	甲苯	108–88–3
5	辛烯	111–66–0
6	乙酸丁酯	123–86–4
7	乙苯	100–41–4
8	对二甲苯	106–42–3
9	间二甲苯	108–38–3
10	邻二甲苯	95–47–6
11	苯乙烯	100–42–5
12	壬烷	111–84–2
13	异辛醇	104–76–7
14	十一烷	1120–21–4
15	十四烷	629–59–4
16	十六烷	544–76–3

5.7.3 载气应为氮气，纯度不应小于 99.99%，当配置 MS 检测器载气为氦气时，纯度不应小于 99.999%。

5.8 采样

5.8.1 应在采样地点打开吸附管，吸附管与空气采样器入气口垂直连接（气流方向与吸附管标识方向一致），调节流量在 0.5L/min 的范围内后用皂膜流量计校准采样系统的流量，采集约 10L 空气，应记录采样时间及采样流量、采样温度、相对湿度和大气压。

5.8.2 采样后应取下吸附管，并密封吸附管的两端，做好标记后放入可密封的金属或玻璃容器中，并应尽快分析，样品保存时间不应大于 14 天。

5.8.3 采集室外空气空白样品应与采集室内空气样品同步进行，地点宜选择在室外上风向处。

5.9 分析步骤

5.9.1 标准吸附管系列制备时，应采用一定浓度的各组分标准气体或标准溶液，定量注入吸附管中，制成各组分含量应为 0.05μg，0.1μg，0.4μg，0.8μg，1.2μg，2μg 的标准吸附管，同时用 100mL/min 的氮气通过吸附管，5min 后取下并密封，作为标准吸附管系列样品。

5.9.2 采用热解吸直接进样的气相色谱法，将吸附管置于热解吸直接进样装置中，应确保解吸气流方向与标准吸附管制样气流方向相反，经 300℃充分解吸后，使解吸气体直接由进样阀快速通入气相色谱仪进行色谱定性、定量分析。

5.9.3 当配置 FID 检测器时，应以保留时间定性、峰面积定量；当配置 MS 检测器时，应根据保留时间和各组分的特征离子定性、在确认组分的条件后，采用定量离子进行定量。

5.9.4 样品分析时，每支样品吸附管应按与标准吸附管系列相同的热解吸气相色谱分析方法进行分析。

5.10 结果计算

5.10.1 所采空气样品中各组分的浓度应按下式进行计算：

$$C_m = \frac{m_i - m_0}{V} \qquad (9)$$

式中：C_m——所采空气样品中 i 组分的浓度（mg/m^3）；

　　　m_i——样品管中 i 组分的质量（μg）；

　　　m_0——未采样管中 i 组分的质量（μg）；

　　　V——空气采样体积（L）。

5.10.2 空气样品中各组分的浓度应按下式换算成标准状态下的浓度：

$$C_C = C_m \cdot \frac{101.3}{P} \cdot \frac{t + 273}{273} \qquad (10)$$

式中：C_C——换算到标准体积后空气样品中 i 组分的浓度（mg/m^3）；

　　　P——采样时采样点的大气压力（kPa）；

　　　t——采样时采样点的温度（℃）。

5.10.3 所采空气样品中 TVOC 的浓度应按下式进行计算：

$$C_{TVOC} = \sum_{i=1}^{i=n} C_C \qquad (11)$$

式中：C_{TVOC}——标准状态下所采空气样品中 TVOC 的浓度（mg/m^3）；

　　　C_C——标准状态下所采空气样品中 i 组分的浓度（mg/m^3）。

注：1　对未识别的峰，应以甲苯计。

2　当用 Tenax-TA 吸附管和 2, 6- 对苯基二苯醚多孔聚合物 - 石墨化炭黑 -X 复合吸附管采样的检测结果有争议时，以 Tenax-TA 吸附管的检测结果为准。

6　室内新风量检测细则

6.1 编制目的

根据《民用建筑工程室内环境污染控制标准》GB 50325-2020 要求，民用建筑工程验收时，对采用中央空调的工程，应进行室内新风量的检测，特制定本作业指南。

6.2 适用范围

适用于集中式空调系统、半集中式空调系统室内新风量检测。

应优先采用 CO_2 示踪气体法检测新风量，对集中式空调系统，抽检的房间面积不小于 $500m^2$ 时，可采用风量直接检测法检测新风量。

如能确定进入室内的空气全部为新风时，优先采用 CO_2 示踪气体法检测新风量；如送入室内的空气是新风与回风混合后的空气，则应采用风量直接检测法测出总送风量后，根据实测新回风比计算出新风量。

6.3　术语

6.3.1　集中式空调系统：系统所有空气处理设备集中设置在一个空调机房内的中央空调系统。

6.3.2　半集中式空调系统：系统除设集中空调机房外，还设有分散在空调房间的空气处理装置的中央空调系统。

Ⅰ　CO_2 示踪气体法

6.4　检测依据

《公共场所卫生检验方法　第 1 部分：物理因素》GB/T 18204.1-2013。

6.5　原理

采用 CO_2 示踪气体浓度衰减法。在待测室内通入适量 CO_2 示踪气体，由于室内外空气交换，CO_2 示踪气体的浓度呈指数衰减，根据浓度随着时间的变化的值，计算出室内的新风量，再根据室内设计人数，计算出人均新风量结果。

6.6　仪器和材料

6.6.1　轻便型 CO_2 气体浓度测定仪，最低检出限不小于 1×10^{-6}，可连续自动测读。

6.6.2　摇摆电扇。

6.6.3　CO_2 示踪气体。

6.7　测定步骤

6.7.1　室内空气总量的测定

6.7.1.1　用尺测量并计算出室内容积 V_1。

6.7.1.2　室内应无家具等物品，用尺测量并计算出室内梁、柱等凸出物的总体积 V_2。

6.7.1.3　计算室内空气容积，见下式。

$$V=V_1-V_2 \tag{12}$$

式中：V——室内空气容积（m^3）；

　　　V_1——室内容积（m^3）；

　　　V_2——室内物品容积（m^3）。

6.7.2　检测点的设置

室内 CO_2 浓度检测点数应按表 5 设置，当房间内有 2 个及以上检测点时，应采用对角线、斜线、梅花状均衡布点。

表 5　室内 CO_2 浓度检测点数设置

房间使用面积（m^2）	检测点数（个）
<50	1
≥ 50，<100	2
≥ 100，<500	3

6.7.3　测定的准备工作

6.7.3.1　按仪器使用说明校正仪器，校正后待用。

6.7.3.2　打开电源，确认供电正常。

6.7.3.3　用氮气归零。

6.7.4　测定

6.7.4.1　测定环境本底 CO_2 浓度。

6.7.4.2　关闭门窗及空调系统，在室内通入适量的 CO_2，按室内空气量计算，释放 CO_2 2～4g/m³，同时用风扇扰动空气（约3～5min），使 CO_2 示踪气体充分混合均匀。按空调的正常工作状态开启空调系统，按对角线、斜线或梅花状布点后，开启 CO_2 浓度测定仪，人员离开现场，以15min间隔自动测定 CO_2 浓度，持续90min以上，舍弃第一个测读数据，读取之后不少于5个连续测读数据。

6.7.5　计算

6.7.5.1　换气率计算

取15min间隔的有效 CO_2 浓度值，不少于5次。用回归方程法计算换气率，见下式。

$$\ln（C_2-C_0）=\ln（C_1-C_0）-A_t \tag{13}$$

式中：C_1——测量开始时 CO_2 示踪气体浓度（mg/m³）；

$\quad$ C_2——t 时间的 CO_2 示踪气体浓度（mg/m³）；

$\quad$ A——换气率（h⁻¹）；

$\quad$ C_0——环境本底 CO_2 浓度（mg/m³）；

$\quad$ t——测定时间（h）。

6.7.5.2　新风量计算，见下式。

$$Q=A \cdot V \tag{14}$$

式中：Q——新风量（m³/h）；

$\quad$ A——换气率（h⁻¹）；

$\quad$ V——室内空气容积（m³）。

注：当房间内有2个及以上检测点时，取各点的平均值作为该房间的新风量检测值。

6.7.6　人均新风量的计算。依据设计或规范要求，按照该房间设计人数，计算出人均新风量，见下式。

$$\overline{Q}=Q/ 人数 \tag{15}$$

Ⅱ　风量直接检测法

6.8　检验依据

《公共场所卫生检验方法　第1部分：物理因素》GB/T 18204.1-2013；

《公共建筑节能检测标准》JGJ/T 177-2009；

《通风与空调工程施工质量验收规范》GB 50243-2016；

《采暖通风与空气调节工程检测技术规程》JGJ/T 260-2011中有关系统风量及风口风量检测方法。

6.9　原理

对由中央空调系统来保障室内空气环境的空调房间来说，室内新风补给方式有两种：独立新风补给和与回风混合后补给。半集中式中央空调主要采用前一种新风补给方式，集中式中央空调主要采用后一种新风补给方式。两种新风补给方式的检测方法相同，但计算方法不同，前一种可直接检测出室内新风量，后一种则需要通过实测新回风比计算出其中的新风量。

风量可以从风管内，也可以从风口处测得，对应的可以称为管内风量法和风口风量法。

管内风量法是通过测量风管截面内各测点风速或动压，计算出该截面内的平均风速或平均动压后，再计算通过该截面的风量。如果管内通过的是新风，则检测出的为新风量；如果管内通过的是新回风混合后的送风，则需要通过实测新回风比计算出其中的新风量。测试截面位置需要根据空气流动规律来选择，管内风速或动压可以用风速仪直接测得或用皮托管加微压计测得。当室内送风有不止一根送风管时，应分别测量各风管的送风量再累积计算总新风量。

风口风量法是通过测量室内全部送风口的风量后再累计出该室内总的送风量，如果各风口的送风全部为新风时，则累计结果即为该室内总新风量；如果各风口的送风量是新回风混合后的送风量，则累计结果需要通过实测新回风比计算出其中的新风量。

风口风量法又分为风口风速法、风量罩法、辅助风管法和管内风量差法。测量时应根据风口类型来选择适宜的检测方法。当风口为散流器时，宜采用风量罩法；当风口为格栅或网格风口且出风气流无偏移时，可采用风口风速法；当风口为条缝型风口或风口出风气流有偏移时，宜采用辅助风管法；辅助风管过长无操作空间时，可采用管内风量差法即以风口上、下游管内风量差来表示该风口的风量。

风量检测应优先采用管内风量差法。在送风管路受吊顶内部结构、吊顶形式影响或虽不受吊顶影响但无法选择出适宜的测试截面位置时，采用风口风速法。

6.10　仪器设备

6.10.1　皮托管

6.10.1.1　皮托管修正系数

皮托管有标准皮托管和S形皮托管两种，通风与空调系统管内风速测定应使用标准皮托管。

皮托管的修正系数有风速修正系数 K_v 和风压修正系数 K_p，在计算平均风速时的用法不同。

$$\overline{V} = K_v \cdot \sqrt{\frac{2P_{dp}}{\rho}} \tag{16}$$

或

$$\overline{V} = \sqrt{\frac{2K_p \cdot P_{dp}}{\rho}} \tag{17}$$

皮托管修正系数应取检定或校准报告给出的系数类型及其数值，并在检定或校准有限期内使用。

6.10.1.2　微压计：精确度不应低于 2%，最小读数不应大于 2Pa。

6.10.1.3　水银玻璃温度计或电阻温度计：最小读数不应大于 1℃。

6.10.2　风速计

6.10.2.1　热电风速仪：最小读数不应大于 0.1m/s，精确度不应低于 0.5m/s。

6.10.2.2　水银玻璃温度计或电阻温度计：最小读数不应大于 1℃。

6.10.3　风量罩

6.10.3.1　风量罩必须具有背压补偿功能，精确度不应低于 5%。

6.10.4　辅助风管

6.10.4.1　辅助风管的截面尺寸应与风口内截面尺寸相同，长度不小于 2 倍风口长边长。

6.10.4.2　测量时，辅助风管应与风口贴合紧密不漏风。

6.11　管内风量检测方法

6.11.1　测试截面位置选择（图 1）

测试截面位置一般选择在距上游局部阻力管件大于或等于 5 倍管径（或矩形风管长边尺寸），并距下游局部阻力管件大于或等于 2 倍管径（或矩形风管长边尺寸）的直管段上。

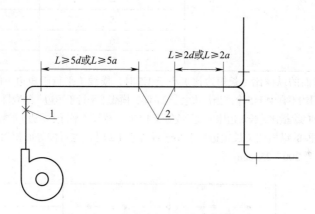

图 1　测试截面位置选择示意图

6.11.2　测点布置

6.11.2.1　矩形风管测点布置

1. 矩形风管测点布置应符合《公共建筑节能检测标准》JGJ/T 177–2009 附录 E 的相关规定。

矩形风管测点数及布置方式应符合表 6 及图 2 的规定。

2. 符合《通风与空调工程施工质量验收规范》GB 50243–2016 附录 E.1 的要求。

矩形风管测点数及布置方式应符合图 3 的规定，应将矩形风管测定断面划分为若干个接近正方形的面积相等的小断面，且面积不应大于 0.05m²，边长不应大于 220mm，测点应位于各个小断面的中心。短边上的测点不能少于 2 个。

表6　矩形断面测点位置

横线数或每条横线上的测点数目（个）	测点（个）	测点位置 X/L 或 Y/H
5	1	0.074
	2	0.288
	3	0.500
	4	0.712
	5	0.926
6	1	0.061
	2	0.235
	3	0.437
	4	0.563
	5	0.765
	6	0.939
7	1	0.053
	2	0.203
	3	0.366
	4	0.500
	5	0.634
	6	0.797
	7	0.947

注：1　当矩形截面的纵横比（长短边比）小于1.5时，横线（平行于短边）的数目和每条横线上的测点数目均不宜少于5个。当长边大于2m时，横线（平行于短边）的数目宜增加到5个以上。

　　2　当矩形截面的纵横比（长短边比）大于或等于1.5时，横线（平行于短边）的数目宜增加到5个以上。

　　3　当矩形截面的纵横比（长短边比）小于或等于1.2时，也可按等面积划分小截面，每个小截面边长宜为200～250mm。

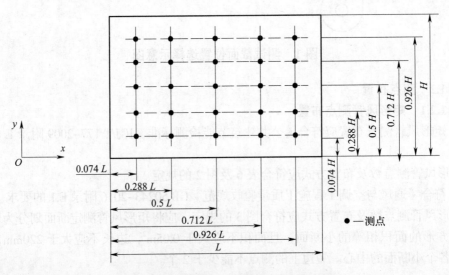

图2　矩形风管25个测点时测点布置

3. 矩形风管测点布置方法应用

如果矩形风管测试截面位置选择得当，且测点布置数量符合一定要求（图3），那么测点数量增加到一定程度后对检测精度的影响就会减小。从上述两种测点布置方法来看，《公共建筑节能检测标准》JGJ/T 177-2009适合大截面风管的测点布置，而《通风与空调工程施工质量验收规范》GB 50243-2016则适合小截面风管的测点布置。

通风管道的截面尺寸是根据其输送空气量的大小来确定的。一般新风量只占到总空气交换量的10%左右，如果新风独立补给，则送风管的截面尺寸要比与回风混合后补给的送风管道小很多。因此，独立补给新风管道的测点布置宜参照《通风与空调工程施工质量验收规范》GB 50243-2016的要求，新风与回风混合后补给的送风管道的测点布置宜参照《公共建筑节能检测标准》JGJ/T 177-2009的要求。

6.11.2.2　圆形风管测点布置

圆形风管断面测点数的确定及布置（图4）应将圆形风管断面划分为若干断面面积相等的同心圆环，测点布置在环面积等分线上，并应在相互垂直的两直径上布置2个或4个测孔，各测点到管壁距离应符合表7的规定。

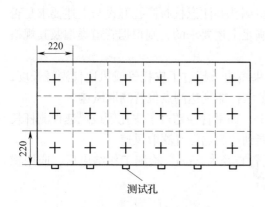

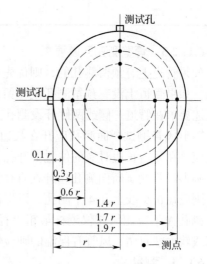

图3　矩形风管测点布置示意图　　　**图4　圆形风管3个圆环时的测点布置**

表7　圆形截面测点布置

圆形风管直径（mm）	≤ 200	200 ~ 400	400 ~ 700	>700
圆环数（个）	3	4	5	6
测点编号	测点到管壁的距离（r 的倍数）			
1	0.10	0.10	0.05	0.05
2	0.30	0.20	0.20	0.15
3	0.60	0.40	0.30	0.25
4	1.40	0.70	0.50	0.35

圆形风管直径（mm）	≤ 200	200 ~ 400	400 ~ 700	>700
圆环数（个）	3	4	5	6
测点编号	测点到管壁的距离（r 的倍数）			
5	1.70	1.30	0.70	0.5
6	1.90	1.60	1.30	0.7
7	—	1.80	1.50	1.3
8	—	1.90	1.70	1.5
9	—	—	1.80	1.65
10	—	—	1.95	1.75
11	—	—	—	1.85
12	—	—	—	1.95

6.11.2.3　管壁测孔开设要求

如果管道上有预留测孔的，则优先利用预留测孔并注意核查测孔开设与上述要求是否一致。如果管道上没有预留测孔或预留测孔不满足上述要求的，则根据管道类型及其规格按上述要求在管道一侧或两侧开设测孔。

矩形风管测试断面测孔应开在长边上，如果短边长超过了皮托管或风速仪测杆长度，则还应该在另一长边对应的位置上开孔，以保证测杆能到达测点位置测取风速。

圆形风管测试断面测孔应开在直径正交线上，如果管径超过了皮托管或风速仪测杆长度，则应在正交线上开 4 个测孔，以保证测杆能到达测点位置测取风速。

测孔大小应比风速仪测杆最粗直径或皮托管直径大 2mm，检测工作结束后，应用橡胶塞或软木塞封堵，风管有保温的则应恢复保温。

6.11.3　测量

管内风量法测量风量时，管内风速的取得可以用风速仪直接测得或用皮托管加微压计测得动压后换算成风速，相应的可以将这两种不同的检测方法分为：风速法和风压法。

6.11.3.1　风速法

1. 准备工作：开机确定风速仪的零点。

2. 风管内平均风速（$\overline{V}$）的测定：将风速仪的测杆放入风管内，测头的箭头指向气流方向，插入规定位置后调节测杆在测试截面位置上的前后、左右偏差。读取各测点风速，以全部测点风速算术平均值作为检测结果。

3. 计算公式如下：

$$Q_c = \overline{V} \cdot F \cdot k_1 \times 3\,600 \qquad (18)$$

Q_c——风管实测风量（m³/h）；

$\overline{V}$——风管实测平均风速（m/s）；

F——风管测试截面断面积（m^2）；

k_1——仪器修正系数。

仪器显示风速与实际风速是否需要修正及其修正系数，应以"仪器检定 / 校准后确认使用报告"为准，并在有效期内使用。

6.11.3.2　风压法

1. 准备工作：检查微压计显示是否正常，微压计与皮托管连接是否漏气。

2. 动压（P_d）的测量：将皮托管全压出口与微压计正压端连接，静压管出口与微压计负压端连接。将皮托管插入风管内至规定位置，在测试截面位置上调节皮托管前后、左右位置使皮托管的全压测孔正对着气流方向，偏差不得超过 $10°$，测出各点动压。

3. 新风温度（t）的测量：一般情况下可在风管中心的一点测量。将水银玻璃温度计或电阻温度计插入风管中心测点处，封闭测孔，待温度稳定后读数。

4. 风量计算公式如下：

平均动压计算：

$$P_{dp} = \left(\frac{\sqrt{P_{d1}} + \sqrt{P_{d2}} + \cdots + \sqrt{P_{dn}}}{n} \right)^2 \tag{19}$$

式中：P_{d1}、P_{d2}、$\cdots$、P_{dn}——各测点的动压值（Pa）；

$\quad\quad\quad\quad P_{dp}$——测试截面的平均动压值（Pa）；

$\quad\quad\quad\quad n$——测试截面上测点的总个数（个）。

平均风速计算：

$$\overline{V} = K_v \cdot \sqrt{\frac{2P_{dp}}{\rho}} \tag{20}$$

或

$$\overline{V} = \sqrt{\frac{2K_p P_{dp}}{\rho}} \tag{21}$$

式中：$\overline{V}$——测试截面上的平均风速（m/s）；

$\quad K_v$——皮托管的风速修正系数（检定或校准证书给出的修正系数）；

$\quad K_p$——皮托管的风压修正系数（检定或校准证书给出的修正系数）；

$\quad \rho$——空气密度（kg/m^3），$\rho = \dfrac{0.349B}{273.15+t}$；

$\quad B$——大气压力［hPa（百帕）］；

$\quad t$——管内空气温度（℃）。

实测风量计算：

$$Q = \overline{V} \cdot F \times 3\,600 \tag{22}$$

式中：Q——通过测试截面的风量（m^3/h）；

$\quad F$——测试截面面积（m^2）。

6.12　风口风量检测方法

6.12.1　风口风速法检测时应符合下列规定：

当风口为格栅或网格风口且出风气流无偏移时，可采用本方法。

检测时应使风速仪测头紧贴风口表面测量风速，测点数不得少于 6 点，测点布置参照

图 3。风量参照 11.3.1.3 中公式计算。

6.12.2 风量罩法检测时应符合下列规定：

风口类型不符合方法 12.1 要求时，可采用本方法。

罩口面积应与风口面积接近。罩口面积不得大于风口面积的 4 倍，罩口长边不得大于风口长边的 2 倍。不满足本条要求时，不能使用本方法。

检测时，应将风口置于罩口的中心位置，罩口与风口所在平面应紧密接触不漏风。

风量值应在显示值趋于稳定时读取，当显示风量大于 1 500m³/h 时，应使用背压补偿挡板进行背压补偿。

6.12.3 辅助风管法检测时应符合下列规定：

风口类型不符合方法 12.1 及 12.2 要求时，可采用本方法。

辅助风管的截面尺寸应与风口内截面尺寸相同，长度不小于风口长边的 2 倍。不同长度的辅助风管应采用同一种材质制作，材质应选用内表面光滑的轻质材料。

辅助风管与风口表面贴合的端口应紧密接触不漏风，有明显漏风时应采取临时密封措施。

辅助风管测量端测点的布置参照图 3。风量参照 11.3.1.3 中公式计算。

6.12.4 管内风量差法检测时应符合下列规定：

对于风口长宽比大于 7 的条形风口，建议使用本方法。

使用本方法时，风口上、下游直管段的长度不得小于风管长边的 5.5 倍，测试截面位置选取在距离局部阻力管件上游 4 倍或下游 1.5 倍处，测点布置及风量计算参照管内风量法要求。

6.13　各房间人均新风量的计算

6.13.1 当一个房间里有若干个送风管路供给，根据新风补给方式分别检测再累积计算。

6.13.2 当一根新风管路供给多个房间，能直接检测待检房间新风量的，应直接测定。

6.13.3 当一根新风管路供给多个房间，由于条件限制不能直接检测待检房间新风量的，根据设计图纸确定每个独立机组所控制的房间总数（个）、各房间面积（M）、控制区域总面积（M_T），再将总新风量通过计算分解到每个房间，得到每个房间的新风量（Q_s）。

$$Q_s = Q_T \cdot M/M_T \tag{23}$$

式中：Q_s——房间新风量（m³/h）；

　　　Q_T——每个独立机组的总新风量（m³/h）；

　　　M——房间面积（m²）；

　　　M_T——控制区域内房间总面积（m²）。

6.13.4 根据上述每个房间的新风量，依据设计或规范要求，按照功能区域内的设计人数，计算出各房间人均新风量。

$$\overline{Q} = Q_s / 人数 \tag{24}$$

式中：$\overline{Q}$——新风量 [m³/（h·p）]。

6.14　抽样

6.14.1　抽样规则

参照《民用建筑工程室内环境污染控制标准》GB 50325-2020 中有代表性自然间抽样原则，结合《通风与空调工程质量验收规范》GB 50243-2016 风口系统风量抽样原则，随机产生抽检房间。

对于由独立新风补给的半集中式中央空调系统，抽检量不少于同一功能类型房间总数的 5%，且不少于 3 间，当房间总数少于 3 间时，应全数检测。预计抽检同一功能类型房间数大于（不同风量）独立新风补给系统数时，各随机抽取的房间应覆盖全部（不同风量）新风补给系统；预计抽检同一功能类型房间数小于（不同风量）独立新风补给系统数时，随机抽取的房间应在不同（不同风量）新风补给系统中产生。如果有安装不止一个独立新风补给系统的房间时，则该房间必须是抽检对象。

对于新风与回风混合的集中式中央空调系统，抽检量不少于房间总数的 5%，且不少于 3 间，当房间总数少于 3 间时，应全数检测。预计抽检房间数大于房间功能类型数时，各随机抽取的房间应覆盖全部房间功能类型；预计抽检房间数小于房间功能类型数时，随机抽取的房间应在不同房间功能类型中产生，但必须覆盖主要功能房间（主要功能房间必须是抽检对象）。例如影剧院的剧场为主要功能房间（其他功能类型有放映室、办公室、休息室等），当仅有一个剧场时，该剧场必须抽检，当有不止一个剧场时，则按上述抽样原则产生抽检对象。

6.14.2　抽样方法

抽样时，所有房间应按不同功能、不同新风补给类型，或相同补给类型但不同设计风量的新风补给系统来划分，汇总后产生样品集。再根据上述抽样规则随机抽取样品，随机抽取的样品须符合《随机数的产生及其在产品质量抽样检验中的应用程序》GB/T 10111-2008 中的相关要求。

6.14.2.1　房间的编号

所有房间应有唯一确定编号。房间的编号可按设计要求来统计，当设计未明确时，可自行编号。采用自行编号的，应在《新风量检测实施方案》中明确编号规则。

自行编号时，应结合建筑整体形状及其房间分布格局连续编号。

如果建筑外形为规则矩形，房间分布在外圈时，可按方位来编号。首先明确第一个房间的位置，再按方位由南向北，自东向西进行编号。编号可采用三段法，第一段为数字（二位数）表示楼层；第二段为英文字母表示方位：E 为东、ES 为东南、S 为南、WS 为西南、W 为西、WN 为西北、N 为北、EN 为东北；第三段为数字（二位数或三位数，根据同一方位房间总数确定）表示房间顺序，某个方位有不止一个房间时，按照由东向西、由南向北的顺序连续编号。如果房间不只分布在外圈，有中圈或内圈的，编号可采用四段法编号，增加一个表示内、中、外圈的字母段放在最后。

如果建筑外形为不规则棱形、椭圆及圆形，房间分布在外圈时，可按时钟法来编号。首先面对建筑，确定某个时间（如六点、十二点）的房间为起始房间，再顺时针连续编号。编号采用三段法，第一段为数字（二位数）表示楼层；第二段为英文字母表示房间分布位置（内、中、外圈）；第三段为数字表示房间顺序。

6.14.2.2　房间功能统计方法

房间功能应按设计要求进行统计，当设计未明确时可按实际使用功能要求进行统计，统计时应列出所有房间。

相同功能房间的新风补给类型基本相同，但也有可能存在差异，统计时应体现房间的新风补给类型及其设计风量的差异，也即应在已统计出的房间标注出其新风补给类型及新风补给系统的设计风量。汇总时，先剔除无新风补给的房间，再将功能相同、新风补给类型相同、新风补给系统的设计风量相同的房间统计出具体数量，完成样品集构建。

6.14.2.3　样品产生方法

随机数的产生及利用随机数进行随机抽样的方法应符合《随机数的产生及其在产品质量抽样检验中的应用程序》GB/T 10111–2008 的相关要求。

抽样方法及生成随机数的方法有很多种，如果实际工作中仅采用其中的一种，而不是全部时，应在《新风量检测实施细则》中明确抽样及生成随机数的方法。

随机抽样产生的样品房间可以另外赋予样品编号，但应与实际房间编号有对应关系。

6.14.3　重新抽样规定

当按上述方法抽取的样品房间，检测结果出现不合格时，应由系统安装、调试单位负责整改。复试时，应按上述方法重新抽样，不合格房间所属样品集的抽样比例要增加一倍，直至检测合格。

为避免大量出现不合格的情况，新风量检测应在通风与空调系统调试合格、通风与空调系统性能检测合格、通风与空调系统节能性能检测合格的基础上开展。

6.15　结果判定

6.15.1　抽检房间新风量标准

该房间设计有明确新风量的，按该设计值；设计有明确各功能房间人均新风量标准及各房间设计人数的，按该房间功能及其人数计算出总新风量。

该房间设计未明确新风量标准，且原设计单位无法补充时，或既有建筑节能改造设计资料缺失时，按《公共建筑节能设计标准》GB 50189–2015 附录 B 的规定进行计算。同时参考《民用建筑供暖通风与空气调节设计规范》GB 50736–2012 的第 3.0.6 条进行计算。

6.15.1.1　《公共建筑节能设计标准》GB 50189–2015 摘要如下：

表 B.0.4-5　不同类型房间人均占有的建筑面积

建筑类别	人均占有的建筑面积（m²/人）
办公建筑	10
宾馆建筑	25
商场建筑	8
医院建筑 – 门诊楼	8
学校建筑 – 教学楼	6

表 B.0.4-6　房间人员逐时在室率

建筑类别	运行时段	下列计算时刻（h）房间人员逐时在室率（%）											
		1	2	3	4	5	6	7	8	9	10	11	12
办公建筑、教学楼	工作日	0	0	0	0	0	0	10	50	95	95	95	80
	节假日	0	0	0	0	0	0	0	0	0	0	0	0
宾馆建筑、住院部	全年	70	70	70	70	70	70	70	70	50	50	50	50
	全年	95	95	95	95	95	95	95	95	95	95	95	95
商场建筑、门诊楼	全年	0	0	0	0	0	0	0	20	50	80	80	80
	全年	0	0	0	0	0	0	0	20	50	95	80	40
建筑类别	运行时段	下列计算时刻（h）房间人员逐时在室率（%）											
		13	14	15	16	17	18	19	20	21	22	23	24
办公建筑、教学楼	工作日	80	95	95	95	95	30	30	0	0	0	0	0
	节假日	0	0	0	0	0	0	0	0	0	0	0	0
宾馆建筑、住院部	全年	50	50	50	50	50	50	70	70	70	70	70	70
	全年	95	95	95	95	95	95	95	95	95	95	95	95
商场建筑、门诊楼	全年	80	80	80	80	80	80	80	70	50	0	0	0
	全年	20	50	60	60	20	20	0	0	0	0	0	0

表 B.0.4-7　不同类型房间的人均新风量

建筑类别	新风量 [m³/（h·人）]
办公建筑	30
宾馆建筑	30
商场建筑	30
医院建筑－门诊楼	30
学校建筑－教学楼	30

6.15.1.2　《民用建筑供暖通风与空气调节设计规范》GB 50736–2012摘要如下：
3.0.6　设计最小新风量应符合下列规定：
　　1　公共建筑主要房间每人所需最小新风量应符合表 3.0.6-1 的规定。

表 3.0.6-1　公共建筑主要房间每人所需最小新风量

建筑房间类型	新风量［m³/（h·人）］
办公室	30
客房	30
大堂、四季厅	10

2　设置新风系统的居住建筑和医院建筑，所需最小新风量宜按换气次数法确定。居住建筑换气次数宜符合表 3.0.6-2 的规定，医院建筑换气次数宜符合表 3.0.6-3 的规定。

表 3.0.6-2　居住建筑设计最小换气次数

人均居住面积 F_P	每小时换气次数
$F_P \leq 10m^2$	0.70
$10m^2 < F_P \leq 20m^2$	0.60
$20m^2 < F_P \leq 50m^2$	0.50
$F_P > 50m^2$	0.45

表 3.0.6-3　医院建筑设计最小换气次数

功能房间	每小时换气次数
门诊室	2
急诊室	2
配药室	5
放射室	2
病房	2

3　高密人群建筑每人所需最小新风量应按人员密度确定，且应符合表 3.0.6-4 的规定。

表 3.0.6-4　高密人群建筑每人所需最小新风量［m³/（h·人）］

建筑类型	人员密度 P_F（人/m²）		
	$P_F \leq 0.4$	$0.4 < P_F \leq 1.0$	$P_F > 1.0$
影剧院、音乐厅、大会厅、多功能厅、会议室	14	12	11
商场、超市	19	16	15
博物馆、展览厅	19	16	15

续表 3.0.6-4

建筑类型	人员密度 P_F（人 /m^2）		
	$P_F \leqslant 0.4$	$0.4 < P_F \leqslant 1.0$	$P_F > 1.0$
公共交通等候室	19	16	15
歌厅	23	20	19
酒吧、咖啡厅、宴会厅、餐厅	30	25	23
游艺厅、保龄球房	30	25	23
体育馆	19	16	15
健身房	40	38	37
教室	28	24	22
图书馆	20	17	16
幼儿园	30	25	23

6.15.2　检测结果评判

通过计算检测结果与设计（标准）值的偏差来判定。判定时应按不同检测方法选择不同的允许偏差值。

用 CO_2 示踪气体法检测房间新风量时，实测新风量大于或等于设计新风量的 90% 为合格；

用管内风速法检测房间新风量时，实测（或推算）新风量大于或等于设计新风量的 90% 为合格；

用风口风速法检测房间新风量时，实测或推算新风量大于或等于设计新风量的 85% 为合格。

附录二　美国中小学校园室内空气质量管理综述 [1]

　　开学期间，美国每天有五千多万人集中在中小学校园里，鉴于室内空气质量（IAQ）在美国学校中正日益成为一个重要的问题，美国环境保护署（EPA）牵头创建了"学校 IAQ 工具"计划，以帮助学校评估和改善 IAQ。建筑师和工程师在规划新学校或对校舍重大改造时可以大量应用 IAQ 工具，而且目前这些工具已在全国数万所学校成功实施。为了帮助学校或地区成功复制，EPA 建立了主页，提供了各种资源，包括学校 IAQ 工具包、技术热线、奖励计划、学校年度 IAQ 工具全国研讨会、出版物和小册子以及其他与 IAQ 主题相关的多种资料。

　　此外，EPA 还提供了项目指导，帮助学校借鉴成熟的经验用于制定可持续、有效的环境影响评估管理计划。有效的学校 IAQ 管理框架综合多种信息：800 多所参与国家 IAQ 管理实践调查的学校的经验；200 份 IAQ 学校奖励的申请资料；对五个学区 [2]（school district）的深入访谈、实地考察和分析报告。EPA 确定了实现改进学校 IAQ、促进学校环境健康的方法和管理策略。IAQ 工具包提供了资料、工具和清晰且易于应用的指导书，以帮助学校将有效的学校 IAQ 管理框架付诸行动，制订和实施 IAQ 管理计划，识别和解决现有的 IAQ 问题，并预防未来的 IAQ 问题。EPA 在创建健康 IAQ 校园网站 [3] 方面提供了大量的资料，为有兴趣改进 IAQ 的学校提供了更多的指导和信息。

1　美国中小学（K-12）数量及员工、学生数量

　　根据 2015—2016 年美国国家教育统计中心数据，美国有 13 万多所中小学，其中传统公立学校 9 万多所（分属 1.3 万多个学区），特许公立学校 [4] 7 000 多所，私立学校 3.4 万多所。公立学校学生的平均数量（2017 年）：城市 589 名、郊区 657 名、镇 445 名、农村 362 名。根据 2019 年秋季针对联邦项目的统计，美国公立学校有 5 000 多万名学生［包括约 300 万名（2016 年数据）在特许公立学校的学生］。私立学校有 570 多万名学生（2016 年数据）。根据 2020 年秋季针对联邦项目的统计，美国公立学校有 320 万名全职中小学教师，其中 76.6% 为女老师（2015—2016 学年，地方、州、联邦花费到公立中小学教育上的经费为 6 780 亿美元）。全美私立学校有 50 万教师 [5]。

　　美国约 28% 的公立中小学是 1950 年前修建的，其中约 45% 公立中小学建于 1950—

---

① 白志鹏编译。

② 一个学区管理若干个学校。

③ 网址是 https://www.epa.gov/iaq-schools。

④ 特许学校是经由州政府立法通过，允许教师、家长、教育专业团体或其他非营利机构等私人经营、政府负担教育经费的学校，不受例行性教育行政规定约束。

⑤ 数据来自 https://www.edweek.org/ew/issues/education-statistics/index.html。

1969 年，17% 的学校建于 1970—1984 年，10% 的学校建于 1985 年后 [1]（1999 年数据）。

鉴于相当数量的中小学存在室内空气质量问题，EPA 设立了 IAQ 专门机构——空气和放射性管理办公室 [2]，其下设机构有放射性和室内空气办公室（ORIA），ORIA 下设机构有室内环境处和放射性和室内环境国家实验室。ORIA 创建了针对 IAQ 的网页，其中包括专门对校园 IAQ 问题进行技术和政策支持的网页。由 EPA 牵头，多部门参与制定了相关的 IAQ 指南，指南范围为 K ~ 12 年级 [3]，而学院、大学、学前教育、幼儿园和日托中心也可采用该指南 [4]。

2　校园室内空气质量问题

近年来，在 EPA 及其科学顾问委员会进行的比较风险研究中一直将室内空气污染列为影响公众健康的五大环境风险之一。良好的中小学 IAQ 是健康室内环境的重要组成部分，有助于为学生、教师和员工营造良好的工作环境，营造舒适、健康和幸福的氛围，帮助学校完成其核心使命——教育孩子。未能及时预防或处理 IAQ 问题，可引起学生和员工的长期和短期健康问题，如咳嗽、眼睛刺激性、头痛、过敏反应、加重哮喘等呼吸系统疾病，甚至危及生命的情况，如军团病或一氧化碳中毒。美国有约 8%（1/13）的学龄儿童患有哮喘，哮喘成为学生因慢性疾病而旷课的主要原因。有大量证据表明，暴露于室内环境内的过敏原，如尘螨、害虫和霉菌，是引发哮喘症状的重要因素，而这些过敏原在学校很常见。还有证据表明，暴露在校车和其他车辆排放的柴油废气中会加剧哮喘和过敏症状。

室内空气污染问题可以影响学生出勤率、舒适度和表现力；降低教师和员工的工作效率；加速学校加热/冷却设备的老化，降低其效率；增加学校关闭或居民搬迁的可能性；导致学校管理层、家长和员工之间的关系紧张；造成对学校的负面宣传；影响社区对学校的信任；涉及 IAQ 的不利健康效应担责问题。一般来说，预防 IAQ 问题的费用往往比问题出现后解决 IAQ 问题的费用要低得多。

室内空气问题的影响可能很复杂，比如可产生以下症状：头痛、疲劳、呼吸短促、鼻腔充血、咳嗽、打喷嚏、头晕、恶心、刺激眼睛（鼻子/喉咙/皮肤），但这些症状不一定都是由于空气质量不好导致的，也可能是由其他因素，如光线差、压力大、噪声大等造成的。

由于在校人员的敏感性不同，IAQ 问题可能会影响个别人或一群人，并可能以不同的方式产生影响。特别容易受到室内空气污染物影响的人包括：易过敏或有化学敏感性，患

---

[1]　数据来自 https://nces.ed.gov/surveys/frss/publications/1999048/。

[2]　EPA 的空气和放射性管理办公室的组织架构图见 https://www.epa.gov/aboutepa/organization-chart-epas-office-air-and-radiation。

[3]　美国的公立义务（免费）教育称为 K-12，是从 Kindergarten（简称为 K，是小学的最低年级）到 12 年级的整体教育架构。大多数情况下，分为小学六年（K ~ 5 年级）、中学三年（6 ~ 8 年级）、高中四年（9 ~ 12 年级）。

[4]　美国与中国的情况不一样，不能把 K 理解为幼儿园，美国小学序列为 K 年级、1 ~ 5 年级，共 6 年。国内多把 kindergarten 翻译为幼儿园，两者的内涵完全不一样。

有哮喘等呼吸道疾病，免疫系统受到抑制（由于辐射、化疗或疾病），戴隐形眼镜的人。某些群体特别容易受到某些污染物或污染物混合物的影响，例如与健康的人相比，心脏病患者接触一氧化碳可能会受到更大的负面影响；暴露在大量二氧化氮中的人患呼吸道感染的风险更高；儿童发育中的身体可能比成人更容易受到环境的影响，儿童呼吸、饮食和饮水有其特点。

良好学校 IAQ 管理的关键内容包括：防控空气污染物，引入和分配充足的室外空气，保持可接受的温度和相对湿度。与温度和湿度关联的热舒适问题是感觉到"糟糕空气质量"的重要因素，同时，温度和湿度也是影响室内污染物水平的因素。由于室外空气通过窗户、门和通风系统进入室内，也应考虑室外来源。校园及周边交通排放和学校场地、房间维护活动是影响学校室外空气质量和室内污染物水平的因素。

3　学校里影响 IAQ 的因素

学校里影响 IAQ 的因素包括：氡，建筑物内的宠物，水分过多及发霉，记号笔和类似的笔，灰尘和粉笔，清洁材料，个人护理产品，油漆、填充物和黏合剂中的气味和挥发性有机化合物（VOC），昆虫及其他有害生物，垃圾的气味，患有传染病的学生和教职员。

所有类型的学校——无论是新学校还是老学校，大学校还是小学校，小学、中学还是高中——都会出现 IAQ 问题。美国全国各地的学校都存在一系列的 IAQ 问题。霉菌和发霉等生物问题在湿度较高的美国东南部特别明显。然而，美国全国各地的学校（甚至在沙漠地区）都发生过霉菌问题。

室内空气污染物的浓度可能比室外高 2 ~ 5 倍，有时甚至高 100 倍。1999 年，美国教育部国家教育统计中心报告称，约 25% 的公立学校通风不佳，20% 的学校 IAQ 不佳。

EPA 不强制要求学校使用 IAQ 工具来指导学校，也不要求学校保留或提交任何收集到的信息。然而，一些州颁布了相关的法律，要求学校采取特定的保证 IAQ 的措施。EPA 不要求学校进行空气监测。EPA 没有设备资源来检测学校的 IAQ 问题。如果怀疑学校有问题，可以和当地的卫生部门合作来确定问题的性质和程度。在 EPA 办公室和州 IAQ 信息网站[①]上给出了各州 IAQ 计划（IAQ State Program）网站、电话号码、联系邮件、州内的资料信息等，各州 IAQ 计划大都由各州的卫生部门负责。在网页"发现地方 IAQ 冠军"网站[②]，可以找到相关学区实施 IAQ 工作的案例。如点击 EPA 第 10 大区[③]，华盛顿州有 9 个学区 IAQ 工作介绍。以华盛顿州贝灵汉学区为例，联系人：Mike Anderson[④]。在 20 世纪 90 年代初，贝灵汉学区（BSD）认识到 IAQ 对其教育系统的成功是多么重要，并付出很大努力说服所在社区。在获得社区支持后，BSD 与西北空气污染管理局、华盛顿州立大学和第

---

① 网址是 https://www.epa.gov/indoor-air-quality-iaq/epa-regional-office-and-state-indoor-air-quality-information。

② 网址是 https://www.epa.gov/iaq-schools/find-local-indoor-air-quality-champions。

③ region 10，下辖 4 个州：阿拉斯加州、爱达荷州、俄勒冈州、华盛顿州。

④ 联系人的电子邮箱是 Mike.Anderson@bellinghamschools.org。

10 区环保署合作推广能源项目，将 IAQ 纳入其维护和操作手册。在社区内提供识别和共享信息成了 BSD 计划的核心。BSD 鼓励工作人员参与计划，并为管理人员发挥积极作用提供条件，包括认可、授权与训练。在更深入参与后，该地区创建了"好苹果"计划，以表彰学校系统内的杰出 IAQ 成果。

总体上，EPA 的 IAQ 工具学校计划致力于向学校提供示范的产品和服务，以协助学校创造和维持健康的室内环境，而推行该计划是首要工作，并教导学校职员开展以下工作：一是预防和解决室内空气质量问题；二是找出解决室内空气质量问题的实用及低成本（无成本）方案；三是制订室内空气质量管理计划，积极处理室内空气质量问题，并在问题出现时，系统性地做出回应。

了解更多信息可访问 IAQ 学校行动工具箱（Indoor Air Quality Tools for Schools Action Kit）网页[①]。EPA 的一些区域办事处和合作伙伴正在为学校提供有关 IAQ 工具箱的讲习班，更多信息见"发现地方 IAQ 冠军"网站。此外，EPA 开发了健康学校环境评估工具[②]（The Healthy School Environments Assessment Tool），用于对其学校（和其他）设施进行完全自愿的自我评估，并跟踪和管理各学校的环境状况信息，将帮助学校跟踪和评估许多环境措施和问题，包括 IAQ[③]。

4 美国的相关法规和条例

美国联邦政府在管理室外空气质量和工业环境中空气污染物浓度方面有着悠久的历史。在工业环境中，工业过程释放的特定化学物质可能高浓度存在。研究工业暴露对健康的影响并制定限制这些暴露的条例是可行的。一些州已经制订了有关学校特定污染物的规定，如氡和铅的检测。各州还制订了车辆反空转政策，规定了校车和其他车辆的最大空转（停车怠速）时间。然而，学校 IAQ 属于非工业领域，与工业环境空气质量相比完全不同。卫生清扫清洁过程中和地面维护过程中使用的多种化学物质，在教室、办公室、厨房内的浓度几乎总是大大低于工业场所中的浓度。但一般学校的学生人数大约是同等面积的办公楼工作人员人数的 4 倍[④]。这些化学物质的单独作用和综合作用很难研究，而暴露于这些化学物质的人可能包括孕妇、儿童等，通常比暴露在工业环境中的成年人更容易出现健康问题。关于短期和长期暴露在低水平的多种室内空气污染物环境中的影响，仍然需要进一步研究。目前，在非工业环境中，几乎没有关于空气污染物的联邦法规。职业安全与健康管理局（OSHA）是负责工作场所安全与健康的联邦机构，除了在有职业安全与卫生条例批准的州（4 个州：康涅狄格州、伊利诺伊州、新泽西州、纽约州和一个美国领地——维尔京群岛）工作的雇员，为其他州和地方政府工作的雇员是不受 OSHA 保护的。在过去，OSHA 主要关注工业工作场所，但最近扩大了其范围，以希望解决其他工作场

---

① 网址是 https://www.epa.gov/iaq-schools/indoor-air-quality-tools-schools-action-kit。

② 网址是 https://www.sophe.org/resources/epas-assessment-tool-environment-healthy-seat。

③ 参见与学校 IAQ 关联的链接，https://www.epa.gov/iaq-schools/links-related-indoor-air-quality-schools。

④ 网址是 https://www.osha.gov/SLTC/indoorairquality/schools.html。

所的危害。1994 年春，OSHA 提出了一项关于非工业环境中的 IAQ 的规定[①]，但该规定在 2001 年 12 月被撤回。学校员工可以从州（或区域）职业安全与卫生条例办公室获得关于如何减少暴露在潜在空气污染物环境中的信息（以参加培训或搜索信息的形式）。

通风是影响室内空气质量的一个主要因素，对关于通风方面的相关法律规定总结如下：联邦政府不规范非工业场所的通风，然而，许多州和地方政府通过它们的建筑法规来规定通风系统的容量，通过制订建筑规范和施工规范来预防健康和安全危害。专业协会，如美国采暖、制冷和空调工程师协会[②]（ASHRAE），美国国家消防协会（NFPA），制定的建筑及相关设备设计和安装的行业规范，例如 ASHRAE 62.1-2013 *Ventilation for Acceptable Indoor Air Quality*[③]。这些行业规范经过州或地方管理机构认可后具有法律效力。可通过联系当地的法规执行人员，所在州的教育部门，或咨询工程师，了解适用于各学校的法规要求。一般来说，建筑规范要求只在施工和翻新期间强制执行。当规范为适应新的信息和技术而变化时，建筑物通常不需要修改其结构或操作以符合新的规范。事实上，许多建筑物并不符合现行的规范或在建造时必须符合的规范。例如，ASHRAE 62 建议教室的通用率（Combined Outdoor Air Rate）从 30cfm[④]/ 人减少到 20 世纪 30 年代的 10cfm/ 人，并在 1973 年再次减少到 5cfm/ 人，以应对石油禁运导致的更高的取暖燃料成本。对 IAQ 的关注促使人们重新考虑修订该指标，因此其新版本，ASHRAE 62.1-2013 要求教室通风率至少为 15cfm/ 人（5~8 岁）和 13cfm/ 人（9 岁及以上）。然而，许多在能源危机期间减少了室外空气流量的学校仍然以 5cfm/ 人或更少的通风率运行。这种通风不足违反了当前的工程建议，但在大多数司法管辖区，并不违法。

ASHRAE 推荐的温度、相对湿度和室外通风率最低要求值分别如表 1 和表 2 所示[⑤]。

表 1　推荐的温度和相对湿度[⑥]

相对湿度（%）	冬季温度（℉）	夏季温度（℉）
30	68.5~75.5	74.0~80.0
40	68.0~75.0	73.5~80.0
50	68.0~74.5	73.0~79.0
60	67.5~74.0	73.0~78.5

---

① 网址是 https：//www.osha.gov/laws-regs/federalregister/1994-04-05。

② ASHRAE 是由 1894 年成立的美国采暖和空调工程师协会（ASHAE）和 1904 年成立的美国制冷工程师协会（ASRE）在 1959 年合并而成。

③ 网址是 http://www.myiaire.com/product-docs/ultraDRY/ASHRAE62.1.pdf。

④ cfm 为英制单位，美国大量使用英制单位，cubic feet per minute，立方英尺每分钟。

⑤ 摘录自 EPA 学校 IAQ 工具中资料指南第 5~6 页，网址是 https://www.epa.gov/sites/production/files/2014-08/documents/reference_guide.pdf，其引用 ASHRAE 62-2001 的数值，个别值与 ASHRAE 62.1-2013 有差异。

⑥ 建议适用于穿着夏季和冬季典型服装，轻微活动、主要是久坐的人。资料来自 ASHRAE 55-1992 *Thermal Environmental Conditions for Human Occupancy*，网址是 http://www.ditar.cl/archivos/ Normas_ASHRAE/T0080ASHRAE-55-2004-ThermalEnviromCondiHO.pdf。

表2　推荐室外通风率的最低要求值①

应用场景	cfm/人
教室	15
音乐室	15
图书馆	15
摄影棚	15
观众运动区	15
活动地面	20
办公区域	20
会议室	20
吸烟室	60
自助餐厅	20
厨房	15

各州与IAQ相关的法规信息可以访问环境法研究所（ELI）的网站②获得。2017年3月ELI发布：各州IAQ法规全集（Environmental Law Institute Database of State Indoor Air Quality Laws——Complete Database）③；各州IAQ法规学校IAQ数据库摘录（Environmental Law Institute Database of State Indoor Air Quality Laws——Database Excerpt：IAQ in Schools）④，这个摘录把对学校IAQ的法规单独列了出来。

以得克萨斯州为例。得州教育法规（Texas Education Code）授权州教育委员会制定得州公立学校设施充足性的标准，依法为州资助的学校建设和翻新项目制定了各种规定，要求学校从设计、施工和选料等方面降低可能产生的IAQ问题。该法规建议各学区在学校项目中使用州自愿性IAQ导则和EPA的IAQ工具，并在设计过程中咨询室内空气质量专家。

得州健康与安全法规（Texas Health & Safety Code）要求健康委员会就政府建筑物的IAQ制订自愿性质的通风及室内污染控制系统的导则。该法规还规定在制订导则时，健康委员必须考虑空气污染物和通风不足对人体健康可能产生的影响，暴露于室内空气污染物中可能产生的健康保健费用，以及遵守相关导则的相关费用。导则应包括广泛的微生物管理和有关学校及其他公共建筑物的运行、维修、设计及建造的建议措施。2015年的立

---

① 资料来自ASHRAE 62-2001 *Ventilation for Acceptable Indoor Air Quality*，网址是 https://www.ashrae.org/File%20 Library/Technical%20Resources/Standards%20and%20Guidelines/Standards%20Addenda/62-2001/62-2001_Addendum-n.pdf。

② 网址是 https://www.eli.org。

③ 网址是 https://www.eli.org/sites/default/files/docs/all_entries_2017.pdf。

④ 网址是 https://www.eli.org/sites/default/files/docs/schools_2017.pdf。

法（2015 德州 S. B. 202）废除了这些法定条款，取消了州卫生部门的这一职能。

2003 年，华盛顿州环境卫生和安全办公室 IAQ 计划组发布的学校 IAQ 最佳管理时间手册（*School Indoor Air Quality Best Management Practices Manual*）[1] 明确，公共教育监督办公室和卫生署的目标是鼓励采用健全，且符合成本效益的管理方法，确保公立和私立学校的 IAQ 良好。华盛顿州大约有 2 200 所公立学校，大约有 5 000 ~ 10 000 所校舍。对 156 所学校进行的现场评估结果显示，华盛顿州西北地区有相当数量的学校存在通风不足、机械设备故障、有燃烧设备的区域没有一氧化碳报警器等问题。潜在的哮喘诱因，如教室里的动物、未通风的设备、潮湿的建筑材料（可能导致霉菌）等，也存在于学校中。OSHA 估计，20% ~ 30% 的非工业建筑存在室内空气质量问题。如果这些数据具有一定的代表性，那么可以得出这样的结论，即华盛顿州有数百所学校建筑存在 IAQ 问题［不包括移动教室（portable classroom）可能存在的问题］。成千上万的学生、教师和其他学校工作人员可能暴露在恶劣的 IAQ 中，需要重视预防和解决学校的 IAQ 问题。许多 IAQ 问题是可以预防的，预防 IAQ 问题的费用很可能比问题出现后解决 IAQ 问题的费用要低得多。学校在选址、设计、建造、营运及维修方面的良好做法，有助于避免这些问题。

华盛顿州法规（Code of Washington § 43.20.050）要求州卫生委员会应采用与包括学校在内的公共设施的环境条件有关的公共卫生控制规则。依法制定的系列规则[2]，这些规则给出了学校与供暖、照明、通风、卫生和清洁有关的最低标准，并要求地方卫生部门人员定期检查学校。2009 年 8 月，卫生委员会通过了一项修订规则（246–366A–001），要求当地卫生委员会每年进行检查，并建立一套更详细的设施标准。修订后的标准涉及众多的 IAQ 问题（湿度、通风等），以及饮用水、操场安全、场地评估和施工要求。华盛顿州在 2009 年通过了预算立法，在立法机构拨款实施之前，禁止实施修订前的规定[3]，因此，卫生委员会推迟了修订规则的生效日期。

另一项华盛顿州法规（Code of Washington §§ 70.162.005.050）要求劳工部制定评估国有/租赁建筑 IAQ 的政策，提高工作场所的空气质量的政策，以及改善公共建筑的 IAQ 的政策；要求劳工部审查公共学校的 IAQ 项目，并向州的各机构提供有关 IAQ 标准的教育和信息手册；要求劳工部提出立法措施改善公共建筑物的 IAQ。该法规指示州建筑规范委员会使通风和过滤符合行业标准，鼓励国家机构以符合 ASHRAE 标准的方式运行和维护通风设备和过滤系统，授权公共教育主管部门实施示范的 IAQ 计划。

5 典型室内空气污染物的指导值和限值

学校常见的几种室内空气污染物：生物污染物，包括霉菌、尘螨、宠物皮屑、花粉等；二氧化碳（CO_2）；一氧化碳（CO）；尘；环境烟草烟雾（ETS）或二手烟；细颗粒物（PM）；铅（Pb）；氮氧化物（NO，NO_2）；杀虫剂；氡（Rn）；其他挥发性有机化合物

---

① 网址是 http://www.doh.wa.gov/Portals/1/Documents/Pubs/333–044.pdf。

② 网址是 https://apps.leg.wa.gov/WAC/default.aspx?cite=246–366&full=true。

③ 网址是 http://lawfilesext.leg.wa.gov/biennium/2009–10/Htm/Bills/Session%20Laws/House/1244–S.SL.html。

（甲醛、溶剂、清洁剂）。

5.1　相关 IAQ 的标准和指导值的信息

5.1.1　生物污染物：目前，在学校室内空气环境中还没有生物污染物的联邦政府标准。

5.1.2　二氧化碳（CO_2）：ASHRAE 62–2001 建议教室 CO_2 浓度上限为高于室外空气浓度 700ppm[①]（通常为 1 000ppm 左右）。

5.1.3　一氧化碳（CO）：OSHA 对工人的标准是暴露 1h 内，CO 浓度不超过 50ppm；NIOSH 建议，1h 内，CO 浓度不超过 35ppm；美国环境空气质量标准为 CO 浓度在 8h 内为 9ppm，在 1h 内为 35ppm；美国消费者产品安全委员会（Consumer Product Safety Commission）建议，CO 浓度在 1h 内不要超过 15ppm，在 8h 内不要超过 25ppm。

5.1.4　尘：相对于细颗粒物（PM2.5），尘粒径更大。美国国家空气质量标准（National Ambient Air Quality Standards，NAAQS）规定尘的粒径小于 10μm，24h 平均浓度限值 150μg/m³。

5.1.5　环境烟草烟雾（ETS）或二手烟：许多办公大楼和公共场所已经禁止在室内吸烟，或要求设置有专门通风系统的指定吸烟区。1994 年的《支持儿童法案》禁止在学前教育机构、幼儿园、小学和中学吸烟。

5.1.6　细颗粒物（PM）：目前，在学校室内空气环境中还没有 PM2.5 的联邦政府标准。NAAQS 中 PM2.5 年平均浓度限值为 12μg/m³ 和 24h 平均浓度限值为 35μg/m³。

5.1.7　铅（Pb）：1978 年，美国消费者产品安全委员会禁止油漆中含有铅。NAAQS 中 Pb 三个月平均限值为 0.15μg/m³。

5.1.8　氮氧化物（NO，NO_2）：室内空气中氮氧化物的标准尚未达成一致。ASHRAE 和 NAAQS 将室外空气中二氧化氮的 24h 平均上限定为 0.053ppm。NAAQS 将室外空气中二氧化氮的 1h 平均上限定为 0.1ppm。

5.1.9　氡（Rn）：关于学校的氡水平的一项全国性的调查估计，19.3% 的美国学校，至少有一个常用的连接地面[②]的房间短期氡水平达到或超过 4pCi/L，这是 EPA 建议需要治理的级别（行动水平）。这些学校中大约 73% 的学校只有 5 个或更少的教室氡水平高于行动水平，另外 27% 的学校有 6 个或更多的教室氡水平高于行动水平。如果学校建筑有氡问题，并不代表学校的每个房间都有氡的问题，但有必要检测所有与地面接触的常用的房间，以确定氡水平升高的房间。

5.1.10　VOC：在非工业环境中，并没有为 VOC 设定的联邦强制执行的标准[③]。要了解更多有关 VOC 的信息，包括各组织对甲醛浓度制定的现行指南或建议，请访问劳伦斯伯克利国家实验室的 IAQ 科学发现资料库[④]。

5.2　ASHRAE 62.1–2013 中的相关指导值

ASHRAE 62.1–2013 中表 B-1 列出了有关室内环境的法规和指导值的比较，表 B-2 列

---

① ppm 为体积浓度，即一百体积空气中含污染物的体积数（在表 1-14 中已提到）。

② 地下室或无地下室的一层，因氡源于地表渗入，因此需关注直接连接地表和地表下面土层的房间。

③ 网址是 https://www.epa.gov/indoor-air-quality-iaq/volatile-organic-compounds-impact-indoor-air-quality。

④ 网址是 https://iaqscience.lbl.gov。

出了一些的污染物的浓度信息（包括测量方法），表 B-3 列出了多种 VOC 的浓度信息 ①。

6　在学校处理流感、哮喘及地毯问题方面的相关指导

6.1　EPA 在学校处理流感方面给出相关指导信息

根据美国疾病控制与预防中心（CDC）的指导意见，EPA 建议学校工作人员应定期使用清洁剂清洁学生和工作人员经常接触的地方。EPA 和 CDC 认为，除了建议的常规清洁外，不需要再对环境表面进行任何额外的消毒 ②。

一些州和地区的法律法规要求在学校使用特定的清洁产品。学校相关人员应联系当地卫生部门或环境保护部门以获得额外的指导。学校应确保保管员和其他使用清洁剂或消毒剂的人（如教师等）阅读并理解所有的使用说明，并掌握安全、适当的使用方法。EPA 提供了一份在 EPA 注册的抗菌产品清单 ③。

针对流感病毒的指南内容：H1N1 病毒的传播与季节性流感的传播方式相同。流感病毒主要通过流感患者咳嗽或打喷嚏在人与人之间传播。有时人们接触带有流感病毒的物品，然后再接触他们的嘴或鼻子，也可能会被感染。采取以下行动，可协助遏止流感蔓延：一是咳嗽或打喷嚏时，用纸巾掩住口鼻，把用完的纸巾扔进垃圾桶；如果没有纸巾，咳嗽或打喷嚏时，则用袖子遮住口鼻。二是经常用肥皂和水洗手，特别是在咳嗽或打喷嚏之后；如果你没有肥皂和水，以酒精为基础的清洁剂也是有效的。三是生病应居家休息。

流感病毒可在环境表面存活，其沾染在环境表面后 2 ~ 8h 还对人具有传染性。

6.2　EPA 在学校处理哮喘方面给出相关指导信息

哮喘的诱因可以在学校找到，IAQ 管理项目可以减少污染物、刺激物和触发因素，并有助为学生和工作人员提供一个更健康的学校环境。学区可以采取很多措施来减少引发哮喘的诱因：IAQ 管理项目，如学校的 IAQ 工具；在学校执行禁烟政策；保持通风系统，确保适当的空气流通；使用综合害虫管理来预防害虫问题 ④；修复泄漏和改善潮湿问题，以减少霉菌生长；适当清洁和除尘，以减少灰尘的影响。EPA 给出了很多关于哮喘与学校的关系以及学校可以采取的减少哮喘诱因的措施 ⑤。

6.3　地毯

对地毯是否为造成学校 IAQ 问题的诱因专门进行了讨论。在学校里使用地毯可以减少噪声、跌倒和受伤。但如果学校有水侵入或存在潮湿问题，如屋顶漏水，地毯和许多其他材料都可能会遇到 IAQ 问题。如果地毯保持潮湿，它可能成为微生物生长的温床，对健康造成不利影响。如果地毯和其他家具明显被水浸泡，应移走并丢弃，或用蒸汽清洗并彻底干燥。

---

① 网址是 http://www.myiaire.com/product-docs/ultraDRY/ASHRAE62.1.pdf。

② 网址是 https://www.epa.gov/indoor-air-quality-iaq/what-informationguidance-do-you-have-managing-flu-school-0#Q4。

③ 网址是 https://www.epa.gov/pesticide-registration/selected-epa-registered-disinfectants。

④ 网址是 https://www.epa.gov/managing-pests-schools。

⑤ 网址是 https://www.epa.gov/iaq-schools/managing-asthma-school-environment。

新安装的地毯系统[①]与大多数新的室内装饰材料一样，在安装后一段时间内会释放 VOC。通过使用适当的通风技术，可以在最初 72h 内显著减少 VOC 的量，但不能完全消除。在学校使用任何地面覆盖材料时，都应选用低 VOC 的产品。

地毯还可能成为灰尘、花粉、霉菌孢子、杀虫剂和其他可能源自室内或从室外带入室内环境的物质的储存地。地毯会吸附大量的颗粒，这些颗粒可以通过定期有效的吸尘来清除。然而，不适当的保养会使大量的灰尘和碎片堆积在地毯上。一些研究表明，保养不好的地毯会在日常活动中向空气中释放大量的颗粒物。此外，年幼的儿童可能在地毯上玩耍，他们可能更容易接触到污染物[②]。

7　解决 IAQ 问题

IAQ 工具提倡采取积极预防性的措施，IAQ 学校行动工具箱内的大部分建议，要么是低成本的，要么是零成本的。这些低成本和零成本的建议将有助于最大限度地减少昂贵的维修的频次。遵从 IAQ 及可持续发展指标的指引，有助于学校纠正现有的问题，避免日后再出现类似的问题。然而，有些问题需要大量的费用去解决，例如更换漏水的屋顶；更新暖通空调系统，以达到足够的通风量；治理霉菌问题等。

EPA 的学校 IAQ 工具提供了大量资源，以协助学校发展、实施和维持 IAQ 计划。美国成千上万的学区都在各自的学区实施了成功的 IAQ 项目[③]，发现成功的 IAQ 项目有几个关键的、共同的流程要素，即组织、评估、制订计划、采取行动、后评估和沟通。

7.1　具体做法

7.1.1　来源替代

替代污染源，例如选择无毒的装饰材料或室内涂料，在污染源周围设置屏障；减少向室内空气中排放污染物，例如用密封或层压表面覆盖压实的木橱柜，在翻新时使用密封塑料布来包裹污染物。

7.1.2　局部排风

有利于去除来自点源的室内污染物，例如卫生间和厨房的排气系统，科学实验室、储藏室、打印和复印室的排风系统，以及职业 / 工业领域（如焊接棚和烧窑）的排风系统。

7.1.3　通风

用较清洁的（室外）空气稀释被污染的（室内）空气，从而降低污染物浓度。当地的建筑法规如果规定了室外空气通风量，则必须在学校建筑持续提供；如果没有明确规定，请参阅 ASHRAE 标准的建议。例如在室内喷涂或施用杀虫剂时，临时增加通风以及正确使用排气系统可以有效稀释空气中有害气体的浓度。

---

① 地毯系统包括用于将表面纤维附着在基材上的黏合剂、地毯垫和经常用于安装地毯的黏合剂。

② 网址是 https://www.epa.gov/iaq-schools/controlling-pollutants-and-sources-indoor-air-quality-design-tools-schools# Carpet。

③ 要了解更多有关成功的 IAQ 管理的关键因素和学校开展 IAQ 管理项目的步骤，可访问 www.epa.gov/iaq-schools 查找相关信息。

7.1.4　暴露控制

调整污染物暴露的时间和地点，包括：使用时间上，在学校建筑正常用使用时避免污染源，例如清洗和给地板打蜡（通风系统正常工作），安排在周五放学后，只在上学前或放学后在建筑物周围和操场附近割草；使用数量上，尽量少使用空气污染源，尽量减少对室内空气的污染；使用地点上尽可能使污染源远离室内人员，或将易感的人员重新安置。

7.1.5　空气净化

空气通过通风设备时过滤颗粒和气体污染物，这种类型的系统应该在个案的基础上进行设计。

7.1.6　教育

可以通过了解环境的基本信息，教授和训练学生知道如何预防、消除或控制污染物，从而减少在污染物中的暴露。

7.2　在规划阶段评估解决方案标准

7.2.1　永久性

IAQ 问题的永久性解决方案显然优于提供临时解决方案，除非这些 IAQ 问题也是临时的。例如对于新家具中 VOC 的逸出，打开窗户或在全室外空气中运行空气处理器可能是缓解临时问题的合适策略，但它们不是可接受的永久性解决方案，因为增加了能源和维护成本；微生物污染的永久性解决方案包括清洁和消毒以及水分控制，以防止再生。

7.2.2　耐久性

持久的 IAQ 解决方案比需要频繁维护的方案更有吸引力。

7.2.3　可操作原则

IAQ 解决方案要具有可操作性和适用性。例如确定了污染物是特定点源，通过在源头处去除、密封，或局部排气进行处理是比用增加的通风稀释污染物更合适的纠正策略。如果 IAQ 问题是由含有污染物的室外空气引起的，除非对室外空气进行净化，否则增加室外空气供应只会使情况变得更糟。

7.2.4　安装和操作成本

从长期来看，初始成本最低的方法可能不是总成本最低的方法。长期的经济考虑包括设备操作的能源成本、增加工作人员的维修时间、替代材料和用品的差别成本以及更高的薪水。应考虑大力购买有"能源之星"（energy star）[①] 标识的合格产品。

7.2.5　控制能力

选择一个适合 IAQ 问题的大小和范围的解决方案是很重要的。例如厨房等特殊使用区域的气味进入附近的教室，增加教室的通风率可能不会成功；如果需要机械设备来纠正 IAQ 问题，它必须有足够排气能力；源头的排气系统应该足够强大，这样就不会有污染物进入建筑物的其他部分。

7.2.6　将解决方案制度化的能力

如果能将解决方案集成到正常的建筑物维护操作规程中，那么它将是最成功的。解决方案不应该需要外来的设备、不熟悉的概念和精心维护的系统。如果维修、内务程序或供

---

① 网址是 https://www.energystar.gov/。

应必须作为解决方案的一部分，则可能需要提供额外的培训、新的检查清单或修改的采购指南。加热、冷却和通风设备的操作和维护计划也可能需要修改。

7.2.7　符合规范

对建筑构件或机械系统的任何修改都应符合消防、电气和其他建筑规范的规定。评估解决方案的有效性有两个指标：减少投诉和对室内空气特性的测量。虽然减少或消除投诉似乎是评估解决方案成功的明确迹象，但情况未必如此简单，有时投诉的真正原因没有得到纠正，那些受影响的人也可能会暂时停止投诉；有时人们对问题的处理感到有不满之处，在问题成功缓解之后，可能还会继续抱怨。对空气流量、通风率和空气分布模式等特性的测量可用于评估解决方案的有效性。在建筑物勘测期间所测量的气流，可用来识别通风不良的地方，还可以用来评估涉及改善通风率、空气分布或气流方向的方案。通过对空气分布模式的研究可判断治理策略是否成功地阻止了污染物通过气流的传输。虽然在某些情况下，测量污染物水平有助于确定 IAQ 是否得到改善，但在许多情况下，这可能比较困难和成本过高。随着时间的推移，室内空气污染物的浓度通常会有很大的变化，而被测量的特定污染物可能不会造成过大影响。如果仅限于某一污染物，则应该由专业人员测量。

8　典型室内空气污染物的危害和预防措施

8.1　铅

铅是一种剧毒金属。铅的来源包括饮用水、食物、受污染的土壤和灰尘以及空气。铅基涂料是铅尘的常见来源。铅会对大脑、肾脏、神经系统和红细胞造成严重损害。儿童尤其容易受到伤害，儿童接触铅会导致身体发育延迟、智商降低、注意力缩短和行为问题增多。1978 年，美国消费品安全委员会禁止涂料中含铅。对铅暴露的预防措施包括：清洁游乐场区域；经常用湿布擦地板、擦窗台和其他光滑平坦的区域；让儿童远离油漆剥落或粉化的区域；防止儿童咀嚼窗台和其他油漆过的区域；确保经常清洁玩具，饭前洗手。

8.2　氮氧化物

一氧化氮（NO）和二氧化氮（NO_2）是两种最常见的氮氧化物，它们都是有毒气体，NO 是一种高反应性的氧化剂和腐蚀剂。室内的主要来源是燃烧的相关过程，如燃气灶、有缺陷的通风设备、焊接和烟草烟雾。户外来源，如机动车和燃油锄草设备的废气也会进入室内导致室内氮氧化物水平升高。关于室内空气中氮氧化物的标准尚未达成一致。NO_2 主要刺激眼睛、鼻子、喉咙和呼吸道的黏膜。极高剂量 NO_2（如建筑火灾中）可能导致肺水肿和弥漫性肺损伤。持续暴露于高浓度的 NO_2 中可能导致急性或慢性支气管炎。暴露于低浓度的 NO_2 中可能导致某些哮喘患者哮喘反应剧烈，慢性阻塞性肺病患者肺功能下降，以及呼吸道感染风险增加，尤其是对幼儿而言。将 NO_2 排放到室外，并确保正确安装、使用和维护燃烧设备是减少室内 NO_2 浓度的最有效措施。为减少 NO_2，应该为所有车辆和非道路发动机（汽车、公共汽车、卡车、草坪和园艺设备等）制定防空转（怠速）程序。

8.3　氡

EPA 和其他主要的国家以及国际的科学组织已经得出结论，氡是一种致癌物，具有严重的公共卫生风险。随着氡水平、暴露时间的增加，个人因氡而患肺癌的风险也在增加。

EPA 估计，美国每年有 7 000 ~ 30 000 人因氡而死于肺癌。因为许多人大部分时间都待在家里，所以家很可能是氡的最重要来源。对于大多数学校的儿童和工作人员来说，氡第二重要来源可能是他们的学校。因此，EPA 建议对家庭和学校建筑物进行氡测试。

指导氡检测和控制是综合性 IAQ 管理项目的重要组成部分。EPA 工具包的氡检测和控制的指南有助于将学校的氡测试和控制措施纳入有效的学校 IAQ 管理框架之中，作为其全面的 IAQ 管理计划的一部分。通过使氡管理成为日常活动的一部分，以及保持健康学校环境的长期计划，确保氡测试计划是一个有效、可持续的组成部分。EPA 的文件《学校氡测量——修订版》（EPA 402-R-92-014）提供了有关计划、实施和评估学校氡测试项目的指导。为了帮助学校进行测试，文件中包含了有用的辅助工具，如测试程序清单。在学校开始氡测试之前，可联系国家氡办公室获取有关氡测试的国家要求的信息或文件副本。为了降低与氡有关的健康风险，EPA 建议对每所学校进行氡水平的检测。由于建筑物中氡的进入和移动难以预测，应该测试所有经常被占用的与地面接触的教室。如果教室的氡水平大于或等于 4pCi/L，应通过适当的解决策略降低氡水平。

EPA 制定了关于减少氡的指南——*Reducing Radon in Schools*: *a team approach*（EPA 402-R-94-008），描述了学校中建议的减少氡的方法，并向环境影响评估协调员提供了减少氡过程的概述。EPA 的文件《学校和其他大型建筑物设计和建造中的氡预防》（EPA 625R-92-016）将抗氡和氡气问题处理措施纳入新学校建筑设计的指南之中，包括设计建议，加热、通风和空调（HVAC）系统的建议。该指南对参与新学校建设的学校人员（如学校商务官员）和建筑师很有帮助。为了开发公共和私营部门的氡测试和控制能力，EPA 成立了 4 个区域氡培训中心。这些培训中心提供有关校舍测试和控制的课程，旨在让学员通过模拟实践活动来解决实际问题[①]。在一个典型的学校建筑中进行氡测试和控制的成本从 500 美元到 1 500 美元不等。测试成本取决于所用测量装置的类型、学校的规模以及测试是由学校人员还是测量承包商开展。如果发现氡问题，减少氡浓度的成本通常为每所学校 3 000 ~ 30 000 美元。减少氡浓度的成本取决于治理策略、学校建筑设计、教室中的氡浓度以及受影响的教室数量。适当的治理策略要考虑学校建筑设计和氡的初始水平。涉及学校暖通空调系统改造的治理策略的成本较高，但这一策略有助于改善学校建筑内的通风，也有助于全面改善学校的 IAQ 问题。

9　关于实施室内空气质量计划的指南[②] 的摘录

EPA 创建了"学校 IAQ 工具"计划，以帮助学校评估和改善 IAQ。单个学校和学区可以实施针对本校或本学区的 IAQ 工具计划、尽管许多步骤相似，但也有一些显著的差异。

"IAQ 学校工具包"包括一张路线图、两个指南、各种检查表、一个解决问题的路径、有关 IAQ 的背景信息、全区实施的情况介绍、奖励计划的摘要、视频和一篇有关学校管

---

① 想要了解有关当地培训的信息，请登录州氡办公室的网站（网址是 https://www.epa.gov/iaq-schools/reference-guide-indoor-air-quality-schools，见附录 L: Resources）。

② 网址是 https://www.epa.gov/sites/production/files/2014-11/documents/coordinators_guide.pdf。

理哮喘的配套文章。

学校和学区可以通过以下 11 个步骤实施学校 IAQ 工具计划：

9.1　熟悉 IAQ 问题和学校 IAQ 工具计划

学校和学区必须将良好的 IAQ 视为首要任务，并致力于改善 IAQ，确保学生和员工在安全健康环境中学习和工作。

9.2　致力获得对 IAQ 计划的支持

学校通常需要主管、学校董事会、设施管理主管以及企业或财务官员的支持，以实施有效的 IAQ 计划。事实上，学校需要从学区最高管理层获得支持，以确保必要的资金。

9.3　选择一名 IAQ 协调员

每个学校会指派一个 IAQ 协调员，IAQ 协调员的选择取决于学校系统的组织结构。通常，学校的 IAQ 协调员是校长、学校护士、教师、设施经理或其他员工。由于大多数学校的工作人员都很忙，学校会提供给 IAQ 协调员奖励（如津贴）。IAQ 协调员不必是 IAQ 问题的"专家"，主要职能包括：①团队领导：协调一个"IAQ 团队"；②应急响应：确保学校做好应急准备；③向学校行政部门、员工、学生、家长和新闻界传播 IAQ 信息、登记 IAQ 投诉和指导回应，并传达 IAQ 问题和状况。

9.4　组建一个 IAQ 团队

在大多数使用 IAQ 工具包的学校中，需要组建一个 IAQ 团队与 IAQ 协调员一起实施 IAQ 学校工具计划。该团队由 IAQ 协调员领导，可以包括 9 个不同群体的代表：教师和校长、行政人员、设施操作员、监督人、卫生官员 / 学校护士、学校董事会代表、学校交通官员、合同服务提供商、学生和家长。

9.5　收集有关 IAQ 和学校的信息

以重要的室内空气质量主题（包括石棉、氡、综合害虫管理（IPM）、铅和移动污染源）研究学校的历史，将有助于集中室内空气质量信息。

9.6　分发 IAQ 检查表

IAQ 工具包提供了各种检查表，以帮助 IAQ 团队通过学校当前 IAQ 的概况，防止潜在的 IAQ 问题，并在出现问题时解决问题。IAQ 团队应将 IAQ 检查表分发给相应的员工。

9.7　查看 IAQ 检查表

IAQ 检查表提供的信息对 IAQ 计划的成功至关重要，可以帮助学校集中精力实施 IAQ 计划。建立一个有效的 IAQ 管理计划所必需的清单包括：巡视、通风、教师、建筑楼宇和场地维护。

IAQ 协调员应在检查表日志中记录所有已完成的检查表，并审查所有信息，列出巡查期间的违规行为，以备审查。对学校的布局的了解有助于跟踪发生健康问题的位置和确定污染源的位置。一些学校通过在学校家长会上展示清单或将清单放在学校的内网及网站上来分享清单的内容。

9.8　进行演练并完成演练检查表

进行演练并完成演练检查表是实施学校 IAQ 计划的重要组成部分。在进行检查之前，观看套件中包含的 IAQ 演练视频。视频演示了如何进行演练并完成演练清单。演练的目的不是进行深入细致地检查，而是快速概括影响学校 IAQ 的条件。对于整个 IAQ 团队来说，参与演练是很有价值的。在检查过程中，至少要有熟悉建筑物操作的人员，如设施操作员或管理员。

9.9　识别、优先处理和解决问题

IAQ 检查表和演练检查会发现一些 IAQ 问题。IAQ 工具包中提供的解决问题的步骤可以帮助学校根据健康症状确定 IAQ 问题的潜在来源。IAQ 参考指南中的第 5 节和第 6 节提供帮助诊断和解决 IAQ 问题的方法。此外，第 6 节还提供了确定建议解决方案实用性的基本标准。

9.10　制订 IAQ 政策和管理计划

一旦发现并解决了问题，就必须制订 IAQ 政策和全面、主动的管理计划。该计划将有助于预防 IAQ 问题，并为学校处理新的 IAQ 问题做准备。

9.11　评估结果并沟通成功

包括以下步骤：跟进、制订 IAQ 活动时间表，提交清单、报告和笔记，沟通成功，申请学校奖室内空气品质工具，加入 IAQ 指导（指导其他学校及地区分享经验和 IAQ 知识）。